清华
开发者书库

Real-Time Digital Signal Processing
Fundamentals, Implementations and Applications
Third Edition

数字信号处理
原理、实现及应用

基于MATLAB/Simulink
与TMS320C55xx DSP的实现方法

（原书第3版）

Sen M. Kuo　Bob H. Lee　Wenshun Tian　著

王永生　王进祥　曹贝　译

清華大学 出版社
北京

内 容 简 介

本书在论述数字信号处理原理的基础上,通过 DSP 器件与 MATLAB 仿真给出了丰富的实践应用。本书可分为两个部分:第一部分(第 1～6 章)介绍 DSP 原理、算法、分析方法和实现考虑;第二部分(第 7～11 章)介绍几种重要的 DSP 应用,它们均在当代信号处理设备的实现中扮演着重要的角色。本书的附录总结了数字信号处理常用的数学公式,并为感兴趣的读者介绍了 TMS320C55xx DSP 的体系结构和汇编语言编程。本书可用作高年级本科生和研究生的教材,也可以用作从事 DSP 应用技术的工程师、算法开发者、嵌入式系统设计师的参考用书。

Real-Time Digital Signal Processing: Fundamentals, Implementations and Applications, Third Edition
Sen M. Kuo, Bob H. Lee, Wenshun Tian
ISBN: 9781118414323

北京市版权局著作权合同登记号　图字:01-2014-5488

图书在版编目(CIP)数据

　　数字信号处理:原理、实现及应用:基于 MATLAB/Simulink 与 TMS320C55xx DSP 的实现方法:原书第 3 版/(美)郭 M. 森(Sen M. Kuo),(美)李 H. 鲍勃(Bob H. Lee),(美)田文顺(Wenshun Tian)著;王永生,王进祥,曹贝译.—北京:清华大学出版社,2017(2024.2重印)
　(清华开发者书库)
　　书名原文:Real-Time Digital Signal Processing:Fundamentals, Implementations and Applications, Third Edition
　　ISBN 978-7-302-45896-8

　　Ⅰ.①数…　Ⅱ.①郭…②李…③田…④王…⑤王…⑥曹…　Ⅲ.①数字信号处理－教材　Ⅳ.①TN911.72

　　中国版本图书馆 CIP 数据核字(2017)第 003424 号

责任编辑:盛东亮
封面设计:李召霞
责任校对:焦丽丽
责任印制:宋　林

出版发行:清华大学出版社
　　　网　　　址:https://www.tup.com.cn,https://www.wqxuetang.com
　　　地　　　址:北京清华大学学研大厦 A 座　　　邮　　编:100084
　　　社 总 机:010-83470000　　　邮　　购:010-62786544
　　　投稿与读者服务:010-62776969,c-service@tup.tsinghua.edu.cn
　　　质量反馈:010-62772015,zhiliang@tup.tsinghua.edu.cn
　　　课件下载:https://www.tup.com.cn,010-83470236
印 装 者:天津安泰印刷有限公司
经　　销:全国新华书店
开　本:186mm×240mm　　印　张:29.75　　字　数:667 千字
版　次:2017 年 6 月第 1 版　　印　次:2024 年 2 月第 6 次印刷
定　价:79.00 元

产品编号:058946-01

译者序
FOREWORD

采用数字信号处理（DSP）系统进行信号处理具有灵活性、可重现性、可靠性等多方面优点，并且可以实现更为复杂的系统。DSP 应用分为非实时和实时两种类型，其中，实时数字信号处理对 DSP 硬件和软件设计都有严格要求，以便能够在要求的时间内完成相应的任务。随着实时应用对功能和性能要求的不断提高，实时 DSP 应用的研究将一直是具有挑战性的领域。因此，从事实时数字信号处理工作不仅要掌握基本理论，而且还要掌握系统设计和实现的技术和技巧。

本书从原理和应用两大方面进行编排，特别强调了基本理论知识在实际中的应用。本书循序渐进地阐述原理，同时考虑了实际实现的问题；介绍了实时数字信号处理的基础知识及实现要点；讨论了 FIR 滤波器及 IIR 滤波器的理论、设计、分析和实现及应用；介绍了频率分析和离散傅里叶变换的方法及实现和应用，并且给出了自适应信号处理的基本原理和实际应用方法。在这些知识的基础上，讨论了几种重要的 DSP 应用，包括数字信号产生与检测、自适应回波消除、语音信号处理、音频信号处理、数字图像处理。

书中每一部分内容都提供了实验和程序实例，并采用 MATLAB 进行原理及算法的演示、设计和分析，进而进行 DSP 算法的浮点和定点 C 实现以及汇编实现，还结合 C5505 eZdsp 进行动手实验。这些实例和实验可以提高读者的学习兴趣，并且有助于读者对 DSP 原理的理解，掌握 DSP 实现技术。书中的实例和实验也可作为基本原型供读者修改，以便创建自己的 DSP 项目。

本书是英文原版的中译本，书中的符号和物理量均采用原版模式。

本书前言、第 1 章、第 2 章由黑龙江大学的曹贝负责翻译，第 3、4、5、6、7、8 章由哈尔滨工业大学的王永生负责翻译，第 9、10、11 章及所有附录由哈尔滨工业大学的王进祥负责翻译，辽宁工程技术大学的刘英哲也参与了第 10 章和第 11 章的翻译整理工作。

由于译者水平有限，书中难免存在疏漏和错误，恳切希望广大读者批评指正。

译　者

2017 年 4 月

前 言
PREFACE

近些年，采用通用数字信号处理器(DSP)的实时数字信号处理，提供了设计和实现实际应用DSP系统的有效方法。很多公司专注于实时DSP的研究来开发新的应用。实时DSP应用的研究已经是并且将继续是学生、工程师和研究者们的具有挑战的领域。值得重视的是，我们不仅要掌握理论，并且还要掌握系统设计和实现技术的技巧。

自从2001年出版《实时数字信号处理》(第1版)和2006年出版第2版以来，数字信号处理器的应用渗透到更为广泛的应用中。这导致很多大学课程发生变化，以便提供新的注重实现和应用的实时DSP课程，而且采用动手操作的实时实验来增强传统理论的讲授效果。同时，新处理器和开发工具的进步对书本知识的更新提出了持续的要求，以便能够跟上快速的DSP开发、应用和软件更新的革命。我们希望本书的第3版采用动手实验与理论、设计、应用和实现相结合，以便实现对实时DSP技术进行有效的学习。

本书在给出基本DSP原理的同时，给出了很多MATLAB例子，并且强调通过动手实验来进行实时应用的学习。此书可用于高年级本科生和研究生的教材。本书的预备知识包括信号与系统的概念、基本的处理器结构以及MATLAB和C语言编程。这些内容通常覆盖电子与计算机工程、计算机科学及其他相关科学与工程领域的大学二年级水平。此书可以作为工程师、算法开发者、嵌入式系统设计师和编程者开发实际DSP系统的原理和实现技术的参考资料。我们采用实际动手操作的方式来讲授实验并评估结果，以便帮助读者理解复杂的理论原理。在每一章最后给出了一些图书、技术文章以及数学证明等参考文献，以供感兴趣读者阅读这些超出本书范围的内容。

第3版的主要目标和变化总结如下：

(1) 专注于实际应用，提供一步一步的动手实验，完成从采用MATLAB进行的算法评估到具体实现，包括采用浮点C编程，更新到定点C编程，以及采用带有C内在函数与定点数字信号处理器的汇编程序的混合C和汇编语言的软件优化。

(2) 加强了很多实例和实验，以便使DSP原理的讲授变得更加有趣，并且可以和真实世界应用进行互动。为了便于进行实时实验，所有的C和汇编程序采用最新版本的开发工具Code Composer Studio和低成本的TMS320C5505(C55xx系列的成员)eZdsp USB stick进行了详细的更新。由于eZdsp的低成本和便携性，使得学生、工程师、教师以及业余爱好者可以在比传统实验室更加方便的地方进行DSP实验。这种新的硬件工具广泛地被大学和工业组织所采用,替代了以往更昂贵的开发工具。

（3）增加有吸引力和挑战性的 DSP 应用,例如：下一代网络和蜂窝(移动)电话的语音编码技术；便携式播放器的音频编码；多种音响效果,包括空间声音、音乐的图形和参数化音频均衡器和音频录音效果；JPEG2000 的二维离散小波变换；特殊效果的图像滤波；指纹图像处理。同时,开发采用模块化的设计和灵活接口的实时实验,以便这些软件可以作为原型程序来创建其他相关应用。

（4）以更灵活和逻辑性的方式组织章节。一些相关应用组织在一起。我们也去掉了一些内容,例如信道编码技术,也许其不适用于一个学期的课程。对第 2 版中依赖于硬件的内容进行了较大的简化,以附录的形式提供给对学习 TMS320C55xx 体系结构和汇编编程感兴趣的读者。所有的这些变化都是为了专注于 DSP 原理,并加强实际应用的动手实验这一目的。

很多 DSP 算法和应用能够以 MATLAB 和浮点 C 程序的形式而得到。为了将这些程序转换为定点 C,并为在定点处理器的实现而进行优化,本书提供系统的软件开发过程。为了有效地说明 DSP 的原理和应用,采用 MATLAB 进行算法的演示、设计和分析。在此开发阶段之后,紧接着进行 DSP 算法实现的浮点和定点 C 编程。最后,结合 CCS 和 C5505 eZdsp 进行动手实验。为了利用先进体系结构和指令集进行有效的软件开发和维护,对于实时应用,强调采用混合 C 和汇编程序的方法。

本书针对原理和应用两个部分进行组织：第一部分(第 1 章至第 6 章)介绍 DSP 原理、算法、分析方法和实现考虑。第 1 章回顾了实时 DSP 功能模块、DSP 硬件选择、定点和浮点 DSP 器件、实时约束以及算法和软件开发过程的基础知识。第 2 章给出了基础 DSP 概念和实现 DSP 算法的实现考虑。第 3 章和第 4 章分别介绍了有限冲激响应和无限冲激响应滤波器的理论、设计、分析、实现和应用。第 5 章介绍了采用离散傅里叶变换进行频率分析的概念,以及快速傅里叶变换的实现和应用。第 6 章给出了自适应信号处理的基本原理以及很多实际应用。第二部分(第 7 章至第 11 章)介绍几种重要的 DSP 应用,其在当代现实世界系统和设备的实现中扮演着重要的角色。这些经过挑选的应用包括：第 7 章的数字信号产生和双音多频(DTMF)检测；第 8 章的自适应回波消除,特别是用于 VoIP 和免提电话应用；第 9 章的语音处理算法,包括移动通信中的语音增强和编码技术；第 10 章的音频信号处理,包括便携播放器的音响效果、均衡器和编码方法；第 11 章的包括 JPEG2000 和指纹应用的图像处理基础。最后,附录 A 总结了用于本书的方程推导和习题求解的一些有用的公式,附录 C 为感兴趣的读者介绍了 TMS320C55xx 的体系结构和汇编编程。

对于任何一本想要在一定时期内保持先进的技术书籍,必须针对这个动态领域的快速进步进行更新。我们希望此书能够在已经来临的技术中起到指导的作用,并为将要到来的技术提供灵感。

软件获取

本书在例子、实验和应用中利用了各种 MATLAB、浮点和定点 C 以及 TMS320C55xx 汇编程序。从 Wiley 网站上（http://www.wiley.com/go/kuo_dsp）可以获得这些程序以及附带的很多数据文件的配套软件包。目录和子目录以及这些软件程序和数据文件均列在附录 B 中，并进行了解释。这些软件是每一章节最后一节和附录 C 中进行实验所需要的，可以增强对 DSP 原理的理解。这些软件可以作为原型进行修改，以提高其他实际应用的开发进度。

致谢

我们对德州仪器（Texas Instruments）的 Gathy Wicks 及 Gene Frantz、MathWorks 的 Naomi Fernandes 和 Courtney Esposito 表示诚挚的感谢，他们为我们撰写此书提供了支持。我们也要对下列 John Wiley & Sons 支持此项目的员工表示感谢：特约编辑 Alexandra King、项目编辑 Liz Wingett 和高级项目编辑 Richard Davies。同时，我们也向为此书最终出版做了工作的 John Wiley & Sons 的工作人员表示感谢。我们还要感谢 Hui Tian，他创建了用于实例和实验的专用音频剪辑。最后，我们感谢我们的家庭，自从我们从 20 世纪 90 年代撰写本书第 1 版的工作开始，他们给予了无尽的爱、鼓励、耐心和理解。

Sen M. Kuo, Bob H. Lee 和 Wenshun Tian

目 录
CONTENTS

第1章

实时数字信号处理概述

信号可以归为三类：连续时间（模拟）信号、离散时间信号和数字信号。我们每天遇到的信号大部分是模拟信号。这些信号在时间上连续，幅值上具有无限分辨率，可以采用包含有源和无源电路元件的模拟电子电路进行处理。离散时间信号仅仅在特定的时刻进行定义，这样它们能够表示为一序列数，其数值具有连续范围。数字信号在时间和幅度上均为离散值，这样它们可以由计算机或数字硬件进行存储和处理。本书关注处理数字信号的数字系统的设计、实现和应用[1-6]。然而，为了便于数学分析，通常使用离散时间信号和系统进行理论分析。因此，本书会交替使用"离散时间"（discrete-time）和"数字"（digital）这两个术语。

数字信号处理（DSP）关心信号的数字表示以及数字系统的分析、修改、存储、传输或者从这些信号中提取信息。近些年，数字工艺的快速进步使得实时应用的复杂 DSP 算法得以实现。现在，DSP 不仅仅用于以前模拟方法应用的领域，而且用于模拟技术很难或不可能应用的领域。

使用数字技术而不是诸如放大器、调制器和滤波器的模拟器件进行信号处理具有很多优点。相比于模拟电路，DSP 系统具有的优点如下：

(1) 灵活性：DSP 系统的功能可以很容易地进行修改，并且可以采用实现特定操作的软件进行升级。通过运行不同软件模型，人们可以设计 DSP 系统来执行各种任务。数字器件可以很容易地通过板级存储器（例如闪存）进行现场升级以满足新的需求，增加新的特性，或者增强其性能。

(2) 可重现性：DSP 系统的功能可以从一个单元到另一个单元精确地进行重复。另外，通过采用 DSP 技术，数字信号可以被存储、传递或重新产生多次，而不会损失质量。对比而言，模拟电路不具有相同特性，哪怕它们采用相同的规范，这主要是由模拟元件的容差限制所造成的。

(3) 可靠性：DSP 硬件的存储体和逻辑电路不会随着时间恶化。因此，DSP 系统的性能不会随着环境的改变或电子元件老化（像模拟电路元件所遇到的）而漂移。

(4) 复杂性：DSP 允许实现复杂的应用，例如采用低功耗和轻重量便携器件实现的语音识别。而且，一些重要的信号处理算法，例如图像压缩和识别、数字传输和存储以及音频压缩,仅能采用 DSP 系统执行。

随着半导体工业的快速发展,对于大部分应用,DSP 系统相比于模拟系统具有更低的总体成本。DSP 算法可以采用高级语言软件(例如 C 和 MATLAB)来进行开发、分析和模拟。算法的性能可以采用低成本、通用计算机来进行验证。因此,DSP 系统易于进行设计、开发、分析、仿真、测试和维护。

也有一些 DSP 相关的限制。例如,DSP 系统的带宽受限于采样率。而且,大部分 DSP 算法采用固定位数实现,具有有限精度和动态范围,造成不希望的量化和算术误差。

1.1 实时 DSP 系统的基本组成

有两种类型的 DSP 应用:非实时和实时。非实时信号处理涉及处理已经以数字形式存储起来的信号。这或许代表当前动作或者不代表当前动作,处理结果不反映实时的功能。实时信号处理对 DSP 硬件和软件设计有严格要求,以便能够在要求的时间内完成预定任务。下面介绍实时 DSP 系统的基本功能模块。

DSP 系统的基本功能模块见图 1.1,实际世界模拟信号被转换为数字信号,由 DSP 硬件进行处理,再转换为模拟信号。对于某些应用,输入信号或许已经是数字形式了,而且输出数据或许也不需要转换为模拟信号。例如,处理过的数字信息可以保存在存储体中以便以后使用。在其他应用中,或许要求 DSP 系统产生数字信号,例如语音合成和信号产生。

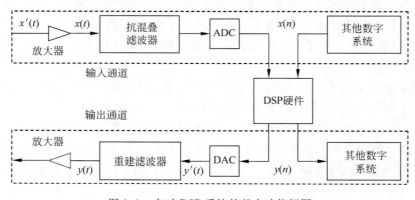

图 1.1 实时 DSP 系统的基本功能框图

1.2 模拟接口

在本书中,时域信号采用小写字符表示。例如,图 1.1 中的 $x(t)$ 用来给一个模拟信号 x 命名,它是时间 t 的函数。时间变量 t 和 $x(t)$ 的幅度在 $-\infty$ 和 ∞ 之间取连续的值。正因为如此,我们说 $x(t)$ 和 $y(t)$ 是连续时间(模拟)信号。图 1.1 中的 $x(n)$ 和 $y(n)$ 描绘的是数字信号,其仅在瞬时时刻(或序号)n 处具有值。在本节中,首先讨论如何将模拟信号转换成数字信号。将模拟信号转换为数字信号的过程称为"模数转换"(analog-to-digital（A/D）conversion)，通常由 A/D 转换器（ADC）完成。

A/D 转换的目的是将模拟信号转换为可以由数字硬件处理的数字形式。如图 1.1 所示，模拟信号 $x'(t)$ 由一个适合的电子传感器进行拾取，传感器将压力、温度或声音转换为电子信号。例如，麦克风可以用于拾取语音信号。传感器输出信号 $x'(t)$ 由一个放大器进行放大，放大器具有 g 值增益，产生一个放大的信号

$$x(t) = gx'(t) \tag{1.1}$$

确定增益值 g，以便 $x(t)$ 具有一个与系统所采用的 ADC 相匹配的动态范围。如果 ADC 的峰峰电压范围为 $\pm 2V$，那么设置 g 以便施加到 ADC 的信号 $x(t)$ 的幅度在 $\pm 2V$ 内。在实际中，很难设置一个合适的固定增益，这是由于 $x'(t)$ 的电平或许是未知的，并且随时间变化，特别是对于诸如人声这样大动态范围的信号。因此，很多实际系统采用数字自动增益控制算法，基于输入信号 $x'(t)$ 的统计来确定和更新增益值 g。

一旦数字信号被 DSP 硬件处理后，结果 $y(n)$ 仍处于数字形式。在很多 DSP 应用中，必须将数字信号 $y(n)$ 转换回模拟信号 $y(t)$，之后才能将模拟信号应用到适合的模拟器件上。这个过程称为"数模转换"(digital-to-analog（D/A）conversion)，一般由 D/A 转换器（DAC）来完成。数字音频播放器就是一个例子，其中音频音乐信号以数字格式进行存储。音频播放器从存储体中读取编码的数字音频数据，并重建相应的模拟波形以便播放。

如果输入 ADC 的信号由 DSP 硬件以相同的速率连续地进行采样和处理，那么图 1.1 中的系统就是一个实时系统。为了维持实时处理，DSP 硬件必须在固定时间内执行所有要求的操作，并且在从 ADC 来的下一个样本到达之前输出给 DAC。

1.2.1 采样

如图 1.1 所示，ADC 将模拟信号 $x(t)$ 转换为数字信号 $x(n)$。A/D 转换一般称为"数字化"，由采样（时间上数字化）和量化（幅度上数字化）过程组成，见图 1.2。基本的采样功能可采用一个理想的"采样-保持"电路完成，其保持采样的信号电平直到产生下一个采样。量化过程通过对每一个采样样本用一个数表示其值来对波形进行近似。因此，A/D 转换执行以下步骤：

（1）信号 $x(t)$ 在均匀间隔瞬时时刻 nT 被采样，其中 n 是一个正整数，T 是以秒为单位的采样周期。此采样过程将模拟信号转换为离散时间信号 $x(nT)$ 而幅度是连续的值。

（2）每一个离散采样样本 $x(nT)$ 的幅度被量化为 2^B 电平之一，其中 B 表示每一个采样样本的位数。离散幅度电平采用固定字长 B 的二进制 $x(n)$ 表示。

区分两种过程的原因是这两个过程引入了不同的失真。采样过程引起混叠或者折叠失真。而编码过程导致量化噪声。如图 1.2 所

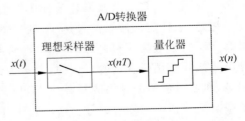

图 1.2 ADC 的框图

示,采样器和量化器集成在同一芯片上。然而,高速 ADC 一般需要一个外部的采样保持器件。

理想的采样器可以认为是一个周期性地打开和关闭的开关。采样周期定义为

$$T = \frac{1}{f_s} \tag{1.2}$$

其中,f_s 是采样频率(单位是赫兹(Hz))或者是采样率(单位是每秒采样数)。中间信号 $x(nT)$ 是离散时间信号,在离散时间 $nT(n=0, 1, \cdots, \infty)$ 处表现为连续值(无限精度的数),见图 1.3。模拟信号 $x(t)$ 在时间和幅度上均连续。采样的离散时间信号 $x(nT)$ 在幅度上是连续的,但仅在离散采样时刻 $t=nT$ 上是有值。

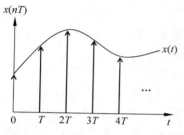

图 1.3　模拟信号 $x(t)$ 的采样和相应的离散信号 $x(nT)$

为了使离散信号 $x(nT)$ 能够精确地表示模拟信号 $x(t)$,采样频率 f_s 必须至少是模拟信号 $x(t)$ 中的最大频率成分 f_M 的两倍。即

$$f_s \geqslant 2f_M \tag{1.3}$$

其中,f_M 也被称为带限信号 $x(t)$ 的带宽。这是香农采样定理(Shannon's sampling theorem),其表明当采样频率大于或等于模拟信号所包含的最高频率成分的两倍时,原始的模拟信号 $x(t)$ 可以从均匀采样的离散时间信号 $x(nT)$ 中完整地被恢复。

最小采样率 $f_s = 2f_M$ 被称为"奈奎斯特率"(Nyquist rate)。频率 $f_N = f_s/2$ 被称为"奈奎斯特频率"(Nyqusit frequency)或"折叠频率"(folding frequency)。频率间隔$[-f_s/2, f_s/2]$被称为"奈奎斯特间隔"(Nyquist interval)。当模拟信号以 f_s 进行采样时,高于 $f_s/2$ 的频率成分将折叠进频率范围$[0, f_s/2]$。折叠回的频率成分与在相同频率范围的原始频率成分交叠,造成信号损坏。这样,原始的模拟信号将不能从折叠的数字采样中恢复出来。这种不希望的效应被称为"混叠"(aliasing)。

【例 1.1】　考虑两个正弦波形 $f_1 = 1\text{Hz}$ 和 $f_2 = 5\text{Hz}$,采用 $f_s = 4\text{Hz}$ 进行采样,而不是根据采样定理的至少 10Hz 进行采样。模拟波形和数字采样见图 1.4(a),而它们的数字采样和重建波形见图 1.4(b)。如图所示,我们能够从频率 $f_1 = 1\text{Hz}$ 的正弦波形的数字采样中重建原始波形。然而,对于原始频率 $f_2 = 5\text{Hz}$ 的正弦波形,得到的数字采样与 $f_1 = 1\text{Hz}$ 的一样,这样重建的信号将与频率为 1Hz 的正弦波形一致。因此,称 f_1 和 f_2 彼此混叠了,即它们不能通过它们的离散采样进行区分。

注意,采样定理假设信号是 f_M 带限的。对于很多实际应用,模拟信号 $x(t)$ 或许含有明显高于所关心最高频率之外的频率成分,或者含有更宽带宽的噪声。在一些应用中,采样率是由所给规范预先确定的。例如,大多数语音通信系统定义采样率为 8kHz(千赫)。不幸的是,典型语音中的频率成分会比 4kHz 高很多。为了保证能够满足采样定理,必须消除高于奈奎斯特频率的频率成分。这可以通过采用一个抗混叠滤波器来实现,其是一个模拟低通滤波器,截止频率为

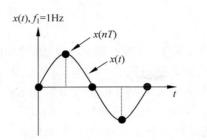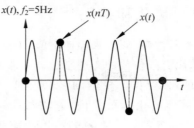

(a) 原始模拟波形和数字采样($f_1 = 1\text{Hz}$和$f_2 = 5\text{Hz}$)

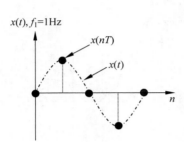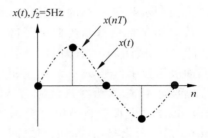

(b) $f_1 = 1\text{Hz}$和$f_2 = 5\text{Hz}$的数字采样及重建波形

图 1.4　混叠现象的例子

$$f_c \leqslant \frac{f_s}{2} \tag{1.4}$$

理想上,抗混叠滤波器应该移除所有高于奈奎斯特频率的频率成分。在很多实际系统中,更多选择带通滤波器来移除高于奈奎斯特频率的频率成分,同时也消除不希望的 DC 偏置、60Hz 杂音及低频噪声。例如,具有从 300Hz 到 3400Hz 通带的带通滤波器广泛地用于通信系统来衰减频率位于通带外的频率成分。

【例 1.2】　信号的频率范围是非常大的,从雷达近似吉赫(GHz)一直到仪器仪表中的几分之一赫。对于所给采样率的特定应用,采样周期可采用式(1.2)来确定。例如,一些真实世界应用采用以下采样频率和周期:

(1) 在国际电信联盟(ITU)的语音编解码标准 ITU-T G.729[7] 和 G.723.1[8] 中,采样率为 $f_s = 8\text{kHz}$,这样采样周期 $T = 1/8000\text{s} = 125\mu\text{s}$。注意,$1\mu\text{s} = 10^{-6}$ 秒。

(2) 宽带通信语音编码标准,例如 ITU-T G.722[9] 和 G.722.2[10],采用采样率 $f_s = 16\text{kHz}$,这样 $T = 1/16\ 000\text{s} = 62.5\mu\text{s}$。

(3) 高保真音频压缩标准,例如 MPEG-2(运动图像专家组)[11]、AAC(高级音频编码)、MP3(MPEG-1 layer 3)[12] 音频和 Dolby AC-3,支持采样率 $f_s = 48\text{kHz}$,这样 $T = 1/48\ 000\text{s} = 20.833\mu\text{s}$。MPEG-2 AAC 的采样率可达 96kHz。

这些语音编码算法将在第 9 章进行讨论,音频编码技术将在第 10 章进行介绍。

1.2.2　量化和编码

在前面的叙述中，假设采样样本值 $x(nT)$ 采用无穷位数(即 $B \rightarrow \infty$)的数来确切地表示。现在,讨论采用有限位数的二进制数表示采样的离散时间信号 $x(nT)$ 的量化和编码过程。如果一个 ADC 的字长为 B 位,那么就要 2^B 个不同值(电平)用于表示数字采样 $x(n)$。如果 $x(nT)$ 位于两个量化电平之间,它将被舍入(rounding)或截断(truncation)产生 $x(n)$。$x(nT)$ 的舍入将产生最近量化电平的值,而截断采用低于它的电平值来代替 $x(nT)$。由于舍入产生距离真实值较小的偏差,其广泛地应用于 ADC 中。因此,量化是一个采用对应于数字信号 $x(n)$ 的最近电平表示采样 $x(nT)$ 连续值的过程。

例如,2 位定义四个相等距离的电平(00、01、10 和 11),可以用于将信号归为四个子区间,见图 1.5。图中,空圆圈表示离散时间信号 $x(nT)$,而实圆圈表示数字信号 $x(n)$。两个相邻量化电平之间的距离称为"量化宽度"(quantization width)、"步长"(step)或"分辨率"(resolution)。均匀量化器在这些电平之间具有相同的距离。对于均匀量化,分辨率采用将全摆幅范围除以总量化电平数 2^B 进行确定。

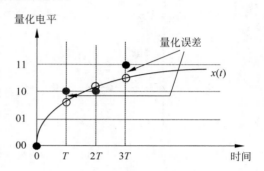

图 1.5　采用 2 位量化器的数字采样

在图 1.5 中,量化数与原始值之间的差异定义为"量化误差",它在转换器的输出中呈现噪声的效果。这样,量化误差也被称为"量化噪声"。假设它为随机噪声。如果采用 B 位量化器,信号量化噪声比(signal-to-quantization-noise ratio, SQNR)采用以下公式进行近似(在第 2 章进行推导)

$$\text{SQNR} \approx 6B \quad \text{dB} \tag{1.5}$$

实际上,由于转换器制造上的非理想性,所得到的 SQNR 将小于理论值。无论如何,式(1.5)提供了一个根据所给规范来确定需要位数的简单指导原则。每增加一位,数字信号的 SQNR 就提高 6dB。量化噪声问题及其解决方法将在第 2 章进一步讨论。

【例 1.3】　如果模拟信号在 0V 和 5V 之间变化,对于一些通常使用的 ADC,分辨率和 SQNR 如下:

(1) 8 位 ADC 具有 256 个电平(2^8 个电平),仅能提供 19.5mV 分辨率和 48dB SQNR。

(2) 12 位 ADC 具有 4096 个电平(2^{12} 个电平),提供 1.22mV 分辨率和 72dB SQNR。

(3) 16 位 ADC 具有 65 536 个电平(2^{16} 个电平),提供 76.294μV 分辨率和 96dB SQNR。

显然,采用越多位数将产生越多的量化电平(或更精确的分辨率)和更高的 SQNR。

语音信号的动态范围通常非常大。如果对于响亮的声音采用均匀量化方法进行调节,大部分柔和的声音将被压缩到相同的微小值内。这意味着柔和的声音将不能被区分出来。为了解决这个问题,可采用量化电平根据信号幅度进行变化的量化器。例如,如果信号已经采用对数函数进行压缩,则可以采用均匀电平量化器通过量化对数尺度的信号来进行非均匀量化。压缩信号通过扩展进行重建。压缩和扩展的过程称为"压扩"(companding,压缩和扩展)。ITU-T G.711 μ 律(北美和部分东北亚采用)和 A 律(欧洲和世界其他地区采用)方案就是采用压扩的一些例子,这将在第 9 章进一步进行讨论。

如图 1.1 所示,DSP 硬件的输入信号或许是从其他采用不同采样率的数字系统而来的数字信号。称为"插值"和"抽取"的信号处理技术用于提高或降低现有数字信号的采样率。在很多多速率 DSP 系统需要采样率转变,例如,在 8kHz 采样的窄带语音和 16kHz 采样的宽带语音之间的 DSP 系统。插值和抽取过程将在第 3 章进行讨论。

1.2.3 平滑滤波器

大多数商用 DAC 是零阶保持器件,这意味着它们将输入的二进制数转换为相应的电平,然后保持此电平持续时间 T。因此,DAC 产生阶梯形状的模拟波形 $y'(t)$,如图 1.6 中的实线,为对应于信号值幅度持续 T 秒的矩形波形。

很明显,由于在信号电平处存在陡峭变化,这种阶梯输出信号包含很多高频成分。图 1.1 中重建或平滑滤波器将 DAC 产生的阶梯状模拟信号平滑处理。这种低通滤波器具有圆滑阶梯信号边角(高频成分)的效果,使得其更平滑,见图 1.6 中的虚线。这种模拟低通滤波器或许和抗混叠滤波器具有相同的规范,截止频率为 $f_c \leqslant f_s/2$。一些高品质 DSP 应用,例如专业数字音频,要求采用非常严格规范的重建滤波器。为了降低使用高品质模拟滤波器的成本,可以采用过采样技术以便允许使用更低成本的滤波器。

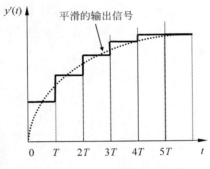

图 1.6 由 DAC 产生的阶梯波形及平滑信号

1.2.4 数据转换器

有两种方法将 ADC 和 DAC 连接到数字信号处理器上:串行和并行。并行转换器在一次传输接收或发送所有 B 位数据,而串行转换器以码流串行方式接收或发送 B 位数据,每一次传 1 位。并行转换器连接到数字信号处理器的外部地址数据总线,该总线也连接很多不同类型的器件。串行转换器可以直接连接到数字信号处理器的内建串行端口上。由于串行转换器只需要很少的信号(引脚)与数字信号处理器进行连接,因此很多实际的 DSP 系统采用串行 ADC 和 DAC。

很多应用采用单芯片器件,称为"模拟接口芯片"(AIC)或编码器/解码器(CODEC 或 codec),它在单个芯片上集成了抗混叠滤波器、ADC、DAC 和重建滤波器。在本书中,我们将使用在 TMS320C5505 eZdsp USB(通用串行总线)记忆棒上的德州仪器 AIC3204 来进行实时实验。采用 CODEC 的典型应用包括语音系统、音频系统和工业控制器。为了切换和传输的目的,已经制定出来很多说明 CODEC 属性的标准。一些 CODEC 采用对数量化器,

即 A 律或 μ 律，其必须被转换为线性格式以便处理。数字信号处理器采用硬件和软件实现需要的格式转换（压缩或扩展）。

现今流行的商用 ADC 大部分为逐次逼近、双斜率、Flash 和 Sigma-Delta 类型。逐次逼近类型 ADC 通常是精确和快速的，并且具有较低成本。然而，由于内部时钟速率的原因，其跟随输入信号变化的能力是有限的，所以对输入信号的突然变化的响应是缓慢的。双斜率 ADC 非常精确，可以实现高分辨率 ADC。然而，它们非常慢，并且比逐次逼近 ADC 的成本更高。Flash 型 ADC 的最大优点是其转换速度非常快；然而，B 位 ADC 需要 (2^B-1) 个高成本比较器，并且需要激光修调电阻。因此，商用的 Flash ADC 通常具有较低的位数。

Sigam-Delta ADC 采用过采样和量化噪声整形技术用采样率换取分辨率。Sigma-Delta ADC 的框图见图 1.7，其采用 1 位量化器，工作在很高的采样率下。这样，对抗混叠滤波器的要求明显降低（即更低的滚降速率）。低阶抗混叠滤波器采用更为简单的低成本模拟电路实现，非常易于建立和维护。在量化过程中，产生的噪声功率全分布在整个频带内。超出需要频带外的量化噪声可以采用数字低通滤波器进行衰减。结果，在关心的频带内的噪声功率是很低的。为了和系统匹配采样频率并提高其分辨率，使用抽取滤波器来降低采样率。Sigma-Delta ADC 的优点是高分辨率和优良的噪声特性，以及采用数字抽取滤波器的价格优势。

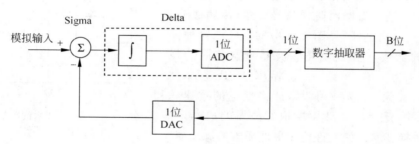

图 1.7　Sigma-Delta 的概念性框图

如上所述，我们采用 TMS320C5505 eZdsp 上的 AIC3204 立体声 CODEC 来进行实时实验。在 AIC3204 中的 ADC 和 DAC 采用 Sigma-Delta 技术以及集成的数字低通滤波器。它支持 16、20、24 和 32 位字长数据，8～192kHz 采样率。集成的模拟特性包括：带有可编程模拟增益的立体声线输入放大器和带有可编程模拟音量控制的立体声耳机放大器。

1.3　DSP 硬件

大部分 DSP 系统需要执行密集运算操作，例如乘累加操作。这些操作可以在微处理器、微控制器、数字信号处理器或定制集成电路等数字硬件上实现。可以通过所给应用，基于性能、成本和（或）功耗的要求来选择恰当的硬件。本节将介绍 DSP 应用中可供选择的几种不同数字硬件。

1.3.1　DSP 硬件备选

如图 1.1 所示,数字信号 $x(n)$ 的处理采用 DSP 硬件来完成。尽管在不同数字硬件上都可能实现 DSP 算法,但根据所给应用决定了优化的硬件平台。以下可供选择的硬件方案广泛地用于 DSP 系统:

(1) 专用(定制)芯片,例如专用集成电路(ASIC)。

(2) 现场可编程门阵列(FPGA)。

(3) 通用处理器或微控制器(μP/μC)。

(4) 通用数字信号处理器。

(5) 带有专用硬件(HW)加速的数字信号处理器。

这些可供选择硬件的特性总结在表 1.1 中。

表 1.1　DSP 硬件实现小结

	ASIC	FPGA	μP/μC	DSP	带有 HW 加速的 DSP
灵活性	无	受限	高	高	中等
设计时间	长	中等	短	短	短
功耗	低	低-中等	中等-高	低-中等	低-中等
性能	高	高	低-中等	中等-高	高
开发成本	高	中等	低	低	低
产品成本	低	低-中等	中等-高	低-中等	中等

ASIC 器件通常面向要求进行密集计算的特定任务而进行设计,例如数字用户环路(DSL)调制解调器或者使用诸如快速傅里叶变换的成熟算法的可大规模生产的产品。这些器件能够非常快地执行要求的功能,这是由于它们的体系结构为需要的操作进行了专门优化。但是在新的应用中需要对专门算法和功能进行修改方面,它们缺乏灵活性。它们适用于实现已经定义好的和流行的 DSP 算法的可大规模生产的产品,或者要求相当高速只能采用 ASIC 实现的应用。最近,一些可共用 DSP 功能的核心模块的出现,使得 ASIC 设计得到简化,但原型 ASIC 器件的成本较高、较长的设计周期且缺少标准开发工具支持和可重编程的灵活性,这些不足掩盖了它们的优点。

为降低系统成本和提高系统集成度,FPGA 作为胶连逻辑、总线桥和外设用于 DSP 系统已经有很多年了。最近,FPGA 在高性能 DSP 应用中得到了相当的关注,对于需要专用加速器的标准数字信号处理器,已将其作为协处理器进行使用[14]。在这些情况下,FPGA 与数字信号处理器结合起来工作,以便集成预处理或后处理功能。这些器件是硬件可重构的,因此允许系统设计者优化硬件结构来实现更高性能和更低产品成本的算法。另外,设计者可让器件中的一部分实现高性能复杂 DSP 功能,而器件的其余部分实现系统逻辑或接口功能,从而实现低成本和高系统集成度。

通用 μP/μC 变得越来越快,已经越来越有能力处理一些 DSP 应用了。许多电子产品,例如汽车控制器,采用微控制器进行引擎、刹车和悬挂控制。如果现存的基于 $\mu P/\mu C$ 的产品需要新的 DSP 功能,最好在软件上进行实现,而非修改现存的硬件。

通常 $\mu P/\mu C$ 的体系结构分为两类：哈佛(Harvard)结构和冯·诺依曼(Von Neumann)结构。如图 1.8(a)所示,哈佛结构针对程序和数据具有分开的存储空间,这样两个存储区可以同时被访问。冯·诺依曼结构假设程序和数据都存储在相同的存储器中,如图 1.8(b)所示。诸如加法、移动和减法操作可以很容易地在 $\mu P/\mu C$ 上执行。然而,诸如乘法和除法等复杂指令执行起来则比较慢,这是由于这些指令需要一系列的条件移位、加法或减法操作。这些器件不具备进行有效 DSP 操作的结构或片上部件,对于很多 DSP 应用也不具备成本和功耗优势。值得注意的是,一些现代微处理器,特别是在移动和便携设备中,能够运行在高速、低功耗、提供单周期乘法和算术操作,具有好的存储带宽,并且具有很多容易获得的支持工具和软件来便于开发。

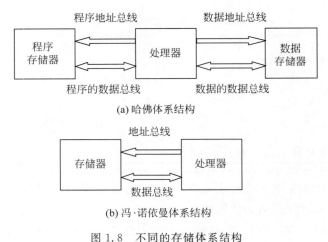

(a) 哈佛体系结构

(b) 冯·诺依曼体系结构

图 1.8　不同的存储体系结构

数字信号处理器从本质上讲是一个微处理器,包含了为 DSP 应用特别设计的体系结构和指令集[15-17]。考虑到这些器件具有以快速、灵活、低功耗和潜在低成本设计能力为特征的商业优势,数字信号处理器技术的快速增长和开发就不是一个惊奇的事情了。相较于 ASIC 和 FPGA 解决方案,数字信号处理器在易于开发和现场可重编程来升级产品特性或修复错误等方面具有很多优势。它们通常比 ASIC 和 FPGA 等定制硬件更具成本效率,特别是针对小规模应用。对比于通用 $\mu P/\mu C$,数字信号处理器在很多 DSP 应用中具有更快的速度、更好的能量效率或功耗,以及更低的成本。

当今,数字信号处理器已经成为很多新兴市场的基石,超越传统的信号处理领域,应用于电动机、运动控制、汽车系统、家用设备、消费电子、医疗和保健设备、通信和广播设备。这些可编程的数字信号处理器采用集成元件开发工具进行支持,包括 C 编译器、汇编器、优化器、链接器、调试器、模拟器和仿真器。在本书中,采用 TMS320C55xx 进行实际动手实验。

1.3.2　数字信号处理器

1979年，Intel推出了2920，它是一个定位于DSP应用的25位整数处理器，具有400ns指令周期、25位算术逻辑单元（ALU）。1982年，德州仪器推出了TMS32010，它是一个16位定点处理器，具有16×16硬件乘法器、32位ALU和累加器。这是首款成功的商用数字信号处理器，随之而来的是更快的产品和浮点处理器的开发。它们的性能和价格范围有很大不同。

传统的数字信号处理器包括硬件乘法器和移位器，每个时钟周期执行一条指令，采用复杂指令进行多种操作，例如乘法、累加和更新地址指针等。它们提供了适中的功耗和存储器消耗等良好的性能，因而广泛地用于汽车应用、电器、硬盘驱动器和消费电子。例如，TMS320C2000系列通过在芯片上集成很多微控制器特征和外围设备，为控制应用进行了优化，例如电动机和汽车控制。

通过提高时钟频率和采用更先进的体系结构等措施的结合，中端处理器获得了更高的性能。这些处理器通常包含更深的流水线、指令缓冲（cache）、复杂指令、多数据总线（每个时钟周期范围多个数据字）、额外硬件加速器和并行执行单元，以便能够并行地执行更多操作。例如，TMS320C55xx具有两个乘累加（MAC）单元。这些中端处理器提供了更好的性能，并具有更低功耗，常用于便携应用中，例如数字助听这样的医疗和保健设备。

对于一般的DSP算法，这些传统的和增强的数字信号处理器具有以下特性：

（1）**快速MAC单元**：在大多数包括滤波、快速傅里叶变换和相关操作的DSP功能中，需要乘加或乘累加操作。为了有效地执行MAC操作，数字信号处理器将乘法器和累加器整合到同一数据通路，以便在单指令周期内完成MAC操作。

（2）**多存储器存取**：多数DSP处理器采用改进哈佛结构，保证程序存储器和数据存储器分开以便允许同时进行取指令和取数据。为了支持多个数据的同时存取，数字信号处理器提供多个片上总线、独立存储器区和片上双存取数据存储器。

（3）**特殊寻址模式**：数字信号处理器经常利用专用的数据地址产生单元，以便与指令执行并行的方式来产生数据地址。这些单元通常支持循环寻址和位反转寻址，这是一些常用的DSP算法所需要的。

（4）**特殊的程序控制**：大多数数字信号处理器提供零开销循环，对于更新和测试循环计数器或者分支回循环的头部，它允许实现循环和重复操作而不需要额外的时钟周期。

（5）**优化的指令集**：数字信号处理器提供特殊的指令支持计算密集的DSP算法。

（6）**有效的外围接口**：数字信号处理器通常采用高性能串行和并行输入/输出（I/O）接口连接诸如ADC和DAC等其他设备。它们提供精简I/O处理机制，例如缓冲串行端口、直接存储器存取（DMA）控制器和低开销中断，以小的或没有干预的方式从处理器计算单元传输数据。

这些数字信号处理器采用专用硬件和复杂指令，以便允许在单指令周期内执行更多的操作。然而，它们很难采用汇编语言进行编程。为了支持这些复杂指令结构，在考虑速度和存储器使用的情况下，也很难设计有效的 C 编译器。

为了获得高性能并创建支持有效 C 编译器的结构，一些数字信号处理器采用非常简单的指令。这些处理器通过在更高的时钟速率下并行地发射和执行多个简单指令来获得高级别并行性。例如，TMS320C6000 采用超长指令字（VLIW）体系结构，可以提供八个执行单元，在每个时钟周期执行四到八个指令。这些指令在寄存器使用和寻址模式上具有很少的限制，这样提高了 C 编译器的效率。然而，采用简单指令的缺点是 VLIW 处理器需要更多指令来完成一个给定任务，这需要相当多的程序存储空间。这些高性能数字信号处理器常用于高端视频和雷达系统、通信基础设施、无线基站和高品质实时视频编码系统。

1.3.3 定点和浮点处理器

各种数字信号处理器之间的基本区别在于算术格式：定点或浮点。对于所给应用，这是系统设计者决定处理器适用性的最重要因素。信号和算术的定点表示将在第 2 章进行讨论。定点数字信号处理器是 16 位或 24 位处理器，例如 TMS320C55xx，存储 16 位整型数。尽管系数和信号仅仅采用 16 位精度进行存储，但为了减少累加舍入误差，采用内部 40 位累加器，中间结果（积）可保持 32 位精度。相较于相应的浮点器件，定点 DSP 器件通常比较便宜并且比较快，这是由于它们占用更小的硅芯片面积、更低的功耗，并且需要更少的外部引脚。大多数大批量、低成本嵌入式应用，例如家用电器、硬盘驱动器、音频播放器和数码相机，采用定点处理器。

浮点算术很大地扩展了数的动态范围。典型的 32 位浮点数字信号处理器，例如 TMS320C67xx，采用了 24 位尾数和 8 位指数来进行数的表示。尾数代表 -1.0 到 $+1.0$ 范围内的小数，而指数是一个整数表示二进制小数点位置，其必须左移或右移以便获得真实的值。32 位浮点格式覆盖很大动态范围，因此在采用浮点处理器的设计中，数据动态范围限制实际上可以忽略。而在定点系统中，设计者必须应用缩放因子和其他技术来防止算术溢出，这是一项非常困难和花时间的过程。因此，浮点数字信号处理器一般比较易于编程和使用，并且可以获得更高的性能，但是通常也更贵，并且功耗也更高。

【例 1.4】 16 位定点处理器的精度和动态范围总结如下：

	精　　度	动　态　范　围
无符号整数	1	$0 \leqslant x \leqslant 65\,535$
有符号整数	1	$-32\,768 \leqslant x \leqslant 32\,767$
无符号小数	2^{-16}	$0 \leqslant x \leqslant (1-2^{-16})$
有符号小数	2^{-15}	$-1 \leqslant x \leqslant (1-2^{-15})$

32 位浮点处理器的精度是 2^{-23}，这是由于有 24 位的尾数位。动态范围为 $1.18 \times 10^{-38} \leqslant x \leqslant 3.4 \times 10^{38}$。

系统设计者必须确定应用需要的动态范围和精度。浮点处理器适合在系数随时间变化、信号与系数需要大动态范围和高精度的应用中使用。浮点处理器也支持高级 C 编译器的有效使用，这样降低了开发和维护成本。对于小批量产品，采用浮点处理器所缩短的开发周期而带来的效益或许胜过处理器本身的成本。因此，浮点处理器也适用于开发成本高和产品批量小的应用。

1.3.4　实时约束

实时应用中的 DSP 系统的主要限制是系统的带宽。处理速度决定了模拟信号可以被采样的最大速率。例如，逐个样本处理过程，在新的输入样本施加给系统之前，会产生出来一个输出样本。因此，在逐个样本处理过程中的输入和输出之间的时间延迟必须小于一个采样间隔(T)。实时 DSP 系统要求信号处理时间 t_p 必须小于采样周期 T，这是为了在新的采样样本来临之前完成处理过程，即

$$t_p + t_o < T \tag{1.6}$$

其中，t_o 是额外的 I/O 操作时间消耗。

实时约束限制了采用逐个样本处理方法的 DSP 系统所能够处理的最高频率信号。实时带宽的限制 f_M 为

$$f_M \leqslant \frac{f_s}{2} < \frac{1}{2(t_p + t_o)} \tag{1.7}$$

很明显，处理时间 t_p 越长，系统能够处理的信号带宽越低。

尽管新的更快的数字信号处理器被持续地推出，但在实时中可完成的处理仍旧受限。当把系统成本考虑在内时，这种限制就更加明显。通常，实时带宽可以通过采用更快的数字信号处理器、简化的 DSP 算法、优化的 DSP 程序和多处理器或多核处理器等来提高。然而，在系统成本和性能之间仍需要进行权衡。

从式(1.7)还可知，实时带宽也能通过降低 I/O 操作产生的额外消耗来提高。这可以采用逐块处理的方法来获得。采用块处理方法，I/O 操作通常由 DMA 控制器进行处理，在这个过程中，其将数据样本放置在存储器缓冲器中。当输入缓冲器满了并且待处理的信号采样块已经准备好了的时候，DMA 控制器中断处理器。例如，对于实时 N 点快速傅里叶变换(将在第 5 章进行讨论)，N 个输入样本必须被 DMA 控制器进行缓冲。块计算必须在下一块的 N 个样本达到之前完成。因此，在块处理的输入/输出之间的时间延迟依赖于块 N，这或许在一些应用中会出现问题。

1.4　DSP 系统设计

一般的 DSP 系统设计过程如图 1.9 所示。对于一个给定的应用，首先进行信号分析、资源分析和配置分析来定义系统规范。

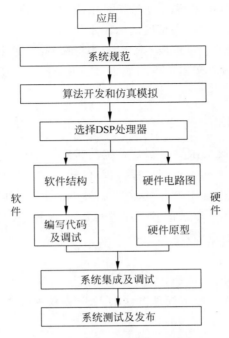

图 1.9　简化的 DSP 系统设计流程

1.4.1　算法开发

DSP 系统经常采用嵌入式算法来描述，这说明了要执行的算术操作。对于一个给定应用的算法，采用差分方程和采用符号化名称的输入/输出的信号流程框图来进行初始描述。开发的下一个阶段是提供更多关于操作顺序的细节，这些操作是为了得到输出而必须执行的。在程序中有两种描述操作顺序特征的方法：流程图或结构化描述。

在算法开发阶段，比较容易采用高级语言工具(例如 MATLAB 或 C/C++)进行算法级模拟仿真。DSP 算法可以通过计算机进行模拟仿真以便测试和分析其性能。采用通用计算机的软件开发框图见图 1.10。测试信号在内部由信号发生器产生，从实验装置或基于所

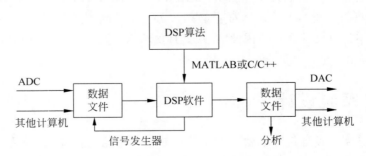

图 1.10　采用通用计算机的 DSP 软件开发

给应用的实际环境进行数字化,或者从其他计算机通过网络进行接收。仿真程序使用存储在数据文件中的信号样本作为输入,来产生输出信号,存储在数据文件中以便进行进一步的分析。

采用通用计算机开发 DSP 算法的优点是:

(1)采用诸如 MATLAB、C/C++或其他计算机上的 DSP 软件包能够明显地节约算法开发时间。另外,用于算法评估的原型 C 程序能够加载到不同的 DSP 硬件平台上。

(2)采用集成的软件开发工具可以很容易地调试和修改计算机上的高级语言程序。

(3)容易实现基于硬盘文件的 I/O 操作,而且容易分析系统的行为。

(4)浮点数据格式和算术可以用于计算机模拟,这样容易进行开发。

(5)为了进行定点 DSP 实现,开发算法的位真(Bit-true)模拟仿真可以采用 MATLAB 或 C/C++来执行。

1.4.2　DSP 硬件的选择

如前面讨论的,数字信号处理器用于从高性能雷达系统到低成本消费电子的广泛应用领域。DSP 系统设计者需要全面理解应用需求,以便能够针对所给应用选择合适的 DSP 硬件。目标是选择处理器能够以成本最有效的解决方案来满足项目要求[18]。基于算术格式、性能、价格、功耗、易于开发和集成等,在早期阶段可以做出一些决定。对于实时 DSP 应用,数据流入和流出处理器的效率也是很关键的。

【例 1.5】　有很多方式来测量处理器的执行速度,如下:

(1)MIPS:每秒百万指令数。

(2)MOPS:每秒百万操作数。

(3)MFLOPS:每秒百万浮点操作数。

(4)MHz:以兆赫为单位的时钟速率。

(5)MMACS:百万乘累加操作。

另外,还有其他指标需要考虑,例如测量功耗的毫瓦(mW)指标,每 mW 的 MIPS,或每美元的 MIPS 等。这些数字提供了针对所给应用的性能、功耗和价格的简单指标说明。

正如之前讨论的,硬件成本和产品制造集成是大批量应用的重要因素。对于便携的、电池供电产品,功耗是非常关键的指标。对于低或中等规模应用,需要在开发时间、开发工具成本和硬件本身的成本中做权衡考虑。具有更高性能的处理器并且具有软件兼容性的工具软件也可能是一个重要的因素。对于高性能、小批量应用,例如通信基础设施和无线基站,性能、易于开发和多处理器结构是首先要考虑的。

【例 1.6】　各种电子设备对于 DSP 的性能、价格和功耗的要求列于表 1.2。此表显示,对于手持设备,首要关心的是功耗;然而,通信基础设施的主要规范是性能。

表 1.2　一些 DSP 应用的相对重要性等级(来源于文献[19])

应　　用	性能	价格	功耗
音频接收器	1	2	3
DSP 助听	2	3	1
MP3 播放器	3	1	2
便携式视频播放器	2	1	3
桌面计算机	1	2	3
笔记本计算机	3	2	1
手机	3	1	2
蜂窝基站	1	2	3

注：在 1～3 等级中，1 是最重要等级。

当处理速度是追求的性能时，处理器之间的有效比较是基于算法实现的。对于所有候选者，必须书写其优化的代码，然后比较执行时间。存储器使用和片上外围设备是其他需要考虑的重要因素，例如片上转换器和 I/O 接口。另外，以下全套开发工具和支持因素也是数字信号处理器选择需要考虑的重要因素：

(1) 软件开发工具，例如 C 编译器、汇编器、链接器、调试器和仿真器。

(2) 在目标 DSP 硬件开发之前，能够进行软件开发和测试的商用可获取的 DSP 开发板。

(3) 硬件测试工具，例如嵌入电路中的仿真器和逻辑分析仪。

(4) 开发辅助资源，例如应用笔记、DSP 函数库、应用库、数据手册、低成本原型等。

1.4.3　软件开发

衡量一款软件是否是优良的 DSP 软件，一般考虑四种因素：可靠性、可维护性、可扩展性和有效性。可靠的程序是几乎不(或从不)出故障的程序。由于大多数程序可能偶尔出故障，可维护的程序是容易进行改正的程序。真正可维护的程序是由其他人进行修正而不是必须由原始的程序员来进行修正。可扩展的程序是当要求发生改变时可以很容易地进行修改的程序。一个优秀的 DSP 程序包含很多只有一个目的的小函数，它可以被其他程序为了不同的目的而重复使用。

如图 1.9 所示，对于一个给定的 DSP 应用，可以同时开展硬件设计和软件设计。由于在硬件和软件中有很多相互关联的因素，理想的 DSP 设计者将是一个真正的"系统"工程师，能够同时处理硬件和软件上问题。近些年，硬件成本极大地下降，DSP 解决方案的主要成本已经主要集中在软件开发上。

软件生命周期包括：项目定义、详细规范、编码和模块测试、系统集成和测试、产品软件维护。软件文件维护是 DSP 系统成本中的显著部分。维护包括增加软件功能、修改软件使用中出现的错误、修改软件以便可以工作在新的硬件和软件下。重要的是，在源代码中使用具有含义的命名方式，以及在程序中采用标题和注释声明进行基本的标注，这将极大地简化软件维护。应尽量避免编程"小把戏",这是由于它们是不可靠的,并且很难被其他人所理解,即便有很多的注释。

正如前面讨论的,良好的编程技术在成功的 DSP 应用中扮演了非常重要的角色。初学者应掌握结构化的和具有良好标注的编程方法。重要的是,在写代码前要完成信号处理任务的所有规范。规范包括基本算法、任务描述、存储要求、程序大小约束、执行时间等等。基本的审阅过的规范在代码书写之前就可以捕捉错误,并且防止代码在系统集成阶段出现修改。在这一阶段,流程图将是一个非常有帮助的设计工具。

书写和测试 DSP 是一个高度交互的过程。采用包括仿真器和评估板的集成软件开发工具,代码在书写的过程中就可进行定期的测试。以模块或分节的方式书写代码,在这一阶段是有帮助的,这是由于每一个模块可以独立地进行测试,这便提高了在系统集成阶段实现全系统正确工作的机会。

一般有两种用于开发 DSP 软件的程序语言:汇编语言和 C 语言。汇编语言类似于实际由处理器使用的机器代码。采用汇编语言进行的编程可以让工程师完全地控制处理器功能和资源,这样得到更有效的程序来进行手工算法映射。然而,这是非常花费时间和精力的任务,特别是当今高度并行性的处理器结构和复杂的 DSP 算法。另一方面,C 语言易于进行软件开发、升级和维护。不过,采用 C 编译器产生的机器代码通常在处理速度和存储器使用方面的效率不高。

通常,最好的解决方案是采用 C 和汇编代码的混合方式。整个程序采用 C 书写,但是运行时间关键的内部循环和模块采用汇编代码进行代替。在混合编程环境中,汇编例程可作为一个函数或内在函数(intrinsic)进行调用,或者内联到 C 程序中。需要时,可以建立手工优化的函数库,并带入到代码中。

1.4.4 软件开发工具

大多数 DSP 操作可以归结为信号分析或滤波。信号分析完成信号属性的测量。MATLAB 是一个信号分析和可视化的强有力的工具,在理解和开发 DSP 系统中是一个关键的组成部分。C 语言是执行信号处理的有效工具,可在不同 DSP 平台上进行移植。

MATLAB 是一个用于科学与工程中的数值分析与计算的可视化的交互式计算环境。其优点在于可以很容易地解决复杂的数值技术,并且需要的时间比诸如 C/C++ 的编程需要的少很多。通过使用其相对简单的编程能力,MATLAB 可以很容易地扩展创建新的函数。可以通过工具箱进一步增强其功能。另外,MATLAB 提供了很多图形用户界面(GUI)工具,例如信号处理工具(Signal Processing Tool,SPTool)和滤波器设计和分析工具(Filter Design and Analysis Tool,FDATool)。

编程语言的目的是解决问题,包括信息操控在内。DSP 程序的目的是操控信号来解决特定信号处理问题。诸如 C/C++ 的高级语言通常是可移植的,所以它们可以被重新编译并运行在很多不同的计算机平台上。尽管 C/C++ 归为高级语言,它也能用于低级设备驱动。另外,大多数现代数字信号处理器可获得 C 编译器。这样,C 语言编程是 DSP 应用中最常用的高级语言。

C 语言已经成为很多 DSP 软件开发工程师的语言选择，不仅仅因为其具有功能强大的命令和数据结构，而且也因为其可以很容易地移植到不同数字信号处理器和平台。C 编译器广泛地被计算机和处理器所采用，这样使得 C 程序成为 DSP 应用最具可移植性的软件。图 1.11 概括了编译、链接/装载和执行。C 编程环境包括 GUI 调试器，其用于在源程序中发现错误。调试器能显示在程序中不同断点中变量中存储的值，可以在程序中逐行地一步一步地进行。

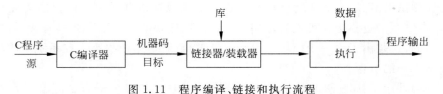

图 1.11　程序编译、链接和执行流程

1.5　实验和程序实例

Code Composer Studio(CCS)是一个 DSP 应用的集成开发环境。CCS 具有多个用于软件开发的内建工具，包括项目建立环境、源代码编辑器、C/C++编译器、调试器、分析器、仿真器和实时操作系统。CCS 允许用户创建、编辑、建立、调试和分析软件程序。它也提供项目管理器，来处理复杂应用的多程序项目。对于软件调试，CCS 在单步指令跟踪中支持断点、监视变量和内存及寄存器的观察窗、图形显示和分析、程序执行分析，以及显示汇编和 C 指令。

本节采用实验来介绍几种关键的 CCS 特性，包括基本的编辑、存储体结构、建立程序的编译器和链接器设置。我们将利用 CCS 和低成本的 TMS320C5505 eZdsp USB 一起演示 DSP 软件开发和调试过程。最后，采用 eZdsp 介绍实时音频实验，其将用于建立贯穿整本书中的实时实验的原型。为了实施这些实时实验，必须将 eZdsp 连接到计算机的 USB 端口上，同时必须已安装上 CCS。

1.5.1　CCS 和 eZdsp 开始

我们在所有实验中使用 C5505 eZdsp 和 CCS 5.x 版本。为了了解 CCS 的一些特性，执行以下步骤来完成实验 Exp1.1。

步骤 1：从主机上启动 CCS，并创建 C5505 CCS 项目，如图 1.12 所示。在本实验中，我们使用 CCS_eZdsp 为项目名称，选择可执行输出类型，使用 rts55x 运行支持库。

步骤 2：在 CCS 项目下创建 C 程序，选择 File→New→Source File，将 C 文件命名为 main.c。然后，使用 CCS 文本编辑器编辑 C 程序，显示 Hello World 如图 1.13 所示。

步骤 3：创建 C5505 eZdsp 的目标配置文件。选择 File→New→Target Configuration File，将 XDS100v2 USB Emulator 和 USBSTK5505 设为目标配置，并保存修改，见图 1.14。

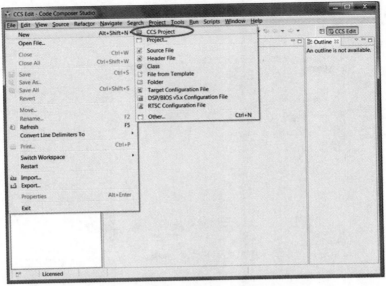

(a) 创建CCS项目，File→New→CCS Project

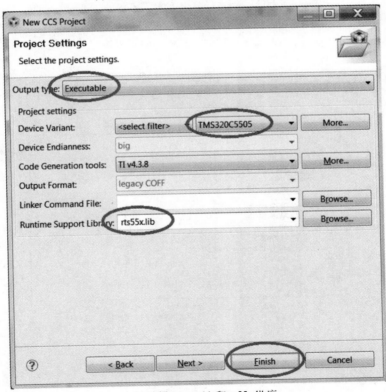

(b) 选择Executable和rts55x.lib库

图 1.12　创建一个 CCS 项目

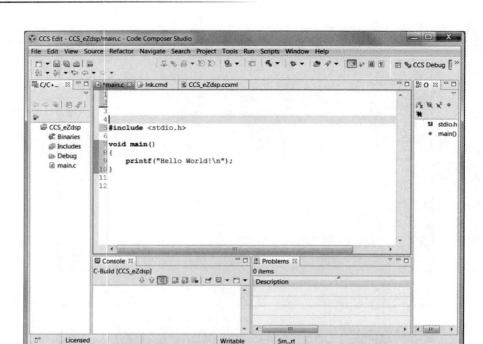

图 1.13　实验 Exp1.1 中的 C 程序

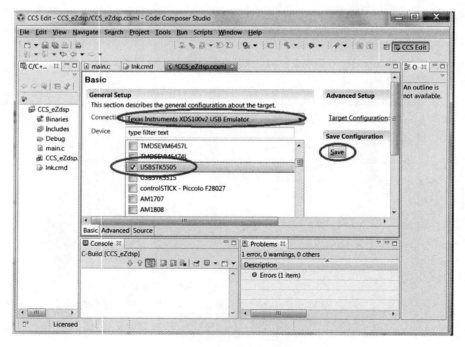

图 1.14　创建目标配置

步骤 4：建立 CCS 环境。通过在项目上单击，打开已经建立的 C5505 项目的属性，CCS_eZdsp→Properties，在 Resource 窗口下，选择和打开 C/C++Build→Setting→Runtime Model Options，然后建立大存储器模型和 16 位指针，如图 1.15 所示。

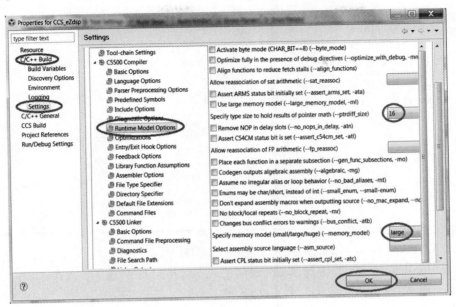

图 1.15　设置 CCS 项目运行环境

步骤 5：增加 C5505 链接器命令文件。采用文本编辑器创建链接器命令文件 c5505.cmd，如表 1.3 所示，这将在之后进行讨论。此文件在配套软件包中可获取到。

表 1.3　链接器命令文件 c5505.cmd

- stack	0x2000		/* 主堆栈大小 */
- sysstack	0x1000		/* 二级堆栈大小 */
- heap	0x2000		/* 堆区大小 */
- c			/* 使用 C 链接约定：运行时刻自动初始化变量 */
- u _Reset			/* 强制加载复位中断处理程序 */
MEMORY			
{			
MMR	(RW)	: origin = 0000000h length = 0000c0h	/* MMRs */
DARAM	(RW)	: origin = 00000c0h length = 00ff40h	/* 片上 DARAM */
SARAM	(RW)	: origin = 0030000h length = 01e000h	/* 片上 SARAM */
SAROM_0	(RX)	: origin = 0fe0000h length = 008000h	/* 片上 ROM 0 */
SAROM_1	(RX)	: origin = 0fe8000h length = 008000h	/* 片上 ROM 1 */
SAROM_2	(RX)	: origin = 0ff0000h length = 008000h	/* 片上 ROM 2 */
SAROM_3	(RX)	: origin = 0ff8000h length = 008000h	/* 片上 ROM 3 */

续表

```
    }

    SECTIONS
    {
        vectors (NOLOAD)
        .bss            : > DARAM              / * Fill = 0 * /
        vector          : > DARAM              ALIGN = 256
        .stack          : > DARAM
        .sysstack       : > DARAM
        .sysmem         : > DARAM
        .text           : > SARAM
        .data           : > DARAM
        .cinit          : > DARAM
        .const          : > DARAM
        .cio            : > DARAM
        .usect          : > DARAM
        .switch         : > DARAM
    }
```

步骤 6：将 CCS 与目标器件进行连接。选择 View → Target Configurations 打开 Target Configuration 窗口，选择实验目标，右击，启动目标配置，然后在 USB Emulator 0/C55xx 上右击，并选择 Connect Target，见图 1.16。

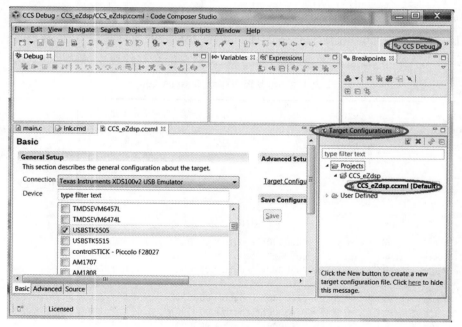

(a) 打开Target Configuration窗口

图 1.16　将 CCS 连接到目标器件 C5505 eZdsp

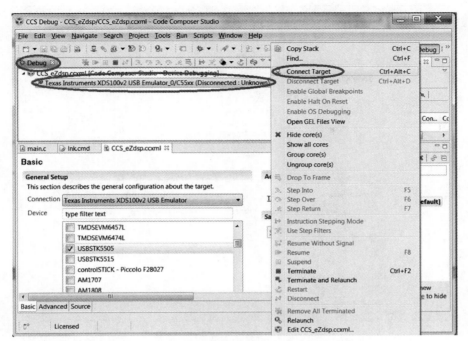

(b) 将CCS连接到目标器件

图 1.16 （续）

步骤 7：建立、载入和运行实验。选择 Project→Build All,在建立完成并且没有错误之后,选择 Run→Load→Load Program 载入可执行的程序,见图 1.17。当 CCS 提示程序已经被载入,导航至项目文件夹并从 Debug 文件夹载入 C5505 可执行文件（例如,CCS_eZdsp. out）。

如表 1.3 所示,链接器命令文件 c5505. cmd,定义了 C55xx 系统目标器件的存储器,并说明了程序存储区、数据存储区和 I/O 存储区的位置。链接器命令文件也描述了存储块的起始位置和每一块的长度。更多关于链接器命令文件说明的硬件信息可见 C5505 数据手册[20]。表 1.4 列出用于实验 Exp1.1 的文件。

表 1.4 Exp1.1 实验中的文件列表

文 件	描 述
main. c	用于实验的 C 源文件
c5505. cmd	链接器命令文件

实验过程如下：

（1）按照本节给出的实验步骤,创建一个 Exp1.1 的 CSS 工作区。

（2）从项目中移走链接器命令文件 c5505. com。重建实验。这将会显示一个警告信息。因为,当丢失链接器文件时,将采用了默认设置来映射程序和数据至处理器的存储空间。CCS 产生这些警告信息。

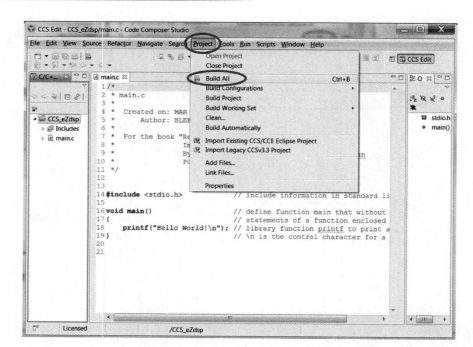

(a) 建立CCS项目

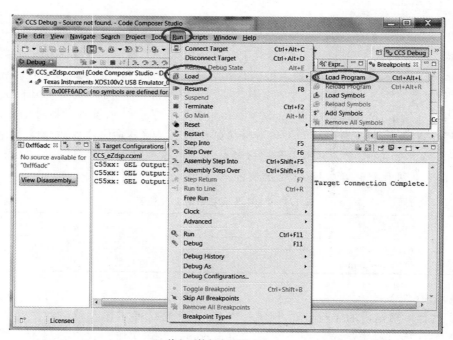

(b) 载入可执行文件至eZdsp

图 1.17 采用 CCS 建立、载入和运行实验

（3）载入 CCS_eZdsp.out，采用 Step Over(F6)浏览运行程序。然后，实验 CCS 的 Reload Program 再次载入程序。程序计数器（光标）的位置在哪里？

（4）采用 Resume(F8)，而不是 Step Over(F6)来再次运行程序。在控制台显示窗口将显示什么？观察与第 3 步的不同之处。

（5）在运行程序后，使用 Restart 和 Resume(F8)来再次运行程序。在控制台显示窗口将显示什么？

1.5.2　C 文件 I/O 函数

可以采用 C 文件 I/O 函数来存取 ASCII 格式或二进制格式的数据文件，这些文件包含模拟 DSP 应用的输入信号。二进制文件对于存储和存取来说更为有效，而 ASCII 数据格式则更便于用户阅读和检查。在实际应用中，数字化的数据文件经常以二进制格式进行存储以便减小存储的要求。本节将介绍 CCS 库提供的 C 文件 I/O 函数。

CCS 支持标准 C 库函数，例如 fopen、fclose、fread、fwrite，进行文件 I/O 操作。这些 C 文件 I/O 函数可以移植到其他开发环境中。

C 语言支持不同的数据类型。为了提高程序的可移植性，采用唯一的类型定义头文件 tistdtypes.h 来说明数据类型以避免歧义。

表 1.5 列出了采用 fopen、fclose、fread 和 fwrite 函数的 C 程序。输入数据是一个以二进制文件存储的线性 PCM（脉冲码调制）音频信号。由于 C55xx CCS 文件 I/O 库仅仅支持字节格式二进制数据（char，8 位），16 位 PCM 数据文件采用 sizeof(char)来读取，输出波形（WAV）数据文件通过 CCS 以字节格式进行写出[21-23]。对于 16 位短整形数据类型，每一个数据读或数据写需要两次存储访问。如表 1.5 所示，程序以字节单元来读和写 16 位二进制数。为了在计算机上运行此程序，数据存储可以改为其原本数据类型 sizeof(short)。此实验的输出文件是一个 WAV 文件，可以被很多音频播放器进行播放。注意，WAV 文件格式支持几种不同文件类型和采样率。用于此实验的文件列于表 1.6。

表 1.5　采用文件 I/O 函数的 C 程序 fielIO.c

```
#include < stdio.h >
#include < stdlib.h >
#include "tistdtypes.h"
Uint8 waveHeader[44] = {                      /* WAV 文件头的 44 字节 */
      0x52, 0x49, 0x46, 0x46, 0x00, 0x00, 0x00, 0x00,
      0x57, 0x41, 0x56, 0x45, 0x66, 0x6D, 0x74, 0x20,
      0x10, 0x00, 0x00, 0x00, 0x01, 0x00, 0x01, 0x00,
      0x40, 0x1F, 0x00, 0x00, 0x80, 0x3E, 0x00, 0x00,
      0x02, 0x00, 0x10, 0x00, 0x64, 0x61, 0x74, 0x61,
      0x00, 0x00, 0x00, 0x00};
#define SIZE 1024
Uint8 ch[SIZE];                               /* 声明用于实验的 char[1024]数组 */

void main()
```

```
{
    FILE * fp1, * fp2;                              /* 文件指针 */
    Uint32 i;                                       /* 用作计数器的无符号长整型数 */
    printf("Exp. 1.2 --- file IO\n");
    fp1 = fopen("..\\data\\C55DSPUSBStickAudioTest.pcm", "rb");
                                                    /* 打开输入文件 */
    fp2 = fopen("..\\data\\C55DSPUSBStickAudioTest.wav", "wb");   /* 打开输出文件 */
    if (fp1 == NULL)                                /* 检查是否存在输入文件 */
    {
        printf("Failed to open input file 'C55DSPUSBStickAudioTest.pcm'\n");
        exit(0);
    }
    fseek(fp2, 44, 0);                              /* 前进输出文件指针 44 字节 */
    i = 0;
    while (fread(ch, sizeof(Uint8), SIZE, fp1) == SIZE)
                                                    /* 读入 SIZE 输入数据字节 */
    {
        fwrite(ch, sizeof(Uint8), SIZE, fp2);       /* 向输出文件写 SIZE 数据字节 */
        i += SIZE;
        printf("% ld bytes processed\n", i);        /* 显示正在处理的数据数量 */
    }
    waveHeader[40] = (Uint8)(i&0xff);               /* 向 WAV 头更新尺寸参数 */
    waveHeader[41] = (Uint8)(i >> 8)&0xff;
    waveHeader[42] = (Uint8)(i >> 16)&0xff;
    waveHeader[43] = (Uint8)(i >> 24)&0xff;
    waveHeader[4] = waveHeader[40];
    waveHeader[5] = waveHeader[41];
    waveHeader[6] = waveHeader[42];
    waveHeader[7] = waveHeader[43];

    rewind(fp2);                                    /* 调整输出文件指针到开始处 */
    fwrite(waveHeader, sizeof(Uint8), 44, fp2);     /* 向输出文件写 WAV 头的 44 字节 */

    fclose(fp1);                                    /* 关闭输入文件 */
    fclose(fp2);                                    /* 关闭输出文件 */

    printf("\nExp. completed\n");
}
```

表 1.6 Exp1.2 实验中的文件列表

文件	描述
fileIOTest. c	测试 C 文件 I/O 的程序文件
tistdtypes. h	数据类型定义头文件
c5505. cmd	链接器命令文件
C55DSPUSBStickAudioTest. pcm	用于实验的音频数据文件

实验过程如下：

（1）创建实验 Exp1.2 的 CSS 工作区。

（2）采用 fileIO 作为项目名称，创建 C5505 项目。

（3）将 fileIOTest.c、tistdtypes.h 和 c5505.cmd 从配套软件包中复制到实验文件夹中。

（4）在实验文件夹中创建数据文件夹，并将输入文件 C55DSPUSB-StickAudioTest.pcm 放到数据文件夹中。

（5）采用 16 位数据格式和大型运行支持库 rts55x.lib 建立 CCS 项目和调制环境。

（6）为了使用 eZdsp，建立目标配置文件 fileIO.ccxml。

（7）建立和载入实验可执行文件。运行实验来产生输出音频文件 C55DSPUSBStickAudioTest.wav，保存在数据文件夹。采用音频播放器播放此音频文件。

（8）修改实验，以便其能完成以下任务：

① 读取输入数据文件 C55DSPUSBStickAudioTest.pcm，并且以 ASCII 整型格式写出输出文件 C55DSPUSBStickAudioTest.xls（或其他不是.xls 格式的文件格式）（提示：采用 fprintf 代替 fwrite 函数）。

② 采用 Microsoft Excel（或其他软件，如 MATLAB）打开文件，选择数据列，打印音频的波形。

（9）修改实验，读取由上一步创建的 C55DSPUSBStickAudioTest.xls 作为输入文件，并且将其以 WAV 文件的形式写出。播放此 WAV 文件来验证其正确性。

1.5.3　eZdsp 的用户界面

交互用户界面有助于开发实时 DSP 应用。它提供了一种灵活性，来改变运行参数而不需要停止执行、修改、重新编译和返回程序。这项特性对于由很多 C 程序和预先建立库组成的大规模项目显得尤为重要。在本实验中，采用 scanf 函数来从 CCS 控制台窗口得到交互输入参数。本书还介绍了通常使用的 CCS 调试方法，包括软件断点、观察处理器内存和程序变量、图解。

表 1.7 列出了使用 fscan 函数的 C 程序，通过 CCS 控制台窗口读取用户参数。此程序读取参数并验证它们的值。程序将采用默认值代替无效值。此实验有三个用户定义参数：增益 g、采样频率 sf 和运行时间周期 p。用于实验的文件列于表 1.8。

表 1.7　带有交互用户界面的 C 程序 UITest.c

```
# include < stdio.h >
# include "tistdtypes.h"

# define SIZE 48
Int16 dataTable[SIZE];

void main()
{
```

```c
/* 预先产生的正弦波数据,16 位有符号样本 */
Int16 table[SIZE] = {
  0x0000, 0x10b4, 0x2120, 0x30fb, 0x3fff, 0x4dea, 0x5a81, 0x658b,
  0x6ed8, 0x763f, 0x7ba1, 0x7ee5, 0x7ffd, 0x7ee5, 0x7ba1, 0x76ef,
  0x6ed8, 0x658b, 0x5a81, 0x4dea, 0x3fff, 0x30fb, 0x2120, 0x10b4,
  0x0000, 0xef4c, 0xdee0, 0xcf06, 0xc002, 0xb216, 0xa57f, 0x9a75,
  0x9128, 0x89c1, 0x845f, 0x811b, 0x8002, 0x811b, 0x845f, 0x89c1,
  0x9128, 0x9a76, 0xa57f, 0xb216, 0xc002, 0xcf06, 0xdee0, 0xef4c
};

Int16 g, p, i, j, k, n, m;
Uint32 sf;

printf("Exp. 1.3 --- UI\n");

printf("Enter an integer number for gain between ( - 6 and 29)\n");
scanf (" % d", &g);

printf("Enter the sampling frequency, select one: 8000, 12000,16000, 24000 or 48000\n");
scanf (" % ld", &sf);

printf("Enter the playing time duration (5 to 60)\n");
scanf (" % i", &p);

if ((g < - 6) || (g > 29))
{
    printf("You have entered an invalid gain\n");
    printf("Use default gain = 0dB\n");
    g = 0;
}
else
{
    printf("Gain is set to % ddB\n", g);
}
if ( (sf == 8000) || (sf == 12000) || (sf == 16000) || (sf == 24000) || (sf == 48000))
{
    printf("Sampling frequency is set to % ldHz\n", sf);
}
else
{
    printf("You have entered an invalid sampling frequency\n");
    printf("Use default sampling frequency = 48000 Hz\n");
    sf = 48000;
}
```

```
    if ((p < 5) || (p > 60))
    {
        printf("You have entered an invalid playing time\n");
        printf("Use default duration = 10s\n");
        p = 10;
    }
    else
    {
        printf("Playing time is set to %ds\n", p);

    }
    for (i = 0; i < SIZE; i ++)
        dataTable[i] = 0;

    switch (sf)
    {
        case 8000:
            m = 6;
            break;
        case 12000:
            m = 4;
            break;
        case 16000:
            m = 3;
            break;
        case 24000:
            m = 2;
            break;
        case 48000:
        default:
            m = 1;
            break;
    }

    for (n = k = 0, i = 0; i < m; i ++)        //填充数据表
    {
        for (j = k; j < SIZE; j += m)
        {
            dataTable[n ++] = table[j];
        }
        k++;
    }

    printf("\nExp. completed\n");
}
```

表 1.8　Exp1.3 实验中的文件列表

文　件	描　述
UITest. c	测试用户界面的程序文件
tistdtypes. h	数据类型定义头文件
c5505. cmd	链接器命令文件

　　CCS 具有很多内建工具，包括用于调试、测试和评估程序的软件断点、观察窗口和图解。当程序到达软件断点，在此处将停止程序执行。CCS 将保留此时的处理器寄存器和系统存储器值，用于用户检查结果。通过双击指令左侧边栏来设置断点。图 1.18 显示了在行号 110 处设置的断点。一旦程序运行到此断点，将停止，然后用户可以跳过程序语句；若在这一行包含另一个函数，则将跳入这个函数中。断点可以通过双击断点本身进行移除。

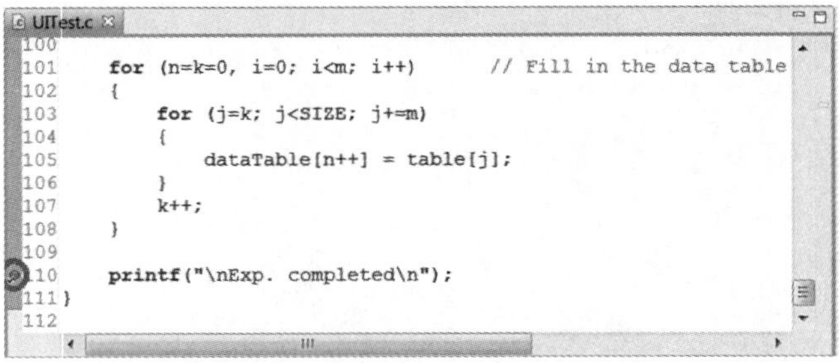

```
100
101    for (n=k=0, i=0; i<m; i++)        // Fill in the data table
102    {
103        for (j=k; j<SIZE; j+=m)
104        {
105            dataTable[n++] = table[j];
106        }
107        k++;
108    }
109
110    printf("\nExp. completed\n");
111 }
112
```

图 1.18　设置软件断点

　　一旦程序命中断点，可以采用观察窗口来检查寄存器和数据变量。例如，从 CCS 菜单选择 View→Variables，然后使用 CCS 观察特性来显示数据变量，例如 g 和 sf，见图 1.19；还可以观察存储在存储器中的数据变量。为了观察存储器，可以从 View→Memory Browser 打开存储器观察窗口。图 1.20 显示了 CCS 存储器观察窗口，含有存储在数据存储器地址 0x2E9D 中 dataTable[size]数据值。

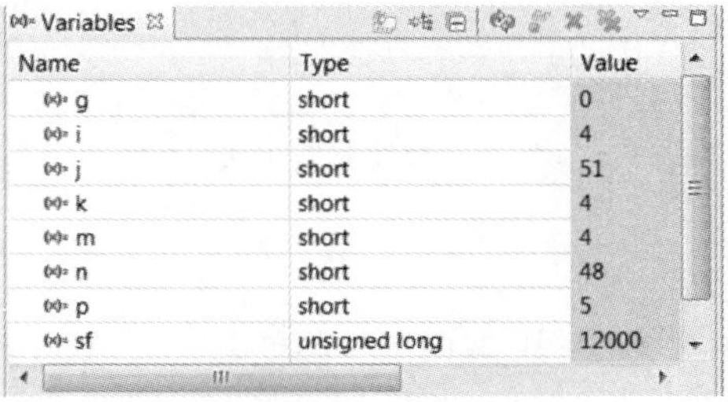

Name	Type	Value
g	short	0
i	short	4
j	short	51
k	short	4
m	short	4
n	short	48
p	short	5
sf	unsigned long	12000

图 1.19　变量观察窗口

　　也可以使用 CCS 图形工具绘制数据进行可视化检查。在这个实验中，选择 Tool→Gragh→Single Time，激活绘制工具。打开图形属性设置对话窗口，Acquisition Buffer 设置为 48(表示大小)，选择 Data Type 为 16 位有符号整型数(基于数据类型)，设置数据 Start

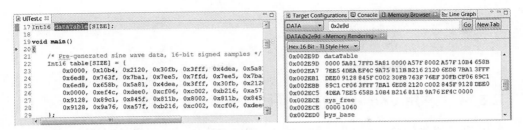

图 1.20　存储器观察窗口

Address 为 dataTable(数据存储器地址),最后设置 Display Data Size 为 48。图 1.21 显示了存储在 16 位整型数组 dataTable[size]的正弦数据图形。

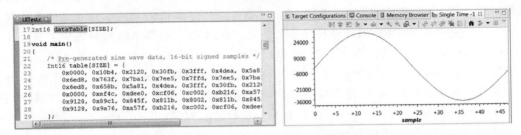

图 1.21　采用图形工具绘制数据样本

实验过程如下:

(1) 创建 CSS 项目,设置项目建立和调试环境,采用 UI 为项目名称。

(2) 创建 C 源文件 UITest.c,如表 1.7 所示,其可在配套软件包中得到。增加链接器命令文件 c5505.cmd 和头文件 tistdtypes.h。

(3) 将 eZdsp 连接到计算机,设置恰当的 eZdsp 的目标配置。建立和载入实验的可执行程序。

(4) 执行单步操作来检查程序。

(5) 在 UITest.c 中设置一些软件断点,步进整个程序来观察 g、sf 和 p 的变量值。

(6) 重新运行实验,使用 CCS 图形工具来绘制存储在数组 dataTable[ ]中的数据,分别在 8000Hz、12 000Hz、16 000Hz、32 000Hz 和 48 000Hz 的采样频率下,显示这些图并对比它们的不同。

(7) 建立 CCS 变量观察窗口,检查还有什么数据类型能够被观察窗口所支持。改变数据类型并检查观察窗口是怎样显示不同数据类型的。

(8) 对于建立观察窗口,怎样找到变量存储器的地址? 同时,建立数据和变量观察窗口,单步执行整个程序,观察变量是怎样更新的以及如何在观察窗口中显示的。

(9) 通过直接编辑存储器位置,在 CCS 中可以修改存储器中的数据值。尝试改变变量值并重新运行程序。

(10) CCS 能够绘制不同类型图形。选择图形参数采用以下设置,在相同窗口绘制数组

data：

① 在图上增加 x-y 轴标识。

② 在图上增加格点。

③ 将显示从线改为大方形。

1.5.4 采用 eZdsp 的音频回放

采用 CCS 或诸如 C5505 eZdsp 硬件设备,前面实验中的 C 程序可以在 C55xx 仿真器上执行。在本实验中,采用 eZdsp 来进行实时实验。C5505 eZdsp 具有一个标准的 USB 接口,能够连接主机来进行程序开发、调试、算法评估和分析、实时演示。

CCS 有很多实用的支持函数和程序,包括设备驱动,特别为 C55xx 处理器和 eZdsp 编制的。后者来自 CD 的安装,包括含有 C55xx 芯片支持库文件的 C55xx_csl 文件夹以及含有 eZdsp 板支持库文件的 USBSTK_bsl 文件夹。在附录 C 中给出的实验提供了芯片支持库和板支持库的详细描述。在本实验中,修改 Exp1.3 中的用户接口实验,采用 C55xx 板支持库和芯片支持库来控制音频播放。此实验采用 eZdsp 播放音频声音,允许用户在 CCS 控制台窗口控制输出音量、采样频率和播放时间。用户接口 C 程序 playToneTest.c 要求用户输入实验的三个参数：增益(gain)、采样频率(sf)和时间间隔(playtime)。在接收到用户参数后,程序产生音表,调用函数 tone 采用 eZdsp 来实时播放声音。

在用户参数传给列于表 1.9 中的函数 tone 后,它调用函数 USBSTK5505_init 来初始化 eZdsp,函数 AIC3204 来初始化模拟接口芯片 AIC3204,一旦使能后,AIC3204 将工作在用户说明的采样频率下,将数字信号转换为模拟形式,并向连接的耳机或扬声器以用户说明的输出音量发出立体声声音。表 1.10 列出了实验使用的文件。

表 1.9 实时声音回放的 C 程序 tone.c

```
# define AIC3204_I2C_ADDR 0x18
# include "usbstk5505.h"
# include "usbstk5505_gpio.h"
# include "usbstk5505_i2c.h"
# include < stdio.h >

extern void aic3204_tone_headphone();
extern void tone(Uint32, Int16, Int16, Uint16, Int16 * );
extern void Init_AIC3204(Uint32 sf, Int16 gDAC, Uint16 gADC);

void tone(Uint32 sf, Int16 playtime, Int16 gDAC, Uint16 gADC, Int16
* sinetable)
{
    Int16 sec, msec;
    Int16 sample, len;

    /* 初始化 BSL */
```

```
USBSTK5505_init();

/* 为 GPIO 模式设置 A20_MODE */
CSL_FINST(CSL_SYSCTRL_REGS -> EBSR, SYS_EBSR_A20_MODE, MODE1);

/* 使用 GPIO 使能 AIC3204 芯片 */
USBSTK5505_GPIO_init();
USBSTK5505_GPIO_setDirection(GPIO26, GPIO_OUT);
USBSTK5505_GPIO_setOutput( GPIO26, 1);        /* 使 AIC3204 芯片脱离复位 */

/* 初始化 I2C */
USBSTK5505_I2C_init();

/* 初始化 AIC3204 */
Init_AIC3204(sf, gDAC, gADC);

/* 初始化 I2S */
USBSTK5505_I2S_init();

switch (sf)
{
  case 8000:
      len = 8;
      break;
  case 12000:
      len = 12;
      break;
  case 16000:
      len = 16;
      break;
  case 24000:
      len = 24;
      break;
  case 48000:
  default:
      len = 48;
      break;
}
/* 播放音信号 */
for ( sec = 0; sec < playtime; sec ++)
{
  for ( msec = 0; msec < 1000; msec++)
  {
    for ( sample = 0; sample < len; sample++)
    {
            /* 写 16 位左声道数据 */
```

续表

```
            USBSTK5505_I2S_writeLeft( sinetable[sample] );
            /* 写 16 位右声道数据 */
            USBSTK5505_I2S_writeRight(sinetable[sample]);
          }
        }
      }

      USBSTK5505_I2S_close();                 //禁止 I2S
      AIC3204_rset( 1, 1);                    //复位 codec

      USBSTK5505_GPIO_setOutput( GPIO26, 0);  //禁止 AIC3204
    }
```

表 1.10　Expl.4 实验中的文件列表

文　件	描　　述
playToneTest. c	测试 eZdsp 实时声音产生的程序文件
tone. c	声音产生的 C 源文件
initAIC3204. c	初始化 AIC3204 的 C 源文件
tistdtypes. h	数据类型定义头文件
c5505. cmd	链接器命令文件
C55xx_csl. lib	C55xx 芯片支持库
USBSTK_bsl. lib	eZdsp 板支持库

eZdsp 使用 TLV320AIC3204 模拟接口芯片进行 A/D 和 D/A 转换。此实验使用函数 initAIC3204 来设置 AIC3204 寄存器，以便进行由用户输入的采样频率和增益值的设定。采样频率采用以下公式进行计算

$$f_s = \frac{\mathrm{MCLK} \times \mathrm{JD} \times R}{P \times \mathrm{NDAC} \times \mathrm{MDAC} \times \mathrm{DOSR}} \qquad (1.8)$$

其中，主时钟 MCLK＝12MHz，JD＝7.168(J 和 D 是 AIC3204 的两个寄存器，本实验设置寄存器 J 为整数 7，寄存器 D 为小数部分的 168)。如果预置其他寄存器 $R=1$，NDAC＝2，MDAC＝7，DOSR＝128，可以改变 P 的值来设置不同的采样率。例如，通过从 1，2，3，4 和 6 来改变 P，我们能配置 AIC3204 分别工作在 48kHz、24kHz、16kHz、12kHz 和 8kHz 采样频率下。TLV320AIC3204 数据手册[24] 提供了一些设置这些不同采样率参数的例子。

实验过程如下：

(1) 创建实验文件夹 Exp1.4，将实验软件复制到工作目录，包括文件夹 playTone 和子文件夹 src、lib、C55x_csl 和 USBSTK_bsl 中的所有文件。

(2) 启动 CSS，为 CCS 实验导入现存的项目工作空间。

(3) 打开 playTone 项目的属性，检查 C/C++ Build Setting。Include Options 应包括 C55x_csl ..\C55xx_csl\inc 和 USBSTK_bsl ..\USBSTK_bsl\inc 路径。Runtime Model Options 应采用 16 位和大存储器模型进行设置。

(4) 将 eZdsp 连接到主机上，并将扬声器或耳机连接到 eZdsp。

（5）使用 Build All 命令重建程序、载入程序，并采用用户参数：增益、采样频率和声音播放时间来运行程序。采用这三个不同的参数值重做实验，并观察不同。

1.5.5 采用 eZdsp 的音频回送

前面的音频回放实验是为逐个采样处理而编写的，每一次只处理数字信号的一个采样样本。实际上数据样本也可以采用逐块处理的方式分组进行处理。当处理器采用逐个样本方案处理数据，处理器或许经常处于空闲状态以便等待下一个样本到达：在处理完一个样本，处理器必须等待下一个输入样本。空闲时间取决于采样频率和每一个样本需要的处理时间。逐个样本处理的优点是短暂的处理延迟。然而，考虑到数据 I/O 由于等待输入样本的时间消耗，逐个样本处理的效率不是很高。与之对比，逐块信号处理采用直接存储器存取（DMA）来进行数据传输，与输出处理操作是并行执行。这样的系统能够极大地减少 I/O 消耗以获得最大处理效率。逐个样本处理和逐块处理之间的权衡在于最小化处理延迟和最大化处理效率之间的考虑。很多 DSP 系统采用多线程操作系统，因此，经常采用块处理的方式对应用进行编程。

本实验使用 eZdsp 采用逐块处理的方式进行实时音频回送。信号缓冲器大小为 XMIT_BUFF_SIZE，对于不同应用可调整成不同大小。音频源可以是麦克风或音频播放器。音频源采用立体声线缆连接到 eZdsp 音频输入 STEREO IN 插孔（J2）。处理的音频样本通过连接到 eZdsp 音频输出 HP OUT 插孔（J3）的耳机或扬声器进行播放。为了采用逐块处理，使用 DMA 来传输输入和输出音频数据样本。采样率采用 AIC3204 进行设置。C5505 DMA 管理 C5505 和 AIC3204 之间的数据传递。

表 1.11 列出了实验使用的主要程序。首先，设置 DMA 和 AIC3204，然后开始将音频输入回送至输出。音频路径设置成左右音频立体声通道。程序采用标识来识别哪一个通道（左或右）信号来自 AIC3204。每一个通道采用两个相同长度的 DMA 数据缓冲器。这样的双缓冲器方法常用于块信号处理中。当 AIC3204 正填充其中一个 DMA 数据缓冲器时，C5505 处理器处理另外一个缓冲器中的数据。一旦处理完成，DMA 控制器将切换缓冲器以便进行下一次 DMA 传输。DMA 通道标识用于管理哪一个 DMA 缓冲器将被使用。这样的 Ping-pong 缓冲方案能够避免存储器读写冲突。Ping-pong 缓冲器机制将引入一定缓冲延迟。此延迟时间等于缓冲器中的数据样本数乘以采样周期。如果数据缓冲器含有 48 个样本，采样频率为 48kHz，则缓冲器引入的时间延迟为 0.01s。[①]

表 1.11 实时音频回送程序 audioLoopTest. c

```
# include < stdio. h >
# include "tistdtypes. h"
# include "i2s. h"
# include "dma. h"
```

---

① 此处原书计算有误，按照书中说明，计算结果应为 0.001s。——译者注

续表

```c
# include "dmaBuff.h"

# define XMIT_BUFF_SIZE      256
Int16 XmitL1[XMIT_BUFF_SIZE];         /* DMA 使用相同的缓冲区名称,不重命名 */

Int16 XmitR1[XMIT_BUFF_SIZE];
Int16 XmitL2[XMIT_BUFF_SIZE];
Int16 XmitR2[XMIT_BUFF_SIZE];

Int16 RcvL1[XMIT_BUFF_SIZE];
Int16 RcvR1[XMIT_BUFF_SIZE];
Int16 RcvL2[XMIT_BUFF_SIZE];
Int16 RcvR2[XMIT_BUFF_SIZE];

Int16 dsp_process(Int16 * input, Int16 * output, Int16 size);

extern void AIC3204_init(Uint32, Int16, Int16);

# define IER0 *      (volatile unsigned * )0x0000

# define SF48KHz     48000
# define SF24KHz     24000
# define SF16KHz     16000
# define SF12KHz     12000
# define SF8KHz      8000

# define DAC_GAIN    3           //3dB 范围： - 6dB～29dB
# define ADC_GAIN    0           //0dB 范围：0dB～46dB

void main(void)
{
    Int16 status, i;

    //在运行实验之前,请输出缓冲器
    for (i = 0; i < XMIT_BUFF_SIZE; i++)
    {

        XmitL1[i] = XmitL2[i] = XmitR1[i] = XmitR2[i] = 0;
        RcvL1[i] = RcvL2[i] = RcvR1[i] = RcvR2[i] = 0;
    }

    setDMA_address();               //为每个缓冲器建立 DMA 地址
    asm(" BCLR ST1_INTM");          //禁止中断
    IER0 = 0x0110;                  //DMA 中断使能
```

```
      set_i2s0_slave();                                  //设置 I2S
      AIC3204_init(SF48KHz, DAC_GAIN, (Uint16)ADC_GAIN); //设置 AIC3204enable_i2s0();

      enable_dma_int();                                  //设置并使能 DMA
      set_dma0_ch0_i2s0_Lout(XMIT_BUFF_SIZE);
      set_dma0_ch1_i2s0_Rout(XMIT_BUFF_SIZE);
      set_dma0_ch2_i2s0_Lin(XMIT_BUFF_SIZE);
      set_dma0_ch3_i2s0_Rin(XMIT_BUFF_SIZE);

      status = 1;
      while (status)                                     //如果设置 status,无限循环来进行演示
      {
        if((leftChannel == 1) || (rightChannel == 1))
        {
          leftChannel = 0;
          rightChannel = 0;
          if ((CurrentRxL_DMAChannel == 2) || (CurrentRxR_DMAChannel == 2))
          {
            status = dsp_process(RcvL1, XmitL1, XMIT_BUFF_SIZE);
            status = dsp_process(RcvR1, XmitR1, XMIT_BUFF_SIZE);
          }
          else
          {
            status = dsp_process(RcvL2, XmitL2, XMIT_BUFF_SIZE);
            status = dsp_process(RcvR2, XmitR2, XMIT_BUFF_SIZE);
          }
        }
      }
}


//模拟 DSP 函数
Int16 dsp_process(Int16 * input, Int16 * output, Int16 size)
{
    Int16 i;

    for(i = 0; i < size; i++)
    {
      * (output + i) = * (input + i);
    }
    return 1;
}
```

在本实验中，函数 dsp_process 从输入缓冲器中向输出缓冲器简单地进行数据复制。在随后的实验中，将采用其他 DSP 函数，例如实时实验中的数字滤波器，来代替此函数。汇编程序 vector.asm 处理 C5505 系统的实时中断。TMS320C5505 体系结构和汇编语言程序的介绍见附录 C。用于实验的文件列在表 1.12 中。

表 1.12　Exp1.5 实验中的文件列表

文　件	描　述
audioLoopTest.c	测试实时音频回送的程序文件
vector.asm	中断向量的汇编源文件
c5505.cmd	链接器命令文件
tistdtypes.h	数据类型定义头文件
dma.h	DMA 函数和变量定义的 C 头文件
dmaBuff.h	DMA 缓冲器定义的 C 头文件
i2s.h	I2S 函数和变量定义的 C 头文件
Ipva200.inc	C55xx 汇编包含文件
myC55xUtil.lib	实验支持库：DMA 和 I2S 函数

实验过程如下：

（1）从配套软件包中复制实验软件到工作目录，导入现存项目。

（2）将 eZdsp 连接到主机上。将扬声器或耳机连接到 eZdsp HP OUT 插孔上。将诸如 MP3 播放器之类的音频源连接到 eZdsp STEREO IN 插孔上。

（3）使用 CCS 建立项目、载入可执行程序，并运行实验。

（4）修改实验以便左输出声道将输出左右声道输入信号的和，而右输出声道将输出左右声道输入信号的差。（提示：修改函数 dsp_process。）

（5）修改音频回送实验，以便其运行在 8000Hz 或其他的采样频率下。

（6）编写新的函数来产生一个 1000Hz 的音。修改实验以便使其在左输出声道回送输入音频，而在右输出声道输出 1000Hz 音。

习题

1.1　假设一个模拟音频信号带宽限制在 10kHz：

（1）从离散时间采样中完成良好模拟信号恢复的最小采样频率是多少？

（2）如果采用 8kHz 的采样频率，将会发生什么？

（3）如果采样频率是 50kHz，将会发生什么？

（4）当采样率为 50kHz，每隔一个样本只取走一个（即 2 倍抽取），新信号的采样频率是多少？是否会造成混叠？

1.2　参考例 1.1。假设我们必须存储 50ms 数字信号，在以下情况需要多少样本？(1)窄带通信系统 $f_s = 8$kHz；(2)宽带通信系统 $f_s = 16$kHz；(3)音频 CD $f_s = 44.1$kHz；

（4）专业音频系统 $f_s = 48\text{kHz}$。

1.3 假设人耳的动态范围约为 100dB，人类能够听到的最高频率为 20kHz。对于高端数字音频系统设计者，需要多大的转换器和采样率？当设计采用 16 位转换器、44.1kHz 采样率，需要多少位来存储一分钟的音乐？

1.4 语音文件（timit_1.asc）使用 16 位 ADC，采用以下采样率之一进行数字化：8kHz、12kHz、16kHz、24kHz 或 32kHz。使用 MATLAB 播放它并找到正确的采样率。这可以通过运行 Exercises 目录下的 MATLAB 程序 exercise_4.m 来做到。此脚本在 8kHz、12kHz、16kHz、24kHz 和 32kHz 下播放文件。在程序暂停后按 Enter 键继续。正确的采样率是多少？

1.5 混叠是由于使用违反采样定理的不正确采样率造成的。以下 MATLAB 脚本产生一个啁声信号，其中 fl 和 fh 分别是啁声信号中的下限频率和上限频率，采样频率 fs 为 800Hz。编辑和运行 MATLAB 脚本，聆听和绘制信号。如果 fs 改变为 200Hz，将会发生什么？为什么？

```
fl = 0;                     % 低频
fh = 200;                   % 高频
fs = 800;                   % 采样频率
n = 0:1/fs:1;               % 1 秒数据
phi = 2 * pi * (fl * n + (fh - fl) * n. * n/2);
y = 0.5 * sin(phi);
sound(y, fs);
plot(y)
```

参考文献

1. Oppenheim, A. V. and Schafer, R. W. (1989) Discrete-Time Signal Processing, Prentice Hall, Englewood Cliffs, NJ.

2. Orfanidis, S. J. (1996) Introduction to Signal Processing, Prentice Hall, Englewood Cliffs, NJ.

3. Proakis, J. G. and Manolakis, D. G. (1996) Digital Signal Processing—Principles, Algorithms, and Applications, 3rd edn, Prentice Hall, Englewood Cliffs, NJ.

4. Bateman, A. and Yates, W. (1989) Digital Signal Processing Design, Computer Science Press, New York.

5. Kuo, S. M. and Morgan, D. R. (1996) Active Noise Control Systems—Algorithms and DSP Implementations, John Wiley & Sons, New York.

6. McClellan, J. H., Schafer, R. W., and Yoder, M. A. (1998) DSP First: A Multimedia Approach, 2nd edn, Prentice Hall, Englewood Cliffs, NJ.

7. ITU Recommendation (2012) G.729, Coding of Speech at 8 kbit/s Using Conjugate-Structure Algebraic-Code-Excited Linear-Prediction (CS-ACELP), June.

8. ITU Recommendation (2006) G.723.1, Dual Rate Speech Coder for Multimedia Communications Transmitting at 5.3 and 6.3 kbit/s, May.

9. ITU Recommendation (1988) G. 722, 7kHz Audio-Coding Within 64 kbit/s, November.

10. 3GPP TS (2002) 26. 190, AMRWideband Speech Codec: Transcoding Functions, 3GPP Technical Specification, March.

11. ISO/IEC (2006) 13818-7, MPEG-2 Generic Coding of Moving Pictures and Associated Audio Information, January.

12. ISO/IEC 11172-3 (1993) Coding of Moving Pictures and Associated Audio for Digital Storage Media at up to About 1. 5 Mbit/s—Part 3: Audio, August.

13. ITU Recommendation (1988) G. 711, Pulse Code Modulation (PCM) of Voice Frequencies, November.

14. Zack, S. and Dhanani, S. (2004) DSP Co-processing in FPGA: Embedding High-performance, Low-cost DSP Functions, Xilinx White Paper, WP212.

15. Kuo, S. M. and Gan, W. S. (2005) Digital Signal Processors—Architectures, Implementations, and Applications, Prentice Hall, Upper Saddle River, NJ.

16. Lapsley, P., Bier, J., Shoham, A., and Lee, E. A. (1997) DSP Processor Fundamentals: Architectures and Features, IEEE Press, Piscataway, NJ.

17. Berkeley Design Technology, Inc. (2000) The Evolution of DSP Processor, BDTi White Paper.

18. Berkeley Design Technology, Inc. (2000) Choosing a DSP Processor, White Paper.

19. Frantz, G. and Adams, L. (2004) The three Ps of value in selecting DSPs. Embedded System Programming, October. Available at: http://staging. embedded. com/design/configurable-systems / 4006435/The-three-Ps-ofvalue-in-selecting-DSPs (accessed May 9, 2013).

20. Texas Instruments, Inc. (2012) TMS320C5505 Fixed-Point Digital Signal Processor Data Sheet, SPRS660E, January.

21. IBM and Microsoft (1991) Multimedia Programming Interface and Data Specification 1. 0, August.

22. Microsoft (1994) New Multimedia Data Types and Data Techniques, Rev. 1. 3, August.

23. Microsoft (2002) Multiple Channel Audio Data and WAVE Files, November.

24. Texas Instruments, Inc. (2008) TLV320AIC3204 Data Sheet, SLOS602A, October.

第 2 章

DSP 基础及实现要点

本章介绍数字滤波器和算法的基本 DSP 原理和实际实现要点[1-4]。DSP 实现,特别采用定点处理器,由于量化和算术误差的原因,需要进行特殊的考虑。

2.1　数字信号和系统

本节简要介绍一些本书中使用的数字信号和系统的基本概念。

2.1.1　基本数字信号

数字信号是一序列的数 $x(n)$,$-\infty < n < \infty$,其中整数 n 是时域索引。可以将信号分为确定型和随机型两类。例如:正弦信号这种确定信号可以采用数学形式进行表示;而语言和噪声这种随机信号不能采用公式进行明确的描述。本节将介绍一些基本的确定信号以及频率的概念,而随机信号将在 2.3 节进行介绍。

单位冲激信号表示为

$$\delta(n) = \begin{cases} 1, & n = 0 \\ 0, & n \neq 0 \end{cases} \tag{2.1}$$

其中,$\delta(n)$ 也称为 Kronecker delta 函数。单位冲激信号对于 DSP 系统特性的测量、建模和分析非常有用。

单位阶跃信号表示为

$$u(n) = \begin{cases} 1, & n \geqslant 0 \\ 0, & n < 0 \end{cases} \tag{2.2}$$

此函数对于描述因果信号非常方便,是实时 DSP 系统中最为常见的信号。例如,$x(n)u(n)$ 清楚地定义了一个因果信号 $x(n)$ 以便对于 $n < 0$ 时,$x(n) = 0$。

正弦信号(也称为"正弦")可以采用简单的数学公式进行表示。例如,模拟正弦波可以表示为

$$x(t) = A\sin(\Omega t + \phi) = A\sin(2\pi ft + \phi) \tag{2.3}$$

其中,A 是正弦波的幅度,f 是频率,表示每秒多少周期(赫兹或 Hz)。

$$\Omega = 2\pi f \tag{2.4}$$

表示每秒多少弧度(rad/s)的频率，ϕ 是以弧度表示的初始相位。

对定义在式(2.3)中的正弦信号进行采样，可形成表示如下的数字正弦波：

$$x(n) = A\sin(\Omega nT + \phi) = A\sin(2\pi fnT + \phi) \tag{2.5}$$

其中，$T = 1/f_s$ 是以秒为单位的采样周期，f_s 是以 Hz 为单位的采样率(或采样频率)。此数字信号也可以表示为

$$x(n) = A\sin(\omega n + \phi) = A\sin(F\pi n + \phi) \tag{2.6}$$

其中

$$\omega = \Omega T = \frac{2\pi f}{f_s} \tag{2.7}$$

是以每采样弧度表示的数字频率，和

$$F = \frac{\omega}{\pi} = \frac{f}{(f_s/2)} \tag{2.8}$$

是以每采样周期数表示的归一化数字频率。

这些模拟和数字频率变量的单位、关系和范围总结在表 2.1 中。模拟信号的采样会形成模拟频率变量 f(或 Ω)映射到数字频率变量 ω(或 F)的有限范围内。基于式(1.3)的采样定理，数字信号的最高频率是 $f = f_s/2$、$\omega = \pi$ 或 $F = 1$。因此，数字信号的频率成分被限制在如表 2.1 所示的限定范围内。

表 2.1 四种频率变量的单位、关系和范围

变量	单 位	关 系	范 围
Ω	弧度每秒	$\Omega = 2\pi f$	$-\infty < \Omega < \infty$
f	每秒周期数(Hz)	$f = \dfrac{\Omega}{2\pi} = \dfrac{\omega f_s}{2\pi}$	$-\infty < f < \infty$
ω	每采样弧度	$\omega = \Omega T = \dfrac{2\pi f}{f_s}$	$-\pi \leqslant \omega \leqslant \pi$
F	每采样周期数	$F = \dfrac{f}{(f_s/2)} = \dfrac{\omega}{\pi}$	$-1 \leqslant F \leqslant 1$

【例 2.1】 采用 MATLAB[5-7] 产生 32 个正弦波样本，$A = 2$，$f = 1000\text{Hz}$，以及 $f_s = 8000\text{Hz}$。

根据表 2.1，有 $\omega = 2\pi f/f_s = 0.25\pi$。根据式(2.6)，可以将正弦波表示为 $x(n) = 2\sin(0.25\pi n)$，$n = 0, 1, \cdots, 31$。绘制产生的正弦波样本(如图 2.1)，并且由以下 MATLAB 脚本(example2_1.m)采用 ASCII 格式保存到数据文件中：

```
n = [0:31];                  % 时域索引 n = 0,1, …,31
omega = 0.25 * pi;           % 数字频率
xn = 2 * sin(omega * n);     % 正弦波产生
plot(n, xn, '-o');           % 样本用'o'标注
xlabel('Time index, n');
```

```
ylabel('Amplitude');
axis([0 31 - 2 2]);            % 定义打印范围
save sine.dat xn - ascii;      % 保存为 ASCII 数据文件
```

在代码中，MATLAB 函数 save 采用八位 ASCII 格式来保存变量 xn。此 ASCII 文件可以被其他 MATLAB 脚本采用函数 load 进行读取。Save 和 load 函数的默认格式是扩展名为 mat 的二进制 MAT 文件。

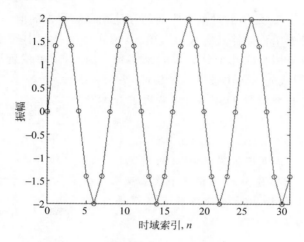

图 2.1　正弦波的例子，$A=2$ 和 $\omega=0.25\pi$

2.1.2　数字系统的框图表示

DSP 系统对信号进行规定的操作。可以将数字信号的处理描述为三种基本操作的组合：加法（或减法）、乘法和时间移位（或延迟）。这样，DSP 系统由三种基本元件的互连组成：加法器、乘法器和延迟单元。

两个信号 $x_1(n)$ 和 $x_2(n)$ 可以如图 2.2 所示进行相加，其加法器输出表示为

$$y(n) = x_1(n) + x_2(n) \tag{2.9}$$

加法器可以画成多于两个输入的多输入加法器，但是在实际 DSP 系统中，一次加法典型地对两个信号进行操作。

一个给定的信号可以乘以缩放因子 α，如图 2.3 所示，其中 $x(n)$ 是乘法器输入，乘法器输出为

$$y(n) = \alpha x(n) \tag{2.10}$$

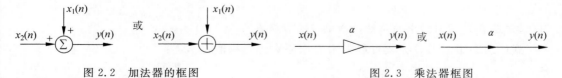

图 2.2　加法器的框图　　　　　　　　　　图 2.3　乘法器框图

序列采用增益因子 α 进行相乘,使得序列中的所有样本被缩放 α。如果 $|\alpha|>1$,则输出被放大;如果 $|\alpha|<1$,则被衰减。

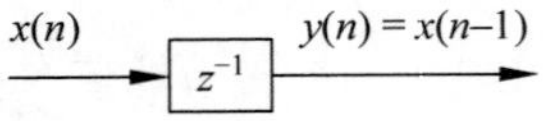

$$x(n) \xrightarrow{\quad} \boxed{z^{-1}} \xrightarrow{\quad} y(n) = x(n-1)$$

图 2.4 单位延迟的框图

信号 $x(n)$ 可以被延迟一个采样周期 T 的时间,如图 2.4 所示,其中标记为 z^{-1} 的盒子表示单位延迟,$x(n)$ 是输入信号,输出为

$$y(n) = x(n-1) \tag{2.11}$$

实际上,信号 $x(n-1)$ 是当前时刻 n 之前的存储在存储器中的前一个信号样本。因此,在数字系统中很容易采用存储器来实现延迟单元,但在模拟系统中却是很难实现的。多于一个单位的延迟可以采用级联几个延迟单元来实现。因此,L 单位延迟需要 $L+1$ 个存储位置,在存储器中配置成先入先出缓冲器结构(抽头延迟线)。

【例 2.2】 考虑一个简单 DSP 系统,采用差分方程进行描述

$$y(n) = ax(n) + bx(n-1) + cx(n-2) \tag{2.12}$$

其中 a、b 和 c 是实数。采用三种基本模块的系统信号流图见图 2.5,它显示输出信号 $y(n)$ 采用三个乘法和两个加法进行计算。式(2.12)给出的差分方程定义了系统的 I/O 关系,因此也称为 I/O 方程。

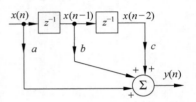

图 2.5 由式(2.12)描述的 DSP 系统的信号流图

2.2 系统概念

本节介绍描述和分析线性时不变(LTI)数字系统的基本概念和技术。

2.2.1 LTI 系统

如果 LTI 系统的输入信号是定义在式(2.1)中的单位冲激信号 $\delta(n)$,那么输出信号 $y(n)$ 是系统的冲激响应 $h(n)$。

【例 2.3】 考虑一个采用 I/O 方程定义的数字系统:

$$y(n) = b_0 x(n) + b_1 x(n-1) + b_2 x(n-2) \tag{2.13}$$

在系统的输入上施加单位冲激信号 $\delta(n)$,输出 $y(n)$ 是系统冲激响应 $h(n)$,可以表示如下:

$$h(0) = y(0) = b_0 \cdot 1 + b_1 \cdot 0 + b_2 0 = b_0$$
$$h(1) = y(1) = b_0 \cdot 0 + b_1 \cdot 1 + b_2 0 = b_1$$
$$h(2) = y(2) = b_0 \cdot 1 + b_1 \cdot 0 + b_2 1 = b_2$$
$$h(3) = y(3) = b_0 \cdot 0 + b_1 \cdot 0 + b_2 0 = 0$$

因此,定义在式(2.13)中的系统冲激响应为 $\{b_0, b_1, b_2, 0, 0, \cdots\}$。

式(2.13)中的 I/O 方程可以采用 L 个系数进行一般化描述:

$$y(n) = b_0 x(n) + b_1 x(n-1) + \cdots + b_{L-1} x(n-L+1) = \sum_{l=0}^{L-1} b_l x(n-l) \tag{2.14}$$

将 $x(n) = \delta(n)$ 代入式(2.14)，输出是冲激响应，表达为

$$h(n) = \sum_{l=0}^{L-1} b_l \delta(n-l) = \begin{cases} b_n, & n = 0,1,\cdots,L-1 \\ 0, & \text{其他} \end{cases} \tag{2.15}$$

因此，对于定义在式(2.14)的系统的冲激响应长度为 L。此系统被称为有限冲激响应 (FIR)滤波器。参数 $b_l, l = 0, 1, \cdots, L-1$，是滤波器系数(也称为滤波器权重或抽头)。对于 FIR 滤波器，滤波器系数与冲激响应的非零样本相一致。

采用 I/O 方程(2.14)描述的系统信号流图见图 2.6。字符串 z^{-1} 单元是抽头延迟线。参数 L 是 FIR 滤波器长度。注意对于长度为 L 的 FIR 滤波器，它的阶数是 $L-1$，这是由于存在 $L-1$ 个零点。FIR 滤波器的设计与实现将在第 3 章进一步讨论。

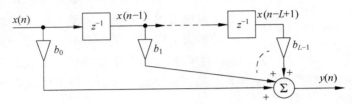

图 2.6　FIR 滤波器的详细信号流图

滑动(移动)平均滤波器是一种简单 FIR 滤波器的例子。考虑 L 点滑动平均滤波器，定义为

$$y(n) = \frac{1}{L}[x(n) + x(n-1) + \cdots + x(n-L+1)] = \frac{1}{L}\sum_{l=0}^{L-1} x(n-l) \tag{2.16}$$

其中，每一个输出信号样本是当前和过去的输入信号 L 个连续样本的平均。式(2.16)的实现需要 $(L-1)$ 次加法，以及在存储缓冲器中存储 $x(n)$，$x(n-1)$，$\cdots$，$x(n-L+1)$ 信号样本的 L 个存储位置。因为大多数数字信号处理器具有硬件乘法器，除以常数 L 可以采用乘以常数 α 来实现，其中 $\alpha = 1/L$。

滑动窗口的示意图如图 2.7 所示，其中时刻 n 处于矩形窗的 L 个信号样本用于计算当前输出信号 $y(n)$。对比时刻 n 和时刻 $n-1$ 的窗，时刻 $n-1$ 窗中最旧样本 $x(n-L)$ 会被时刻 n 时的窗中最新样本 $x(n)$ 所代替，剩下的 $L-1$ 个样本与时刻 $n-1$ 时前一个窗计算 $y(n-1)$ 使用的样本是相同的。因此，平均信号 $y(n)$ 可以采用递归进行计算为

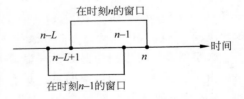

图 2.7　在当前时刻 n 和前一个时刻 $n-1$ 的时间窗口

$$y(n) = y(n-1) + \frac{1}{L}[x(n) - x(n-L)] \tag{2.17}$$

此递归方程仅需要两个加法就可以实现。将其与式(2.16)的直接实现需要 $L-1$ 个加法相比较，递归方程(2.17)表明利用仔细的设计(或优化)，可以降低系统(或算法)的复杂性。然

而，仍然需要 $L+1$ 个存储位置来保持 $L+1$ 个信号样本 $\{x(n), x(n-1), \cdots, x(n-L)\}$。

考虑如图2.8所示的LTI系统，其输出信号可以表示为

$$y(n) = x(n) * h(n) = h(n) * x(n)$$

$$= \sum_{l=-\infty}^{\infty} x(l)h(n-l) = \sum_{l=-\infty}^{\infty} h(l)x(n-l) \qquad (2.18)$$

其中 $*$ 表示线性卷积运算。系统的确切内部结构是未知或可忽略的。与系统进行交互的唯一方式是通过其输入和输出端进行，如图2.8所示。此"黑盒"表示对于描绘复杂的DSP系统是非常有效的。

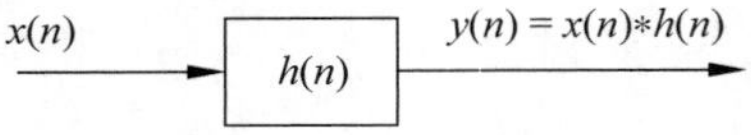

$x(n) \longrightarrow \boxed{h(n)} \longrightarrow y(n) = x(n)*h(n)$

图2.8　在时域表示的LTI系统

当且仅当

$$h(n) = 0, \quad n < 0 \qquad (2.19)$$

数字系统是因果系统。因果系统不能提供先于输入施加的零态响应，即：输出仅仅依赖于当前输入和过去输入样本。对于实时DSP系统，这是明显的属性。然而，假如数据是存储在一个文件中的以前的数字化信号，对这样数据集运算的算法不需要是因果的。对于因果系统，为了反映这种限制，式(2.18)可以修改为

$$y(n) = \sum_{l=0}^{\infty} h(l)x(n-l) \qquad (2.20)$$

【例2.4】　考虑一个数字系统的I/O方程，表示为

$$y(n) = bx(n) - ay(n-1) \qquad (2.21)$$

其中，每一个输出信号 $y(n)$ 依赖于当前输入信号 $x(n)$ 和过去的输出信号 $y(n-1)$。假设系统是因果的，即对于 $n<0, y(n)=0$，输入是单位冲激信号，即 $x(n)=\delta(n)$。计算输出信号（冲激响应）样本为

$$y(0) = bx(0) - ay(-1) = b$$

$$y(1) = bx(1) - ay(0) = -ay(0) = -ab$$

$$y(2) = bx(2) - ay(1) = -ay(1) = a^2b$$

一般地，$h(n) = y(n) = (-1)^n a^n b$, $n = 0, 1, 2, \cdots, \infty$。如果系数 a 和 b 非零，此系统具有无限冲激响应 $h(n)$，因此称为无限冲激响应(IIR)系统。

数字滤波器可以归为FIR滤波器或IIR滤波器，取决于滤波器的冲激响应是有限或无限。由于定义在式(2.21)中的系统具有无限冲激响应，如例2.4所示，它是一个IIR滤波器。IIR系统的通用I/O方程可以表示为

$$y(n) = b_0 x(n) + b_1 x(n-1) + \cdots + b_{L-1} x(n-L+1) - a_1 y(n-1) - \cdots - a_M y(n-M)$$

$$= \sum_{l=0}^{L-1} b_l x(n-l) - \sum_{m=1}^{M} a_m y(n-m) \qquad (2.22)$$

其中，M 是系统的阶数。此IIR系统由一套前馈系数 $\{b_l, l=0, 1, \cdots, L-1\}$ 和一套反馈系数 $\{a_m, m=1, 2, \cdots, M\}$ 进行定义。由于权重 (a_m) 输出样本反馈并与权重 (b_l) 输入样本进行组合，IIR系统是一个反馈系统。注意，如果所有的 a_m 为零，式(2.22)与定义FIR滤波器

的式(2.14)是一致的。因此,FIR 滤波器是当所有反馈系数 a_m 为零时的 IIR 滤波器的一种特例。IIR 滤波器的设计与实现将在第 4 章进一步讨论。

【例 2.5】　式(2.22)所给的 IIR 滤波器可以采用 MATLAB 函数 filter 来实现

```
yn = filter(b,a,xn);
```

向量 b 包含前馈系数 $\{b_l, l=0, 1, \cdots, L-1\}$,向量 a 包含反馈系数 $\{a_m, m=0, 1, 2, \cdots, M,$ 其中 $a_0=1\}$。信号向量 xn 和 yn 分别是系统的输入和输出缓冲。定义在式(2.15)的 FIR 滤波器可以采用如下函数实现:

```
yn = filter(b,1,xn);
```

这是因为对于 FIR 滤波器,除了 $a_0=1$,所有的 a_m 为零。

【例 2.6】　假设窗长度 L 足够大,以便最旧样本 $x(n-L)$ 可以采用其平均值 $y(n-1)$ 来近似;那么定义在式(2.17)中的滑动平均滤波器可以近似为

$$y(n) \cong \left(1 - \frac{1}{L}\right)y(n-1) + \frac{1}{L}x(n)$$
$$= (1-\alpha)y(n-1) + \alpha x(n) \tag{2.23}$$

其中,$\alpha=1/L$。这是一个简单的一阶 IIR 滤波器。比较式(2.23)和式(2.17),需要两次乘法而不是一次,但仅仅需要两个存储位置而不是 $L+1$ 个。这样,对于近似滑动平均滤波器,递归方程(2.23)是最有效的技术。

2.2.2　z 变换

连续时间系统通常采用拉普拉斯变换进行设计和分析,这将在第 4 章中进行简要介绍。对于离散时间系统,对应于拉普拉斯变换的变换为 z 变换。定义数字信号 $x(n)$ 的 z 变换为

$$X(z) = \sum_{n=-\infty}^{\infty} x(n)z^{-n} \tag{2.24}$$

其中,$X(z)$ 表示 $x(n)$ 的 z 变换。变量 z 是复数,可以采用极坐标形式进行表示

$$z = re^{j\theta} \tag{2.25}$$

其中,r 是 z 的幅度(半径),θ 是 z 的角度。当 $r=1$,$|z|=1$ 被称为 z 平面上的单位圆。由于 z 变换包含无穷幂级数,它仅存在于定义在式(2.24)中的幂级数收敛处的那些 z 值。幂级数收敛的复数 z 平面的区域称为收敛区。

对于因果信号,定义在式(2.24)中的双边 z 变换变为单边 z 变换,表示为

$$X(z) = \sum_{n=0}^{\infty} x(n)z^{-n} \tag{2.26}$$

【例 2.7】　考虑指数函数

$$x(n) = a^n u(n)$$

可以计算其 z 变换为

$$X(z) = \sum_{n=-\infty}^{\infty} a^n z^{-n} u(n) = \sum_{n=0}^{\infty} (az^{-1})^n$$

采用附录 A 中的无穷等比级数,有

$$X(z) = \frac{1}{1-az^{-1}} = \frac{z}{z-a}, \quad |az^{-1}| < 1$$

这样收敛的等效条件(或收敛区)为

$$|z| > |a|$$

这是在半径为 a 的圆外面区域。

一些 z 变换的性质有助于分析离散时间 LTI 系统,这些性质总结如下:

(1) 线性(叠加):两个序列和的 z 变换(ZT)是单个序列 z 变换的和,即

$$ZT[a_1 x_1(n) + a_2 x_2(n)] = a_1 ZT[x_1(n)] + a_2 ZT[x_2(n)]$$

$$= a_1 X_1(z) + a_2 X_2(z) \tag{2.27}$$

其中,a_1 和 a_2 是常数。

(2) 时移(延迟):移位(延迟)信号 $y(n) = x(n-k)$ 的 z 变换为

$$Y(z) = ZT[x(n-k)] = z^{-k} X(z) \tag{2.28}$$

例如 $ZT[x(n-1)] = z^{-1} X(z)$,单位延迟 z^{-1} 对应于一个样本向右的时移。

(3) 卷积:考虑信号 $x(n)$ 是两个序列的线性卷积

$$x(n) = x_1(n) * x_2(n) \tag{2.29}$$

有

$$X(z) = X_1(z) X_2(z) \tag{2.30}$$

这样,z 变换将时域的线性卷积转换为 z 域的乘积。

2.2.3 传递函数

考虑图 2.8 所示的 LTI 系统。利用卷积性质,有

$$Y(z) = X(z) H(z) \tag{2.31}$$

其中,$X(z) = ZT[x(n)]$,$Y(z) = ZT[y(n)]$ 以及 $H(z) = ZT[h(n)]$。LTI 系统的时域和 z 域表示见图 2.9,其中 ZT^{-1} 表示逆 z 变化。此图表明可以将时域卷积采用 z 域相乘进行代替,来计算线性系统的输出。

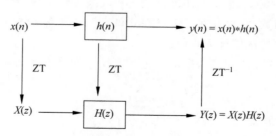

图 2.9　时域和 z 域的 LTI 系统框图

LTI 系统的传递函数采用系统的输入和输出项来进行定义。根据式(2.31),定义传递函数为

$$H(z) = \frac{Y(z)}{X(z)} \tag{2.32}$$

传递函数可以用于创建具有完全相同 I/O 行为的替代滤波器。采用两个或更多低阶系统级联或并联来实现高阶系统就是一个重要的例子,如图 2.10 所示。在图 2.10(a)所示的级联(串联)互连中,有

$$Y_1(z) = X(z)H_1(z) \quad 和 \quad Y(z) = Y_1(z)H_2(z)$$

这样,

$$Y(z) = X(z)H_1(z)H_2(z)$$

因此,两个系统级联的总传递函数为

$$H(z) = H_1(z)H_2(z) = H_2(z)H_1(z) \tag{2.33}$$

由于乘法是可交换的,这两个系统可以以任何顺序来级联,以获得相同的总系统。对于实际应用,采用级联结构的 IIR 滤波器的实现将在第 4 章讨论。

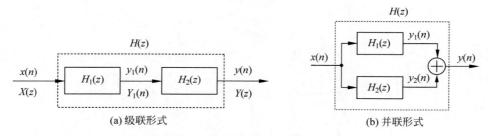

图 2.10　数字系统的互连

同样地,图 2.10(b)中的两个 LTI 系统并联的总传递函数表示如下:

$$H(z) = H_1(z) + H_2(z) \tag{2.34}$$

在实际的 IIR 滤波应用中,可以进行因式分解将高阶滤波器分成小的部分,例如二阶或一阶滤波器,并且采用级联形式。IIR 滤波器的并联和级联实现的概念将在第 4 章中进一步进行讨论。

【例 2.8】　具有以下传递函数的 LTI 系统:

$$H(z) = \frac{1}{1 - 2z^{-1} + z^{-3}}$$

可以因式分解为

$$H(z) = \left(\frac{1}{1 - z^{-1}}\right)\left(\frac{1}{1 - z^{-1} - z^{-2}}\right) = H_1(z)H_2(z)$$

这样,总系统函数 $H(z)$ 可以实现为一阶系统 $H_1(z) = 1/(1 - z^{-1})$ 和二阶系统 $H_2(z) = 1/(1 - z^{-1} - z^{-2})$ 的级联形式。

FIR 滤波器的 I/O 方程在式(2.14)中给出。对两边的 z 变换,采用式(2.28)的延迟性质,有

$$Y(z) = b_0 X(z) + b_1 z^{-1} X(z) + \cdots + b_{L-1} z^{-(L-1)} X(z)$$

$$= (b_0 + b_1 z^{-1} + \cdots + b_{L-1} z^{-(L-1)}) X(z) \tag{2.35}$$

因此，FIR 滤波器的传递函数表示为

$$H(z) = b_0 + b_1 z^{-1} + \cdots + b_{L-1} z^{-(L-1)} = \sum_{l=0}^{L-1} b_l z^{-l} \tag{2.36}$$

同样地，对式(2.22)定义的 IIR 滤波器的两边进行 z 变换得到

$$Y(z) = b_0 X(z) + b_1 z^{-1} X(z) + \cdots + b_{L-1} z^{-(L-1)} X(z)$$

$$- a_1 z^{-1} Y(z) - \cdots - a_M z^{-M} Y(z)$$

$$= \left(\sum_{l=0}^{L-1} b_l z^{-l} \right) X(z) - \left(\sum_{m=1}^{M} a_m z^{-m} \right) Y(z) \tag{2.37}$$

通过重新整理这些项，能够推导出 IIR 滤波器的传递函数为

$$H(z) = \frac{\displaystyle\sum_{l=0}^{L-1} b_l z^{-l}}{1 + \displaystyle\sum_{m=1}^{M} a_m z^{-m}} = \frac{\displaystyle\sum_{l=0}^{L-1} b_l z^{-l}}{\displaystyle\sum_{m=0}^{M} a_m z^{-m}} \tag{2.38}$$

其中，$a_0 = 1$。对于 $M = L - 1$ 的 IIR 滤波器详细的信号流图见图 2.11。

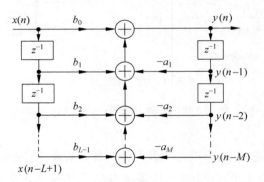

图 2.11　IIR 滤波器的详细信号流图

【例 2.9】　考虑式(2.16)所给的滑动平均滤波器。两边进行 z 变换，有

$$Y(z) = \frac{1}{L} \sum_{l=0}^{L-1} z^{-1} X(z)$$

采用附录 A 定义的等比级数，滤波器的传递函数可以表示为

$$H(z) = \frac{Y(z)}{X(z)} = \frac{1}{L} \sum_{l=0}^{L-1} z^{-l} = \frac{1}{L} \left[\frac{1 - z^{-L}}{1 - z^{-1}} \right] \tag{2.39}$$

整理此式，有

$$Y(z) = z^{-1} Y(z) + \frac{1}{L} \left[X(z) - z^{-L} X(z) \right]$$

对其两边进行逆 z 变换，可得

$$y(n) = y(n-1) + \frac{1}{L}\big[x(n) - x(n-L)\big] \tag{2.40}$$

这与从式(2.16)推导出式(2.17)的常规方法结果一样。

2.2.4　极点和零点

对有理函数 $H(z)$ 的分子分母多项式进行因式分解,式(2.38)可以表示为

$$H(z) = b_0 \frac{\prod_{l=1}^{L-1}(z-z_l)}{\prod_{m=1}^{M}(z-p_m)} = \frac{b_0(z-z_1)(z-z_2)\cdots(z-z_{L-1})}{(z-p_1)(z-p_2)\cdots(z-p_M)} \tag{2.41}$$

分子多项式的根就是传递函数 $H(z)$ 的零点,这是由于它们是使 $H(z)=0$ 时 z 的值。这样,式(2.41)给出的 $H(z)$ 在 $z=z_1,z_2,\cdots,z_{L-1}$ 处具有 $(L-1)$ 个零点。分母多项式的根是极点,这是由于它们是使 $H(z)=\infty$ 时 z 的值,在 $z=p_1,p_2,\cdots,p_M$ 处具有 M 个极点。定义在式(2.41)中的 LTI 系统是 M 阶的极点-零点系统,而由式(2.36)描述的系统是 $(L-1)$ 阶的全零点系统。

【例 2.10】　定义在式(2.39)中的分子多项式的根决定了 $H(z)$ 的零点,即 $z^L-1=0$。采用附录 A 给出的复数算术,有

$$z_l = e^{j(2\pi/L)l}, \quad l = 0,1,\cdots,L-1 \tag{2.42}$$

因此,在单位圆 $|z|=1$ 上等间距地存在 L 个零点。

同样地,$H(z)$ 的极点由分母 $z^{L-1}(z-1)$ 的根来决定。这样,在原点 $z=0$ 处有 $L-1$ 个极点,在 $z=1$ 处有一个极点。对于 $L=8$ 的 $H(z)$ 的复数 z 平面上的极点-零点图见图 2.12。注意在 $z=1$ 处的极点被 $z=1$ 处的零点所抵消掉。因此,式(2.39)定义的滑动平均滤波器是一个全零点(FIR)滤波器。

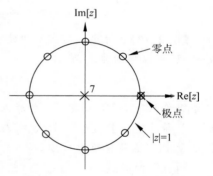

图 2.12　滑动平均滤波器的极点-零点图,$L=8$

极点-零点图提供了分析 LTI 系统属性的重要手段。为了求出有理函数 $H(z)$ 的极点和零点,我们可以在分子和分母多项式上都使用 MATLAB 函数 roots。另一个有助于分析传递函数的 MATLAB 函数是 zplane(b, a),它会显示 $H(z)$ 的极点-零点图。

【例 2.11】　考虑具有以下传递函数的 IIR 滤波器:

$$H(z) = \frac{1}{1 - z^{-1} + 0.9z^{-2}}$$

我们可以采用以下 MATLAB 程序(example2_11a.m)绘制极点-零点图(图 2.13):

```
b = [1];            %定义分子
a = [1, -1, 0.9];   %定义分母
zplane(b,a);        %零点-极点绘制
```

同样地,可以采用以下 MATLAB 程序(example2_11b)绘制滑动平均滤波器的极点-零点图,$L=8$:

```
b = [1,0,0,0,0,0,0,0, -1];
a = [1, -1];
zplane(b,a);
```

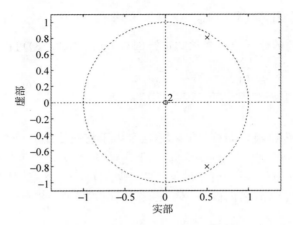

图 2.13 MATLAB 产生的极点-零点图

【例 2.12】 考虑式(2.23)中给出的滑动平均滤波器的递归近似。两边都进行 z 变换，并整理，可以得到传递函数

$$H(z) = \frac{\alpha}{1 - (1-\alpha)z^{-1}} \tag{2.43}$$

这是简单的一阶 IIR 滤波器，在原点处有一个零点，在 $z = 1-\alpha$ 处有一个极点。注意 $\alpha = 1/L$ (L 等于窗口长度)，则 $1-\alpha = (L-1)/L$，其略小于 1。这样，对于长窗，L 很大，$1-\alpha$ 将接近于 1，极点将接近单位圆。

当且仅当极点

$$| p_m | < 1, \quad \text{对于所有 } m \tag{2.44}$$

LTI 系统 $H(z)$ 是稳定的。在这种情况下，$\lim_{n\to\infty} h(n) = 0$，即冲激响应将收敛至零。如果 $H(z)$ 存在任何在单位圆外的极点或者在单位圆上的多阶极点，则系统是不稳定的。例如，如果 $H(z) = z/(z-1)^2$，$h(n) = n$，此系统是不稳定的。如果 $H(z)$ 具有位于单位圆上的一阶极点，并且其他极点位于单位圆内，则系统是勉强稳定的，或者处于振荡边缘。例如，如果 $H(z) = z/(z+1)$，$h(n) = (-1)^n$，$n \geqslant 0$，此系统是勉强稳定的。

【例 2.13】 考虑具有以下传递函数的 LTI 系统

$$H(z) = \frac{z}{z-a}$$

在原点 $z = 0$ 处有一个零点，在 $z = a$ 处有一个极点。根据例 2.7，有

$$h(n) = a^n, \quad n \geqslant 0 \tag{2.45}$$

当 $|a| > 1$ 时，在 $z = a$ 处的极点处于单位圆外。同样，根据式(2.45)，有 $\lim_{n\to\infty} h(n) \to \infty$，这时系统是不稳定的。然而，当 $|a| < 1$ 时，极点处于单位圆内，有 $\lim_{n\to\infty} h(n) \to 0$，这时系统是稳定的。

2.2.5　频率响应

数字系统的频率响应 $H(\omega)$ 可以通过令 $z=\mathrm{e}^{\mathrm{j}\omega}$ 从其传递函数 $H(z)$ 中得到。这等效于计算无限长度冲激响应 $h(n)$ 的离散时间傅里叶变换（将在第 5 章中讨论），表示为

$$H(\omega) = H(z)\mid_{z=\mathrm{e}^{\mathrm{j}\omega}} = \sum_{n=-\infty}^{\infty} h(n)\mathrm{e}^{-\mathrm{j}\omega n} \tag{2.46}$$

因此，频率响应 $H(\omega)$ 可以通过计算在单位圆 $|z|=|\mathrm{e}^{\mathrm{j}\omega}|=1$ 上的传递函数来获得。如表 2.1 所示，定义在式（2.7）中的数字频率 ω 处于范围 $-\pi \leqslant \omega \leqslant \pi$。

系统的特性可以采用频率响应进行分析。通常，$H(\omega)$ 是以极坐标形式表示如下的复数值函数

$$H(\omega) = \mathrm{Re}[H(\omega)] + \mathrm{jIm}[H(\omega)] = \mid H(\omega)\mid \mathrm{e}^{\mathrm{j}\phi(\omega)} \tag{2.47}$$

其中

$$\mid H(\omega)\mid = \sqrt{\{\mathrm{Re}[H(\omega)]\}^2 + \{\mathrm{Im}[H(\omega)]\}^2} \tag{2.48}$$

是幅值（幅度）响应，并且

$$\phi(\omega) = \begin{cases} \tan^{-1}\left\{\dfrac{\mathrm{Im}[H(\omega)]}{\mathrm{Re}[H(\omega)]}\right\}, & \mathrm{Re}[H(\omega)] \geqslant 0 \\[3mm] \pi + \tan^{-1}\left\{\dfrac{\mathrm{Im}[H(\omega)]}{\mathrm{Re}[H(\omega)]}\right\}, & \mathrm{Re}[H(\omega)] < 0 \end{cases} \tag{2.49}$$

是系统 $H(z)$ 的相位响应。幅度响应 $\mid H(\omega)\mid$ 是 ω 的偶函数，即 $\mid H(-\omega)\mid = \mid H(\omega)\mid$；相位响应 $\phi(\omega)$ 是奇函数，即 $\phi(-\omega) = -\phi(\omega)$。这样，由于 $\mid H(\omega)\mid$ 关于 $\omega=0$ 是对称（或镜像）的，因此需要在 $0 \leqslant \omega \leqslant \pi$ 区域内评估这些函数。注意，$\mid H(\omega_0)\mid$ 是系统在频率 ω_0 处的增益，而 $\phi(\omega_0)$ 是系统在频率 ω_0 处的相移。

【例 2.14】　二点滑动平均滤波器可以表示为

$$y(n) = \frac{1}{2}[x(n) + x(n-1)] \quad n \geqslant 0$$

在两边进行 z 变换，并整理各项，可以得到

$$H(z) = \frac{1}{2}[1 + z^{-1}]$$

这是简单的一阶 FIR 滤波器。根据式（2.46），有

$$H(\omega) = \frac{1}{2}(1 + \mathrm{e}^{-\mathrm{j}\omega}) = \frac{1}{2}(1 + \cos\omega - \mathrm{j}\sin\omega)$$

$$\mid H(\omega)\mid = \sqrt{\{\mathrm{Re}[H(\omega)]\}^2 + \{\mathrm{Im}[H(\omega)]\}^2} = \sqrt{\frac{1}{2}(1 + \cos\omega)}$$

$$\phi(\omega) = \tan^{-1}\left\{\frac{\mathrm{Im}[H(\omega)]}{\mathrm{Re}[H(\omega)]}\right\} = \tan^{-1}\left(\frac{-\sin\omega}{1 + \cos\omega}\right)$$

根据附录 A，有

$$\sin\omega = 2\sin\left(\frac{\omega}{2}\right)\cos\left(\frac{\omega}{2}\right) \quad 和 \quad \cos\omega = 2\cos^2\left(\frac{\omega}{2}\right) - 1$$

因此，相位响应为

$$\phi(\omega) = \tan^{-1}\left[-\tan\left(\frac{\omega}{2}\right)\right] = -\frac{\omega}{2}$$

对于表示在式(2.38)中的传递函数 $H(z)$，以向量 b 和 a 分别给出其分子和分母系数，可以采用以下 MATLAB 函数来分析频率响应：

```
[H,w] = freqz(b,a)
```

其返回复数频率响应向量 H 和频率向量 w。注意函数 freqz(b，a)将绘制 $H(z)$ 的幅度响应和相位响应。

【例 2.15】 考虑定义为以下的 IIR 滤波器

$$y(n) = x(n) + y(n-1) - 0.9y(n-2)$$

传递函数为

$$H(z) = \frac{1}{1 - z^{-1} + 0.9z^{-2}}$$

MATLAB 程序(example2_15a.m)进行此 IIR 滤波器的幅度响应和相位响应的分析，列出如下：

```
b = [1];a = [1, -1,0.9];        % 定义分子和分母
freqz(b,a);                     % 绘制幅度相位响应
```

同样地，可以采用以下程序(example2_15b.m)绘制 $L=8$ 的滑动平均滤波器的幅度和相位响应(见图 2.14)：

```
b = [1,0,0,0,0,0,0,0, -1];      a = [1, -1];
freqz(b,a);
```

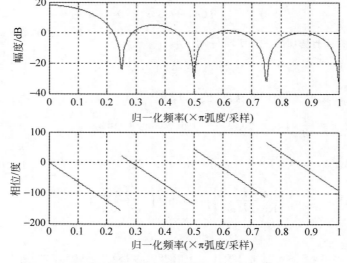

图 2.14 滑动平均滤波器的幅度响应(上)和相位响应，$L=8$

　　获得 LTI 系统的简要频率响应的一种有效方法是基于极点和零点的几何评价。例如，考虑表示为如下的二阶 IIR 滤波器

$$H(z) = \frac{b_0 + b_1 z^{-1} + b_2 z^{-2}}{1 + a_1 z^{-1} + a_2 z^{-2}} \qquad (2.50)$$

其中滤波器系数为实数值。特征方程

$$z^2 + a_1 z + a_2 = 0 \qquad (2.51)$$

的根是滤波器的两个极点，其或许都是实数或者复数-共轭极点。复数共轭极点可以表示为

$$p_1 = re^{j\theta} \quad \text{和} \quad p_2 = re^{-j\theta} \qquad (2.52)$$

其中，r 是极点的半径，θ 是极点的角。因此，式(2.51)变为

$$(z - re^{j\theta})(z - re^{-j\theta}) = z^2 - 2r\cos(\theta)z + r^2 = 0 \qquad (2.53)$$

将式(2.53)与式(2.52)比较，可以得到

$$r = \sqrt{a_2} \quad \text{和} \quad \theta = \cos^{-1}\left(\frac{-a_1}{2r}\right) \qquad (2.54)$$

　　式(2.52)所给出的复数共轭极点对的系统如图 2.15 所示。此滤波器的行为表现为 r 接近于 1 的数字谐振器。数字谐振器是通带中心位于谐振频率 θ 的带通滤波器。这将在第 4 章中进一步进行讨论。

　　同样地，可以通过计算 $b_0 z^2 + b_1 z + b_2 = 0$ 来获得两个零点。这样，定义在式(2.50)中的传递函数可表示为

$$H(z) = \frac{b_0(z - z_1)(z - z_2)}{(z - p_1)(z - p_2)} \qquad (2.55)$$

在这种情况下，频率响应由下式给出

$$H(\omega) = \frac{b_0(e^{j\omega} - z_1)(e^{j\omega} - z_2)}{(e^{j\omega} - p_1)(e^{j\omega} - p_2)} \qquad (2.56)$$

当点 z 在单位圆上以逆时针方向从 $z=1(\theta=0)$ 移动到 $z=-1(\theta=\pi)$ 时，通过计算 $|H(\omega)|$ 得到幅度响应。当点 z 移动接近极点 p_1 时，幅度响应上升。r 越接近 1，就越陡峭，尖峰就越高。另一方面，当点 z

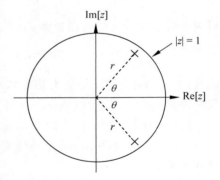

图 2.15　具有复数共轭极点的二阶 IIR 滤波器

接近零点 z_1 时，幅度响应下降。幅度响应在极点角(或频率)处呈现一个尖峰，而在零点处幅度响应下降到一个低谷。例如，图 2.12 显示了位于 $\theta = \pi/4$、$\pi/2$、$3\pi/4$ 和 π 处的四个零点，对应于图 2.14 中的四个低谷。

2.2.6　离散傅里叶变换

　　为了进行 $x(n)$ 的频率分析，可以采用式(2.26)定义的 z 变换将时域信号转换到频域，在 $X(z)$ 中替换 $z = e^{j\omega}$，如式(2.46)所示。然而，$X(\omega)$ 是连续频率 ω 的连续函数，这也需要无穷个 $x(n)$ 样本进行计算。因此，很难采用数字硬件计算 $X(\omega)$。

　　N 点信号 $\{x(0), x(1), x(2), \cdots, x(N-1)\}$ 的离散傅里叶变换(DFT)可以通过在单

位圆上以 N 个相等间距频率 $\omega_k = 2\pi k/N$，$k=0,1,\cdots,N-1$ 对 $X(\omega)$ 进行采样而获得。根据式(2.46)，有

$$X(k) = X(\omega)\mid_{\omega=2\pi k/N} = \sum_{n=0}^{N-1} x(n)e^{-j(2\pi k/N)n}, \quad k=0,1,\cdots,N-1 \tag{2.57}$$

其中，n 是时域索引，k 是频域索引，$X(k)$ 是第 k 个 DFT 系数。将此 DFT 的计算进行修改可以得到一种非常有效的算法，称之为快速傅里叶变换(FFT)。DFT 和 FFT 的推导、实现和应用将在第 5 章中进一步进行讨论。

MATLAB 提供函数 fft(x)来计算信号向量 x 的 DFT。函数 fft(x, N)执行 N 点 DFT。如果 x 的长度小于 N，那么将在 x 的末尾补零来形成 N 点序列。如果 x 的长度大于 N，函数 fft(x, N)截断序列 x 并仅对前 N 个样本进行 DFT。

DFT 在频率范围 0 到 2π 范围内等间距地产生 N 个系数 $X(k)$。因此，N 点 DFT 的频率分辨率为

$$\Delta_\omega = \frac{2\pi}{N} \tag{2.58}$$

或者

$$\Delta_f = \frac{f_s}{N} \tag{2.59}$$

对应于索引序号 k 的模拟频率 f_k(单位 Hz)可以表示为

$$f_k = k\Delta_f = \frac{kf_s}{N}, \quad k=0,1,\cdots,N-1 \tag{2.60}$$

注意，奈奎斯特频率($f_s/2$)对应于频域索引 $k=N/2$。由于幅值 $|X(k)|$ 是 k 的偶函数，我们仅需要显示 $0 \leq k \leq N/2$($0 \leq \omega_k \leq \pi$)的幅度谱。

【例 2.16】 类似于例 2.1，正弦波 $A=1$，$f=1000\text{Hz}$，采样率为 $10\,000\text{Hz}$，可以产生 100 个正弦波采样样本。信号的幅度谱可以采用以下 MATLAB 程序(example2_16.m)进行计算并绘制

```
N = 100; f = 1000; fs = 10000;          % 定义参数值
n = [0:N-1]; k = [0:N-1];               % 定义时域索引和频域索引
omega = 2 * pi * f/fs;                   % 正弦波频率
xn = sin(omega * n);                     % 产生正弦波
Xk = fft(xn,N);                          % 执行 DFT
magXk = 20 * lg(abs(Xk));                % 计算幅度谱
plot(k, magXk);                          % 绘制幅度谱
axis([0, N/2, - inf, inf]);             % 从 0 到 pi 绘制
xlabel('Frequency index, k');
ylabel('Magnitude in dB');
```

根据式(2.59)，频率分辨率是 100Hz。图 2.16 所示的频谱峰值位于频域索引 $k=10$ 处，由式(2.60)所示，对应于 1000Hz。幅度谱通常采用 dB(分贝)坐标进行表示，采用"20 * lg(abs(Xk))"进行计算，其中函数 abs 计算绝对值。

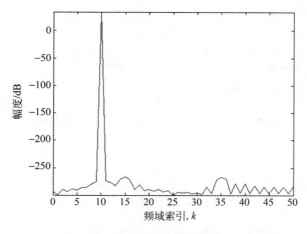

图 2.16　正弦波的幅度谱

2.3　随机变量简介

实际中遇到的信号经常是随机信号,例如语音、音乐和环境噪声。本节将对于随机变量的基本概念给出简要介绍,以便有助于理解本书出现的量化效应[8]。随机变量的其他原理将在第 6 章介绍自适应滤波器时进一步讨论。

2.3.1　随机变量的回顾

具有至少两个可能结果的实验是概率概念的基础。在任何给定实验中的所有可能结果的集合称为样本空间 S。随机变量 x 定义为将所有元素从样本空间 S 映射到实线上的点的函数。例如,考虑掷公平色子的结果,我们将获得从 1 到 6 中任何一个离散值的离散随机变量。

定义随机变量 x 的累积概率分布函数为

$$F(X) = P(x \leqslant X) \tag{2.61}$$

其中,X 是实数,$P(x \leqslant X)$ 是 $\{x \leqslant X\}$ 的概率。如果导数存在,定义随机变量 x 的概率密度函数为

$$f(X) = \frac{\mathrm{d}F(X)}{\mathrm{d}X} \tag{2.62}$$

概率密度函数 $f(X)$ 的两个重要性质总结如下:

$$\int_{-\infty}^{\infty} f(X)\mathrm{d}X = 1 \tag{2.63}$$

$$P(X_1 < x \leqslant X_2) = F(X_2) - F(X_1) = \int_{X_1}^{X_2} f(X)\mathrm{d}X \tag{2.64}$$

如果 x 是离散随机变量,作为一个实验结果,其可以是 X_i, $i=1,2,\cdots$ 离散值中的任何

一个，我们定义离散概率函数为

$$p_i = P(x = X_i) \tag{2.65}$$

【例 2.17】 考虑具有以下概率密度函数的随机变量 x：

$$f(X) = \begin{cases} 0, & x < X_1 \text{ 或 } x > X_2 \\ a, & X_1 \leqslant x \leqslant X_2 \end{cases}$$

这是一个在 X_1 和 X_2 之间的均匀分布。常数值 a 可以采用下式进行计算：

$$\int_{-\infty}^{\infty} f(X) \mathrm{d}X = \int_{X_1}^{X_2} a \cdot \mathrm{d}X = a[X_2 - X_1] = 1$$

这样，可以得到

$$a = \frac{1}{X_2 - X_1}$$

如果随机变量 x 为两个上下限 X_1 和 X_2 中的任何值的可能性是相等的，并假设在此范围之外不存在任何值，则它是在范围 $[X_1, X_2]$ 内的均匀分布。如图 2.17 所示，均匀密度函数定义为

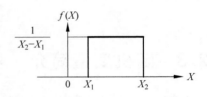

图 2.17 均匀密度函数

$$f(X) = \begin{cases} \dfrac{1}{X_2 - X_1}, & X_1 \leqslant x \leqslant X_2 \\ 0, & \text{其他} \end{cases} \tag{2.66}$$

2.3.2 随机变量的运算

与随机变量相关的统计特性比概率密度函数提供更多有意义的信息。随机变量 x 的均值(期望值)定义为

$$m_x = E[x] = \int_{-\infty}^{\infty} X f(X) dX, \quad \text{连续时间情况}$$

$$= \sum_i X_i p_i, \quad \text{离散时间情况} \tag{2.67}$$

其中，$E[\cdot]$ 表示期望运算(或集合平均)。均值 m_x 定义了随机过程 x 关于其浮动的水平。

期望运算是一个线性运算。两个有用的期望运算性质分别为 $E[\alpha] = \alpha$ 和 $E[\alpha x] = \alpha E[x]$，其中 α 是常数。如果 $E[x] = 0$，x 是零均值随机变量。MATLAB 函数 mean 计算均值。例如，语句 mx＝mean(x)计算向量 x 中所有元素的均值 mx。

【例 2.18】 考虑掷公平色子 N 次($N \to \infty$)结果的概率列出如下：

X_i	1	2	3	4	5	6
p_i	1/6	1/6	1/6	1/6	1/6	1/6

可以计算结果的均值为

$$m_x = \sum_{i=1}^{6} p_i X_i = \frac{1}{6}(1 + 2 + 3 + 4 + 5 + 6) = 3.5$$

方差是衡量关于均值分布的度量,定义为

$$\sigma_x^2 = E\big[(x-m_x)^2\big]$$

$$= \int_{-\infty}^{\infty} (X-m_x)^2 f(X)\mathrm{d}X (连续时间情况)$$

$$= \sum_i p_i (X_i - m_x)^2 (离散时间情况) \tag{2.68}$$

其中,$(x-m_x)$ 是 x 关于均值 m_x 的偏离。方差的正平方根称为标准偏差 σ_x。MATLAB 函数 std 计算向量中元素的标准偏差。

定义在式(2.68)中的方差可以表示为

$$\sigma_x^2 = E\big[(x-m_x)^2\big] = E\big[(x^2 - 2xm_x + m_x^2)\big]$$

$$= E[x^2] - 2m_x E[x] + m_x^2 = E[x^2] - m_x^2 \tag{2.69}$$

我们称 $E[x^2]$ 为 x 的均方值。这样,方差是均方值和均值的平方之间的差值。

如果均值等于零,那么方差等于均方值。对于零均值随机变量 x,即 $m_x = 0$,有

$$\sigma_x^2 = E[x^2] = P_x \tag{2.70}$$

这是 x 的功率。

考虑定义在式(2.66)中的均匀密度函数。可以计算函数的均值为

$$m_x = E[x] = \int_{-\infty}^{\infty} X f(X)\mathrm{d}X = \frac{1}{X_2 - X_1} \int_{X_1}^{X_2} X \mathrm{d}X = \frac{X_2 - X_1}{2} \tag{2.71}$$

函数的方差为

$$\sigma_x^2 = E[x^2] - m_x^2 = \int_{-\infty}^{\infty} X^2 f(X)\mathrm{d}X - m_x^2 = \frac{1}{X_2 - X_1} \int_{X_1}^{X_2} X^2 \mathrm{d}X - m_x^2$$

$$= \frac{1}{X_2 - X_1}\left(\frac{X_2^3 - X_1^3}{3}\right) - m_x^2 = \frac{(X_2 - X_1)^2}{12} \tag{2.72}$$

通常,如果 x 是均匀分布在区间 $(-\Delta,\ \Delta)$ 内的随机变量,则有

$$m_x = 0 \quad 和 \quad \sigma_x^2 = \Delta^2/3 \tag{2.73}$$

【例 2.19】 MATLAB 函数 rand 产生均匀分布在区间 $[0,1]$ 内的伪随机数。根据式(2.71),产生的伪随机数的均值为 0.5。根据式(2.72),方差为 1/12。

为了产生零均值随机数,我们从每一个随机数中减 0.5。这样随机数分布在区间 $[-0.5,0.5]$ 内。为了使这些伪随机数具有单位方差,即 $\sigma_x^2 = \Delta^2/3 = 1$,产生的数必须均匀分布在区间 $[-\sqrt{3},\sqrt{3}]$ 内。这可以通过在被减去 0.5 的每一个数上乘以 $2\sqrt{3}$ 做到。

以下 MATLAB 语句可以用于产生均值为 0 以及方差为 1 的均匀分布随机数

```
xn = 2 * sqrt(3) * (rand - 0.5);
```

产生零均值、单位方差($\sigma_x^2 = 1$)白噪声的 MATLAB 代码见 example2_19.m。

注意,MATLAB 的早期版本,整数种子 sd 用在语法 rand('seed', sd)中,每次重复产生完全一样的随机数。在最新的 MATLAB 版本中,推荐不再使用此语法。在每次重新启动 MATLAB 或者重新运行程序时,为了能够重复产生完全一样(可重复)的随机数,可以采用

以下语句将随机数发生器重置到默认启动设置

```
rng('default')
```

或使用整数种子 sd(12 357 是一个好的选择)为

```
rng(sd)
```

随机数产生器的原理将在第 7 章进行介绍。

正弦波 $s(n)$ 被白噪声 $v(n)$ 所损坏，可表示为

$$x(n) = A\sin(\omega n) + v(n) \tag{2.74}$$

当功率为 P_s 的信号 $s(n)$ 被功率为 P_v 的噪声 $v(n)$ 所损坏，以 dB 表示的信噪比(SNR)定义为

$$\mathrm{SNR} = 10\lg\left(\frac{P_s}{P_v}\right)\mathrm{dB} \tag{2.75}$$

根据式(2.70)，定义在式(2.6)中的正弦波功率可采用以下进行计算

$$P_s = E[A^2\sin^2(\omega n)] = A^2/2 \tag{2.76}$$

【例 2.20】 本例产生式(2.74)中的 $x(n)$ 信号，其中 $v(n)$ 是零均值、单位方差白噪声。如式(2.76)所示，当正弦波幅度 $A = \sqrt{2}$ 时，功率等于 1。根据式(2.75)，SNR 为 0dB。

可以采用 MATLAB 程序 example2_20.m 产生一个被零均值、单位方差白噪声损坏的、SNR＝0 的正弦波。

【例 2.21】 计算信号 $x(n)$ 的 N 点 DFT 可以得到 $X(k)$。以分贝表示的幅度谱可以采用 $20\lg|X(k)|$，$k = 0, 1, \cdots, N/2$ 进行计算。使用由例 2.20 产生的信号 $x(n)$，采用 MATLAB 程序 example2_21.m 计算并显示幅度谱，如图 2.18 所示。此幅度谱显示白噪声的功率均匀分布在频率 $k = 0, \cdots, 128$（0～π），而正弦波的功率集中在频率 $k = 26(0.2\pi)$。

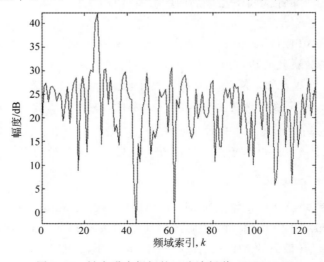

图 2.18 被白噪声损坏的正弦波频谱，SNR＝0dB

2.4　定点表示和量化效应

数字硬件中基本的元件是二进制器件，它包含一位信息。包含 B 位信息的寄存器（或存储单元）称为 B-位字。有几种表示数和进行算术运算的不同方法。本书关注广泛采用的定点实现[9-14]。

2.4.1　定点格式

最常用的小数 x 定点表示如图 2.19 所示。字长是 $B(=M+1)$ 位，即 M 个数值位和一个符号位。最高位（MSB）是符号位，它表示数的符号：

$$b_0 = \begin{cases} 0, & x \geqslant 0（正数） \\ 1, & x < 0（负数） \end{cases} \qquad (2.77)$$

剩下的 M 位表示数值大小。最右边的 b_M 位称为最低位（LSB），表示数的精度。

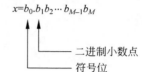

图 2.19　二进制小数定点表示

如图 2.19 所示，一个正（$b_0=0$）二进制小数 x 的十进制值表示为

$$(x)_{10} = b_1 2^{-1} + b_2 2^{-2} + \cdots + b_M 2^{-M} = \sum_{m=1}^{M} b_m 2^{-m} \qquad (2.78)$$

【例 2.22】　以二进制格式表示的最大（正）16 位小数为 $x=0111\ 1111\ 1111\ 1111\text{b}$（字母 b 表示数的二进制表示）。可计算此数的十进制值为

$$(x)_{10} = \sum_{m=1}^{15} 2^{-m} = 2^{-1} + 2^{-2} + \cdots + 2^{-15} = 1 - 2^{-15} \approx 0.999\ 969$$

最小的非零正数为 $x=0000\ 0000\ 0000\ 0001\text{b}$，此数的十进制值为

$$(x)_{10} = 2^{-15} = 0.000\ 030\ 518$$

负数（$b_0=1$）可以采用三种不同格式进行表示：符号数值、1 的补码和 2 的补码。定点数字信号处理器通常采用 2 的补码格式来表示负数，这是由于其允许处理器采用相同的硬件来执行加法和减法操作。采用 2 的补码格式，通过将正二进制数的所有位求反，然后再在 LSB 上加 1，来得到负数。

通常，可计算 $B(=M+1)$ 位二进制小数的十进制值为[①]

$$(x)_{10} = -b_0 + \sum_{m=1}^{15} b_m 2^{-m} \qquad (2.79)$$

例如，以二进制表示的最小（负）16 位小数为 $1000\ 0000\ 0000\ 0000\text{b}$。根据式（2.79），其十进制值为 -1。因此，二进制小数的范围为

---

① 原文此处有笔误，应该为 $(x)_{10} = -b_0 + \sum\limits_{m=1}^{M} b_m 2^{-m}$。——译者注

$$-1 \leqslant x \leqslant (1-2^{-M}) \tag{2.80}$$

对于 16 位小数 x，十进制值范围为 $-1 \leqslant x \leqslant 1-2^{-15}$，分辨率为 2^{-15}。

【例 2.23】 表 2.2 列出了 4 位采用 2 的补码来表示整数和小数(十进制值)的二进制数。

表 2.2 采用 2 的补码格式表示的四位二进制数及其对应的十进制值

二进制数	整数($sxxx$)	小数($s.xxx$)	二进制数	整数($sxxx$)	小数($s.xxx$)
0000	0	0.000	1000	−8	−1.000
0001	1	0.125	1001	−7	−0.875
0010	2	0.250	1010	−6	−0.750
0011	3	0.375	1011	−5	−0.675
0100	4	0.500	1100	−4	−0.500
0101	5	0.675	1101	−3	−0.375
0110	6	0.750	1110	−2	−0.250
0111	7	0.875	1111	−1	−0.125

【例 2.24】 具有十进制值 0.625 的 16 位数据 x 可以采用二进制格式 $x = 0101\ 0000\ 0000\ 0000\text{b}$、十六进制格式 $x = 0\text{x}5000$ 或十进制整数 $x = 2^{14}+2^{12} = 20\ 480$ 进行初始化。

如图 2.19 所示，将归一化的 16 位小数转换为 C55xx 汇编器能够使用的整数的最简单方法是将二进制小数点向右移动 15 位(b_M 的右边)。由于右移二进制小数点 1 位等效于小数乘 2，这可以通过将十进制值乘以 $2^{15} = 32\ 768$ 来完成。例如，$0.625 \times 32\ 768 = 20\ 480$。

特别需要注意的是，隐含的二进制小数点用于表示二进制小数。二进制小数点的位置将影响数的精确度(动态范围和精度)。二进制小数点位置是程序员的约定，当在汇编语言编程中处理小数时，程序员必须保持跟踪二进制小数点位置。

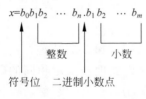

$$x = b_0 b_1 b_2 \cdots b_n . b_1 b_2 \cdots b_m$$

整数　　小数

符号位　二进制小数点

图 2.20　通用二进制小数

不同的标记法可以用于表示不同的小数格式。类似于图 2.19，更为通用的小数格式 $Qn.m$ 如图 2.20 所示，其中 $n+m = M = B-1$。在二进制小数点左边有 n 位，表示整数部分，右边 m 位表示小数值。图 2.19 中最常使用的小数表示称为 Q0.15 格式($n=0$ 以及 $m=15$)，由于有 15 位小数位，也简称为 Q15 格式。注意，在 MATLAB 中表示 $Qn.m$ 格式为 $[B\ m]$。例如，Q15 格式表示为 $[16\ 15]$。

【例 2.25】 16 位二进制数 $x = 0100\ 1000\ 0001\ 1000\text{b}$ 的十进制值依赖于程序员采用哪一种 Q 格式。采用更大的 n 可以提高数的动态范围，但以降低精度为代价，反之，更小的 n 降低数的动态范围，但提高精度。下面给出了表示 16 位二进制数 $x = 0100\ 1000\ 0001\ 1000\text{b}$ 的十进制值的三个例子：

$$Q0.15, \quad x = 2^{-1}+2^{-4}+2^{-11}+2^{-12} = 0.563\ 23$$

$$Q2.13, \quad x = 2^{1}+2^{-2}+2^{-9}+2^{-10} = 2.252\ 93$$

$$Q5.10, \quad x = 2^{4}+2^{1}+2^{-6}+2^{-7} = 18.023\ 44$$

定点算术常用于DSP硬件来进行实时处理,这是由于它能够提供快速运算以及相对经济的实现。其缺点包括小的动态范围和低的分辨率。这些问题将在后续章节进行讨论。

2.4.2 量化误差

如2.4.1节所述,采用有限位表示用于数字器件的数。由于希望值和实际值差异而导致的误差被称为有限字长(有限精度、数值或者量化)效应。通常,有限精度效应可以广义地归为以下几类:

1) 量化误差

(1) 信号量化;

(2) 系数量化。

2) 算术误差

(1) 舍入(或截断);

(2) 溢出。

2.4.3 信号量化

如第1章所述,ADC将模拟信号 $x(t)$ 转换为数字信号 $x(n)$。首先对输入信号进行采样,以便得到具有无限精度的离散时间信号 $x(nT)$。然后,对每一个 $x(nT)$ 值采用 B 位字长进行编码(量化),以便获得数字信号 $x(n)$。假设信号 $x(n)$ 解读为图 2.19 所示的 Q15 小数格式,以便 $-1 \leqslant x(n) < 1$。这样,这种格式的小数动态范围是 2。由于量化器采用 B 位,可获得的量化水平数为 2^B。两个连续量化水平的间距为

$$\Delta = \frac{2}{2^B} = 2^{-B+1} = 2^{-M} \tag{2.81}$$

称为量化步长(间隔、宽度或分辨率)。例如,表 2.2 中总结了具有量化间隔 $\Delta = 2^{-3} = 0.125$ 的 4 位转换器的输出。

本书对于量化采用舍入(而不是截断)操作。输入值 $x(nT)$ 舍入到最接近值,对于 3 位 ADC,如图 2.21 所示。假设在两个邻近的量化水平等距之间有一条线,高于此线的信号值将赋予高的量化水平,而在此线之下的信号值将赋予低的量化水平。例如,图 2.21 中的离散时间信号 $x(T)$,由于实际值处于 010b 和 011b 之间中线以下,因而舍入到 010b;而对于 $x(2T)$,由于其值处于中线之上,因而舍入到 011b。

量化误差(或噪声) $e(n)$ 是离散时间信号 $x(nT)$ 和量化的数字信号 $x(n)$ 之间的差异,表示为

$$e(n) = x(n) - x(nT) \tag{2.82}$$

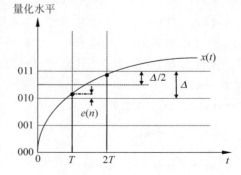

图 2.21 关于 3 位 ADC 的量化过程

图 2.21 清楚地显示出

$$| e(n) | \leqslant \frac{\Delta}{2} = 2^{-B} \tag{2.83}$$

这样，由 ADC 产生的量化噪声依赖于由字长 B 确定的量化步长。使用更多位数会导致更小的量化步长(或更细的分辨率)，因而产生更低的量化噪声。

根据式(2.82)，可以将 ADC 输出表示为量化器输入 $x(nT)$ 和误差 $e(n)$ 的和，即

$$x(n) = Q[x(nT)] = x(nT) + e(n) \tag{2.84}$$

其中 $Q[\cdot]$ 表示量化操作。因此，量化器的非线性操作可以采用数字信号 $x(n)$ 中引入一个额外噪声 $e(n)$ 的线性过程来进行建模。

对于进行有限量化(B 很大)的任意信号，假设量化误差 $e(n)$ 与 $x(n)$ 不相关，是一个均匀分布在区间$[-\Delta/2, \Delta/2]$的随机噪声。根据式(2.71)，有

$$E[e(n)] = \frac{-\Delta/2 + \Delta/2}{2} = 0 \tag{2.85}$$

这样，量化误差 $e(n)$ 具有零均值。根据式(2.73)，方差为

$$\sigma_e^2 = \frac{\Delta^2}{12} = \frac{2^{-2B}}{3} \tag{2.86}$$

因此，更长字长导致更小的输入量化误差。

信号量化噪声比(SQNR)可以表示为

$$\text{SQNR} = \frac{\sigma_x^2}{\sigma_e^2} = 3 \cdot 2^{2B}\sigma_x^2 \tag{2.87}$$

其中，σ_x^2 表示信号 $x(n)$ 的方差。通常，SQNR 表示为 dB 形式

$$\begin{aligned}
\text{SQNR} &= 10\lg(\sigma_x^2/\sigma_e^2) = 10\lg(3 \cdot 2^{2B}\sigma_x^2) \\
&= 10\lg3 + 20B\lg2 + 10\lg\sigma_x^2 \\
&= 4.77 + 6.02B + 10\lg\sigma_x^2 \tag{2.88}
\end{aligned}$$

此式表明，ADC 中每增加一位，转换器可以提供 6dB 的提升。当采用 16 位 ADC($B=16$)，如果输入是正弦波，最大 SQNR 大约为 98.1dB。这是因为正弦波最大幅度为 1.0，因此 $10\lg\sigma_x^2 = 10\lg(1/2) = -3$，式(2.88)变为 $4.77 + 6.02 \times 16 - 3.0 = 98.09$。式(2.88)的另一个重要特性是 SQNR 正比于信号方差 σ_x^2。因此，我们希望尽可能大地保持信号功率。当我们在 2.5 节讨论缩放问题时，这是一个非常重要的考虑。

【例 2.26】 信号量化效应可以通过查看或聆听量化的语音来主观地进行评估。语音文件 timit1.asc 的采样率是 $f_s = 8\text{kHz}$，$B=16$。此语音文件可以采用 MATLAB 程序 (example2_26.m)观察和播放。

```
load timit1.asc;
plot(timit1);
soundsc(timit1,8000,16);
```

其中，MATLAB 函数 soundsc 自动地将向量缩放并播放为声音。

我们可以模拟具有 8 位字长数据的量化：

```
qx = round(timit1/256);
```

其中,函数 round 将实际数舍入到最近的整数。然后,采用以下语句评估量化效应：

```
plot(qx);
soundsc(qx,8000,16);
```

通过对比 timit1 和 qx 的图像和声音,可以理解信号量化效应。

2.4.4　系数量化

由诸如 MATLAB 的滤波器设计软件包计算的数字滤波器系数 b_l 和 a_m,通常采用浮点数格式进行表示。当实现一个数字滤波器时,这些滤波器系数必须针对给定的定点处理器进行量化。因此,定点数字滤波器的性能将与其原始的设计规范不同。

当采用更紧的设计规范,系数量化效应变得更加显著,特别是 IIR 滤波器。如果 IIR 滤波器的极点非常接近于单位圆,系数量化会导致很严重的问题。这是由于这些极点或许会因为系数量化的原因而移到单位圆以外,导致一个不稳定的滤波器。这些不希望出现的效应在高阶系统中更为明显。

数字滤波器结构也会影响系数量化效应。例如,相比于级联结构(将在第 4 章中介绍),IIR 滤波器的直接型实现对系数量化就更加敏感,级联结构由多个二阶(或一阶)IIR 滤波器段组成。

2.4.5　舍入噪声

考虑在 DSP 系统中计算 $y(n) = ax(n)$ 乘积的例子。假设 a 和 $x(n)$ 是 B 位数,相乘产生 $2B$ 位乘积 $y(n)$。在多数应用中,此乘积必须以 B 位字的形式存储在存储器中或进行输出。$2B$ 位乘积被截断或舍入到 B 位。由于截断会导致不希望的偏置效应,我们应关注舍入。

【例 2.27】　在 C 语言编程中,将一个实数舍入到整数,可以采用在实数上加 0.5,然后截断小数部分来实现。以下 C 语言语句

```
y = (short)(x + 0.5);
```

将实数 x 舍入到最近的整数 y。如例 2.26 所示,MATLAB 提供函数 round 来进行实数舍入。

舍入 $2B$ 位产生 B 位的过程类似于采用 B 位量化器量化离散时间信号。类似于式(2.84),非线性舍入可以采用如下的线性过程来进行建模：

$$y(n) = Q[ax(n)] = ax(n) + e(n) \tag{2.89}$$

其中,$ax(n)$ 是 $2B$ 位乘积,$e(n)$ 是由于将 $2B$ 位乘积输入到 B 位而引起的舍入噪声。舍入噪声是定义在式(2.83)中的均匀分布随机变量;因而具有零均值,其功率定义在式(2.86)中。

特别值得注意的是,诸如 TMS320C55xx 的大多数商用定点数字信号处理器具有双精

度累加器。只要仔细地编写程序，可以确保只在计算的最后阶段发生舍入。例如，可考虑式(2.14)中 FIR 滤波的计算。可以保持所有临时积 $b_l x(n-l)$ 的求和结果处于双精度累加器中。舍入仅发生在最终将求和结果保存到 B 位字长的存储器的时候。

2.4.6　定点工具箱

MATLAB 定点工具箱(Fixed-Point Toolbox)[15] 提供了开发定点 DSP 算法的定点数据类型和算术运算。工具箱提供 quantizer 函数构建量化器对象。例如，可以采用语法

```
q = quantizer
```

来创建具有以下默认值的属性集的量化器对象 q

```
mode = 'fixed';
roundmode = 'floor'
overflownmode = 'saturate';
foumat = [16 15];
```

注意[16 15]等效于 Q15 格式。

在已经构建了量化器对象后，可以采用以下语法的 quantize 函数来将其应用到数据：

```
y = quantize(q, x)
```

命令 y＝quantize(q，x)使用量化器对象 q 来量化 x。当 x 是数组，x 中的每一个元素将被量化。

【例 2.28】　类似于例 2.19，可采用 MATLAB 函数 rand 产生零均值白噪声，其采用双精度、浮点格式。然后构建两个量化器对象，并将白噪声量化为 Q15(16 位)和 Q3(4 位)格式。我们以 Q15 和 Q3 格式绘制量化的噪声以及这两种格式之间的不同(见图 2.22)，采用以下 MATLAB 程序(example2_28.m)：

```
N = 16;
n = [0:N-1];
xn = sqrt(3) * (rand(1,N) - 0.5);               %产生零均值白噪声
q15 = quantizer('fixed', 'convergent', 'wrap', [16 15]);  % Q15
q3 = quantizer('fixed', 'convergent', 'wrap', [4 3]);     % Q3
y15 = quantize(q15,xn);                          % 采用 Q15 格式量化
y3 = quantize(q3,xn);                            % 采用 Q3 格式量化
en = y15 - y3,                                   % Q15 和 Q3 之间的差异
plot(n,y15,'- o',n,y3,'- x',n,en);
```

MATLAB 定点工具箱也提供几种基数转换函数，总结在表 2.3 中，例如：

```
y = num2int(q,x)
```

使用 q. format 来将数 x 转换为整数 y。

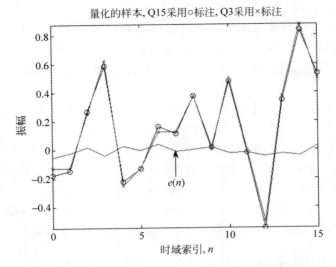

图 2.22　采用 Q15 和 Q3 格式的量化以及它们的差异 $e(n)$

表 2.3　采用量化器对象的基数转换函数列表

函　　数	描　　述
bin2num	将 2 的补码二进制字符串转换为数字
hex2num	将十六进制字符串转换为数字
num2bin	将数字转换为二进制字符串
num2hex	将数字转换为其十六进制等效
num2int	将数字转换为有符号整数

【例 2.29】　为了采用定点 C 程序测试一些 DSP 算法，我们或许需要产生模拟用的专用数据。如例 2.28 所示，可以采用 MATLAB 产生测试信号和构建量化器对象。为了以整数格式保存 Q15 数据，我们使用以下 MATLAB 程序（example2_29.m）中的函数 num2int：

```
N = 16; n = [0:N−1];
xn = sqrt(3) * (rand(1,N) − 0.5);                      % 产生零均值白噪声
q15 = quantizer('fixed', 'convergent', 'wrap', [16 15]);   % Q15
Q15int = num2int(q15,xn);
```

2.5　溢出及解决方案

对于定点算术，假设信号和滤波器系数已经被恰当地归一化到 $-1 \sim 1$ 范围内，两个 B 位数的和或许会超出 $-1 \sim 1$ 范围。术语"溢出"表示算术运算结果超出用于保存结果的寄存器容量的情况。当采用定点处理器，必须仔细检查数的范围并调整以避免溢出。这可以通过采用具有需要的动态范围的不同的 $Qn.m$ 格式来获得。例如，采用更大的 n 可以获得

更大的动态范围，但以减小 m 为代价(降低分辨率)。

【例 2.30】 假设 4 位定点硬件使用小数的 2 补码格式(见表 2.2)。如果 $x_1 = 0.875$ (0111b)和 $x_2 = 0.125$(0001b)，$x_1 + x_2$ 二进制和为 1000b。此有符号二进制数的十进制值是 -1，不是正确答案的 $+1$。即，当加法结果超出了寄存器的动态范围，发生了溢出，产生了不可接受的错误。

同样地，$x_3 = -0.5$(1100b)和 $x_4 = 0.625$(0101b)，$x_3 - x_4 = 0111b$，这是 $+0.875$，不是正确答案 -1.125。因此，减法也可导致下溢。

对于定义在式(2.14)中的 FIR 滤波，溢出将导致输出 $y(n)$ 严重失真。对于定义在式(2.22)中的 IIR 滤波器，由于误差将被反馈，溢出效应更加严重。溢出问题可以采用饱和运算以及在滤波器中的每一个节点适当地缩放(或约束)信号以保证信号的幅度，来进行消除。MATLAB 的 DSP 系统工具箱(DSP System Toolbox)提供函数 scale(hd)来缩放二阶 IIR 滤波器 hd，以便当滤波器采用定点算法进行操作时减小可能的溢出。

2.5.1 饱和运算

大多数信号处理器具有防止溢出以及在溢出发生时进行标示的机制。例如，饱和运算通过将结果裁剪到最大值来防止溢出。饱和功能见图 2.23，可以表示为

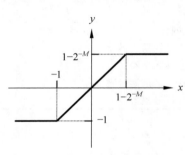

$$y = \begin{cases} 1 - 2^{-M}, & \text{如果 } x \geq 1 - 2^{-M} \\ x, & \text{如果 } -1 \leq x < 1 \quad (2.90) \\ -1, & \text{如果 } x < -1 \end{cases}$$

图 2.23 饱和运算的特性

其中，x 是原始相加结果，y 是饱和加法器输出。如果加法器处于饱和模式，由于 32 位累加器填充至其最大值，因而可以避免不希望的溢出，但不会翻滚。类似于例 2.28[①]，当采用具有饱和运算的 4 位硬件，$x_1 + x_2$ 加法结果为 0111b，或者十进制的 0.875。比较于正确答案 1，存在 0.125 的误差。此结果比没有饱和运算的结果要好很多。

饱和运算具有裁剪希望波形类似的效应。这是一个非线性运算，会在饱和信号中引入不希望的非线性成分。因此，饱和运算能够用于保证不会发生溢出。然而，它不应是解决溢出问题的仅有方案。

2.5.2 溢出处理

如先前提及的，C55xx 支持饱和逻辑运算以防止溢出。当寄存器 ST1 中的溢出模式位 (SATD)置位时(SATD=1)时，使能此逻辑运算。C55xx 也提供溢出标志位来标记算术运算是否已经溢出。标志位将一直保持置位，直到执行复位或者执行状态位清除指令。如果

---

① 此处原文有笔误，应该是例 2.30。 ——译者注

执行了测试溢出状态的条件指令(如分支、返回或条件执行),溢出标志位将被清除。

2.5.3　信号缩放

防止溢出的最有效的技术是将信号进行缩小。例如,考虑图 2.24 中的没有进行缩放($\beta=1$)的简单 FIR 滤波器。令 $x(n)=0.8$ 和 $x(n-1)=0.6$;那么滤波器输出 $y(n)=1.2$。

当此滤波器在定点处理器采用 Q15 格式实现,并且没有饱和运算,将会发生不希望的溢出。如图 2.24 所示,缩放因子 $\beta<1$ 可以用于缩小输入信号。例如,当 $\beta=0.5$,有 $x(n)=0.4$,$x(n-1)=0.3$,结果 $y(n)=0.6$,这样就不会出现溢出。

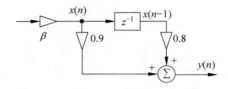

图 2.24　带有缩放因子 β 的简单 FIR 滤波器框图

如果信号 $x(n)$ 采用 β 进行缩放,得到的信号方差变为 $\beta^2\sigma_x^2$,这样以 dB 表示的式(2.88)中的 SQNR 变为

$$\text{SQNR} = 10\lg(\beta^2\sigma_x^2/\sigma_e^2) = 4.77 + 6.02B + 10\lg\sigma_x^2 + 20\lg\beta \tag{2.91}$$

由于我们执行小数运算,采用 $\beta<1$ 来缩小输入信号。式中最后一项 $20\lg\beta$ 是负的。这样,缩小信号降低了 SQNR。例如,当 $\beta=0.5$,$20\lg\beta=-6.02\text{dB}$,这样降低了输入的 SQNR 大约 6dB。这在表示信号中等效于损失了一位。

2.5.4　保护位

C55xx 提供四个 40 位累加器,每一个由 32 位累加和另外的 8 个保护位组成。保护位用于在诸如式(2.14)定义的 FIR 滤波的迭代运算中防止溢出。

由于定点实现中潜在的溢出问题,必须特别注意,以便确保在整个实现中保持恰当的动态范围。这通常要求更多的编码和测试努力。通常,组合缩放因子、保护位和饱和运算是优化的解决方案。为了保持高的 SQNR,缩放因子(小于1)尽可能地设置大一些以便仅出现很少的偶尔溢出,偶尔溢出可以采用保护位和饱和运算来避免。

2.6　实验和程序实例

本节给出一些实际动手的实验来演示采用 CCS 和 C5505 eZdsp 的 DSP 编程。

2.6.1　溢出和饱和运算

如前面章节讨论的,当处理器执行诸如 FIR 滤波中的定点累加时,或许会发生溢出。当从累加器向存储器中存储数据时也会发生溢出,这是由于 C55xx 累加器(AC0~AC3)具有 40 位,而数据存储器通常为 16 位字。在此实验中,我们使用汇编程序 ovf_sat.asm 来演示具有和不具有溢出保护的程序执行结果。C55xx 体系结构及其汇编编程的简要介绍见附录 C。表 2.4 列出了用于此实验的部分汇编代码。

表 2.4　溢出和饱和实验的程序

```
        .def _ovftest
        .def _buff, _buff1

        .bss _buff,(0x100)
        .bss _buff1,(0x100)
;
;       Code start
;
_ovftest
        bclr SATD                        ;如果置位,清饱和位
        xcc start,T0! = # 0              ;如果 T0!= 0,置饱和位
        bset SATD

start
        mov # 0, AC0
        amov # _buff, XAR2               ;设置缓冲器指针
        rpt # 0x100 - 1                  ;清缓冲器
        mov AC0, * AR2 +

        amov # _buff1, XAR2              ;设置缓冲器指针
        rpt # 0x100 - 1                  ;清缓冲器 1
        mov AC0, * AR2 +

        mov # 0x80 - 1, BRC0             ;为加法初始化循环计数
        amov # _buff + 0x80, XAR2        ;初始化缓冲器指针

        rptblocal add_loop_end - 1
        add # 0x140 << # 16, AC0         ;采用高 AC0 作为上升计数器
        mov hi(AC0), * AR2 +             ;向缓冲器保存计数器(结果)
add_loop_end

        mov # 0x80 - 1, BRC0             ;为减法初始化循环计数
        mov # 0, AC0
        amov # _buff + 0x7f, XAR2        ;初始化缓冲器指针

        rptblocal sub_loop_end - 1
        sub # 0x140 << # 16, AC0         ;采用高 AC0 作为上升计数器
        mov hi(AC0), * AR2 -             ;向缓冲器保存计数器(结果)
sub_loop_end

        mov # 0x100 - 1, BRC0            ;为正弦波初始化循环计数
        amov # _buff1, XAR2              ;初始化缓冲器指针
        mov mmap(@AR0), BSA01            ;初始化基寄存器
        mov # 40, BK03                   ;设置缓冲器大小为 40
```

```
        mov ♯20,AR0                         ;以 20 个样本偏移为开始
        bset AR0LC                          ;激活循环缓冲器

        rptblocal sine_loop_end－1
        mov * ar0＋≪♯16,AC0                ;高 AC0 获得正弦值
        sfts AC0,♯9                         ;缩放正弦值
        mov hi(AC0), * AR2＋                ;保存缩放后的值
sine_loop_end

        mov ♯0,T0                           ;如果没有溢出返回 0
        xcc set_ovf_flag,overflow(AC0)
        mov ♯1,T0                           ;如果探测到溢出,返回 1
set_ovf_flag

        bclr AR0LC                          ;重置循环缓冲器位
        bclr SATD                           ;重置饱和位
        ret
        .end
```

在汇编程序中,以下代码重复地将常数值 0x140 加到累加器 AC0 上:

```
    rptblocal           add_loop_end－1
    add                 ♯0x140 ≪ ♯16,AC0
    mov                 hi(AC0), * AR2＋
add_loop_end
```

更新值存储在 AR2 所指的存储器位置上。AC0 中的内容将变得越来越大,最终累加器 AC0 将发生溢出。在没有保护的情况下,AC0 中的正数会在发生溢出时突然变为负值。然而,如果设置了 C55xx 饱和模式,溢出的正数将限制到 0x7FFFFFFF。代码的第二半部分向数据存储器中存储左移正弦波数据。在没有饱和保护的情况下,此左移将导致一些大的数值在移位后发生溢出。

在程序中,以下代码部分建立和使用循环寻址模式(详见附录 C):

```
mov     ♯ sineTable,BSA01      ;初始化基寄存器
mov     ♯40,BK03               ;设置缓冲器大小为 40
mov     ♯20,AR0                ;以 20 个样本偏移为开始
bset    AR0LC                  ;激活循环缓冲器
```

由于 AR0 用作循环缓冲器指针,第一条指令建立循环缓冲器基寄存器 BSA01。第二条指令初始化循环缓冲器的大小。第三条指令初始化基偏移量,用作循环缓冲器的起始点。在本例中,设置距离基 sineTable[ ]的偏移量为 20。最后一条指令使能 AR0 为循环指针。表 2.5 列出了用于此实验的文件。

表 2.5 Exp2.1 实验中的文件列表

文 件	描 述	文 件	描 述
overflowTest. c	显示溢出实验的程序	tistdtypes. h	标准类型定义头文件
ovf_sat. asm	显示溢出的汇编函数	c5505. cmd	链接器命令文件

实验过程如下：

（1）从配套软件包中将全部项目实验软件复制到工作目录，导入 CCS 项目，建立并向 C5505 eZdsp 载入程序。

（2）运行程序，结合断点，采用图形工具绘制并观察 buff 和 buff1 中的结果。

（3）关闭溢出保护，并重做实验，来观察没有保护情况下的溢出结果。

2.6.2 函数逼近

此实验使用正弦函数的多项式逼近来显示典型的 DSP 算法设计和实现过程。DSP 算法开发通常起始于 MATLAB 或浮点 C 进行计算机模拟，并转换至定点 C，优化代码来提高其效率，如果有必要采用汇编函数。

余弦和正弦函数可展开为如下无穷幂（泰勒）级数

$$\cos(\theta) = 1 - \frac{1}{2!}\theta^2 + \frac{1}{4!}\theta^4 - \frac{1}{6!}\theta^6 + \cdots \tag{2.92a}$$

$$\sin(\theta) = \theta - \frac{1}{3!}\theta^3 + \frac{1}{5!}\theta^5 - \frac{1}{7!}\theta^7 + \cdots \tag{2.92b}$$

其中 θ 为以弧度表示的角度，"!"表示阶乘运算。逼近的精度依赖于级数中项的数量。通常，越大的 θ 值则需要更多的项。然而，在实时 DSP 应用中，仅仅能使用一定数量限制的项。

1. 采用浮点 C 的实现

本实验采用列于表 2.6 中的 C 程序实现式(2.92a)中的余弦函数逼近。在函数 fCos1() 中，需要 12 次乘法。C55xx 编译器具有针对浮点算术运算的内建运行支持库。这些浮点函数对于实时应用的效率不高。例如，程序 fCos1() 需要几千个时钟周期来计算一个正弦值。

表 2.6 余弦逼近的浮点 C 程序

```
//余弦函数逼近的系数
double fcosCoef[4] = {
    1.0, - (1.0/2.0), (1.0/(2.0 * 3.0 * 4.0)), - (1.0/
(2.0 * 3.0 * 4.0 * 5.0 * 6.0))
};

//函数逼近的直接实现
double fCos1(double x)
{
```

续表

```
    double cosine;

    cosine = fcosCoef[0];
    cosine += fcosCoef[1] * x * x;
    cosine += fcosCoef[2] * x * x * x * x;
    cosine += fcosCoef[3] * x * x * x * x * x * x;
    return(cosine);
}
```

我们可以通过将乘法操作从 12 减少至 4 来提高计算效率。改进的程序列在表 2.7 中。此改进的程序减少了大约一半的时钟周期。为了进一步提高效率,我们可以使用定点 C 和汇编程序。用于实验的文件列在表 2.8 中。

表 2.7　有效率的余弦逼近浮点 C 程序

```
//更有效的函数逼近的实现
double fCos2(double x)
{
    double cosine, x2;

    x2 = x * x;
    cosine = fcosCoef[3] * x2;
    cosine = (cosine + fcosCoef[2]) * x2;
    cosine = (cosine + fcosCoef[1]) * x2;
    cosine = cosine + fcosCoef[0];
    return(cosine);
}
```

表 2.8　Exp2.2A 实验中的文件列表

文　件	描　述
fcosTest. c	测试函数逼近的浮点 C 程序
c5505. cmd	链接器命令文件

实验过程如下:

(1) 从配套软件包中将全部项目实验软件复制到工作目录,从文件夹..\Exp2.2\funcAppro 导入 CCS 浮点项目,建立并向 C5505 eZdsp 载入程序。

(2) 运行程序并验证结果。

(3) 采用 CCS Clock Tool(时钟工具)(在 Run→Clock)来测量函数 fCos1() 和 fCos2() 的浮点 C 实现需要的时钟周期。

2. 采用定点 C 的实现

采用 Q15 格式的余弦函数逼近的定点 C 实现列于表 2.9。此定点 C 程序明显地提高了运行效率。表 2.10 列出了用于实验的文件。

实验过程如下：

（1）从文件夹 ..\Exp2.2\funcAppro 导入 CCS 定点项目，建立并向 C5505 eZdsp 载入程序。

（2）运行程序并验证结果。

（3）采用 Clock Tool(时钟工具)分析定点 iCos1( )实现需要的周期数。将结果与前一个实验的浮点 C 函数 fCos1( )和 fCos2( )的结果进行比较。

表 2.9　函数逼近的定点 C 程序

```
#define UNITQ15 0x7FFF

//余弦函数逼近的系数
short icosCoef[4] = {
  (short)(UNITQ15),
  (short)(-(UNITQ15/2.0)),
  (short)(UNITQ15/(2.0*3.0*4.0)),
  (short)(-(UNITQ15/(2.0*3.0*4.0*5.0*6.0)))
}

//函数逼近的定点实现
short iCos1(short x)
{
  long cosine,z;
  short x2;
  z = (long)x * x;
  x2 = (short)(z>>15);              //x2 具有 x(Q14)*x(Q14)
  cosine = (long)icosCoef[3] * x2;
  cosine = cosine>>13;             //缩放回至 Q15
  cosine = (cosine+(long)icosCoef[2]) * x2;
  cosine = cosine>>13;             //缩放回至 Q15
  cosine = (cosine+(long)icosCoef[1]) * x2;
  cosine = cosine>>13;             //缩放回至 Q15
  cosine = cosine+icosCoef[0];
  return((short)cosine);
}
```

表 2.10　Exp2.2B 实验中的文件列表

文　件	描　述
icosTest.c	测试函数逼近的定点 C 程序
tistdtypes.h	标准类型定义头文件
c5505.cmd	链接器命令文件

3. 采用 C55xx 汇编程序的实现

在很多实际应用中,采用汇编语言实现 DSP 算法。可以通过将汇编程序输出与定点 C 代码的输出进行比较来进行验证。此实验采用表 2.11 所示的汇编程序来计算余弦函数。用于实验的文件列在表 2.12 中。

表 2.11 余弦函数近似的 C55xx 汇编程序

```
        .data
_icosCoef    ;[1 (-1/2!) (1/4!) (-1/6!)]
        .word    32767, -16383,1365, -45

        .sect    ".text"
        .def     _cosine


_cosine:
        amov     #(_icosCoef + 3),XAR3      ;ptr &icosCoef[3]
        amov     #AR1,AR2                   ;AR1 用作 temp. 寄存器
‖       mov      T0,HI(AC0)
        sqr      AC0                        ;AC0 = (long)T0 * T0
        sfts     AC0, # -15                 ;T0 = (short)(AC0 >> 15)
        mov      AC0,T0
        mpym     *AR3 -,T0,AC0              ;AC0 = (long)T0 * *ptr --
        sfts     AC0, # -13                 ;AC0 = AC0 >> 13
        add      *AR3 -,AC0,AR1             ;AC0 = (short)(AC0 + *ptr --) * (long)T0
        mpym     *AR2,T0,AC0
        sfts     AC0, # -13                 ;AC0 = AC0 >> 13
        add      *AR3 -,AC0,AR1             ;AC0 = (short)(AC0 + *ptr --) * (long)T0
        mpym     *AR2,T0,AC0
        sfts     AC0, # -13                 ;AC0 = AC0 >> 13
‖       mov      *AR3,T0
        add      AC0,T0                     ;AC0 = AC0 + *ptr
        ret                                 ;Return((short)AC0)
        .end
```

表 2.12 Exp2.2C 实验中的文件列表

文 件	描 述
c55xxASMTest. c	测试函数逼近的程序
cos. asm	余弦逼近的汇编程序
tistdtypes. h	标准类型定义头文件
c5505. cmd	链接器命令文件

实验过程如下:

(1) 从文件夹..\Exp2.2\funcAppro 导入汇编项目,建立并向 C5505 eZdsp 载入程序。

(2) 运行程序,并通过将结果与前一个定点 C 实验的结果进行对比来验证结果。

(3) 分析余弦逼近函数 cosine()的汇编实现需要的周期数。记录浮点 C、定点 C 和汇

编程序实验中测量的周期数,并填写以下表格进行对比。

运　　算	函　　数	实 现 细 节	分析(周期数/调用)
浮点 C	fCos1()	直接实现,12 次乘法	
	fCos2()	减少乘法次数,4 次乘法	
定点 C	iCos1()	采用定点运算	
	iCos()	模拟汇编指令	
汇编语言	cosine()	手编汇编程序	

4. 实际应用

由于余弦函数的输入参数的范围为 $-\pi \sim \pi$,必须将数据值从 $-\pi \sim \pi$ 范围映射到线性 16 位数据变量,如图 2.25 所示。采用 16 位字长,我们将 0 映射到 0x0000,π 映射到 0x7FFF,$-\pi$ 映射到 0x8000,来表示半径参数。因此,式(2.92)中给出的函数近似不再是最好的选择,对于实际应用应考虑不同的函数逼近。

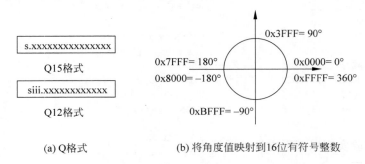

(a) Q格式　　　　(b) 将角度值映射到16位有符号整数

图 2.25　缩放的定点数表示

采用切比雪夫逼近,$\cos(\theta)$ 和 $\sin(\theta)$ 可以采用如下进行计算

$$\cos(\theta) = 1 - 0.001\,922\theta - 4.900\,147\,4\theta^2 - 0.264\,892\theta^3$$
$$+ 5.045\,41\theta^4 + 1.800\,293\theta^5 \tag{2.93a}$$

$$\sin(\theta) = 3.140\,625\theta + 0.020\,263\,67\theta^2 - 5.325\,196\theta^3$$
$$+ 0.544\,678\,8\theta^4 + 1.800\,293\theta^5 \tag{2.93b}$$

其中 θ 的值在第一象限 $0 \le \theta < \pi/2$。对于其他象限,采用以下性质将其转换至第一象限:

$$\sin(180° - \theta) = \sin(\theta), \quad \cos(180° - \theta) = -\cos(\theta) \tag{2.94}$$

$$\sin(-180° + \theta) = -\sin(\theta), \quad \cos(-180° + \theta) = -\cos(\theta) \tag{2.95}$$

以及

$$\sin(-\theta) = -\sin(\theta), \quad \cos(-\theta) = \cos(\theta) \tag{2.96}$$

C55xx 汇编程序(列于表 2.13 中)综合正弦和余弦函数,可以用于计算 $-180° \sim 180°$ 的 θ 角度范围。

由于在这个实验中的最大系数的绝对值是 5.325 196,必须缩放系数或者采用不同的 Q 格式,如图 2.20 所示。这可以通过采用 Q3.12 来实现,其具有一个符号位、三个整数位和

12 个小数位,覆盖(−8,8)范围,如图 2.25(a)所示。在此例中,我们对于所有系数使用 Q3.12 格式,将角度 −π≤θ≤π 映射到有符号 16 位数(0x8000≤x≤0x7FFF),如图 2.25(b)所示。

当调用汇编子程序 sine_cos 时,16 位映射的角度(函数参数)采用寄存器 T0 传输到汇编程序中。象限信息被测试并存储在 TC1 和 TC2 中。如果 TC1(4 位)置位,角度位于二象限或四象限。程序使用 2 的补码来将角度转换至第一或第三象限。程序也掩蔽符号位以便在第一象限计算第三象限角度,将第四象限求反变换到第一象限。因此,总能在第一象限计算角度。因为程序采用 Q3.12 格式的系数,所以需要将计算结果左移 3 位,以便缩放至 Q15 格式。用于实验的文件列在表 2.14 中。

实验过程如下:

(1) 导入 CCS 项目,重建并向 C5505 eZdsp 载入程序。

(2) 计算下表中的角度,运行实验,以便获得逼近结果,并比较不同:

θ	30°	45°	60°	90°	120°	135°	150°	180°
$\cos(\theta)$								
$\sin(\theta)$								

θ	−150°	−135°	−120°	−90°	−60°	−45°	−30°	0°
$\cos(\theta)$								
$\sin(\theta)$								

(3) 修改实验实现以下平方根逼近等式:

$$\sqrt{x} = 0.207\,580\,6 + 1.454\,895x - 1.344\,91x^2 + 1.106\,812x^3$$
$$- 0.536\,499x^4 + 0.112\,121\,6x^5$$

此等式输入变化范围为 $0.5 \leq x \leq 1$。基于列在下表中的 x 值,计算 $\sqrt{x}$:

x	0.5	0.6	0.7	0.8	0.9
$\sqrt{x}$					

(4) 编写函数实现如下平方根倒数逼近等式:

$$1/\sqrt{x} = 1.842\,939\,85 - 2.576\,589\,58x + 2.118\,661\,64x^2 - 0.678\,249\,84x^3$$

此等式输入变化范围为 $0.5 \leq x \leq 1$。采用此逼近等式计算在下表中的 $1/\sqrt{x}$:

x	0.5	0.6	0.7	0.8	0.9
$1/\sqrt{x}$					

注意 $1/\sqrt{x}$ 将会产生大于 1.0 的数。采用 Q1.14 格式提高动态范围。

表 2.13　逼近正弦和余弦函数的 C55xx 汇编程序

```
    .def _sine_cos
;
;Q12 格式的逼近系数
;
    .data
coeff ;正弦逼近系数
    .word 0x3240 ; c1 = 3.140625
    .word 0x0053 ; c2 = 0.02026367
    .word 0xaacc ; c3 = - 5.325196
    .word 0x08b7 ; c4 = 0.54467780
    .word 0x1cce ; c5 = 1.80029300
    ;余弦逼近系数
    .word 0x1000 ; d0 = 1.0000
    .word 0xfff8 ; d1 = - 0.001922133
    .word 0xb199 ; d2 = - 4.90014738
    .word 0xfbc3 ; d3 = - 0.2648921
    .word 0x50ba ; d4 = 5.0454103
    .word 0xe332 ; d5 = - 1.800293
;
;函数开始
;
    .text
_sine_cos
    amov ♯14,AR2
    btstp AR2,T0              ;测试位 15 和 14
    nop
;
;Start cos(x)
;
    amov ♯coeff + 10,XAR2     ;指向系数结尾的指针
    xcc _neg_x,TC1
    neg T0                   ;如果位 14 置位,则取反
_neg_x
    and ♯0x7fff,T0           ;掩蔽符号位
    mov * AR2 - << ♯16,AC0; AC0 = d5
||  bset SATD                ;置饱和位
    mov * AR2 - << ♯16,AC1; AC1 = d4
||  bset FRCT                ;建立小数位
    mac AC0,T0,AC1           ;AC1 = (d5 * x + d4)
||  mov * AR2 - << ♯16,AC0; AC0 = d3
    mac AC1,T0,AC0           ;AC0 = (d5 * x ^ 2 + d4 * x + d3)
||  mov * AR2 - << ♯16,AC1; AC1 = d2
    mac AC0,T0,AC1           ;AC1 = (d5 * x ^ 3 + d4 * x ^ 2 + d3 * x + d2)
||  mov * AR2 - << ♯16,AC0; AC0 = d1
    mac AC1,T0,AC0           ;AC0 = (d5 * x ^ 4 + d4 * x ^ 3 + d3 * x ^ 2 + d2 * x + d1)
```

```
‖    mov * AR2 − ≪ ♯16,AC1      ;AC1 = d0
     macr AC0,T0,AC1              ;AC1 = (d5 * x ^ 4 + d4 * x ^ 3 + d3 * x ^ 2 + d2 * x + d1)
                                  ; * x + d0
‖    xcc _neg_result1,TC2
     neg AC1


_neg_result1
     mov * AR2 − ≪ ♯16,AC0; AC0 = c5
‖    xcc _neg_result2,TC1
     neg AC1
_neg_result2
     mov hi(saturate(AC1 ≪ ♯3)), * AR0 + ;Return cos(x) in Q15
;
;开始 sin(x)计算
;
     mov * AR2 − ≪ ♯16,AC1; AC1 = c4
     mac AC0,T0,AC1               ;AC1 = (c5 * x + c4)
‖    mov * AR2 − ≪ ♯16,AC0; AC0 = c3
     mac AC1,T0,AC0               ;AC0 = (c5 * x ^ 2 + c4 * x + c3)
‖    mov * AR2 − ≪ ♯16,AC1; AC1 = c2
     mac AC0,T0,AC1               ;AC1 = (c5 * x ^ 3 + c4 * x ^ 2 + c3 * x + c2)
‖    mov * AR2 − ≪ ♯16,AC0; AC0 = c1
     mac AC1,T0,AC0               ;AC0 = (c5 * x ^ 4 + c4 * x ^ 3 + c3 * x ^ 2 + c2 * x + c1)
     mpyr T0,AC0,AC1             ;AC1 = (c5 * x ^ 4 + c4 * x ^ 3 + c3 * x ^ 2 + c2 * x + c1) * x
‖    xcc _neg_result3,TC2
     neg AC1
_neg_result3
     mov hi(saturate(AC1 ≪ ♯3)), * AR0 − ; Return sin(x) in Q15
‖    bclr FRCT                    ;重置小数位
     bclr SATD                   ;重置饱和位
     ret
     .end
```

表 2.14　Exp2.2D 实验中的文件列表

文　件	描　述
sineCosineTest. c	测试函数逼近的程序
sine_cos. asm	正弦和余弦逼近的汇编程序
tistdtypes. h	标准类型定义头文件
c5505. cmd	链接器命令文件

（5）实现反正切函数，表示如下：

$$\tan^{-1}(x) = 0.318\,253x + 0.003\,314x^2 - 0.130\,908x^3$$
$$+ 0.068\,542x^4 - 0.009\,195x^5$$

此等式输入变化范围为 $x < 1$。采用此逼近等式计算在下表 x 的 $\tan^{-1}(x)$：

x	0.1	0.3	0.5	0.7	0.9
$\tan^{-1}(x)$					

2.6.3 采用 eZdsp 的实时信号产生

本节采用 C5505 eZdsp 来产生音信号和随机数。产生的信号将采用 AIC3204 芯片实时地由 eZdsp 进行播放。

1. 采用浮点 C 产生带有噪声的音信号

此实验采用 C5505 eZdsp 产生和播放嵌入在随机噪声中的音信号。表 2.15 列出了用于产生音信号和随机噪声的函数。表 2.16 列出了实验中使用的文件。

表 2.15 产生音信号和噪声的浮点 C 程序

```
#define UINTQ14    0x3FFF
#define PI         3.1415926
//变量定义
static unsigned short n;
static float twoPI_f_Fs;

void initFTone(unsigned short f, unsigned short Fs)
{
    n = 0;
    twoPI_f_Fs = 2.0 * PI * (float)f/(float)Fs;    //定义频率
}


short fTone(unsigned short Fs)                      //余弦产生
{
    n++;
    if (n >= Fs)
        n = 0;
    return( (short)(cos(twoPI_f_Fs * (float)n) * UINTQ14));
}
void initRand(unsigned short seed)                  //随机数初始化
{
    srand(seed);
}
short randNoise(void)                               //随机数产生
{
    return((rand() - RAND_MAX/2)>>1);
}
```

表 2.16 Exp2.3A 实验中的文件列表

文 件	描 述
floatPointTest. c	测试实验的程序
ftone. c	产生音信号的浮点 C 函数
randNoise. c	产生随机数的 C 函数
vector. asm	含有中断向量的汇编程序
dma. h	DMA 函数的头文件
dmaBuff. h	DMA 数据缓冲器的头文件
i2s. h	i2s 函数的 i2s 头文件
Ipva200. inc	C5505 处理器包含文件
tistdtypes. h	标准类型定义头文件
myC55xUtil. lib	BIOS 音频库
c5505. cmd	链接器命令文件

实验过程如下：

(1) 从配套软件包中将全部项目复制到工作目录,从文件夹..\Exp2.3\signalGen 导入 CCS 浮点项目,建立并向 C5505 eZdsp 载入程序。

(2) 将耳机连接到 C5505 eZdsp 的输出端口,运行程序,并聆听音频输出。

(3) 采用示波器检查从音频输出插孔中的产生的波形。明确产生的音频率。

(4) 采用不同音频率和 SNR,重做实验。

2. 采用定点 C 产生音信号

在 2.6.2 节给出的实验使用以 C55xx 汇编语言撰写的余弦函数。此实验将相同的汇编程序与定点 C 程序混合。表 2.17 列出了用于实验的文件。

实验过程如下：

(1) 导入定点 toneGen 项目,建立并向 C5505 eZdsp 载入程序。

(2) 将耳机连接到 C5505 eZdsp 的输出端口,运行程序,并聆听音频输出。

(3) 将示波器连接 eZdsp 音频输出插孔,验证产生的波形。

(4) 采用不同音频率,重做实验。

表 2.17 Exp2.3B 实验中的文件列表

文 件	描 述
toneGenTest. c	测试实验的程序
tone. c	控制音信号产生的 C 函数
cos. asm	计算余弦值的汇编函数
vector. asm	含有中断向量的汇编程序
dma. h	DMA 函数的头文件
dmaBuff. h	DMA 数据缓冲器的头文件
i2s. h	i2s 函数的 i2s 头文件
Ipva200. inc	C5505 处理器包含文件
tistdtypes. h	标准类型定义头文件
myC55xUtil. lib	BIOS 音频库
c5505. cmd	链接器命令文件

3. 采用定点 C 产生随机数

线性同余序列由于其简单而广泛地被采用。随机数产生可表示为

$$x(n) = \left[ax(n-1) + b \right]_{\mathrm{mod}\,M} \tag{2.97}$$

其中,求模运算(mod)在除以 M 后返回余数。对于此实验,我们选择 $M = 2^{20} = 0\mathrm{x}100000$, $a = 2045, b = 0$ 以及 $x(0) = 12357$。随机数产生的 C 程序列在表 2.18 中,其中 seed $= x(0) = 12357$。

浮点乘法和除法在定点数字信号处理器上执行非常慢,例如 C5505。对于 2 幂的数,我们可以使用掩模运算,而不是求模运算。运行效率可以通过列在表 2.19 中的程序提高。用于此实验的文件列在表 2.20 中。

表 2.18 随机数产生的 C 程序

```
//变量定义
static volatile long n;
static short a;

void initRand(long seed)
{
    n = (long)seed;
    a = 2045;
}
short randNumber1(void)
{
    short ran;
    n = a * n + 1;
    n = n - (long)((float)(n * 0x100000)/(float)0x100000);
    ran = (n + 1)/0x100001;
    return (ran);
}
```

表 2.19 采用掩模进行求模运算的 C 程序

```
short randNumber2(void)
{
    short ran;
    n = a * n;
    n = n&0xFFFFF000;
    ran = (short)(n >> 20);
    return (ran);
}
```

表 2.20　Exp2.3C 实验中的文件列表

文　　件	描　　述
randGenCTest.c	测试实验的程序
rand.c	产生随机数的 C 函数
vector.asm	含有中断向量的汇编程序
dma.h	DMA 函数的头文件
dmaBuff.h	DMA 数据缓冲器的头文件
i2s.h	i2s 函数的 i2s 头文件
Ipva200.inc	C5505 处理器包含文件
tistdtypes.h	标准类型定义头文件
myC55xUtil.lib	BIOS 音频库
c5505.cmd	链接器命令文件

实验过程如下：

（1）导入定点 randGenC 项目，建立并向 C5505 eZdsp 载入程序。

（2）将耳机连接到 C5505 eZdsp，运行程序。

（3）聆听从随机数产生器 randNumber1()（表 2.18 中）和 randNumber2()（表 2.19 中）输出的音频输出。

（4）在式(2.97)采用 $M=2^{31}$，$a=69\,069$，$b=0$ 以及 $x(0)=1$ 重做实验，并验证结果。

（5）在式(2.97)采用 $M=2^{31}-1$，$a=16\,807$，$b=0$ 以及 $x(0)=1$ 重做实验，并验证结果。

（6）优化用于步骤(4)和步骤(5)的程序。采用 CCS 测量它们的运行时钟周期数，哪一个随机数产生器更有效？为什么？

4.采用 C55xx 汇编程序产生随机数

为了进一步提高效率，我们使用汇编程序产生随机数。表 2.21 中的汇编程序减少了运行时钟周期数。表 2.22 列出了用于实验的文件。

表 2.21　随机数产生器的 C55xx 汇编程序

```
    .bss        _n,2,0,2              ;long n
    .bss        _a,1,0,0              ;short a

    .def        _initRand
    .def        _randNumber

    .sect       ".text"
_initRand:
    mov         AC0,dbl( * ( #_n))    ;n = (long)seed
    mov         # 2045, * ( #_a)      ;a = 2045
    ret
```

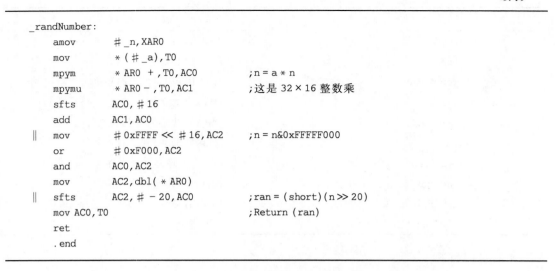

```
_randNumber:
    amov        # _n,XAR0
    mov         *(# _a),T0
    mpym        * AR0 + ,T0,AC0          ;n = a * n
    mpymu       * AR0 - ,T0,AC1          ;这是 32 × 16 整数乘
    sfts        AC0,# 16
    add         AC1,AC0
||  mov         # 0xFFFF << # 16,AC2     ;n = n&0xFFFFF000
    or          # 0xF000,AC2
    and         AC0,AC2
    mov         AC2,dbl( * AR0)
||  sfts        AC2,# - 20,AC0           ;ran = (short)(n >> 20)
    mov AC0,T0                           ;Return (ran)
    ret
    .end
```

表 2.22　Exp2.3D 实验中的文件列表

文　　件	描　　述
randGenATest. c	测试实验的程序
rand. asm	产生随机数的汇编程序
vector. asm	含有中断向量的汇编程序
dma. h	DMA 函数的头文件
dmaBuff. h	DMA 数据缓冲器的头文件
i2s. h	i2s 函数的 i2s 头文件
Ipva200. inc	C5505 处理器包含文件
tistdtypes. h	标准类型定义头文件
myC55xUtil. lib	BIOS 音频库
c5505. cmd	链接器命令文件

实验过程如下：

（1）导入 randGen 项目，建立并向 C5505 eZdsp 载入汇编随机数产生器程序。

（2）将耳机连接到 C5505 eZdsp，运行程序。

（3）聆听输出，检查随机数产生器的汇编实现。测量汇编程序需要的时钟周期数。

（4）对于 16 位处理器，随机数产生器可以采用式(2.97)中 $M = 2^{16}$，$a = 25\,173$，$b = 0$ 以及 $x(0) = 13\,849$ 来获得；重做实验，采用 C 或汇编程序模拟 16 位处理器。C5505 临时寄存器(T0～T3)和辅助寄存器(AR0～AR7)都是 16 位寄存器，而 C5505 的累加器(AC0～AC3)是 32 位累加器(包括保护位，共 40 位)。对于此实验，由于 32 位(40 位)累加器在 16 位处理器中是不可获得的，因此避免使用累加器。如果此实验采用 C 进行编写，使用 CCS 反汇编窗口来验证程序没有使用任何累加器。

5. 采用 C55xx 汇编程序产生信号

此实验组合了音信号和随机数产生器,来产生随机噪声、音信号、带有额外随机噪声的音信号。用于实验的文件列在表 2.23 中。

表 2.23　Exp2.3E 实验中的文件列表

文　件	描　　述
signalGenTest. c	测试实验的程序
tone. c	控制音信号产生的 C 函数
cos. asm	计算余弦值的汇编程序
rand. asm	产生随机数的汇编程序
vector. asm	含有中断向量的汇编程序
dma. h	DMA 函数的头文件
dmaBuff. h	DMA 数据缓冲器的头文件
i2s. h	i2s 函数的 i2s 头文件
Ipva200. inc	C5505 处理器包含文件
tistdtypes. h	标准类型定义头文件
myC55xUtil. lib	BIOS 音频库
c5505. cmd	链接器命令文件

实验过程如下:

(1) 导入 signalGen 项目,建立并向 C5505 eZdsp 载入信号产生器程序。

(2) 将耳机连接到 C5505 eZdsp,运行程序。

(3) 聆听由 C5505 eZdsp 产生的信号。它将实时产生三种不同信号:随机数、音信号、带有随机噪声的音信号。

(4) 修改实验,以便能够产生以下信号:

(a) 不同频率和采样率的音信号。

(b) 不同 SNR 的嵌入在噪声中的音信号。

(c) 不同 SNR 的嵌入在噪声中的不同频率和采样率的音信号。

运行实验,来验证其在这些设置下正确地工作。

习题

2.1　全数字按键电话使用两个正弦波发信号。这些正弦波的频率为 697Hz、770Hz、852Hz、941Hz、1209Hz、1336Hz、1477Hz 和 1633Hz(详见第 7 章)。由于电话通信采用的采样率是 8000Hz,将这八种模拟频率转换为以弧度/采样和周期/采样表示的项。同时,采用 MATLAB 产生 40ms 的这些正弦波。

2.2　计算由以下 I/O 方程定义的数字系统的冲激响应 $h(n),n=0,1,2,3,4$:

(a) $y(n)=x(n)+0.75y(n-1)$。

(b) $y(n)-0.3\,y(n-1)-0.4\,y(n-2)=x(n)-2x(n-1)$。

(c) $y(n)=2x(n)-2x(n-1)+0.5x(n-2)$。

2.3 构建习题 2.2 中定义的数字系统的详细信号流图。

2.4 类似于图 2.11 所示的 IIR 滤波器的信号流图，构建式(2.38)中 IIR 滤波器的通用信号流图，$M\neq L-1$。

2.5 求习题 2.2 中定义的三个数字系统的传递函数。

2.6 求习题 2.2 中定义的三个数字系统的零点和/或极点。讨论这些系统的稳定性。

2.7 对于定义在式(2.38)中的二阶 IIR 滤波器，具有两个定义在式(2.52)中的复数共轭极点，如果半径 $r=0.9$ 以及角度 $\theta=\pm0.25\pi$。求此滤波器的传递函数和 I/O 方程。

2.8 一个 2000Hz 模拟正弦波，采用 10 000Hz 进行采样。采样周期是多少？以 ω 和 F 项表示的数字频率是什么？如果有 100 个采样样本，覆盖多少正弦波周期？采用 MATLAB 绘制这 100 个正弦波样本。

2.9 对于习题 2.8 中所给的数字正弦波，如果采用 $N=100$ 计算 DFT，频率分辨率是多少？如果我们显示如图 2.16 中的幅度谱，对应于谱峰的 k 值是多少？如果正弦波的频率是 1550Hz，将会发生什么？如何解决问题？

2.10 类似于表 2.2，为 5 位二进制数构建一个新表。

2.11 求十进制数 0.570 312 5 和 $-0.640\,625$ 的定点二进制 2 的补码表示，$B=6$。同样，求这两个数的十六进制表示。将二进制数舍入到 6 位，并计算相应的舍入误差。

2.12 类似于例 2.22，对于 C55xx 汇编程序，将习题 2.11 中的两个小数表示为整数格式。

2.13 将例 2.25 中的 16 位数以 Q1.14、Q3.12 和 Q15.0 来进行表示。

2.14 如果量化过程采用截断，而不是舍入，分析截断误差 $e(n)=x(n)-x(nT)$ 将处于区间 $-\Delta<e(n)<0$。假设截断误差均匀分布在区间 $(-\Delta,0)$，计算 $e(n)$ 的均值和方差。

2.15 采用 MATLAB 产生和绘制(40 个样本)在(a)、(b)、(c)和(d)中的正弦信号：

(a) $A=1$，$f=100$Hz，$f_s=1000$Hz。

(b) $A=1$，$f=400$Hz，$f_s=1000$Hz。

(c) 讨论(a)和(b)结果的不同。

(d) $A=1$，$f=600$Hz，$f_s=1000$Hz。

(e) 比较并解释(b)和(d)的结果。

2.16 采用 MATLAB 画出习题 2.2 中的三个数字系统的极点-零点图。

2.17 采用 MATLAB 显示习题 2.2 中的三个数字系统的幅度相位响应。

2.18 采用 MATLAB 函数 rand 产生零均值和单位方差的伪随机数的 1024 个样本。然后使用 MATLAB 函数 mean、std 和 hist 验证结果。

2.19 产生频率为 1000Hz 的正弦信号的 1024 个样本，幅度为单位 1，采样率为 8000Hz。将产生的正弦信号与零均值、方差为 0.2 的伪随机数进行混合。SNR 是多少(见附录 A 中以 dB 为单位的 SNR 定义)？采用 MATLAB 计算和显示幅度谱。

2.20　编写 MATLAB 或 C 程序来实现定义在式(2.17)中的滑动平均滤波器。采用习题 2.19 中的产生的损坏的正弦波作为输入，针对不同 L 值测试滤波器。绘制输入和输出波形以及幅度谱。讨论与滤波器长度 L 相关的结果。

2.21　习题 2.2 中的差分方程，采用 MATLAB 计算和绘制 $h(n)$ 的冲激响应，$n=0$，$1,\cdots,127$。

2.22　类似于例 2.28，采用 MATLAB 函数 quantizer 和 quantize 将例 2.26 中给出的语音文件 timit1. asc 转换为 4 位、8 位和 12 位数据，然后使用 soundsc 播放量化的信号。

2.23　在表 2.3 中选择恰当的基数转换函数，将例 2.29 中产生的白噪声转换为十六进制格式数。

参考文献

1. Ahmed，N. and Natarajan，T. (1983) Discrete-Time Signals and Systems，Prentice Hall，Englewood Cliffs，NJ.

2. Oppenheim，A. V. and Schafer，R. W. (1989) Discrete-Time Signal Processing，Prentice Hall，Englewood Cliffs，NJ.

3. Orfanidis，S. J. (1996) Introduction to Signal Processing，Prentice Hall，Englewood Cliffs，NJ.

4. Proakis，J. G. and Manolakis，D. G. (1996) Digital Signal Processing—Principles，Algorithms，and Applications，3rd edn，Prentice Hall，Englewood Cliffs，NJ.

5. The MathWorks，Inc. (2000) Using MATLAB®，Version 6.

6. The MathWorks，Inc. (2004) Signal Processing Toolbox User's Guide，Version 6.

7. The MathWorks，Inc. (2004) Filter Design Toolbox User's Guide，Version 3.

8. Peebles，P. (1980) Probability，Random Variables，and Random Signal Principles，McGraw-Hill，New York.

9. Bateman，A. and Yates，W. (1989) Digital Signal Processing Design，Computer Science Press，New York.

10. Kuo，S. M. and Morgan，D. R. (1996) Active Noise Control Systems—Algorithms and DSP Implementations，John Wiley & Sons，Inc.，New York.

11. Marven，C. and Ewers，G. (1996) A Simple Approach to Digital Signal Processing，John Wiley & Sons，Inc.，New York.

12. McClellan，J. H.，Schafer，R. W.，and Yoder，M. A. (1998) DSP First：A Multimedia Approach，2nd edn，Prentice Hall，Englewood Cliffs，NJ.

13. Grover，D. and Deller，J. R. (1999) Digital Signal Processing and the Microcontroller，Prentice Hall，Upper Saddle River，NJ.

14. Kuo，S. M. and Gan，W. S. (2005) Digital Signal Processors—Architectures，Implementations，and Applications，Prentice Hall，Upper Saddle River，NJ.

15. The MathWorks，Inc. (2004) Fixed-Point Toolbox User's Guide，Version 1.

第 3 章　FIR 滤波器设计与实现

正如第 2 章讨论的,数字滤波器包括 FIR 和 IIR 滤波器。本章将介绍数字 FIR 滤波器设计、实现以及应用等方面内容[1-10]。

3.1　FIR 滤波器简介

采用 FIR 滤波器的优点总结如下:

(1) FIR 滤波器总是稳定的;

(2) 可以保证实现线性相位滤波器的设计;

(3) 在 FIR 滤波器中有限精度误差不太严重;

(4) FIR 滤波器可以在大多数数字信号处理中有效地实现,这些处理器具有用于 FIR 滤波的优化硬件和专用指令。

导出满足一套规范的滤波器系数的过程称为“滤波器设计”。即便存在很多用于设计数字滤波器的计算机辅助工具,例如带有诸如“信号处理工具箱”(Signal Processing Toolbox)[11]和“DSP 系统工具箱”(DSP System Toolbox,在老版本中称为“滤波器设计工具箱”)等相关工具箱的 MATLAB 工具,我们仍需要理解滤波器的基本特性,并且熟悉用于实现数字滤波器的技术。

3.1.1　滤波器特性

线性时不变滤波器可以采用幅度响应、相位响应、稳定性、上升时间、稳定时间和过冲等特性来描述。幅度和相位响应决定滤波器的稳态响应,而上升时间、稳定时间、过冲说明了瞬态响应。对于瞬时输入变化,上升时间说明其输出变化率。稳定时间描述输出稳定到一个稳态值需要多长时间,而过冲显示输出超出期望值的情况。

参考图 2.9 以及式(2.31)的定义,输入信号、滤波器和输出信号的幅度和相位响应可以表达为

$$|Y(\omega)| = |X(\omega)\| H(\omega)|　　　　　　(3.1)$$

和

$$\phi_Y(\omega) = \phi_X(\omega) + \phi_H(\omega)　　　　　　(3.2)$$

其中，$\phi_Y(\omega)$、$\phi_X(\omega)$、$\phi_H(\omega)$ 分别表示输出、输入和滤波器的相位响应。这些公式表明输入信号的幅度相位谱经过滤波器后会被滤波器所改变。幅度响应 $|H(\omega)|$ 说明在给定频率下滤波器的增益，而相位响应 $\phi_H(\omega)$ 影响在给定频率下滤波器的相移（或时间延迟）。

线性相位滤波器具有满足下式的相位响应：

$$\phi_H(\omega) = \alpha\omega \quad 或 \quad \phi_H(\omega) = \pi - \alpha\omega \tag{3.3}$$

滤波器的群延迟函数定义为

$$T_d(\omega) = \frac{-\mathrm{d}\phi_H(\omega)}{\mathrm{d}\omega} \tag{3.4}$$

对于式(3.3)定义的线性相位滤波器，所有频率下的群延迟 $T_d(\omega)$ 为常数 α。由于输入信号中的所有频率成分延迟同样的时间，所以滤波器避免了相位失真。线性相位对于很多不同频率成分之间的时间关系要求很严格的应用是很重要的。

【例 3.1】　考虑例 2.14 中的简单二点滑动平均滤波器，幅度响应为

$$|H(\omega)| = \sqrt{\frac{1}{2}[1 + \cos(\omega)]}$$

由于幅度响应单调下降，并且在 $\omega = \pi$ 处等于 0，这是一个低通滤波器，其相位响应为

$$\phi_H(\omega) = \frac{-\omega}{2}$$

这是式(3.3)表示的线性相位。因此，滤波器具有常数时间延迟

$$T_d(\omega) = \frac{-\mathrm{d}\phi_H(\omega)}{\mathrm{d}\omega} = 0.5$$

这个特性可以采用 MATLAB 程序 example3_1.m 来验证。采用 freqz(b, a) 的幅度和相位响应见图 3.1。采用 grpdelay(b, a) 计算和显示群延迟，其表明对于所有频率具有常数延迟 0.5。

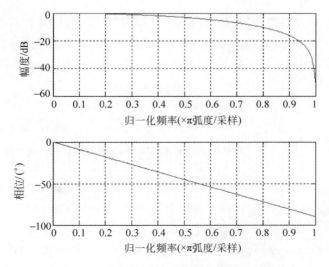

图 3.1　二点滑动平均滤波器的幅度和相位响应

3.1.2 滤波器类型

滤波器通常采用幅度响应来定义。有四种不同类型的频率选择滤波器：低通、高通、带通和带阻滤波器。因为实系数数字滤波器的幅度响应是 ω 的偶函数，所以通常在 $0 \leqslant \omega \leqslant \pi$ 的频率范围来定义滤波器规范。

理想低通滤波器的幅度响应见图 3.2(a)。区域 $0 \leqslant \omega \leqslant \omega_c$ 和 $\omega > \omega_c$ 分别定义为通带和阻带，ω_c 称为"截止频率"(cutoff frequency)。理想低通滤波器在通带 $0 \leqslant \omega \leqslant \omega_c$ 具有幅度响应 $|H(\omega)| = 1$，在阻带 $\omega > \omega_c$ 具有幅度响应 $|H(\omega)| = 0$。这样，理想低通滤波器通过截止频率以下的低频成分，而对高于 ω_c 的高频成分进行抑制。

理想高通滤波器的幅度响应见图 3.2(b)。高通滤波器通过截止频率 ω_c 以上的高频成分，而对低于 ω_c 的低频成分进行抑制。实际中，高通滤波器用于消除低频噪声。

理想带通滤波器的幅度响应见图 3.2(c)。频率 ω_a 和 ω_b 分别称为低截止频率和高截止频率。理想带通滤波器通过两个截止频率 ω_a 和 ω_b 之间的频率成分，而对低于 ω_a 高于 ω_b 的频率成分进行抑制。

理想带阻(bandstop 或 band-reject)滤波器的幅度响应见图 3.2(d)。非常窄带阻滤波器也称为陷波滤波器(notch filter)。例如，电力线产生 60Hz 正弦噪声，称为"电力线干扰"(power line interference)或 60Hz 杂音(60Hz hum)，这样的噪声可以采用中心频率为 60Hz 的陷波滤波器进行移除。

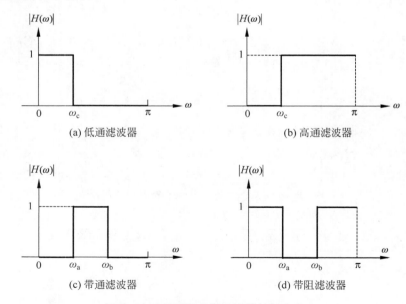

图 3.2　四种不同理想滤波器的幅度响应

除了以上四种频率选择滤波器，还有一种全通滤波器对于所有频率 ω 提供频率响应 $|H(\omega)| = 1$。根据式(3.2)，设计全通滤波器可以用来校正由于物理系统引入的相位失真，

而不会改变频率成分的幅度。一个非常特殊的全通滤波器的例子是理想希尔伯特(Hilbert)变换器,它对输入信号产生 $90°$ 相移。

多波段滤波器具有多个通带或阻带。多波段滤波器的一个特殊例子是梳状滤波器。梳状滤波器具有等距的零点,幅度响应的形状像一把梳子。梳状滤波器的差分方程给出如下

$$y(n) = x(n) - x(n-L) \tag{3.5}$$

其中 L 是一个正整数。这种 FIR 滤波器的传递函数为

$$H(z) = 1 - z^{-L} = \frac{z^L - 1}{z^L} \tag{3.6}$$

这样,梳状滤波器具有 L 个零点,等距分布在单位圆上的位置为

$$z_l = e^{j(2\pi/L)l}, \quad l = 0, 1, \cdots, L-1 \tag{3.7}$$

【例 3.2】 $L=8$ 梳状滤波器具有八个零点,对于 $l=0,1,\cdots,7$,分别为[①]

$$z_l = 1, e^{\pi/4}, e^{\pi/2}, e^{3\pi/4}, e^{\pi}(-1), e^{5\pi/4}, e^{3\pi/2}, e^{7\pi/4}$$

此梳状滤波器的频率响应采用 MATLAB 程序 example3_2.m($L=8$)绘制,见图 3.3。

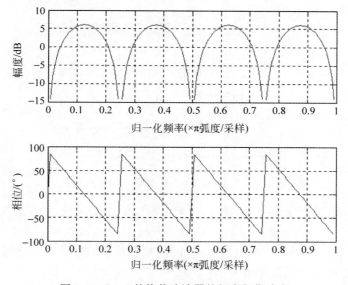

图 3.3 $L=8$ 的梳状滤波器的幅度相位响应

图 3.3 表明梳状滤波器可以用作多波段带阻滤波器去移除在以下频率处的窄带噪声:

$$\omega_l = 2\pi l/L, \quad l = 0, 1, \cdots, L/2-1 \tag{3.8}$$

通带的中心位于频率响应中相邻零点之间的一半处,即频率 $(2l+1)\pi/L$, $l=0, 1, \cdots,$ $L/2-1$。

梳状滤波器可用于通过或消除特定频率及谐波。对于抑制带有谐波相关成分的周期性信号,采用梳状滤波器比为每一个谐波设计单独的滤波器有效得多。例如,在电力变电站中

---

① 原文有误,根据式(3.7)应该是 $z_l = 1, e^{j\pi/4}, e^{j\pi/2}, e^{j3\pi/4}, e^{j\pi}, e^{j5\pi/4}, e^{j3\pi/2}, e^{j7\pi/4}$。——译者注

的大变压器产生的杂音由 60Hz 电力线频率的偶次谐波(120Hz、240Hz、360Hz 等)组成。当信号被变压器噪声损害时,可以采用 120Hz 倍数陷波频率的梳状滤波器来消除那些不希望的谐波成分。

3.1.3　滤波器规范

经常在频率域说明数字滤波器的特性。这样,滤波器设计通常基于幅度响应规范。实际中,我们不能获得像图 3.2 中理想滤波器中那样无限陡峭的截止特性。从通带到阻带,实际滤波器具有逐渐滚降的过渡带。经常以容差(或纹波)的形式给出规范,说明过渡带来刻画允许滚降的平滑幅度。

低通滤波器的典型幅度响应见图 3.4,图中水平虚线表明的是容忍的偏差限制。幅度响应在通带具有峰值偏差 δ_p,在阻带具有最大偏差 δ_s。频率 ω_p 和 ω_s 分别是通带和阻带边缘(截止)频率。

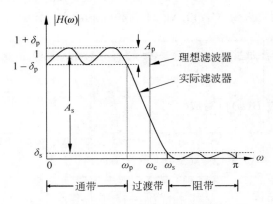

图 3.4　低通滤波器的幅度响应和性能测量

如图 3.4 所示,通带($0 \leqslant \omega \leqslant \omega_p$)幅度近似为单位 1,并具有 $\pm\delta_p$ 的误差,即

$$1 - \delta_p \leqslant |H(\omega)| \leqslant 1 + \delta_p, \quad 0 \leqslant \omega \leqslant \omega_p \tag{3.9}$$

通带纹波 δ_p 是幅度响应通带允许变化值。注意,幅度响应的增益归一化到 1(0dB)。

在阻带,幅度响应近似为 0,并具有 δ_s 误差,即

$$|H(\omega)| \leqslant \delta_s, \quad \omega_s \leqslant \omega \leqslant \pi \tag{3.10}$$

阻带纹波(或衰减)δ_s 描述的是在频率 ω_s 以上信号成分的衰减。

通带和阻带偏差通常采用分贝表示。通带纹波和阻带衰减定义为

$$A_p = 20\lg\left(\frac{1 + \delta_p}{1 - \delta_p}\right)\mathrm{dB} \tag{3.11}$$

和

$$A_s = -20\lg\delta_s\,\mathrm{dB} \tag{3.12}$$

【例 3.3】　考虑具有通带纹波 ±0.01 的滤波器,即 $\delta_p = 0.01$。根据式(3.11),有

$$A_p = 20\lg\left(\frac{1.01}{0.99}\right) = 0.1737\mathrm{dB}$$

当阻带衰减为 $\delta_s = 0.01$，有

$$A_s = -20\lg(0.01) = 40\text{dB}$$

过渡带是通带边缘频率 ω_p 和阻带边缘频率 ω_s 之间的频率区域。在这个区域，幅度响应从通带到阻带单调地下降。过渡带的宽度决定了滤波器有多陡峭。通常，要求采用高阶滤波器来实现更小的 δ_p 和 δ_s 以及更窄的过渡带。

3.1.4　线性相位 FIR 滤波器

FIR 滤波器的信号流图见图 2.6，I/O 方程由式(2.14)定义。如果 L 是奇数，则定义 $M = (L-1)/2$。式(2.14)可写成

$$B(z) = \sum_{l=0}^{2M} b_l z^{-l} = \sum_{l=-M}^{M} b_{l+M} z^{-(l+M)} = z^{-M}\left[\sum_{l=-M}^{M} h_l z^{-l}\right] = z^{-M} H(z) \tag{3.13}$$

其中

$$H(z) = \sum_{l=-M}^{M} h_l z^{-l} \tag{3.14}$$

令 h_l 具有对称属性

$$h_l = h_{-l}, \quad l = 0, 1, \cdots, M \tag{3.15}$$

根据式(3.13)，频率响应 $B(\omega)$ 可写成

$$B(\omega) = B(z)\big|_{z=e^{j\omega}} = e^{-j\omega M} H(\omega)$$

$$= e^{-j\omega M}\left[\sum_{l=-M}^{M} h_l e^{-j\omega l}\right] = e^{-j\omega M}\left[h_0 + \sum_{l=1}^{M} h_l(e^{j\omega l} + e^{-j\omega l})\right]$$

$$= e^{-j\omega M}\left[h_0 + 2\sum_{l=1}^{M} h_l \cos(\omega l)\right] \tag{3.16}$$

如果 L 是偶整数，$M = L/2$，式(3.16)的推导必须做稍微修改。

式(3.16)表明如果 h_l 是实值，

$$H(\omega) = h_0 + 2\sum_{l=1}^{M} h_l \cos(\omega l)$$

是 ω 的实函数。这样 $B(\omega)$ 的相位和群延迟为

$$\phi_B(\omega) = \begin{cases} -M\omega, & H(\omega) \geqslant 0 \\ \pi - M\omega, & H(\omega) < 0 \end{cases} \tag{3.17a}$$

和

$$T_d(\omega) = \frac{\mathrm{d}\phi_H(\omega)}{\mathrm{d}\omega} = M = \begin{cases} L/2, & L \text{ 为偶数} \\ (L-1)/2, & L \text{ 为奇数} \end{cases} \tag{3.17b}$$

这些公式表明此 FIR 滤波器的相位是 ω 的线性函数，并且以样本衡量的群延迟对于所有频率为常数 M。然而，在 $H(\omega)$ 存在符号改变，对应于 $B(\omega)$ 的 $180°$ 相移，在通带内 $B(\omega)$ 为分段线性，正如图 3.3 所示。

如果 h_l 具有反对称(负对称)属性

$$h_l = -h_{-l}, \quad l = 0, 1, \cdots, M \tag{3.18}$$

这意味着 $h(0) = 0$。按照式(3.16)类似的推导，也能表明 $B(z)$ 的相位是 ω 的线性函数。

总之，如果 FIR 的系数满足正对称条件

$$b_l = b_{L-1-l}, \quad l = 0, 1, \cdots, L-1 \tag{3.19}$$

或者反对称条件

$$b_l = -b_{L-1-l}, \quad l = 0, 1, \cdots, L-1 \tag{3.20}$$

FIR 滤波器就具有线性相位。

对称(或反对称)FIR 滤波器的群延迟是 $T_d(\omega) = (L-1)/2$，对应于 FIR 滤波器的中点。取决于 L 是偶数还是奇数以及 b_l 具有正对称还是负对称，存在四种类型的线性相位 FIR 滤波器。

可以利用线性相位 FIR 滤波器的对称(或反对称)属性来减少滤波器需要的乘运算总数量。考虑如式(3.19)定义的偶数长度 L 和正对称的 FIR 滤波器。式(2.36)可以修改为

$$H(z) = b_0(1 + z^{-L+1}) + b_1(z^{-1} + z^{-L+2}) + \cdots + b_{L/2-1}(z^{-L/2+1} + z^{-L/2}) \tag{3.21}$$

定义在式(3.21)的 $H(z)$ 的实现如图 3.5 所示，I/O 方程表达为

$$y(n) = b_0[x(n) + x(n-L+1)] + b_1[x(n-1) + x(n-L+2)] + \cdots$$
$$+ b_{L/2-1}[x(n-L/2+1) + x(n-L/2)]$$
$$= \sum_{l=0}^{L/2-1} b_l[x(n-1) + x(n-L+1+l)] \tag{3.22}$$

对于反对称 FIR 滤波器，两信号的加法被减法所代替，即

$$y(n) = \sum_{l=0}^{L/2-1} b_l[x(n-1) - x(n-L+1+l)] \tag{3.23}$$

如式(3.22)和图 3.5 所示，首先通过将一对样本相加，然后将和与相应系数相乘，乘法数量可减少到一半。这里需要做出权衡，需要两个地址指针指向 $x(n-l)$ 和 $x(n-L+1+l)$，而不是采用单个指针通过相同缓冲器线性地访问数据。TMS320C55xx 提供两个专

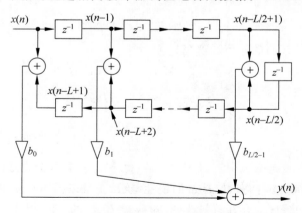

图 3.5　对称 FIR 滤波器的信号流图(L 为偶数)

用指令,FIRSADD 和 FIRSSUB,来分别实现对称和反对称 FIR 滤波器。采用 FIRSADD 的实验将在 3.5.3 节给出。

3.1.5　FIR 滤波器的实现

FIR 滤波器能够在逐块的基础上或逐个样本的基础上工作。在逐块处理中,输入样本分段进入乘法数据模块。每次执行一块滤波操作,结果输出块组合后形成总的输出。每个数据块的滤波过程可以采用线性卷积或快速卷积来实现,这些内容将在第 5 章进行介绍。在逐个样本处理过程中,在当前 $x(n)$ 有效后,输入样本在每个采样周期内进行处理。

正如 2.2.1 节讨论的,线性时不变系统的输出是输入样本与系统的冲激响应的卷积。假设滤波器是因果的,在时刻 n 的输出如下计算

$$y(n) = \sum_{l=0}^{\infty} h(l)x(n-l) \tag{3.24}$$

线性卷积的计算过程包括以下四个步骤:

(1) 折叠——关于 $l=0$ 折叠 $x(l)$ 得到 $x(-l)$。

(2) 移位——将 $x(-l)$ 向右移动 n 个样本得到 $x(n-l)$。

(3) 相乘——对于所有 l,将 $h(l)$ 和 $x(n-l)$ 重叠部分相乘得到 $h(l)x(n-l)$ 乘积。

(4) 相加——将所有乘积相加得到在时刻 n 的输出 $y(n)$。

重复步骤(2)至步骤(4),计算系统在其他瞬时 n 的输出。注意,输入信号长度 M 和一个冲激响应长度 L 的卷积结果是一个长度为 $L+M-1$ 的输出信号。

【例 3.4】　考虑四个系数 b_0、b_1、b_2 和 b_3 组成的 FIR 滤波器,那么我们有

$$y(n) = \sum_{l=0}^{3} b_l x(n-l), \quad n \geqslant 0$$

线性卷积产生

$$
\begin{aligned}
n &= 0, & y(0) &= b_0 x(0) \\
n &= 1, & y(1) &= b_0 x(1) + b_1 x(0) \\
n &= 2, & y(2) &= b_0 x(2) + b_1 x(1) + b_2 x(0) \\
n &= 3, & y(3) &= b_0 x(3) + b_1 x(2) + b_2 x(1) + b_3 x(0)
\end{aligned}
$$

一般地,有

$$y(n) = b_0 x(n) + b_1 x(n-1) + b_2 x(n-2) + b_3 x(n-3), \quad n \geqslant 3$$

图形解释见图 3.6。

如图 3.6 所示,输入序列翻转(折叠),然后每次向右移动一个样本与滤波器系数重叠。在每一时刻,输出值是系数与其下对准的相应输入数据重叠部分乘积的和。线性卷积的翻转和滑动(Flip-and-slide)的形式见图 3.7。注意,在每一个采样周期,$x(-l)$ 向右移动一个单位等效于 b_l 向左移动一个单位。

在时刻 $n=0$,输入序列通过在其右侧补 $L-1$ 个零进行扩展。唯一的非零乘积来自 b_0 乘以此时对准的 $x(0)$。在滤波器完全与输入序列重叠之前,滤波器进行了 $L-1$ 次迭代。

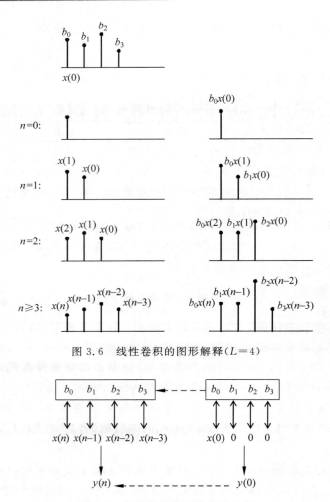

图 3.6　线性卷积的图形解释($L=4$)

图 3.7　线性卷积的翻转滑动过程

因此，前 $L-1$ 个输出对应于 FIR 滤波器的暂态。在 $n \geqslant L-1$ 之后，FIR 滤波器的信号缓冲器填满，滤波器处于稳态。

在 FIR 滤波中，系数是常数，但信号缓冲器（或抽头延迟线）中的数据在每个采样周期 T 发生变化。信号缓冲器以图 3.8 的方式进行刷新，丢弃最旧的样本 $x(n-L+1)$，剩下的样本向缓冲器的右侧移动一个位置。新的样本（来自实时应用中的 ADC）插入到标为 $x(n)$ 的存储位置。此 $x(n)$ 来自时刻 n，将在下一次采样周期变为 $x(n-1)$，然后是 $x(n-2)$，以此类推，直到它从延迟链的末端掉落。如果数据移位操作不能采用硬件实现，信号缓冲器的刷新（如图 3.8 所示）将要求非常密集的处理时间。

最有效的刷新信号缓冲器的方法是以循环的方式来安排数据，见图 3.9(a)。在循环缓冲器中的数据样本不移动，而是缓冲器起始地址反向（逆时针）更新，这点不像图 3.8 所示那样，图 3.8 中的缓冲器保持固定起始地址，正向移动数据样本。当前信号样本 $x(n)$ 由起始

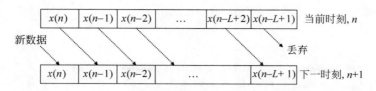

图 3.8　FIR 滤波的信号缓冲器刷新

地址指针指向，而前一个样本已经顺时针方向顺序装载。当接收新的样本，它放置在位置 $x(n)$，并且执行滤波操作。在计算输出 $y(n)$ 之后，起始指针逆时针移动一个位置到 $x(n-L+1)$ 等待下一个输入信号到达。时刻 $n+1$ 的下一个输入将被写入 $x(n-L+1)$ 位置，下次迭代它将作为 $x(n)$。循环缓冲器非常有效，这是因为更新操作是通过调整起始地址（指针）来完成的，在存储器中不存在任何数据样本的物理移动。

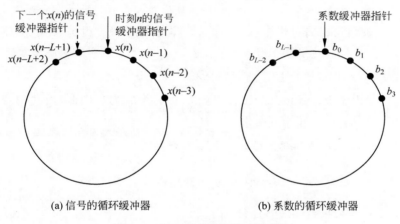

(a) 信号的循环缓冲器　　　　(b) 系数的循环缓冲器

图 3.9　FIR 滤波器的循环缓冲器

（a）保持信号的循环缓冲器，$x(n)$ 的起始指针逆时针方向更新；

（b）FIR 滤波器系数的循环缓冲器，指针总是指向滤波器开端的 b_0

图 3.9(b)显示的是 FIR 滤波器系数的循环缓冲器，当达到系数缓冲器末端时，其可以使系数指针环绕一圈。即，指针从 b_{L-1} 移动到 b_0，以便总是在第一个系数开始 FIR 滤波。

3.2　FIR 滤波器设计

设计 FIR 滤波器的目标是确定一套满足给定规范的滤波器系数。已开发多种技术用于设计 FIR 滤波器。傅里叶级数方法提供了一种计算 FIR 滤波器系数的简便方法，因此将其用来解释 FIR 滤波器设计的原理。

3.2.1　傅里叶级数方法

傅里叶级数方法通过计算滤波器的冲激响应近似期望的频率响应来设计 FIR 滤波器。

采用离散时间傅里叶变换的滤波器频率响应定义为

$$H(\omega) = \sum_{n=-\infty}^{\infty} h(n) e^{-j\omega n} \tag{3.25}$$

其中，滤波器的冲激响应可以采用离散时间傅里叶逆变换得到，即

$$h(n) = \frac{1}{2\pi} \int_{-\pi}^{\pi} H(\omega) e^{j\omega n} d\omega, \quad -\infty \leqslant n \leqslant \infty \tag{3.26}$$

此式表明冲激响应 $h(n)$ 为双边并且具有无限长度。

对于频率响应为 $H(\omega)$ 的期望 FIR 滤波器，相应的冲激响应 $h(n)$（与滤波器系数相同）可以通过计算由式(3.26)确定的积分求得。可以采用截断式(3.26)定义的理想无限长冲激响应来获得有限长度冲激响应 $\{h'(n)\}$。即

$$h'(n) = \begin{cases} h(n), & -M \leqslant n \leqslant M \\ 0, & \text{其他} \end{cases} \tag{3.27}$$

因果 FIR 滤波器可以通过将 $h'(n)$ 序列向右移动 M 个样本得到，并重新索引系数为

$$b'_l = h'(l-M), \quad l = 0, 1, \cdots, 2M \tag{3.28}$$

假设 L 为奇数（$L = 2M+1$），此 FIR 滤波器具有 L 个系数 $b'_l, l = 0, 1, \cdots, L-1$。冲激响应关于 b'_M 对称，这是由于根据式(3.26)可以得到 $h(-n) = h(n)$。因此，由式(3.28)确定系数的传递函数 $B'(z)$ 具有线性相位和恒定的群延迟。

【例 3.5】 图 3.2(a)的理想低通滤波器具有频率响应

$$H(\omega) = \begin{cases} 1, & |\omega| \leqslant \omega_c \\ 0, & \text{其他} \end{cases} \tag{3.29}$$

相应的冲激响应可以采用式(3.26)进行计算

$$
\begin{aligned}
h(n) &= \frac{1}{2\pi} \int_{-\pi}^{\pi} H(\omega) e^{j\omega n} d\omega = \frac{1}{2\pi} \int_{-\omega_c}^{\omega_c} e^{j\omega n} d\omega \\
&= \frac{1}{2\pi} \left[\frac{e^{j\omega n}}{jn} \right]_{-\omega_c}^{\omega_c} = \frac{1}{2\pi} \left[\frac{e^{j\omega_c n} - e^{-j\omega_c n}}{jn} \right] \\
&= \frac{\sin(\omega_c n)}{\pi n} = \frac{\omega_c}{\pi} \text{sinc}\left(\frac{\omega_c n}{\pi} \right)
\end{aligned} \tag{3.30}
$$

其中 sinc 函数定义为

$$\text{sinc}(x) = \frac{\sin(\pi x)}{\pi x}$$

通过将 $-M \leqslant n \leqslant M$ 范围之外的所有冲激响应系数置为零，并向右移动 M 单位，可以获得有限长度为 L 的因果 FIR 滤波器，系数如下

$$b'_l = \begin{cases} \dfrac{\omega_c}{\pi} \text{sinc}\left[\dfrac{\omega_c(l-M)}{\pi} \right], & 0 \leqslant l \leqslant L-1 \\ 0, & \text{其他} \end{cases} \tag{3.31}$$

【例3.6】 设计一个低通滤波器,其频率响应为

$$H(f) = \begin{cases} 1, & 0 \leqslant f \leqslant 1\text{kHz} \\ 0, & 1\text{kHz} \leqslant f \leqslant 4\text{kHz} \end{cases}$$

其中,采样频率为8kHz,冲激响应限制在2.5ms。

由于 $2MT = 0.0025\text{s}$ 以及 $T = 0.000125\text{s}$,因此需要 $M = 10$。这样,实际滤波器具有21个系数($L = 2M + 1$),1kHz对应于 $\omega_c = 0.25\pi$。根据式(3.31),我们有

$$b'_l = 0.25\text{sinc}[0.25(l-10)], \quad l = 0, 1, \cdots, 20$$

【例3.7】 设计一个低通滤波器,截止频率 $\omega_c = 0.4\pi$,滤波器长度 $L = 61$。当 $L = 61$,$M = (L-1)/2 = 30$。根据式(3.31),设计的滤波器系数为

$$b'_l = 0.4\text{sinc}[0.4(l-30)], \quad l = 0, 1, \cdots, 60$$

采用MATLAB程序example3_7.m计算出这些系数,并绘制设计的滤波器的幅度响应曲线,见图3.10。

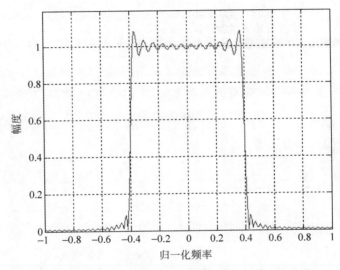

图3.10 通过傅里叶级数方法设计的低通滤波器的幅度响应

3.2.2 吉布斯现象

如图3.10所示,通过简单地截断需要的滤波器(式(3.27)定义)冲激响应来获得FIR滤波器,在其幅度响应中会呈现振荡行为(或纹波)。当滤波器的长度增加时,通带和阻带的纹波数量都增加,纹波的宽度下降。大的纹波发生在过渡边缘,其幅度独立于 L。

式(3.27)描述的截断操作可以认为是无限长度序列 $h(n)$ 乘以有限长度矩形窗 $w(n)$。即

$$h'(n) = h(n)w(n), \quad -\infty \leqslant n \leqslant \infty \tag{3.32}$$

其中矩形窗 $w(n)$ 定义为

$$w(n) = \begin{cases} 1, & -M \leqslant n \leqslant M \\ 0, & \text{其他} \end{cases} \tag{3.33}$$

【例3.8】 截断傅里叶级数表示的 FIR 滤波器系数的振荡行为,见图3.10,可以通过式(3.33)矩形窗的频率响应来解释。频率响应可以表达为

$$W(\omega) = \sum_{n=-M}^{M} e^{-j\omega n} = \frac{\sin[(2M+1)\omega/2]}{\sin(\omega/2)} \tag{3.34}$$

采用 MATLAB 程序 example3_8.m 产生 $M=8$ 和 $M=20$ 的 $W(\omega)$ 幅度响应。如图3.11所示,幅度响应以 $\omega=0$ 为中心存在一个主瓣。所有其他的纹波称为旁瓣。在 $\omega=2\pi/(2M+1)$ 处幅度响应存在第一个零值。因此,主瓣的宽度为 $4\pi/(2M+1)$。根据式(3.34),很容易得到主瓣的幅度为 $|W(0)|=2M+1$。第一个旁瓣近似处于频率 $\omega_1=3\pi/(2M+1)$ 处,对于 $M \gg 1$,幅度 $|W_1| \approx 2(2M+1)/3\pi$。主瓣幅度与第一个旁瓣幅度的比为

$$\left| \frac{W(0)}{W(\omega_1)} \right| \approx \frac{3\pi}{2} = 13.5\text{dB}$$

当 ω 从 0 上升到 π,分母变得更大。此阻尼函数的结果见图3.11。当 M 增加,主瓣的宽度减小。

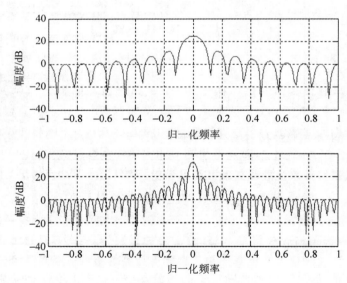

图 3.11　$M=8$(上)和 $M=20$(下)的矩形窗幅度响应

在 $-M \leqslant n \leqslant M$ 范围外,矩形窗陡峭地过渡到零,在幅度响应中导致吉布斯现象(Gibbs Phenomenon)。可以通过采用在末端光滑地降低到零的窗,或者提供一个从通带到阻带光滑的过渡,来减弱吉布斯现象。锥形窗将降低旁瓣高度,提高主瓣宽度,结果导致在非连续性上更宽的过渡。这种现象常称为泄露或拖尾,将在第5章中讨论。

3.2.3 窗函数

针对不同的应用,已经开发出来很多锥形窗,并进行了优化。本节主要讨论广泛使用的汉明(Hamming)窗,窗的长度 $L=2M+1$。即 $w(n)$, $n=0,1,\cdots,L-1$,并且关于中点 $n=M$ 对称。决定 FIR 滤波器设计中窗性能的两个因素为窗的主瓣宽度和相对旁瓣水平。为了确保从通带到阻带的快速过渡,窗应该具有小的主瓣宽度。另一方面,为了减小通带和阻带的纹波幅度,旁瓣下的面积应该最小。不幸的是,在选择窗口时需要对这两方面的要求做出权衡。

汉明窗函数定义为

$$w(n) = 0.54 - 0.46\cos\left(\frac{2\pi n}{L-1}\right), \quad n=0,1,\cdots,L-1 \tag{3.35}$$

其也对应于升余弦,但常数和余弦项的权重不同。从式(3.35)中可见,汉明窗在末端逐渐降低到 0.08。MATLAB 提供了汉明窗函数:

```
w = hamming(L);
```

采用 MATLAB 程序 hamWindow.m 产生汉明窗及其幅度响应见图 3.12。汉明窗的主瓣宽度与汉宁(Hanning)窗大致相同,但是后者具有额外的 10dB 阻带衰减(总共 41dB)。汉明窗在通带给出了低的纹波,并且具有良好的阻带衰减,其通常适用于低通滤波器设计。

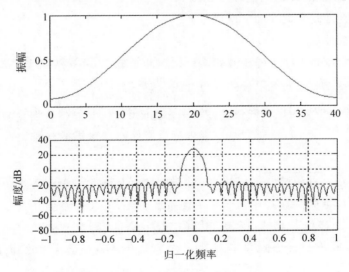

图 3.12 汉明窗(上)和其幅度响应(下)($L=41$)

【例 3.9】 采用汉明窗设计一个低通滤波器,截止频率为 $\omega_c=0.4\pi$,阶数 $L=61$。

采用 MATLAB 程序(example3_9.m),类似于例 3.7 中采用的。绘制出的采用矩形窗和汉明窗设计的滤波器的幅度响应见图 3.13。我们可观察到采用矩形窗设计产生的纹波完全被采用汉明窗设计所消除。降低纹波的折中是使过渡带宽度增加。

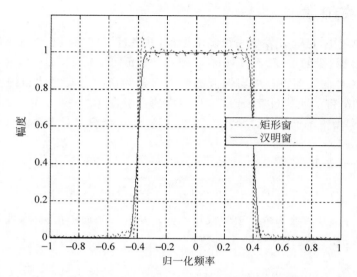

图 3.13　采用矩形窗和汉明窗设计的低通滤波器的幅度响应($L=61$)

采用傅里叶级数和窗函数方法设计 FIR 滤波器的过程总结如下：

(1) 确定满足阻带衰减要求的窗类型。

(2) 基于所给过渡带宽度确定窗尺寸 L。

(3) 计算窗系数 $w(l)$, $l=0$, 1, $\cdots$, $L-1$。

(4) 采用式(3.26)为期望的滤波器产生理想冲激响应 $h(n)$。

(5) 采用式(3.27)截断无限长的理想冲激响应，得到 $h'(n)$，$-M \leqslant n \leqslant M$。

(6) 采用式(3.28)通过向右移位 M 单位得到因果滤波器，得到 b_l', $l=0$, 1, $\cdots$, $L-1$。

(7) 将第(3)步得到的窗系数和第(6)步获得的冲激响应相乘，得到以下滤波器系数：

$$b_l = b_l' w(l), \quad l = 0, 1, \cdots, L-1 \tag{3.26}$$

在 FIR 滤波器的冲激响应上应用窗函数具有平滑滤波器幅度响应的效果。对称窗将保持对称 FIR 滤波器的线性相位响应。

MATLAB 提供 GUI 工具，称为"窗设计与分析工具"(Window Design & Analysis Tool, WinTool)，使用户能够设计和分析窗函数。在 MATLAB 命令窗中输入以下命令启动：

```
wintool
```

其默认打开 64 点汉明窗。利用这个工具，可以评估不同的窗，例如布莱克曼(Blackman)窗、切比雪夫(Chebyshev)窗和凯塞(Kaiser)窗。另一个 MATLAB 提供的分析窗的 GUI 工具为 wvtool，是一个窗可视化工具。

3.2.4　采用 MATLAB 的 FIR 滤波器设计

FIR 滤波器设计算法采用迭代优化技术来最小化期望频率响应和实际频率响应之间的误差。设计优化线性相位 FIR 滤波器广泛采用的算法是 Park-McClellan 算法。此算法展开误差以产生相等幅度的纹波。在本节中,我们仅仅考虑 MATLAB"信号处理工具箱"(Signal Processing Toolbox)中的设计方法和滤波器函数,表 3.1 总结了信号处理工具箱。MATLAB "DSP 系统工具箱"(DSP system Toolbox)(老版本为"滤波器设计工具箱"(Filter Design Toolbox))提供了更多先进的 FIR 滤波器设计方法。

表 3.1　MATLAB 中的 FIR 滤波器设计方法和函数列表

设 计 方 法	滤波器函数	描　　　述
窗方法	fir1, fir2, kaiserord	采用窗方法截断傅里叶级数
过渡带的多带方法	firls, firpm, firpmord	等纹波或最小二乘法
约束最小二乘法	fircls, fircls1	在全频率范围最小化平方积分误差
任意响应	cfirpm	任意响应

例如,fir1 和 fir2 函数采用加窗傅里叶级数方法设计 FIR 滤波器。函数 fir1 采用汉明窗设计 FIR 滤波器如下:

```
b = fir1(L,Wn);
```

其中,Wn 是在 0 和 1($\omega=\pi$)之间的归一化截止频率。函数 fir2 采用任意幅度响应设计 FIR 滤波器如下:

```
b = fir2(L,f,m);
```

其中,频率响应是通过分别包含频率和幅度向量 f 和向量 m 来说明。f 中的频率必须以升序落在 0<f<1 内。

基于 Parks-McClellan 算法,设计优化线性相位 FIR 滤波器更为有效的算法,采用 Remez 交换算法和 Chebyshev 近似理论来设计滤波器,在期望频率响应和实际频率响应之间达到一个优化的拟合。firpm 函数(老版本为 remez)具有以下语法:

```
b = firpm(L,f,m);
```

此函数返回长度为 L+1 的线性相位 FIR 滤波器,通过 f(频带边缘向量对,在 0 和 1 之间升序)和 m(与 f 相同大小的实向量,说明得到的滤波器 b 的幅度响应所需的幅度),其具有最好的期望频率响应的近似。在 3.5.1 节中的例子中将采用此函数来设计一个 FIR 滤波器。

【例 3.10】　设计一个长度为 18 的线性相位滤波器,通带归一化频率 0.4 到 0.6。此滤波器可以采用 MATLAB 程序 example3_10.m 设计,期望和获得实际幅度响应见图 3.14。

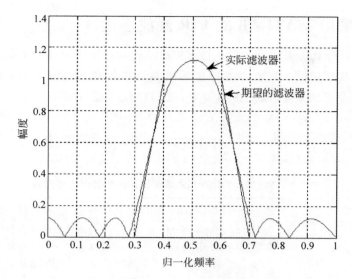

图 3.14　期望和实际 FIR 滤波器的幅度响应

3.2.5　采用 FDATool 的 FIR 滤波器设计

"滤波器设计和分析工具"(Filter Design and Analysis Tool，FDATool)是设计、量化和分析数字滤波器的 GUI 工具。它包含很多先进的滤波器设计技术，并支持"信号处理工具箱"(Signal Processing Toolbox)中所有的滤波器设计方法。此工具具有以下用途：

（1）通过设置滤波器规范设计滤波器；

（2）分析设计的滤波器；

（3）将滤波器转换为不同结构；

（4）量化和分析量化的滤波器。

本节将简要介绍 FDATool 来设计和量化 FIR 滤波器。

在 MATLAB 命令窗口，我们通过键入

fdatool

来打开 FDATool。Filter Design & Analysis Tool 窗口见图 3.15。我们可以选择几种响应类型：Lowpass(低通)、Highpass(高通)、Bangpass(带通)、Bandstop(带阻)和 Differentiator (微分器)。例如，设计一个带通滤波器，在 GUI 的 Response Type 区选择单选按钮至 Bandpass。它有多个选项 Lowpass、Highpass 和 Differentiator 类型。

重要的是比较图 3.15 中的 Filter Specification(滤波器规范)和图 3.2 中指标。参数 F_{pass}、F_{stop}、A_{pass} 和 A_{stop} 分别对应于 ω_p、ω_s、A_p 和 A_s。这些参数可以在 Frequency Specification 和 Magnitude Specificaiton 区进行输入。频率的单位是 Hz(默认)、kHz、MHz 或 GHz，幅度的选项是 dB(默认)或 Linear。

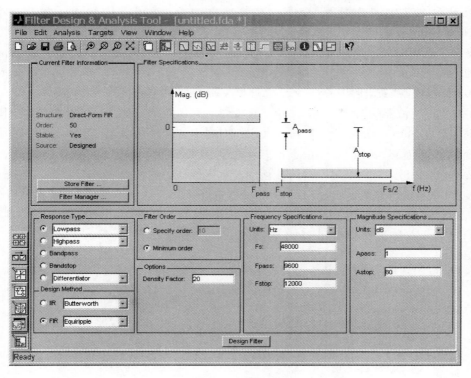

图 3.15　FDATool 窗口

【**例 3.11**】　设计一个满足以下规范的低通 FIR 滤波器：

采样频率 F_s＝8kHz；

通带截止频率 F_{pass}＝2kHz；

阻带截止频率 F_{stop}＝2.5kHz；

通带纹波 A_{pass}＝1dB；

阻带衰减 A_{stop}＝60dB。

可以很容易地通过在 Frequency Specification 和 Magnitude Specificaiton 区输入参数来设计此滤波器，见图 3.16。按 Design Filter 按钮来计算滤波器系数。Filter Specification 区将显示本设计的滤波器的 Magnitude Response(dB)。我们可以通过 Analysis 菜单来分

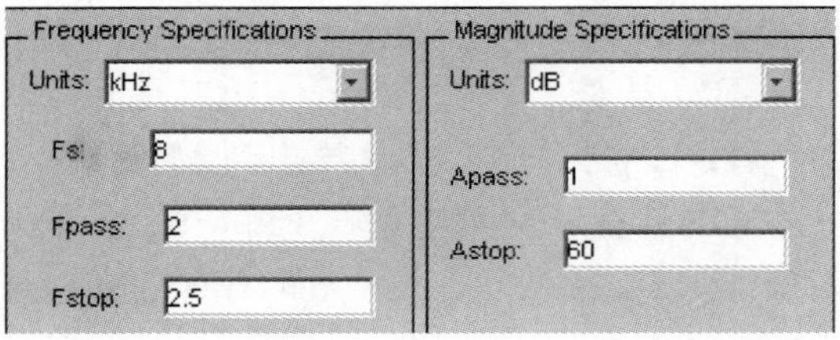

图 3.16　低通滤波器的频率和幅度规范

析本设计滤波器的不同特性。例如,在菜单中选择 Impulse Response 打开一个新的 Impulse Response 窗口来显示本设计的 FIR 滤波器系数。

有两个选项来确定滤波器阶数：或者采用 Specify order 来说明滤波器阶数,或者采用默认的 Minimum order。例 3.11 采用默认的最小阶数,阶数(31)显示在 Current Filter Information 区。注意,阶数 order＝31 意味着 FIR 滤波器的长度为 $L=32$。

一旦完成滤波器的设计(采用 64 位双精度浮点算术表示)和验证,可以通过单击图 3.15 中边框工具栏 Set Quantization Parameter 按钮 📧 来打开量化模式。FDATool 窗口的下半部分变成新的面板,Filter arithmetic 菜单中默认 Double-precision floating-ponit。Filter arithmetic 选项允许用户采用不同的量化设置量化设计的滤波器和分析效果。当用户选择算术设置(单精度浮点或定点),FDATool 根据选择量化当前滤波器,并更新在分析区域显示的信息。例如,为了使能 FDATool 中的定点量化设置,从 Filter arithmetic 下拉菜单选择 Fixed-point。量化选项出现在 FDATool 窗口的底部面板,见图 3.17。

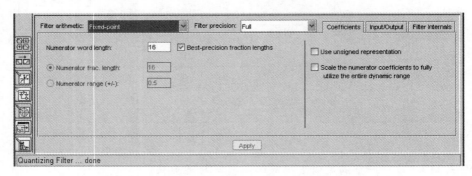

图 3.17 在 FDATool 中设置定点量化参数

在对话窗口有三个标签,用户可以在 FDATool 中用来选择量化任务：

(1) Coefficient 标签定义系数量化；

(2) Input/Output 标签量化输入输出信号；

(3) Filter Internals 标签设置算术选项。

在为期望的滤波器设置好恰当的选项后,单击 Apply 启动量化过程。

Coefficient 标签是默认的激活面板。滤波器类型和结构决定可获得的选项。Numerator word length 设置表示 FIR 滤波器系数的字长。注意,Best-precision fraction lengths 选项也需要检查,Numerator word length 选项默认设置为 16。我们可以不检查 Best-precision fraction lengths 选项,来说明 Numerator frac. Length 或 Numerator range(＋/－)。

滤波器系数可以作为系数文件或 MAT 文件导出到 MATLAB 工作区。为了将量化滤波器系数保持成文本文件,从工具栏 File 菜单选择 Export。当 Export 对话窗口出现时,从 Export to 菜单选择 Coefficient File (ASCII),并从 Format 选项选择 Decimal、Hexadecimal 或 Binary。在单击 OK 按钮后,Export Filter Coefficients to . FCF file 对话窗口将出现。输入文件名称并单击 Save 按钮。

为了创建包含滤波器系数的 C 头文件，从 Targets 菜单选择 Generate C Header。对于 FIR 滤波器，C 头文件中使用的变量用于分子名称和长度。可采用默认变量名 B 和 BL，见图 3.18，或根据定义在包含此头文件 C 中的变量名修改它们。可以采用默认的 Signed 16-bit integer with 16-bit fractional length，或者选择 Export as 选择希望的数据类型。单击 Generate 按钮打开 Generate C Header 对话窗口。输入文件名并单击 Save 保存文件。

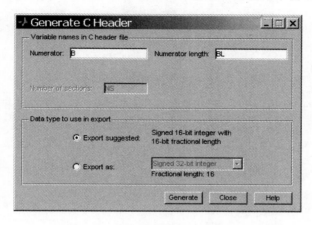

图 3.18　产生 C 头文件的对话窗口

3.3　实现考虑

本节讨论数字 FIR 滤波器的有限字长效应，采用 MATLAB 和 C 语言说明一些重要的软件实现问题。

3.3.1　FIR 滤波器中量化效应

考虑定义在式（2.36）中的 FIR 滤波器。滤波器系数 b_l 从诸如 MATLAB 的滤波器设计包中获得。这些系数通常采用双精度浮点数进行设计和表示，必须在浮点处理器中量化实现。在设计过程中，对滤波器系数进行量化和分析。如果量化的滤波器不再满足所给规范，我们将优化、重新设计、重建结构，并且（或者）采用更多的位数来满足规范。

令 b_l' 表示对应于 b_l 的量化值。如第 2 章讨论的，可以将非线性量化建模成线性操作，表示如下：

$$b_l' = Q[b_l] = b_l + e(l) \tag{3.37}$$

其中，$e(l)$ 是量化误差，可以假设为均值为零的均匀分布的随机噪声。

采用量化系数 b_l' 的实际 FIR 滤波器的频率响应可以表示为

$$B'(\omega) = B(\omega) + E(\omega) \tag{3.38}$$

其中

$$E(\omega) = \sum_{l=0}^{L-1} e(l) e^{-j\omega l} \tag{3.39}$$

表示在期望频率响应 $B(\omega)$ 中的误差。误差频谱边界

$$|E(\omega)| = \left| \sum_{l=0}^{L-1} e(l) e^{-j\omega l} \right| \leqslant \sum_{l=0}^{L-1} |e(l)| |e^{-j\omega l}| \leqslant \sum_{l=0}^{L-1} |e(l)| \tag{3.40}$$

如式(2.83)所示,有

$$|e(l)| \leqslant \frac{\Delta}{2} = 2^{-B} \tag{3.41}$$

这样,式(3.40)变为

$$|E(\omega)| \leqslant 2^{-B}L \tag{3.42}$$

这个边界是很保守的,这是由于它仅在所有 $e(l)$ 具有相同符号并在范围内具有最大值时才能达到。更为实际的边界可以通过假设 $e(l)$ 是统计的独立随机变量进行推导。

【例 3.12】 本例首先采用最小二乘法设计 FIR 滤波器:为了将其转换为定点 FIR 滤波器,我们采用滤波器构建函数 dfilt,并将滤波器的算术设置改为定点算法,如下:

```
hd = dfilt.dffir(b);        % 创建直接型 FIR 滤波器
set(hd,'Arithmetic','fixed');
```

第一个函数返回数字滤波器对象 hd,类型 dffir(直接型 FIR 滤波器)。我们可以采用 MATLAB FVTool(Filter Visualization Tool,滤波器可视化工具)来绘制量化的滤波器和相应的参考滤波器的幅度响应。

定点滤波器对象 hd 采用 16 位数表示滤波器系数。我们可以采用不同字长做出几个滤波器副本。例如,可以采用如下 12 位数表示滤波器系数:

```
h1 = copy(hd);              % 将 hd 拷贝为 h1
set(h1,'CoeffWordLength',12);   % 使用 12 位来表示系数
```

MATLAB 程序见 example3_12.m。

3.3.2　MATLAB 实现

对于评估目的,使用诸如 MATLAB 等强大的软件包进行软件实现和数字滤波器的测试是很方便的。MATLAB 提供 FIR 和 IIR 滤波函数 filter(或 filtfilt)。此函数的基本形式为

```
Y = filter(b, a, x);
```

对于 FIR 滤波,向量 a=1,滤波器系数 b_l 包含在向量 b 中。输入向量为 x,而滤波器输出向量为 y。

【例 3.13】 1.5kHz 正弦信号,采样率 8kHz,受白噪声破坏。此噪声信号采用 MATLAB 程序 example3_13.m 产生,保存在文件 xn_int.dat 中并打印绘制。在程序中,信号样本从原来的浮点数进行归一化,并采用以下 MATLAB 命令保存成 Q15 整数格式:

```
xn_int = round(32767 * in./max(abs(in)));    %归一化到 16 位整数
fid = fopen('xn_int.dat','w');                %向 xn_int.dat 保存信号
fprintf(fid,'4.0f\n',xn_int);                 %以整数格式保存
```

FIR 滤波器系数可以通过选择 File→Export 导出到当前 MATLAB 工作区中。在 Export 弹出对话窗口,在 Numerator 窗口键入 b,并单击 OK 按钮。这样将滤波器系数保存在向量 b 中,其可用在当前 MATLAB 目录中。现在,我们可以采用 MATLAB 函数 filter 通过以下命令执行 FIR 滤波。

```
y = filter(b, 1, xn_int);
```

滤波器输出在工作区中保存为向量 y,可以将其绘制出来与输入信号进行对比。

【例 3.14】　本例采用随机数据作为输入信号来评估 16 位定点滤波器对比于原始的双精度浮点(64 位)滤波器的精度。将一个量化器用于产生均匀分布白噪声数据,采用 Q15 格式的数据,如下:

```
rand('state',0);                            %初始化随机数产生器
q = quantizer([16,15], 'RoundMode', 'round');
xq = randquant(q,256,1);
xin = fi(xq,true,16,15);
```

这样,xin 是 256 位的整数数组,表示为定点对象(fi 对象)。接着,我们执行实际的定点滤波器如下:

```
y = filter(hd,xin);
```

完整的 MATLAB 程序见 example3_14.m。

3.3.3　浮点 C 实现

FIR 滤波器实现通常起始于浮点 C,然后移植到定点 C,如果需要的话,再移植到汇编程序。

【例 3.15】　输入数据标为 x,滤波器输出标为 y。滤波器系数存在系数数组 h[ ]。滤波器抽头延迟线(信号向量)w[ ]保存过去的数据样本。逐个样本浮点 C 程序如下:

```
void floatPointFir(float * x, float * h, short order, float * y, float * w)
{
    short i;
    float sum;

    w[0] = * x++;                        //将当前数据赋给延迟线
    for (sum = 0, i = 0; i < order; i++)  //FIR 滤波循环
    {
        sum += h[i] * w[i];             //乘积和
    }
    * y++ = sum;                         //保存滤波器输出

    for (i = order - 1; i > 0; i - )     //更新信号缓冲器
```

```
{
    w[i] = w[i-1];
    }
}
```

信号缓冲器 w[ ]在每个采样周期进行更新，如图 3.8 所示。对于每次更新过程，在信号缓冲器中的最旧样本被丢弃掉，剩下的样本在缓冲器中向一个方向移位。最近的数据样本 x(n)插入到顶部位置 w[0]。在诸如 C55xx 的大多数数字信号处理器中具有循环寻址模式，在数据缓冲器中移位数据可以更替为循环缓冲器来提高效率。

采用块处理技术来实现 DSP 算法将更为有效。对于很多实际应用，例如无线通信、语言处理和音频压缩，信号样本经常形成块或帧。通过帧而不是逐个样本处理数据的 FIR 滤波器称为块 FIR 滤波器。

【例 3.16】 块 FIR 滤波函数在每次函数调用时处理一块数据样本。输入样本存在数组 x[ ]中，滤波输出存在数组 y[ ]。在以下 C 程序中，块尺寸标为 blkSize：

```
void floatPointBlockFir(float * x, short blkSize, float * h, short order,
                        float * y, float * w, short * index)

{
    short i,j,k;
    float sum;
    float * c;

    k = * index;
    for (j = 0; j < blkSize; j++)            //块处理
    {
        w[k] = * x++;                        //将当前数据赋给延迟线
        c = h;
        for (sum = 0, i = 0; i < order; i++)  //FIR 滤波器处理
        {
            sum += * c++ * w[k++];
            k % = order;                     //模拟循环缓冲器
        }
        * y++ = sum;                         //保存滤波器输出
        k = (order + k - 1) % order;         //为下次更新索引
    }
    * index = k;                             //更新循环缓冲器索引
}
```

3.3.4 定点 C 实现

采用小数表示的定点实现在第 2 章进行了介绍。在定点数字信号处理器中通常采用 Q15 格式。本节采用一个例子来介绍 FIR 滤波的定点 C 实现。

【例 3.17】 对于定点实现，可采用 Q15 格式在 -1 到 $1-2^{-15}$ 的范围内来表示数据样本。ANSI C 编译器要求数据类型定义为 long 以确保乘积可以保存为左端对齐的 32 位数

据。当保存滤波器输出,32 位临时变量 sim 右移 15 位,来对相乘后从 32 位到 16 位 Q15 数据的转换进行模拟。定点 C 代码如下:

```
void fixedPointBlockFir(short * x, short blkSize, short * h, short order,
                        short * y, short * w, short * index)
{
  short i,j,k;
  long sum;
  short * c;

  k = * index;
  for (j = 0; j < blkSize; j ++)              //块处理
  {
    w[k] = * x++;                             //将当前数据赋给延迟线
    c = h;
    for (sum = 0, i = 0; i < order; i++)      //下次滤波器处理
    {
      sum += * c++ * (long)w[k++];
      if (k == order)                         //模拟循环缓冲器
        k = 0;
    }
    * y++ = (short)(sum >> 15);               //保存滤波器输出
    if (k-- <= 0)                             //为下次更新索引
    k = order - 1;
  }
  * index = k;                                //更新循环缓冲器索引
}
```

3.4 应用：插值和抽取滤波器

在多速率信号处理应用中,对工作在不同采样率下的 DSP 系统进行互连,改变采样频率是必需的。从原始采样率转换为不同采样率的过程称为"采样率转换"。采样率转换的关键操作是低通 FIR 滤波。

提高整数 U 倍采样率的过程称为"插值"(上采样),而降低整数 D 倍的过程称为"抽取"(下采样)。采用恰当 U 和 D 因子的插值和抽取组合,可以使数字系统将采样率改变到任何值。例如,在使用过采样和抽取的音频系统中,模拟输入可以首先采用一个低成本的抗混叠滤波器进行滤波,然后在更高的频率下采样。之后采用抽取过程降低过采样数字信号的采样率。在这个应用中,数字抽取滤波器提供高质量低通滤波,同时降低采用昂贵模拟滤波器的成本,进而降低总的系统成本。

3.4.1 插值

插值可以采用以下方式来实现:在原始低速率信号的连续样本之间插入额外零样本,然后在插值后的样本上应用低通(插值)滤波器。对于插值比 $1:U$,在采样率 f_s 的原始信号 $x(n)$ 的连续样本之间插入 $(U-1)$ 个零,这样采样率提高至 Uf_s,或者说原始采样周期 T

降低至 T/U。然后采用低通滤波器对中间信号 $x(n')$ 进行滤波，产生采样率为 Uf_s 的插值信号 $y(n')$。

用于插值最流行的低通滤波器为线性相位 FIR 滤波器。在 3.2.5 节介绍的 FDATool 可以用来设计插值滤波器。工作在高采样率 Uf_s 插值滤波器 $B(z)$ 的理想频率响应

$$B(\omega) = \begin{cases} U, & 0 \leqslant \omega \leqslant \omega_c \\ 0, & \omega_c \leqslant \omega \leqslant \pi \end{cases} \tag{3.43}$$

其中，截止频率由下确定

$$\omega_c = \frac{\pi}{U} \quad 或 \quad f_c = f'_s/2U = f_s/2 \tag{3.44}$$

因为在 U 个输出样本上插入 $(U-1)$ 个零，此插入过程分散了每一个信号样本的能量，所以增益 U 补偿上采样过程的能量损失。插值提高了采样率；然而，插值后的信号的有效带宽仍然与原始信号 $(f_s/2)$ 相同，见式(3.44)。

假设插值滤波器是一个长度为 L 的 FIR 滤波器，其中 L 是 U 的倍数。因为插值在输入信号的连续样本之间插入了 $(U-1)$ 个零，所以或许可以重新安排需要的滤波操作，以便仅对非零样本进行相乘。只要这些非零样本在时刻 n 被相应的 FIR 滤波器系数 b_0，b_U，b_{2U}，…，b_{L-U}，相乘即可。在随后时刻 $n+1$，非零样本被滤波器系数 b_1，b_{U+1}，b_{2U+1}，…，b_{L-U+1}，相乘。这种变换的过程可以通过将长度为 L 的高速率 FIR 滤波器 $B(z)$ 更换为长度为 L/U 工作在低(原始)速率 f_s 的 U 个滤波器 $B_{m(z)}$ 来完成，$m=0，1，…，U-1$。滤波器结构的计算效率来自于将单 L 点 FIR 滤波器分成长度为 L/U 的 U 个更小的滤波器，每一个滤波器工作在更低的采样率 f_s 下。进一步地，这些 U 个滤波器共享一个大小为 L/U 的信号缓冲器，以便进一步降低存储需求。

【例 3.18】 假设信号文件 wn8kHz.dat 中的数据在 8kHz 采样，MATLAB 程序 example3_18.m 可用于将其插值到 48kHz。图 3.19(a) 显示了原始信号的频谱，图 3.19(b) 显示了在低通滤波之前的插值信号(插值因子为 6)的频谱，图 3.19(c) 低通滤波之后的频谱。本例清楚地表明了低通滤波器移除了所有折叠的镜像谱，如图 3.19(b)。比较图 3.19(a) 的原始信号频谱和最终的插值信号图 3.19(c) 的频谱，插值提高了采样率，同时没有提高信号的带宽(频率内容)。用在本例中的一些有用的 MATLAB 函数将在 3.4.4 节中呈现。

3.4.2 抽取

对采样率 f'_s 的信号进行因子 D 的抽取得到更低的采样率 $f''_s = f'_s/D$。可简单地在每 D 个样本中丢弃 $(D-1)$ 个样本来完成整数因子 D 的下采样。然而，采样率下降倍数 D 会引起同样倍数 D 的带宽下降。这样，如果原始的高速率信号在新的减小的带宽外具有频率成分，将会发生混叠。在抽取之前，对原始信号 $x(n')$ 进行低通滤波，这种混叠问题可以得到解决。低通滤波器的截止频率如下：

$$f_c = f''_s/2 = f'_s/2D \tag{3.45}$$

此低通滤波器称为"抽取滤波器"。抽取滤波器输出 $y(n')$ 是下采样的，以便获得希望的低

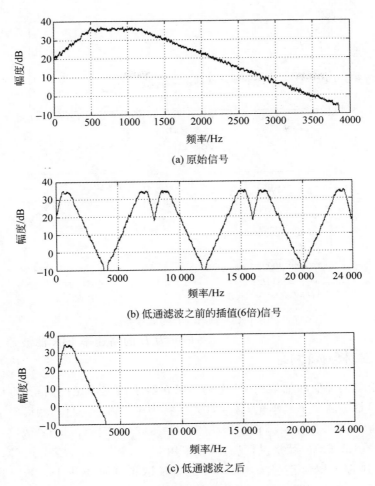

(a) 原始信号

(b) 低通滤波之前的插值(6倍)信号

(c) 低通滤波之后

图 3.19　插值信号频谱

速率抽取信号 $y(n'')$。

抽取滤波器工作在高速率 f'_s。然而，由于只有第 D 个输出滤波器样本是需要的，所以没有必要计算其他 $(D-1)$ 个输出样本，将其丢弃即可。因此，总的计算可以减少至原来的 $1/D$ 倍。

【例 3.19】　信号文件 wn48kHz.dat 中的数据在 48kHz 采样。MATLAB 程序 example3_19.m 可用于将其抽取到 8kHz。图 3.20(a) 显示了原始信号的频谱，图 3.20(b) 显示了 6 倍抽取且没有经过低通滤波的频谱，图 3.20(c) 显示了在抽取过程之前有低通滤波的频谱。图 3.20(b) 中的频谱发生了干扰，特别是在低幅值部分。图 3.20(c) 代表了图 3.20(a) 中的 0 到 4kHz 的频谱，这是由于高频成分被低通滤波器消除了。这个例子显示了在丢弃 $(D-1)$ 个样本之前进行低通滤波可以防止混叠，抽取过程降低信号带宽 D 倍，如式 (3.45) 所描述。

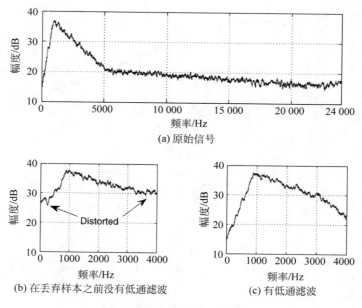

(a) 原始信号

(b) 在丢弃样本之前没有低通滤波

(c) 有低通滤波

图 3.20 抽取过程的信号频谱

3.4.3 采样率转换

通过采用恰当的插值和抽取因子,完全可以在数字域完成比例因子 U/D 的采样率转换。为了使信号带宽的减小最小化,必须首先执行因子 U 插值操作,然后对插值的信号进行因子 D 的抽取操作。例如,我们采用因子 $U/D=3/2$ 将广播(32kHz)数字音频信号转换为专业音频信号(48kHz)。就是说,我们首先采用 $U=3$ 对 32kHz 信号(16kHz 带宽)进行插值,然而对得到的 96kHz 信号采用 $D=2$ 进行抽取得到希望的 48kHz(16kHz 带宽)信号。值得注意的是,我们已经在抽取之前进行了插值,为的是保证希望的频谱特性。否则,抽取或许会移除高频成分的一部分,并且不能采用插值进行恢复。例如,如果我们首先对 32kHz 信号(16kHz 带宽)采用 $D=2$ 进行抽取,然后采用 $U=3$ 插值,最终的带宽将被抽取 $D=2$ 减小至 8kHz 带宽。

插值滤波器的截止频率由式(3.44)给出,抽取滤波器的截止频率由式(3.45)给出。因为插值低通滤波器是在信号样本插入零之后应用,而抽取低通滤波器是在丢弃信号样本之前应用,所以这两个滤波器可以组合起来形成一个低通滤波器。因此,用于采样率转换的低通滤波器的频率响应理想上具有截止频率:

$$f_c = \frac{1}{2}\min(f_s, f'_s) \tag{3.46}$$

【例 3.20】 采用 MATLAB 程序 example3_20.m(改编自 MATLAB Help 菜单中 upfirdn),改变一个正弦波形的采样率,从 48kHz 变换至 44.1kHz。

对于采样率转换,MATLAB 函数 gcd 可以用来找到转换因子 U/D。例如,为了找到从音频信号(44.1kHz)转换到远程通信信道传输信号(8kHz)的因子 U 和 D，可以采用以下命令：

```
g = gcd(8000, 44100);           % 求最大公约数
U = 8000/g;                     % 上采样因子
D = 44100/g;                    % 下采样因子
```

在本例中，我们得到 $U=80$，$D=441$，由于 $g=100$。

3.4.4　MATLAB 实现

3.4.3节介绍的插值过程可以采用 MATLAB 函数 interp 来实现，语法如下：

```
y = interp(x, U);
```

插值的信号向量 y 比原始输入向量 x 长 U 倍。

对于给定信号降采样的抽取可以采用 MATLAB 函数 decimate 来实现，语法如下：

```
y = decimate(x, D);
```

此函数默认采用八阶低通切比雪夫 I 型 IIR 滤波器。可以通过以下语法采用 FIR 滤波器：

```
y = decimate(x, D, 'fir');
```

此命令采用由 fir1(30，1/D)产生的 30 阶 FIR 滤波器来进行数据的低通滤波。也可以采用 y＝decimate(x，D，L，'fir')来说明 L 阶的 FIR 滤波器。

【例3.21】　假设语言文件 timit_4.asc，其采用采样率为 16kHz 的 16 位 ADC 进行数字化。以下 MATLAB 程序(example3_21.m)可以用来进行 8 倍抽取，转换至 2kHz 采样率。

```
load timit_4.asc - ascii;              % 载入语音文件
soundsc(timit_4, 16000);               % 在 16kHz 下播放

timit2 = decimate(timit_4,8,60,'fir'); % 8 倍抽取
soundsc(timit2, 2000);                 % 播放抽取后的语音
```

可以通过聆听 8kHz 带宽的语言文件 timit_4 和 1kHz 带宽的 timit2 语言文件来说出声音质量(带宽)的不同。在 MATLAB 程序中，我们也将原始的 16kHz 信号插值到 48kHz，并播放高速率语言。注意，48kHz 信号的声音质量与原始的 16kHz 信号的相同，这是由于它们都具有相同的 8kHz 带宽。此外，在 MATLAB 程序中，我们采用函数 soundsc 执行信号最大声级的自动缩放操作，而不存在斩波。

MATLAB 函数 upfirdn 支持采样率转换算法。此函数实现有效多相位滤波技术。例如，可以使用以下命令进行采样率转换：

```
y = upfindn(x, b, U, D);
```

此函数首先对在向量 x 中的信号进行因子 U 插值，采用给定系数向量 b 的 FIR 滤波器对中

间结果信号进行滤波，最后采用因子 D 对中间结果进行抽取，来获得最终输出向量 y。采样率转换结果的质量将依赖于 FIR 滤波器的品质。

另一个执行采样率转换的函数为 resample。例如：

```
y = resample(x, U, D);
```

此函数采用转换因子 U/D 将向量 x 中的序列转换为向量 y 中的序列。它使用 firls 采用 Kaiser 窗实现 FIR 低通滤波器。

MATLAB 还提供了函数 intfilt 来设计插值(和抽取)FIR 滤波器。例如：

```
b = intfilt(U, L, alpha);
```

采用插值比 1：U 设计线性相位低通 FIR 滤波器，并在向量 b 中保存滤波器系数。b 的长度为 2UL−1，滤波器的带宽为奈奎斯特频率的 alpha 倍，其中 alpha＝1 实现全奈奎斯特间隔。

3.5 实验和程序实例

本节采用 C5505 eZdsp 进行 FIR 滤波实验，包括采用 C 和 C55xx 汇编程序的实时演示。

3.5.1 采用定点 C 的 FIR 滤波

此实验采用定点 C 程序来实现在 3.3.4 节中的块 FIR 滤波器。输入信号在 8000Hz 采样，采用 16 位 Q15 格式保存，其由分别为 800、1800 和 3300Hz 三个频率的正弦成分组成。此实验采用 48 抽头带通 FIR 滤波器，采用以下 MATLAB 程序设计：

```
f = [0 0.3 0.4 0.5 0.6 1];       % 定义频带边沿
m = [0 0 1 1 0 0];               % 定义希望的幅度响应
b = firpm(47, f, m);             % 设计具有 48 个小数的 FIR 滤波器
```

MATLAB 函数 firpm 设计等纹波 FIR 滤波器，通带从 1600 到 2000Hz。此带通滤波器将衰减 800 和 3300Hz 正弦成分。输入信号文件和 48 抽头带通滤波器将会用在 Exp3.1 到 Exp3.4 实验中，以便比较不同的 FIR 滤波器实现技术。用于这些实验的文件列在表 3.2 中。

表 3.2　Exp3.1 实验中的文件列表

文　　件	描　　　述
fixedPointBlockFirTest. c	测试块 FIR 滤波器的程序
fixedPointBlockFir. c	定点块 FIR 滤波器的 C 函数
fixedPointFir. h	C 头文件
firCoef. h	FIR 滤波器系数文件
tistdtypes. h	标准类型定义头文件
c5505. cmd	链接器命令文件
input. pcm	输入数据文件

实验过程如下：

（1）从配套软件包中导入 CCS 项目，并重建项目。

（2）采用数据文件夹中的输入数据文件 input. pcm，载入并运行程序。

（3）采用 MATLAB 绘制带通 FIR 滤波器的幅度响应，其滤波器系数列在头文件 firCoef. h 包含的数组 firCoefFixedPoint[ ]中。

（4）通过聆听音频文件，对比滤波器的输出和输入；通过绘制输入和输出信号的幅度谱，来对比滤波器性能。两个信号之间有什么不同，为什么？ 滤波器输出信号的特性是否符合第 3 步中的滤波器幅度响应？

（5）概括 FIR 滤波程序来评估其有效性，并识别最耗时的操作。

（6）采用 FDATool 以下规范来设计等纹波 FIR 带阻滤波器：

采样频率 $F_s = 8000\text{Hz}$；

通带截止频率 $F_{pass1} = 1400\text{Hz}$；

阻带截止频率 $F_{stop1} = 1700\text{Hz}$；

阻带截止频率 $F_{stop2} = 1900\text{Hz}$；

通带截止频率 $F_{pass2} = 2200\text{Hz}$；

通带纹波 $A_{pass1} = 1\text{dB}$；

阻带衰减 $A_{stop} = 50\text{dB}$；

通带纹波 $A_{pass2} = 1\text{dB}$。

采用此滤波器重做实验的步骤（4）。

3.5.2 采用 C55xx 汇编程序的 FIR 滤波

如附录 C 所示，C55xx 处理器具有 MAC（乘累加）指令、循环寻址模式和零开销循环嵌套，用来有效地实现 FIR 滤波。此实验利用 C55xx 汇编程序，采用循环系数和信号缓冲器来实现 FIR 滤波器。采用与前一个实验相同的带通滤波器和输入信号文件。

这个实验表明，采用 C55xx 汇编程序实现 FIR 滤波器需要（阶数＋4）个时钟周期来处理每个输入样本。这样，48 抽头滤波器要求 52 个周期（除了过载）产生一个输出样本。表 3.3 列出了用于这个实验的文件。

表 3.3 Exp3.2 实验中的文件列表

文 件	描 述
blockFirTest. c	测试块 FIR 滤波器的程序
blockFir. asm	块 FIR 滤波器的汇编函数
blockFir. h	C 头文件
blockFirCoef. h	FIR 滤波器系数文件
tistdtypes. h	标准类型定义头文件
c5505. cmd	链接器命令文件
input. pcm	输入数据文件

实验过程如下：

（1）从配套软件包中导入 CCS 项目，并重建项目。

（2）采用数据文件夹中的输入数据文件 input. pcm，载入并运行程序。

（3）采用 CCS 证实滤波结果，显示 800Hz 和 3300Hz 正弦成分已经被衰减。并且，通过与 Exp3.1 获得的结果比较输出文件来验证实验。

（4）概括 FIR 滤波器的汇编实现，并且将其与 Exp3.1 中的定点 C 实验需要的时钟周期进行对比。

（5）采用 Exp3.1 步骤（6）中设计的滤波器重复此实验。

3.5.3 采用 C55xx 汇编程序的对称 FIR 滤波

如 3.14 节所述，线性相位 FIR 滤波器具有对称或反对称系数。C55xx 提供两个汇编指令 FIRSADD 和 FIRSSUB，分别针对对称和反对称 FIR 滤波器的有效实现。这个实验采用 FIRSADD 来实现对称系数的线性相位 FIR 滤波器。由于用在实验 Exp3.1 和 Exp3.2 的带通 FIR 滤波器是对称滤波器，因此在本实验采用相同的 FIR 滤波器和输入信号文件。注意，仅仅需要一半的 FIR 滤波器系数来实现一个对称的 FIR 滤波器。

需要仔细考虑两个实现方面的问题：第一，如式（3.22）所示，指令 FIRSADD 对两个相应的信号样本进行相加，这或许会导致不期望的溢出；第二，FIRSADD 指令在同一周期内需要三个读数（一个系数和两个信号样本），这或许会导致数据总线竞争。第一个问题可以通过以下方式解决：采用 Q14 格式按比例缩小输入信号，然后再将滤波器输出按比例放大到 Q15 格式。第二个问题可以通过在不同的存储器块中放置系数缓冲器和信号缓冲器来解决。我们能采用预处理（pragma）指令来将程序代码和数据放置到希望的存储器位置。在本实验中，对称 FIR 滤波器的 C55xx 汇编实现花费（阶数/2）+5 个时钟周期来处理每个信号样本。这样，除去过载，48 抽头滤波器需要 29 个周期来产生一个输出样本。表 3.4 列出了用于这个实验的文件。

表 3.4　Exp3.3 实验中的文件列表

文　件	描　　述
symFirTest. c	测试对称 FIR 滤波器的程序
symFir. asm	对称 FIR 滤波器的汇编函数
symFir. h	C 头文件
symFirCoef. h	FIR 滤波器系数文件
tistdtypes. h	标准类型定义头文件
c5505. cmd	链接器命令文件
input. pcm	输入数据文件

实验过程如下：

（1）从配套软件包中导入 CCS 项目，并重建项目。

（2）采用在数据文件夹中提供的输入数据文件 input. pcm，载入并运行程序。

（3）通过计算输出信号文件与 Exp3.2 获得的输出文件之间结果的不同，来对比这两个文件。采用 Q14 数据来实现对称 FIR 滤波器的数据操作是否会出现不同结果？

（4）采用 MATLAB 或 CCS 在时域（例如波形）或频域（例如幅度谱）绘制输入和输出信号，并且检查实验结果。

（5）概括对称 FIR 滤波器需要的时钟周期，并且与前面的实验对比效率。

（6）采用以下 MATLAB 程序设计一个 49 抽头 FIR 带通滤波器：

```
f = [0 0.3 0.4 0.5 0.6 1];          % 定义频带边沿
m = [0 0 1 1 0 0];                  % 定义希望的幅度响应
b = firpm(48,f,m);                  % 设计具有 49 个系数的 FIR 滤波器
```

① 修改对称块 FIR 滤波器汇编程序，来实现此奇数阶对称滤波器。

② 书写一个定点 C 程序，仅采用前 25 个系数来实现此块 FIR 滤波器。

3.5.4　采用 Dual-MAC 结构的优化

通过采用 C55xx 的双 MAC(Dual-MAC)结构可以提高 FIR 滤波器的效率。通过并行地执行两个 MAC 操作，两个输出样本 $y(n)$ 和 $y(n+1)$ 可以在一个时钟周期内计算出来。详见附录 C。

当采用双 MAC 结构时，需要考虑三个问题。首先，信号缓冲器的长度必须增加一个以便累积因并行计算两个输出信号而需要的额外存储器位置。其次，采用双 MAC 的 FIR 滤波器实现同时需要三个存储器读数（两个信号采样和一个滤波器系数）。为了避免存储器总线竞争，信号缓冲器和系数缓冲器必须置于不同的存储器块内。最后，由于双 MAC 计算结果保存在两个累加器中，因此需要两个存储单元保存两个输出样本。双存储保存指令可以用于保存在一个时钟周期内从累加器到数据存储器的两个样本。然而，双存储保存指令要求数据以偶字（32 位）边界形式对齐。可以采用 DATA_SECTION 和 DATA_ALIGN 预处理指令告知链接器哪里放置输出数据样本，由此来设置这种对齐方式。

采用双 MAC 的 FIR 滤波器的 C55xx 汇编实现需要（阶数/2）+5 个时钟周期处理每一个输入信号。这样，除去过载，48 抽头的 FIR 滤波器需要 29 个周期产生一个输出样本。本实验采用与前一个实现相同的 FIR 滤波器和输入信号文件。表 3.5 列出了用于这个实验的文件。

表 3.5　Exp3.4 实验中的文件列表

文　　件	描　　述
dualMacFirTest. c	测试双 MAC FIR 滤波器的程序
dualMacFir. asm	双 MAC FIR 滤波器的汇编函数
dualMacFir. h	C 头文件
dualMacFirCoef. h	FIR 滤波器系数文件
tistdtypes. h	标准类型定义头文件
c5505. cmd	链接器命令文件
input. pcm	输入数据文件

实验过程如下：

（1）从配套软件包中导入 CCS 项目，并重建项目。

（2）采用在数据文件夹中提供的输入数据文件 input.pcm，载入并运行程序。

（3）采用 MATLAB 或 CCS 证实滤波结果，显示 800Hz 和 3300Hz 正弦成分已经被衰减。并且，将实验的输出信号与前一个实验获得的结果进行比较。从双 MAC 操作得出的结果有什么不同吗？

（4）概括双 MAC FIR 滤波器，并且与前面的定点 C 实现、汇编实现和对称 FIR 滤波器实现的实验结果对比效率。

（5）采用 FDATool 设计一个 24 个系数的低通 FIR 滤波器，滤波器的规范如下：

采样频率 $F_s = 8000\text{Hz}$；

通带截止频率 $F_{pass} = 1000\text{Hz}$；

阻带截止频率 $F_{stop} = 1200\text{Hz}$；

通带纹波 $A_{pass} = 1\text{dB}$；

阻带衰减 $A_{stop} = 50\text{dB}$。

采用此新的低通滤波器做 FIR 滤波实验。在时域和频域对比输出和输入信号。滤波器结果是否满足滤波器规范？

（6）采用 FDATool 重新设计一个满足步骤（5）的滤波器规范的低通 FIR 滤波器，滤波器的阶数是多少？重新做实验，并且将结果与步骤（5）的结果进行对比。

3.5.5 实时 FIR 滤波

在这个实验中，将第 1 章讲述的音频回环实验修改为 FIR 滤波实验。此实验对输入信号使用一个 FIR 滤波器，并输出经过滤波的信号，而不是像在音频回环中将输入信号直接进行输出。用于此实验的 FIR 滤波器为采用如下规范的低通滤波器：

采样频率 $F_s = 48\text{kHz}$；

通带截止频率 $F_{pass} = 2\text{kHz}$；

阻带截止频率 $F_{stop} = 4\text{kHz}$；

通带纹波 $A_{pass} = 1\text{dB}$；

阻带衰减 $A_{stop} = 60\text{dB}$。

C5505 eZdsp 的采样率设置到 48 000Hz。表 3.6 列出了用于这个实验的文件。

表 3.6　Exp3.5 实验中的文件列表

文　　件	描　　述
realtimeFIRTest.c	实时 FIR 滤波器的程序
dualMacFir.asm	FIR 滤波器双 MAC 实现的汇编函数
firFilter.c	FIR 滤波器初始化和控制
vector.asm	实时实验的向量表

续表

文　件	描　述
dualMacFir. h	C 头文件
dualMacFirCoef. h	FIR 滤波器系数文件
tistdtypes. h	标准类型定义头文件
dma. h	DMA 函数头文件
dmaBuff. h	DMA 数据缓冲器头文件
i2s. h	i2s 函数的 i2s 头文件
Ipva200. inc	C5505 处理器包含文件
myC55xUtil. lib	BIOS 音频库
c5505. cmd	链接器命令文件

实验过程如下：

（1）从配套软件包中导入 CCS 项目，并重建项目。

（2）将耳机连接到 eZdsp 音频输出插口，将音频源连接到 eZdsp 的音频输入插口。载入并运行程序。

（3）聆听音频回放，验证高于 2000Hz 的频率成分被截止频率为 2000Hz 的低通滤波器所衰减。

（4）采用 MATLAB 绘制低通 FIR 滤波器的幅度响应，低通 FIR 滤波器的滤波器系数 dualMacFirCoef[ ]在头文件 dualMacFirCoef. h 中。将得到的通道纹波和阻带衰减与滤波器规范进行对比。

（5）采用以下 MATLAB 程序设计一个反对称带通滤波器：

```
f = [0 0.03 0.1 0.9 0.97 1];        % 定义频带边沿
m = [0 0 1 1 0 0];                  % 定义希望的幅度响应
c = firpm(47, f, m, 'h');           % 48 抽头反对称 FIR 滤波器
```

① 检查滤波器特性，包括带宽、边沿频率、阻带衰减和通带纹波。

② 修改对称块 FIR 汇编程序来实现反对称 FIR 滤波器。

③ 写出定点 C 程序来实现此反对称 FIR 滤波器，仅仅采用 24 个滤波器系数来实现反对称 FIR 滤波器。

将 eZdsp 的采样频率设置到 8000Hz，采用此滤波器重新做以上实验，注意溢出问题。通过聆听原始和经过滤波的信号的方法来评估实验结果。

3.5.6　采用 C 和汇编程序的抽取

此实验采用两个 FIR 滤波器实现一个二级抽取因子为 2 ∶ 1 和 3 ∶ 1 的抽取器。此抽取实验使用输入、输出和临时缓冲器。输入缓冲器大小等于输出帧尺寸乘以抽取因子。例如，当帧尺寸为 96Hz，48 000Hz 到 8000Hz 抽取需要的输入缓冲器的大小为 576（96×6），其中 6 为抽因子。临时缓冲器大小为输入缓冲器大小除以第一级抽取因子（在本例中为2）。表 3.7 列出了用于这个实验的文件。

表 3.7　Exp3.6 实验中的文件列表

文　　件	描　　述
decimationTest. c	测试抽取实验的程序
decimate. asm	抽取滤波器的汇编函数
decimation. h	C 头文件
Coef48to24. h	2∶1 抽取的 FIR 滤波器系数
Coef24to8. h	3∶1 抽取的 FIR 滤波器系数
tistdtypes. h	标准类型定义头文件
c5505. cmd	链接器命令文件
tone1k_48000. pcm	数据文件——采样率为 48kHz 的 1kHz 音信号

实验过程如下：

（1）从配套软件包中导入 CCS 项目，并重建项目。

（2）采用在数据文件夹中提供的输入数据文件 tone1k_48000. pcm，载入并运行程序产生抽取输出。

（3）采用 MATLAB 绘制抽取输出的幅度谱来验证它是一个 8000Hz 采样率的 1000Hz 信号。播放抽取输出信号并聆听。

（4）概括抽取滤波器汇编函数的运行时间效率。采用定点 C 程序重新书写此函数。重复实验，并且与汇编实现对比其效率。

（5）设计一个 3∶1 抽取器。修改实验，将采样率从 48 000 Hz 改变至 16 000 Hz 中抽取信号，并且验证抽取结果。

（6）当 eZdsp 的采样率设置在 48 000 Hz，coef24to8. h 中的滤波器系数是否可以用于抽取采样率为 48 000 Hz 改变至 16 000 Hz 的音频信号？为什么？

3.5.7　采用定点 C 的插值

此实验实现一个插值因子为 2 和 3 的二级插值器，将输入信号的采样率从 8000Hz 改变至 48 000Hz。采用模仿循环寻址模式的定点 C 程序来实现两个插值滤波器。循环缓冲器索引为 index。系数数组为 h[ ]，信号缓冲器为 w[ ]。由于不需要对插入的零数据样本进行滤波，系数数组指针采用一个偏移等于插值因子的索引。表 3.8 列出了用于这个实验的文件。

表 3.8　Exp3.7 实验中的文件列表

文　　件	描　　述
interpolateTest. c	测试插值实验的程序
interpolate. c	插值滤波器的 C 函数
interpolation. h	C 头文件
coef8to16. h	1∶2 插值的 FIR 滤波器系数
coef16to48. h	1∶3 插值的 FIR 滤波器系数

续表

文 件	描 述
tistdtypes. h	标准类型定义头文件
c5505. cmd	链接器命令文件
tone1k_8000. pcm	数据文件——采样率为 8kHz 的 1kHz 音信号

实验过程如下：

（1）从配套软件包中导入 CCS 项目，并重建项目。

（2）采用在数据文件夹中提供的输入数据文件 tone1k_8000. pcm，载入并运行程序产生插值输出。

（3）通过在每个周期对采样数进行计数来验证采样频率为 48 000Hz 的 1000Hz 输出信号（提示：8000Hz 采样率的 1000Hz 正弦波形每个周期包含八个样本）。

（4）采用 MATLAB 设计一个 1∶4 插值器。采用 MATLAB 或 CCS 绘制输出信号的幅度谱的方法来验证插值结果。

（5）采用汇编程序实现插值 FIR 滤波器（提示：Exp3.2 中的块 FIR 滤波器汇编函数 blockFir. asm 与插值 FIR 滤波器 interpolate. c 的关键不同点是插值滤波器系数索引）。采用汇编滤波器函数重新做实验。采用 MATLAB 验证结果。相比较于 C 函数，概括和对比通过采用汇编函数而获得的效率提高。

3.5.8　采样率转换

在这个实验中，采样率从 48 000Hz 转换至 32 000Hz。为了达到这个目的，首先采用 1∶2 插值器将信号从 48 000Hz 插值到 96 000Hz，然后将中间结果采用 3∶1 抽取器抽取到 32 000Hz。图 3.21 是采样率从 48 000Hz 转换到 32 000Hz 的过程。输入信号文件为双音多频（DTMF）的 digit 5，其包含 770Hz 和 1336Hz 两个频率的正弦信号。表 3.9 列出了用于这个实验的文件。

图 3.21　采样率转换的流程图

表 3.9　Exp3.8 实验中的文件列表

文 件	描 述
srcTest. c	测试采样率转换的程序
interpolate. c	插值滤波器的 C 函数

---

① 原文此处有误，应该是 96kHz。 ——译者注

续表

文　件	描　述
decimate. asm	抽取滤波器的汇编程序
interpolation. h	插值的 C 头文件
decimation. h	抽取的 C 头文件
coef48to96. h	1∶2 插值的 FIR 滤波器系数
coef96to32. h	3∶1 抽取的 FIR 滤波器系数
tistdtypes. h	标准类型定义头文件
c5505. cmd	链接器命令文件
DTMF5s_48kHz. pcm	数据文件——采样率为 48kHz 的 DTMF 音信号 digit5

实验过程如下：

（1）从配套软件包中导入 CCS 项目，并重建项目。

（2）使用在数据文件夹中提供的输入数据文件 DTMF5s_48kHz. pcm，载入并运行程序产生输出数据文件。

（3）采用 MATLAB 或 CCS 绘制输出信号的幅度谱的方法来验证采样率转换结果具有正确的双音频率。

（4）采用 MATLAB 将 CD 音乐的采样率从 44 100Hz 转换为 48 000Hz（提示：参照例 3.20）。验证设计，并将此 MATLAB 实验转变为 C5505 eZdsp 实验。

3.5.9　实时采样率转换

此实验采用 C5505 eZdsp 数字化模拟信号，以便进行实时采样率转换。仅在信号的左通道进行转换，而保留右通道不做处理以便进行对比。在此实验中，两级插值用于从 8000Hz 到 48 000Hz 上采样，两级抽取用于从 48 000Hz 到 8000Hz 的下采样。表 3.10 列出了用于这个实验的文件。

表 3.10　Exp3.9 实验中的文件列表

文　件	描　述
realtimeSRCTest. c	测试采样率转换的程序
rtSRC. c	采样率转换函数
interpolate. c	插值滤波器的 C 函数
decimate. asm	抽取滤波器的汇编程序
vector. asm	实时实验的向量表
interpolation. h	插值的 C 头文件
decimation. h	抽取的 C 头文件
coef8to16. h	1∶2 插值的 FIR 滤波器系数
coef16to48. h	1∶3 插值的 FIR 滤波器系数
coef48to24. h	2∶1 抽取的 FIR 滤波器系数
Coef24to8. h	3∶1 抽取的 FIR 滤波器系数

文　件	描　述
tistdtypes. h	标准类型定义头文件
dma. h	DMA 函数的头文件
dmaBuff. h	DMA 数据缓冲器的头文件
i2s. h	i2s 函数的 i2s 头文件
Ipva200. inc	C5505 处理器包含文件
myC55xUtil. lib	BIOS 音频库
c5505. cmd	链接器命令文件

实验过程如下：

（1）从配套软件包中导入 CCS 项目，并重建项目。

（2）将耳机连接到 eZdsp 音频输出插口，将音频源连接到 eZdsp 的音频输入插口。载入并运行程序。

（3）聆听 eZdsp 音频输出，并通过对比输出频率信号的左右通道来评估采样率转换结果。

（4）设计一个 48 000Hz 到 24 000Hz 转换的抽取滤波器和一个上采样 24 000Hz 到 48 000Hz 的插值滤波器。修改程序，采用这些新的滤波器，基于相同的机制进行实时采样率转换，即左通道进行信号采样率转换，而右通道直接通过信号。eZdsp 的采样率设置在 48 000Hz。对比试验结果，是否存在明显的人工成分？

习题

3.1　考虑例 3.1 中的二点滑动平均滤波器。计算采样率 8kHz 的此滤波器的 3dB 带宽。

3.2　考虑冲激响应 $h(n)=\{1,1,1\}$ 的 FIR 滤波器。计算幅度响应和相位响应，并验证此滤波器具有线性相位。

3.3　考虑例 3.2 中的梳状滤波器，采样率 8kHz。基频为 500Hz、谐波为 1kHz、1.5kHz、3.5kHz 的周期信号，由此梳状滤波器进行滤波。哪一个谐波成分被衰减？为什么？

3.4　采用如图 3.6 中的线性卷积的图形化解释，来计算 $h(n)=\{1,1,1\}$ 和如下定义的 $x(n)$ 的线性卷积：

（1）$x(n)=\{1,-1,2,1\}$；

（2）$x(n)=\{1,2,-2,-2,2\}$；

（3）$x(n)=\{1,3,1\}$。

采用 MATLAB 验证结果。

3.5　梳状滤波器也可采用下式进行描述：

$$y(n) = x(n) + x(n-L)$$

求传递函数和零点。同时，采用 MATLAB 计算此滤波器的幅度响应，并与图 3.3（假设 $L=8$）对比结果。

3.6　假设 $h(n)$ 具有对称属性 $h(n)=h(-n),n=0,1,\cdots,M$，验证 $h(\omega)$ 可以表示为

$$H(\omega) = h(0) + \sum_{n=1}^{M} 2h(n)\cos(\omega n)$$

3.7　连续时间微分器的最简单数字近似表示为如下定义的一阶操作：

$$y(n) = \frac{1}{T}\big[x(n) - x(n-1)\big]$$

求微分器的传递函数 $H(z)$、幅度响应和相位响应。采用 MATLAB 绘制频率响应来验证计算结果。

3.8　当 L 为奇数时，重新画出图 3.5 中的对称 FIR 滤波器的信号流图，并修改式(3.22)和式(3.23)。

3.9　考虑具有以下冲激响应的 FIR 滤波器：

(1) $h(n)=\{-4,1,-1,-2,5,0,-5,2,1,-1,4\}$；

(2) $h(n)=\{-4,1,-1,-2,5,6,5,-2,-1,1,-4\}$。

采用 MATLAB 对这两个滤波器绘制幅度响应、相位响应以及零点位置。

3.10　绘制下面低通滤波器的零极点图及幅度响应：

$$H(z) = \frac{1}{L}\left(\frac{1-z^{-L}}{1-z^{-1}}\right)$$

对于 $L=8$，采用 MATLAB 验证结果，并与图 3.3 对比结果。

3.11　采用例 3.5 和例 3.6，通过截断理想高通滤波器冲激响应长度[①] $L=2M=1,M=32$ 和 $M=64$，设计一个线性相位 FIR 高通滤波器，并绘制其幅度响应，滤波器的截止频率为 $\omega_c=0.6\pi$。采用 MATLAB 验证结果。

3.12　采用汉明和布莱克曼窗函数重做习题 3.11。表明可以通过对傅里叶级数加窗的方法减小不希望的振荡行为。

3.13　设计一个带通滤波器

$$H(f) = \begin{cases} 1, & 1.6\text{kHz} \leqslant f \leqslant 2\text{kHz} \\ 0, & \text{其他} \end{cases}$$

采用不同窗函数的傅里叶级数方法，采样率为 8kHz，冲激响应持续 50ms，采用 MATLAB 函数 fir1 验证结果。绘制幅度响应和相位响应。

3.14　采用不同设计方法的 FDATool，重做习题 3.13，并与习题 3.13 对比结果。

3.15　重做例 3.13，采用定点 Q15 格式量化设计的滤波器系数，并将系数保存在 C 头文件中。书写一个浮点 C 程序来实现此 FIR 滤波器，并通过以时域波形和频域谱的方式对比输入和输出信号来测试结果。同时，采用 MATLAB 实现此滤波器，并且将输出结果与浮点 C 程序输出进行对比。

3.16　采用定点(16 位)C 程序重做习题 3.15，通过将定点 C 程序的结果与之前浮点

---

① 原文此处有笔误，应该为 $L=2M+1$。　　——译者注

C 程序的结果相减绘制误差信号（相差），以便评估数值误差。

3.17　采用 FDATool 针对不同边沿频率和纹波重做例 3.13，总结它们与期望滤波器阶数的关系。同时，采用系数字长分别为 8、12 和 16 位定点数来量化设计的滤波器。

3.18　列出 MATLAB Wintool 支持的窗函数。同时，采用此工具研究不同 L 和 β 值的 Kaiser 窗，并且与采用相同 L 的当前流行的汉明（Hamming）窗对比结果。

3.19　编写 MATLAB 和 C 程序实现 $L=8$ 的梳状滤波器。程序必须具有输入/输出能力。同时，产生包含频率 $\omega_1=\pi/4$ 和 $\omega_2=3\pi/8$ 的正弦信号。采用这个正弦信号作为输入信号来测试滤波器。基于滤波器的零点分布和相应的幅度响应来解释结果。

3.20　在配套软件包中给出的语言文件 TIMIT_4. ASC（采样率 16kHz），将其抽取到 8kHz、4kHz、2kHz 和 1kHz 采样率。采用 MATLAB 函数 soundsc，通过聆听抽取信号来检查不同信号的带宽。

3.21　采用本章中的采样率转换技术，将语音文件 TIMIT_4. ASC 的采样率转换为 12kHz、5kHz 和 3kHz。

3.22　给定的语言文件 TIMIT_4. ASC，将其抽取到 1kHz 采样率，然后将其插值回 16kHz。聆听输出语音，并且与原始信号对比语音质量。观察并解释不同。

3.23　给定的语言文件 TIMIT_4. ASC，将其插值到 48kHz 采样率，然后将其抽取回 16kHz。聆听输出语音，并且与习题 3.22 获得的输出信号对比语音质量。观察并解释不同。

参考文献

1. Ahmed，N. and Natarajan, T. (1983) Discrete-Time Signals and Systems, Prentice Hall, Englewood Cliffs, NJ.

2. Ingle，V. K. and Proakis, J. G. (1997) Digital Signal Processing Using MATLAB V. 4，PWS Publishing，Boston，MA.

3. Kuo, S. M. and Gan, W. S. (2005) Digital Signal Processors, Prentice Hall，Upper Saddle River，NJ.

4. Oppenheim，A. V. and Schafer，R. W. (1989) Discrete-Time Signal Processing，Prentice Hall，Englewood Cliffs，NJ.

5. Orfanidis，S. J. (1996) Introduction to Signal Processing, Prentice Hall，Englewood Cliffs，NJ.

6. Proakis，J. G. and Manolakis，D. G. (1996) Digital Signal Processing—Principles，Algorithms，and Applications，3rd edn, Prentice Hall, Englewood Cliffs, NJ.

7. Mitra，S. K. (1998) Digital Signal Processing：A Computer-Based Approach，2nd edn，McGraw-Hill，New York.

8. Grover，D. and Deller，J. R. (1999) Digital Signal Processing and the Microcontroller，Prentice Hall，Englewood Cliffs，NJ.

9. Taylor，F. and Mellott，J. (1998) Hands-On Digital Signal Processing，McGraw-Hill，New York.

10. Stearns，S. D. and Hush，D. R. (1990) Digital Signal Analysis，2nd edn，Prentice Hall，Englewood Cliffs，NJ.

11. The MathWorks，Inc. (2004) Signal Processing Toolbox User's Guide, Version 6，June.

12. The MathWorks，Inc. (2004) Filter Design Toolbox User's Guide, Version 3，October.

第 4 章

IIR 滤波器设计与实现

本章介绍数字 IIR 滤波器的理论、设计、分析、实现以及应用[1-12]。我们采用实验来说明采用定点处理器的不同形式 IIR 滤波器的实现和应用。

4.1 简介

数字 IIR 滤波器的设计通常开始于模拟滤波器的设计,采用映射技术将模拟滤波器传递函数从 s 平面映射至 z 平面。因此,本章将简要回顾拉普拉斯变换、模拟滤波器、映射属性和频率转换相关内容的原理。

4.1.1 模拟系统

考虑一个因果连续时间函数,即对于 $t<0$ 时,$x(t)=0$,定义拉普拉斯变换为

$$X(s) = \int_{-\infty}^{\infty} x(t)\mathrm{e}^{-st}\mathrm{d}t \tag{4.1}$$

其中,s 为复数变量,定义为

$$s = \sigma + \mathrm{j}\Omega \tag{4.2}$$

σ 为实数。逆拉普拉斯变换表示为

$$x(t) = \frac{1}{2\pi\mathrm{j}}\int_{\sigma-\mathrm{j}\infty}^{\sigma+\mathrm{j}\infty} X(s)\mathrm{e}^{st}\mathrm{d}s \tag{4.3}$$

在复数平面沿着直线 $\sigma+\mathrm{j}\Omega$ 从 $\Omega=-\infty$ 到 $\Omega=\infty$ 进行积分计算。

式(4.2)定义了复数 s 平面,实轴 σ,虚轴 $\mathrm{j}\Omega$。当 $\sigma=0$ 时,s 值位于 $\mathrm{j}\Omega$ 轴,即 $s=\mathrm{j}\Omega$,式(4.2)变为

$$X(s)\mid_{s=\mathrm{j}\Omega} = \int_{-\infty}^{\infty} x(t)\mathrm{e}^{-\mathrm{j}\Omega t}\mathrm{d}t = X(\Omega) \tag{4.4}$$

这是信号 $x(t)$ 的傅里叶变换。因此,给定一个函数 $X(s)$,如果拉普拉斯变换的收敛区域包括虚轴 $\mathrm{j}\Omega$,我们能通过使 $s=\mathrm{j}\Omega$ 来评估其频率特性。

如果 $x(t)$ 是冲激响应为 $h(t)$ 的线性时不变(LTI)系统的输入信号,输出信号 $y(t)$ 可通过下式计算得到

$$y(t) = x(t) * h(t) = h(t) * x(t) = \int_{-\infty}^{\infty} x(\tau)h(t-\tau)\,\mathrm{d}\tau$$

$$= \int_{-\infty}^{\infty} h(\tau)x(t-\tau)\,\mathrm{d}\tau \tag{4.5}$$

其中，$*$ 表示线性卷积。在时域的线性卷积等效于拉普拉斯（频）域的乘积，表达为

$$Y(s) = H(s)X(s) \tag{4.6}$$

其中，$Y(s)$、$X(s)$ 和 $H(s)$ 分别是 $y(t)$、$x(t)$ 和 $h(t)$ 的拉普拉斯变化。

LTI 系统的传递函数定义为

$$H(s) = \frac{Y(s)}{X(s)} = \int_{-\infty}^{\infty} h(t)\mathrm{e}^{-st}\,\mathrm{d}t \tag{4.7}$$

系统传递函数的一般形式可以表示为以下有理函数[①]：

$$H(s) = \frac{b_0 + b_1 s + \cdots + b_{L-1}s^{L-1}}{a_0 + a_1 s + \cdots + a_M s^M} = \frac{\displaystyle\sum_{l=0}^{L-1} b_l z^{-l}}{\displaystyle\sum_{m=0}^{M} a_m z^{-m}} = \frac{N(s)}{D(s)} \tag{4.8}$$

分子 $N(s)$ 的根是 $H(s)$ 的零点，分母 $D(s)$ 的根是系统的极点。MATLAB 提供了函数 freqs 计算模拟系统 $H(s)$ 的频率响应。

【例 4.1】　因果信号 $x(t) = \mathrm{e}^{-2t}u(t)$ 施加到一个 LTI 系统，系统的输出是 $y(t) = (\mathrm{e}^{-t} + \mathrm{e}^{-2t} - \mathrm{e}^{-3t})u(t)$，计算系统传递函数 $H(s)$ 和冲激响应 $h(t)$。

根据式(4.1)，有

$$X(s) = \int_0^{\infty} \mathrm{e}^{-2t}\mathrm{e}^{-st}\,\mathrm{d}t = \int_0^{\infty} \mathrm{e}^{-(s+2)t}\,\mathrm{d}t = \frac{1}{s+2}$$

类似地，我们有

$$Y(s) = \frac{1}{s+1} + \frac{1}{s+2} - \frac{1}{s+3} = \frac{s^2 + 6s + 7}{(s+1)(s+2)(s+3)}$$

根据式(4.7)，我们得到传递函数

$$H(s) = \frac{Y(s)}{X(s)} = \frac{s^2 + 6s + 7}{(s+1)(s+3)} = 1 + \frac{1}{s+1} + \frac{1}{s+3}$$

将以上 $H(s)$ 逐项进行逆拉普拉斯变换，我们得到冲激响应为

$$h(t) = \delta(t) + (\mathrm{e}^{-t} + \mathrm{e}^{-3t})u(t)$$

模拟系统的稳定性条件可以通过其冲激响应 $h(t)$ 或其传递函数 $H(s)$ 来进行分析。如果满足以下条件，则系统是稳定的。

$$\lim_{t\to\infty} h(t) = 0 \tag{4.9}$$

此条件要求所有极点必须位于 s 平面的左半平面，即 $\sigma < 0$。如果 $\lim h(t) \to \infty$，则系统是不稳定的。这等效于系统具有一个或多个 s 平面右半平面极点，或者在 $\mathrm{j}\Omega$ 轴具有多阶（重复）

---

① 公式(4.8)原文中有误，式中的 z^{-l} 和 z^{-m} 分别应为 s^l 和 s^m。——译者注

极点。因此，可以通过冲激响应 $h(t)$ 来评估一个模拟系统的稳定性，或者更有效地，根据传递函数 $H(s)$ 的极点位置来评估系统稳定性。

4.1.2 映射属性

通过改变变量，可以从拉普拉斯变换获得 z 变换

$$z = e^{sT} \tag{4.10}$$

因为 s 和 z 都是复数变量，所以这种关系代表了 s 平面到 z 平面的区域映射。由于 $s = \sigma + j\Omega$，我们有

$$z = e^{\sigma T} e^{j\Omega T} = |z| e^{j\omega} \tag{4.11}$$

其中，幅度为

$$|z| = e^{\sigma T} \tag{4.12}$$

角度为

$$\omega = \Omega T \tag{4.13}$$

当 $\sigma = 0$ 时（s 平面 $j\Omega$ 轴），由式（4.12）得到幅度 $|z| = 1$（z 平面单位圆），式（4.11）简化为 $z = e^{j\Omega T}$。可见 s 平面上 $j\Omega$ 轴 $\Omega = -\pi/T$ 到 $\Omega = \pi/T$ 之间的部分映射到 z 平面单位圆从 $-\pi$ 到 π 的部分，如图 4.1 所示。当 Ω 从 π/T 上升到 $3\pi/T$ 时，结果导致单位圆上的另一次逆时针环绕。这样，当 Ω 从 0 变化到 ∞，在 z 平面的单位圆上会有无限多个逆时针方向的环绕。同样地，当 Ω 从 0 变化到 $-\infty$，在 z 平面的单位圆上会有无限多个顺时针方向的环绕。

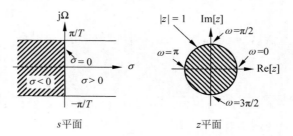

图 4.1　s 平面和 z 平面的映射特性

根据式（4.12），当 $\sigma < 0$ 时，$|z| < 1$。这样，s 平面左半平面中的每一个宽度为 $2\pi/T$ 的长条带将映射到单位圆内。当 σ 从 0 变化到 $-\infty$，此映射以同心圆的方式出现在 z 平面中。式（4.12）也暗示如果 $\sigma > 0$ 时，$|z| > 1$。这样，s 平面右半平面中的每一个宽度为 $2\pi/T$ 的长条带将映射到单位圆外。当 σ 从 0 变化到 ∞，此映射也以同心圆的方式出现在 z 平面中。

总之，从 s 平面到 z 平面的映射不是一一对应，这是由于 s 平面的无穷多个点映射到 z 平面上一个点。这个问题将在后续的 4.2 节进行讨论，在 4.2 节中，通过一个模拟滤波器 $H(s)$ 变换，设计一个数字 IIR 滤波器 $H(z)$。

4.1.3 模拟滤波器的特性

通过找出平方幅度 $|H(\Omega)|^2$ 的多项式近似，来获得理想低通滤波器原型，然后将此多

项式转换为有理函数。这里将基于巴特沃斯滤波器、切比雪夫Ⅰ型和Ⅱ型滤波器、椭圆滤波器以及贝塞尔滤波器,简单地讨论理想原型的近似。

巴特沃斯低通滤波器是理想滤波器的全极点近似,其特性采用平方幅度响应表示

$$|H(\Omega)|^2 = \frac{1}{1 + (\Omega/\Omega_p)^{2L}} \tag{4.14}$$

其中,L 是滤波器的阶数,决定了巴特沃斯滤波器近似有多大程度接近理想滤波器。式(4.14)表明,对于所有 L 值,$|H(0)| = 1$ 和 $|H(\Omega_p)| = 1/\sqrt{2}$(或 $20\lg|H(\Omega_p)| = -3\mathrm{dB}$)。这样,称 Ω_p 为 3dB 截止频率。典型的巴特沃斯低通滤波器的幅度响应在通带和阻带都单调下降,如图 4.2 所示。巴特沃斯滤波器在通带和阻带具有平坦的幅度响应,因此经常称为"最大平坦"滤波器。这种平坦通带是以从 Ω_p 到 Ω_s 之间过渡带中缓慢的滚降为代价而获得的。

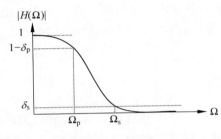

图 4.2　巴特沃斯低通滤波器的幅度响应

尽管可以相对容易地设计巴特沃斯滤波器,但是对于较小的 L,其幅度响应在频率范 $\Omega \geqslant \Omega_p$ 范围却下降得比较慢。我们可以通过提高阶数 L 来提高滚降速度。因此,为了获得希望的过渡带,巴特沃斯滤波器的阶数通常比其他类型滤波器的阶数高。

通过在通带或阻带允许一定的纹波,切比雪夫滤波器在截止频率处具有比巴特沃斯滤波器更为陡峭的滚降。有两种类型的切比雪夫滤波器。Ⅰ型切比雪夫滤波器具有全极点滤波,在通带呈现等纹波行为,在阻带呈现单调特性,见图 4.3 左侧的曲线图。Ⅱ型切比雪夫滤波器含有极点和零点,在通带呈现单调行为,而在阻带呈现等纹波行为,见图 4.3 右侧的曲线图。通常,切比雪夫滤波器采用比相应的巴特沃斯滤波器更少的极点就能保证所要求的规范,并且可以提高滚降速率;然而,它具有更差的相位响应。

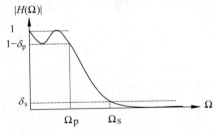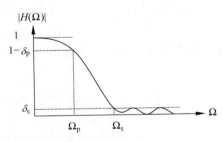

图 4.3　切比雪夫Ⅰ型(顶部)和Ⅱ型低通滤波器的幅度响应

对于给定的 δ_p、δ_s 和 L,从通带到阻带最为陡峭的过渡带可以采用椭圆滤波器设计实现。如图 4.4 所示,椭圆滤波器在通带和阻带内都呈现等纹波行为。然而,椭圆滤波器的相位响应在阻带呈现相当大的非线性,特别是在截止频率附近。因此,椭圆滤波器仅仅用于那些相位不是很重要的设计参数的应用中。

总之,巴特沃斯滤波器在通带和阻带都具有单调幅度响应,滚降速度较慢。通过在Ⅰ型切比雪夫滤波器的通带允许纹波以及在Ⅱ型切比雪夫滤波器的阻带允许纹波,对于同样数量的极点,切比雪夫滤波器可以获得更陡峭的滚降。椭圆滤波器比相同阶数的切比雪夫滤波器具有更为陡峭的滚降,但是却具有通带和阻带纹波。这些滤波器的设计应达到需要的幅度特性,同时权衡相位响应和滚降速率。另外,贝塞尔滤波器是一个全极点滤波器,从阻带具有最大平坦群延迟的意义上说,它具有近似的线性相位。然而,必须牺牲过渡带的滚降陡峭度。

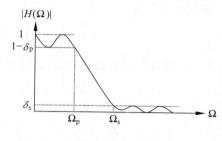

图 4.4 椭圆低通滤波器的幅度响应

4.1.4 频率变换

我们已经讨论了截止频率为 Ω_p 的原型低通滤波器的设计。尽管可以将相同的过程用于设计高通、带通和带阻滤波器,然而,可以通过采用低通滤波器的频率变换方法更容易地来获得这些滤波器。而且,大多数经典的滤波器设计技术仅仅用来产生低通滤波器。

可以通过低通滤波器 $H(s)$ 采用以下变换来获得高通滤波器 $H_{hp}(s)$

$$H_{hp}(s) = H(s)\mid_{s=1/s} = H\left(\frac{1}{s}\right) \tag{4.15}$$

例如,我们有 $L=1$ 时的巴特沃斯低通滤波器 $H(s)=1/(s+1)$。根据式(4.15),我们可以得到高通滤波器为

$$H_{hp}(s) = \frac{1}{s+1}\bigg|_{s=1/s} = \frac{s}{s+1} \tag{4.16}$$

这个例子表明高通滤波器 $H_{hp}(s)$ 具有和低通滤波器原型一致的极点,但是在原点存在额外的零点。

可以通过将 s 代替为 $(s^2+\Omega_m^2)/\text{BW}$,使得从低通滤波器原型来获得带通滤波器[①],即

$$H_{bp}(s) = H(s)\mid_{s=(s^2+\Omega_m^2)/\text{BW}} \tag{4.17}$$

其中,Ω_m 是带通滤波器的中心频率,定义为

$$\Omega_m = \sqrt{\Omega_a\Omega_b} \tag{4.18}$$

其中,Ω_a 和 Ω_b 分别是低截止频率和高截止频率。滤波器的带宽 BW 定义为

$$\text{BW} = \Omega_b - \Omega_a \tag{4.19}$$

例如,基于 $L=1$ 的巴特沃斯低通滤波器,我们有

$$H_{bp}(s) = \frac{1}{s+1}\bigg|_{s=(s^2+\Omega_m^2)/\text{BW}} = \frac{\text{BW}s}{s^2+\text{BW}s+\Omega_m^2} \tag{4.20}$$

这样,我们能从阶数为 L 的低通滤波器得到阶数为 $2L$ 的带通滤波器。

---

① 此处原文有误,应该是"将 s 代替为 $(s^2+\Omega_m^2)/\text{BW}s$",式(4.17)和式(4.20)做相应的修改。 ——译者注

最后,带阻滤波器可以采用以下变换从相应的高通滤波器获得:

$$H_{\text{bs}}(s) = H_{\text{hp}}(s)\, |_{s=(s^2+\Omega_m^2)/\text{BW}s} \tag{4.21}$$

4.2　IIR 滤波器的设计

如式(2.38)定义,数字 IIR 滤波器的传递函数为

$$H(z) = \frac{\displaystyle\sum_{l=0}^{L-1} b_l z^{-l}}{1 + \displaystyle\sum_{l=1}^{M} a_m z^{-m}} \tag{4.22}$$

此 IIR 滤波器可以采用以下差分方程来实现:

$$y(n) = \sum_{l=0}^{L-1} b_l x(n-l) - \sum_{m=1}^{M} a_m y(n-m) \tag{4.23}$$

数字滤波器设计问题就是确定系数 b_l 和 a_m,以便使 $H(z)$ 满足所给的规范。

设计数字 IIR 滤波器的目的是确定传递函数 $H(z)$ 来近似原型模拟滤波器 $H(s)$。有两种方法可用于将模拟滤波器映射到等效的数字滤波器:冲激不变法和双线性变换。冲激不变法通过对其冲激响应进行采样,来保证原始模拟滤波器的冲激响应不变,但是如第 2 章讨论,其具有内在的混叠问题。双线性变换可以保证模拟滤波器的幅度响应特性不变,因而更适合设计频率选择性 IIR 滤波器。采用双线性变换进行数字 IIR 滤波器设计的详细描述在以下章节给出。

4.2.1　双线性变换

采用双线性变换设计数字滤波器的过程见图 4.5。此方法首先将数字滤波器规范映射到等效的模拟滤波器规范。然后,根据模拟滤波器规范设计模拟滤波器。最后,通过采用双线性变换的方法将模拟滤波器映射到希望得到的数字滤波器。

定义双线性变换为

$$s = \frac{2}{T}\left(\frac{z-1}{z+1}\right) = \frac{2}{T}\left(\frac{1-z^{-1}}{1+z^{-1}}\right) \tag{4.24}$$

由于分子和分母都是 z 的线性函数,式(4.24)被称为"双线性变换"。将 $s=j\Omega$ 和 $z=e^{j\omega}$ 代入式(4.24),我们得到

$$j\Omega = \frac{2}{T}\left(\frac{e^{j\omega}-1}{e^{j\omega}+1}\right) \tag{4.25}$$

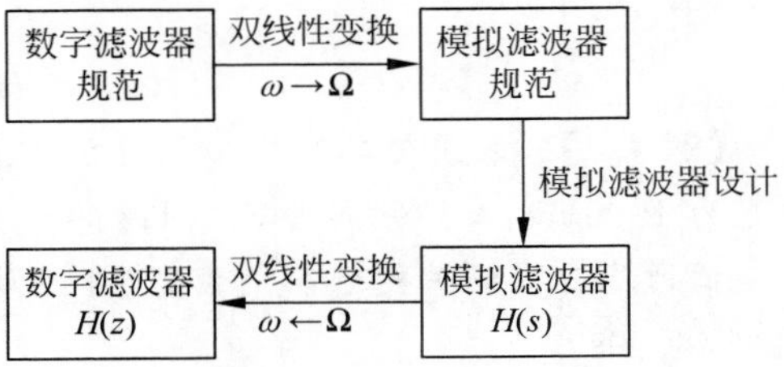

得到相应的频率映射为

图 4.5　采用双线性变换的数字 IIR 滤波器设计

$$\Omega = \frac{2}{T}\tan\left(\frac{\omega}{2}\right) \tag{4.26}$$

或等效地

$$\omega = 2\tan^{-1}\left(\frac{\Omega T}{2}\right) \tag{4.27}$$

这些等式表明整个 $j\Omega$ 轴以一一对应的方式压缩到了 ω 的 $[-\pi/T, \pi/T]$ 区间内。s 平面中 $0 \to \infty$ 部分映射到单位圆 $0 \to \pi$ 部分，而 s 平面中 $0 \to -\infty$ 部分映射到单位圆 $0 \to -\pi$ 部分。s 平面中每个点唯一地映射到 z 平面。

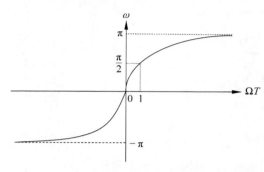

图 4.6　式 (4.27) 的双线性变换的频率畸变

频率变量 Ω 和 ω 的关系见图 4.6。双线性变换提供了沿着 $j\Omega$ 轴上的点到单位圆上 (或奈奎斯特带 $|\omega| \leqslant \pi$) 的一一对应的映射。然而，映射是高度非线性的。点 $\Omega = 0$ 映射到了 $\omega = 0$ (或 $z = 1$)，点 $\Omega = \infty$ 映射到了 $\omega = \pi$ (或 $z = -1$)。全部 $\Omega T \geqslant 1$ 带压缩到了区域 $\pi/2 \leqslant \omega \leqslant \pi$。此频率压缩效应称为"频率畸变" (frequency warping)，在采用双线性变换设计数字滤波器时必须加以考虑。根据式 (4.26)，预畸变关键频率是一种有效的解决方法。

4.2.2　采用双线性变换的滤波器设计

模拟滤波器 $H(s)$ 的双线性变换可以通过采用式 (4.24) 将 s 代替为 z 来完成。滤波器规范是以数字滤波器的关键频率的形式给出。例如，低通滤波器的关键频率 ω 是滤波器的带宽。采用双线性变换的 IIR 滤波器设计的三个步骤总结如下：

(1) 采用式 (4.26) 预畸变数字滤波器的关键频率 ω_c，以便获得相应的模拟滤波器频率 Ω_c。

(2) 采用 Ω_c 来缩放模拟滤波器 $H(s)$，以便获得缩放后的传递函数如下：

$$\hat{H}(s) = H(s)\mid_{s=s/\Omega_c} = H\left(\frac{s}{\Omega_c}\right) \tag{4.28}$$

(3) 采用式 (4.24) 代替 s，以便获得希望的数字滤波器 $H(z)$，即

$$H(z) = \hat{H}(s)\mid_{s=2(z-1)/(z+1)T} \tag{4.29}$$

【例 4.2】　采用简单的模拟低通滤波器 $H(s) = 1/(s+1)$ 和双线性变换方法设计一个带宽为 1000Hz、采样频率为 8000Hz 的数字低通滤波器。

低通滤波器的关键频率是带宽，可以计算出 $\omega_c = 2\pi(1000/8000) = 0.25\pi$，采样周期为 $T = 1/8000\text{s}$。

步骤 1：从数字域到模拟域预畸变关键频率为

$$\Omega_c = \frac{2}{T}\tan\left(\frac{\omega_c}{2}\right) = \frac{2}{T}\tan(0.125\pi) = \frac{0.8284}{T}$$

步骤 2：采用频率缩放，得到

$$\hat{H}(s) = H(s)\mid_{s=s/(0.8284/T)} = \frac{0.8284}{sT + 0.8284}$$

步骤 3：采用式(4.29)定义的双线性变换获得希望的传递函数

$$H(z) = \hat{H}(s)\,|_{s=2(z-1)/(z+1)T} = 0.2929\,\frac{1+z^{-1}}{1-0.4142z^{-1}}$$

MATLAB 提供 impinvar 和 bilinear 函数[13, 14]来分别支持冲激不变和双线性变换方法。例如，对于给定的分子和分母多项式，我们可以执行双线性变换如下：

```
[NUMd,DENd] = bilinear(NUM,DEN,Fs,Fp);
```

其中，NUMd 和 DENd 分别是从双线性变换中得到的数字滤波器的分子和分母系数向量。NUM 和 DEN 分别是包含分子和分母的以降 s 幂方式的系数行向量，Fs 是单位为 Hz 的采样频率，Fp 是预畸变频率。

【例 4.3】 为了采用双线性变换设计一个数字 IIR 滤波器，首先设计模拟原型滤波器。再采用双线性变换将原型滤波器的分子和分母多项式映射到数字滤波器的多项式。以下 MATLAB 程序(example4_3.m)设计一个巴特沃斯低通滤波器：

```
Fs = 2000;                      % 采样频率
Wn = 300;                       % 边沿频率
n = 4;                          % 模拟滤波器的阶数
[b,a] = butter(n,Wn,'s');       % 设计模拟滤波器
[bz,az] = bilinear(b,a,Fs,Wn);  % 确定数字滤波器
freqz(bz,az,512,Fs);            % 显示幅度和相位
```

4.3 IIR 滤波器的实现

可以采用不同的形式和结构来实现 IIR 滤波器。在本节，我们讨论直接 I 型、直接 II 型、级联、并行 IIR 滤波器结构。这些实现在数学上是等效的，但是它们在实际实现中由于有限字长效应的原因会具有不同的行为。

4.3.1 直接型

直接 I 型通过式(4.23)定义的输入/输出等式来实现。此滤波器具有 $(L+M)$ 个系数，需要 $(L+M+1)$ 个存储单元来存储 $\{x(n-l),\ l=0,1,\cdots,\ L-1\}$ 和 $\{y(n-m),\ m=0,1,\cdots,\ M\}$。其也需要 $(L+M)$ 个乘法运算和 $(L+M-1)$ 个加法运算。对于 $L=M+1$ 情况的详细信号流图见图 2.11。

【例 4.4】 考虑二阶 IIR 滤波器

$$H(z) = \frac{b_0 + b_1 z^{-1} + b_2 z^{-2}}{1 + a_1 z^{-1} + a_2 z^{-2}} \tag{4.30}$$

直接 I 型实现的输入/输出等式为

$$y(n) = b_0 x(n) + b_1 x(n-1) + b_2 x(n-2) - a_1 y(n-1) - a_2 y(n-2) \tag{4.31}$$

信号流图见图 4.7。

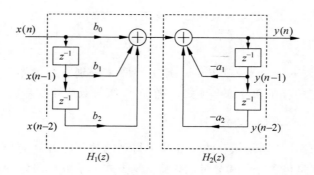

图 4.7　二阶 IIR 滤波器的直接 I 型实现

如图 4.7 所示，IIR 滤波器 $H(z)$ 可以表示为两个传递函数 $H_1(z)$ 和 $H_2(z)$ 的级联，即

$$H(z) = H_1(z)H_2(z) \tag{4.32}$$

其中，$H_1(z)=b_0+b_1 z^{-1}+b_2 z^{-2}$，$H_2(z)=1/(1+a_1 z^{-1}+a_2 z^{-2})$。由于乘法是可交换的，所以式(4.32)还可写成 $H(z)=H_2(z)H_1(z)$。因此，通过改变 $H_1(z)$ 和 $H_2(z)$ 的次序重画图 4.7，并且将两个信号缓冲器组合成一个(由于两个缓冲器具有相同的信号采样)，见图 4.8。这个更为有效的二阶 IIR 滤波器实现方式称为直接 II 型(或双二阶，biquad)，它需要三个存储单元，对比于图 4.7 中的直接 I 型，则需要六个存储单元。因此，直接 II 型也称为"正准型"(canonical form)，它需要最少的存储单元数量。

如图 4.8 所示，直接 II 型二阶 IIR 滤波器可采用下式实现：

$$y(n) = b_0 w(n) + b_1 w(n-1) + b_2 w(n-2) \tag{4.33}$$

其中

$$w(n) = x(n) - a_1 w(n-1) - a_2 w(n-2) \tag{4.34}$$

这种实现可以扩展为图 4.9 的形式，采用直接 II 型结构来实现式(4.22)定义的 $M=L-1$ 的 IIR 滤波器。

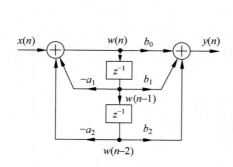

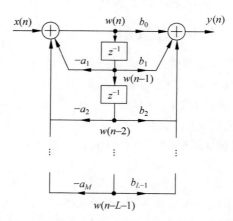

图 4.8　二阶 IIR 滤波器的直接 II 型实现　　　图 4.9　通用 IIR 滤波器的直接 II 型实现，$L=M+1$

4.3.2　级联实现

当滤波器阶数 M 为偶数时，通过对分子和分母多项式进行因式分解，IIR 滤波器可以通过多个二阶 IIR 滤波器进行级联的方式实现。考虑式(4.22)给出的传递函数 $H(z)$，其可以表示为

$$H(z) = b_0 H_1(z) H_2(z) \cdots H_K(z) = b_0 \prod_{k=1}^{K} H_k(z) \tag{4.35}$$

其中，k 是每节序号，$K(=M/2)$ 是总的节数目，$H_k(z)$ 是二阶滤波器，表示为

$$H_k(z) = \frac{(z - z_{1k})(z - z_{2k})}{(z - p_{1k})(z - p_{2k})} = \frac{1 + b_{1k}z^{-1} + b_{2k}z^{-2}}{1 + a_{1k}z^{-1} + a_{2k}z^{-2}} \tag{4.36}$$

如果滤波器阶数 M 是奇数，$H_k(z)$ 中的一级为一阶 IIR 滤波器，表示为

$$H_k(z) = \frac{z - z_{1k}}{z - p_{1k}} = \frac{1 + b_{1k}z^{-1}}{1 + a_{1k}z^{-1}} \tag{4.37}$$

式(4.35)级联结构的实现见图 4.10。注意，任一对复共轭根必须组合到相同的节以保证 $H_k(z)$ 的系数为全实数。假设每一个 $H_k(z)$ 是由式(4.36)描述的二阶 IIR 滤波器，描述级联实现的等式如下：

$$w_k(n) = x_k(n) - a_{1k}w_k(n-1) - a_{2k}w_k(n-2) \tag{4.38}$$

$$y_k(n) = w_k(n) + b_{1k}w_k(n-1) + b_{2k}w_k(n-2) \tag{4.39}$$

$$x_{k+1}(n) = y_k(n) \tag{4.40}$$

对于 $k = 1, 2, \cdots, K$，其中 $x_1(n) = b_0 x(n)$ 和 $y(n) = y_K(n)$。

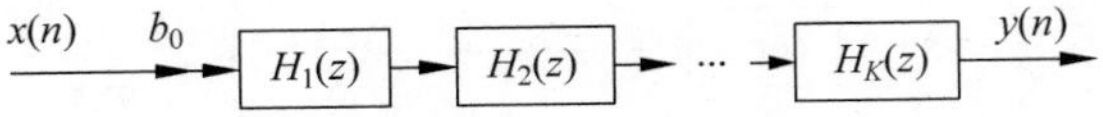

图 4.10　数字滤波器的级联实现

通过取不同的次序和组合，对于同一传递函数 $H(z)$ 可能有不同的级联实现。连接 $H_k(z)$ 次序安排和 $H(z)$ 零极点组合方式来形成式(4.36)的 $H_k(z)$。理论上，这些不同的级联实现是一致的；然而，当滤波器采用有限字长硬件实现时，它们将是不同的。例如，每一节将有一定数量的舍入噪声，其将传播到下一节。在最终输出处总的舍入噪声将决定于特定的零极点对/次序排列。

在图 4.9 所示的直接 II 型实现中，一个参数的变化将影响 $H(z)$ 的所有极点。在级联实现中，在 $H_k(z)$ 中的一个参数的变化仅仅影响那一节的极点。级联实现对由于量化效应而引起的参数变化不敏感，因此在实际实现中是更好的选择。

【例 4.5】　考虑二阶 IIR 滤波器

$$H(z) = \frac{0.5(z^2 - 0.36)}{z^2 + 0.1z - 0.72}$$

通过对 $H(z)$ 的分子和分母多项式进行因式分解，可以得到

$$H(z) = \frac{0.5(1 + 0.6z^{-1})(1 - 0.6z^{-1})}{(1 + 0.9z^{-1})(1 - 0.8z^{-1})}$$

对于不同的极点-零点对，采用一阶分节的形式，$H(z)$ 有四种可能实现。例如，我们可以选择

$$H_1(z) = \frac{1 + 0.6z^{-1}}{1 + 0.9z^{-1}} \quad 和 \quad H_2(z) = \frac{1 - 0.6z^{-1}}{1 - 0.8z^{-1}}$$

IIR 滤波器可通过表达为如下的级联结构来实现：

$$H(z) = 0.5 H_1(z) H_2(z) = 0.5 H_2(z) H_1(z)$$

4.3.3 并行实现

采用部分分式展开的 $H(z)$ 的表达形式会产生另一种标准结构，称为"并行实现"，表示为

$$H(z) = c_0 + H_1(z) + H_2(z) + \cdots + H_k(z) \tag{4.41}$$

其中，c_0 是常数，$H_k(z)$ 是二阶 IIR 滤波器，表示为

$$H_k(z) = \frac{b_{0k} + b_{1k}z^{-1}}{1 + a_{1k}z^{-1} + a_{2k}z^{-2}} \tag{4.42}$$

或者，如果滤波器的阶数 M 为奇数，其中的一节为一阶滤波器，表示为

$$H_k(z) = \frac{b_{0k}}{1 + a_{1k}z^{-1}} \tag{4.43}$$

式(4.41)的并行结构见图 4.11。

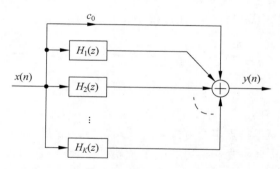

图 4.11 数字 IIR 滤波器的并行实现

【例 4.6】 考虑例 4.5 中的传递函数 $H(z)$，其可以表示为

$$H'(z) = \frac{H(z)}{z} = \frac{0.5(1 + 0.6z^{-1})(1 - 0.6z^{-1})}{z(1 + 0.9z^{-1})(1 - 0.8z^{-1})} = \frac{A}{z} + \frac{B}{z + 0.9} + \frac{C}{z - 0.8}$$

其中

$$A = zH'(z) \mid_{z=0} = 0.25$$
$$B = (z + 0.9)H'(z) \mid_{z=-0.9} = 0.147$$
$$C = (z - 0.8)H'(z) \mid_{z=0.8} = 0.103$$

因此，可得到

$$H(z) = 0.25 + \frac{0.147}{1 + 0.9z^{-1}} + \frac{0.103}{1 - 0.8z^{-1}}$$

4.3.4　采用 MATLAB 的 IIR 滤波器实现

采用级联结构的 IIR 滤波器实现包括多项式因式分解。这可以采用 MATLAB 函数 roots 来完成。例如,声明

```
r = roots(b);
```

以输出向量 r 的形式返回分子向量 b 的根。同样地,我们能够获得分母向量 a 的根。每一节的系数可通过极点-零点对来决定。

MATLAB 函数 tf2zp 计算所给传递函数的零点、极点和增益。例如,声明

```
[z, p, c] = tf2zp(b, a);
```

将会返回零点位置 z、极点位置 p 和增益 c。同样地,函数

```
[b, a] = zp2tf(z,p,c);
```

以向量 z 形式出现的一套零点、以向量 p 形式出现的一套极点以及增益 c,形成有理传递函数 $H(z)$。

【例 4.7】　定义在例 4.5 中的系统的零点、极点和增益可以采用如下 MATLAB 程序 (example4_7.m)来获得:

```
b = [0.5, 0, - 0.18];          %分子
a = [1, 0.1, - 0.72];          %分母
[z, p, c] = tf2zp(b,a)         %显示零点、极点和增益
```

运行此程序,可以得到 z=0.6,−0.6,p=−0.9,0.8,c=0.5,这些结果验证了例 4.5 中得到的结果。

MATLAB 还提供了一个有用的函数 zp2sos 用来将零点-极点-增益的表示转换为二阶 IIR 的等效表示[15],函数

```
[sos, G] = zp2sos(z, p, c);
```

从其零点-极点-增益形式中求出总的增益 G 和函数每一个二阶 IIR 节的系数的矩阵 **sos**。矩阵 **sos** 是一个 $6 \times K$ 矩阵,表示如下:

$$\mathbf{sos} = \begin{bmatrix} b_{01} & b_{11} & b_{21} & 1 & a_{11} & a_{21} \\ b_{02} & b_{12} & b_{22} & 1 & a_{12} & a_{22} \\ \vdots & \vdots & \vdots & \vdots & \vdots & \vdots \\ b_{0K} & b_{1K} & b_{2K} & 1 & a_{1K} & a_{2K} \end{bmatrix} \tag{4.44}$$

其中,每一行 $k(k=1, 2, \cdots, K)$ 表示第 k 个二阶 IIR 滤波器 $H_k(z)$,其中包含分子系数 b_{ik}, $i=0, 1, 2$ 和分母系数 a_{jk}, $j=1, 2$。总的传递函数表示为

$$H(z) = G \prod_{k=1}^{K} H_k(z) = G \prod_{k=1}^{K} \frac{b_{0k} + b_{1k}z^{-1} + b_{2k}z^{-2}}{1 + a_{1k}z^{-1} + a_{2k}z^{-2}} \qquad (4.45)$$

其中，G 是考虑系统整体增益的缩放因子。同样地，MATLAB 函数[sos, G]＝tf2sos(b, a)从所给的分子向量 b 和分母向量 a 分别计算矩阵 **sos** 和增益 G。

MATLAB 函数 residuez 支持 4.3.3 节中讨论的并行实现。此函数将式(4.22)表示的传递函数转换为式(4.41)表示的部分分式展开(留数)。函数

```
[r, p, c] = residuez(b, a)
```

返回向量中的 r 包含留数，p 包含极点位置，c 包含直接项。

4.4　采用 MATLAB 的 IIR 滤波器设计

本节介绍可用于设计 IIR 滤波器、实现和分析设计出来的滤波器以及对于定点实现滤波器的量化滤波器系数的 MATLAB 函数[15, 16]。

4.4.1　采用 MATLAB 的滤波器设计

MATLAB 提供设计巴特沃斯、切比雪夫Ⅰ型、切比雪夫Ⅱ型、椭圆、贝塞尔 IIR 滤波器的几个函数，包括四种不同类型：低通、高通、带通和带阻。通常，IIR 滤波器设计需要两个步骤：首先，从所给的规范中计算最小滤波器阶数 N 和频率缩放因子 Wn。第二，采用这两个参数计算滤波器系数。在 IIR 滤波器设计第一步中，以下 MATLAB 函数之一可以用于估算滤波器阶数：

```
[N, Wn] = buttord(Wp, Ws, Rp, Rs);        % 巴特沃斯滤波器
[N, Wn] = cheb1ord(Wp, Ws, Rp, Rs);       % 切比雪夫Ⅰ型滤波器
[N, Wn] = cheb2ord(Wp, Ws, Rp, Rs);       % 切比雪夫Ⅱ型滤波器
[N, Wn] = ellipord(Wp, Ws, Rp, Rs);       % 椭圆滤波器
```

参数 Wp 和 Ws 分别是归一化通带和阻带边沿频率。Wp 和 Ws 的范围是从 0 到 1，其中 1 对应于 $\omega = \pi$ 或 $f = f_s/2$。参数 Rp 和 Rs 分别是通带纹波和最小阻带衰减，单位是 dB。这四个函数返回阶数 N 和频率缩放因子 Wn，IIR 滤波器设计的第二步中需要这些参数。

在第二步中，IIR 滤波器设计进程采用从第一步中获得的 N 和 Wn 来计算滤波器系数。MATLAB 提供以下 IIR 滤波器设计函数来计算滤波器系数：

```
[b, a] = butter(N, Wn);
[b, a] = cheby1(N, Rp, Wn);
[b, a] = cheby2(N, Rs, Wn);
[b, a] = ellip(N, Rp, Rs, Wn);
```

这些函数以行向量 b(包含分子系数 b_l)和 a(包含分母系数 a_m)的形式返回滤波器系数。我们可以采用 butter(N，Wn，'high')来设计高通滤波器。如果 Wn 是一个二元向量，例如

Wn＝[W1 W2]，函数 butter 将返回阶数为 2N、通带在 W1 和 W2 之间的带通滤波器，butter(N，Wn，'stop')设计带阻滤波器。

【例 4.8】　设计一个低通巴特沃斯滤波器，从 0Hz 到 800Hz 的纹波小于 1.0dB，从 1600Hz 到奈奎斯特频率 4000Hz 的阻带衰减至少为 20dB。

设计此滤波器的 MATLAB 程序(example4_8.m)如下：

```
Wp = 800/4000;                          % 通带频率
Ws = 1600/4000;                         % 阻带频率
Rp = 1.0;                               % 通带纹波
Rs = 20.0;                              % 阻带衰减

[N, Wn] = buttord(Wp, Ws, Rp, Rs);      % 第一步
[b, a] = butter(N, Wn);                 % 第二步
freqz(b, a, 512, 8000);                 % 显示频率响应
```

若不采用 MATLAB 函数 freqz 来显示幅度响应和相位响应，我们可以采用灵活的滤波器可视化工具(Filter Visualization Tool，FVTool)来分析数字滤波器。命令为

```
fvtool(b,a)
```

启动 GUI FVTool，并且计算分别以向量 b 和向量 a 所给的分子和分母系数所定义的滤波器的幅度响应。

【例 4.9】　设计一个带通滤波器，通带为 100～200Hz，采样率为 1kHz。通带纹波小于 3dB，阻带边沿为 50Hz 和 250Hz，阻带衰减至少为 30dB。

设计和评估此滤波器的 MATLAB 程序(example4_9.m)如下：

```
Wp = [100 200]/500;                     % 通带频率
Ws = [50 250]/500;                      % 阻带频率
Rp = 3;                                 % 通带纹波
Rs = 30;                                % 阻带衰减
[N, Wn] = buttord(Wp, Ws, Rp, Rs);      % 估计滤波器阶数
[b, a] = butter(N, Wn);                 % 设计巴特沃斯滤波器
fvtool(b, a);                           % 分析设计的 IIR 滤波器
```

在 FVTool 工具窗口中的 Analysis 菜单，我们选择 Magnitude and Phase Response。设计的带通滤波器的幅度和相位响应见图 4.12。

4.4.2　采用 MATLAB 的频率转换

信号处理工具箱(Signal Processing Toolbox)提供函数 lp2hp、lp2bp 和 lp2bs，以便将原型低通滤波器分别转换为高通、带通和带阻滤波器。例如，命令

```
[numt, dent] = lp2hp(num, den, wo);
```

将原型低通滤波器转换为截止频率为 wo 的高通滤波器。

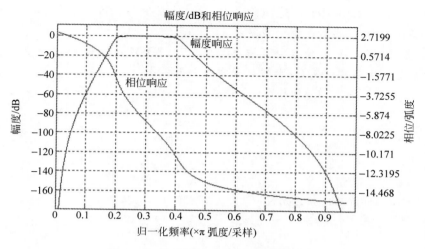

图 4.12　带通滤波器的幅度和相位响应

4.4.3　采用 FDATool 的滤波器设计与实现

本节采用 FDATool 来设计、实现和量化 IIR 滤波器。为了设计一个 IIR 滤波器，在 GUI 中的 Design Method 区域选择单选按钮 IIR。对于 Lowpass 类型有七个选项（从下拉窗口中），对于不同的响应类型可以有几种不同的滤波器设计。

【例 4.10】　设计一个低通 IIR 滤波器，具有以下规范：采样频率 f_s ＝8kHz，通带截止频率 ω_p ＝2kHz，阻带截止频率 ω_s ＝2.5kHz，通带纹波 A_p ＝1dB，阻带衰减 A_s ＝60dB。

通过在 Design Method 区域中单击单选按钮并选择 IIR，并且从下拉菜单中选择 Elliptic，来设计一个椭圆滤波器。然后在 Frequency Specification 和 Magnitude Specification 区域中输入参数，如图 4.13 所示。在按 Design Filter 按钮后计算滤波器系数，Filter Specification 区域变为 Magnitude Response(dB)，如图 4.13 所示。

可以通过单击单选按钮 Specify order 并且在文本窗口输入滤波器阶数来说明所希望的滤波器阶数，或者选择默认的 Minimum order。本设计的滤波器阶数为 6，在 Current Filter Information 区域（左上）中声明，如图 4.13 所示。默认情况下，设计的 IIR 滤波器采用级联的二阶 IIR 来实现，二阶 IIR 采用图 4.8 中的直接 II 型双二阶结构。我们可以单击 Edit→Conver Structure 来改变此默认设置，显示的对话窗口用于选择不同的结构。我们可以通过 Edit→Reorder and Scale Second-order Sections 选择来改变二阶节的顺序和大小。

一旦滤波器如图 4.13 所示来设计和验证过，我们可以通过单击 Set Quantization Parameters 按钮 ⊞ 来打开量化模式。FDATool 窗口的下半部分将变为新的带有 Filter arithmetic 选项的面板，允许用户量化设计的滤波器并分析改变量化设置产生的效果。为了使能定点量化，从 Filter arithmetic 下拉菜单中选择 Fixed-point。这些选项和设置详见 3.2.5 节。

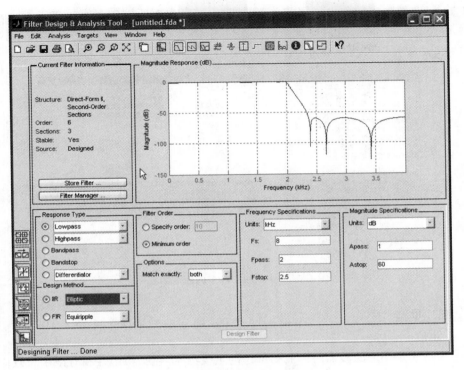

图 4.13　椭圆 IIR 低通滤波器的设计

【例 4.11】　设计一个用于 16 位定点数字信号处理器的带通 IIR 滤波器,具有以下规范:采样频率 $= 8000\text{Hz}$,低阻带截止频率 $F_{stop1} = 1200\text{kHz}$,低通带截止频率 $F_{pass1} = 1400\text{kHz}$,高通带截止频率 $F_{pass2} = 1600\text{kHz}$,高阻带截止频率 $F_{stop2} = 1800\text{kHz}$,通带纹波 $= 1\text{dB}$,(低和高)阻带衰减 $A_s = 60\text{dB}$。

启动 FDATool,在 Frequency Specification 和 Magnitude Specification 区域中输入需要的参数,选择椭圆 IIR 滤波器类型,并单击 Design Filter。设计的滤波器阶数为 16,8 个二阶节。单击 Set Quantization Parameters 按钮,从 Filter arithmetic 下拉菜单中选择 Fixed-point,并采用默认设置。在设计和量化滤波器后,在 Analysis 菜单选择 Magnitude Response Estimate 选择来估计量化后的滤波器的频率响应。量化后的滤波器的幅度响应显示在分析区域中。可以发现,量化后的滤波器具有令人满意的幅度响应,主要是由于 FDATool 采用二阶节级联的方式实现 IIR 滤波器,这样可以更加抵制系数量化误差的影响。

我们从 Analysis 菜单中还可以选择 Filter Coefficients,如图 4.14 所示。其中显示了量化后的系数(顶部)和采用双精度浮点格式的原始系数(底部)。

我们可以从 Targets 菜单中选择 Generate C header 将设计的滤波器系数保存为 C 头文件。出现 Generate C Header 对话窗口。对于 IIR 滤波器,C 头文件中的变量名为分子(NUM)、分子长度(NL)、分母(DEN)、分母长度(DL)和节数(NS)。我们可以采用这些默认的变量名，或者将它们改为使用此头文件的 C 程序中相匹配的名字。单击 Generate，将出现 Generate C Header 对话窗口。输入文件名，并单击 Save 保存文件。4.7 节中实验所使用的 IIR 滤波器系数就是通过 FDATool 所产生。

```
Quantized SOS matrix:
1   -1.442626953125      1   1   -0.80755615234375    0.94775390625
1    0.2017822265625     1   1   -0.685546875         0.9462890625
1   -1.11370849609375    1   1   -0.8975830078125     0.98077392578125
1   -0.35791015625       1   1   -0.6136474609375     0.97955322265625
Quantized Scale Factors:
0.09100341796875
0.09100341796875
0.3792724609375
0.3792724609375

Reference SOS matrix:
1   -1.4426457356639371  1   1   -0.80758037773723901  0.9477601749661968
1    0.20175861869884926 1   1   -0.68556453894167657  0.94631236163284504
1   -1.113737328480738   1   1   -0.8975583707515371   0.98080193156894147
1   -0.35788604023451132 1   1   -0.61365277529418827  0.97953808588048008
Reference Scale Factors:
0.090994140334780968
0.090994140334780968
0.37924885680628034
0.37924885680628034
```

图 4.14   量化的和参考的滤波器系数

4.5   实现考虑

本节讨论实现 IIR 滤波器时的需要考虑的重要因素，包括稳定性和有限字长效应。

4.5.1   稳定性

如果所有极点位于单位圆内，则 IIR 滤波器是稳定的，即

$$|p_m| < 1, \quad m = 1, 2, \cdots, M \tag{4.46}$$

在这种情况下，$\lim_{n \to \infty} h(n) = 0$。如果在单位圆外存在任何极点，即对于任意 m，$|p_m| > 1$，IIR 滤波器是不稳定的，这是由于在这种情况下 $\lim_{n \to \infty} h(n) \to \infty$。另外，如果 $H(z)$ 在单位圆上具有多阶(重复的)极点，IIR 滤波器也是不稳定的。然而，如果在单位圆上的极点是一阶(非重复的)极点，冲激响应为

$$\lim_{n \to \infty} h(n) = c \tag{4.47}$$

其中，c 是非零常数，则 IIR 滤波器是临界稳定的(或者振荡边缘)。如果 $H(z) = 1/(1 + z^{-1})$，则在单位圆 $z = -1$ 处有一个一阶极点，由于 $h(n) = (-1)^n$，$n \geqslant 0$，冲激响应在 ± 1 之间振荡。

【例 4.12】   考虑一个 IIR 滤波器具有传递函数

$$H(z) = \frac{1}{1 - az^{-1}}$$

系统的冲激响应是 $h(n) = a^n$，$n \geqslant 0$。如果 $|a| < 1$，零点在单位圆内，$\lim_{n \to \infty} h(n) = \lim_{n \to \infty} a^n \to 0$，因此，此 IIR 滤波器是稳定的。如果 $|a| > 1$，零点在单位圆外，$\lim_{n \to \infty} a^n \to \infty$，因此，此 IIR 滤

波器是不稳定的。然而,如果 $a=1$,零点在单位圆上,$\lim\limits_{n\to\infty}a^n\to1$,因此,此 IIR 滤波器是临界稳定的。

另外,考虑具有以下传递函数的系统:

$$H(z)=\frac{z}{(z-1)^2}$$

其中,在 $z=1$ 处存在一个二阶极点。系统的冲激响应是 $h(n)=n$,由于 $\lim\limits_{n\to\infty}h(n)\to\infty$,因此是一个不稳定的系统。

考虑由式(4.30)定义的二阶 IIR 滤波器。分母可因式分解为

$$1+a_1z^{-1}+a_2z^{-2}=(1-p_1z^{-1})(1-p_2z^{-1})=1-(p_1+p_2)z^{-1}+p_1p_2z^{-2}$$

这样

$$a_1=-(p_1+p_2)\quad\text{且}\quad a_2=p_1p_2 \tag{4.48}$$

为了稳定,极点必须位于单位圆内,即 $|p_1|<1$ 和 $|p_2|<1$。因此,对于一个稳定系统,我们必须有

$$|a_2|=|p_1p_2|<1 \tag{4.49}$$

关于 a_1 相应条件可以从 Schur-Cohn 稳定性测试导出如下:

$$|a_1|<1+a_2 \tag{4.50}$$

式(4.49)和式(4.50)的二阶 IIR 滤波器的稳定性条件见图 4.15,它显示了在 a_1-a_2 平面的稳定性三角区结果。即,当且仅当系数定义的点 (a_1,a_2) 处于稳定性三角区内,二阶 IIR 滤波器是稳定的。

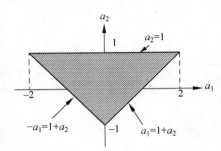

图 4.15　稳定的二阶 IIR 滤波器的系数值区域

4.5.2　有限精度效应和解决方案

在实际应用中,为了进行实现,需要将从滤波器设计得到的系数量化到有限位数。从 MATLAB 获得的滤波器系数 b_l 和 a_m 采用双精度浮点格式表示。令 b'_l 和 a'_m 分别表示对应 b_l 和 a_m 的量化值。量化后的 IIR 滤波器的传递函数表示为

$$H'(z)=\frac{\sum\limits_{l=0}^{L-1}b'_lz^{-l}}{1+\sum\limits_{m=1}^{M}a'_mz^{-m}} \tag{4.51}$$

如果字长没有达到足够大,或许会发生一些不希望的效应。例如,$H'(z)$ 的幅度相位响应会不同于希望的 $H(z)$ 响应。如果 $H(z)$ 的极点接近单位圆,在系数量化后,$H'(z)$ 的一些极点或许会移动到单位圆外,引起滤波器不稳定。当采用直接型实现高阶 IIR 滤波器时,这些不希望的效应则更加严重。对于高阶窄带滤波器具有接近的成簇极点,推荐采用级联(或并联)结构实现这样的滤波器。注意,对于任何阶数高于 2 的 IIR 滤波器,MATLAB 采用级联结构实现。

【例 4.13】 考虑一个 IIR 滤波器具有传递函数

$$H(z) = \frac{1}{1 - 0.85z^{-1} + 0.18z^{-2}}$$

其中，极点位于 $z = 0.4$ 和 $z = 0.45$。此滤波器可以采用级联结构实现 $H(z) = H_1(z)H_2(z)$，其中

$$H_1(z) = \frac{1}{1 - 0.4z^{-1}} \quad 和 \quad H_2(z) = \frac{1}{1 - 0.45z^{-1}}$$

如果此 IIR 滤波器采用 4 位(一位符号位加三位数据位，见表 2.2)定点硬件实现，0.85 和 0.18 分别量化为 0.875 和 0.125。因此，直接型实现描述如下：

$$H'(z) = \frac{1}{1 - 0.875z^{-1} + 0.125z^{-2}}$$

直接型 $H'(z)$ 的极点变为 $z = 0.1798$ 和 $z = 0.6952$，其明显地不同于原始的 0.4 和 0.45。

对于级联实现，系数 0.4 和 0.45 分别量化为 0.375 和 0.5。这样，量化的级联滤波器表示为

$$H''(z) = \left(\frac{1}{1 - 0.375z^{-1}} \right)\left(\frac{1}{1 - 0.5z^{-1}} \right)$$

$H''(z)$ 的极点为 $z = 0.375$ 和 0.5。因此，级联实现的极点比较接近希望的 $H(z)$ 的极点 $z = 0.4$ 和 $z = 0.45$。

将 $2B$ 位数舍入 B 位会产生舍入噪声。级联节的阶数影响滤波器输出的舍入噪声功率。另外，当采用定点处理器实现数字滤波器时，我们必须优化信号量化噪声比。这包括了与算术溢出可能性的权衡考虑。在防止溢出方面的最有效的技术是在级联滤波器中的各个节点采用缩放因子。通过在每一个级联节中在保证不溢出的情况下尽可能保持较高的信号水平来获得优化的性能。

【例 4.14】 考虑带有缩放因子 α 的一阶 IIR 滤波器，描述如下

$$H(z) = \frac{\alpha}{1 - az^{-1}}$$

其中稳定性条件要求 $|a| < 1$。包括缩放因子 α 的目标是保证输出 $y(n)$ 的值在幅值上不超过 1。假设 $x(n)$ 是幅度小于 1 频率为 ω_0 的正弦信号；那么输出信号的幅度由增益 $|H(\omega_0)|$ 决定。$H(z)$ 的最大增益为

$$\max_{\omega} | H(\omega) | = \frac{\alpha}{1 - |a|}$$

这样，如果输入是正弦信号，较为适合的缩放因子为 $\alpha < 1 - |a|$。

4.5.3 IIR 滤波器的 MATLAB 实现

MATLAB 函数 filter 实现由式(4.23)定义的 IIR 滤波器。此函数的基本形式为

```
y = filter(b, a, x);
y = filter(b, a, x, zi);
```

向量 a 的第一个元素 a(1)，即第一个系数 a_0，必须为 1。滤波器输入向量为 x，输出向量为 y。在一开始，初始条件(在信号缓冲器中的数据)设为零。然而，它们可以采用向量 zi 来进行说明，以减少瞬时效应。

【**例 4.15**】　假设一个正弦波形(150Hz)被白噪声所损坏，SNR 为 0dB，采样率为 1000Hz。

为了增强正弦波形，我们需要一个中心频率为 150Hz 的带通滤波器。类似于例 4.9，采用以下 MATLAB 程序设计一个带通滤波器：

```
Fs = 1000;                              %采样率
Wp = [140 160]/(Fs/2);                  %通带边沿频率
Ws = [130 170]/(Fs/2);                  %阻带边沿频率
Rp = 3;                                 %通带纹波
Rs = 40;                                %阻带纹波
[N, Wn] = buttord(Wp, Ws, Rp, Rs);      %计算滤波器阶数
[b, a] = butter(N, Wn);                 %设计 IIR 滤波器
```

采用以下函数实现设计的滤波器来增强以 xn 表示的正弦信号：

```
y = filter(b, a, xn);                   % IIR 滤波
```

打印 xn 和 y 向量描述的输入和输出信号，见图 4.16。本例完整的 MATLAB 程序在 example4_15.m 中给出。

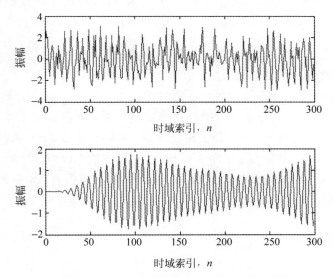

图 4.16　带通滤波器的输入(上部)和输出(下部)信号

MATLAB 还提供二阶(双线性)IIR 滤波器函数，语法如下：

```
y = sosfilt(sos,x)
```

此函数应用到 IIR 滤波器 $H(z)$ 的输入信号向量 x，$H(z)$ 采用式(4.44)定义的二阶结构 **sos** 实现。

【**例 4.16**】 在例 4.15 中，我们设计了一个带通滤波器，并采用函数 filter 进行了直接型 IIR 滤波器实现。在本例中，我们采用以下函数将直接型滤波器转换为二阶级联的结构：

```
sos = tf2sos(b,a);
```

得到的 **sos** 矩阵如下：

```
sos =
    0.0000    0.0000   -0.0000    1.0000   -1.1077    0.8808
    1.0000    2.0084    1.0084    1.0000   -1.0702    0.8900
    1.0000    2.0021    1.0021    1.0000   -1.1569    0.8941
    1.0000    1.9942    0.9942    1.0000   -1.0519    0.9215
    1.0000   -2.0052    1.0053    1.0000   -1.2092    0.9268
    1.0000   -1.9925    0.9925    1.0000   -1.0581    0.9711
    1.0000   -1.9980    0.9981    1.0000   -1.2563    0.9735
```

然后采用以下函数进行 IIR 滤波：

```
y = sosfilt(sos,xn);
```

本例的 MATLAB 程序在 example4_16.m 中给出。

信号处理工具(Signal Processing Tool，SPTool)可以帮助用户分析信号、设计和分析滤波器，并且分析信号的频谱。我们通过在 MATLAB 命令窗口键入以下命令打开此工具：

```
sptool
```

在 SPTool 中有三个窗口可以访问：

（1）Signals 窗口用于分析输入信号。通过单击 File→Import 可以将工作区的信号或一个文件装载入 SPTool。Import to SPTool 窗口允许用户选择来自文件或工作区的数据。

（2）Filters 窗口用于设计、分析和实现滤波器。此栏采用 fdatool 来设计分析滤波器。

（3）我们可以通过选择信号、然后单击 Spectra 栏中的 Create 按钮来计算频谱。为了观察输入和输出信号的频谱，选择输入频谱和输出频谱，并单击 View 按钮在同一窗口来显示它们，以便于比较。

4.6 实际应用

本节简要介绍 IIR 滤波器的实际应用，例如在信号产生和音频均衡等方面。用于参数均衡器的专用 IIR 滤波器的设计将在第 10 章进行介绍。

4.6.1 递归谐振器

考虑一个简单的二阶滤波器，其频率响应由在频率 ω_0 处的单个峰值主导。为了形成频

率 ω_0 处的峰值,我们在单位圆中放置一对复-共轭极点

$$p_i = r_p e^{\pm j\omega_0} \tag{4.52}$$

其中,半径(从原点到极点的距离)在 $0 < r_p < 1$ 之内。此二阶 IIR 滤波器的传递函数可以表示为

$$H(z) = \frac{A}{(1 - r_p e^{j\omega_0} z^{-1})(1 - r_p e^{-j\omega_0} z^{-1})} = \frac{A}{1 - 2r_p \cos(\omega_0) z^{-1} + r_p^2 z^{-2}}$$

$$= \frac{A}{1 + a_1 z^{-1} + a_2 z^{-2}} \tag{4.53}$$

其中,A 是固定增益,用于对滤波器在 ω_0 处的增益进行归一化,以便 $|H(\omega_0)| = 1$。直接型实现见图 4.17。

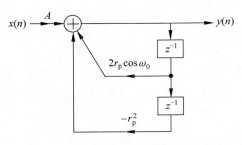

在 ω_0 处的滤波器增益可通过将式(4.53)中的 z 用 $e^{j\omega_0}$ 进行替代,然后取绝对值为

$$H(\omega_0) = \frac{A}{|(1 - r_p e^{j\omega_0} e^{-j\omega_0})(1 - r_p e^{-j\omega_0} e^{-j\omega_0})|}$$

$$= 1 \tag{4.54}$$

图 4.17   二阶谐振滤波器的信号流图

此条件可用于设定增益值为

$$A = |(1 - r_p)(1 - r_p e^{-2j\omega_0})| = (1 - r_p)\sqrt{1 - 2r_p \cos(2\omega_0) + r_p^2} \tag{4.55}$$

谐振器的 3dB 带宽等效为

$$|H(\omega)|^2 = \frac{1}{2}|H(\omega_0)|^2 = \frac{1}{2} \tag{4.56}$$

在 ω_0 的两侧有两个解,在这两个频率之间带宽是不同的。当极点接近于单位圆,带宽近似为

$$\text{BW} \simeq 2(1 - r_p) \tag{4.57}$$

这个设计准则决定了对于所给 BW 的 r_p 值。r_p 越接近于 1,峰值越陡峭。

根据式(4.53),谐振器的输入/输出等式可表示为

$$y(n) = Ax(n) - a_1 y(n-1) - a_2 y(n-2) \tag{4.58}$$

其中

$$a_1 = -2r_p \cos\omega_0 \quad \text{和} \quad a_2 = r_p^2 \tag{4.59}$$

此递归振荡器基于留有余量的稳定二极点 IIR 滤波器,其中复共轭极点位于单位圆($r_p = 1$)角 $\pm \omega_0$ 处,用来产生 ω_0 频率处的正弦波形。这个递归振荡器是产生正弦波形最有效的方式,特别是要求产生正交信号(正弦和余弦信号)。

MATLAB 提供函数 iirpeak 来设计 IIR 峰值滤波器,语法如下:

```
[NUM, DEN] = iirpeak(Wo, BW);
```

此函数设计峰值位于频率 Wo 处、3dB 带宽为 BW 的二阶谐振器。另外,可以采用[NUM,DEN]=iirpeak(Wo,BW,Ab)来设计一个带宽为 BW、幅度水平在 Ab 处(单位 dB)的峰值滤波器。

【**例 4.17**】   设计两个工作在 10kHz 采样率的谐振器,峰值分别在 1kHz(0.2π)和

2.5kHz(0.5π),3dB 带宽分别为 500Hz 和 200Hz。这些滤波器可以采用以下 MATLAB 程序(example4_17.m,由 Help 菜单中的命令改编)来进行设计：

```
Fs = 10000;                          % 采样率
Wo = 1000/(Fs/2);                    % 第一滤波器峰值频率
BW = 500/(Fs/2);                     % 第一滤波器带宽
W1 = 2500/(Fs/2);                    % 第二滤波器峰值频率
BW1 = 200/(Fs/2);                    % 第二滤波器带宽
[b,a] = iirpeak(Wo,BW);              % 设计第一滤波器
[b1,a1] = iirpeak(W1,BW1);           % 设计第二滤波器
fvtool(b,a,b1,a1);                   % 分析两个滤波器
```

两个滤波器的幅度响应见图 4.18。在 FVTool 窗口,我们选择 Analysis→Pole/Zero Plot 来显示两个滤波器的极点和零点,见图 4.19。可以清楚地看到,由于其极点更加接近于单位圆,第二个滤波器(0.5π)具有更窄的带宽(200Hz)。

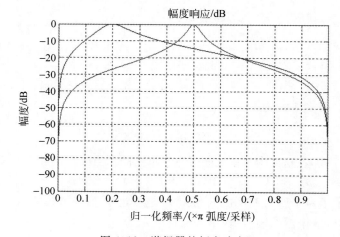

图 4.18　谐振器的幅度响应

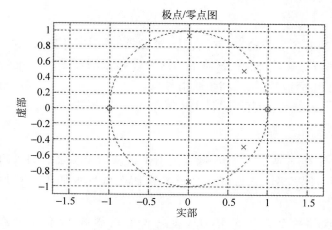

图 4.19　两个谐振器的极点-零点图

同样地，MATLAB 提供函数 iirnotch 设计 IIR 陷波（窄带带阻）滤波器，采用以下语法：

```
[NUM, DEN] = iirnotch(Wo, BW);
```

此函数设计阻带中心处于频率 Wo、3dB 带宽为 BW 的二阶陷波滤波器。

4.6.2　递归正交振荡器

考虑两个因果冲激响应

$$h_c(n) = \cos(\omega_0 n) u(n) \tag{4.60a}$$

和

$$h_s(n) = \sin(\omega_0 n) u(n) \tag{4.60b}$$

其中，$u(n)$ 是单位阶跃函数。做两个函数的 z 变换，得到相应的系统传递函数为

$$H_c(z) = \frac{1 - \cos(\omega_0) z^{-1}}{1 - 2\cos(\omega_0) z^{-1} + z^{-2}} \tag{4.61a}$$

和

$$H_s(z) = \frac{\sin(\omega_0) z^{-1}}{1 - 2\cos(\omega_0) z^{-1} + z^{-2}} \tag{4.61b}$$

实现这两个传递函数的具有两个输出的组合递归结构见图 4.20。实现只需要两个数据存储器和两个乘法操作。产生输出信号的差分方程表示为

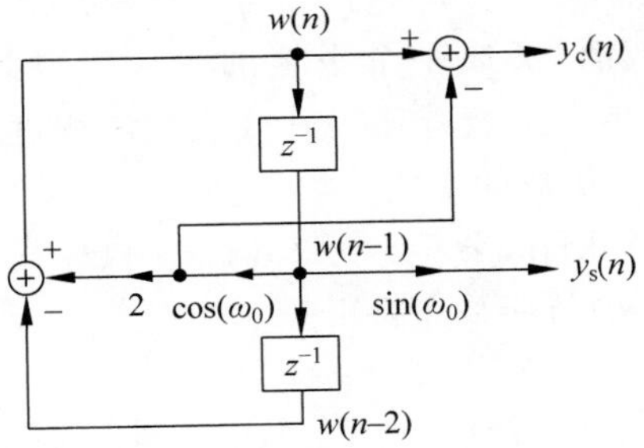

图 4.20　递归正交振荡器

$$y_c(n) = w(n) - \cos(\omega_0) w(n-1) \tag{4.62a}$$

和

$$y_s(n) = \sin(\omega_0) w(n-1) \tag{4.62b}$$

其中，$w(n)$ 为内部状态变量，更新操作为

$$w(n) = 2\cos(\omega_0) w(n-1) - w(n-2) \tag{4.63}$$

施加冲激信号 $A\delta(n)$ 来激励振荡器，等效于预置以下初始条件：

$$w(-2) = -A \quad \text{和} \quad w(-1) = 0 \tag{4.64}$$

产生的正弦波形的波形精确度主要受限于硬件字长。式（4.62）和式（4.63）中的系数 $\cos(\omega_0)$ 的量化将引起实际输出频率稍微不同于希望的频率 ω_0。

对于一些应用，仅仅需要正弦波形。根据式（4.58）和式（4.59），采用条件 $x(n) = A\delta(n)$ 和 $r_p = 1$，我们能产生正弦信号为

$$\begin{aligned} y_s(n) &= A x(n) - a_1 y_s(n-1) - a_2 y_s(n-2) \\ &= 2\cos(\omega_0) y_s(n-1) - y_s(n-2) \end{aligned} \tag{4.65}$$

初始条件

$$y_s(-2) = -A\sin(\omega_0) \quad \text{和} \quad y_s(-1) = 0 \tag{4.66}$$

由式（4.65）定义的振荡频率由其系数 a_1 和采样频率 f_s 决定，表示为

$$f = \cos^{-1}\left(\frac{\mid a_1 \mid}{2}\right)\frac{f_s}{2\pi}\text{Hz} \tag{4.67}$$

其中，系数 $\mid a_1 \mid \leqslant 2$。

4.6.3 参数均衡器

用于音频参数均衡器的 IIR 峰值、低架滤波器和高架滤波器将在 10.3 节讨论。本节设计一个用于参数均衡器的简单 IIR 滤波器，通过将式(4.53)所给的谐振器，在极点附近以相同角度 $\pm\omega_0$ 增加一对零点来得到参数均衡器。即，在以下位置放置一对复共轭零点

$$z_i = r_z e^{\pm j\omega_0} \tag{4.68}$$

其中 $0 < r_z < 1$。这样，式(4.53)所给的传递函数变为

$$\begin{aligned}
H(z) &= \frac{(1 - r_z e^{j\omega_0} z^{-1})(1 - r_z e^{-j\omega_0} z^{-1})}{(1 - r_p e^{j\omega_0} z^{-1})(1 - r_p e^{-j\omega_0} z^{-1})} \\
&= \frac{1 - 2r_z\cos(\omega_0)z^{-1} + r_z^2 z^{-2}}{1 - 2r_p\cos(\omega_0)z^{-1} + r_p^2 z^{-2}} \\
&= \frac{1 + b_1 z^{-1} + b_2 z^{-2}}{1 + a_1 z^{-1} + a_2 z^{-2}}
\end{aligned} \tag{4.69}$$

当 $r_z < r_p$，由于极点比零点更接近单位圆，所以极点主导零点。这样，它将在 $\omega = \omega_0$ 处产生一个峰值。当 $r_z > r_p$，零点主导极点，这样在频率响应上提供一个下陷。当极点和零点彼此之间非常接近时，极点和零点产生的效果将抵消，形成一个平坦的响应。因此，式(4.69)中，如果 $r_z < r_p$ 将提供一个提升，如果 $r_z > r_p$ 将产生衰减。提升或衰减的程度由 r_p 和 r_z 之间的差进行控制。r_p 到单位圆的距离将决定均衡器的带宽。

【例 4.18】 设计一个参数化的均衡器，峰值处于 1.5kHz，采样率为 10kHz。假设参数为 $r_z = 0.8$ 和 $r_p = 0.9$。MATLAB 程序(example4_18.m)的一部分列出如下：

```
rz = .8; rp = .9;                    %定义零点和极点的半径
b = [1, -2 * rz * cos(w0), rz * rz];  %定义分子系数
a = [1, -2 * rp * cos(w0), rp * rp];  %定义分母系数
fvtool(b, a);                        %分析均衡器
```

由于 $r_z < r_p$，此滤波器提供一个提升。

4.7 实验和程序实例

本节采用 C 和 TMS320C55xx 汇编程序进行不同形式的 IIR 滤波器实现。

4.7.1 采用浮点 C 的直接 I 型 IIR 滤波器

采用输入/输出等式(4.23)定义的直接 I 型 IIR 滤波器采用 C 函数进行实现，列于表 4.1。输入/输出信号缓冲器分别为 x 和 y。当前输入数据通过变量 in 传输到函数中，滤波器输出保存在 y 缓冲器顶部 y[0]。IIR 滤波器系数保存在数组 a 和 b 中，长度分别为 na

和 nb。此 IIR 滤波器一次处理一个样本,即逐个样本处理。实验的输入信号包含三个正弦信号,频率分别为 800Hz、1800Hz 和 3300Hz。采用以下 MATLAB 程序设计 IIR 带通滤波器:

```
Rp = 0.1;                                    % 通带纹波
Rs = 60;                                     % 阻带衰减
[N, Wn] = ellipord(836/4000,1300/4000,Rp,Rs);  % 滤波器阶数和缩放因子
[b,a] = ellip(N,Rp,Rs,Wn);                   % 低通 IIR 滤波器
[num,den] = jirlp2bp(b,a,0.5,[0.25, 0.75]);  % 带通 IIR 滤波器
```

此带通滤波器将通过 1800Hz 正弦波形,而衰减 800Hz 和 3300Hz 正弦信号。表 4.2 列出了实验中使用的文件。

表 4.1 直接 I 型 IIR 滤波器的浮点 C 函数列表

```
void floatPoint_IIR(double in, double * x, double * y,
                double * b, short nb, double * a, short na)
{
    double z1, z2;
    short i;

    for(i = b - 1; i > 0; i-- )          //更新缓冲器 x[]
      x[i] = x[i - 1];

    x[0] = in;                           //向 x[0]插入新数据

    for(z1 = , i = ; I < nb; i++)        //具有系数 b[]的滤波器 x[]
      z1 += x[i] * b[i];

    for(i = a - 1; i > 0; i-- )          //更新 y 缓冲器
      y[i] = y[i - 1];

    for(z2 = 0, i = 1; I < na; i++)      //具有系数 a[]的滤波器 y[]
      z2 += y[i] * a[i];

    y[0] = z1 - z2;                      //将最终结果放于 y[0]
}
```

表 4.2 Exp4.1 实验中的文件列表

文 件	描 述
floatPoint_directIIRTest. c	测试浮点 IIR 滤波器的程序
floatPoint_directIIR. c	浮点 IIR 滤波器的 C 函数
floatPointIIR. h	C 头文件
tistdtypes. h	标准类型定义头文件
c5505. cmd	链接器命令文件
input. pcm	输入数据文件

实验过程如下：

（1）从配套软件包导入 CCS 项目，并重建项目。

（2）载入并运行项目，对所给数据文件中的输入信号进行滤波。

（3）采用 CCS 或 MATLAB 验证输出信号，分析输出信号的幅度谱，检查 800Hz 和 3300Hz 的成分是否被衰减了 60dB。

（4）设计一个阻带中心频率在 800Hz 和 3300Hz 的 IIR 滤波器，每个阻带滤波器具有 400Hz 带宽、阻带衰减为 60dB。重做实验，与（3）的结果比较输出信号幅度谱。

4.7.2　采用定点 C 的直接 I 型 IIR 滤波器

通过修改前一个实验中的浮点 C 程序来完成 IIR 滤波器的定点 C 实现。特别需要注意的是数据类型 long 必须用于整数乘法。正如第 2 章所讨论的，当采用整型数表示小数信号样本，例如采用 Q15 数据格式，乘法的积位于 long 变量的上部分。用于 IIR 滤波器的定点 C 函数列于表 4.3，其中，我们采用 Q11 格式的滤波器系数，信号样本采用 Q15 格式。表 4.4 列出了实验中使用的文件。

表 4.3　直接 I 型 IIR 滤波器的定点 C 函数列表

```
void fixPoint_IIR(short in, short * x, short * y,
                short * b, short nb, short * a, short na)
{
  long z1,z2,temp;
  short i;

  for(i = b - 1; i > 0; i -- )        //更新缓冲器 x[]
      x[i] = x[i - 1];

  x[0] = in;                          //向 x[]插入新数据

  for(z1 = , i = ; i < nb; i++)       //具有系数 b[]的滤波器 x[]
      z1 += (long)x[i] * b[i];

  for(i = a - 1; i > 0; i -- )        //更新 y[] 缓冲器
      y[i] = y[i - 1];

  for(z2 = , i = ; i < na; i++)       //具有系数 a[]的滤波器 y[]
      z2 += (long)y[i] * a[i];

  z1 = z1 = z2;                       //采用 Q11 系数滤波器的 Q15 数据
  z1 += 0x400;                        //舍入
  y[0] = (short)(z1 - z2);            //将最终结果放于 y[0]
}
```

表 4.4　Exp4.2 实验中的文件列表

文　件	描　述
fixPoint_directIIRTest.c	测试定点 IIR 滤波器的程序
fixPoint_directIIR.c	定点 IIR 滤波器的 C 函数
fixPointIIR.h	C 头文件
tistdtypes.h	标准类型定义头文件
c5505.cmd	链接器命令文件
input.pcm	输入数据文件
noise.pcm	实验测试数据文件

实验过程如下：

（1）从配套软件包导入 CCS 项目，并重建项目。

（2）载入并运行项目，对所给数据文件中的输入信号进行滤波。

（3）采用 CCS 打印输出信号的幅度谱，检查 800Hz 和 3300Hz 的成分是否被衰减了 60dB。与 Exp4.1 中获得浮点 C 实现结果进行对比，查看有限精度效应，特别是围绕 1800Hz 附近的通带，来观察高阶直接型 IIR 滤波器的定点实现的系数量化噪声。

（4）采用 noise.pcm（本实验中包括的）作为输入数据文件，重做实验 Exp4.1 和 Exp4.2。打印和对比从这两个实验中获得的输出信号的幅度谱。同时，比较这些幅度谱和带通滤波器的幅度响应。

（5）采用 MATLAB 设计一个低通滤波器，通过 800Hz 音频对 1200Hz 以上的频率成分衰减 60dB。采用这个新滤波器重做实验，并且通过显示输出信号的幅度谱来验证实验结果。

（6）采用 MATLAB 设计一个高通滤波器，通带起始于 2000Hz，阻带为 45dB 衰减。采用这个新滤波器重做实验，并且验证滤波器结果。

4.7.3　采用定点 C 的级联 IIR 滤波器

图 4.8 中的级联结构使用直接 II 型二阶 IIR 滤波器。如前所述，零开销重复循环、乘累加指令和循环寻址模式是现代数字信号处理器的三个重要特性。为了更好地利用这些特性，采用定点 C 程序实现二阶 IIR 节的级联结构。在这个实验中，采用 C 描述模拟 C55xx 处理器的乘累加和循环寻址操作。实现 Ns 个级联二阶节的 IIR 滤波器的定点 C 程序列在表 4.5 中。

表 4.5　级联 IIR 滤波器的定点 C 实现

```
void cascadeIIR(short * x, short Nx, short * y, short * coef, short Ns, short * w)
{
    short i, j, n, m, l, s;
    short temp16;
    long w_0, temp32;
```

```
    m = Ns * 5;                                      //建立循环缓冲器 coef[ ]
    s = Ns * 2;                                      //建立循环缓冲器 w[ ]

    for (j = 0, l = 0, n = 0; n < Nx; n++)           //IIR 滤波
    {
        w_0 = (long)x[n] << 12;                      //缩放输入以防止溢出
        for (i = ; i < Ns; i++)
        {
            temp32 = (long)( * (w + 1))  *  * (coef + j); j++; l = (l + Ns) % s;
            w_0 -= temp32 << 1;
            temp32 = (long)( * (w + 1))  *  * (coef + j); j++;
            w_0 -= temp32 << 1;
            w_0 += 0x4000;                           //舍入
            temp16 = * (w + 1);
             * (w + 1) = (short)(w_0 >> 15);         //保存为 Q15 格式
            w_0 = (long)temp16  *  * (coef + j); j++;
            w_0 <<= 1;
            temp32 = (long) * (w + 1)  * (coef + j); j++; l = (l + Ns) % s;
            w_0 += temp32 << 1;
            temp32 = (long) * (w + 1)  * (coef + j); j = (j + 1) % m; l = (l + 1) % s;
            w_0 += temp32 << 1;
            w_0 += 0x800;                            //舍入
        }
        y[n] = (short)(w_0 >> 12);                   //输出为 Q15 格式
    }
}
```

　　系数和信号数组配置成循环缓冲器以模拟 C55xx 的结构。这些循环缓冲器见图 4.21。每一个二阶的信号缓冲器包含两部分 $w_k(n-1)$ 和 $w_k(n-2)$，如差分方程式(4.38)和式(4.39)所定义。每一(IIR)节的信号单元在缓冲器中安排在一起，在时刻 $n-1$ 放置在缓冲器的前半部，在时刻 $n-2$ 时的所有单元放置到缓冲器后半部中。信号缓冲器的指针地址初始化为第一个样本 $w_1(n-1)$。地址索引偏移等于节的数目。对于 k 个级联 IIR 节中的每一节，滤波器系数以 a_{1k}、a_{2k}、b_{2k}、b_{0k} 和 b_{1k} 顺序进行安排，系数指针初始化时指在第一个系数 a_{11} 上。特别值得注意的是，b_{2k}、b_{0k} 和 b_{1k} 的特别系数顺序是由于 C55xx 汇编程序对于循环缓冲器的实现要求，这在 C 程序中不作要求。此 C 程序的这样特别安排是为了显示其是如何由 4.7.5 节的汇编程序完成。系数缓冲器 C[ ] 和信号缓冲器 w[ ] 循环指针在 j = (j+1)%m 和 l = (l+1)%s 进行更新，其中 m 和 s 分别为系数和信号缓冲器的大小。在这个实验中，采用四个二阶 IIR 节($N_s = 4$)，所以 $m = 5 N_s = 20$，$s = 2 N_s = 8$。滤波器系数向量 C[ ] 和信号向量 w[ ] 在 C 程序 fixPoint_cascadeIIRTest.c 中进行定义。通过改变滤波器阶数 N_s，相同的 IIR 滤波器函数 fixPoint_cascadetIIR.c 可以用来测试不同阶数的不同 IIR 滤波器。

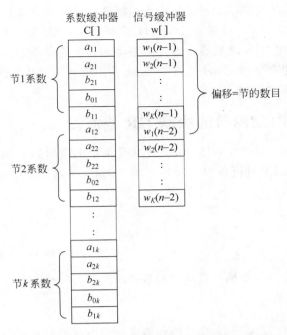

图 4.21　IIR 滤波器系数和信号缓冲器的配置

测试函数读入滤波器系数头文件 fdacoefsMATLAB. h,此文件由 FDATool 产生。对于本实验,这些系数以 a_{1k}、a_{2k}、b_{2k}、b_{0k} 和 b_{1k} 顺序进行安排。表 4.6 列出了实验中使用的文件,其中输入数据文件 in. pcm 由三个采样率为 8000Hz 的 800Hz、1500Hz 和 3300Hz 的正弦信号组成。IIR 滤波器将衰减输入信号中的 800Hz 和 3300Hz 成分。

表 4.6　Exp4.3 实验中的文件列表

文　件	描　述
fixPoint_cascadeIIRTest. c	测试级联 IIR 滤波器的程序
fixPoint_cascadetIIR. c	定点二阶 IIR 滤波器的 C 函数
cascadeIIR. h	C 头文件
tistdtypes. h	标准类型定义头文件
fdacoefsMATLAB. h	FDATool 产生的 C 头文件
tmwtypes. h	MATLAB C 头文件中的数据类型定义文件
c5505. cmd	链接器命令文件
in. pcm	输入数据文件

实验过程如下:

(1) 从配套软件包导入 CCS 项目,并重建项目。

(2) 载入并运行项目,对所给数据文件中的输入信号进行滤波。

(3) 采用 MATLAB 打印输入和输出信号的幅度谱,并且比较它们。

（4）设计一个高通滤波器，对 1800Hz 以下的频率成分至少衰减 60dB。采用这个高通滤波器重做实验，验证滤波结果。应该通过 3300Hz 音频，而 800Hz 和 1500Hz 音频被衰减。

（5）将 Exp4.2 中的 IIR 滤波器的直接 I 型实现转换为一个级联二阶 IIR 滤波器。采用此级联 IIR 滤波器重做实验 Exp4.2。与 Exp4.2 比较和分析滤波结果的差异，这些差异是由于采用不同结构而造成的。

4.7.4　采用内在函数的级联 IIR 滤波器

C 内在函数(intrinsics)是在编译时将产生优化的汇编声明的 C 函数。这些内在函数采用前导下画线进行说明，并且可以被 C 程序调用。例如，乘累加操作 $z += x * y$，可以采用以下内在函数来实现：

```
short x,y;
long z;
z = _smac(z,x,y);                          //执行有符号 z = z + x * y
```

此内在函数采用以下汇编指令执行有符号乘累加操作 $z += x * y$：

```
macm Xmem,Ymem,Acx
```

表 4.7 列出了 TMS320C55xx 的 C 编译器支持的内在函数。

表 4.7　TMS320C55xx 的 C 编译器支持的内在函数

C 编译器内在函数	描　　述
short_sadd(short src1, short src2);	置位 SATA 相加两个 16 位整型数，产生饱和的 16 位结果
long_lsadd(long src1, long src2);	置位 SATD 相加两个 32 位整型数，产生饱和的 32 位结果
short_ssub(short src1, short src2);	置位 SATA 从 src1 中减去 src2，产生饱和的 16 位结果
long_lssub(long src1, long src2);	置位 SATD 从 src1 中减去 src2，产生饱和的 32 位结果
short_smpy(short src1, short src2);	乘 src1 和 src2，并左移结果一位；产生饱和的 16 位结果（置位 SATD 和 FRCT）
long_lsmpy(short src1, short src2);	乘 src1 和 src2，并左移结果一位；产生饱和的 32 位结果（置位 SATD 和 FRCT）
long_smac(long src, short op1, short op2);	乘 op1 和 op2，并左移结果一位，然后将结果与 src 相加；产生饱和的 32 位结果（置位 SATD、SMUL 和 FRCT）
long_smas(long src, short op1, short op2);	乘 op1 和 op2，并左移结果一位，然后从 src 中减去此结果；产生 32 位结果（置位 SATD、SMUL 和 FRCT）
short_abss(short src);	产生饱和的 16 位绝对值_abss(0x8000)=>0x7FFF（置位 SATA）
long_labss(long src);	产生饱和的 32 位绝对值 _ labss（0x80000000）=> 0x7FFFFFFF（置位 SATD）

续表

C 编译器内在函数	描　述
long_labss(long src); [①]	产生饱和的 32 位绝对值 _labss(0x80000000)=>0x7FFFFFFF(置位 SATD)
short_sneg(short src);	对 16 位值取反,产生饱和的结果_sneg(0xffff8000)=>0x00007FFF
long_lsneg(long src);	对 32 位值取反,产生饱和的结果_lsneg(0x80000000)=>0x7FFFFFFF
short_smpyr(short src1, short src2);	乘 src1 和 src2,并左移结果一位,并通过在结果中加 2^{15} 进行取整(置位 SATD 和 FRCT)
short_smacr(long src, short op1, short op2);	乘 op1 和 op2,并左移结果一位,然后将结果与 src 相加,并通过在结果中加 2^{15} 进行取整(置位 SATD、SMUL 和 FRCT)
short_smasr(long src, short op1, short op2);	乘 op1 和 op2,并左移结果一位,然后从 src 中减去此结果,并通过在结果中加 2^{15} 进行取整(置位 SATD、SMUL 和 FRCT)
short_norm(short src);	产生需要对 src 进行归一化的左移数
short_lnorm(long src);	产生需要对 src 进行归一化的左移数
short_rnd(long src);	通过加 2^{15} 对 src 进行取整(置位 SATD)
short_sshl(short src1, short src2);	对 src1 左移 src2 位,产生 16 位结果。如果 src2 小于等于 8,则结果是饱和的(置位 SATD)
long_lsshl(long src1, short src2);	对 src1 左移 src2 位,产生 32 位结果。如果 src2 小于等于 8,则结果是饱和的(置位 SATD)
short_shrs(short src1, short src2);	对 src1 右移 src2 位,产生 16 位结果。产生饱和的 16 位结果(置位 SATD)
long_lshrs(long src1, short src2);	对 src1 右移 src2 位,产生 32 位结果。产生饱和的 32 位结果(置位 SATD)
short_addc(short src1, short src2);	对 src1、src2 和进位位进行相加,产生 16 位结果
long_laddc(long src1, short src2);	对 src1、src2 和进位位进行相加,产生 32 位结果

在这个实验里,对上一个实验的级联 IIR 滤波器的定点 C 函数采用内在函数进行修改。表 4.8 列出了采用 Q14 格式表示的系数的定点 C 实现。由于 $N_s=4$,滤波器长度等于 8,为 2 的幂,这样,通过在更新循环信号缓冲器时改变 $s=2N_s-1=7$,将求模操作"%s"由"&s"操作来进行代替。表 4.9 列出了实验中使用的文件。

---

① 原文此处重复。　——译者注

表 4.8 采用带有内在函数定点 C 的级联 IIR 滤波器的实现

```
void intrinsics_IIR(short * x, short Nx, short * y,
                short * coef, short Ns, short * w)
{
  short i,j,n,m,l,s;
  short temp16;
  long w_0;

  m = Ns * 5;                        //建立循环缓冲器 coef[]
  s = Ns * 2 − 1;                    //建立循环缓冲器 w[]

  for (j = 0,l = 0,n = 0; n < Nx; n++)   //IIR 滤波
  {
    w_0 = (long)x[n]<< 12;            //缩放输入以防止溢出
    for (i = ; i < Ns; i++)
    {
      w_0 = _smas(w_0, * (w + 1), * (coef + j)); j++; l = (l + Ns)&s;
      w_0 = _smas(w_0, * (w + 1), * (coef + j)); j++;

      temp16 = * (w + 1);
      * (w + 1) = (short)(w_0 >> 15);         //保存为 Q15 格式

      w_0 = _lsmpy(temp16, * (coef + j)); j++;
      w_0 = _smac(w_0, * (w + 1), * (coef + j)); j++; l = (l + Ns)&s;
      w_0 = _smac(w_0, * (w + 1), * (coef + j)); j = (j + 1) % m; l = (l + 1)&s;
    }
    y[n] = (short)(w_0 >> 12);             //输出为 Q15 格式
  }
}
```

表 4.9 Exp4.4 实验中的文件列表

文 件	描 述
intrinsics_IIRTest. c	测试采用内在函数的 IIR 滤波器的程序
intrinsics_IIR. c	二阶 IIR 滤波器的内在函数实现
intrinsics_IIR. h	C 头文件
tistdtypes. h	标准类型定义头文件
fdacoefsMATLAB. h	FDATool 产生的 C 头文件
tmwtypes. h	MATLAB C 头文件中的数据类型定义文件
c5505. cmd	链接器命令文件
in. pcm	输入数据文件

实验过程如下：

（1）从配套软件包导入 CCS 项目，并重建项目。

（2）载入并运行项目，对所给数据文件中的输入信号进行滤波。

（3）采用 MATLAB 打印输出信号的幅度谱，并且与输入信号进行比较。

（4）分析此实验需要的时钟周期数，并与 Exp4.3 进行对比，以便对采用 C55xx 内在函数所获得的效率进行评价。

（5）采用 MATLAB 设计一个带阻滤波器（例如采用 4.6.1 节介绍的 MATLAB 函数 iirnotch），衰减 800Hz 正弦波形 60dB。采用此陷波滤波器重做实验。采用 MATLAB 打印输出信号的幅度谱，并且与输入信号的幅度谱进行比较。

（6）通过采用 C55xx 内在函数修改 Exp4.2 中的定点 C 程序，并重做实验。分析采用和不采用内在函数的定点 C 需要的时钟周期数。

4.7.5 采用汇编程序的级联 IIR 滤波器

此实验采用 C55xx 汇编程序和块处理方法实现级联 IIR 滤波器。IIR 滤波器系数和信号样本采用 Q14 格式表示。为了补偿缩放过的输入信号，滤波器输出 $y(n)$ 缩放为 Q15 格式，并取整存储在存储器中。

对于具有 K 个二阶节的级联 IIR 滤波器，采用 C55xx 循环寻址模式，信号和系数缓冲器安排见图 4.21。前面实验中的定点 C 程序作为一个例子，来说明 C55xx 汇编代码的流程，特别是循环寻址操作。表 4.10 列出了实验中使用的文件。

表 4.10　Exp4.5 实验中的文件列表

文　　件	描　　述
asmIIRTest. c	测试汇编 IIR 滤波器的程序
asmIIR. asm	二阶 IIR 滤波器的汇编实现
asmIIR. h	C 头文件
tistdtypes. h	标准类型定义头文件
fdacoefsMATLAB. h	FDATool 产生的 C 头文件
tmwtypes. h	MATLAB C 头文件中的数据类型定义文件
c5505. cmd	链接器命令文件
in. pcm	输入数据文件

实验过程如下：

（1）从配套软件包导入 CCS 项目，并重建项目。

（2）载入并运行项目，对所给数据文件中的输入信号进行滤波。通过与前面定点 C 实验中获得的输出结果对比输出信号，验证结果。

（3）修改实验 Exp4.1 到 Exp4.5，使得它们都使用相同的由 Exp4.5 提供的输入数据文件 in. pcm 和 IIR 带通滤波器 fdacoefsMATLAB. h。采用 CCS 分析实验 Exp4.1 至 Exp4.5 中的 IIR 滤波器需要的时钟周期数，并比较它们的效率。

4.7.6 实时 IIR 滤波

此实验修改了第 3 章开发的实时 FIR 滤波器程序以实现实时 IIR 滤波。表 4.11 列出了实验中使用的文件。

表 4.11 Exp4.6 实验中的文件列表

文 件	描 述
realtimeIIRTest. c	测试实时 IIR 滤波器的程序
iirFilter. c	滤波器控制和初始化函数
asmIIR. asm	二阶 IIR 滤波器的汇编程序
vector. asm	实时实验的向量表
asmIIR. h	汇编 IIR 实验的头文件
iir_lp_2khz_48khz. h	FDATool 产生的 C 系数头文件
tmwtypes. h	MATLAB C 头文件中的数据类型定义文件
tistdtypes. h	标准类型定义头文件
dma. h	DMA 函数的头文件
dmaBuff. h	DMA 数据缓冲器的头文件
i2s. h	i2s 函数的 i2s 头文件
Ipva200. inc	C5505 处理器包含文件
myC55xxUtil. lib	BIOS 音频库
c5505. cmd	链接器命令文件

实验过程如下：

（1）从配套软件包导入 CCS 项目，并重建项目。

（2）将耳机连接到 eZdsp 音频输出插口，将音频源连接到 eZdsp 的音频输入插口。载入并运行在采样率 48 000Hz 下的程序。

（3）聆听 eZdsp 音频输出，验证输入信号中的高频成分被本实验所采用的截止频率为 2000Hz 的低通滤波器所衰减。

（4）采用 MATLAB 设计一个新的低通 IIR 滤波器，具有截止频率为 1200Hz，采样率为 8000Hz。采用这个新的低通滤波器，配置 eZdsp 工作在 8000Hz 采样率来进行实时实验。采用主观评估方法与步骤（3）的结果进行比较。

（5）设计一个高通滤波器，具有 1200Hz 截止频率、8000Hz 采样率。修改程序以便左通道信号被截止频率为 1200Hz 的低通滤波器滤波（步骤（4）），右通道音频由此高通滤波器滤波。聆听两个通道音频输出，评估不同的滤波效果。

（6）采用 MATLAB FDATool 分别设计一个 3000Hz 截止频率、48 000Hz 采样率的低通滤波器和高通滤波器。采用 eZdsp 运行在 48 000Hz 采样率，重做步骤（5）。

4.7.7 采用定点 C 的参数均衡器

此实验采用 200Hz 和 1000Hz 的谐振器设计和实现一个参数均衡器，采样率为

8000Hz。基于式(4.69)，实验采用在 parametric_equalizerTest. c 所给的表中选择的 rz 和 rp 值来初始化 IIR 滤波器参数。此表提供均衡器增益在±6dB、步长 3dB 的可调整的(动态)范围。默认设置是 1000Hz 成分衰减 6dB，200Hz 成分提升 6dB。采用直接 II 型 IIR 滤波器作为谐振器。均衡器系数通过函数 coefGen()在初始化阶段产生。实验采用定点 C 实现。表 4.12 列出了实验中使用的文件。

表 4.12　Exp4.7 实验中的文件列表

文　件	描　述
parametric_equalizerTest. c	测试参数均衡器的程序
fixPoint_cascadetIIR. c	参数均衡器的 C 函数
cascadeIIR. h	实验的头文件
tistdtypes. h	标准类型定义头文件
c5505. cmd	链接器命令文件
input. pcm	由双音频组成的数据文件

实验过程如下：

(1) 从配套软件包导入 CCS 项目，并重建项目。

(2) 采用软件包提供的数据文件，载入并运行项目。

(3) 采用 CCS 图形工具打印和对比均衡器的输入/输出信号的幅度谱。改变默认设置，采用不同的谐振器频率和增强/抑制水平(通过改变 parametric_equalizerTest. c 中的 rz 和 rp 值)，考察均衡效果。

(4) 设计一个用于 48 000Hz 采样率的新均衡器。采用第 3 章的插值实验来将输入数据转换为 48 000Hz。采用新的均衡器和采样率为 48 000Hz 的音频文件，重做实验。

(5) 基于前面步骤中使用的二波段均衡器，设计一个三波段均衡器，处于归一化频率 0.05、0.25 和 0.5 处，采样率为 8000Hz。对于每一个谐振器(IIR 滤波器)频率，均衡器必须具有±9dB 动态范围，1dB 步长。这需要一套新的表，类似于二波段均衡器使用的 paramtric_equalizerTest. c 中的表 gain200[ ][ ]和 gain1000[ ][ ]。重做实验验证三波段均衡器的性能。

4.7.8　实时参数均衡器

此实验实现一个二波段均衡器，并且采用 8000Hz 采样率以实时方式测试其性能。有两个默认设置：第一个设置初始化 C1[ ]中的系数，为的是均衡器在 1000Hz 处具有 6dB 增益，在 200Hz 处具有－6dB 抑制，以具有高音效果；第二个默认设置初始化 C2[ ]中的系数，为的是均衡器在 200Hz 处具有 6dB 增益，在 1000Hz 处具有－6dB 抑制。实验采用具有 ±6dB 范围增强/抑制的高音和低音滤波器，可以采用从－6dB 到＋6dB 的不同增益值进行初始化。表 4.13 列出了实验中使用的文件。

表 4.13 Exp4.8 实验中的文件列表

文 件	描 述
realtimeEQTest. c	测试实时均衡器的程序
equalizer. c	初始化和控制函数
asmIIR. asm	二阶 IIR 滤波器的汇编实现
vector. asm	实时实验的向量表
asmIIR. h	汇编 IIR 滤波器的头文件
tistdtypes. h	标准类型定义头文件
dma. h	DMA 函数的头文件
dmaBuff. h	DMA 数据缓冲器的头文件
i2s. h	i2s 函数的 i2s 头文件
Ipva200. inc	C5505 处理器包含文件
myC55xxUtil. lib	BIOS 音频库
c5505. cmd	链接器命令文件

实验过程如下：

(1) 从配套软件包导入 CCS 项目，并重建项目。

(2) 将耳机和音频源连接到 eZdsp 音频端口，载入并运行程序。

(3) 聆听 eZdsp 音频输出，评价均衡器的性能。通过改变谐振频率和增益/抑制值来修改默认设置。重做实验，评估不同的均衡效果。

(4) 修改实验以便在采样率 48 000 Hz 下正确地运行。

(5) 基于二波段均衡器，设计一个三波段均衡器，处于归一化谐振频率 0.05、0.25 和 0.5 处，采样率为 8000Hz。对于每一个 IIR 滤波器，均衡器必须具有 ±9dB 动态范围，1dB 步长。重做实时实验，评估新的三波段均衡器的性能。

习题

4.1 计算单位冲激函数 $\delta(t)$ 和阶跃函数 $u(t)$ 的拉普拉斯变换。

4.2 假设模拟系统传递函数

$$H(s) = \frac{2s + 3}{s^2 + 3s + 2}$$

求出系统的极点和零点，并讨论其稳定性。

4.3 假设数字系统传递函数

$$H(z) = \frac{0.5(z^2 + 0.55z - 0.2)}{z^3 - 0.7z^2 - 0.84z + 0.544}$$

采用直接 II 型的级联实现系统。

4.4 画出以下传递函数的直接 I 型和 II 型实现

$$H(z) = \frac{(z^2 + 2z + 2)(z + 0.6)}{(z - 0.8)(z + 0.8)(z^2 + 0.1z + 0.8)}$$

4.5 假设 IIR 滤波器的传递函数

$$H(z) = \frac{(1 + 1.414z^{-1} + z^{-2})(1 + 2z^{-1} + z^{-2})}{(1 - 0.8z^{-1} + 0.64z^{-2})(1 - 1.0833z^{-1} + 0.25z^{-2})}$$

求滤波器的极点和零点,采用稳定性三角来检查 $H(z)$ 是否是一个稳定的滤波器。采用 MATLAB 验证结果。

4.6 考虑由以下输入/输出等式定义的二阶 IIR 滤波器

$$y(n) = x(n) + a_1 y(n-1) + a_2 y(n-2), \quad n \geqslant 0$$

求传递函数 $H(z)$,讨论以下情况相关的稳定性条件:

(1) $a_1^2/4 + a_2 < 0$

(2) $a_1^2/4 + a_2 > 0$

(3) $a_1^2/4 + a_2 = 0$

4.7 一阶全通滤波器具有以下传递函数:

$$H(z) = \frac{z^{-1} - a}{1 - az^{-1}}$$

(1) 画出直接 I 型和 II 型实现。

(2) 显示对于所有 ω 的 $|H(\omega)| = 1$。

(3) 画出此滤波器的相位响应。

(4) 对于不同 a 值,采用 MATLAB 打印幅度相位响应。

4.8 假设六阶 IIR 滤波器的传递函数为

$$H(z) = \frac{6 + 17z^{-1} + 33z^{-2} + 25z^{-3} + 20z^{-4} - 5z^{-5} + 8z^{-6}}{1 + 2z^{-1} + 3z^{-2} + z^{-3} + 0.2z^{-4} - 0.3z^{-5} - 0.2z^{-6}}$$

采用 MATLAB 因式分解传递函数并采用二阶 IIR 的级联形式来实现。

4.9 假设四阶 IIR 滤波器的传递函数为

$$H(z) = \frac{12 - 2z^{-1} + 3z^{-2} + 20z^{-4}}{6 - 12z^{-1} + 11z^{-2} - 5z^{-3} + z^{-4}}$$

(1) 采用 MATLAB 因式分解 $H(z)$。

(2) 开发两种不同级联实现。

(3) 开发两种不同并行实现。

4.10 采用 MATLAB 设计和打印一个具有以下规范的椭圆 IIR 低通滤波器的幅度响应:通带边沿在 1600Hz,阻带边沿在 2000Hz,通带纹波为 0.5dB,最小阻带抑制为 40dB,采样率 8000Hz。采用 FVTool 分析设计的滤波器。

4.11 使用 FDATool 采用以下方法设计习题 4.10 说明的 IIR 滤波器:

(1) 巴特沃斯。

(2) 切比雪夫 I 型。

(3) 切比雪夫 II 型。

(4) 贝塞尔。

显示设计的滤波器的幅度响应和相位响应,并标明需要的滤波器阶数。

4.12 采用 FDATool 重做习题 4.10,并与习题 4.10 的结果进行对比,并且采用 16 位定点处理器设计量化的滤波器。

4.13 重做习题 4.12,设计一个 8 位定点滤波器。与习题 4.12 中设计的 16 位滤波器对比不同。

4.14 设计一个具有以下规范的巴特沃斯 IIR 带通滤波器：通带边沿在 450Hz 和 650Hz,阻带边沿在 350Hz 和 750Hz,通带纹波为 1dB,最小阻带抑制为 60dB,采样率 8000Hz。采用 FVTool 分析设计的滤波器。

4.15 采用 FDATool 重做习题 4.14,并与习题 4.14 的结果进行对比。然后,针对 16 位定点数字信号处理器,设计量化的滤波器。

4.16 设计切比雪夫 I 型 IIR 高通滤波器,通带边沿在 700Hz,阻带边沿在 500Hz,通带纹波为 1dB,最小阻带抑制为 32dB,采样率 2000Hz。采用 FVTool 分析设计的滤波器。

4.17 采用 FDATool 重做习题 4.16,并与习题 4.16 的结果进行对比,并且,针对 16 位定点处理器,设计量化的滤波器。

4.18 假设 IIR 低通滤波器的传递函数

$$H(z) = \frac{0.0662(1 + 3z^{-1} + 3z^{-2} + z^{-3})}{1 - 0.9356z^{-1} + 0.5671z^{-2} - 0.1016z^{-3}}$$

采用适合的 MATLAB 函数打印冲激响应,并采用 FVTool 分析结果。

4.19 这是一件有趣的事情,当半径 r_p 和极点角 ω_0 变化时,考察二阶谐振滤波器的频率响应。采用 MATLAB 计算和打印对于 $\omega_0 = \pi/2$ 和各种 r_p 值的幅度响应。同样地,计算和打印对于 $r_p = 0.95$ 和各种 ω_0 值的幅度响应。

参考文献

1. Ahmed, N. and Natarajan, T. (1983) Discrete-Time Signals and Systems, Prentice Hall, Englewood Cliffs, NJ.

2. Ingle, V. K. and Proakis, J. G. (1997) Digital Signal Processing Using MATLAB V. 4, PWS Publishing, Boston, MA.

3. The MathWorks, Inc. (1994) Signal Processing Toolbox for Use with MATLAB.

4. Oppenheim, A. V. and Schafer, R. W. (1989) Discrete-Time Signal Processing, Prentice Hall, Englewood Cliffs, NJ.

5. Orfanidis, S. J. (1996) Introduction to Signal Processing, Prentice Hall, Englewood Cliffs, NJ.

6. Proakis, J. G. and Manolakis, D. G. (1996) Digital Signal Processing-Principles, Algorithms, and Applications, 3rd edn, Prentice Hall, Englewood Cliffs, NJ.

7. Mitra, S. K. (1998) Digital Signal Processing：A Computer-Based Approach, McGraw-Hill, New York.

8. Grover, D. and Deller, J. R. (1999) Digital Signal Processing and the Microcontroller, Prentice Hall, Englewood Cliffs, NJ.

9. Taylor, F. and Mellott, J. (1998) Hands-On Digital Signal Processing, McGraw-Hill, New York.

10. Stearns, S. D. and Hush, D. R. (1990) Digital Signal Analysis, 2nd edn, Prentice Hall, Englewood

　　　Cliffs，NJ.

11.　Soliman，S. S. and Srinath，M. D.（1998）Continuous and Discrete Signals and Systems，2nd edn，Prentice Hall，Englewood Cliffs，NJ.

12.　Jackson，L. B.（1989）Digital Filters and Signal Processing，2nd edn，Kluwer Academic，Boston，MA.

13.　The MathWorks，Inc.（2000）UsingMATLAB，Version 6.

14.　The MathWorks，Inc.（2004）Signal Processing Toolbox User's Guide，Version 6.

15.　The MathWorks，Inc.（2004）Filter Design Toolbox User's Guide，Version 3.

16.　The MathWorks，Inc.（2004）Fixed-Point Toolbox User's Guide，Version 1.

第 5 章　频率分析和

离散傅里叶变换

本章介绍离散傅里叶变换(DFT)和快速傅里叶变换算法的属性、应用和实现。它们广泛用于频率分析、快速卷积以及其他很多应用[1-9]。

5.1　傅里叶级数和傅里叶变换

本节主要介绍周期模拟信号的傅里叶级数以及有限能量模拟信号的傅里叶变换。

5.1.1　傅里叶级数

傅里叶级数有几种不同形式,例如三角傅里叶级数。在本章,我们仅介绍复数傅里叶级数,它具有与傅里叶变换相似的形式。

周期信号可以表示为无限谐波相关的正弦或复指数和的形式。周期为 T_0 的周期信号 $x(t)$,即 $x(t)=x(t+T_0)$,表示它的复数傅里叶级数定义为

$$x(t) = \sum_{k=-\infty}^{\infty} c_k e^{jk\Omega_0 t} \tag{5.1}$$

其中,c_k 为傅里叶级数系数,$\Omega_0 = 2\pi/T_0$ 为基频,k 是第 k 个谐波频率 $k\Omega_0$ 的整数频域索引。

第 k 个傅里叶级数系数 c_k 定义为

$$c_k = \frac{1}{T_0} \int_0^{T_0} x(t) e^{-jk\Omega_0 t} dt \tag{5.2}$$

对于偶函数 $x(t)$,很容易计算从 $-T_0/2$ 到 $T_0/2$ 的区间。其中,

$$c_0 = \frac{1}{T_0} \int_0^{T_0} x(t) dt$$

称为 DC(或 dc)成分,这是由于其等于 $x(t)$ 在一个周期内的平均。

【例 5.1】　矩形脉冲序列是一个周期信号,周期为 T_0,可以表示为

$$x(t) = \begin{cases} A, & kT_0 - \tau/2 \leqslant t \leqslant kT_0 + \tau/2 \\ 0, & \text{其他} \end{cases} \tag{5.3}$$

其中 $k=\pm 1, \pm 2, \cdots$,$\tau < T_0$ 是矩形脉冲的宽度,幅度为 A。由于是偶函数,可计算傅里叶系数为

$$c_k = \frac{1}{T_0}\int_{-T_0/2}^{T_0/2} A\mathrm{e}^{-jk\Omega_0 t}\mathrm{d}t = \frac{A}{T_0}\left[\frac{\mathrm{e}^{-jk\Omega_0 t}}{-jk\Omega_0}\bigg|_{-\tau/2}^{\tau/2}\right] = \frac{A\tau}{T_0}\frac{\sin(k\Omega_0\tau/2)}{k\Omega_0\tau/2} \tag{5.4}$$

此式表明，c_k 在 DC 频率 $\Omega_0 = 0$ 处具有最大值 $A\tau/T_0$，当 $\Omega_0 \to \pm\infty$ 时逐渐下降至零，并且在频率是 π 的倍数处等于零。

$|c_k|$ 对频域索引 k 的关系图称为幅度谱，显示了周期信号分布在频率分量 $k\Omega_0$ 处的功率。由于周期信号的功率仅在离散频率 $k\Omega_0$ 处存在，所以信号具有线状谱。两个毗邻的谱线之间的距离等于基频 Ω_0。对于固定周期 T_0 的矩形脉冲序列，降低 τ（矩形脉冲的宽度变窄）的效果是在整个频率范围覆盖信号功率。另一方面，当 τ 固定，周期 T_0 上升，相邻谱线之间的间距就会下降。

【例 5.2】 考虑纯正弦波形，表示为

$$x(t) = \sin(2\pi f_0 t)$$

采用欧拉公式和式(5.1)，我们得到

$$\sin(2\pi f_0 t) = \frac{1}{2j}(\mathrm{e}^{j2\pi f_0 t} - \mathrm{e}^{-j2\pi f_0 t}) = \sum_{k=-\infty}^{\infty} c_k \mathrm{e}^{jk2\pi f_0 t}$$

因此，得到傅里叶级数系数为

$$c_k = \begin{cases} 1/2j, & k = 1 \\ -1/2j, & k = -1 \\ 0, & \text{其他} \end{cases} \tag{5.5}$$

此式表明，纯正弦波形的功率仅仅分布在谐波 $k = \pm 1$ 处，是完美的线状谱。

5.1.2 傅里叶变换

我们知道，周期信号具有线状谱，两个毗邻谱线的间距等于基频 $\Omega_0 = 2\pi/T_0$。当周期 T_0 上升，线间距下降，频率成分数目增加。如果我们无限增加周期（即 $T_0 \to \infty$），线间距接近零，具有无穷频率成分。因此，离散线成分聚集成连续频率谱。

在实际应用中，大多数真实世界中的信号，例如语音，不是周期性的。它们可通过无限周期的周期信号进行近似，即 $T_0 \to \infty$（或 $\Omega_0 \to 0$），并且具有连续频率谱。因此，式(5.1)中的指数项趋近于无穷，求和变化在范围 $(-\infty, \infty)$ 进行积分。这样，式(5.1)变成

$$x(t) = \frac{1}{2\pi}\int_{-\infty}^{\infty} X(\Omega)\mathrm{e}^{j\Omega t}\mathrm{d}\Omega \tag{5.6}$$

这是傅里叶逆变换。同样地，式(5.2)变成

$$X(\Omega) = \int_{-\infty}^{\infty} x(t)\mathrm{e}^{-j\Omega t}\mathrm{d}t \tag{5.7}$$

或

$$X(f) = \int_{-\infty}^{\infty} x(t)\mathrm{e}^{-j2\pi ft}\mathrm{d}t \tag{5.8}$$

这是模拟信号 $x(t)$ 的傅里叶变换(FT)。

【例5.3】 计算 $x(t) = \mathrm{e}^{-at}u(t)$ 的傅里叶变换，其中 $a>0$，$u(t)$ 是单位阶跃函数。

根据式(5.7)，我们有

$$X(\Omega) = \int_{-\infty}^{\infty} \mathrm{e}^{-at}u(t)\mathrm{e}^{-\mathrm{j}\Omega t}\,\mathrm{d}t = \int_{0}^{\infty} \mathrm{e}^{-(a+\mathrm{j}\Omega)t}\,\mathrm{d}t = \frac{1}{a+\mathrm{j}\Omega}$$

对于定义在有限区间 T_0 的函数 $x(t)$，即当 $|t|>T_0/2$ 时，$x(t)=0$，傅里叶级数系数 c_k 可以写成以 $X(\Omega)$ 项表示的表达式，采用式(5.2)和式(5.7)，有

$$c_k = \frac{1}{T_0}X(k\Omega_0) \tag{5.9}$$

因此，有限区间函数在 Ω 轴上的一套相等间距点的傅里叶变换 $X(\Omega)$ 是由傅里叶级数系数 c_k 所说明。

5.2 离散傅里叶变换

在本节中，我们介绍用于离散时间信号和系统的理论分析的离散时间傅里叶变换，并且介绍离散傅里叶变换，对于实际应用，可采用 DSP 器件实现。

5.2.1 离散时间傅里叶变换

离散时间信号 $x(nT)$ 的离散时间傅里叶变换(DTFT)定义为

$$X(\omega) = \sum_{n=-\infty}^{\infty} x(nT)\mathrm{e}^{-\mathrm{j}\omega nT} \tag{5.10}$$

可见，$X(\omega)$ 是周期为 2π 的周期性函数。这样，离散时间信号的频率范围在 $(-\pi,\pi)$ 或 $(0,2\pi)$ 范围是唯一的。

$x(nT)$ 的 DTFT 也可以采用归一化频率进行定义，表示为

$$X(F) = \sum_{n=-\infty}^{\infty} x(nT)\mathrm{e}^{-\mathrm{j}2\pi Fn} \tag{5.11}$$

其中

$$F = \frac{\omega}{\pi} = \frac{f}{f_s/2}$$

定义在式(2.8)中，是在每采样圆中的归一化数字频率。将此式与式(5.8)对比：周期性采样引入了独立变量 t 和 n 之间的关系 $t=nT=n/f_s$。可见

$$X(F) = \frac{1}{T}\sum_{k=-\infty}^{\infty} X(f-kf_s) \tag{5.12}$$

此式表明，$X(F)$ 是一个无穷个 $X(f)$ 的和，其是模拟信号 $x(t)$ 的傅里叶变换，缩放了 $1/T$，然后频移到 kf_s。这也说明 $X(F)$ 是一个周期为 $T=1/f_s$ 的周期函数。

【例5.4】 假设连续时间信号 $x(t)$ 是一个带限信号，即对于 $|f|\geqslant f_M$，$|X(f)|=0$，其中 f_M 是信号 $x(t)$ 的带宽。对于 $|f|\geqslant f_M$，频谱等于零，如图 5.1(a)所示。

如式(5.12)所示，采样将原始频谱 $X(f)$ 重复地扩展到 f 轴的两侧。当采样率 f_s 大于

等于 $2f_M$ 时,即 $f_M \leqslant f_s/2$,模拟频谱 $X(f)$ 在 $X(F)$ 中是保持原状(没有交叠),如图 5.1(b)
所示。在这种情况下,由于离散时间信号的频谱与 $|f| \leqslant f_s/2$ 或 $|F| \leqslant 1$ 频率范围内的模拟
信号的频谱是一致的,没有发生混叠。因此,模拟信号 $x(t)$ 能够从采样的离散时间信号
$x(nT)$ 中,通过一个理想的带宽为 f_M 增益为 T 的低通滤波器后恢复出来。这验证了采样
定理,即 $f_M \leqslant f_s/2$(在第 1 章中介绍过)。

然而,如果采样率 $f_s < 2f_M$,$X(f)$ 的移位复制将与邻近的发生交叠,如图 5.1(c)所示,
这种现象称为混叠。混叠区的频率成分被损坏了,这样模拟信号 $x(t)$ 不能从采样信号
$x(nT)$ 中进行重建。

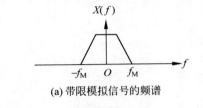

(a) 带限模拟信号的频谱

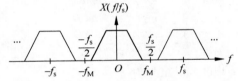

(b) 当满足 $f_M \leqslant f_s/2$ 时离散时间信号的频谱

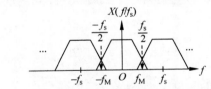

(c) 当违反采样定理时的离散时间信号存在混叠的频谱

图 5.1　由采样造成的离散时间信号的频谱复制

DTFT $X(\omega)$ 是一个关于频率 ω 的连续函数,需要无限长度序列 $x(n)$ 来计算。这个问
题使得 DTFT 非常难于计算。我们将定义 N 个采样 $x(n)$ 的离散傅里叶变换(DFT),仅在
N 个离散频率点上计算 DFT 系数。因此,DFT 是可以用于实际中的数值可计算的变换。

5.2.2　离散傅里叶变换方法

长度为 N 的有限时间信号 $x(n)$ 的 DFT 定义为

$$X(k) = \sum_{n=0}^{N-1} x(n) \mathrm{e}^{-\mathrm{j}(2\pi/N)kn}, \quad k = 0, 1, \cdots, N-1 \qquad (5.13)$$

其中,k 是频域索引,$X(k)$ 是第 k 个 DFT 系数,求和边界反映了在 $0 \leqslant n \leqslant N-1$ 范围之外
$x(n) = 0$ 这样的一个假设。DFT 等效于取 DTFT $X(\omega)$ 的 N 个采样样本,这些样本分布在

区间 $0 \leqslant \omega \leqslant 2\pi$ 上，处于 N 个等间距离散频率 $\omega_k = 2\pi k/N, k = 0, 1, \cdots, N-1$。两个连续 $X(k)$ 的间隔为 $2\pi/N$ 弧度(或 f_s/N 赫兹)，这是 DFT 的频率分辨率。

【例 5.5】 如果信号 $x(n)$ 为实数值，N 为偶数，我们有

$$X(0) = \sum_{n=0}^{N-1} x(n)e^{-j0} = \sum_{n=0}^{N-1} x(n)$$

和

$$X(N/2) = \sum_{n=0}^{N-1} e^{-j\pi n} x(n) = \sum_{n=0}^{N-1} (-1)^n x(n)$$

因此，DFT 系数 $X(0)$ 和 $X(N/2)$ 是实数值。注意，如果 N 是奇数，$X(0)$ 仍是实数，而 $X(N/2)$ 将不存在。

【例 5.6】 考虑有限长度信号

$$x(n) = a^n, \quad n = 0, 1, \cdots, N-1$$

其中，$0 < a < 1$。$x(n)$ 的 DFT 计算为

$$X(k) = \sum_{n=0}^{N-1} a^n e^{-j(2\pi k/N)n} = \sum_{n=0}^{N-1} (ae^{-j2\pi k/N})^n$$

$$= \frac{1 - (ae^{-j2\pi k/N})^N}{1 - ae^{-j2\pi k/N}} = \frac{1 - a^N}{1 - ae^{-j2\pi k/N}}, \quad k = 0, 1, \cdots, N-1$$

定义在式(5.13)中的 DFT 也可以重写为

$$X(k) = \sum_{n=0}^{N-1} x(n)W_N^{kn}, \quad k = 0, 1, \cdots, N-1 \tag{5.14}$$

其中

$$W_N^{kn} = e^{-j(2\pi/N)kn} = \cos\left(\frac{2\pi kn}{N}\right) - j\sin\left(\frac{2\pi kn}{N}\right), \quad 0 \leqslant k, \quad n \leqslant N-1 \tag{5.15}$$

参数 W_N^{kn} 称为 DFT 的旋转因子。可知 $W_N^N = e^{-j2\pi} = 1 = W_N^0, W_N^{N/2} = e^{-j\pi} = -1, W_N^k$，$k = 0, 1, \cdots, N-1$ 是在单位圆上统一顺时针方向的 N 个根。旋转因子具有对称属性

$$W_N^{k+N/2} = -W_N^k, \quad 0 \leqslant k \leqslant N/2 - 1 \tag{5.16}$$

和周期属性

$$W_N^{k+N} = W_N^k \tag{5.17}$$

离散傅里叶逆变换(IDFT)用于将频率系数 $X(k)$ 转换回时域信号 $x(n)$。定义 IDFT 为

$$x(n) = \frac{1}{N}\sum_{k=0}^{N-1} X(k)e^{j(2\pi/N)kn} = \frac{1}{N}\sum_{k=0}^{N-1} X(k)W_N^{-kn}, \quad n = 0, 1, \cdots, N-1 \tag{5.18}$$

除了有归一化因子 $1/N$ 和旋转因子指数项的负号之外，这与 DFT 的形式是一致的。

DFT 系数在 z 平面中单位圆上以相同的频率间隔 f_s/N(或 $2\pi/N$)分布。因此，DFT 频率分辨率是 $\Delta = f_s/N$。频率样本 $X(k)$ 表示离散频率

$$f_k = k\frac{f_s}{N}, \quad \text{对于 } k = 0, 1, \cdots, N-1 \tag{5.19}$$

由于 DFT 系数 $X(k)$ 是复数变量,因此可以表示成极坐标形式为

$$X(k) = |X(k)| e^{j\phi(k)} \tag{5.20}$$

其中,幅度谱定义为

$$|X(k)| = \sqrt{\{\text{Re}[X(k)]\}^2 + \{\text{Im}[X(k)]\}^2} \tag{5.21}$$

相位谱定义为

$$\phi(k) = \begin{cases} \arctan\left\{\dfrac{\text{Im}[X(k)]}{\text{Re}[X(k)]}\right\}, & \text{Re}[X(k)] \geqslant 0 \\[3mm] \pi + \arctan\left\{\dfrac{\text{Im}[X(k)]}{\text{Re}[X(k)]}\right\}, & \text{Re}[X(k)] < 0 \end{cases} \tag{5.22}$$

5.2.3 重要性质

本节介绍几个对于分析数字信号和系统非常有用的 DFT 重要性质。

1. 线性

如果 $\{x(n)\}$ 和 $\{y(n)\}$ 是相同长度的数字信号,那么

$$\begin{aligned} \text{DFT}[ax(n) + by(n)] &= a\text{DFT}[x(n)] + b\text{DFT}[y(n)] \\ &= aX(k) + bY(k) \end{aligned} \tag{5.23}$$

其中,a 和 b 是任意常数。线性使得我们可以通过评估单个频率成分来分析复杂成分的信号和系统。总的频率响应是每一个频率成分评估结果的总和。

2. 复共轭

如果序列 $\{x(n), 0 \leqslant n \leqslant N-1\}$ 是实数值,那么

$$X(-k) = X^*(k), \quad 1 \leqslant k \leqslant N-1 \tag{5.24}$$

其中,$X^*(k)$ 是 $X(k)$ 的复共轭。如果 N 是偶数,定义 $M = N/2$;或者如果 N 是奇数,定义 $M = (N-1)/2$,我们有

$$X(M+k) = X^*(M-k), \quad \text{对于 } 1 \leqslant k \leqslant M, N \text{ 是偶数} \tag{5.25a}$$

或者

$$X(M+k) = X^*(M-k+1), \quad \text{对于 } 1 \leqslant k \leqslant M, N \text{ 是奇数} \tag{5.25b}$$

如图 5.2 所示,此性质表明只有前 $(M+1)$ 个 DFT 系数(从 $k=0$ 到 M)是独立的,需要进行计算。然而,对于复数信号,所有 N 个复数 DFT 系数都带有有用信息。

根据对称性质,我们得到

$$|X(k)| = |X(N-k)|, \quad k = 1, 2, \cdots, M \tag{5.26}$$

和

$$\phi(k) = -\phi(N-k), \quad k = 1, 2, \cdots, M \tag{5.27}$$

这些等式表明幅度谱是偶函数,而相位谱是奇函数。

3. DFT 和 z 变换

DFT 系数可以通过计算长度为 N 的序列 $x(n)$ 在单位圆上以 N 个相等间距频率 $\omega_k = 2\pi k/N, k = 0, 1, \cdots, N-1$ 的 z 变换获得,即

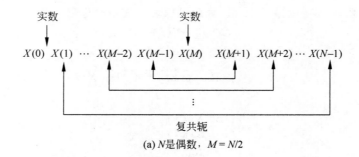

(a) N 是偶数，$M = N/2$

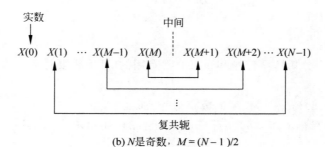

(b) N 是奇数，$M = (N-1)/2$

图 5.2 复共轭性质，对于 N 为(a)偶数(b)奇数

$$X(k) = X(z) \mid_{z=e^{j(2\pi/N)k}} \quad k = 0, 1, \cdots, N-1 \tag{5.28}$$

4. 循环卷积

如果 $x(n)$ 和 $h(n)$ 是实数值 N 周期序列，$y(n)$ 是 $x(n)$ 和 $h(n)$ 循环卷积，定义为

$$y(n) = h(n) \otimes x(n) = \sum_{m=0}^{N-1} h(m)x((n-m)_{\text{mod } N}) \quad n = 0, 1, \cdots, N-1 \tag{5.29}$$

其中，$\otimes$ 表明循环卷积，$(n-m)_{\text{mod } N}$ 是对 N 非负求模操作。在时域的循环卷积等效于频域的乘操作，表示为

$$Y(k) = X(k)H(k) \quad k = 0, 1, \cdots, N-1 \tag{5.30}$$

注意，短序列必须补零，以便进行循环卷积时具有相同长度。

图 5.3 采用两个同心圆说明了循环卷积的循环性质。为了执行循环卷积，$x(n)$ 的 N 个样本以顺时针方向等间距地环绕外圆圈，$h(n)$ 的 N 个样本以逆时针方法显示在内圆圈，并开始于相同的点。在两个圆圈上相应的样本相乘，积求和后得到输出值。通过顺时针方向旋转内圈一个样本，并重复相应积求和的计算操作来获得随后循环卷积的值。这个过程一直进行，直到内圈第一个样本与外圈第一个样本又排成一行。

【**例 5.7**】 假设两个四点序列 $x(n) = \{1, 2, 3, 4\}$ 和 $h(n) = \{1, 0, 1, 1\}$，采用图 5.3 所示循环卷积的方法，可以得到

$$n = 0, \quad y(0) = 1 \cdot 1 + 1 \cdot 2 + 1 \cdot 3 + 0 \cdot 4 = 6$$
$$n = 1, \quad y(1) = 0 \cdot 1 + 1 \cdot 2 + 1 \cdot 3 + 1 \cdot 4 = 9$$
$$n = 2, \quad y(2) = 1 \cdot 1 + 0 \cdot 2 + 1 \cdot 3 + 1 \cdot 4 = 8$$

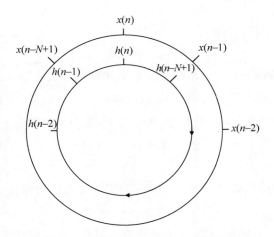

图 5.3　采用同心圆方法的两个序列的循环卷积

$$n = 3, \quad y(3) = 1 \cdot 1 + 1 \cdot 2 + 0 \cdot 3 + 1 \cdot 4 = 7$$

因此,有

$$y(n) = x(n) \bigotimes h(n) = \{6,9,8,7\}$$

注意,序列 $x(n)$ 和 $h(n)$ 的线性卷积的结果为

$$y(n) = x(n) * h(n) = \{1,2,4,7,5,7,4\}$$

此例子可采用 MATLAB 程序 example5_7.m 验证[10]。

为了使用 DFT 执行线性卷积,我们必须采用补零的方法消除循环效应。这两个序列必须进行补零形成 $L+M-1$ 的长度或更长。即,扩展长度为 L 的序列至少 $M-1$ 个零,补充长度为 M 的序列至少 $L-1$ 个零。

【例 5.8】　考虑与例 5.7 相同的序列 $x(n)$ 和 $h(n)$。如果这些四点序列补零到八点 $x(n)=\{1, 2, 3, 4, 0, 0, 0, 0\}$ 和 $h(n)=\{1, 0, 1, 1, 0, 0, 0, 0\}$,循环卷积的结果为

$$n = 0, \quad y(0) = 1 \cdot 1 + 0 \cdot 2 + 0 \cdot 3 + 0 \cdot 4 + 0 \cdot 0 + 1 \cdot 0 + 1 \cdot 0 + 0 \cdot 0 = 1$$
$$n = 1, \quad y(1) = 0 \cdot 1 + 1 \cdot 2 + 0 \cdot 3 + 0 \cdot 4 + 0 \cdot 0 + 0 \cdot 0 + 1 \cdot 0 + 1 \cdot 0 = 2$$
$$n = 2, \quad y(2) = 1 \cdot 1 + 0 \cdot 2 + 1 \cdot 3 + 0 \cdot 4 + 0 \cdot 0 + 0 \cdot 0 + 1 \cdot 0 + 1 \cdot 0 = 4$$
$$\vdots$$

最终有

$$y(n) = x(n) \bigotimes h(n) = \{1,2,4,7,5,7,4,0\}$$

此结果与例 5.7 中所给的两个序列的线性卷积结果一致。这样,线性卷积可以通过恰当补零的循环卷积来实现。可以采用 MATLAB 函数 zeros(1, N) 来实现补零,其产生一个 N 个零的行向量。例如,例 5.8 中四点序列 $x(n)$ 可以采用以下命令补零到 8 点:

```
x = [1, 2, 3, 4, zeros(1, 4)];
```

MATLAB 程序 example5_8.m 采用 DFT 和序列补零的方法实现线性卷积。

5.3 快速傅里叶变换

在实际应用中,采用 DFT 的困难在于其密集计算的要求。为了计算式(5.14)定义的每一个系数 $X(k)$,我们大约需要进行 N 次复数乘和加操作。这样,大约要进行 N^2 次复数乘和(N^2-N)次复数加操作来计算 $X(k)$ 中 N 个样本,其中 $k=0,1,\cdots,N-1$。由于一个复数乘操作需要四个实数乘和两个实数加操作,因此计算一个 N 点 DFT 的总算术操作数目正比于 $4\,N^2$。

定义在式(5.15)中的旋转因子是一个具有有限特定值的周期性函数,这是由于

$$W_N^{kn} = W_N^{(kn)\bmod N}, \quad kn > N \tag{5.31}$$

且 $W_N^N=1$。因此 W_N^{kn} 的不同次方具有相同的值。另外,一些旋转因子的实部或虚部等于零。通过减少这些冗余,得到了一种非常有效的算法,称为"快速傅里叶变换"(FFT),其只需要 $N\log_2 N$ 次操作,而非 N^2 次操作。如果 $N=1024$,FFT 需要大约 10^4 次操作,而不是DFT 的 10^6 操作。

通常 FFT 包括很多具有不同特性、不同计算效率的算法。每一种 FFT 算法在代码复杂性、存储器使用和计算要求方面具有不同的权衡。在本节,我们介绍两种基本的 FFT 算法——时域抽取和频域抽取。同时,我们仅介绍基 2 算法,N 是 2 幂整数,即 $N=2^m$。

5.3.1 时域抽取

对于时域抽取算法,首先将序列 $x(n),n=0,1,\cdots,N-1$ 分为两个更短的交织序列:
偶数序列

$$x_1(m) = x(2m), \quad m = 0,1,\cdots,(N/2)-1 \tag{5.32}$$

奇数序列

$$x_2(m) = x(2m+1), \quad m = 0,1,\cdots,(N/2)-1 \tag{5.33}$$

在这两个长度为 $N/2$ 的序列上应用式(5.14)定义的 DFT,然后组合 $N/2$ 点 $X_1(k)$ 和$X_2(k)$的结果,产生最终的 N 点 DFT。对于 $N=8$ 时的这个过程见图 5.4。

图 5.4 中右边的结构呈现交错形状,称为蝶形网络,其一般结构见图 5.5。每一个蝶形结构正好包括单个旋转因子 W_N^k 的复数乘、一个加运算和一个减运算。

由于 N 是 2 幂的整数,$N/2$ 是偶数。每一个 $N/2$ 点 DFT 可通过两个更小的 $N/4$ 点DFT 进行计算。第二个过程见图 5.6。

通过重复这样相同的过程,我们最终将获得一套二点 DFT。例如,在图 5.6 中对于$N=8$,$N/4$ 点 DFT 变成二点 DFT。由于第一级采用旋转因子 $W_N^0=1$,图 5.7 中二点蝶形网络仅仅需要一个加操作和一个减操作。

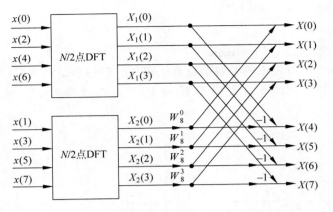

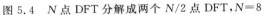

图 5.4　N 点 DFT 分解成两个 $N/2$ 点 DFT，$N=8$

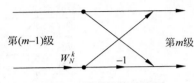

图 5.5　蝶形计算的流图

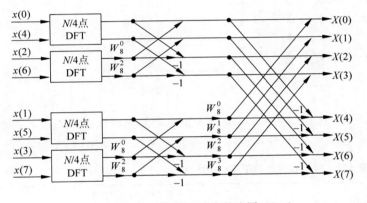

图 5.6　N 点 DFT 第二步中的流图，$N=8$

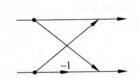

图 5.7　二点 DFT 的流图

【例 5.9】　考虑具有两个输入样本 $x(0)$ 和 $x(1)$ 的二点 FFT 算法。可以计算 DFT 输出样本 $X(0)$ 和 $X(1)$ 为

$$X(k) = \sum_{n=1}^{1} x(n) W_2^{nk}, \quad k = 0,1$$

由于 $W_2^0 = 1$ 和 $W_2^1 = \mathrm{e}^{-\pi} = -1$，可以得到

$$X(0) = x(0) + x(1) \quad 和 \quad X(1) = x(0) - x(1)$$

此计算与图 5.7 中的信号流图是一致的。

如图 5.6 所示，如果每一个输入序列的序号表示成二进制形式，那么需要反转其二进制数码的次序。在表 5.1 中说明了 $N=8$ 时位反转的过程。首先将输入样本十进制表示转换为二进制表示，然后，反转二进制数位流，之后将反转的二进制数转换回十进制，这样给出了重新排序后的时间索引次序。大多数当前数字信号处理器（包括 TMS320C55xx）提供了位反转寻址模式，以便有效地支持上述过程。在特定阶段输出值计算之后不再需要输入值。这样，用于 FFT 输出的存储位置可以采用与用于存储输入数据相同的存储位置。这个事实使得可以实现同址 FFT,输入和输出数可采用相同存储位置。

5.3.2　频域抽取

频域抽取 FFT 算法的开发与 5.3.1 节讨论的时域抽取算法相似。第一步是将数据序列分为两个半份,每一份有 $N/2$ 个样本。图 5.8 说明了 N 点 DFT 分解成两组 $N/2$ 点 DFT 的过程。

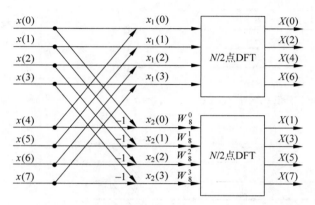

图 5.8　N 点 DFT 分成两组 $N/2$ 点 DFT 的分解过程

分解过程一直持续直到最后一级由二点 DFT 组成为止。分解和对称关系与时域算法相反。位反转发生在输出而不是输入,并且输出样本 $X(k)$ 的顺序如表 5.1 那样重新排序。

表 5.1　位反转过程的例子,$N=8(3$ 位)

输入样本序号		位反转样本序号	
十　进　制	二　进　制	二　进　制	十　进　制
0	000	000	0
1	001	100	4
2	010	010	2
3	011	110	6
4	100	001	1
5	101	101	5
6	110	011	3
7	111	111	7

本章介绍的 FFT 算法基于二输入、二点蝶形计算,归为基 2 FFT 算法。也可能使用其他基值来开发 FFT 算法。然而,这些算法仅仅对于特定 FFT 长度可以很好地工作。另外,这些算法比基 2 FFT 算法更加复杂,进行实时实现的程序尚未在数字信号处理器中得到广泛使用。

5.3.3　快速傅里叶逆变换

修改前面介绍的 FFT 算法可以有效地计算逆 FFT(IFFT)。根据式(5.14)定义的

DFT 和式(5.18)定义的 IDFT，我们可以采用两种不同的方法使用 FFT 例程来计算 IFFT。
对式(5.18)的两边做复共轭，得到

$$x^*(n) = \frac{1}{N} \sum_{k=0}^{N-1} X^*(k) W_N^{kn}, \quad n = 0, 1, \cdots, N-1 \tag{5.34}$$

与式(5.14)进行比较，可以首先对 DFT 系数 $X(k)$ 执行复共轭以获得 $X^*(k)$，然后采用
FFT 算法计算 $X^*(k)$ 的 DFT，将结果进行缩放 $1/N$ 以获得 $x^*(n)$，最后对 $x^*(n)$ 执行复共
轭来得到输出序列 $x(n)$。如果信号是实数值，则不需要最后的共轭操作。

第二种方法是对旋转因子 W_N^{kn} 做复共轭来获得 W_N^{-kn}，采用 FFT 算法计算 $X(k)$ 的 DFT，
将结果进行缩放 $1/N$ 以获得 $x(n)$。在 5.6.5 节，我们将采用第二种方法进行 IFFT 试验。

5.4　实现考虑

由于 FFT 广泛用于实际 DSP 应用中，因此有很多以 C 或汇编程序描述的用于多种
DSP 的 FFT 例程；然而，重要的是要理解实现问题，以便恰当地使用 FFT。

5.4.1　计算的问题

FFT 例程假设输入信号是复数值，因此对于 N 点 FFT 需要 $2N$ 个存储位置。为了将
现有的复数 FFT 程序用于实数值信号，我们必须将虚部置为零。复数乘法具有以下形式：

$$(a + jb)(c + jd) = (ac + bd) + j(bc + ad)$$

其中，a、b、c、d 为实数值，因此一个复数乘需要四个实数乘和两个实数加。如果信号具有特
殊性质，则可以减少乘法数和存储器需求。例如，如果信号 $x(n)$ 是实数值，基于 5.2.3 节的
复数共轭的性质，仅仅需要前 $N/2+1$ 个样本 $X(0)$ 到 $X(N/2)$。

对于大多数为通用计算机开发的 FFT 程序，式(5.15)中定义的旋转因子 W_N^{kn} 的计算
嵌入在程序中。然而，对于给定的 N，在程序初始化阶段，仅仅需要计算一次旋转因子。在
数字信号处理器上的 FFT 算法实现中，最好是将旋转因子的值做成表存储在存储器中，然
后采用查找表的方法来计算 FFT。

通常采用需要的算术操作(乘法和加法)来衡量 FFT 的复杂性。在实际采用数字信号
处理器的实时系统中，处理器的体系结构、指令集、数据结构和存储器组织都是非常重要的
因素。例如，现代数字信号处理器通常提供位反转寻址和并行指令来实现 FFT 算法。

5.4.2　有限精度效应

根据图 5.6 中的 FFT 算法的信号流图，在每一个蝶形网络中进行单一复数乘法，通过
一系列的蝶形计算来计算 $X(k)$。注意一些系数为 ±1 的蝶形网络不需要进行乘法操作。
图 5.6 也显示 N 点 FFT 的计算需要 $M = \log_2 N$ 级。在第一级有 $N/2$ 个蝶形结构，在第二
级有 $N/4$ 个，以此类推。这样蝶形结构的总数为

$$\frac{N}{2} + \frac{N}{4} + \cdots + 2 + 1 = N - 1 \tag{5.35}$$

在第 m 级引入的量化误差与每一子序列级的旋转因子相乘。由于每一个旋转因子的幅度总是单位 1，当输出时，量化误差的方差不会发生改变。

由于 $|e^{-j(2\pi/N)kn}|=1$，式(5.14)定义的 DFT 显示可以缩放输入以便满足条件

$$|x(n)| < \frac{1}{N} \tag{5.36}$$

以防止在输出出现溢出。例如，1024 点 FFT 中，输入数据必须右移 10 位（1024＝2^{10}）。如果原始数据是 16 位的，缩放后输入数据的有效字长减小至仅有 6 位。这种最坏情况的缩放相当大地减小了 FFT 结果的精度和分辨率。

相比于在 FFT 一开始就缩放输入信号 $1/N$ 倍，我们可以在每一级缩放信号。图 5.5 显示我们可以通过在每一级输入缩放 0.5 来避免 FFT 溢出，这是因为每一个蝶形结构的输出涉及两个数的相加。这种缩放过程比在输入处缩放 $1/N$ 倍的方案提供了更好的性能。

更为精确的方法可以采用条件缩放方法获得，这种方法检测每一个 FFT 级的信号以决定是否在这一级的输入进行缩放。如果在特定级的所有结果具有小于 1 的幅度，则在那一级上不需要进行缩放。否则，那一级的输入信号缩放 0.5。这种条件缩放技术获得了更好的精确度，但是以提高软件复杂度为代价，削弱了 FFT 计算效率。

5.4.3　MATLAB 实现

正如 2.2.6 节所介绍的，MATLAB 提供了函数 fft，语法如下[11,12]：

```
y = fft(x);
```

fft 用来计算存储在向量 x 中的 $x(n)$ 的 DFT。如果 x 的长度是 2 的幂，fft 函数采用有效的基 2 FFT 算法。否则，它将使用更慢的混合基 FFT 算法或甚至直接采用 DFT 进行计算。

作为一个替代的有效方法，FFT 函数采用以下语法：

```
y = fft(x, N);
```

来说明 N 点 FFT，其中 N 是 2 的幂。如果 x 的长度小于 N，向量 x 将补零到长度 N。如果 x 的长度大于 N，fft 函数将只执行前 N 个样本的 FFT。

fft 函数的执行时间依赖于输入数据类型和序列长度。如果输入数据是实数值，它计算实数 2 的幂 FFT 算法比同样长度的复数 FFT 要快。如果序列长度正好是 2 的幂，执行速度是最快的。例如，如果 x 的长度是 511，函数 y＝fft(x, 512)计算速度比执行 511 点 DFT 的 fft(x)快。重要的是，要注意 MATLAB 中的向量是从 1 到 N 排序，而不是像 DFT 和 IDFT 中定义的那样从 0 到 $N-1$ 进行排序。

【例 5.10】　考虑正弦波频率 $f=50\,\text{Hz}$，表示为

$$x(n) = \sin(2\pi fn/f_s), \quad n = 0,1,\cdots,127$$

其中，采样率 f_s 为 256 Hz。我们采用 MATLAB 程序(example5_10. m)给出的 128 点 FFT 分析这个正弦波形，在图 5.9 中显示其幅度谱。可见谱峰值发生在频域索引 $k=25$。根据式(5.19)，频率分辨率为 2 Hz，因此此条谱线对应的频率为 50 Hz。

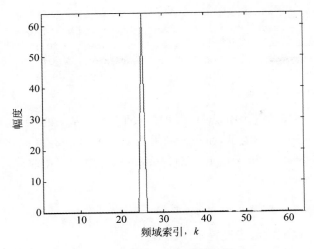

图 5.9　50Hz 正弦波的频谱

MATLAB 函数 ifft 实现 IFFT 算法：

```
y = ifft(x);
```

或

```
y = ifft(x,N);
```

ifft 的特性和使用方法跟 fft 的相同。

5.4.4　采用 MATLAB 的定点实现

MATLAB 提供函数 qfft 来量化 FFT 对象以便支持定点实现[13]。例如，命令

```
F = qfft
```

采用默认值进行 FFT 对象 F 的量化。我们可以通过以下语句改变默认设置：

```
F = qfft( 'Property1'Value1, 'Property2'Value2, … )
```

创建一个采用说明的(属性/值)的量化 FFT 对象。

【例 5.11】　可以采用以下命令改变默认 16 点 FFT 为 128 点 FFT：

```
F = qfft('length',128)
```

然后，在命令窗口获得以下量化 FFT 对象

```
F =
              Radix = 2
             Length = 28
  CoefficientFormat = quantizer('fixed', 'round', 'saturate',[16 15])
       InputFormat = quantizer('fixed', 'floor', 'saturate',[16 15])
```

```
              OutputFormat = quantizer('fixed','floor','saturate',[16 15])
        MultiplicandFormat = quantizer('fixed','floor','saturate',[16 15])
            ProductFormat = quantizer('fixed','floor','saturate',[32 30])
                SumFormat = quantizer('fixed','floor','saturate',[32 30])
         NumberOfSections = 7
              ScaleValues = [1]
```

这表明,量化的 FFT 是采用定点数据和算术的 128 点基 2 的 FFT。系数、输入、输出和被乘数采用 Q15 格式[16 15]表示,而积与和采用 Q30 格式[32 30]。对于 $N=128$,有七级结构,采用默认设置 ScaleValues＝[1],在每一级的输入没有应用缩放。我们可以对每一级输入设置 0.5 缩放因子,如下:

```
    F.ScaleValues = [0.5 0.5 0.5 0.5 0.5 0.5 0.5];
```

或者在特定级采用不同缩放因子设置不同的值。

【例 5.12】 类似于例 5.10,我们使用量化的 FFT 来分析一个正弦波形的频谱。在 example5_12a.m 中,我们首先产生如例 5.10 所示的正弦波形,然后采用以下函数计算采用 Q15 格式的定点 FFT:

```
    FXk = qfft('length',128);              % 创建量化的 FFT 对象
    qXk = fft(FXk, xn);                     % 计算 xn 向量的 Q15 FFT
```

当我们运行 MATLAB 程序,在 MATLAB 命令窗口显示警告"1135 overflows in quantized FFT"。而且,显示的幅度谱与图 5.9 完全不一样。此结果表明没有采用正确的缩放因子,此定点 FFT 结果是错误的。

可以修改代码,在每一级设置缩放因子 0.5 如下(见 example5_12b.m):

```
    FXk = qfft('length',128);              % 创建量化的 FFT 对象
    FXk.ScaleValues = [0.5 0.5 0.5 0.5 0.5 0.5 0.5];  % 设置缩放因子
    qXk = fft(FXk, xn);                     % 计算 xn 向量的 Q15 FFT
```

当我们运行修改后的 MATLAB 程序,就没有警告或错误了。与图 5.10 对比显示的幅度谱图,可以验证:在每一级采用恰当的缩放因子,我们能采用 16 位处理器正确地执行定点 FFT。

5.5 实际应用

本节介绍两个重要的 FFT 应用:频谱分析和快速卷积。

5.5.1 频谱分析

DFT 固有属性直接影响其频谱分析的性能。仅当信号是周期性的而且样本集完全覆盖一个或多个信号周期,从有限个样本中进行频谱估计是正确的。在实际中,用于分析的信

号或许不满足这个条件,我们不得不将一个长序列分成更小的部分,采用 DFT 分别分析每一个分段。

正如 5.2 节所讨论的,N 点 DFT 的频率分辨率为 f_s/N。DFT 系数 $X(k)$ 表示在 f_k 处等间距的频率成分,如式(5.19)定义。DFT 不能很好地表示落入频谱上的两个毗邻样本之间的频率成分,其能量将分散到临近频率上并干扰它们的频谱幅度。

【例 5.13】 在例 5.10 中,采用 128 点 FFT、采样率为 256Hz,频率分辨率(f_s/N)为 2Hz。在 50Hz 的谱线可以采用 $X(k)$ 在 $k=25$ 来表示,如图 5.9 所示。在本例中,我们还计算第二个频率为 61Hz 的正弦波形的幅度谱。采用 MATLAB 程序 example5_13.m 在同一个图中显示这两个频谱。图 5.10 显示了两个分别在 50Hz 和 61Hz 的频谱成分。在 61Hz 的正弦波形(位于 $k=30$ 和 $k=31$ 之间)不能表现为一条线,这是由于其能量分散到临近频率成分上。

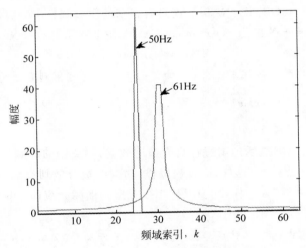

图 5.10　50Hz 和 61Hz 的两个正弦波形的频谱

这种频率泄露问题的一种可能解决方案是采用更长 FFT 的长度 N,以便具有更加精细的分辨率 f_s/N。如果没有足够多的数据样本,可以通过在数据的末端补零扩展到长度 N。这个过程等效于在频谱曲线上的临近频率成分间进行插值。

与基于 FFT 频谱分析有关的其他问题包括混叠、有限数据长度、频谱泄露和频谱拖尾。这些问题将在以下章节进行讨论。

5.5.2 频谱泄露和分辨率

有限长度 N 的数据集合可以通过将信号乘以矩形窗来获得,表示为

$$x_N(n) = w(n)x(n) = \begin{cases} x(n), & 0 \leqslant n \leqslant N-1 \\ 0, & \text{其他} \end{cases} \tag{5.37}$$

其中,长度为 N 的矩形窗函数 $w(n)$ 在 3.2 节进行了定义,$x(n)$ 的长度也许比 N 大很多。

当窗的长度增加时,加窗后的信号 $x_N(n)$ 就更接近原始信号 $x(n)$,这样 $X(k)$ 就可以更好地近似 DTFT $X(\omega)$。

式(5.37)中的时域乘等效于频域的卷积。这样,$x_N(n)$ 的 DFT 可表示为

$$X_N(k) = W(k) * X(k) \tag{5.38}$$

其中 $W(k)$ 是窗函数 $w(n)$ 的 DFT,$X(k)$ 是信号 $x(n)$ 的真正的 DFT。式(5.38)清楚地表明计算的频谱 $X_N(k)$ 是真正的频谱 $X(k)$ 和窗频谱 $W(k)$ 的卷积。因此,有限长度信号频谱 $X_N(k)$ 被矩形窗频谱 $W(k)$ 所损坏。

正如 3.2.2 节所讨论的,矩形窗幅度响应由主瓣和几个更小的旁瓣所组成,如图 3.11 所示。位于旁瓣之下的频率成分代表 $w(n)$ 在终点的陡峭的过渡区。这些旁瓣在计算的频谱中引入了伪峰,或在原始频谱中抵消真正的峰。这种现象称为"频谱泄露"。为了避免频谱泄露,有必要采用 3.2.3 节中具有更小旁瓣的不同窗来降低旁瓣效应。式(5.38)表明优化的窗频谱是 $W(k)=\delta(k)$,说明次优的窗具有很窄的主瓣和很小的旁瓣。

【例 5.14】 假设正弦信号 $x(n)=\cos(\omega_0 n)$,无限长度采样信号为

$$X(\omega) = \pi\delta(\omega \pm \omega_0) \tag{5.39}$$

其由在 $\pm\omega_0$ 频率处的两条线组成。然而,加窗的正弦频谱可得到表示为

$$X_N(\omega) = \frac{1}{2}[W(\omega-\omega_0) + W(\omega+\omega_0)] \tag{5.40}$$

其中,$W(\omega)$ 是窗函数频谱。

式(5.39)和式(5.40)显示加窗过程具有拖尾效果,将原始的在频率 $\pm\omega_0$ 处陡峭频谱线 $\delta(\omega\pm\omega_0)$ 代替为 $W(\omega\pm\omega_0)$。这样,通过窗操作,功率已被分散到全频率范围。这种不希望的效应被称为"频谱拖尾"。这样,加窗操作不仅仅因为泄露效应而干扰信号频谱,而且还降低了频谱分辨率。

【例 5.15】 考虑由两个正弦成分组成的信号,表示为 $x(n)=\cos(\omega_1 n)+\cos(\omega_2 n)$。加窗信号的频谱为

$$X_N(\omega) = \frac{1}{2}[W(\omega-\omega_1) + W(\omega+\omega_1) + W(\omega-\omega_2) + W(\omega+\omega_2)] \tag{5.41}$$

这表明四个陡峭的谱线被相应的拖尾的情况所代替。如果两个正弦的频率间隔 $\Delta\omega = (\omega_1-\omega_2)$ 为

$$\Delta\omega \leqslant \frac{2\pi}{N} \quad \text{或} \quad \Delta f \leqslant \frac{f_s}{N} \tag{5.42}$$

两个窗函数的主瓣 $W(\omega-\omega_1)$ 和 $W(\omega-\omega_2)$ 将发生拖尾。这样,将不能区分 $X_N(\omega)$ 中这两个谱线。MATLAB 程序 example5_15.m 计算信号的 128 点 FFT,采样率为 256Hz。根据式(5.42),1Hz 频率间隔小于 2Hz 的频率分辨率,这样,这两条频率发生了拖尾,如图 5.11 所示。这个例子表明频率为 60Hz 和 61Hz 的正弦波形的两个谱线发生了混合,这样在幅度谱图中将不能区分出来。

为了保证两条正弦谱线是分开的,它们的频率间隔必须大于频率分辨率,满足条件

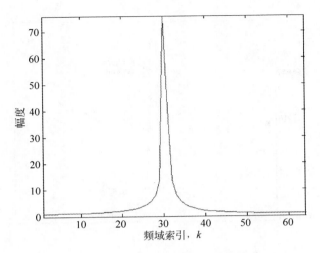

图 5.11 60 Hz 和 61 Hz 正弦混合频谱

$$\Delta\omega > \frac{2\pi}{N} \quad \text{或} \quad \Delta f > \frac{f_s}{N} \tag{5.43}$$

这样，为了获得希望的频率分辨率的最小 DFT 长度为

$$N > \frac{2\pi}{\Delta\omega} \quad \text{或} \quad N > \frac{f_s}{\Delta f} \tag{5.44}$$

　　窗的主瓣宽度决定了加窗信号频谱的频率分辨率。旁瓣决定了不希望的频率泄露程度。因此，用于频谱分析的优化窗必须具有窄的主瓣和小的旁瓣。可以采用 3.2.3 节的非矩形窗函数较大地减少泄露的程度，但是以降低频谱分辨率为代价。对于一个给定的窗长度 N，诸如矩形窗、汉宁窗和汉明窗相对于布莱克曼窗和 Kaiser 窗具有相对窄的主瓣。不幸的是，前三个窗具有相对大的旁瓣，这样造成了更大的泄露。所以，在为给定的频谱分析应用选择窗时，需要在频率分辨率和频谱泄露之间做权衡。

　　【例 5.16】 考虑例 5.13 中的 61 Hz 正弦波形。我们可以对信号采用 Kaiser 窗，$N=$ 128 和 $\beta=8.96$，采用以下命令：

```
beta = 8.96;                     % 定义 beta 值
wn = (kaiser(N,beta))'           % Kaiser 窗
x1n = xn. * wn;                  % Kaiser 窗应用到正弦波
```

　　采用 MATLAB 程序 example5_16. m 的矩形窗和 Kaiser 窗的加窗正弦波形的幅度谱见图 5.12。这个例子显示 Kaiser 窗可以有效地减小频谱泄露。注意到相比于矩形窗，采用 Kaiser 窗的增益已被放大了 2.4431 倍以便补偿能量损失。可以采用 Wintool 来评估 Kaiser 窗的时域和频域图。

　　对于给定窗，提高窗的长度可减小主瓣的宽度，这可以获得更好的频率分辨率。然而，随着长度增加，纹波变得更窄，更接近于 $\pm\omega_0$，而纹波的最大幅度仍保持恒定。而且，如果信号在一定时间内改变其频率内容，窗不能太长，以便获得有意义的频谱估计。

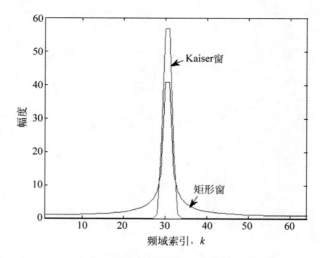

图 5.12　采用矩形窗和 Kaiser 窗的频谱

5.5.3　功率谱密度

考虑长度为 N 的信号 $x(n)$ 的 DFT $X(k)$，Parseval 定理可以表示为

$$E = \sum_{n=0}^{N-1} \mid x(n) \mid^2 = \frac{1}{N} \sum_{k=0}^{N-1} \mid X(k) \mid^2 \tag{5.45}$$

$\mid X(k) \mid^2$ 项称为功率谱，测量在频率 f_k 处的信号功率。因此，平方 DFT 幅度谱 $\mid X(k) \mid$ 将产生功率谱，其也称为"周期图"(periodogram)。

功率谱密度(PSD)("功率密度谱"或简称"功率谱")对统计随机过程进行表征。由于 PSD 提供了对于在一定频率范围内平均功率分布的一种有效测量方式，因此其在分析随机信号方面非常有用。有几种不同的技术来估计 PSD。由于周期图不是真正 PSD 的一致估计，平均方法可以降低计算频谱的统计涨落。

计算 PSD 的一种方法是将 $x(n)$ 分解成 M 段 $x_m(n)$，$m=1, 2, \cdots, M$，每一段有 N 个样本。这些信号段间距 $N/2$ 个样本，即，在前后段之间有 50% 的交叠来降低不连续性。为了降低频谱泄露，每一个 $x_m(n)$ 乘以长度为 N 的非矩形窗(例如汉明窗)函数 $w(n)$。PSD 是每一个交叠段的周期图的加权和。

MATLAB 提供函数 spectrum 来进行频谱估计，采用以下语法：

```
h = spectrum.<estimator>
```

此函数支持包括 burg(伯格)、periodogram(周期图)、cov(协方差)、welch(韦尔奇)等其他估算器来估计以向量 xn 给出的信号 PSD，采用以下语法：

```
Hs = spectrum.periodogram;          % 创建周期图对象
psd(Hs,xn,'Fs',fs);                 % 绘制默认的双边 PSD
```

其中，f_s 是采样频率。

【例 5.17】　考虑存在噪声的由两个正弦（140 Hz 和 150 Hz）组成的信号，噪声采用 example5_17.m（改编自 MATLAB Help 菜单中）。通过创建以下周期图对象来计算 PSD：

```
Hs = spectrum.periodogram;
```

采用以下的 psd 函数也可以显示 PSD（见图 5.13）：

```
psd(Hs,xn,'Fs',fs,'NFFT',1024)
```

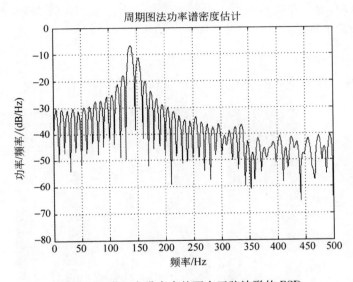

图 5.13　嵌入在噪声中的两个正弦波形的 PSD

对于时变信号，测量一段短时间间隔内频谱内容的频谱计算是有意义的。为了这个目的，我们可以采用滑动窗口将一个很长的信号序列分隔成几个长度为 N 的短分块 $x_m(n)$，然后执行 FFT 来获得在每一个部分的与时间有关的频率谱，如下：

$$X_m(k) = \sum_{n=0}^{N-1} x_m(n)W_N^{kn}, \quad k = 0,1,\cdots,N-1 \qquad (5.46)$$

这个过程对于下一个 N 个样本的块重复进行。这种技术称为短时傅里叶变换。$X_m(k)$ 只是 $x_m(n)$ 位于滑动窗口 $w(n)$ 内的一小部分的频谱。这种计算与时间有关的傅里叶变换的方法常用于语音、声呐和雷达信号处理的应用中。

式（5.46）表明，$X_m(k)$ 是一个二维序列，序号 k 表示频率，块序号 m 表示分段（或时间）。由于结果是一个时间和频率的函数，因此需要三维图显示。这可以通过采用灰度（或彩色）图像以 k 和 m 为变量的函数来打印 $|X_m(k)|$。得到的三维图像称为"谱图"（spectrogram），x 轴表示时间，y 轴表示频率。在点 (m,k) 处的灰度级别（彩色）正比于 $|X_m(k)|$。

MATLAB 提供了函数 spectrogram（在老版本中为 specgram）来计算和显示谱图。此 MATLAB 函数具有以下形式：

```
B = spectrogram(x,window,noverlap,nfft,Fs);
```

其中,B 是包含复数谱图值 $|X_m(k)|$ 的矩阵,window 是窗长度,noverlap 是 x 每一段交叠的样本数,nfft 是 FFT 大小,Fs 是采样率。注意,nopverlap 必须是一个小于 window 的整数。样本交叠部分越大从一个块到另一个块滑动越平滑。一般交叠在 50% 左右。没有输出项的 spectrogram 函数将在当前图形窗口显示对数谱图。

【例 5.18】　MATLAB 程序 example5_18.m 载入 16 位、8kHz 采样的语音文件 timit2.asc,采用函数 soundsc 进行播放,计算并显示谱图,见图 5.14。在图中对应于低功率区的颜色表明寂静的周期,对应于高功率的颜色表示语音信号。在 MATLAB 程序中,我们采用以下函数来计算和显示谱图:

```
spectrogram(timit2,256,200,256,8000,'yaxis')
```

注意,我们采用尾随输入字符串 'yaxis' 来显示 y 轴的频率和 x 轴的时间。

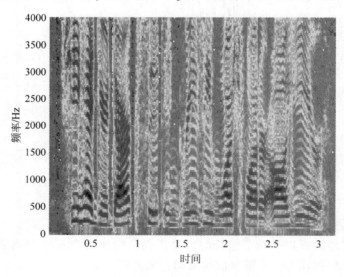

图 5.14　语音信号的谱图

5.5.4　卷积

如第 3 章讨论,FIR 滤波是滤波器冲激响应 $h(n)$ 和输入信号 $x(n)$ 的线性卷积。如果 FIR 滤波器具有 L 个系数,我们需要 L 次乘法和 $L-1$ 次加法来计算每个输出 $y(n)$。为了获得 N 个输出样本,需要的(乘法和加法)操作数目正比于 LN。为了利用 FFT 和 IFFT 算法的计算效率,可以采用图 5.15 所示的快速卷积算法来进行 FIR 滤波。对于高阶 FIR 滤波器,快速卷积提供了一种明显降低计算需求的方法,因此常用于实现具有大量信号样本应用中的 FIR 滤波。

值得注意的是,快速卷积产生了如 5.2.3 节所讨论的循环卷积。为了形成线性卷积,有必要对两个序列进行补零,如例 5.8 所示。如果数据序列 $x(n)$ 具有有限周期 M,第一步是将冲激响应和信号序列都补零使其长度等于 N,其中 $N(\geqslant L+M-1)$ 是 2 幂的整数,L 是
$h(n)$ 的长度。对两个序列进行 FFT 计算来获得
$X(k)$ 和 $H(k)$,计算相应的复数积 $Y(k)=$
$X(k)H(k)$,并执行 $Y(k)$ 的 IFFT 来获得输出
$y(n)$。希望的线性卷积包含在 IFFT 结果中前
$(L+M-1)$ 个样本中。由于滤波器冲激响应
$h(n)$ 是预先知道的,$h(n)$ 的 FFT 可以先计算并
存储为固定系数 $H(k)$。

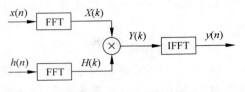

图 5.15　快速卷积的基本思想

　　对于很多应用,输入序列相比于 FIR 滤波器长度 L 来说是非常长的。这对于实时应用
尤其如此,例如音频信号处理中,由于高的采样率和非常长的输入数据,FIR 滤波器阶数相
当高。为了使用有效的 FFT 和 IFFT 算法,输入序列必须分为几个长度为 N 的分段($N>$
L,N 是能够被 FFT 算法支持的长度),采用 FFT 处理每一个分段,最后将每一个分段的输
出合并起来形成输出序列。这个过程称为块处理操作。采用这种有效的块处理的代价是缓
冲延迟。作为直接时域 FIR 滤波,已经开发出更为复杂的算法以便同时具有计算效率和零
滞后的优点。

　　有两种有效的技术用来分段和重组数据:重叠-保留(overlap-save)和重叠-相加
(overlap-add)算法。

1. 重叠-保留技术

　　重叠-保留技术在每一个长度为 N 的分段上重叠 L 个输入样本,其中 $L<N$。截断输
出分段成为非重叠,然后连接。以下步骤描述了图 5.16 中所示的过程:

　　(1) 对扩展(补零)冲激响应序列应用 N 点 FFT 来获得 $H(k)$,$k=0,1,\cdots,N-1$。此
过程可以预先计算出来,并存储在存储器中。

　　(2) 基于图 5.16 中的重叠,从输入序列中 $x(n)$ 选择 N 个信号样本 $x_m(n)$(其中 m 是分
段序号),然后采用 N 点 FFT 来获得 $X_m(k)$。

　　(3) 将存储的 $H(k)$(第 1 步中得到的)乘以 $X_m(k)$(第 2 步中得到的)来得到

$$Y_m(k) = H(k)X_m(k), \quad k = 0,1,\cdots,N-1 \tag{5.47}$$

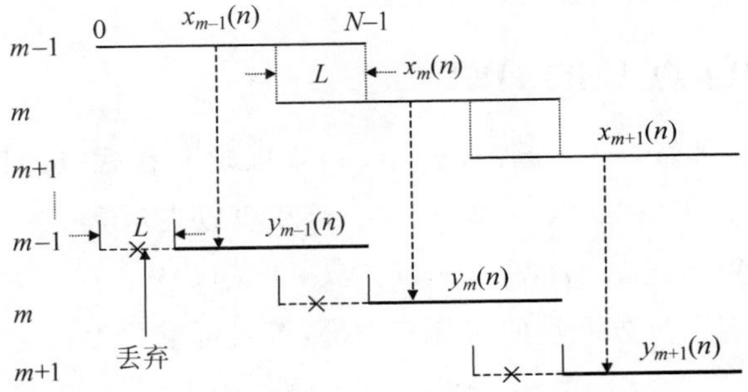

图 5.16　重叠-保留技术的重叠数据段

执行 $Y_m(k)$ 的 N 点 IFFT 来获得 $y_m(n)$，$n=0,1,\cdots,N-1$。

（4）从每一个 IFFT 输出中丢弃前 L 个样本。将得到的 $N-L$ 个样本分段连接产生 $y(n)$。

2. 重叠-相加技术

重叠-相加过程将输入序列 $x(n)$ 分成长度为 $N-L$ 的非重叠分段。每一个分段补零产生长度为 N 的 $x_m(n)$。遵循重叠-保留方法中第 2、3 和 4 步来获得 N 点分段 $y_m(n)$。由于卷积是一个线性操作，输出序列 $y(n)$ 是所有分段的和。

MATLAB 采用重叠-相加技术实现这个有效的 FIR 滤波：

```
y = fftfilt(b, x)
```

fftfilt 函数对以向量 x 表示的输入信号，采用以系数向量 b 表示的 FIR 滤波器进行滤波。函数自动地选择 FFT 和数据长度以保证有效的执行时间。然而，我们也可以采用以下语法说明 FFT 长度 N：

```
y = fftfilt(b, x, N)
```

用于 FFT 卷积实验的重叠-相加技术将在下一节中给出。

【例 5.19】 语音数据 timit2.asc(用在例 5.18 中)被频率 1kHz 的音调噪声所损坏。我们采用 MATLAB 程序 example5_19.m 设计一个边沿频率为 900Hz 和 1100Hz 带阻 FIR 滤波器，来对存在噪声的语音进行滤波。此程序首先播放原始语音，然后播放被 1kHz 音损坏的噪声语音，并显示带有 1kHz 噪声成分(红色)的谱图。为了衰减音调噪声，设计一个带阻 FIR 滤波器(采用函数 fir1)，并采用函数 fftfilt 来对有噪声语音进行滤波。最后，播放滤波输出，并显示 1kHz 音调噪声已经被衰减的谱图。

5.6 实验和程序实例

本节实现用于 DSP 的 DFT 和 FFT 算法。DFT 和 FFT 计算包括嵌套循环、复数乘法、位反转操作、同址计算和复数旋转因子的产生。

5.6.1 采用浮点 C 的 DFT

对于将复数信号样本 $x(n)=x_r(n)+jx_i(n)$ 乘以定义在式(5.15)中的复数旋转因子 $W_N^{kn}=\cos(2\pi kn/N)-j\sin(2\pi kn/N)=W_r-jW_i$，乘积可以表示为

$$x(n)W_N^{kn} = x_r(n)W_r + x_i(n)W_i + j[x_i(n)W_r - x_r(n)W_i]$$

其中，下标 r 和 i 分别表示复数变量的实部和虚部，等式可重写为

$$X = X_r - jX_i$$

其中

$$X_r = x_r(n)W_r + x_i(n)W_i \quad \text{和} \quad X_i = x_i(n)W_r - x_r(n)W_i$$

列于表 5.2 的浮点 C 程序计算 DFT 系数 $X(k)$。程序使用两个数组 $Xin[2*N]$ 和 $Xout[2*N]$ 来保存复数输入和输出样本。在运行时计算旋转因子。由于大多数实际世界应用处理实数值,需要从所给的实数数据构建复数数据。最简单的方式是在调用 DFT 函数前,将实数值数据替换为相应的复数数据数中的实部,而将虚部置为零。

表 5.2　用于 DFT 的浮点 C 函数列表

```
#include<math.h>
#define PI 3.1415926536
void floating_point_dft(float Xin[], float Xout[])
{
  short i,n,k,j;
  float angle;
  float Xr[N],Xi[N];
  float W[2];
  for (i = 0,k = 0;k < N;k++)
  {
    Xr[k] = 0;
    Xi[k] = 0;
    for(j = 0,n = 0;n < N;n++)
    {
        angle = 2.0 * PI * k * n)/N;           //计算旋转因子角
        W[0] = cos(angle);                     //计算复旋转因子
        W[1] = sin(angle);
        //乘以复旋转因子的复数据
        Xr[k] = Xr[k] + Xin[j] * W[0] + Xin[j + 1] * W[1];
        Xi[k] = Xi[k] + Xin[j + 1] * W[0] - Xin[j] * W[1];
        j += 2;                                //数据指针增加
    }
    //保存 DFT 结果的实部和虚部
    Xout[i++] = Xr[k];
    Xout[i++] = Xi[k];
  }
}
```

这个例子从所给的文件 input.dat 计算 128 点 DFT 和信号的幅度谱 $|X(k)|$。表 5.3 列出了实验中使用的文件。

表 5.3 实验 Exp5.1 中的文件列表

文　件	描　述
float_dft128Test. c	测试浮点 DFT 的程序
float_dft128. c	128 点浮点 DFT 的 C 函数
float_mag128. c	计算幅度谱的 C 函数
float_dft128. h	C 头文件
tistdtypes. h	标准类型定义头文件
c5505. cmd	链接器命令文件
input. dat	输入数据文件

实验过程如下：

(1) 从配套软件包导入 CCS 项目，并重建项目。

(2) 载入并运行实验。

(3) 采用 CCS 图形工具检查保存在数组 spectrum[ ]中的幅度谱。从 Tools→Graph→Single Time 打开 CCS 图形工具，在 Graph Properties 对话窗口，使用以下参数：

Acquisition Buffer Size = 64
Dsp Data Type = 16 – bit signed integer
Starting Address = spectrum
Display Data Size = 64

其他项保持默认值。单击 OK 按钮。CCS 绘制图中显示 DFT 三条线 8、16 和 32，对应于归一化频率 0.125、0.25 和 0.5。

(4) 分析代码，求出采用浮点 C 程序计算每一个 DFT 系数 $X(k)$（在数组 Xout[]中）需要的时钟周期数。

5.6.2　采用 C55xx 汇编程序的 DFT

此实验采用 TMS320C55xx 汇编例程实现 DFT。将第 2 章实验给出的正弦发生器用于产生旋转因子。汇编函数 sine_cos.asm（见 2.6.2 节）是一个 C 可调用的函数，符合 C55xx 调用 C 惯例。此函数有两个参数：angle 和 Wn。第一个参数包含以弧度表示的角度值，采用 C55xx 临时寄存器 T0 传递到汇编例程中。第二个参数是保存旋转因子的数组 Wn 的指针，采用 C55xx 辅助寄存器 AR0 进行传递。

角度的计算依赖于两个变量 k 和 n：

$$\text{angle} = (2\pi/N)kn$$

如图 2.25 所示，正弦-余弦发生器中的 π 值的 16 位定点表示为 0x7FFF(32 767)。这样，用于产生旋转因子的角度可以表示为

$$\text{angle} = (2 \times 32\,767/N)kn$$

对于 $n=0, 1, \cdots, N-1$ 和 $k=0, 1, \cdots, N-1$。表 5.4 列出了实验中使用的文件。

表 5.4　实验 Exp5.2 中的文件列表

文　件	描　述
asm_dft128Test. c	测试浮点 DFT 的程序
dft_128. asm	128 点浮点 DFT 的汇编函数
mag_128. asm	计算幅度谱的汇编函数
sine_cos. asm	计算旋转因子的汇编函数
asm_dft128. h	C 头文件
tistdtypes. h	标准类型定义头文件
c5505. cmd	链接器命令文件
input. dat	输入数据文件

实验过程如下：

(1) 从配套软件包导入 CCS 项目，并重建项目。

(2) 载入并运行实验。

(3) 采用 CCS 图形工具检查保存在数组 spectrum[ ]中的幅度谱。详见 Exp5.1 中的步骤(3)。

(4) 与 Exp5.1 中得到的浮点实现结果比较结果 $X(k)$（在数组 Xout[ ]中）。

(5) 分析本实验中采用 C55xx 汇编程序的计算每一个 DFT 系数 $X(k)$ 需要的时钟周期数，并与 Exp5.1 中浮点 C 实现的结果进行对比。

5.6.3　采用浮点 C 的 FFT

此实验采用浮点 C 程序实现复数、基 2、时域抽取 FFT 算法。FFT 函数的 C 代码列于表 5.5。第一个参数是复数输入数据数组指针。第二个参数是 FFT 的基 2 对数指数值。对于基 2、128 点 FFT，由于 $2^7=128$，此值等于 7，第三个参数是旋转因子数组的指针。下一个参数指明是 FFT 还是 IFFT 的标志。最后一项参数是指明是否有缩放因子 0.5 用于每一节（在 5.4.2 节说明的）的标志。在初始化阶段，在复数数组 W[ ]中计算和存储旋转因子。

此实验也使用了列于表 5.6 中的位反转函数，根据表 5.1 中的位反转算法，在将样本传递给 FFT 函数之前，重新安排信号样本顺序。表 5.7 列出了实验中使用的文件。

实验过程如下：

(1) 从配套软件包导入 CCS 项目，并重建项目。

(2) 载入并运行实验。

(3) 采用 CCS 图形工具检查每一 FFT 帧的幅度谱 spectrum[ ]。通过观察音频（以线的位置进行标明）随时间（帧）改变的情况，验证输入信号是一个扫音。

(4) 分析采用 FFT 的计算每一个系数 $X(k)$ 所需要的时钟周期数，并与 Exp5.1 中浮点 C 实现（直接 DFT）的结果进行对比。

表 5.5　浮点 C FFT 函数的列表

```
void fft(complex * X, unsigned short EXP, complex * W, unsigned short iFlag,
unsigned short sFlag)
{
    complex temp;           /* 复变量的暂存 */
    complex U;              /* 旋转因子 W^k */
    unsigned short i,j;
    unsigned short id;      /* 蝶形中的低点的索引 */
    unsigned short L;       /* FFT 级 */
    unsigned short LE;      /* L 级 DFT 中的点数和到下一级 DFT 的偏移量 */
    unsigned short LE1;     /* 在 L 级一个 DFT 中蝶形的数目,也是到 L 级蝶形最低点的偏移量 */
    float scale;
    unsigned short N = 1 << EXP;                    /* FFT 的点数 */

    if (sFlag == 1)                                 /* NOSCALE_FLAG = 1 */
        scale = 1.0;                                /* 不缩放 */
    else                                            /* SCALE_FLAG = 0 */
        scale = 0.5;                                /* 每级 0.5 倍缩放 */
    if (iFlag == 1)                                 /* FFT_FLAG = 0, IFFT_FLAG = 1 */
        scale = 1.0;                                /* 对 IFFT 不缩放 */
    for (L = 1; L <= EXP; L++)                       /* FFT 蝶形 */
    {
        LE = 1 << L;                                /* LE = 2^L = 子 DFT 的点 */
        LE1 = LE >> 1;                              /* 子 DFT 中蝶形数 */
        U.re = 1.0;
        U.im = 0.0;

        for (j = 0; j < LE1;j++)
        {
            for(i = j; i < N; i += LE)               /* 蝶形计算 */
            {
                id = i + LE1;
                temp.re = (X[id].re * U.re - X[id].im * U.im) * scale;
                temp.im = (X[id].im * U.re + X[id].re * U.im) * scale;

                X[id].re = X[i].re * scale - temp.re;
                X[id].im = X[i].im * scale - temp.im;

                X[i].re = X[i].re * scale - temp.re;
                X[i].im = X[i].im * scale - temp.im;
            }
            /* 递归计算 W^k 为 U * W^(k-1) */
            temp.re = U.re * W[L-1].re - U.im * W[L-1].im;
            U.im = U.re * W[L-1].im + U.im * W[L-1].re;
            U.re = temp.re;
        }
    }
}
```

表 5.6 位反转 C 函数的列表

```c
void bit_rev(complex * X, short EXP)
{
    unsigned short i,j,k;
    unsigned short N = 1 << EXP;        /* FFT 点数 */
    unsigned short N2 = N >> 1;
    complex temp;                       /* 复变量的暂存 */

    for (j = 0, i = 1; i < N - 1; i++)
    {
        k = N2;
        while(k <= j)
        {
            j -= k;
            k >>= 1;
        }
        j += k;
        if (i < j)
        {
            temp = X[j];
            X[j] = X[i];
            X[i] = temp;
        }
    }
}
```

表 5.7 实验 Exp5.3 中的文件列表

文 件	描 述
float_fftTest. c	测试浮点 FFT 的程序
fft_float. c	浮点 FFT 的 C 函数
fbit_rev. c	执行位反转的 C 函数
float_fft. h	浮点 FFT 的 C 头文件
fcomplex. h	定义浮点复数数据类型的 C 头文件
tistdtypes. h	标准类型定义头文件
c5505. cmd	链接器命令文件
input_f. dat	输入数据文件

5.6.4 采用具有内在函数定点 C 的 FFT

基于前一个实验中的浮点 C 程序,此实验采用带有内在函数(列于表 4.7 中)的定点 C 来实现 FFT。程序使用一些包括_lsmpy、_smas、_smac、_sadd 和_ssub 用于算术操作的内在函数。

采用混合定点 C 和内在函数的方法来提高了 FFT 运行效率，其实现列于表 5.8。表 5.9 列出了实验中使用的文件。

表 5.8　采用内在函数的 FFT 定点 C 实现

```
for (L = 1; L <= XP; L++)                        /* FFT 蝶形 */
{
    LE = 1 << L;                                 /* LE = 2 ^ L = 子 DFT 的点 */
    LE1 = LE >> 1;                               /* DFT 中蝶形数 */
    U. re = 0x7fff;
    U. im = 0;

    for (j = 0; j < LE1;j++)
    {
        for(i = j; i < N; i += LE)               /* 蝶形计算 */
        {
            id = i + LE1;
            ltemp. re = _lsmpy(X[id]. re, U. re);
            temp. re = _smas(ltemp. re, X[id]. im, U. im);
            temp. re = (short)(ltemp. re >> SFT16);
            temp. re >> = scale;
            ltemp. im = _lsmpy(X[id]. im, U. re);
            temp. im = _smac(ltemp. im, X[id]. re, U. im);
            temp. im = (short)(ltemp. im >> SFT16);
            temp. im >> = scale;
            X[id]. re = _ssub(X[i]. re >> scale, temp. re);
            X[id]. im = _ssub(X[i]. im >> scale, temp. im);
            X[i]. re = _sadd(X[i]. re >> scale, temp. re);
            X[i]. im = _sadd(X[i]. im >> scale, temp. im);
        }
        /* 递归计算 W ^ k 为 W * W ^ (k-1) */
        ltemp. re = _lsmpy(U. re, W[L-1]. re);
        ltemp. re = _smas(ltemp. re, U. im, W[L-1]. im);
        ltemp. im = _lsmpy(U. re, W[L-1]. im);
        ltemp. im = _smac(ltemp. im, U. im, W[L-1]. re);
        U. re = ltemp. re >> SFT16;
        U. im = ltemp. im >> SFT16;
    }
}
```

表 5.9　实验 Exp5.4 中的文件列表

文　件	描　述
intrinsic_fftTest. c	测试采用内在函数的 FFT 的程序
intrinsic_fft. c	采用内在函数的 FFT 的 C 函数

文　件	描　述
ibit_rev. c	执行定点位反转的 C 函数
intrinsic_fft. h	定点 FFT 的 C 头文件
icomplex. h	定义定点复数数据类型的 C 头文件
tistdtypes. h	标准类型定义头文件
c5505. cmd	链接器命令文件
input_i. dat	输入数据文件

实验过程如下：

（1）从配套软件包导入 CCS 项目，并重建项目。

（2）载入并运行实验。

（3）采用 CCS 图形工具检查每一 FFT 帧的幅度谱 spectrum[ ]。验证输入信号是一个扫音，详见 Exp5.3 中的步骤（3）。

（4）分析 FFT 函数，将采用内在函数的定点 C 所需要的时钟周期数与 Exp5.3 中浮点 C 实现 FFT 的结果进行对比

5.6.5　FFT 和 IFFT 的实验

此实验采用带有内在函数的定点 C 来实现基 2 的 FFT 和 IFFT 算法。在初始化阶段，采用 C 函数 w_table() 来计算旋转因子。为了在 IFFT 计算中使用相同的 FFT 例程，做了两个简单的改变：第一，通过改变复数中虚部的符号来完成旋转因子的复数共轭；第二，IFFT 的 $1/N$ 归一化在 FFT 例程内通过在每一级采用缩放因子 0.5 来进行处理。

此实验计算 128 点 FFT 来获得 128 个 DFT 系数，执行这些系数的 IFFT。我们也要对比得到的 FFT/IFFT 输出和原始输入之间的不同（或误差）。表 5.10 列出了实验中使用的文件。

表 5.10　实验 Exp5.5 中的文件列表

文　件	描　述
FFT_iFFT_Test. c	测试 FFT 和 IFFT 的程序
intrinsic_fft. c	采用内在函数的 FFT 的 C 函数
ibit_rev. c	执行定点位反转的 C 函数
w_table. c	用于产生旋转因子的 C 函数
intrinsic_fft. h	定点 FFT 的 C 头文件
icomplex. h	定义定点复数数据类型的 C 头文件
tistdtypes. h	标准类型定义头文件
c5505. cmd	链接器命令文件
input. dat	输入数据文件

实验过程如下：

（1）从配套软件包导入 CCS 项目，并重建项目。

（2）载入并运行实验。

（3）检查输入信号和从 FFT/IFFT 操作中得到的输出信号之间的不同。

（4）修改程序计算 64 和 256 点 FFT/IFFT。对比输入信号和得到的输出之间的（由于数值误差造成的）不同。

5.6.6 采用 C55xx 硬件加速器的 FFT

C55xx 处理器具有内建硬件加速器，以便有效地进行 FFT 计算。FFT 模块位于 C55xx 中的 ROM 区，支持 8、16、32、64、128、256、512 和 1024 点基 2 FFT。此硬件模块使用协处理器来计算复数 FFT，并采用 B、C 和 D 数据总线进行并行数据存储器存取，见附录 C 的 C55xx 体系结构。硬件 FFT 模块包括由 1024 个复数旋转因子组成的查找表来支持最高 1024 点 FFT。位反转也包含在 ROM 中。

C55xx 硬件 FFT 函数使用以下语法[15]：

```
hwafft_NUMpts(long * in, long * out, short fftFlag, short scaleFlag)
```

函数 hwafft_NUMpts() 中的 NUM 说明 FFT 大小。例如，1024 点 FFT 函数采用 hwafft_1024pts() 进行调用。定义参数如下：

in——复数输入数据数组，以实部和虚部交织的顺序排列。

out——复数输出数据数组，和 in 数组一样的交织顺序。

fftFlag——FFT 标志：fftFlag=0 为 FFT，fftFlag=1 为 IFFT。

scaleFlag——缩放标志：scaleFlag=0 在每一级缩放输入 0.5。

位反转函数具有以下语法：

```
hwafft_br(long * in, long * out, short len)
```

其中，参数 len 是数组长度，其余参数在 FFT 函数中进行定义。位反转函数是采用 C55xx 位反转寻址模式（见附录 C）的汇编程序，以便有效地交换 FFT 算法中位反转顺序的数据。

采用硬件 FFT 模块有几个限制。第一，复数输入和输出数据数组必须以实部和虚部交织的顺序进行排列。第二，这些复数数据数组必须以两个 16 位字（32 位）边界进行对齐，这是由于模块采用双精度和双存储器存取。而且，为了正确使用位反转函数 hwafft_br()，位反转函数的输出数组需要放置在至少 $\log_2(4N)$ 个二进制零的数据存储器地址。例如，对于 1024 点 FFT，$N=1024$，地址必须以 12 个零位结尾，例如 0x1000 或 0x2000。地址 0x2800 由于只有 11 个零位，因此不能满足 1024 点 FFT 的需要。为了确保满足这个条件，可以在源代码中采用 DATA_ALIGN 预处理来强制存储器对齐。数据对齐也可以通过在链接器命令文件中固定地址位置来实现，详见实验程序文件和链接器命令文件。最后，在程序链接过程中包含硬件 FFT 模块。为了使用硬件 FFT 函数，位反转函数和 FFT 函数以函数名对应函数地址方式扩展到链接器命令文件的末尾。下面是一个增加硬件位反转函数和 1024

点 FFT 函数的例子:

```
_hwafft_br = 0x00ff6cd6;
_hwafft_1024pts = 0x00ff7a56;
```

此实验演示了如何使用 C55xx 硬件 FFT 模块来处理数据文件中的信号。C5505 eZdsp 读取输入数据,计算 128 点 FFT,将时域信号 $x(n)$ 转换为 DFT 系数 $X(k)$,然后使用 IFFT 将其在转换到时域信号。表 5.11 列出了实验中使用的文件。

表 5.11 实验 Exp5.6 中的文件列表

文 件	描 述
hwfftTest_. c	测试硬件 FFT 模块的程序
tistdtypes. h	标准类型定义头文件
input. dat	输入数据文件
c5505. cmd	为使用硬件 FFT 而修改的链接器命令文件

实验过程如下:

(1) 从配套软件包导入 CCS 项目,并重建项目。

(2) 载入并运行实验。

(3) 检查输入信号和采用 C5505 FFT 硬件模块获得的 FFT/IFFT 结果之间的不同。

(4) 分析硬件 FFT 模块,与之前的实验中的采用内在函数的定点 C 的 FFT 程序对比结果。

(5) 修改程序,使用 256 点硬件 FFT,以处理速度(分析需要的时钟周期数)和存储器使用为衡量项来评估硬件 FFT 性能。

5.6.7 采用 C55xx 硬件加速器的实时 FFT

本节采用 C55xx 硬件 FFT 模块进行实时实验。C5505 eZdsp 将从诸如音频播放器的音频源输入信号进行数字化,计算 512 点 FFT,然后执行 IFFT 将 DFT 系数 $X(k)$ 转换回时域信号 $x(n)$ 来进行实时回放。表 5.12 列出了实验中使用的文件。

表 5.12 实验 Exp5.7 中的文件列表

文 件	描 述
realtime_hwfftTest. c	测试实时 FFT 模块的程序
realtime_hwfft. c	管理实时音频数据处理的 C 函数
vector. asm	实时实验的向量表
icomplex. h	定义定点复数数据类型的 C 头文件
tistdtypes. h	标准类型定义头文件
dma. h	DMA 函数的头文件
dmaBuff. h	DMA 数据缓冲器的头文件
i2s. h	i2s 函数的 i2s 头文件
Ipva200. inc	C5505 处理器包含文件
myC55xxUtil. lib	BIOS 音频库
c5505. cmd	为使用硬件 FFT 而修改的链接器命令文件

实验过程如下：

（1）从配套软件包导入 CCS 项目，并重建项目。

（2）将耳机和音频源连接到 eZdsp，载入并运行实验。

（3）通过对比(聆听)原始音频源和经过 FFT/IFFT 操作处理过的音频信号，进行实验结果评估。

（4）修改此硬件 FFT 实验，在 FFT 计算之后，令几个低频 DFT 系数(FFT bin)为零输出。聆听 IFFT 输出，并描述将一些 FFT 分量置为零的人工结果。将高频 FFT 频点的 DFT 系数置为零，重复实验。

（5）修改实验，采用 128 点硬件 FFT，重复步骤(4)，评估实时 FFT/IFFT 实验结果。

5.6.8　采用重叠-相加技术的快速卷积

此实验采用混合定点 C 和汇编程序来实现快速卷积。用于此实验的低通 FIR 滤波器具有 511 个系数。快速卷积使用 1024 点 FFT 和 IFFT 的重叠-相加方法。采用在频谱进行复数乘来完成滤波，而不是第 3 章介绍的在时域通过 FIR 进行滤波。长度(FFT_PTS-DATA_LEN)的数组 OVRLAP 用于保存重叠-相加数据样本。用于此实验的缓冲器名称和其长度定义如下：

```
# define FLT_LEN 511                    //滤波器长度
# define FFT_PTS 1024                   //FFT 大小
# define DATA_LEN(FFT_PTS – FLT_LENt1)  //数据段长度

complex X[FFT_PTS];                     //信号缓冲器
complex H[FFT_PTS];                     //频域滤波器
short OVRLAP[FFT_PTS – DATA_LEN];       //频域重叠缓冲器
```

用于实验的输入信号包含三个音频 800Hz、1500Hz 和 3300Hz，采样率为 8000Hz。低通滤波器具有截止频率 1000Hz 来衰减高于 1000Hz 的频率成分。实验执行以下任务：

（1）在初始化阶段，向 FIR 滤波器冲激响应(系数)补(FFT_PTS-FLT_LEN)个零，执行 1024 点 FFT，在复数缓冲器 H[FFT_PTS]中存储频域滤波器系数。

（2）将长度为 DATT_LEN 的输入信号分段，并在末尾补 FLT_LEN−1 个零，在复数数据缓冲器 X[FFT_PTS]中存储信号。

（3）采用 1024 点 FFT 处理每一段信号样本以获得频域数据样本，并将它们放回至复数数组 X[FFT_PTS]。

（4）执行滤波过程，将在数组 H 中的复数系数乘以在复数数组 X 中的相应数据来获得频域输出，并将其存回复数数组 X[FFT_PTS]。

（5）应用 1024 点 IFFT 来计算滤波过的时域信号。结果放回复数数组 X[FFT_PTS]。

（6）将前(FFT_PTS-FLT_LEN)个样本与前一个分段相加得到输出。时域滤波信号样本位于复数数字 X 的实部，将其写出至一个输出文件。

（7）对于下一个分段信号，采用下一组(FLT_PTS-FFT_LEN)个样本更新重叠缓冲器。对于本实验中的实数值信号的应用,重叠缓冲器中的虚部应采用零进行更新;只有重叠缓冲器中的实部将采用从快速卷积中得到的新数据结果进行更新。

表 5.13 列出了实验中使用的文件。

表 5.13　实验 Exp5.8 中的文件列表

文　件	描　述
fast_convoTest. c	测试快速卷积的程序
intrinsic_fft. c	FFT 和 IFFT 的 C 函数
bit_rev. asm	执行位反转的汇编函数
freqflt. asm	执行快速卷积的汇编函数
olap_add. c	控制重叠-相加过程的 C 函数
w_table. c	产生旋转因子的 C 函数
fast_convolution. h	快速卷积的 C 头文件
icomplex. h	定义定点复数数据类型的 C 头文件
tistdtypes. h	标准类型定义头文件
fdacoefs1k_8k_511. h	低通滤波器系数
input. pcm	输入数据文件
c5505. cmd	链接器命令文件

实验过程如下:

(1) 从配套软件包导入 CCS 项目,并重建项目。

(2) 采用数据文件 input. pcm 中的输入信号,载入并运行实验。

(3) 检查实验结果,通过计算输出信号的幅度谱来显示 800Hz 音频能够通过。测量 1500Hz 和 3300Hz 音频的衰减(以 dB 表示)。

(4) 修改实验,将低通滤波器采用仅能通过 1500Hz 音频的带通 FIR 滤波器来代替。重做实验,显示带通滤波器结果,测量在频率 800Hz 和 3300Hz 处由带通滤波器达到的衰减。

(5) 设计一个窄带陷波(带阻)FIR 滤波器,其将移除 1500Hz 音频,而对其他频率产生很小的影响。显示滤波后的输出信号的幅度谱。采用从文件 input. pcm 而来的输入信号,执行实验。

(6) 产生白噪声,作为输入信号,重复步骤(5),检查滤波后的输出信号的幅度谱。

5.6.9　实时快速卷积

此实验采用 C55xx 硬件 FFT 模块实现用于实时低通滤波的快速卷积技术。用于此实验的输入信号可以是音频播放器这样的音频源。2000Hz 截止频率、48 000Hz 采样频率的低通 FIR 滤波器用于本实验。快速卷积过程类似于上一个实验。此实验采用 1024 点硬件 FFT 模块用于不同滤波器长度。快速卷积同时应用于左右立体声声道。音频信号中的高频成分将被低通滤波器衰减。通过聆听输入和输出音频信号,可以听到滤波后的音频信号的"消音"效果。表 5.14 列出了实验中使用的文件。

表 5.14　实验 Exp5.9 中的文件列表

文　件	描　述
realtime_hwfftConvTest. c	测试实时快速卷积的程序
freqflt. asm	执行快速卷积的汇编函数
olap_add. c	控制重叠-相加过程的 C 函数
realtime_hwfftConv. c	管理实时数据过程的 C 函数
vector. asm	实时实验的向量表
icomplex. h	定义定点复数数据类型的 C 头文件
tistdtypes. h	标准类型定义头文件
fdacoefs1k_8k_511. h	低通滤波器系数
dma. h	DMA 函数的头文件
dmaBuff. h	DMA 数据缓冲器的头文件
i2s. h	i2s 函数的 i2s 头文件
Ipva200. inc	C5505 处理器包含文件
myC55xxUtil. lib	BIOS 音频库
c5505. cmd	链接器命令文件

实验过程如下：

（1）从配套软件包导入 CCS 项目，并重建项目。

（2）将耳机和音频源连接到 C5505 eZdsp，载入并运行实验。

（3）通过聆听音频输出来检查实验，并将其与输入信号进行对比。

（4）采用不同的滤波器长度（63、127、255 和 511），重做步骤（3）来验证实时实验结果。

（5）设计梳状滤波器，具有四个等间距通带（参考第 3 章中例 3.2）。采用 MATLAB 创建 WAV 格式的单个文件，其包含基频 $\pi/8$ 和谐波 $\pi/4$、$\pi/2$ 和 $3\pi/4$。将此 WAV 文件作为输入，采用音频播放器进行播放。采用 eZdsp 进行实时实验来验证梳状滤波器将衰减这些谐波相关的音。

习题

5.1　计算余弦函数 $x(t)=\cos(2\pi f_0 t)$ 的傅里叶级数系数。

5.2　计算序列 $\{1, 1, 1, 1\}$ 的四点 DFT。

5.3　计算序列 $\{1, 1, 1, 1, 2, 3, 4, 5\}$ 的八点 DFT 的 $X(0)$ 和 $X(4)$。

5.4　证明如下定义的旋转因子的对称性和周期性：

（1）$W_N^{k+N/2} = -W_N^k$。

（2）$W_N^{k+N} = W_N^k$。

5.5　考虑如下两个序列

$$x_1(n) = 1 \quad 和 \quad x_2(n) = n, \quad 对于 0 \leqslant n \leqslant 3$$

（1）计算这两个序列的线性卷积。

（2）计算这两个序列的循环卷积。

（3）对这两个序列进行补零以便循环卷积的结果与（1）获得的线性卷积结果相同。

（4）采用 MATLAB 验证以上结果。

5.6 采用时域抽取方法构建 $N=16$ 的 FFT 的信号流图。

5.7 采用频域抽取方法构建 $N=8$ 的 FFT 的信号流图。

5.8 类似表 5.1，展示对于 16 点 FFT 的位反转过程。

5.9 考虑 1 秒的数字化信号，采样率为 20kHz。若希望获得频率分辨率为 100Hz 或更小的频谱，这有可能吗？如果不可能，FFT 的长度 N 需要多大？

5.10 一个 1kHz 信号在 8kHz 采样。执行 128 点 FFT 来计算 $X(k)$。频率分辨率是多少？在 $X(k)$ 中哪些频域索引 k 将出现峰值？能观察到线谱吗？如果发生频谱泄露，怎样才能解决这个问题？

5.11 双音多频（DTMF）发送器的按键式电话将每一个按键编码为两个正弦的和，两个频率是从以下组中各取出一个（详见第 7 章）：

垂直组：697Hz、770Hz、852Hz、941Hz。

水平组：1209Hz、1336Hz、1477Hz、1633Hz。

从计算的幅度谱中，能够区分这两个正弦信号所需的最小 DFT 长度 N 是多少？用于通信的采样率是 8kHz。

5.12 类似于例 5.7，假设 $x(n)=\{1, 2, 3, 4, 5, 6, 7, 8\}, h(n)=\{1, 0, 1, 0, 1, 0, 1, 0\}$，写出 MATLAB 程序实现以下任务：

（a）线性卷积。

（b）采用 FFT 和 IFFT 的循环卷积。

（c）采用 FFT 和 IFFT 的线性卷积。

（d）对两个序列 $x(n)$ 和 $h(n)$ 进行恰当的补零的快速卷积。

5.13 类似于例 5.10，采用 Q15 格式并且对输入不进行缩放，计算定点 FFT。是否会发生溢出？比较在第 1 级的输入采用缩放因子 1/128 和在每一级采用缩放因子 0.5 产生的结果。

5.14 类似于例 5.13，但是采用均值为 0、方差为 0.5 的白噪声，而不是正弦波形，计算不采用缩放的 Q15 FFT。在量化的 FFT 中有多少溢出？试着采用不同的缩放向量 F. ScalValues，并讨论其中的不同。

5.15 采用正弦波形作为输入，重做习题 5.14。，比较与习题 5.14 采用白噪声作为输入所得结果的不同。

5.16 类似于例 5.15，采用不同技术区分两个在 60Hz 和 61Hz 的正弦波形。

5.17 类似于例 5.18，采用不同参数（例如窗大小、重叠的百分比、FFT 大小）的 MATLAB 函数 spectrogram 来分析在文件 timit2.asc 中所给的语言信号。

5.18 编写 C 或 MATLAB 程序来计算长序列（例如 timit2.asc）和短冲激响应的 FIR 滤波器（采用 MATLAB 设计）的快速卷积，采用 5.5.4 节介绍的重叠-保留方法。与采用重叠-相加方法的 MATLAB 函数 fftfilt 的结果进行对比。

5.19 通过在复数缓冲器的虚部放置零，大多数 DSP 应用使用复数 FFT 函数来处理实数值输入采样。这种方法简单，但是在执行时间和存储器需求方面的效率不高。对于实数值输入，我们可以将其分为偶数和奇数两个序列，并行地计算偶数和奇数序列。这种方法将降低将近 50% 的执行时间。假设一个具有 $2N$ 个样本的实数值输入信号 $x(n)$，我们可以定义 $c(n) = a(n) + jb(n)$，其中 $a(n) = x(n)$ 是偶数序号序列，$b(n) = x(n+1)$ 是奇数序号序列。我们可以表示这些序列为 $a(n) = [c(n) + c^*(n)]/2$ 和 $b(n) = -j[c(n) - c^*(n)]/2$；然后将它们写成 DFT 系数项的形式 $A_k(k) = [C(k) + C^*(N-k)]/2$ 和 $B_k(k) = -j[C(k) - C^*(N-k)]/2$。最后，实数值输入 FFT 的结果可以通过 $X(k) = A_k(k) + W_{2N}^k B_k(k)$ 和 $X(k+N) = A_k(k) - W_{2N}^k B_k(k)$ 获得，其中 $k = 0, 1, \cdots, N-1$。修改复数基 2 FFT 函数来计算 $2N$ 个实数值信号样本。

5.20 编写 128 点、频域抽取 FFT 的定点 C 函数，并且采用 5.6.4 节给出的实验来验证结果。

5.21 采用具有内在函数的定点 C 重做习题 5.20，与习题 5.20 中的定点 C 的效率进行对比。

参考文献

1. DeFatta, D. J., Lucas, J. G., and Hodgkiss, W. S. (1988) Digital Signal Processing: A System Design Approach, John Wiley & Sons, Inc., New York.

2. Ahmed, N. and Natarajan, T. (1983) Discrete-Time Signals and Systems, Prentice Hall, Englewood Cliffs, NJ.

3. Kuo, S. M. and Gan, W. S. (2005) Digital Signal Processors, Prentice Hall, Upper Saddle River, NJ.

4. Jackson, L. B. (1989) Digital Filters and Signal Processing, 2nd edn, Kluwer Academic, Boston.

5. Oppenheim, A. V. and Schafer, R. W. (1989) Discrete-Time Signal Processing, Prentice Hall, Englewood Cliffs, NJ.

6. Orfanidis, S. J. (1996) Introduction to Signal Processing, Prentice Hall, Englewood Cliffs, NJ.

7. Proakis, J. G. and Manolakis, D. G. (1996) Digital Signal Processing-Principles, Algorithms, and Applications, 3rd edn, Prentice Hall, Englewood Cliffs, NJ.

8. Bateman, A. and Yates, W. (1989) Digital Signal Processing Design, Computer Science Press, New York.

9. Stearns, S. D. and Hush, D. R. (1990) Digital Signal Analysis, 2nd edn, Prentice Hall, Englewood Cliffs, NJ.

10. The MathWorks, Inc. (2000) UsingMATLAB, Version 6.

11. The MathWorks, Inc. (2004) Signal Processing Toolbox User's Guide, Version 6.

12. The MathWorks, Inc. (2004) Filter Design Toolbox User's Guide, Version 3.

13. The MathWorks, Inc. (2004) Fixed-Point Toolbox User's Guide, Version 1.

14. Tian, W. (2002) Method for efficient and zero latency filtering in a long-impulse-response system. European patent WO0217486A1, February.

15. Texas Instruments, Inc. (2010) FFT Implementation on the TMSVC5505, TMSC5505, TMSC5515 DSPs, SPRABB6A, June.

第6章

自适应滤波

第3章和第4章分别介绍了线性时不变FIR和IIR滤波器的分析、设计及实现的原理和技术。采用由滤波器设计算法计算出的定点系数的滤波器或许在一些应用中不能正确地工作，在这些应用中，信号的特性和环境是未知的并且/或者是变化的。本章介绍自适应滤波器，通过自适应算法跟踪时变信号和系统，其系数可以自动地、持续地进行更新[1-10]。

6.1 随机过程简介

实际的信号，例如语言、音乐和噪声，本质上是时变和随机的。2.3节介绍了随机变量的一些基本概念。本节主要回顾随机过程的一些重要属性，以便理解自适应算法的基本概念。

随机过程 $x(n)$ 的自相关函数定义为

$$r_{xx}(n, k) = E[x(n)x(k)] \tag{6.1}$$

此函数说明了在不同时刻，序号 n 和 k 的信号的统计关系，决定了在不同时滞 $(n-k)$ 的随机变量依赖程度。

相关性是探测被随机噪声损坏的信号、两个信号之间的时间延迟的测量、未知系统冲激响应的估计以及其他应用的有力工具。相关性常用于雷达、声呐、数字通信以及其他科学工程领域。例如，在雷达和声呐应用中，从目标反射回来的接收信号是发射信号的延迟。通过采用合适的相关函数测量往返延迟，雷达和声呐可以确定到目标物体的距离。在第8章，将采用相关函数来估计语言和其回声之间的延迟。

如果随机过程的统计性不随时间发生变化，则是平稳的。"平稳"最有用的宽泛形式为"广义平稳"(WSS)过程，其满足以下两个条件：

(1) 过程的均值独立于时间，即

$$E[x(n)] = m_x \tag{6.2}$$

其中均值 m_x 是常数。

(2) 自相关函数仅依赖于时间差，即

$$r_{xx}(k) = E[x(n+k)x(n)] \tag{6.3}$$

其中 k 是时滞。

WSS 过程的自相关函数 $r_{xx}(k)$ 具有以下重要性质：

（1）自相关函数是偶函数，即

$$r_{xx}(-k) = r_{xx}(k) \tag{6.4}$$

（2）自相关函数的边界

$$|r_{xx}(k)| \leqslant r_{xx}(0) \tag{6.5}$$

其中，$r_{xx}(0) = E[x^2(n)]$ 是均方值或随机过程 $x(n)$ 的功率。如果 $x(n)$ 是零均值随机过程，我们有

$$r_{xx}(0) = E[x^2(n)] = \sigma_x^2 \tag{6.6}$$

【例 6.1】 考虑正弦信号 $x(n) = A\cos(\omega_0 n)$。求 $x(n)$ 的均值和自相关函数。

对于均值

$$m_x = AE[\cos(\omega_0 n)] = 0$$

对于自相关函数

$$r_{xx}(k) = E[x(n+k)x(n)] = A^2 E[\cos(\omega_0 n + \omega k)\cos(\omega_0 n)]$$
$$= \frac{A^2}{2}E[\cos(2\omega_0 n + \omega_0 k)] + \frac{A^2}{2}\cos(\omega_0 k)$$
$$= \frac{A^2}{2}\cos(\omega_0 k)$$

这样，余弦波形的自相关函数是具有相同频率 ω_0 的余弦函数。

接下来，考虑很多应用中采用的随机信号，其为零均值和方差 σ_v^2 的白噪声。它的自相关函数为

$$r_{vv}(k) = \sigma_v^2 \delta(k) \tag{6.7}$$

是一个 delta 函数，在 $k=0$ 处幅度为 σ_v^2，而且功率谱为

$$P_{vv}(\omega) = \sigma_v^2, \quad |\omega| \leqslant \pi \tag{6.8}$$

这表明随机信号的功率均匀分布在全频率范围。

两个 WSS 过程 $x(n)$ 和 $y(n)$ 之间的互相关函数定义为

$$r_{xy}(k) = E[x(n+k)y(n)] \tag{6.9}$$

互相关函数具有以下性质：

$$r_{xy}(k) = r_{yx}(-k) \tag{6.10}$$

因此，简而言之，$r_{yx}(k)$ 是 $r_{xy}(k)$ 的折叠形式。

【例 6.2】 考虑二阶 FIR 滤波器的 I/O 等式

$$y(n) = x(n) + ax(n-1) + bx(n-2)$$

假设零均值和方差 σ_x^2 的白噪声用作输入信号 $x(n)$。求滤波器输出信号 $y(n)$ 的均值 m_y 和自相关函数 $r_{yy}(k)$。

对于均值

$$m_y = E[y(n)] = E[x(n)] + aE[x(n-1)] + bE[x(n-2)] = 0$$

对于自相关函数

$$
\begin{aligned}
r_{yy}(k) &= E[y(n+k)y(n)] \\
&= (1+a^2+b^2)r_{xx}(k) + (a+ab)r_{xx}(k-1) + (a+ab)r_{xx}(k+1) \\
&\quad + br_{xx}(k-2) + br_{xx}(k+2) \\
&= \begin{cases}
(1+a^2+b^2)\sigma_x^2, & k=0 \\
(a+ab)\sigma_x^2, & k=\pm 1 \\
b\sigma_x^2, & k=\pm 2 \\
0, & \text{其他}
\end{cases}
\end{aligned}
$$

在很多实际应用中,我们或许仅仅有一个有限长度序列 $x(n)$。在这种情况下,$x(n)$ 的样本均值被定义为

$$
\bar{m}_x = \frac{1}{N}\sum_{n=0}^{N-1}x(n) \tag{6.11}
$$

其中,N 是对于短时间分析可以得到的样本数。同样地,样本自相关函数被定义为

$$
\bar{r}_{xx}(k) = \frac{1}{N-k}\sum_{n=0}^{N-k-1}x(n+k)x(n), \quad k=0,1,\cdots,N-1 \tag{6.12}
$$

理论上,我们能够计算时滞 k 至 $N-1$;然而,实际中,我们仅仅能对于时滞小于信号长度 10% 的情况下才能希望有个好的结果。

如第 2 章讨论,MATLAB 函数 rand 产生在 0 和 1 之间均匀分布的伪随机数[11]。另外,randn 产生正态分布伪随机数,randi 产生均匀分布伪随机整数。

【例 6.3】 类似于例 6.1,考虑余弦波形被零均值、单位方差白噪声 $v(n)$ 所损坏。被损坏的信号可以表示为

$$
x(n) = A\cos(\omega_0 n) + v(n)
$$

被损坏的信号的均值为

$$
m_x = AE[\cos(\omega_0 n)] + E[v(n)] = 0
$$

根据例 6.1,自相关函数为

$$
r_{xx}(k) = \frac{A^2}{2}\cos(\omega_0 k) + \sigma_v^2\delta(k)
$$

此式表明,噪声能量以零时滞($k=0$)为中心,对于 $k>1$ 的其他自相关函数是具有相同频率 ω_0 的纯余弦波形。因此,自相关函数可以用来估计嵌入到白噪声中的正弦频率。另外,功率谱为

$$
P_{xx}(\omega) = \frac{A^2}{2}\delta(\omega_0) + \sigma_v^2, \quad |\omega| < \pi
$$

此式表明功率谱基本上是平坦的,在频率 ω_0 处有一谱线。因此,自相关函数和功率谱都可以用于探测被白噪声损坏的正弦信号,见例 2.21 和图 2.18。

MATLAB 提供函数 xcorr 来估计互相关函数,即

```
c = xcorr(x, y)
```

其中,x 和 y 是长度为 N 的向量。如果 x 和 y 具有不同长度,将短的补零以便与长的具有相

同的长度。此函数返回长度为 $2N-1$ 的互相关序列 c。此函数也可以用于估计自相关函数，即

```
a = xcorr(x)
```

注意到估计的自相关函数的第零个时滞$(k=0)$处于 $2N-1$ 序列的中间，即处于元素 N。

6.2 自适应滤波器

很多实际应用中的信号的特征是时变和/或未知的。例如，考虑高速数据通信通过媒体通道来进行数据发送和接收。此应用会需要被称为"信道均衡器"的滤波器来补偿通道失真。由于信道或许在每一次确立连接时是未知并且时变的，均衡器必须能够跟踪和补偿未知和变化的通道特性。

自适应滤波器通过自动更新其系数来修改其特性以达到一定目标。已经开发出很多自适应滤波器结构和自适应算法以适应不同的应用需求。本章仅介绍广泛使用的基于 FIR 的自适应滤波器，采用最小均方(LMS)算法和一些简单修改的 LMS 类算法。这些自适应滤波器相对易于设计和实现，并且具有鲁棒性，广泛地用于实际应用中。

6.2.1 自适应滤波简介

自适应滤波器有两个不同的部分组成：数字滤波器执行希望的滤波，自适应算法自动更新滤波器系数(或权重)。自适应滤波器的一般形式见图 6.1，其中 $d(n)$ 是期望的(或主输入)信号，$y(n)$ 是由参考输入信号 $x(n)$ 驱动的数字滤波器的输出，$e(n)$ 是误差信号，即 $d(n)$ 和 $y(n)$ 之间的差。信号 $x(n)$ 和 $d(n)$、信号 $y(n)$ 和 $e(n)$ 的特征依赖于所给应用。自适应算法调整滤波器系数来使误差信号 $e(n)$ 的所给成本函数最小化。因此，通过基于所给目标，自适应算法更新滤波器权重系数以便误差信号逐步最小化。

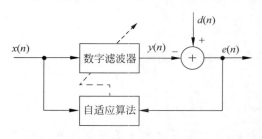

图 6.1　自适应滤波器的通用框图

可以采用几种类型的滤波器，例如 FIR 和 IIR 滤波器，以达到自适应滤波器的目的。如第 3 章讨论的，FIR 滤波器不需要限制系数就可以保证稳定，它可以提供期望的线性相位响应。另一方面，如第 4 章讨论的，IIR 滤波器的极点在自适应系数调整的过程中有可能移到单位圆外，导致系统不稳定。由于在实时应用中不能保证自适应 IIR 滤波器稳定，因此，自适应 FIR 滤波器广泛地用于实际应用中。本章仅仅讨论自适应 FIR 滤波器。

图 6.2 说明了最为广泛采用的自适应 FIR 滤波器。计算滤波器输出信号为

$$y(n) = \sum_{l=0}^{L-1} w_l(n) x(n-l) \tag{6.13}$$

其中,滤波器系数 $w_l(n)$ 是时间的函数,自适应算法对其进行更新。我们定义时刻 n,长度为 L 的输入向量为

$$\boldsymbol{x}(n) \equiv [x(n)x(n-1)\cdots x(n-L+1)]^{\mathrm{T}} \tag{6.14}$$

和系数向量为

$$\boldsymbol{w}(n) \equiv [w_0(n)w_1(n)\cdots w_{L-1}(n)]^{\mathrm{T}} \tag{6.15}$$

式(6.13)以向量的形式可重写为

$$y(n) = \boldsymbol{w}^{\mathrm{T}}(n)\boldsymbol{x}(n) = \boldsymbol{x}^{\mathrm{T}}(n)\boldsymbol{w}(n) \tag{6.16}$$

滤波器输出 $y(n)$ 与期望信号 $d(n)$ 进行比较得到误差信号

$$e(n) = d(n) - y(n) = d(n) - \boldsymbol{w}^{\mathrm{T}}(n)\boldsymbol{x}(n) \tag{6.17}$$

我们的目标是确定权重向量 $\boldsymbol{w}(n)$ 以便最小化基于 $e(n)$ 的预先确定的成本(或性能)函数。

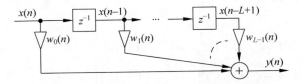

图 6.2　用于自适应滤波的时变 FIR 滤波器的框图

6.2.2　性能函数

图 6.1 所示的自适应滤波器采用自适应算法来更新滤波器系数,如图 6.2 所示,来达到预先确定的性能标准。这里有几种性能函数,例如最小二乘法函数,本章介绍常用的基于均方误差(MSE)的成本函数,定义为

$$\xi(n) \equiv E[e^2(n)] \tag{6.18}$$

MSE 函数可以通过将式(6.17)代入式(6.18)中得到

$$\xi(n) = E[d^2(n)] - 2\boldsymbol{p}^{\mathrm{T}}\boldsymbol{w}(n) + \boldsymbol{w}^{\mathrm{T}}(n)\boldsymbol{R}\boldsymbol{w}(n) \tag{6.19}$$

其中, $\boldsymbol{p}$ 是互相关向量,定义为

$$\boldsymbol{p} \equiv E[d(n)\boldsymbol{x}(n)]$$
$$= [r_{dx}(0), r_{dx}(1), \cdots, r_{dx}(L-1)]^{\mathrm{T}} \tag{6.20}$$

和

$$r_{dx}(k) \equiv E[d(n+k)x(n)] \tag{6.21}$$

是 $d(n)$ 和 $x(n)$ 之间的互相关函数。式(6.19)中, $\boldsymbol{R}$ 是输入自相关矩阵,定义为

$$\boldsymbol{R} \equiv E[\boldsymbol{x}(n)\boldsymbol{x}^{\mathrm{T}}(n)]$$
$$= \begin{bmatrix} r_{xx}(0) & r_{xx}(1) & \cdots & r_{xx}(L-1) \\ r_{xx}(1) & r_{xx}(0) & \cdots & r_{xx}(L-2) \\ \vdots & \cdots & \ddots & \vdots \\ r_{xx}(L-1) & r_{xx}(L-2) & \cdots & r_{xx}(0) \end{bmatrix} \tag{6.22}$$

其中, $r_{xx}(k)$ 是定义在式(6.3)中的 $x(n)$ 的自相关函数。定义在式(6.22)中的自相关矩阵

是一个对称矩阵,称为"Toeplitz 矩阵",这是由于主对角线上的所有元素相等,并且平行于主对角线上的元素也相等。

【**例 6.4**】 考虑具有固定系数 w_1 的最佳滤波器,见图 6.3。如果所给信号 $x(n)$ 和 $d(n)$ 具有特性 $E[x^2(n)]=1$, $E[x(n) \quad x(n-1)]=0.5$, $E[d^2(n)]=4$, $E[d(n) \quad x(n)]=-1$ 和 $E[d(n) \quad x(n-1)]=1$,基于固定系数向量求 MSE 函数 ξ。

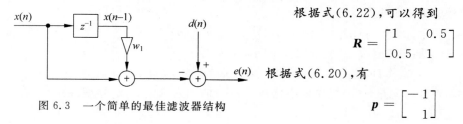

图 6.3 一个简单的最佳滤波器结构

根据式(6.22),可以得到

$$R = \begin{bmatrix} 1 & 0.5 \\ 0.5 & 1 \end{bmatrix}$$

根据式(6.20),有

$$p = \begin{bmatrix} -1 \\ 1 \end{bmatrix}$$

因此,根据式(6.19),得到

$$\xi = E[d^2(n)] - 2p^{\mathrm{T}}w + w^{\mathrm{T}}Rw$$

$$= 4 - 2[-1 \quad 1]\begin{bmatrix} 1 \\ w_1 \end{bmatrix} + [1 \quad w_1]\begin{bmatrix} 1 & 0.5 \\ 0.5 & 1 \end{bmatrix}\begin{bmatrix} 1 \\ w_1 \end{bmatrix}$$

$$= w_1^2 - w_1 + 7$$

最佳滤波器 w° 最小化 MSE 函数 $\xi(n)$。可以通过对式(6.19)进行求导并将结果置为 0 来获得最优解。得到以下标准方程:

$$Rw^\circ = p \tag{6.23}$$

这样可计算出最佳滤波器为

$$w^\circ = R^{-1}p \tag{6.24}$$

通过将式(6.24)最优权重向量去替换式(6.19)中的 $w(n)$,可以得到最小 MSE 为

$$\xi_{\min} = E[d^2(n)] - p^{\mathrm{T}}w^\circ \tag{6.25}$$

【**例 6.5**】 考虑具有两个系数 w_0 和 w_1 的 FIR 滤波器,期望的信号 $d(n)=\sqrt{2}\sin(\omega_0 n)$, $n \geq 0$,参考信号 $x(n)=d(n-1)$。求 w° 和 $\xi_{\min}$。

类似于例 6.4,我们得到 $r_{xx}(0)=E[x^2(n)]=E[d^2(n)]=1$, $r_{xx}(1)=\cos(\omega_0)$, $r_{xx}(2)=\cos(2\omega_0)$, $r_{dx}(0)=r_{xx}(1)$ 和 $r_{dx}(1)=r_{xx}(2)$,根据式(6.24),有

$$w^\circ = R^{-1}p = \begin{bmatrix} 1 & \cos(\omega_0) \\ \cos(\omega_0) & 1 \end{bmatrix}^{-1}\begin{bmatrix} \cos(\omega_0) \\ \cos(2\omega_0) \end{bmatrix} = \begin{bmatrix} 2\cos(\omega_0) \\ -1 \end{bmatrix}$$

根据式(6.25),得到

$$\xi_{\min} = 1 - [\cos(\omega_0) \quad \cos(2\omega_0)]\begin{bmatrix} 2\cos(\omega_0) \\ -1 \end{bmatrix} = 0$$

在实际应用中,当信号不稳定时,采用式(6.24)的最佳滤波器的计算需要对 R 和 p 进行连续估计。另外,如果滤波器长度 L 很大,自相关矩阵的尺度($L \times L$)将会很大,这样求逆矩阵 R^{-1} 需要密集计算。

由式(6.19)定义的成本函数是一个自适应 FIR 滤波器系数向量 $w(n)$ 的二次函数。对于每一个系数向量 $w(n)$,都有相应 MSE $\xi(n)$ 的值。因此,与 $w(n)$ 相关的 MSE 形成($L+1$)维空间,其通常被称为"误差曲面",或"性能曲面"。$\xi(n)$ 的高度对应于误差信号 $e(n)$ 的功率。当滤波器系数改变时,误差信号的功率也将发生变化。由于误差曲面是一个二次函数,唯一的滤波器设置 $w(n) = w^o$ 将产生最小 MSE $\xi_{\min}$。由于矩阵 $\boldsymbol{R}$ 是半正定,式(6.19)的右手侧的二次形式表明权重向量 $w(n)$ 相对于最佳 w^o 的任何偏离将增加 MSE,远离由式(6.25)给出的其最小值。这个特性对于推导搜索最优权重向量的搜索技术是非常有用的。在这种情况下,目标是开发一种算法能够自动地搜索误差曲面来找到最优权重以便最小化 $\xi(n)$。因此,可以得到基于递归搜索方法的更为有效的算法,这将在下一节进行介绍。

例如,如果 $L=2$,误差曲面形成三维空间,称为"椭圆抛物面"。如果采用 $\xi_{\min}$ 以上平行于 w_0-w_1-平面切割抛物面,我们将获得恒定 MSE 值的同心椭圆。这些椭圆被称为"误差轮廓"。

【例 6.6】 考虑具有两个系数 w_0 和 w_1 的 FIR 滤波器,参考信号是零均值单位方差的白噪声。期望的信号为

$$d(n) = b_0 x(n) + b_1 x(n-1) = 0.3 x(n) + 0.5 x(n-1)$$

计算和绘制误差曲面和误差轮廓。

根据式(6.22),可以得到

$$\boldsymbol{R} = \begin{bmatrix} r_{xx}(0) & r_{xx}(1) \\ r_{xx}(1) & r_{xx}(0) \end{bmatrix} = \begin{bmatrix} 1 & 0 \\ 0 & 1 \end{bmatrix}$$

根据式(6.20),有

$$\boldsymbol{p} = \begin{bmatrix} r_{dx}(0) \\ r_{dx}(1) \end{bmatrix} = \begin{bmatrix} b_0 \\ b_1 \end{bmatrix}$$

将这些值代入式(6.19),得到

$$\xi = E[d^2(n)] - 2\boldsymbol{p}^{\mathrm{T}}\boldsymbol{w} - \boldsymbol{w}^{\mathrm{T}}\boldsymbol{R}\boldsymbol{w}$$
$$= (b_0^2 + b_1^2) - 2b_0 w_0 - 2b_1 w_1 + w_0^2 + w_1^2$$

由于 $b_0 = 0.3$ 和 $b_1 = 0.5$,有

$$\xi = 0.34 - 0.6 w_0 - w_1 + w_0^2 + w_1^2$$

MATLAB 程序 example6_6a.m 绘制误差曲面,如图 6.4(顶部)所示,程序 example6_6b.m 绘制误差轮廓,见图 6.4 的底部。在程序 example6_6a.m 中,我们定义误差函数为

```
error = 0.34 - 0.6. * w0 - w1 = w0. * w0 + w1. * w1;
```

以及采用 MATLAB 函数 meshgrid 来定义 w0(ω_0)和 w1(ω_1)数组进行误差曲面的三维绘图,采用函数 mesh(w0, w1, error)来绘制彩色的参数化网格,颜色正比于网格高度。在程序 example6_6b.m 中,我们采用

```
contour(w0(1,:),w1(:,1),error,15);
```

基于由误差函数 error 定义的误差表面,绘制 15 个轮廓。

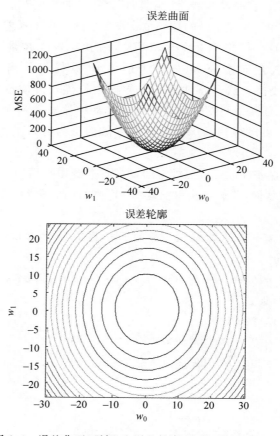

图 6.4　误差曲面(顶部)和误差轮廓(底部)的例子,$L=2$

6.2.3　最速下降法

如图 6.4 所示,MSE 是滤波器系数的二次函数,可以描绘为仅有一个全局最小点的正凹超抛物曲面。调整系数进行误差信号最小化,主要涉及沿着此曲面下降直到到达"碗底",那里的梯度等于零。基于梯度算法进行梯度的本地估计,并向碗底进行移动。最速下降法通过沿着负梯度方向到达最小点,误差曲面在这个方向具有最快下降速率。

最速下降法是一个迭代(递归)技术,从一些任意初始权重向量 $w(0)$,通过在误差曲面上以那个点估算的负梯度的方向移动,下降到碗底 w°。通过采用 MSE 曲面的方向导数的几何方法,来进行最速下降法的数学算法开发。误差曲面的梯度 $\nabla\xi(n)$ 定义为 MSE 函数关于 $w(n)$ 的梯度,负号表示权重向量,是以负梯度方向进行更新。这样,最速下降法的概念可实现为

$$w(n+1) = w(n) - \frac{\mu}{2}\nabla\xi(n) \tag{6.26}$$

其中,μ 是收敛因子(也称为步长),决定算法的稳定性和收敛速度。权重向量在误差曲面上的最速下降方向的逐次校正应最终到达最优值 w°,其对应于最小均方误差 $\xi_{\min}$。

当 $w(n)$ 已经收敛到 w°,其到达性能曲面的最小点 $\xi_{\min}$。在这个点上,梯度 $\nabla\xi(n)=0$,由式(6.26)定义的适应过程已经停止,这是因为更新项等于零,因此权重向量停留在优化解上。这个收敛过程可以看作是一个球放置在点 $[w(0),\xi(0)]$ 处的"碗形"的性能曲面上。当释放球以后,它将向碗底滚落,最终到达曲面的最小值点 $[w^{\circ},\xi_{\min}]$。

6.2.4 LMS 算法

在很多实际应用中,$d(n)$ 和 $x(n)$ 的统计特性是未知的。因此,还不能直接使用最速下降法,这是由于其假设能够得到 MSE 来进行梯度向量计算。由 Widrow[9] 开发的 LMS 算法采用瞬时平方误差 $e^2(n)$ 来估计 MSE

$$\hat{\xi}(n) = e^2(n) \tag{6.27}$$

因此,梯度估计是成本函数关于权重向量的偏导

$$\nabla\hat{\xi}(n) = 2[\nabla e(n)]e(n) \tag{6.28}$$

由于 $e(n)=d(n)-w^{\mathrm{T}}(n)x(n)$,$\nabla e(n)=-x(n)$,梯度估计变为

$$\nabla\hat{\xi}(n) = -2x(n)e(n) \tag{6.29}$$

将此梯度估计代入式(6.26)定义的最速下降算法中,得到

$$w(n+1) = w(n) + \mu x(n)e(n) \tag{6.30}$$

这就是著名的 LMS 算法,或随机梯度算法。由于此算法不需要平方、平均或微分计算,所以这个算法易于实现。

图 6.5 给出了 LMS 算法,算法的步骤总结如下:

(1)确定 L、μ 和 $w(0)$ 的值,其中 L 是滤波器的长度,μ 是步长,$w(0)$ 是时刻 $n=0$ 时的初始权重向量。正确地确定这些参数非常重要,以便获得最好的 LMS 算法性能。

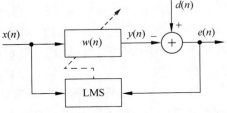

图 6.5 采用 LMS 算法的自适应滤波器框图

(2)计算自适应滤波器输出

$$y(n) = w^{\mathrm{T}}(n)x(n) = \sum_{l=0}^{L-1}w_l(n)x(n-l) \tag{6.31}$$

(3)计算误差信号

$$e(n) = d(n) - y(n) \tag{6.32}$$

(4)采用式(6.30)的 LMS 算法更新权重向量,可以采用以下标量形式表示

$$w_l(n+1) = w_l(n) + \mu x(n-l)e(n), \quad l = 0,1,\cdots,L-1 \tag{6.33}$$

定义在式(6.31)的滤波操作需要 L 次乘法和 $L-1$ 次加法。如果我们首先在循环外将 μ 乘以 $e(n)$，然后在循环内将积再乘以 $x(n-l)$，定义在式(6.33)中的系数更新操作需要 $L+1$ 次乘法和 L 次加法。因此，采用 LMS 算法的自适应 FIR 滤波器的计算需求为 $2L$ 次加法和 $2L+1$ 次乘法。

6.2.5 改进 LMS 算法

有三种 LMS 算法的简化版本，可以进一步减少 LMS 算法所需要的乘法数量。然而，这些 LMS 类算法要比 LMS 算法的收敛速度要慢。第一种改进算法，称为"符号-误差"LMS 算法，表示为

$$\boldsymbol{w}(n+1) = \boldsymbol{w}(n) + \mu \boldsymbol{x}(n)\mathrm{sgn}[e(n)] \tag{6.34}$$

其中

$$\mathrm{sgn}[e(n)] = \begin{cases} 1, & e(n) \geqslant 0 \\ -1, & e(n) < 0 \end{cases} \tag{6.35}$$

误差信号的符号运算等效于 $e(n)$ 的非常粗糙的(1 位)量化。如果 μ 是负的 2 的幂，$\mu \boldsymbol{x}(n)$ 可以采用 $x(n)$ 的右移来进行计算。然而，如果符号算法采用具有硬件乘法器的数字信号处理器进行实现，式(6.35)中的条件测试需要的指令周期要比 LMS 算法中的乘法需要的指令周期还要多。

可以对输入信号 $x(n)$，而不是误差信号 $e(n)$，进行符号运算，从而得到的方法就是以下的"符号-数据"LMS 算法：

$$\boldsymbol{w}(n+1) = \boldsymbol{w}(n) + \mu e(n)\mathrm{sgn}[\boldsymbol{x}(n)] \tag{6.36}$$

由于在适应循环中需要 L 个分支(IF-ELSE)指令来确定 $x(n-l)$ 符号，$l=0,1,\cdots,L-1$。吞吐量比符号-误差 LMS 算法所期望的慢。

最后，可以在 $e(n)$ 和 $x(n)$ 同时进行符号运算，从而得到"符号-符号"LMS 算法，表示为

$$\boldsymbol{w}(n+1) = \boldsymbol{w}(n) + \mu \mathrm{sgn}[e(n)]\mathrm{sgn}[\boldsymbol{x}(n)] \tag{6.37}$$

此算法不需要乘法运算，可以用于 VLSI 和 ASIC 设计实现，以便节省乘法操作。其用于语音压缩的自适应差分脉冲编码调制(ADPCM)中。

一些实际应用处理复数信号，频域自适应滤波需要进行复数操作以便保持它们的相位关系。复数自适应滤波器使用复数输入向量 $\boldsymbol{x}(n)$ 和复数系数向量 $\boldsymbol{w}(n)$，表达为

$$\boldsymbol{x}(n) = \boldsymbol{x}_{\mathrm{r}}(n) + \mathrm{j}\boldsymbol{x}_{\mathrm{i}}(n) \tag{6.38}$$

和

$$\boldsymbol{w}(n) = \boldsymbol{w}_{\mathrm{r}}(n) + \mathrm{j}\boldsymbol{w}_{\mathrm{i}}(n) \tag{6.39}$$

其中，下标 r 和 i 分别表示实部和虚部。

计算复数输出信号 $y(n)$ 为

$$y(n) = \boldsymbol{w}^{\mathrm{T}}(n)\boldsymbol{x}(n) \tag{6.40}$$

其中，所有的乘法和加法均为复数操作。复数 LMS 算法同时对 $\boldsymbol{w}(n)$ 实部和虚部进行自适应：

$$\boldsymbol{w}(n+1) = \boldsymbol{w}(n) + \mu e(n)\boldsymbol{x}^{*}(n) \tag{6.41}$$

其中,上标 * 表示复数共轭运算 $x^*(n) = x_r(n) - jx_i(n)$。对于自适应信道均衡器,将复数计算分解为实数计算的例子见 6.6.7 节。

6.3 性能分析

在本节,我们主要讨论 LMS 算法的一些重要性质,例如稳定性、收敛速率、过量均方误差和有限字长效应。理解这些性质有助于选择最好的参数,例如 L 和 μ,来提高自适应滤波器的性能。

6.3.1 稳定性约束

如式(6.30)所示,与权重向量有关的 LMS 相关项包括反馈 $e(n)$ 和步长 μ。这样,自适应算法的收敛由步长值确定。当步长满足以下条件时,可以保证 LMS 算法的稳定性:

$$0 < \mu < 2/\lambda_{\max} \tag{6.42}$$

其中,$\lambda_{\max}$ 是定义在式(6.22)中的自相关矩阵 R 的最大特征值。

当 L 很大时,$\lambda_{\max}$ 的计算是很困难的。同时,在设计阶段还得不到真正的 R,并且/或者在自适应滤波器的工作期间会发生改变。在实际应用中,可以采用一个简单方法来近似 $\lambda_{\max}$。根据式(6.22)和线性代数,我们有

$$\lambda_{\max} \leqslant \sum_{l=0}^{L-1} \lambda_l = L r_{xx}(0) = L P_x \tag{6.43}$$

其中,λ_l 是矩阵 R 的特征值,以及

$$P_x \equiv r_{xx}(0) \equiv E[x^2(n)] \tag{6.44}$$

是 $x(n)$ 的功率。因此,式(6.42)给出的稳定性条件可近似为

$$0 < \mu < 2/L P_x \tag{6.45}$$

这个表达式提供了两个确定 μ 值的重要原则:

(1) 步长 μ 的上限反比于滤波器长度 L,这样,更小的 μ 必须用于更高阶的滤波器中,反之亦然。

(2) 由于步长反比于输入信号功率,更大的 μ 可用于低功率信号,反之亦然。更为有效的技术是关于 P_x 归一化步长 μ,以便算法的收敛速率独立于信号功率。得到的算法称为"归一化 LMS 算法",将在 6.3.4 节讨论。

6.3.2 收敛速度

权重向量 $w(n)$ 从 $w(0)$ 收敛到 w^o,对应于 MSE 从 $\xi(0)$ 收敛到 $\xi_{\min}$。MSE 从 $\xi(0)$ 下降到它的最小值 $\xi_{\min}$ 所需的平均时间定义为 τ_{mse},其通常用于衡量自适应算法的收敛速率。另外,MSE 对时间 n 的关系图称为"学习曲线",它是描述自适应算法瞬态行为的有效手段。

每一个自适应模式具有其自己的收敛时间常数,由步长 μ 和与模式相关的特征值 λ_l 决定。这样,很明显,收敛所需的时间由最小特征值的最慢模式所限制,可以表示为

$$\tau_{\mathrm{mse}} \cong \frac{1}{\mu \lambda_{\min}} \qquad (6.46)$$

其中 $\lambda_{\min}$ 是矩阵 R 的最小特征值。因为 τ_{mse} 反比于步长 μ，采用更小 μ 的会导致更大的 τ_{mse}（更慢的收敛）。注意，式(6.46)中的最大时间常数是一个保守估计，这是由于只有大的特征值在实际应用中对收敛时间才产生明显的影响。

当 $\lambda_{\max}$ 非常大时，只有小的 μ 才能满足式(6.42)给出的稳定性条件。如果 $\lambda_{\min}$ 很小，时间常数将会很大，结果导致很慢的收敛。当采用最小步长 $\mu = 1/\lambda_{\max}$ 时，将出现最慢收敛。将此步长代入式(6.46)，得到

$$\tau_{\mathrm{mse}} \leqslant \frac{\lambda_{\max}}{\lambda_{\min}} \qquad (6.47)$$

因此，收敛速率由矩阵 R 的最大特征值和最小特征值的比(称为特征值扩散)决定。

在实际中，如果矩阵 R 未知，特征值 $\lambda_{\max}$ 和 $\lambda_{\min}$ 是很难进行计算和估计的。特征值扩散可以采用频谱动态范围进行有效近似，这样，式(6.47)可以修改为

$$\tau_{\mathrm{mse}} \leqslant \frac{\lambda_{\max}}{\lambda_{\min}} \cong \frac{\max |X(\omega)|^2}{\min |X(\omega)|^2} \qquad (6.48)$$

其中，$X(\omega)$ 是 $x(n)$ 的 DTFT。因此，收敛速率由输入信号的幅度谱的特征来决定。例如，平坦频谱的白噪声将具有很快的收敛速度。

6.3.3　过量均方误差

式(6.26)定义的最速下降算法要求真梯度 $\nabla \xi(n)$，每一次迭代必须从确切的 MSE 进行计算。当算法已经收敛后，真梯度 $\nabla \xi(n) = 0$，算法将会停止在具有最小 MSE 的最优解上。然而，LMS 算法采用由式(6.27)给出的瞬时平方误差来估计 MSE，这样，梯度估计 $\nabla \hat{\xi}(n) \neq 0$。由式(6.26)所示，这将引起 $w(n)$ 随机地围绕 w°，这样，在滤波器输出上产生过量的随机误差。过量 MSE 由权重向量在收敛后仍存在的过量随机误差所引起，可表示为

$$\xi_{\mathrm{excess}} \approx \frac{\mu}{2} L P_x \xi_{\min} \qquad (6.49)$$

这个近似表达式说明，过量 MSE 直接正比于 μ。这样，采用更大步长 μ 将引起更快的收敛速率，但是以引入更多噪声的稳态性能的降低为代价。因此，在选择值 μ 时，在过量 MSE 和收敛速率方面存在权衡。

对于实际应用，很难确定优化的 μ。不恰当的 μ 值会使算法不稳定，降低收敛速度，或者在稳态时引入更多的过量 MSE。如果信号不稳定，并且对于所给应用实时跟踪能力的要求是很高的，则选择更大的 μ。如果信号是稳定的，并且初始收敛速度不是很重要，可以选择小的 μ 以便获得更好的稳态性能。在一些实际应用中，可以采用可变步长，例如在开始时(或当环境发生变化时)采用更大的 μ 以便获得更快的收敛，在自适应系统已经收敛后采用更小的 μ 以便获得更好的稳态性能。已经开发出几种称为"可变步长 LMS 算法"的先进算法来提高收敛速率。

式(6.49)中的过量 MSE 也正比于滤波器长度 L，这意味着大的 L 将导致更多算法噪

声。另外,式(6.45)对于大的 L,要求较小的 μ,这也将导致慢的收敛。另一方面,需要大的 L 以获得更好性能的滤波器质量,例如在声音回波消除(第 8 章中介绍)中。同样地,对于一定应用,在选择滤波器长度 L 和步长 μ 之间存在设计权衡。

6.3.4　归一化 LMS 算法

LMS 算法的稳定性、收敛速率和过量 MSE 由步长 μ、滤波器长度 L 和输入信号功率来决定。如式(6.45)所示,最大步长 μ 反比于滤波器长度 L 和信号功率。归一化 LMS 算法(NLMS)是使收敛速度独立于信号功率和滤波器长度而保持期望的稳态性能的技术,可表示为

$$\boldsymbol{w}(n+1) = \boldsymbol{w}(n) + \mu(n)\boldsymbol{x}(n)e(n) \tag{6.50}$$

其中,$\mu(n)$ 是由滤波器长度和信号功率进行归一的时变步长,表示为

$$\mu(n) = \frac{\alpha}{L\hat{P}_x(n) + c} \tag{6.51}$$

其中,$\hat{P}_x(n)$ 是 $x(n)$ 在时刻 n 的功率估计,$0 < \alpha < 2$ 为常数,c 是非常小的常数,以防止除零,或者防止在时刻 n,信号非常微弱的时候,出现一个非常大的步长的情况。注意,$\hat{P}_x(n)$ 可由采用第 2 章介绍的技术进行回归估计。

对于 NLMS 算法,应注意:

(1) 选择 $\hat{P}_x(0)$ 作为输入信号功率的最佳先验估计;

(2) 当信号缺失时,如果 $\hat{P}_x(n)$ 非常小,需要一个软件约束以确保 $\mu(n)$ 是有界的。

6.4　实现考虑

对于很多实际应用,在定点硬件上实现自适应滤波器。重要的是,要理解实际问题,例如有限字长效应对自适应滤波器的影响,以便满足设计规范[12]。

6.4.1　计算的问题

如果在循环外将 μ 乘以 $e(n)$,定义在式(6.33)中,系数更新需要 $L+1$ 次乘法和 L 次加法。假设输入向量 $\boldsymbol{x}(n)$ 存储在数组 x[ ] 中,误差信号是 en,系数向量是 w[ ],步长是 mu,以及滤波器长度为 L;那么采用 C 实现如下:

```
uen = mu * en;              //在循环外执行 u * e(n)
for (l = 0; l < L; l++)     //l = 0, 1, ..., L-1
{
    w[l] += uen = x[l];     //①采用 LMS 算法更新权重
```

---

① 此处原文有误,应为 w[l] += uen * x[l];。　——译者注

}

大多数数字信号处理器的体系结构已经针对计算定义在式(6.31)中的滤波器输出 $y(n)$ 的卷积操作进行了优化。然而，由于每一次更新包括向累加器中载入系数、执行乘-加操作，以及将结果存回存储器中，式(6.33)中的系数更新操作不能利用这种专用结构的优点。计算复杂度可以通过跳过一部分系数更新来降低。在这种情况下，在一个采样周期，仅有一部分滤波器系数进行更新。而其余部分的更新可在下一个采样周期里完成。

在一些实际应用中，期望信号 $d(n)$ 经过几个采样周期以后才能得到，误差信号 $e(n)$ 也是这样。另外，采用流水线结构的处理器实现的自适应滤波器，计算延迟是其固有问题。延迟的 LMS 算法可表示为

$$w(n+1) = w(n) + \mu e(n-\Delta)x(n-\Delta) \tag{6.52}$$

可以用于解决这些问题。系数适应的延迟对 LMS 算法的稳态行为仅有很小的影响。具有延迟 $\Delta=1$ 的延迟 LMS 算法广泛地用于一些采用流水线结构的数字信号处理器来实现自适应 FIR 滤波器中，例如 TMS320C55xx。

6.4.2 有限精度效应

本节采用定点算术来分析自适应滤波器的有限精度效应，并且将这些效应限制到可接受的水平。假设输入数据样本已正确地进行缩放，以便它们的值处于 -1 和 1 之间。如第 2 章介绍的，用于防止溢出的技术有缩放、饱和算术和保护位。对于自适应滤波器，采用 $e(n)$ 来更新滤波器系数的反馈路径，使得缩放变得很复杂。同样，滤波器输出的动态范围由时变滤波器系数来决定，在设计阶段也是未知的。

对于采用 LMS 算法的自适应 FIR 滤波，滤波器输出和系数的缩放可通过缩放"期望的"信号 $d(n)$ 来完成。在系数进行更新时，缩放因子 α 用于防止滤波器系数溢出，$0 < \alpha < 1$。降低 $d(n)$ 的幅度会减小滤波器要求的增益，因而降低系数值的幅度。由于 α 仅仅缩放期望的信号，它将不会影响收敛速率，其依赖于输入信号 $x(n)$ 的幅度谱和功率。

有限精度 LMS 算法可以采用以下舍入操作进行描述：

$$y(n) = R\left[\sum_{l=0}^{L-1} w_l(n)x(n-l)\right] \tag{6.53}$$

$$e(n) = R[\alpha d(n) - y(n)] \tag{6.54}$$

$$w_l(n+1) = R[w_l(n) + \mu x(n-l)e(n)], \quad l = 0, 1, \cdots, L-1 \tag{6.55}$$

其中，$R[x]$ 表示量 x 的定点舍入。

当根据式(6.55)更新系数，乘积 $\mu x(n-l)e(n)$ 是双精度数，其与原来存储的权重值 $w_l(n)$ 相加，然后进行舍入得到更新值 $w_l(n+1)$。总的舍入噪声功率主要来源于滤波器系数的量化，反比于步长 μ。尽管小的 μ 可降低过量 MSE，但其将增加量化误差。

选择步长 μ 时还要考虑另一种因素。如 6.2 节中提到的，自适应算法专注于误差信号 $e(n)$ 的最小化。当更新权重向量来最小化 MSE 时，在自适应期间误差信号的幅度将下降。

LMS 算法通过加一个校正项 $R[\mu x(n-l)e(n)]$ 来更新当前系数值 $w_l(n)$，当 $e(n)$ 变小时，校正项变得越来越小。如果其值小于硬件的 LSB，当更新项舍入到零时，自适应将停止。这种现象称为"停滞"(stalling)或"锁住"(lookup)。这个问题可通过采用更多的位数，或在保证算法收敛的情况下采用更大步长 μ 来解决。然而，采用更大步长将提高过量 MSE。

可以采用泄露 LMS(leaky LMS)算法来减小滤波器系数中积累的数值误差。此算法通过提供在最小化 MSE 和约束自适应滤波器能量之间的一种折中，来防止因有限精度实现而造成的系数更新溢出。Leaky LMS 算法可表示如下：

$$w(n+1) = \nu w(n) + \mu x(n)e(n) \qquad (6.56)$$

其中，ν 是泄露因子，$0<\nu\leqslant 1$。Leaky LMS 算法不仅能防止未约束的权重溢出，而且限制输出信号 $y(n)$ 的功率，以便避免由滤波器输出驱动换能器（例如扬声器）而产生的非线性失真。

可见，泄露等效于在权重向量上增加了一种低级别白噪声。因此，此方法会导致自适应滤波器性能上的一些下降。在算法鲁棒性和性能损失之间的折中考虑来确定泄露因子的值。由泄露引起的过量误差功率正比于 $[(1-\nu)/\mu]^2$。因此，应保持 $(1-\nu)$ 比 μ 小以便维持一个可接受的性能水平。

6.4.3　MATLAB 实现

MATLAB 提供函数 adaptfilt 来支持自适应滤波[13-15]。此函数的语法为

```
h = adaptfilt.algorithm(input1, input2, ...)
```

此函数返回自适应滤波器对象 h，使用由 algorithm 说明的自适应算法。algorithm 字符串决定 adaptfilt 对象实现了哪一种自适应算法。一些用于自适应 FIR 滤波器的 LMS 类算法总结在表 6.1 中。自适应滤波器对象使用不同的 LMS 类算法来更新系数。例如：

```
h = adaptfilt.lms(l, stepsize, leakage, coeffs, states)
```

采用 LMS 算法构建自适应 FIR 滤波器 h。输入参数定义如下：

l——滤波器长度。

stepsize——步长 μ，正标量，默认值 0.1。

leakage——泄露因子 ν，0 到 1 之间的标量（默认值为 1，即无泄露；如果泄露因子小于 1，则实现 Leaky LMS 算法）。

coeffs——含有初始滤波器系数的向量，默认值为一个零向量。

states——由初始滤波器态组成的向量，默认值为一个零向量。

自适应滤波器 h＝adaptfilt.lms() 的一些默认参数可以通过以下 MATLAB 命令进行修改：

```
set(h, paramname, paramval)
```

注意，MATLAB 也支持其他类型的自适应算法，例如递归最小二乘、仿射投影和频域

自适应滤波器。

表 6.1　采用各种 LMS 类算法的自适应 FIR 滤波器对象

对象.算法(Object. Algorithm)	描　　述
adaptfilt. lms	直接型，(泄露)LMS 算法
adaptfilt. sd	直接型，符号-数据 LMS 算法
adaptfilt. se	直接型，符号-误差 LMS 算法
adaptfilt. ss	直接型，符号-符号 LMS 算法
adaptfilt. nlms	直接型，归一化 LMS 算法
adaptfilt. dlms	直接型，延迟 LMS 算法
adaptfilt. blms	块型，LMS 算法

【**例 6.7**】　在本例中，参考输入信号 $x(n)$ 是正态分布随机数。此信号被系数向量 $\boldsymbol{b} = \{0.1, 0.2, 0.4, 0.2, 0.1\}$ 的 FIR 滤波器进行滤波，以便产生期望信号 $d(n)$。自适应滤波器的目标是产生输出信号 $y(n)$ 来近似 $d(n)$，以便它们的差 $e(n)$ 最小化。

以下 MATLAB 程序(example6_7.m，改编自 MATLAB Help 菜单)实现 LMS 算法的自适应 FIR 滤波器：

```
randn('seed',12345);              % 噪声产生的种子
x = randn(1,128);                 % 参考输入信号 x(n)
b = [0.1,0.2,0.4,0.2,0.1];        % 要识别的 FIR 滤波器
d = filter(b,1,x);                % 期望信号 d(n)
mu = 0.05;                        % 步长 mu
h = adaptfilt.lms(5,mu);          % 具有 LMS 算法的 FIR 滤波器
[y,e] = filter(h,x,d);            % 自适应滤波
```

在代码中，滤波器长度为 $L=5$，步长 $\mu=0.05$。期望的信号 $d(n)$、输出信号 $y(n)$ 和误差信号 $e(n)$ 在图 6.6 中进行绘制。从图中可见，滤波器输出 $y(n)$ 逐渐逼近 $d(n)$，这样误差信号 $e(n)$ 在大约 80 次迭代后收敛(降低)到零。在自适应的结尾(128 次迭代)，由向量 b 描述的未知系统已被系数为 $[0.0998 \quad 0.1996 \quad 0.3994 \quad 0.1995 \quad 0.0995]$ 的自适应 FIR 滤波器所识别，其非常接近定义在向量 b 的 $[0.1 \quad 0.2 \quad 0.4 \quad 0.2 \quad 0.1]$ 实际 FIR 系统。

在 MATLAB 程序 example6_7.m 中，采用以下自适应滤波语法：

```
[y,e] = filter(h,x,d);
```

此函数通过自适应滤波器对象 h 并采用 d 作为期望信号向量对输入信号向量 x 进行滤波，产生输出向量 y 和误差信号向量 e。向量 x、d 和 y 必须具有相同长度。

函数 maxstep(默认值为零)可用于确定被处理的信号的合理步长范围。语法为

```
mumax = maxstep(h,x);
```

预测步长的边界来保证自适应滤波器系数均值的收敛。

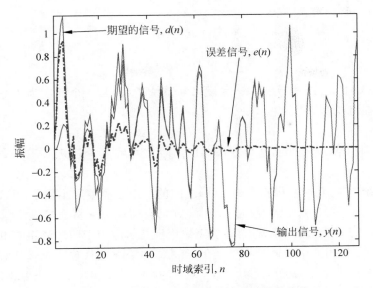

图 6.6　采用 LMS 算法的自适应滤波器的性能

6.5　实际应用

有四类普遍的自适应滤波应用：系统识别、预测、噪声消除和反演建模。如图 6.5 所示，这些应用本质的差别在于信号 $x(n)$、$d(n)$、$y(n)$ 和 $e(n)$ 的配置。

6.5.1　自适应系统识别

系统识别是一项对未知系统的建模（或识别）技术[16]。自适应系统识别的一般框图如图 6.7 所示，其中 $P(z)$ 是一个未知系统，需要由自适应滤波器 $W(z)$ 进行识别。通过采用相同的激励信号 $x(n)$ 同时激励 $P(z)$ 和 $W(z)$，使输出信号 $y(n)$ 与 $d(n)$ 之间的差异最小化，我们从 I/O 的角度，采用模型 $W(z)$ 来识别 $P(z)$ 的特性。

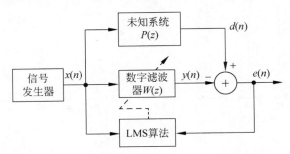

图 6.7　采用 LMS 算法的自适应系统识别

如图 6.7 所示，建模误差为

$$e(n) = d(n) - y(n)$$
$$= \sum_{l=0}^{L-1} [p(l) - w_l(n)] x(n-l) \tag{6.57}$$

其中，$p(l)$ 是未知 $P(z)$ 的冲激响应。假设未知系统 $P(z)$ 是一个长度为 L 的 FIR 系统，采用白噪声作为激励信号，最小化 $e(n)$ 使 $w_l(n)$ 接近 $p(l)$，即

$$w_l(n) = p(l), \quad l = 0, 1, \cdots, L-1 \tag{6.58}$$

在完美系统识别的情况下，当自适应滤波器已经收敛之后，$W(z)$ 识别 $P(z)$，误差信号 $e(n)$ 收敛到零。

当物理系统响应 $d(n)$ 和模型响应 $y(n)$ 之间的差距已经被最小化了，从 I/O 的角度，自适应模型 $W(z)$ 逼近 $P(z)$。当系统是时变系统时，自适应算法将通过最小化建模误差来持续地跟踪系统动态时变。第 8 章将自适应系统识别技术应用于回波消除应用中。

【例 6.8】 假设图 6.7 中的激励信号 $x(n)$ 是正态分布随机信号。此激励信号应用于未知系统 $P(z)$，其为由系数向量 $b = [0.05, -0.1, 0.15, -0.2, 0.25, -0.2, 0.15, -0.1, 0.05]$ 定义的 FIR 滤波器。MATLAB 程序(example6_8.m，改编自 MATLAB Help 菜单)使用长度 $L=9$ 采用 LMS 算法的自适应 FIR 滤波器实现自适应系统识别。图 6.8(a)显示了在迭代 120 次后误差信号 $e(n)$ 收敛到零。如式(6.58)所预期的以及图 6.8(b)所验证的，在算法收敛后，自适应滤波器系数收敛到相应的未知 FIR 系统系数。由于假设 $P(z)$ 是一个阶数已知的 FIR 系统，此例子表明自适应模型 $W(z)$ 能够确切地识别未知系统 $P(z)$。

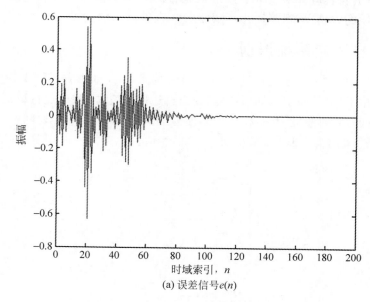

(a) 误差信号$e(n)$

图 6.8　未知系统的自适应系统识别

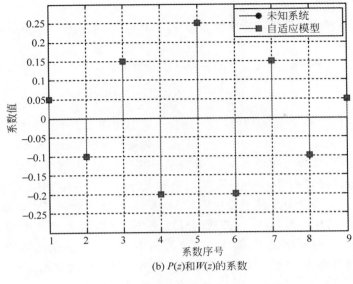

(b) $P(z)$和$W(z)$的系数

图 6.8 （续）

6.5.2 自适应预测

　　线性预测器估计在未来时刻的信号值[17]。此技术已成功地用于广泛的领域中,例如语音编码和从噪声中分离出信号。如图 6.9 所示,自适应预测器由自适应滤波器组成,此滤波器采用参考输入 $x(n-\Delta)$ 来预测器未来值 $x(n)$,其中 Δ 是延迟样本的数量。预测器输出 $y(n)$ 表示为

$$y(n) = \sum_{l=0}^{L-1} w_l(n)x(n-\Delta-l) \tag{6.59}$$

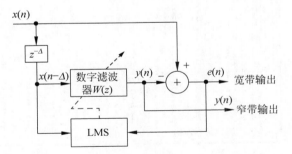

图 6.9　采用 LMS 算法的自适应预测器

　　滤波器系数采用 LMS 算法进行更新

$$w(n+1) = w(n) + \mu x(n-\Delta)e(n) \tag{6.60}$$

其中,$x(n-\Delta)=[x(n-\Delta)x(n-\Delta-1)\cdots x(n-\Delta-L+1)]^{\mathrm{T}}$ 是延迟的参考信号向量,$e(n)=x(n)-y(n)$ 是预测误差。例如,恰当地选择预测延迟 Δ 有助于提高嵌入在白噪声中多个正

弦信号的频率估计性能。

考虑采用自适应预测器来增强主信号的应用，由 M 个正弦信号组成被白噪声所损坏的主信号表示为

$$x(n) = s(n) + v(n)$$
$$= \sum_{m=0}^{M-1} A_m \sin(\omega_m n + \phi_m) + v(n) \tag{6.61}$$

其中，$v(n)$ 为零均值方差为 σ_v^2 的白噪声。在这个应用中，图 6.9 的结构称为"自适应线性增强器"，可以有效地跟踪 $x(n)$ 中的正弦成分并从宽带噪声 $v(n)$ 中分离出窄带信号 $s(n)$。此项技术在信号和噪声参数未知和/或时变的情况下的实际应用中非常有效。

如图 6.9 所示，我们希望 $x(n)$ 中高度相关的成分出现在 $y(n)$ 中。这可以通过调整自适应滤波器 $W(z)$，以便使其形成通带中心位于正弦成分频率处的多个通带的带通滤波器，以及补偿窄带信号的相位差异（由 Δ 造成的），以便它们能够消除 $d(n)$ 中的相关成分来最小化误差信号 $e(n)$。在这种情况下，输出 $y(n)$ 是一个包含多个正弦的增强信号。

【例 6.9】 假设图 6.9 中的信号 $x(n)$ 由被白噪声损坏的需要的正弦波形组成。延迟 $\Delta = 1$ 能够去相关 $x(n)$ 和 $x(n-\Delta)$ 白噪声成分，而正弦成分仍旧高度相关。这样自适应滤波器纠正了正弦成分的幅度和相位差，并产生增强的输出正弦波形。此例子采用 MATLAB 程序 example6_9.m 实现。增强输出 $y(n)$ 和误差信号 $e(n)$ 绘制在图 6.10 中。如图所示，误差信号逐渐收敛到宽带白噪声，而增强输出信号 $y(n)$ 逼近需要的正弦波形。

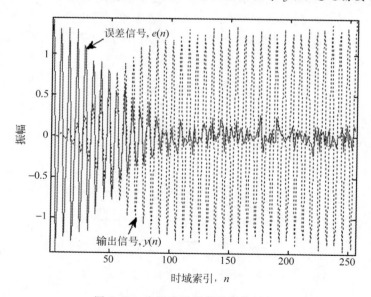

图 6.10 自适应线性增强器的性能

在一些数字通信和信号探测应用中，需要的宽带信号 $v(n)$ 被一个额外的 $s(n)$ 所损坏。自适应滤波器的目标是调整 $x(n-\Delta)$ 中的窄带干扰的幅度和相位来消除在 $x(n)$ 的不需要

的窄带干扰,这样出现一个增强的宽带信号 $e(n)$。在这种应用中,从自适应预测器中的需要的输出信号是图 6.9 中的宽带信号 $e(n)$。注意,为了能够去相关宽带信号,例如语音,要求的延迟 Δ 通常大于1。

6.5.3　自适应噪声消除

手机的广泛使用明显地增加了在高音频噪声环境中语音设备的使用情况。不幸的是,密集的背景噪声常常损坏语音信号并降低了通信效率。自适应噪声消除器采用 LMS 算法的自适应滤波器,可以用于消除嵌入在主信号中的噪声成分[18]。

如图 6.11 所示,自适应噪声消除器具有两个输入信号:主信号 $d(n)$ 和参考信号 $x(n)$。主传感器放置在接近信号源的地方来拾取需要的主信号。参考传感器放置在接近噪声源的地方仅仅感受噪声。在主通道插入适合的延迟 $z^{-\Delta}$ 以保证自适应滤波器 $W(z)$ 的因果性。假设能够防止从信号源到参考传感器的信号泄露,则 $x(n)$ 仅含有噪声。主信号 $d(n)=s(n)+x'(n)$,即 $d(n)$ 由需要的信号 $s(n)$ 和来源于噪声源的噪声 $x'(n)$ 组成。噪声 $x'(n)$ 与 $x(n)$ 具有高度相关性,这是由于它们来源于相同的噪声源。自适应滤波器的目标是采用参考输入 $x(n)$ 估计不需要的噪声 $x'(n)$。然后,从主信号中减去得到滤波器输出 $y(n)$,以便抑制噪声 $x'(n)$。如果 $y(n)=x'(n)$,我们可以得到 $e(n)$ 作为需要的信号 $s(n)$。

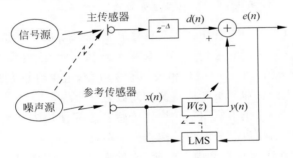

图 6.11　自适应噪声消除的基本概念

【例 6.10】　如图 6.11 所示,假设 $s(n)$ 是正弦波形,$x(n)$ 是白噪声,从噪声源到主传感器的路径是一个简单的 FIR 系统。我们采用基于 LMS 算法的自适应 FIR 滤波器进行噪声消除,采用 MATLAB 程序 example6_10.m 来实现。自适应滤波器将近似从噪声源到主传感器的路径,这样滤波器输出 $y(n)$ 将逼近 $x'(n)$ 以便消除它。因此,误差信号 $e(n)$(增强的输出信号)将逐步逼近需要的正弦信号 $s(n)$,如图 6.12 所示。

为了有效地运用自适应噪声消除技术,必须满足以下两个条件:

(1) 由参考传感器拾取的参考噪声必须与由主传感器拾取的主信号中的噪声成分高度相关。

(2) 参考传感器应仅拾取噪声,即应避免从信号源拾取信号。

不幸的是,这两个条件彼此矛盾。第一个条件通常要求主传感器和参考传感器彼此接近放置;然而,第二个条件要求避免由信号源产生的信号成分被参考传感器所拾取。从信号源到参考传感器的"信号泄露"(signal leakage)将降低自适应噪声消除的性能，这是由于在参考信号中出现的信号成分将导致自适应滤波器将信号与不希望的噪声一起进行消除。

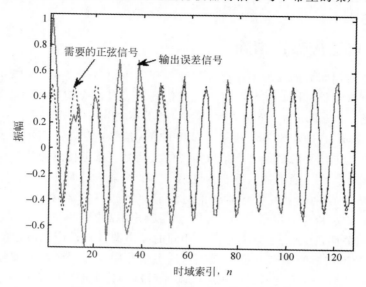

图 6.12　增强正弦波形逼近原始信号 $s(n)$

　　信号泄露问题可以通过将主传感器远离参考传感器来解决。不幸的是，这样的安排需要高阶滤波器来识别从噪声源到主传感器的长噪声路径。而且，将参考传感器放置在远离信号源，同时还能保证 $d(n)$ 和 $x(n)$ 中高相关的噪声成分，这也许不总是可行的。一个降低泄露的代替方法是在主传感器和参考传感器之间放置一个隔音墙(例如，飞机驾驶舱中飞行员使用的氧气面罩)。然而，很多应用不允许在传感器之间使用隔音墙，而且隔音墙也降低了主信号和参考信号中的噪声成分的相关性。另一项技术是控制自适应算法仅在噪声期间更新滤波器系数，例如在语音静默期内。然而，这种方法依赖于可靠的语言活动探测器(在第 8 章介绍)，这种探测器非常受限于应用的种类。同时，这种技术在语音期间不能跟踪环境的变化，这是由于在此期间自适应是冻结的。

　　在一些实际应用中，主输入是被正弦噪声所损坏的宽带信号。消除正弦干扰的一种通常的方法是采用一个中心频率调谐在干扰的频率上的陷波滤波器。自适应陷波滤波器具有跟踪干扰频率的能力，因而当干扰的正弦频率未知并且随时间漂移的情况下，这是特别有用的。

　　对于要改变正弦信号幅度和相位，需要两个滤波器系数。具有两个自适应权重系数的单一频率的自适应陷波滤波器如图 6.13 所示。假设正弦噪声的频率为 ω_0，参考输入信号是余弦信号

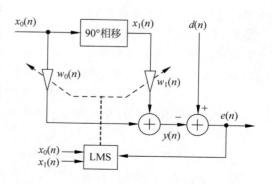

图 6.13　单频率自适应陷波滤波器

$x_0(n) = A\cos(\omega_0 n)$。采用 90°相移器来产生正交信号 $x_1(n) = A\sin(\omega_0 n)$（或者使用 4.6.2 节介绍的正交振荡器同时产生正弦和余弦信号）。

图 6.13 中采用的 LMS 算法总结如下

$$w_l(n+1) = w_l(n) + ue(n)x_l(n), \quad l = 0,1 \tag{6.62}$$

自适应陷波滤波器的中心频率将自动地调谐到窄带主噪声的频率上。因此，此频率上的噪声将被衰减。此自适应陷波滤波器提供了消除正弦干扰的一种简单方法。例如，在很多诸如测量医疗信号的实际应用中，主信号是被电源线上噪声所损坏的宽带信号。在这种情况下，$x_0(n) = A\cos(2\pi f_0 n)$ 是干扰信号，在美国及其他很多国家，其频率 f_0 为 60 Hz。

6.5.4 自适应反演建模

在很多实际应用中，我们必须估计一个未知系统的反演模型以便补偿其产生的效应。例如，在数字通信中，通过一个信道的高速数据传输受限于通带干扰所产生的码间干扰。具有严重干扰的信道上的数据传输可以通过在接收器中设计一个自适应均衡器来解决，此自适应均衡器抵消和跟踪未知和变化的信道。

如图 6.14 所示，接收的信号 $y(n)$ 不同于原始信号 $x(n)$，这是由于其被整个信道传输函数 $C(z)$ 所扰（卷积或滤波），其中包括发送滤波器、传输介质和接收滤波器。为了恢复原始信号，我们需要具有以下传递函数的均衡滤波器 $W(z)$

$$W(z) = \frac{1}{C(z)} \tag{6.63}$$

即 $W(z)C(z) = 1$，以便 $\hat{x}(n) = x(n)$。换句话说，我们必须设计一个能够反演未知系统传递函数 $C(z)$ 模型的均衡器。

如图 6.14 所示，自适应滤波器需要期望的信号 $d(n)$ 来计算 LMS 算法中的误差信号 $e(n)$。理论上，延迟的传输信号 $x(n-\Delta)$ 是自适应均衡器 $W(z)$ 期望的响应。然而，由于自适应滤波器位于接收器，而由发送器产生的期望信号在接收器中是不可能得到的。在接收器本地可能采用两种方法来产生期望的信号。在训练阶段，自适应均衡器系数通过传输一个

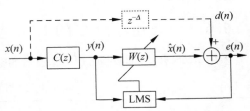

图 6.14 作为一个反演模型例子的自适应信道均衡器

短的传输序列来进行调整。这个已知的传输序列在接收器内也被产生出来，并用作期望的信号 $d(n)$ 以便计算误差信号。在短的训练阶段之后，发送器开始发送数据序列。在数据模式，通过一个判决器件采用均衡器输出 $\hat{x}(n)$ 来产生二进制数。假设判决器件的输出是正确的，可以将二进制序列用作期望的信号 $d(n)$ 来产生 LMS 算法的误差信号 $e(n)$。

【例 6.11】 如图 6.14 所示的自适应信道均衡器，采用 MATLAB 程序 example6_11.m 来实现[19]。将一个简单的 FIR 滤波器当作信道 $C(z)$，一个采用 LMS 算法的自适应 FIR 滤波器用作自适应均衡器。为了保证自适应滤波器的因果性，用于产生 $d(n)$ 的延迟为半个

$W(z)$滤波器长度，即$L/2$。如图6.15所示，最小化误差信号$e(n)$以便自适应滤波器逼近信道的反演模型。

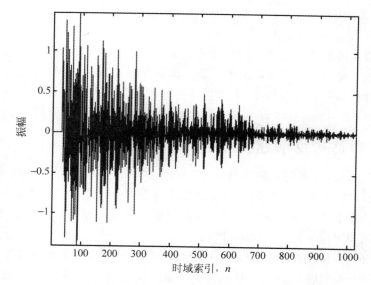

图 6.15　由误差信号$e(n)$表明的自适应信道均衡器的收敛

6.6　实验和程序实例

本节介绍基于 LMS 类算法的自适应 FIR 滤波器的自适应滤波实验。

6.6.1　采用浮点 C 的 LMS 算法

采用 LMS 算法的自适应 FIR 滤波器的框图如图 6.5 所示。浮点 C 实现列在表 6.2 中。

表 6.2　LMS 算法的浮点 C 实现

```
void float_lms(LMS * lmsObj)
{
    LMS      * lms = (LMS * )lmsObj;
    double * w, * x, y, ue;
    short j, n;
    n = lms -> order;
    w = &lms -> w[0];
    x = &lms -> x[0];
    //更新信号缓冲器
    for(j = n - 1; j > 0; j -- )
    {
        x[j] = x[j - 1];
```

续表

```
        }
        x[0] = lms -> in;
        //计算滤波器输出
        y = 0.0;
        for(j = 0; j < n; j++)
        {
                y += w[j] * x[j];
        }
        lms -> out = y;
        //计算误差信号
        lms -> err = lms -> des - y;
        //更新滤波器系数
        ue = lms -> err * lms -> mu;
        for(j = 0; j < n; j++)
        {
                w[j] += ue * x[j];
        }
}
```

在此实验中,期望的信号 $d(n)$ 是正弦波形,参考输入信号 $x(n)$ 是被白噪声损坏的相同的正弦波形。此实验采用一个长度为 128、步长为 0.003 的自适应 FIR 滤波器,降低在参考信号中的噪声。自适应滤波器大约在 500 次迭代后收敛。表 6.3 列出了实验中使用的文件。

表 6.3 实验 Exp6.1 中的文件列表

文 件	描 述
float_lmsTest.c	测试自适应 FIR 滤波器的程序
float_lms.c	浮点 LMS 算法的 C 函数
float_lms.h	实验的 C 头文件
tistdtypes.h	标准类型定义头文件
c5505.cmd	链接器命令文件
input.pcm	参考输入数据文件
desired.pcm	期望信号文件

实验过程如下:

(1) 从配套软件包导入 CCS 项目,并重建项目。

(2) 载入并运行实验。通过将滤波后输出信号 $y(n)$ 的幅度谱与参考输入信号 $x(n)$ 的幅度谱进行比较,验证实验结果。$x(n)$ 中的白噪声成分应该减小,在 $y(n)$ 中应得到增强的正弦成分。

(3) 修改实验,采用 CCS 图形工具绘制 $x(n)$、$y(n)$ 和 $e(n)$。

（4）修改实验，计算 $e^2(n)$，并采用 CCS 图形工具绘制平方误差 $e^2(n)$。检查和观察 $e^2(n)$ 下降到白噪声功率需要的迭代次数。

（5）固定自适应滤波器长度，改变步长值，比较收敛速率和 $e^2(n)$ 稳态值。

（6）固定步长值，改变自适应滤波器长度，重做步骤（5），比较收敛速率和 $e^2(n)$ 稳态值。

6.6.2 采用定点 C 的 Leaky LMS 算法

在此实验中，采用 Q15 格式的定点 C 来实现 Leaky LMS 算法。实验中的参考信号 $x(n)$ 和期望信号 $d(n)$ 与前一个实验相同。采用 Leaky LMS 算法和舍入操作可以减小定点实现的有限精度效应。如 6.4.2 节提及的，选择恰当的泄露因子是非常重要的。表 6.4 列出了实验中使用的文件。

表 6.4　实验 Exp6.2 中的文件列表

文　件	描　述
fixPoint_leaky_lmsTest.c	测试 Leaky LMS 算法的程序
fixPoint_leaky_lms.c	定点 Leaky LMS 算法的 C 函数
fixPoint_leaky_lms.h	实验的 C 头文件
tistdtypes.h	标准类型定义头文件
c5505.cmd	链接器命令文件
input.pcm	参考输入数据文件
desired.pcm	期望信号文件

实验过程如下：

（1）从配套软件包导入 CCS 项目，并重建项目。

（2）载入并运行实验。采用 Exp6.1 中步骤（2）的方法，验证实验结果。

（3）计算滤波输出信号 $y(n)$ 与前一个实验采用浮点实现所得到结果的不同(主要由有限精度效应造成的)。

（4）固定自适应 FIR 滤波器的长度，改变步长值，比较收敛速率和 $e^2(n)$ 稳态值，采用固定步长而改变滤波器长度，重做实验。

（5）从步骤（4）中选择最好的步长和滤波器长度的组合，重新运行实验，并采用图形绘制工具显示一些结果：

① 观察不同泄露因子 ν 值的收敛速率变化；

② 观察不同泄露因子 ν 值的稳态值 $e^2(n)$ 的变化。

6.6.3 采用定点 C 和内在函数的归一化 LMS 算法

ETSI(欧洲电信标准协会)运算符(函数)有助于开发 DSP 应用，例如包括语音编码器的 GSM(全球移动通信系统)标准。原始的 ETSI 运算符是定点 C 函数。C55xx 编译器通过将 ETSI 函数直接映射到其内在函数来支持 ETSI 函数。本实验采用带有内在函数的定点 C 实现归一化 Leaky LMS 算法。用于本实验的参考和期望的信号与前两个实验相同。

表 6.5 列出了 ETSI 运算符和其相应的内在函数。

表 6.5 ETSI 函数和相应的内在函数

ETSI 函数	内在函数表示	描 述
L_add(a, b)	_lsadd((a),(b))	置位 SATD 相加两个 32 位整型数,产生饱和的 32 位结果
L_sub(a, b)	_lssub((a),(b))	置位 SATD 从 a 中减去 b,产生饱和的 32 位结果
L_negate(a)	_lsneg(a);	对 32 位值取反,产生饱和的结果 _lsneg(0x80000000)=>0x7FFFFFFF
L_deposite_h(a)	(long)(a << 16)	将 16 位 a 放置在 32 位输出的 MSB,输出的 16 位 LSB 为零
L_deposite_l(a)	(long)(a)	将 16 位 a 放置在 32 位输出的 LSB,输出的 16 位 MSB 做符号扩展
L_abs(a)	_labss((a))	产生饱和的 32 位绝对值 _labss(0x80000000)=>0x7FFFFFFF(置位 SATD)
L_mult(a, b)	_lsmpy((a),(b))	乘 a 和 b,并左移结果一位。产生饱和的 32 位结果(置位 SATD 和 FRCT)
L_mac(a, b, c)	_smac((a),(b),(c))	乘 b 和 c,并左移结果一位,然后将结果与 a 相加。产生饱和的 32 位结果(置位 SATD、SMUL 和 FRCT)
L_macNs(a, b, c)	L_add_c((a), L_mult((b),(c)))	乘 b 和 c,并左移结果一位,然后将结果与 a 相加,产生不饱和的 32 位结果
L_msu(a, b, c)	_smas((a),(b),(c))	乘 b 和 c,并左移结果一位,然后从 a 中减去此结果。产生 32 位结果(置位 SATD、SMUL 和 FRCT)
L_msuNs(a, b, c)	L_sub_c((a), L_mult((b),(c)))	乘 b 和 c,并左移结果一位,然后从 a 中减去此结果,产生不饱和的 32 位结果
L_shl(a, b)	_lsshl((a),(b))	对 a 左移 b 位,产生 32 位结果。如果 b 小于等于 8,则结果是饱和的(置位 SATD)
L_shr(a, b)	_lshrs((a),(b))	对 a 右移 b 位,产生 32 位结果。产生饱和的 32 位结果(置位 SATD)
L_shr_r(a, b)	L_crshft_r((a),(b))	与 L_shr(a, b)相同,但具有舍入
abs_s(a)	_abss(a);	产生饱和的 16 位绝对值 _abss(0x8000)=>0x7FFF(置位 SATA)
add(a, b)	_sadd((a),(b))	置位 SATA 相加两个 16 位整型数,产生饱和的 16 位结果
sub(a, b)	_ssub((a),(b))	置位 SATA 从 a 中减去 b,产生饱和的 16 位结果
extract_h(a)	(unsigned short)((a)>> 16)	提取 32 位 a 的高 16 位
extract_l(a)	(short) a	提取 32 位 a 的低 16 位

续表

ETSI 函数	内在函数表示	描　　述
round(a)	(short)_rnd(a)>> 16	通过在 a 中加 2^{15} 进行取整，产生 16 位饱和结果（置位 SATD）
mac_r(a, b, c)	(short)(_smacr(a),(b),(c))>> 16	乘 b 和 c，并左移结果一位，然后将结果与 a 相加，并通过在结果中加 2^{15} 进行取整（置位 SATD、SMUL 和 FRCT）
msu_r(a, b, c)	(short)(_smasr(a),(b),(c))>> 16	乘 b 和 c，并左移结果一位，然后从 a 中减去此结果，并通过在结果中加 2^{15} 进行取整（置位 SATD、SMUL 和 FRCT）
mult_r(a, b)	(short)(_smpyr(a),(b))>> 16	乘 a 和 b，并左移结果一位，并通过在结果中加 2^{15} 进行取整（置位 SATD 和 FRCT）
mult(a, b)	_smpy((a),(b))	乘 a 和 b，并左移结果一位。产生饱和的 16 位结果（置位 SATD 和 FRCT）
norm_l(a)	_lnorm(a)	产生需要对 a 进行归一化的左移数
norm_s(a)	_norm(a);	产生需要对 a 进行归一化的左移数
negate(a)	_sneg(a);	对 16 位值取反，产生饱和的结果 _sneg (0xFFFF8000)=> 0x00007FFF
shl(a, b)	_sshl((a),(b))	对 a 左移 b 位，产生 16 位结果。如果 b 小于等于 8，则结果是饱和的(置位 SATD)
shr(a, b)	_shrs((a),(b))	对 a 右移 b 位，产生 16 位结果。产生饱和的 16 位结果（置位 SATD）
shr_r(a, b)	crshft((a),(b))	与 shr(a, b)相同，但具有舍入
shift_r(a, b)	shr_r((a),−(b))	与 shl(a, b)相同，但具有舍入
div_s(a, b)	divs((a),(b))	a 被 b 分数整型除，产生截断的正 16 为结果；a 和 b 必须为正，且 b≥a

　　采用 ETSI 运算符的归一化 LMS 算法的定点 C 实现列于表 6.6。表 6.7 列出了实验中使用的文件。

表 6.6　采用定点 C 和内在函数的归一化 LMS 算法

```
void intrinsic_nlms(LMS * lmsObj)
{
    LMS     * lms = (LMS * )lmsObj;
    long    temp32;
    short   j,n,mu,ue, * x, * w;
    n = lms ->order;
    w = &lms ->w[0];
    x = &lms ->x[0];
    //更新信号缓冲器
    for(j = n - 1; j>0; j--)
    {
```

```
        x[j] = x[j - 1];
    }
    x[0] = lms -> in;
    //计算归一化的 mu
    temp32 = mult_r(lms -> x[0], lms -> x[0]);
    temp32 = mult_r((short)temp32, ONE_MINUS_BETA);
    lms -> power = mult_r(lms -> power, BETA);
    temp32 = add(lms -> power, (short)temp32);
    temp32 = add(lms -> c, (short)temp32);
    mu = lms -> alpha / (short)temp32;
    //计算滤波器输出
    temp32 = L_mult(w[0], x[0]);
    for(j = 1; j < n; j++)
    {
        temp32 = L_mac(temp32, w[j], x[j]);
    }
    lms -> out = round(temp32);
    //计算误差信号
    lms -> err = sub(lms -> des, lms -> out);
    //更新滤波器系数
    ue = mult_r(lms -> err, mu);
    for(j = 0; j < n; j++)
    {
        w[j] = add(w[j], mult_r(ue, x[j]));
    }
}
```

表 6.7 实验 Exp6.3 中的文件列表

文　件	描　述
intrinsic_nlmsTest. c	测试 NLMS 算法的程序
intrinsic_nlms. c	采用 ETSI 运算符的 NLMS 算法的 C 函数
intrinsic_nlms. h	实验的 C 头文件
tistdtypes. h	标准类型定义头文件
c5505. cmd	链接器命令文件
input. pcm	参考输入数据文件
desired. pcm	期望信号文件

实验过程如下：

（1）从配套软件包导入 CCS 项目，并重建项目。

（2）载入并运行实验。采用 Exp6.1 中步骤（2）的方法，验证实验结果。

（3）分析关键函数需要的时钟周期数，并且与 Exp6.2 中得到的定点 C 的结果进行对比。以便显示采用内在函数的效率。

（4）此实验采用和前两个实验相同的一套数据文件。运行所有的三个实验，并绘制误差信号，对比结果来回答以下问题：

① 哪一个实验具有最快收敛速率，为什么？

② 哪一个实验具有最低稳态误差水平，为什么？

6.6.4 采用汇编程序的延迟 LMS 算法

TMS320C55xx 提供汇编指令 LMS 来实现延迟 LMS 算法。此指令利用 C55xx 结构中的高并行性，在一个周期内执行以下两个自适应滤波等式（基于一个系数）：

$$y(n) = y(n) + w_l(n)x(n-l)$$

$$w_l(n+1) = w_l(n) + \mu e(n-1)x(n-l)$$

此 LMS 指令计算一个积的和，并采用相同信号样本 $x(n-l)$ 和前一个误差 $e(n-1)$ 更新相同系数 $w_l(n)$，这样 LMS 指令有效地提高了延迟 LMS 算法的运行效率。注意，这两个等式必须重复 L 次来获得最终滤波器输出 $y(n)$ 以及更新所有滤波器系数。

此实验采用块处理方法进行编写。采用 repeatlocal 指令将嵌套重复循环放置在指令缓冲器中，这进一步提高延迟 LMS 算法的实时效率。表 6.8 列出了实验中使用的文件。

表 6.8　实验 Exp6.4 中的文件列表

文　件	描　　述
asm_dlmsTest. c	测试延迟 LMS 算法的程序
asm_dlms. asm	延迟 LMS 算法的汇编函数
asm_dlms. h	实验的 C 头文件
tistdtypes. h	标准类型定义头文件
c5505. cmd	链接器命令文件
input. pcm	参考输入数据文件
desired. pcm	期望信号文件

实验过程如下：

（1）从配套软件包导入 CCS 项目，并重建项目。

（2）载入并运行实验。采用 Exp6.1 中步骤（2）的方法，验证实验结果。

（3）采用信号波形和幅度谱的绘制图，将延迟 LMS 算法结果与 Exp6.1、Exp6.2 和 Exp6.3 得到的结果进行对比。

（4）分析采用 LMS 指令的延迟 LMS 算法需要的周期数，并且与 Exp6.1、Exp6.2 和 Exp6.3 分析的运行效率结果进行对比。

（5）解释为什么 LMS 指令必须使用前一个误差信号 $e(n-1)$。

6.6.5 自适应系统识别的实验

本节采用混合 C 和汇编程序来完成自适应系统识别实验。自适应系统识别的框图见

图 6.7,其过程总结如下:

(1) 将当前激励信号 $x(n)$ 放置在信号缓冲器的 x[0]。

(2) 计算未知系统的输出来得到期望信号 $d(n)$。

(3) 计算自适应 FIR 滤波器输出 $y(n)$。

(4) 计算误差信号 $e(n)$。

(5) 采用 LMS 算法更新 L 个滤波器系数。

(6) 更新信号缓冲器为[①]

$$x(n-l-1) = x(n-l), \quad l = L-2, L-1, \cdots, 1, 0$$

图 6.7 中的自适应系统识别可以采用 C 实现,如下:

```
//模拟未知系统
    x1[0] = input;                  //获得输入信号 x(n)
    d = 0.0;
    for (i = 0; i < N1; i++)         //计算 d(n)
        d += (coef[i] * x1[i]);
    for (i = 1-1; i > 0; i--)        //更新未知系统的信号缓冲器
        x1[i] = x1[i-1];
//自适应系统识别操作
    x[0] = input;                   //获得输入信号 x(n)
    y = 0.0;
    for (i = 0; i < N0; i++)         //计算输出信号 y(n)
        y += (w[i] * x[i]);
    e = d - y;                      //计算误差信号 e(n)
    uen = twomu * e;                //uen = mu * e(n)
    for (i = 0; i < N0; i++)         //更新系数
        w[i] += (uen * x[i]);
    for (i = 0-1; i > 0; i--)        //更新自适应滤波器的信号缓冲器
        x[i] = x[i-1];
```

用于此实验的未知系统是一个滤波器系数在向量 plant[ ] 中的 FIR 滤波器。激励信号 $x(n)$ 为零均值白噪声。未知系统输出 $d(n)$ 用作自适应滤波器的期望信号,来计算误差信号,自适应滤波器系数存储在 w[i] 中。表 6.9 列出了实验中使用的文件。

表 6.9 实验 Exp6.5 中的文件列表

文 件	描 述
system_identificationTest.c	测试自适应系统识别的程序
sysIdentification.asm	自适应滤波器的汇编函数
unknowFirFilter.asm	未知 FIR 滤波器的汇编函数
system_identify.h	实验的 C 头文件
tistdtypes.h	标准类型定义头文件

① 此处原书有笔误,应为 $l = L-1, L-2, \cdots, 1, 0$。 ——译者注

文　件	描　述
unknow_plant. dat	未知 FIR 系统系数的包含文件
c5505. cmd	链接器命令文件
x. pcm	激励输入信号文件

实验过程如下：

（1）从配套软件包导入 CCS 项目，并重建项目。

（2）载入并运行实验。采用检查误差信号 $e(n)$ 来验证实验结果，其在 LMS 算法收敛后应最小化。同时，将 w[ ]中的最终权重向量与 plant[ ]中被识别的系数向量进行对比。

（3）将汇编函数 sysIdentification. asm 采用表 6.5 所给的运算符的定点 C 程序进行替换。重做实验，通过与步骤（2）的结果对比来进行验证。

（4）如果未知系统（滤波器）是一个 IIR 滤波器，或未知 FIR 滤波器的阶数是未知的，采用自适应 FIR 滤波器的自适应系统识别或许将不能获得一个很好的模型。修改程序进行以下实验：

① 改变自适应 FIR 滤波器长度，从 N0＝32 改为 N0＝64；

② 采用 MATLAB 设计一个简单 IIR 滤波器作为未知系统，采用不同长度的自适应FIR 滤波器，重做实验。

6.6.6　自适应预测器的实验

此实验采用块处理方法来实现自适应预测的 Leaky LMS 算法。输入信号 $x(n)$ 由窄带和宽带成分组成。在自适应算法已经收敛后，自适应滤波器输出 $y(n)$ 将估计窄带信号 $s(n)$，误差信号 $e(n)$ 将近似宽带信号 $v(n)$。如 6.5.2 节讨论的，自适应预测器可以用于增强由宽带噪声损坏的窄带信号，或者消除在宽带信号中的窄带干扰。在本实验，采用两个不同的输入信号文件用于这两个应用。

对于诸如扩频通信的应用，窄带干扰可以通过自适应预测器进行跟踪和移除。在这个实验中，输入信号文件 speech. pcm 包含了被 120Hz 声干扰（窄带信号）的期望的语音（宽带信号）。对于诸如自适应线路增强的应用，自适应滤波器形成一个可调谐的带通滤波器来增强滤波器输出的窄带成分。在这个实验中，延迟设置为 Δ＝1，输入信号文件 tone. pcm 含有1000Hz 音和白噪声。表 6.10 列出了实验中使用的文件。

表 6.10　实验 Exp6.6 中的文件列表

文　件	描　述
adaptive_predictorTest. c	测试自适应系统预测器的程序
adaptivePredictor. asm	自适应预测器的汇编函数
adaptive_predictor. h	实验的 C 头文件
tistdtypes. h	标准类型定义头文件

续表

文　件	描　述
c5505. cmd	链接器命令文件
speech. pcm	包含 120Hz 正弦波形和语音的数据文件
tone. pcm	包含 1000Hz 音和白噪声的数据文件

实验过程如下：

（1）从配套软件包中导入 CCS 项目，并重建项目。

（2）采用实验的数据文件 speech. pcm，载入并运行实验。聆听误差信号（e[ ]中增强语音保存在输出文件 wideband. pcm），并将其与输入信号文件 speech. pcm 进行对比。观察窄带嗡嗡噪声已经被降低了。同样地，采用 MATLAB 函数 spectrogram 来比较输入和误差信号。

（3）采用定点 C 重写自适应预测器。采用提供的输入信号文件 speech2. pcm（包含语音和 1000Hz 正弦波形干扰）重做步骤（2）。评估自适应预测器结果。1000Hz 声干扰被降低了吗？

（4）修改程序，在自适应预测器中采用更长的 $\Delta(>1)$，重复步骤（2）和（3）。观察通过采用更长延迟单元后性能的提高。

（5）采用输入信号文件 tone. pcm 重做实验，验证窄带信号的增强。聆听保存在输出文件 narrowband. pmc 中的自适应滤波器输出 y[ ]。并将其与输入文件 tone. pcm 进行对比。同样，采用 MATLAB 函数 spectrogram 来评估噪声的降低程度。

（6）采用为步骤（3）所写的定点 C 自适应预测器，采用不同的延迟单元重复步骤（5），并考察 $\Delta=1$ 的延迟是否足够用于去相关白噪声。

（7）步长值和泄露因子定义在汇编文件 adaptivePredictor. asm 中。默认的泄露因子设置为 0x7FFE，步长为 0x80。完成以下任务：

① 改变泄露因子值，并考察自适应滤波器性能。泄露因子能设置在 0x7FFF 吗？

② 采用不同步长值，并找到此实验的最优值。

（8）设计新实验来完成以下任务：

① 使用 NLMS 算法代替 Leaky LMS 算法；

② 采用表 6.5 中的运算符实现 NLMS 算法。

6.6.7　自适应信道均衡器的实验

此实验采用复数 LMS 算法来实现自适应均衡器，用于简化的 ITU V. 29 FAX Modem[20]。根据 V. 29 推荐，在通用交换电话网络线路上的 Modem 工作在 9600 比特每秒。

Modem 中的均衡器可以采用自适应 FIR 滤波器来实现。在没有噪声和码间干扰的情况下，Modem 接收器判决逻辑输出可以精确地匹配发送的符号，误差信号将收敛至零。图 6.16 显示了简化 V. 29 Modem 中的自适应信道均衡器的框图，其采用复数自适应均衡器。

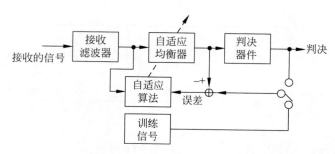

图 6.16　采用自适应信道均衡器的 V.29 Modem 的简化框图

　　直接判决均衡仅在跟踪信道缓慢变化时是有效的。由于这个原因，V.29 建议训练的拨号采用预先定义的两个符号的序列。这些符号根据以下随机数发生器进行排序：

$$1 \oplus x^{-6} \oplus x^{-7}$$

其中，$\oplus$ 表示异或操作，x^{-6} 和 x^{-7} 是伪随机二进制序列发生器(将在 7.2.2 节中进行介绍)中移位寄存器的第六位和第七位。当产生的随机数为零时，星座点(3,0)将被发送。当随机数为 1 时，点(-3,3)将被发送。在接收器，本地发生器将采用相同初始值的发生器来重新创建识别序列，并将其作为期望信号 $d(n)$ 来计算误差信号。V.29 强制训练序列由 384 个符号组成。此实验显示了用于自适应均衡器的强制训练过程，其满足简化 V.29 要求。表 6.11 列出了实验中使用的文件。

表 6.11　实验 Exp6.7 中的文件列表

文　件	描　述
channel_equalizerTest. c	测试自适应均衡器的程序
adaptiveEQ. c	实现自适应均衡器的 C 函数
channel. c	模拟通信信道的 C 函数
signalGen. c	产生训练序列的 C 函数
complexEQ. h	实验的 C 头文件
tistdtypes. h	标准类型定义头文件
c5505. cmd	链接器命令文件

实验过程如下：

（1）从配套软件包导入 CCS 项目，并重建项目。

（2）载入并运行实验，采用 CCS 图形工具绘制误差信号。

（3）基于本章介绍的不同技术和算法，修改实验，重复实验以便找到更好的方法来提高自适应均衡器的性能。

6.6.8　采用 eZdsp 的实时自适应预测

　　此实验修改 6.6.6 节实现的自适应预测器，采用 C5505 eZdsp 进行实时演示。与 Exp6.6 类似，此实验使用两个信号文件：tone_1khz. wav 是被宽带噪声损坏的声信号；

speech.wav 是被 120Hz 音损坏的宽带语音。这些数据文件可以通过支持 WAV 文件格式的音频播放器进行播放。eZdsp 将从音频播放器而来的输入信号进行数字化,处理音频信号号,并将增强的输出信号发送至耳机(或扬声器)进行回放。表 6.12 列出了实验中使用的文件。

表 6.12　实验 Exp6.8 中的文件列表

文件	描　述
realtime_predictorTest.c	测试自适应线路增强器的程序
adaptive_predictor.c	管理实施音频过程的 C 函数
adaptivePredictor.asm	自适应线路增强器的汇编函数
vector.asm	实时实验的向量表
adaptive_predictor.h	实验的 C 头文件
tistdtypes.h	标准类型定义头文件
dma.h	DMA 函数的头文件
dmaBuff.h	DMA 数据缓冲器的头文件
i2s.h	i2s 函数的 i2s 头文件
Ipva200.inc	C5505 处理器包含文件
myC55xxUtil.lib	BIOS 音频库
c5505.cmd	链接器命令文件
tone_1khz.wav	数据文件——被宽带噪声损坏的窄带信号
speech.wav	数据文件——被窄带噪声损坏的宽带信号

实验过程如下:

(1) 从配套软件包导入 CCS 项目,并重建项目。

(2) 在本实验中,将音频播放器(作为输入)和耳机(作为输出)连接到 eZdsp 音频输入和输出插孔。

(3) 载入并运行实验。将回放设置在循环模式来连续地播放 WAV 文件。调整音频播放器音量以便确保本实验中的 eZdsp 将具有一个恰当的数字化音频输入的动态范围。

(4) 采用耳机聆听处理后的结果。注意,当输入信号文件是 tone_1khz.wave 时,输出信号为 y(n),而当采用文件 speech.wav 作为输入信号时,输出信号为 e(n)。验证噪声将被降低。

(5) 将采用汇编函数的 Leaky LMS 算法更替为采用具有内在函数的定点 C 程序实现的 NLMS 算法。重做步骤(4)中的实时实验来验证结果。

习题

6.1　推导以下信号的自相关函数:

(a) $x(n) = A \sin(2\pi n/N)$;

(b) $y(n) = A \cos(2\pi n/N)$。

6.2 对于习题 1 中的 $x(n)$ 和 $y(n)$，求互相关函数 $r_{xy}(k)$ 和 $r_{yx}(k)$。

6.3 令 $x(n)$ 和 $y(n)$ 是两个独立的零均值 WSS 随机信号，方差分别为 σ_x^2 和 σ_y^2。随机信号 $w(n)$ 为

$$x(n) = ax(n) + by(n)$$

其中，a 和 b 为常数，求以 $r_{xx}(k)$ 和 $r_{yy}(k)$ 项表达的 $r_{ww}(k)$、$r_{wx}(k)$ 和 $r_{wy}(k)$。

6.4 类似于例 6.6，期望信号 $d(n)$ 是一个系数向量为 [0.2 0.5 0.3] 的 FIR 滤波器输出，其中输入 $x(n)$ 是零均值，单位方差的白噪声。此白噪声也用作采用 LMS 算法的 $L=3$ 自适应 FIR 滤波器的参考输入信号。推导以 $\boldsymbol{R}$ 和 $\boldsymbol{p}$ 表达的误差函数，计算优化解 w^o 和最小 MSE $\xi_{\min}$。采用 MATLAB 在一张图中绘制以下项来验证结果：(1) $e^2(n)$ 与 n 的关系，(2) $w_0(n)$、$w_1(n)$ 和 $w_2(n)$ 与 n 的关系。注意，此图显示自适应滤波器的权重跟踪，其应收敛于 0.2、0.5 和 0.3。

6.5 考虑由以下定义的二阶自回归(AR)过程：

$$d(n) = v(n) - a_1 d(n-1) - a_2 d(n-2)$$

其中，$v(n)$ 是零均值方差为 σ_v^2 的白噪声。采用二阶 IIR 滤波器 $H(z)$ 对 $v(n)$ 进行滤波来产生此 AR 过程。

(1) 推导 IIR 滤波器传递函数 $H(z)$。

(2) 考虑图 6.3 中的二阶优化 FIR 滤波器。如果期望信号为 $d(n)$，参考输入信号为 $x(n)=d(n-1)$。求优化的权重向量 w^o 和最小 MSE $\xi_{\min}$。

6.6 假设两个有限长序列：

$$x(n) = \{1 \quad 3 \quad -2 \quad 1 \quad 2 \quad -1 \quad 4 \quad 4 \quad 2\}$$
$$y(n) = \{2 \quad -1 \quad 4 \quad 1 \quad -2 \quad 3\}$$

采用 MATLAB 函数 xcorr 计算和绘制互相关函数 $r_{xy}(k)$ 以及自相关函数 $r_{xx}(k)$ 和 $r_{yy}(k)$。

6.7 编写 MATLAB 程序来产生如下定义的长度为 1024 的信号：

$$x(n) = 0.8\sin(\omega_0 n) + v(n)$$

其中，$\omega_0 = 0.1\pi$，$v(n)$ 是零均值方差 $\sigma_v^2 = 1$ 的随机噪声(详见 3.3 节)。采用 MATLAB 计算和绘制 $r_{xx}(k)$，$k=0, 1, \cdots, 127$。采用例 6.1 中的理论推导来解释仿真结果。

6.8 采用 $x(n)$ 作为基于 LMS 算法的自适应 FIR 滤波器($L=2$)的输入，重做例 6.6。采用 MATLAB 实现此自适应滤波器。绘制误差信号 $e(n)$ 和 $e^2(n)$ 与时域索引 n 之间的关系，显示自适应权重收敛到推导的最优值。采用 $L=8$ 和 32 修改 MATLAB 代码，并与 $L=2$ 的结果进行比较。

6.9 采用 MATLAB 或 eZdsp 上的 C 程序实现图 6.7 中的自适应系统识别技术。输入信号是零均值、单位方差的白噪声。未知系统是定义在习题 6.5 中的 IIR 滤波器。采用不同滤波器长度 L 和步长 μ 来绘制这些参数下的 $e(n)$ 和 $e^2(n)$ 与时域索引 n 之间的关系。找到得到最快收敛和低过量 MSE 的最优值。

6.10 采用 MATLAB 或 eZdsp 上的 C 程序实现图 6.9 中的自适应线路增强器。期望

信号给出如下：

$$x(n) = \sqrt{2}\sin(\omega n) + v(n)$$

其中，$\omega = 0.2\pi$，$v(n)$ 是零均值单位方差的白噪声。去相关延迟 $\Delta = 1$。绘制 $e(n)$ 和 $y(n)$。对于不同参数 L 和 μ，评估收敛速度和稳态误差水平。

6.11　采用 MATLAB 或 eZdsp 上的 C 程序实现图 6.11 中的自适应噪声消除。主信号给出如下：

$$d(n) = \sin(\omega n) + 0.8v(n) + 1.2v(n-1) + 0.25v(n-2)$$

其中，$v(n)$ 在习题 6.5 进行定义。参考信号为 $v(n)$。对于不同 L 和 μ 值，绘制 $e(n)$。

6.12　采用 MATLAB 或 eZdsp 上的 C 程序实现图 6.13 中的单一频率自适应陷波滤波器。期望信号 $d(n)$ 在习题 6.11 中给出，$x(n)$ 给出如下：

$$x(n) = \sqrt{2}\sin(\omega n)$$

绘制收敛后的二阶 FIR 滤波器的幅度响应。同时，绘制如习题 6.4 中的权重跟踪。

6.13　采用 MATLAB 产生主信号 $d(n) = 0.25\cos(2\pi n f_1/f_s) + 0.25\sin(2\pi n f_2/f_s)$ 和参考输入信号 $x(n) = 0.125\cos(2\pi n f_2/f_s)$，其中 f_s 为采样频率，f_1 和 f_2 分别是期望信号和参考信号的频率。采用 MATLAB 实现自适应噪声消除器来去除干扰。采用同时绘制主信号和误差信号的幅度谱来验证结果。

6.14　实现用于 eZdsp 实验的习题 6.13 的程序开发。通过将主输入和参考输入连接到 eZdsp 立体声输入来执行实时实验，其中左声道是带有干扰的主信号，右声道仅仅含有干扰。通过采用耳机或扬声器聆听噪声减小的输出信号，使用 C5505 eZdsp 来测试实时自适应噪声消除器。

参考文献

1. Alexander，S. T. (1986) Adaptive Signal Processing，Springer-Verlag，New York.

2. Bellanger，M. (1987) Adaptive Digital Filters and Signal Analysis，Marcel Dekker，New York.

3. Clarkson，P. M. (1993) Optimal and Adaptive Signal Processing，CRC Press，Boca Raton, FL.

4. Cowan，C. F. N. and Grant，P. M. (1985) Adaptive Filters，Prentice Hall，Englewood Cliffs, NJ.

5. Glover，J. R. Jr. (1977) Adaptive noise canceling applied to sinusoidal interferences. IEEE Trans. Acoust.，Speech，Signal Process.，ASSP-25，484-491.

6. Haykin，S. (1991) Adaptive Filter Theory，2nd edn，Prentice Hall，Englewood Cliffs, NJ.

7. Kuo，S. M. and Morgan，D. R. (1996) Active Noise Control Systems-Algorithms and DSP Implementations，John Wiley & Sons，Inc.，New York.

8. Treichler，J. R.，Johnson，C. R. Jr.，and Larimore，M. G. (1987) Theory and Design of Adaptive Filters，JohnWiley & Sons，Inc.，New York.

9. Widrow，B. andStearns，S. D. (1985) Adaptive Signal Processing，Prentice Hall，Englewood Cliffs, NJ.

10. Honig，M. L. and Messerschmitt，D. G. (1986) Adaptive Filters：Structures，Algorithms，and Applications，Kluwer Academic，Boston，MA.

11. The MathWorks，Inc.(2000) Using MATLAB，Version 6.

12. Kuo，S. M. and Chen，C. (1990) Implementation of adaptive filters with the TMS320C25 or the TMS320C30, in Digital Signal Processing Applications with the TMS320 Family，vol. 3 (ed. P. Papamichalis)，Prentice Hall，Englewood Cliffs，NJ，pp. 191-271，Chapter 7.

13. The MathWorks，Inc.(2004) Signal Processing Toolbox User's Guide，Version 6.

14. The MathWorks，Inc.(2004) Filter Design Toolbox User's Guide，Version 3.

15. The MathWorks，Inc.(2004) Fixed—Point Toolbox User's Guide，Version 1.

16. Ljung，L. (1987) System Identification：Theory for the User，Prentice Hall，Englewood Cliffs，NJ.

17. Makhoul，J. (1975) Linear prediction：a tutorial review. Proc. IEEE，63，561-580.

18. Widrow，B. ，Glover，J. R. ，McCool，J. M. et al. (1975) Adaptive noise canceling：principles and applications. Proc. IEEE，63，1692-1716.

19. The MathWorks，Inc.(2005) Communications Toolbox User's Guide，Version 3.

20. ITU Recommendation(1988) V. 29，9600 Bits Per Second Modem Standardized for Use on Point-to-Point 4-Wire Leased Telephone-Type Circuits，November.

## 第 7 章

数字信号产生和检测

数字信号产生和检测对于 DSP 系统设计、分析和实现是非常有用的技术。例如,通过公共交换电话网络和蜂窝网络,双音多频(DTMF)产生和检测广泛用于电话信令和交互控制应用[3]。本章介绍几种数字信号产生技术,例如正弦波和随机噪声、DTMF 产生和检测以及其他一些应用。

7.1　正弦波产生器

在设计用于产生数字正弦信号的算法时,有几个特性需要考虑,包括总谐波失真、频率和相位控制、存储器使用、计算复杂度和波形精确度。

可以采用多项式来近似一些三角函数;例如,在 2.6 节介绍了采用多项式进行余弦和正弦信号近似的产生方法,并在 2.6.2 节用于实验。另外,在第 4 章介绍了采用 IIR 滤波器实现谐振器,从而进行正弦波的产生。这些多项式近似和 IIR 滤波器采用乘法和加法进行实现。本节仅讨论产生正弦波和线性调频信号最有效的查找表法。

7.1.1　查找表法

查找表(或表查找)法可能是产生周期波形最简单和灵活的技术。这项技术读取一系列表示波形一个周期的存储数据样本。这些值可以通过模拟信号采样或采用数学算法进行计算而得到。

含有一个周期波形的正弦波表可以通过计算以下公式得到

$$x(n) = \sin\left(\frac{2\pi n}{N}\right), \quad n = 0,1,\cdots,N-1 \tag{7.1}$$

数字样本采用二进制形式表示,这样,精度就由表示这些数的字长来决定。可以通过从表中以固定步长 Δ 读取这些存储的样本来产生希望的正弦波。数据指针在表的结尾循环过来以便产生长度多于一个周期的波形。产生的正弦波的频率由采样率 f_s、表长 N 和表地址增量 Δ 决定:

$$f = f_s \frac{\Delta}{N} \tag{7.2}$$

对于给定长度为 N 的正弦波表,频率为 f 和采样率为 f_s 的正弦波可以采用以下地址指针增量(或步长)来产生

$$\Delta = \frac{Nf}{f_s} \tag{7.3}$$

满足以下约束以避免混叠

$$\Delta \leqslant \frac{N}{2} \tag{7.4}$$

为了产生具有 L 个样本的正弦波 $x(l)$, $l = 0, 1, \cdots, L-1$,我们可以采用循环指针 k 作为表的地址指针,其更新为

$$k = (l\Delta + m)_{\mathrm{mod}\, N} \tag{7.5}$$

其中,m 决定正弦波的初始相位,求模运算(mod)在除以 N 后返回余数。特别需要注意的是,式(7.3)中给出的步长 Δ 或许不是整数,这样由式(7.5)计算的 k 或许是一个实数。简单的解决方法是将非整数序号 k 舍入到最近的整数。更好的但更复杂的方法是基于现存表中的临近样本进行插值。

以下两种误差将导致谐波失真:

(1) 幅度量化误差:由于采用有限字长来表示表中的样本值而造成的。

(2) 时间量化误差:由临近表项之间的合成样本值造成的。

提高表长度 N 可以减小时间量化误差。为了降低存储要求,我们利用正弦函数的对称性,由于正弦波的绝对值在每一个周期内重复四次。这样,仅需要四分之一的周期。然而,需要更复杂的算法来跟踪需要产生波形的哪一个四分之一,以便确定正确的数据值和符号。

为了降低给定表长度的谐波失真,当根据式(7.5)计算的地址序号 k 不是整数时,可以采用插值技术来计算两个表项之间的值。简单的线性插值假设两个前后表项位于这两个值之间的直线上。假设指针 k 的整数部分为 $i(0 \leqslant i < N)$ 小数部分为 $f(0 < f < 1)$,那么,插值可采用如下进行计算

$$x(n) = s(i) + f[s(i+1) - s(i)] \tag{7.6}$$

其中,$[s(i+1) - s(i)]$ 是连续表项 $s(i)$ 和 $s(i+1)$ 之间的直线斜率。

【例 7.1】 MATLAB 程序 example7_1.m 用于产生 200Hz、采样率为 4kHz 的一个周期正弦波,如图 7.1 所示。这 20 个样本存储在表中用于产生 $f_s = 4$kHz 下的不同频率的正弦波。根据式(7.3),$\Delta = 1$(即读取表中的每个样本)用于产生 200Hz 正弦波,$\Delta = 2$(每隔一个读取表中的样本)用于产生 400Hz 正弦波,为了产生 300Hz 正弦波,需要 $\Delta = 1.5$,但是一些样本没有直接存储在表中,必须根据临近样本进行计算。

根据图 7.1,当采用 $\Delta = 1.5$ 访问查找表,得到第一个值,这是表的第一个表项。然而,将得不到第二个值,这是由于它位于第二个和第三个表项之间。因此,采用线性插值将得到这两个值的平均值。为了产生 250Hz 正弦波,$\Delta = 1.25$,我们可以采用式(7.6)计算非整数序号的样本值。

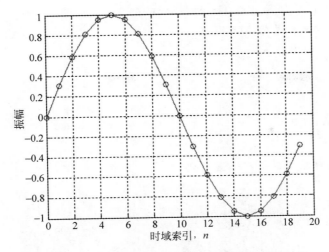

图 7.1 正弦波的一个周期,其中存储的样本用○标记

7.1.2 线性调频信号

线性调频信号(linear chirp signal)是一种瞬时频率随时间在两个规定频率之间发生线性变化的波形。在所需频段内,它是一种具有最低可能的峰值-均方根幅度比的波形。线性调频波形可以表示为

$$c(n) = A\sin[\phi(n)] \tag{7.7}$$

其中,A 是恒定幅度,$\phi(n)$ 是时变二次相位,表示为

$$\phi(n) = 2\pi\left[f_\mathrm{L}n + \left(\frac{f_\mathrm{U} - f_\mathrm{L}}{2(N-1)}\right)n^2\right] + \alpha, \quad 0 \leqslant n \leqslant N-1 \tag{7.8}$$

其中,N 是在单个线性调频波形中总的点数。在式(7.8)中,α 是任意常数相位因子,f_L 和 f_U 分别是归一化最低和最高频率限。波形周期性地重复为

$$\phi(n+kN) = \phi(n), \quad k = 1, 2, \cdots \tag{7.9}$$

定义瞬时归一化频率为

$$f(n) = f_\mathrm{L} + \left(\frac{f_\mathrm{U} - f_\mathrm{L}}{N-1}\right)n, \quad 0 \leqslant n \leqslant N-1 \tag{7.10}$$

此表达式表明瞬时频率从时刻 $n=0$ 的 $f(0)=f_\mathrm{L}$ 变化到时刻 $n=N-1$ 的 $f(N-1)=f_\mathrm{U}$。

由于线性调频信号发生器的复杂性,对于实时应用,采用计算机并存储在查找表中来产生线性调频序列更为方便。7.1.1 节介绍的查找表法可以采用存储表来产生希望的线性调频信号。

MATLAB 提供了函数 chirp(t, f0, t1, f1)来产生定义在数组 t 瞬时的线性调频信号[4-6],其中 f0 是时刻 0 的起始频率,f1 是时刻 t1 的终止频率。变量 f0 和 f1 的单位为赫兹(Hz)。

【**例 7.2**】 计算采样率 1000Hz 的线性调频信号。信号在 1 秒内从 100Hz 变化至 400Hz。产生线性调频信号的 MATLAB 代码(example7_2.m，从 MATLAB Help 菜单中改编而来)的一部分列出如下：

```
Fs = 1000;                        % 采样率
T = 1/Fs;                         % 采样周期
t = 0:T:1;                        % 在 1kHz 采样率下的 1 秒
y = chirp(t,100,1,400);           % 在 1 秒内从 100Hz 到 400Hz
spectrogram(y,128,120,128,Fs,'yaxis';   % 谱图
```

产生的线性调频信号的波形和谱图见图 7.2。

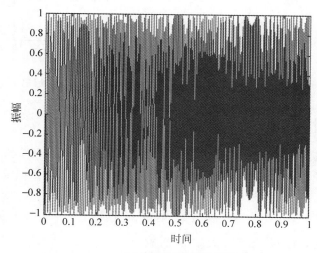

(a) 线性调频信号的波形

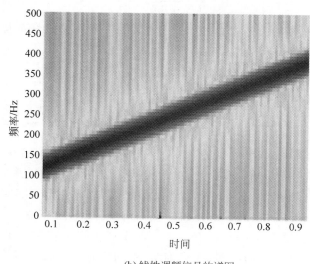

(b) 线性调频信号的谱图

图 7.2 在 1 秒内从 100Hz 到 400Hz 的线性调频信号

　　线性调频信号的一种有用应用是产生警笛。电子警笛是由车辆车厢内的产生器来产生。此产生器驱动安装在车顶的光杆中的扬声器。实际的警笛特性(带宽和持续时间)因不同厂家而有稍许不同。哀号型警笛在 800Hz 到 1700Hz 变化,变化周期大约 4.92 秒。Yelp 型警笛具有相似的特征(周期为 0.32 秒)。

　　【例 7.3】　修改例 7.2 中的线性调频信号产生器来形成警笛。MATLAB 代码 example7_3.m 产生哀号型警笛信号,并采用 soundsc 函数来播放它。

7.2　噪声产生器

　　在很多实际应用中使用随机数,例如第 6 章中的自适应系统识别和自适应信道均衡器。尽管我们采用数字硬件不能产生完美的随机数,但可以产生彼此不相关的序列数,例如 6.1 节介绍的白噪声。这样的数被称为"伪随机数"。本节介绍一些随机数产生算法。

7.2.1　线性同余序列

　　线性同余法广泛用于很多随机数产生器中,可表示为[7, 8]

$$x(n) = [ax(n-1) + b]_{\mathrm{mod}\ M} \tag{7.11}$$

其中,求模运算在除以 M 后返回余数。选择常数 a、b 和 M 满足

$$a = 4K + 1 \tag{7.12}$$

其中,K 是奇数以便 a 小于 M,以及

$$M = 2^L \tag{7.13}$$

是 2 的幂整数,b 可以是任何奇数。较好的参数选择为 $M = 2^{20} = 1\,048\,576$,$a = 4 \cdot (511) + 1 = 2045$,$x(0) = 12\,357$,其中初始条件 $x(0)$ 函数作为种子。由式(7.11)给出的序列周期具有 M 全长度。

　　由于一些应用要求 0 到 1 之间的实数值随机样本,我们可以将式(7.11)中的整数随机样本进行归一化,为

$$r(n) = \frac{x(n) + 1}{M + 1} \tag{7.14}$$

来产生实数值随机样本 $r(n)$。浮点 C 函数(uran.c)实现式(7.11)和式(7.14)定义的随机数发生器,列于表 7.1 中。对于在定点数字信号处理器上实现更为有效的定点 C 函数 (rand.c),在 2.6.3 节中进行了介绍。同时,如第 2 章和第 6 章介绍的,MATLAB 提供了带有变量的函数 rand 来产生均匀分布伪随机数。

表 7.1　产生线性同余序列的 C 程序

```
/*
 * URAN - 产生浮点伪随机数
 */
static long n = (long)12357;          //种子 x(0) = 12357
float uran()
```

续表

```
{
float ran;                              //随机噪声 r(n)
n = (long)2045 * n + 1L;                //x(n) = 2045 * x(n−1) + 1
n −= n/1048576L) * 1048576L;            //x(n) = x(n) − INT[x(n)/1048576] * 1048576
ran = (float)(n + 1L)/(float)1048577;   //r(n) = FLOAT[x(n) + 1]/1048577
return(ran);                            //返回产生的随机数
}
```

7.2.2 伪随机二进制序列产生器

从特定位反馈的移位寄存器也可以产生重复的伪随机序列，16 位产生器的电路图见图 7.3，其中标记为"XOR"的函数操作符执行两个二进制输入的异或操作。序列本身由移位寄存器中的反馈位的位置所确定。在图 7.3 中，x_1 是 b_0 XOR b_2 的输出，x_2 是 b_{11} XOR b_{15} 的输出，x 是 x_1 XOR x_2 的输出。

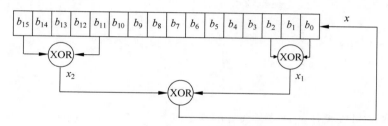

图 7.3 16 位伪随机数产生器

从序列产生器中的每一个输出样本是寄存器整个 16 位内容。当随机数产生后，寄存器中的每一位左移 1 位(丢弃 b_{15})，那么 x 移入 b_0 位置。长度为 16 位的移位寄存器可以很容易地采用 16 位处理器中的一个字来容纳。然而，重要的是要认识到这种过程形成的序列字将是相关的。在出现重复前最大序列长度为

$$L = 2^M - 1 \tag{7.15}$$

其中，M 是移位寄存器的位数。

7.2.3 白色、彩色和高斯噪声

我们在例 6.1 中引入白噪声 $v(n)$ 作为 WSS 噪声，其具有恒定功率密度谱，如式(6.8)所定义，其自相关函数在式(6.7)中给出。这种类型的噪声被称为"白噪声"(white noise)，这是由于在其频谱中含有所有频率，像白光一样。白噪声的一个重要的应用是作为自适应系统识别中的激励信号 $x(n)$，如图 6.7 所示。MATLAB 代码 example2_19.m 采用函数 rand 产生零均值、单位方差的白噪声。

如果白噪声被预先确定带宽和中心频率的带通滤波器进行滤波，那么输出信号被称为

"带限白噪声"。由于在这种噪声的频谱仅具有一部分频率,因此其也被称为"彩色噪声"(colored noise),像彩色的光一样。彩色噪声广泛用作评估 DSP 算法的测试信号。

类似地,如果白噪声被高阶 FIR 滤波器进行滤波,输出信号由大量的白噪声的权重和组成,其倾向于高斯噪声。高斯噪声的一个最重要应用是对电子电路中的"热"噪声效应进行建模。MATLAB 提供 wgn 函数来产生白色高斯噪声(WGN),广泛用于对信道的建模。

我们可以采用 dBW(对应于 1 瓦特的分贝)、dBm 或线性单位来说明噪声功率,详见附录 A。我们可以产生实数或复数噪声。例如,如下 MATLAB 命令产生一个长度为 50 包含实数值 WGN 的向量,其功率为 2dBW:

```
y1 = wgn(50,1,2);
```

函数假设负载阻抗为 1Ω(欧姆)。

【例 7.4】 WGN 信道将 WGN 加到通过其的信号上。为了对 WGN 信道进行建模,采用如下 awgn 函数:

```
y = awgn(x, snr)
```

此命令将 WGN 加到信号向量 x 上。标量 snr 说明信噪比,单位为 dB。如果 x 是复数,那么 awgn 增加复数噪声。此语句假设 x 的功率为 0dBW。MATLAB 程序(example7_4.m,改编自 MATLAB Help 菜单)将 WGN 加到方波信号上。然后绘制原始和带有噪声的信号。

7.3 DTMF 产生和检测

DTMF 产生和检测广泛用于电话和蜂窝网络中的电话信令和交互控制应用[9]。DTMF 信令最初为诸如拨号和自动重拨的电话信令而开发。DTMF 也用于计算机化自动响应系统的交互远程访问控制,例如航班信息系统、远程语言信箱、电子银行系统等等很多通过电话网络的半自动服务。DTMF 信令方案、接收、测试和实现要求在 ITU 推荐 Q.23[10] 和 Q.24[11] 里进行定义。

7.3.1 DTMF 产生器

正弦波产生器的常见应用是采用 DTMF 发送器和接收器的拨号音电话或蜂窝(移动)电话中。在按键盘上的每一个按键产生表示为以下两个音的和:

$$x(n) = \cos(2\pi f_L nT) + \cos(2\pi f_H nT) \qquad (7.16)$$

其中,T 是采样周期,两个频率 f_L 和 f_H 唯一地定义按下的键。图 7.4 显示了一个用于 ITU 推荐 Q.23 编码的 16 个 DTMF 符号 4×4 频率网格矩阵。此矩阵表示包括 0～9、特殊键 * 和 #,以及四个英文字母 A～D 的 16 个 DTMF 信令。设置字母 A～D 是为了一些诸如军用电话系统的特殊通信系统的独特功能。

低频组(697、770、852 和 941Hz)选择 4×4 键盘的行频率,高频组(1209、1336、1477 和

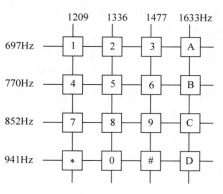

图 7.4　4×4 电话键盘矩阵

1633Hz)选择 4×4 键盘的列频率,这八个频率值是经过精心挑选的,以便它们不会与语音产生干扰。从低频组中的 f_L 和从高频组中的 f_H 形成一对正弦信号将代表一个特定的按键。例如,数字"3"采用频率 697Hz 和 1477Hz 的两个正弦波形表示。

可以采用两个正弦波发生器并联在一起来实现双音的产生。DTMF 信号必须满足数字音的周期和间距的时序要求。要求以每秒小于 10 个的速率传输数字。音之间的最小间距要求 50ms,持续的音最小为 40ms。用于 DTMF 接收器的音检测方法必须具有足够的时间分辨率来验证正确的数字时序。

采用 DTMF 的一个通用的应用是单个用于与自动电子数据库之间的远程访问控制的信令。在这个例子中,用户遵从事先录制的语言命令采用按键式电话的键盘来键入相应的信息,例如账号和用户授权。用户的输入转换为一系列 DTMF 信号。接收端处理这些 DTMF 信号来重建远程访问控制的数字量。在远程访问过程中,自动电子数据库系统通过语音信道向用户发送请求、响应和确认信息。

除了 DTMF,还有很多其他用于通信的语音。例如,电话可以传送拨号音、忙音、回铃音和 Modem 和传真音。基本的语音检测算法和实现技术[12-14]是相似的。在本章,我们专注于 DTMF 检测的讨论。

7.3.2　DTMF 检测

本节介绍用于检测通信网络中的 DTMF 信号技术。因为 DTMF 信令或许用于建立一个通话以及诸如呼叫转移的控制功能,所以有必要在语音存在的情况下也能检测 DTMF 信令。

1. Goertzel 算法

DTMF 检测的基本原则是检查图 7.4 中所有八种频率的接收信号能量,以确定是否存在合法的 DTMF 音对。检测算法可以采用 DFT 或滤波器组来实现。例如,N 点 DFT 可以计算 N 个均匀间距频率点的能量。为了获得要求的检测 DTMF 频率在 ±1.5% 内的频率分辨率,对于 8kHz 采样率需要 256 点 FFT。由于 DTMF 检测仅仅考虑八个频率,采用由八个 IIR 带通滤波器组成的滤波器组则更为有效。在本章,我们将介绍改进的 Goertzel 算法作为 DTMF 检测的滤波器组[14]。

DFT 可以用来计算八个不同的对应于 DTMF 信号频率的 $X(k)$

$$X(k) = \sum_{n=0}^{N-1} x(n) W_N^{kn} \tag{7.17}$$

其中,W_N^{kn} 是定义在式(5.15)中 DFT 的旋转因子。采用改进的 Goertzel 算法,DTMF 译码

器可以采用每一个频域索引 k 的匹配滤波器进行实现,如图 7.5 所示,其中 $x(n)$ 是输入信号,$H_k(z)$ 是第 k 个滤波器的传递函数,$X(k)$ 是相应的滤波器输出。

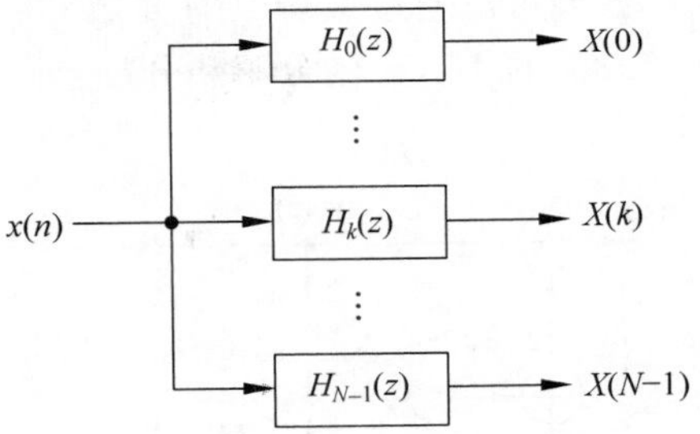

根据式(5.15),我们有

$$W_N^{-kn} = e^{j(2\pi/N)kN} = e^{j2\pi k} = 1 \qquad (7.18)$$

这样,我们可以在式(7.17)的右侧乘以 W_N^{-kn}

$$X(k) = W_N^{-kn} \sum_{n=0}^{N-1} x(n) W_N^{kn} = \sum_{n=0}^{N-1} x(n) W_N^{-k(N-n)} \qquad (7.19)$$

我们定义序列

$$y_k(n) = \sum_{m=0}^{N-1} x(m) W_N^{-k(n-m)} \qquad (7.20)$$

图 7.5 Goertzel 滤波器组的框图

其可以解释为有限周期序列 $x(n)$ 和序列 $W_N^{-kn}u(n)$ 的卷积,$0 \leqslant n \leqslant N-1$。结果,$y_k(n)$ 可以看作是具有以下冲激响应的滤波器输出

$$h_k(n) = W_N^{-kn}u(n) \qquad (7.21)$$

这样,式(7.20)可以表示为

$$y_k(n) = x(n) * W_N^{-kn}u(n) \qquad (7.22)$$

根据式(7.19)和式(7.20),以及对于 $n<0$ 和 $n \geqslant N$ 时 $x(n)=0$ 的这一事实,我们可以得知

$$X(k) = y_k(n)\big|_{n=N-1} \qquad (7.23)$$

即 $X(k)$ 是相应滤波器 $H_k(z)$ 在时刻 $n=N-1$ 时的输出。

利用式(7.22)的 z 变换,可以得到

$$Y_k(z) = X(z) \frac{1}{1 - W_N^{-k}z^{-1}} \qquad (7.24)$$

因此,第 k 个 Goertzel 滤波器的传递函数为

$$H_k(z) = \frac{Y_k(z)}{X(z)} = \frac{1}{1 - W_N^{-k}z^{-1}}, \quad k = 0, 1, \cdots, N-1 \qquad (7.25)$$

此滤波器在单位圆频率 $\omega_k = 2\pi k/N$ 处具有一个极点。这样,DFT 可以通过采用由式(7.25)定义的 N 个滤波器并行地对块输入数据进行滤波来计算。每一个滤波器具有处于相应 DFT 频率处的极点。

选择参数 N 必须确保 $X(k)$ 是表示满足频率容差的处于频率 f_k 处 DTMF 的结果。如果选择 N 能够满足以下近似条件,则可以确保 DTMF 检测精度

$$\frac{2f_k}{f_s} \cong \frac{k}{N} \qquad (7.26)$$

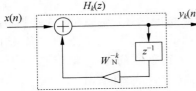

图 7.6 $X(k)$ 递归计算的框图

$X(k)$ 递归计算的传递函数 $H_k(z)$ 的框图见图 7.6。由于系数 W_N^{-k} 是复数值,每一个 $y_k(n)$ 新值的计算需要四个乘法和加法。必须计算所有的中间值 $y_k(0)$,

$y_k(1)$，$\cdots$，$y_k(N-1)$，以便获得最终输出 $y_k(N-1)=X(k)$。因此，对于每一个频域索引 k，图 7.6 中给出的 $X(k)$ 计算需要 $4N$ 个复数乘法和加法。

我们可以通过组合具有复数-共轭极点的滤波器对来避免复数乘法和加法。通过在式(7.35)的 $H_k(z)$ 的分子和分母上同时乘以因子$(1-W_N^k z^{-1})$，我们有

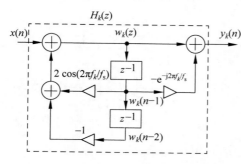

图 7.7　Goertzel 算法的详细信号流图

$$H_k(z) = \frac{1-W_N^k z^{-1}}{(1-W_N^{-k}z^{-1})(1-W_N^k z^{-1})}$$
$$= \frac{1-\mathrm{e}^{\mathrm{j}2\pi k/N}z^{-1}}{1-2\cos(2\pi k/N)z^{-1}+z^{-2}} \quad (7.27)$$

此传递函数可以表示为如图 7.7 采用直接Ⅱ型 IIR 滤波器的信号流图。滤波器递归部分在左部分，非递归部分在右部分。由于输出 $y_k(n)$ 仅在时刻 $N-1$ 时需要，我们只是需要计算在第 $(N-1)$ 次迭代的滤波器非递归部分。算法的递归部分可以表示为

$$w_k(n) = x(n)+2\cos(2\pi f_k/f_s)w_k(n-1)-w_k(n-2) \quad (7.28)$$

而 $y_k(N-1)$ 的非递归计算可表示为

$$X(k) = y_k(N-1) = w_k(N-1)-\mathrm{e}^{-\mathrm{j}2\pi f_k/f_s}w_k(N-2) \quad (7.29)$$

算法可以进一步通过仅仅实现语音探测需要的平方 $X(k)$（幅度）进行简化。根据式(7.29)，计算平方 $X(k)$ 幅度为

$$|X(k)|^2 = w_k^2(N-1)-2\cos(2\pi f_k/f_s)w_k(N-1)w_k(N-2)$$
$$+w_k^2(N-2) \quad (7.30)$$

此等式避免了式(7.29)的复数算术，对于每一个 $|X(k)|^2$ 的计算，计算仅需要一个系数 $2\cos(2\pi f_k/f_s)$，由于这里有八种可能的音，检测器需要八个如式(7.28)和式(7.30)所描述的滤波器。每一个滤波器调谐到八个频率之一。注意，式(7.28)对于 $n=0$，1，$\cdots$，$N-1$ 都需要进行计算，而式(7.30)仅在 $n=N-1$ 需要进行一次计算。

2.　实现考虑

DTMF 检测算法的流程图见图 7.8。在每一帧的开始，八个 Goertzel 滤波器其中之一的状态变量 $x(n)$、$w_k(n)$、$w_k(n-1)$、$w_k(n-2)$ 和 $y_k(n)$ 和能量设为零。对于每个新样本，执行式(7.28)定义的滤波中的递归部分。在每一帧结尾，即 $n=N-1$，基于式(7.30)计算每个 DTMF 频率的平方幅度 $|X(k)|^2$。紧接着六个测试确定是否已经检测到合法的 DTMF。

3.　幅度测试

根据 ITU Q.24，传输到公共网络的最大信号电平不能超过 $-9\mathrm{dBm}$。这限制了平均语音范围：从非常微弱的长距离呼叫的 $-35\mathrm{dBm}$ 到本地呼叫的 $-10\mathrm{dBm}$。希望 DTMF 接收器工作在 $-29\mathrm{dBm}$ 到 $+1\mathrm{dBm}$ 的平均范围。这样，每一个通道的最大幅度必须大于 $-29\mathrm{dBm}$ 阈值；否则，将不能检测到 DTMF 信号。对于幅度测试，计算式(7.30)中每个 DTMF 频率的平方幅度 $|X(k)|^2$。获得每一组的最大幅度。

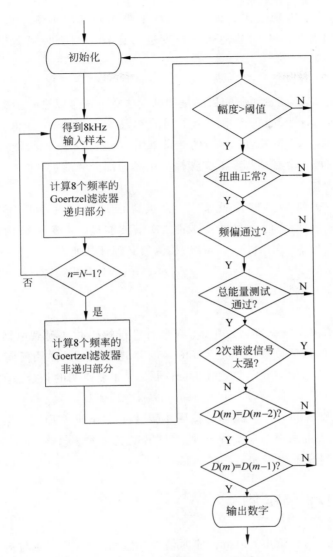

图 7.8 DTMF 检测器的流程图

4. 扭曲测试

音调或许会根据电话系统在不同音调频率处的不同增益而被衰减。因此,我们不希望接收的音具有相同的幅度,即使它们或许采用相同的强度进行传输。"扭曲"(Twist)定义为低频和高频音级之间的差异,以分贝表示。实际中,DTMF 数码在产生时采用正向扭曲来补偿在长电话电缆中的高频上更大损耗。例如,北美推荐不超过 8dB 的正向扭曲和 4dB 的反向扭曲。

5. 频偏测试

此测试防止一些宽带信号,例如语音,被检测为 DTMF 音。如果出现有效的 DTMF

音,这两个频率的功率级别应比其他频率的功率级别要高出很多。为了执行这个测试,将每组中的最大幅度与组中的其他频率幅度进行比较。差值必须高于每组中预先确定的阈值。

6. 总能量测试

类似于频偏测试,总能量测试的目的是抑制一些宽带信号以进一步提高 DTMF 解码器的鲁棒性。为了执行这个测试,采用三个不同的常数 c_1、c_2 和 c_3。在低频组的检测音的能量采用 c_1 进行权重,在高频组的检测音的能量采用 c_2 进行权重,两个能量的和采用 c_3 进行权重。这些项中的每一个必须高于滤波器输出中其他部分的能量和。

7. 二次谐波测试

此测试的目的是抑制谐波接近于 f_k、会被错误地检测为 DTMF 音的语音。由于 DTMF 音是纯正弦信号,它们含有非常小的二次谐波能量。而另一方面,语音含有明显多的二次谐波。为了测试二次谐波的能量级,检测器必须评估所有八个 DTMF 音的二次谐波频率。这些频率(1394 Hz、1540 Hz、1704 Hz、1882 Hz、2418 Hz、2672 Hz、2954 Hz 和 3266 Hz)也可以采用 Goertzel 算法进行估计。

8. 数字解码

最终,如果所有五个测试都通过了,将音频对进行解码并映射到电话按键键盘中的 16 个键之一。此解码的数字放置在指定为 $D(m)$ 的存储位置上。如果任何一个测试失败了,那么采用"-1"表示"未检测到",放置在 $D(m)$ 中。对于要声明的新合法数字,当前 $D(m)$ 必须在随后的三个帧都是相同的,即 $D(m-2)=D(m-1)=D(m)$。

每一次检测需要进行三个连续帧的检测才能通过,这有两个原因。第一,此检测避免了每次音出现时都要产生命中。只要音出现,直到其改变时才被忽略。第二,对比 $D(m-2)$、$D(m-1)$ 和 $D(m)$ 提高了噪声和语音的抑制能力。

7.4 实验和程序实例

本节给出几个采用 C5505 eZdsp 的实时信号产生和 DTMF 产生与检测的实验。

7.4.1 采用查找表的正弦波产生器

此实验采用 eZdsp C5505 芯片支持库和 eZdsp 板支持库来产生正弦信号。类似的实验在附录 C 中给出。表 7.2 列出了实验中使用的文件。

表 7.2 实验 Exp7.1 中的文件列表

文　件	描　述
sineGenTest. c	测试正弦波产生的程序
tone. c	执行正弦波查找表的 C 程序

续表

文　件	描　述
initAIC3204. c	配置 AIC3204 进行实时实验的 C 程序
tistdtypes. h	标准类型定义头文件
c5505. cmd	链接器命令文件
C55xx_csl. lib	C55xx 芯片支持库
USBSTK_bsl. lib	C5505 eZdsp 板支持库

实验过程如下:

(1) 从配套软件包导入 CCS 项目,并重建项目。

(2) 将 eZdsp 音频输出连接到耳机或扬声器上。载入并运行实验来产生音频。通过聆听 eZdsp 音频输出验证实验结果。

(3) 将 eZdsp 音频输出连接到数字记录设备,将音频数字化为 PCM 或 WAV 文件。计算数字信号的幅度谱来验证步骤(2)中产生的音为 1000Hz 正弦波。

(4) 在步骤(2)中,将 eZdsp 设置到 8000Hz 采样率。改变 AIC3204 设置,在 48 000Hz 采样率下运行实验。创建采样率为 48 000Hz 的 400Hz 正弦波查找表。此查找表需要多少数据样本? 运行实验,并数字化输出信号。检查波形和幅度谱来验证信号是 48 000Hz 采样率的 400Hz 正弦波。

(5) 修改 400Hz 正弦波查找表,以便仅包含从 0 到 $\pi/2$ 的数据点。修改程序,利用正弦波的对称属性,正确地使用此查找表的四分之一周期来产生 48 000Hz 采样率的 400Hz 音。检查波形和幅度谱来验证结果是正确的。

(6) 采用 8000Hz 采样率,重复步骤(5)。

7.4.2　采用查找表的警笛产生器

此实验修改前一个实验中的查找表,采用 eZdsp 实时产生警笛。表 7.3 列出了实验中使用的文件。

表 7.3　实验 Exp7.2 中的文件列表

文　件	描　述
sirenGenTest. c	测试警笛产生的程序
siren. c	执行警笛信号查找表的 C 程序
initAIC3204. c	配置 AIC3204 进行实时实验的 C 程序
siren. h	实验的 C 头文件
wailSiren. h	含有警笛信号查找表的 C 包含文件
tistdtypes. h	标准类型定义头文件
c5505. cmd	链接器命令文件
C55xx_csl. lib	C55xx 芯片支持库
USBSTK_bsl. lib	C5505 eZdsp 板支持库

实验过程如下：

（1）从配套软件包导入 CCS 项目，并重建项目。

（2）将耳机或扬声器连接到 eZdsp 音频输出插孔上。载入并运行实验。通过聆听产生的哀号警笛声来验证实验结果。

（3）此实验采用预先计算的长度为 19 680 的查找表，来产生 8000Hz 采样率的哀号警笛声。在表的末端没有进行重复的情况下，能产生多少秒信号？对于相同时间间隔，如果此实验运行在 32 000Hz 采样率下，需要多少数据点？

（4）回顾第 3 章的采用 FIR 滤波器的插值设计与实现。修改程序，在采样率 32 000Hz 下实时产生警笛声。

7.4.3 DTMF 产生器

此实时实验采用查找表法使用 eZdsp 产生 DTMF 音。表 7.4 列出了实验中使用的文件。

表 7.4 实验 Exp7.3 中的文件列表

文　件	描　　述
dtmfGenTest. c	测试 DTMF 音产生的程序
dtmfTone. c	采用查找表的 DTMF 产生的 C 程序
initAIC3204. c	配置 AIC3204 进行实时实验的 C 程序
dtmf. h	实验的 C 头文件
tone697. h	含有 697Hz 音表的 C 包含文件
tone770. h	含有 770Hz 音表的 C 包含文件
tone852. h	含有 852Hz 音表的 C 包含文件
tone941. h	含有 941Hz 音表的 C 包含文件
tone1209. h	含有 1209Hz 音表的 C 包含文件
tone1336. h	含有 1336Hz 音表的 C 包含文件
tone1477. h	含有 1477Hz 音表的 C 包含文件
tone1633. h	含有 1633Hz 音表的 C 包含文件
tistdtypes. h	标准类型定义头文件
c5505. cmd	链接器命令文件
C55xx_csl. lib	C55xx 芯片支持库
USBSTK_bsl. lib	C5505 eZdsp 板支持库

实验过程如下：

（1）从配套软件包导入 CCS 项目，并重建项目。

（2）将耳机或扬声器连接到 eZdsp 上。载入并运行实验。通过聆听 eZdsp 音频输出（参考图 7.4，每一个数字的频率安排）来验证实验结果。由于公共电话交换网采用 8000Hz 采样率，所以对于此实验，eZdsp 采样率设置在 8000Hz。

（3）此实验采用从 dtmfGenTest. c 中的 digits[ ]产生 DTMF 音。修改实验，通过 CCS

控制台窗口创建交互用户接口,以便用户可以输入需要的数字 0 到 9,来产生相应的
DTMF 音。

（4）查找表法是简单而有效的。对于列于表 7.4 的频率,此实验采用八张表。因此,此
方法需要存储这些表的大量存储空间。修改实验,以便采用第 2 章或第 4 章中的算法来实
时地产生 DTMF 信号。数字化产生的 DTMF 信号,并确认对于每一数字位产生的音的频
率的精度。分析需要的时钟周期数,并与查找表法的结果进行对比。同时,对比这两种方法
的存储需求。

7.4.4　采用定点 C 的 DTMF 检测

Goertzel 算法常用于电话信令应用中的 DTMF 检测。此实验采用定点 C 来实现
Goertzel 算法来检测 DTMF 音。表 7.5 列出了实验中使用的文件。

表 7.5　实验 Exp7.4 中的文件列表

文　　件	描　　述
dtmfDecodeTest. c	测试 DTMF 产生的程序[①]
checkKey. c	检查 DTMF 键的 C 程序
gFreqDetect. c	检测 DTMF 音的 C 程序
init. c	初始化实验变量的 C 程序
computeOutput. c	计算 DTMF 解码输出的 C 程序
dtmfFreq. c	检测 DTMF 音频率的 C 程序
gFilter. c	Goertzel 算法的 C 程序
dtmfDetect. h	实验的 C 头文件
tistdtypes. h	标准类型定义头文件
c5505. cmd	链接器命令文件
DTMF16digits. pcm	DTMF 测试数据文件
DTMF_with_noise. pcm	带有噪声的 DTMF 测试数据文件

实验过程如下:

（1）从配套软件包导入 CCS 项目,并重建项目。载入并运行实验。

（2）此实验采用文件输入/输出,从一个数据文件中读取预先计算的 DTMF 信号,检测
DTMF 音频率并解码数字,然后将检测结果写到一个文件中。提供两个文件进行测试。文
件 DTMF_with_noise 包含在噪声环境下的表现为电话号码 18005551234 的 11 对音;文件
DTMF16digits 包括所有的通常电话键盘的 16 个数字,1234567890ABCD＊♯。通过检查
显示在 CCS 控制台窗口或者从输出文件 DTMFKEY. txt 中,来验证实验结果是正确的。

（3）参照 Exp7.3,设计一个实时实验来数字化从 eZdsp 输入插孔来的 DTMF 信号（提
示:采用 eZdsp 板支持库 USBSTK5505_I2S_readLeft()和 USBSTK5505_I2S_readRight()

---

① 这里原文有笔误,应该为"测试 DTMF 检测的程序"。　　——译者注

函数)。采用音频播放器将测试数据文件作为 eZdsp 的输入信号进行播放,并验证修改的实时实验能够正确地检测 DTMF 数字。

7.4.5　采用汇编程序的 DTMF 检测

此实验采用汇编程序实现 DTMF 音检测。表 7.6 列出了实验中使用的文件。

表 7.6　实验 Exp7.5 中的文件列表

文　件	描　述
asmDTMFDetTest. c	测试 DTMF 产生的程序①
checkKey. c	检查 DTMF 键的 C 程序
gFreqDetect. c	检测 DTMF 音的 C 程序
init. c	初始化实验变量的 C 程序
computeOutput. asm	计算 DTMF 解码输出的汇编程序
dtmfFreq. asm	检测 DTMF 音频率的汇编程序
gFilter. asm	Goertzel 算法的汇编程序
dtmfDetect. h	实验的 C 头文件
tistdtypes. h	标准类型定义头文件
c5505. cmd	链接器命令文件
DTMF16digits. pcm	DTMF 测试数据文件
DTMF_with_noise. pcm	带有噪声的 DTMF 测试数据文件

实验过程如下:

(1) 从配套软件包导入 CCS 项目,并重建项目。载入并运行实验。

(2) 验证实验结果。此 DTMF 检测应具有和前一个采用定点 C 的实验一致的结果。

(3) 以回环建立方式,开发新的实时 DTMF 音产生和检测实验,可以执行以下任务:

① 产生所有 16 个数字的 DTMF 音,并采用 eZdsp 实时播放产生的 DTMF 音。

② 采用音频电缆将 eZdsp 音频输出连接到 eZdsp 音频输入(音频回环)。基于采用 eZdsp 的 DTMF 发生器实时产生的音,演示 DTMF 检测器能够正确地检测 DTMF 数字。

习题

7.1　设计一个新实验,采用 eZdsp 进行带有噪声的正弦波的实时产生。同时采用正弦波和噪声产生器来产生定点嵌入在白噪声中的正弦波。特别需要注意的是,两个 Q15 数相加的溢出问题。如何防止溢出? 试试不同正弦波频率以及信噪比。

7.2　Yelp 警笛与哀号警笛具有类似的特性,除了其周期为 0.32 秒。采用哀号警笛产生实验作为参考,设计一个新的 eZdsp 实验采用查找表方法来产生 Yelp 警笛声。

---

① 这里原文有笔误,应该为"测试 DTMF 检测的程序"。　——译者注

7.3 ITU Q.24 允许高频 DTMF 音级比低频 DTMF 音级高。重新设计实验,使得产生的高频 DTMF 音级比低频 DTMF 音级高 3dB。采用 eZdsp 实时地演示结果。检查产生的 DTMF 音,验证每一位数字的高频音级比低频对应部分高 3dB。

7.4 对于 N 点 DFT,频率分辨率为 $f_s/N = 8000/N$(8000Hz 采样率)。在 Goertzel 算法中,信号频率 f_k 近似为定义在式(5.9)中的 $f_s k/N$。如果没有很好地选择 N,信号频率 f_k 或许因为 DTF 算法而存在大于 1.5% 偏移。如果频率容忍 1.5%,计算 $N \in [180, 256]$ 中的哪一个使得所有的八个频率满足要求。

7.5 不采用 Goertzel 算法,而采用 IIR 滤波器组用于 DTMF 检测。采用 MATLAB 设计八个可以用于代替 Goertzel 算法的四阶 IIR 滤波器。在一张图上绘制八个滤波器的幅度响应。

7.6 设计新的实验,采用习题 7.5 中设计的八个 IIR 滤波器进行 DTMF 检测。分析性能,并将其与采用 Goertzel 算法的解码器进行对比。

参考文献

1. Orfanidis, S. J. (1996) Introduction to Signal Processing, Prentice Hall, Englewood Cliffs, NJ.

2. Bateman, A. and Yates, W. (1989) Digital Signal Processing Design, Computer Science Press, New York.

3. Schulzrinne, H. and Petrack, S. (2000) RTP Payload for DTMF Digits, Telephony Tones and Telephony Signals, IETF RFC2833, May.

4. The MathWorks, Inc. (2000) Using MATLAB, Version 6.

5. The MathWorks, Inc. (2004) Signal Processing Toolbox User's Guide, Version 6.

6. The MathWorks, Inc. (2004) MATLAB, Version 7.0.1, Release 14, September.

7. Kuo, S. M. and Morgan, D. R. (1996) Active Noise Control Systems—Algorithms and DSP Implementations, John Wiley & Sons, Inc., New York.

8. Knuth, D. E. (1981) The Art of Computer Programming: Seminumerical Algorithms, vol. 2, 2nd edn, Addison-Wesley, Reading, MA.

9. Hartung, J., Gay, S. L., and Smith, G. L. (1988) Dual-tone Multifrequency Receiver Using the WE DSP16 Digital Signal Processor, Application Note, AT&T.

10. ITU-T Recommendation (1993) Q.23, Technical Features of Push-Button Telephone Sets.

11. ITU-T Recommendation (1993) Q.24, Multifrequency Push-Button Signal Reception.

12. Analog Devices (1990) Digital Signal Processing Applications Using the ADSP-2100 Family, Prentice Hall, Englewood Cliffs, NJ.

13. Mock, P. (1986) Add DTMF generation and decoding to DSP-uP designs, in Digital Signal Processing Applications with the TMS320 Family, Texas Instruments, Inc., Chapter 19.

14. Texas Instruments, Inc. (2000) DTMF Tone Generation and Detection—An Implementation Using the TMS320C54x, SPRA096A, May.

第8章

自适应回波消除

在第 6 章对自适应滤波器的原理及一些实际应用进行了介绍。本章着重讨论自适应滤波中的一种重要应用，称之为"自适应回波消除"，其基于衰减不需要回波的自适应系统识别。除了消除长距离网络中和免提扬声器中的回音之外，自适应回波消除也广泛用于二线电路中的全双工网络。本章介绍长距离网络、IP 电话(VoIP)和扬声器应用中的自适应回波消除。

8.1   线路回波简介

电话通信中存在一个问题就是由于网络中各个点阻抗不匹配而造成的传输线(网络)回波[1-3]。回波的有害影响依赖于其响度、频谱失真和时间延迟。一般，更长的延迟要求更高的回波衰减度。如果语音源与回波的时间延迟较短，回波或许不会引起注意。

简化的通信网络见图 8.1，其中本地电话通过二线传输线连接到交换机上，在一对线上进行两个方向的传输。两个交换机的连接采用四线装置，物理上将传输从二线装置上进行分隔。这是由于长距离传输要求重复放大，这是单方向的功能。位于交换机中的混合网络(H)进行二线装置和四线装置之间的转换。这种类型的电话服务系统用于大多数家庭和小型办公室中。相比之下，先进固定电话系统，例如，综合服务数字网络(ISDN)，通常用于大公司，电话线是数字的，不存在二线到四线转换的混合网络。

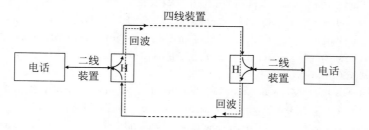

图 8.1   长距离通信网络

理想的混合网络是一种桥电路，其具有等于连接的二线电路阻抗的平衡阻抗。因此，它会将四线电路传入分支的能量耦合到二线电路中。在实际中，交换机将混合网络连接到服务的二线环路中之一。这样,平衡网络仅能提供固定和折中的阻抗匹配。结果,从四线电路中的一部分传入信号泄露到传出的四线电路中,以回波的形式返回到信号源,见图 8.1。如果往返延迟超过 40ms,则要对回波进行特殊处理。

【例 8.1】　对于互联网协议(IP)中继应用,其采用 IP 包中继电路交换网络互通,往返延迟轻易地就会超过 40ms。图 8.2 显示了一个采用网关的 VoIP 的例子,在其中语音从时分多路复用(TDM)电路转换为 IP 包。

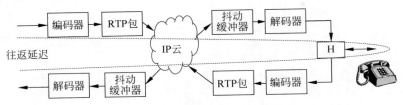

图 8.2　VoIP 应用中往返延迟的例子

延迟包括语音压缩和解压缩、抖动补偿以及网络延迟。由于 ITU-T G.729 具有良好的性能以及 15ms 的低算法延迟,其语音编码标准广泛用于 VoIP 应用。当采用 10ms 帧实时协议(RTP)包和 10ms 抖动补偿,基于 G.729 语音编码系统的往返延迟将至少为 $2(15+10)=50$ms,这还没有计入 IP 网络延迟和处理延迟。如果一端或两端采用 TDM 电路进行连接,这样长的延迟就是为什么在 VoIP 应用中需要自适应回波消除的原因。

8.2　自适应线路回波消除器

对于采用回波消除的通信网络,回波消除器位于网络中四线部分,靠近回波源起始点位置。自适应回波消除的原理见图 8.3。为了克服全双工通信网络中的线路回波问题,有必要消除中继两个方向的回波。这里仅仅显示了位于网络左端的一个回波消除器。在本章中,图示电话和二线网络的原因是表明在本章定义这一侧为近端,而另一侧指的是远端。

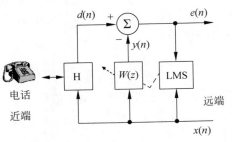

图 8.3　自适应回波消除器的框图

8.2.1　自适应回波消除的原理

为了解释自适应回波消除的原理,将混合网络的详细功能示于图 8.4 中,其中,远端信号 $x(n)$ 通过回波路径 $P(z)$ 产生不希望的回波 $r(n)$。主信号 $d(n)$ 由回波 $r(n)$、近端信号 $u(n)$ 和噪声 $v(n)$ 组成。基于第 6 章介绍的自适应系统识别的原理[4],自适应滤波器 $W(z)$ 采用远端语音 $x(n)$ 作为激励信号对回波路径 $P(z)$ 进行建模。由 $W(z)$ 产生的输出信号 $y(n)$ 将从主信号 $d(n)$ 中减掉,从而产生误差信号 $e(n)$。在自适应滤波器识别回波路径后,其输出 $y(n)$(回波的复制)近似回波,这样误差

$e(n)$ 含有近端语音、噪声和残余回波。

回波路径的典型冲激响应 $p(n)$ 见图 8.5。混合网络中的时间跨度通常约为 4ms，称为"色散延迟"。因为四线电路位于回波消除器和混合网络之间，所以回波路径的冲激响应具有平坦的延迟。平坦延迟依赖于回波消除器和混合网络之间的距离而产生的传输延迟，以及与频分或时分多路复用设备有关的滤波延迟。平坦延迟和色散延迟的总和称为"尾延迟"。

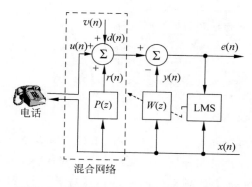

图 8.4 包括详细混合网络功能的自适应
回波消除器框图

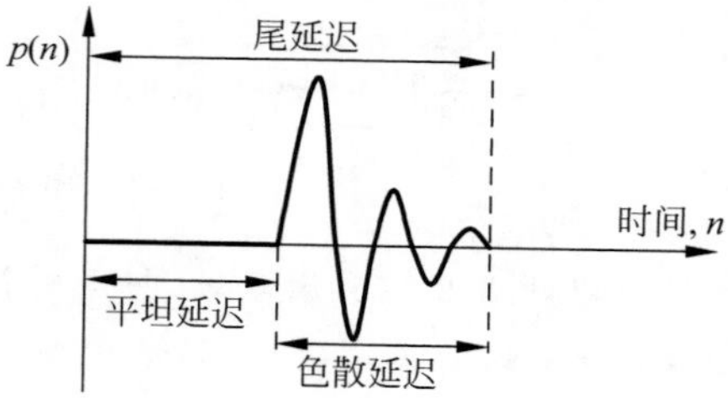

图 8.5 回波路径的典型冲激响应

假设回波路径 $P(z)$ 是线性、时不变的，并且具有无限冲激响应 $p(n)$，$n=0，1，\cdots，\infty$，主信号 $d(n)$ 可以表示为

$$d(n) = r(n) + u(n) + v(n)$$

$$= \sum_{l=0}^{\infty} p(l)x(n-l) + u(n) + v(n) \tag{8.1}$$

其中，假设额外的噪声 $v(n)$ 与近端语音 $u(n)$ 和回波 $r(n)$ 不相关。自适应 FIR 滤波器 $W(z)$ 估计回波为

$$y(n) = \sum_{l=0}^{L-1} w_l(n)x(n-l) \tag{8.2}$$

其中，L 是滤波器长度。误差信号可以表示为

$$e(n) = d(n) - y(n)$$

$$= u(n) + v(n) + \sum_{l=0}^{L-1} [p(l) - w_l(n)]x(n-l) + \sum_{l=L}^{\infty} p(l)x(n-l) \tag{8.3}$$

由于语音信号的功率会发生变化，6.3 节中介绍的归一化 LMS 算法通常用于自适应回波消除应用。假设干扰 $v(n)$ 和近端语音 $u(n)$ 与远端语音 $x(n)$ 不相关，那么 $W(z)$ 将收敛于 $P(z)$，即 $w_l(n) \approx p(l)$，$l=0，1，\cdots，L-1$。这样，自适应滤波器 $W(z)$ 适应其权重 $w_l(n)$ 来模拟回波路径的冲激响应的前 L 个样本。如式(8.3)所示，在 $W(z)$ 已收敛后的残余误差可以表示为

$$e(n) \approx \sum_{l=L}^{\infty} p(l)x(n-l) + u(n) + v(n) \tag{8.4}$$

其中,右手侧的第一项称为残余回波。通过使 $W(z)$ 的长度足够长以便能够覆盖尾延迟,如图 8.5,可以最小化残余回波。然而,如 6.3 节讨论的,由自适应算法产生的过量 MSE 和有限精度误差也正比于滤波器长度。因此,对于给定的回波消除应用,存在一个优化长度 L。

自适应 FIR 滤波器的长度 L 由图 8.5 中的尾延迟来决定。如之前提及的,混合网络的冲激响应(色散延迟)相当短。然而,从回波消除器到混合网络的平坦延迟依赖于回波消除器的物理位置以及传输设备的处理延迟。

8.2.2 性能评估

自适应回波消除器的有效性通过采用如下定义的回波回程损耗增量(ERLE)来衡量

$$\text{ERLE} = 10\log\left\{\frac{E[d^2(n)]}{E[e^2(n)]}\right\} \tag{8.5}$$

对于给定应用,ERLE 依赖于步长 μ、滤波器长度 L、信噪比和以功率和频谱表示的信号属性。更大步长导致更快的初始收敛,但最终 ERLE 将更小,这是由于过量 MSE 和量化误差而引起的。如果滤波器长度足够长并能够覆盖回波尾(或尾延迟),进一步提高 L 将减小 ERLE。

自适应回波消除器获得的 ERLE 受限于很多实际因素。自适应回波消除器的详细要求由 ITU-T 推荐 G.165[7] 和 G.168[8] 所定义,包括最大残余回波水平、混合网络的回波抑制、收敛时间、初始建立时间,以及在双重谈话中的退化。

在过去,自适应回波消除器采用定制器件来实现,以便应付繁重的实时应用的计算。VLSI 实现[9, 10] 的缺点是较长的开发时间、高开发成本、缺少满足新专用应用需求的灵活性,以及不具备对更先进算法更新的能力。因此,最近的自适应回波消除器设计和开发已基于可编程数字信号处理器进行。

8.3 实际考虑

本节讨论两个在设计自适应回波消除器中的实际问题:预白化和延迟估计。

8.3.1 信号的预白化

如第 6 章讨论的,采用 LMS 算法的自适应 FIR 滤波器的收敛时间正比于频谱比 $\lambda_{\max}/\lambda_{\min}$。由于语音信号与非平坦谱高度相关,收敛速度通常很慢。对输入语音采用去相关(白化)能够提高收敛速度[11]。

图 8.6 显示输入信号的典型预白化结构,其中白化和自适应在后台进行处理。远端信号 $x(n)$ 和近端信号 $d(n)$ 都使用相同的白化滤波器 $F_w(z)$。白化的信号用于更新后台自适应滤波器 $W(z)$ 来提高收敛速率。前台回波消除采用原始的远端和近端信号,这样得到的信号 $e(n)$ 将不会被预白化过程所影响。图 8.6 中的非线性处理器(NLP)的功能将在 8.5

节进行介绍。

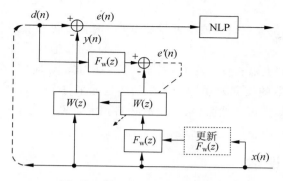

图 8.6　信号预白化结构的框图

固定滤波器 $F_w(z)$ 可以采用反向统计或时间平均谱值来获得。举个例子,采用 anti-tile 滤波器提高高频成分,这是由于语音信号中的大部分功率集中在低频区域。白化滤波器可以基于远端信号 $x(n)$ 进行更新,这与第 6 章讨论的自适应信道均衡器相似。

8.3.2　延迟估计

如 8.2.1 节讨论的,回波路径的冲激响应的初始部分(图 8.5 中的平坦部分)代表回波消除器与混合网络之间的传输延迟。图 8.7 所示的结构中采用延迟单元 $z^{-\Delta}$ 来覆盖平坦延迟,其中 Δ 是平坦延迟样本数。通过估计平坦延迟的长度以及采用延迟单元 $z^{-\Delta}$,回波消除器 $W(z)$ 可以缩短 Δ 个样本,这是由于其只覆盖了色散延迟。这项技术有效地提高了收敛速度、降低了过量 MSE 和计算需求。然而,在实际应用中实现这项技术有三个主要困难:存在多回波,估计平坦延迟困难,以及在呼叫期间延迟会发生变化。

远端信号 $x(n)$ 和近端信号 $d(n)$ 之间的互相关函数可以用来估计延迟。滞后 k 的归一化互相关函数可以估算为

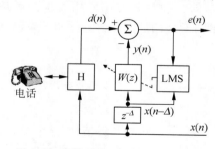

图 8.7　有效平坦延迟补偿的自适应回波消除器

$$\rho(k) = \frac{r_{xd}(k)}{\sqrt{r_{xx}(k) r_{dd}(k)}} \qquad (8.6)$$

其中,$r_{xd}(k)$ 是式(6.9)定义的互相关函数,自相关 $r_{xx}(k)$ 和 $r_{dd}(k)$ 定义在式(6.3)中。它们可以采用式(6.12)进行估算,对于 8kHz 采样率长度 N 的典型值在 128~256 之间。

【例 8.2】　假设远端数据文件 rtfar.pcm(作为向量 y)和近端数据文件 rtmic.pcm(作为向量 x),采样率为 8kHz,MATLAB 程序 example8_2.m 采用函数 xcorr(x, y, 'biased') 来估算向量 x 和 y 之间的互相关[12,13]。选项 'biased' 采用向量长度归一化计算的互相关函数。图 8.8 中的最大值(峰值)表示远端和近端信号之间的延迟。这样,我们能够通过定位峰值滞后索引 k 来估计向量 x 和 y 之间的延迟。

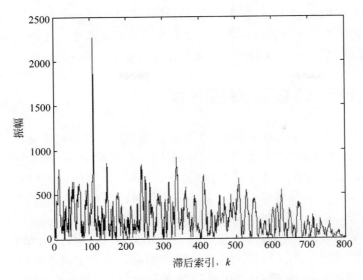

图 8.8 近端和远端数据之间的互相关函数

平坦延迟通过滞后 k 来识别,滞后 k 最大化定义在式(8.6)中的归一互相关函数。可惜的是,这种方法对语音信号或许具有较差的性能,尽管它对诸如白噪声这样具有平坦谱的信号具有很好的性能。

具有覆盖两个或三个共振峰的带通滤波器可以用于提高估算延迟的互相关函数方法的性能[14]。这项技术通过白化信号使得互相关函数方法更加可靠。多速率滤波(见3.4节)也可以用来进一步降低计算负载。在这种情况下,归一化的互相关函数 $\rho(k)$ 采用子带信号进行计算。通过合理地设计带通滤波器和降采样因子 D,抽取的子带信号可以具有与白噪声相似的平坦频谱。

【例8.3】 一个自适应回波消除器位于汇接交换机中,如图8.9所示。回波路径的典型冲激响应见图8.5,假设采样率为 8kHz,平坦延迟为 15ms,色散部分为 10ms,在采用和不采用延迟估计技术的情况下,求自适应滤波器长度。

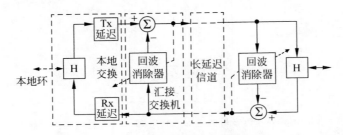

图 8.9 带有平坦延迟的回波消除配置

由于平坦延迟为纯粹延迟,这部分延迟可以通过 $\Delta = 120$(15ms)的延迟单元 $z^{-\Delta}$ 来覆盖。因此,采用延迟估计,实际滤波器长度为 80 来对 10ms 的色散部分进行建模;FIR 滤波器系数仅需要近似混合网络中的色散延迟。如果不采用延迟估计方法，自适应滤波器长度将是 200，以便覆盖包括平坦延迟和色散延迟的全部尾延迟长度。然而，由于平坦延迟对于每次连接或许会发生变化，所以精确的延迟估计是非常重要的。

8.4 双重通话效应及解决方案

在实际应用中，设计回波消除器的一个重要问题是怎样处理双重通话问题，这发生在远端和近端同时存在语音通话的时候。在双重通话期间，信号 $d(n)$ 同时包含近端语音 $u(n)$ 和不希望的回波 $r(n)$，如图 8.4 所示，这样描述在式(8.4)中的误差信号 $e(n)$ 包含残余回波、非相关噪声 $v(n)$ 和近端语音 $u(n)$。如 6.5.1 节讨论的自适应系统识别，$d(n)$ 必须仅从其激励输入信号 $x(n)$ 来产生，以便能正确地识别 $P(z)$ 的特征。

理论上，远端信号 $x(n)$ 与近端语音 $u(n)$ 是不相关的，这样将不会影响自适应滤波器系数的渐进平均值。然而，当存在近端语音时，滤波器系数中关于此均值的演变过程将变长。由于采用近端语音作为 $e(n)$ 进行自适应，前一次收敛的自适应滤波器系数将被破坏，所以将降低回波消除的性能。未保护的算法或许在双重通话期间呈现不可接受的自适应滤波器行为。

解决双重通话问题的有效方案是正确地检测双重通话的发生，并且在双重通话期间立即关闭 $W(z)$ 的自适应。当关闭系数的自适应时(如图 8.10 所示)，此时滤波器系数是固定的。采用固定系数的 $W(z)$ 对 $x(n)$ 进行滤波来产生 $y(n)$，从而消除 $d(n)$ 中的回波成分，这个过程在双重通话期间一直持续。如果在双重通话期间内，回波路径没有发生变化，并且双重通话的检测是快速而精确的，那么采用固定的 $W(z)$ 仍能消除回波，此固定 $W(z)$ 之前已经收敛，能够对回波路径进行建模。

如图 8.10 所示，双重通话检测器(DTD)采用检测和控制模块来控制自适应滤波器 $W(z)$ 的自适应，并且采用 NLP 来降低残余回波。当远端语音出现时，DTD 检测近端语音，这对于设计自适应回波消除器来讲是非常具有挑战的事情。

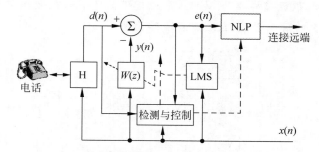

图 8.10　采用语音检测和非线性处理器的自适应回波消除器

回波回程损耗(ERL)，或者混合网络损耗，可以表示为

$$\text{ERL} = 20\lg\left\{\frac{E\big[\,|\,x(n)\,|\,\big]}{E\big[\,|\,d(n)\,|\,\big]}\right\} \tag{8.7}$$

注意,在实际中采用绝对值,而不是瞬时功率,以便节省计算量。对于 ITU 标准规定的几种自适应回波消除器,假设 ERL 值至少为 6dB。基于这种假设,如果满足以下条件,常规的 DTD 就可检测近端语音

$$| d(n) | > \frac{1}{2} | x(n) | \tag{8.8}$$

采用 $d(n)$ 的瞬时绝对值(或功率)的优点是其对近端语音的快速响应。然而,当在网络中存在噪声时,它或许会增加错误触发的概率。这样,我们考虑修改近端语音检测算法,如果满足以下条件,则认定近端语音出现

$$| d(n) | > \frac{1}{2} \max\{ | x(n) |, \cdots, | x(n-L+1) | \} \tag{8.9}$$

此式将瞬时绝对值 $|d(n)|$ 与 $x(n)$ 在回波路径上时间窗口中的最大绝对值进行比较。

可以通过采用短期功率估计 $P_x(n)$ 和 $P_d(n)$ 来代替瞬时功率 $|x(n)|$ 和 $|d(n)|$,来获得更为鲁棒的语言检测器。这些短期功率估计可以通过一阶 IIR 滤波器来实现

$$P_x(n) = (1-\alpha)P_x(n-1) + \alpha | x(n) | \tag{8.10}$$

和

$$P_d(n) = (1-\alpha) P_d(n-1) + \alpha | d(n) | \tag{8.11}$$

其中,$0 < \alpha \ll 1$。采用更大 α 值将会产生更鲁棒的检测器。然而,其会导致更慢的近端语音检测响应。采用修改的短期功率估计,如果满足以下,则近端语音出现

$$P_d(n) > \frac{1}{2} \max\{P_x(n), P_x(n-1), \cdots, P_x(n-L+1)\} \tag{8.12}$$

值得特别注意的是,近端语音 $u(n)$ 的初始呼入部分或许不能被此检测器所检测到。这样,自适应将在双重语音期间的开始阶段进行。而且,需要有缓冲器来存储 L 个功率估计,这提高了存储需求和算法复杂性。

ERL 是 6dB 常数的这个假设不总是正确的。如果实际的 ERL 高于 6dB,检测近端语音将花费更长时间。在这种情况下,自适应滤波器系数将被近端语音所破坏。如果 ERL 低于 6dB,一些远端语音样本将被错误地检测为近端语音的出现。在这种情况下,在没有近端语音时自适应过程也停止了。对于实际应用,最好在近端语音 $u(n)$ 出现时,对 $x(n)$ 和 $d(n)$ 的信号水平进行观察,从而动态地估计时变阈值 ERL。

8.5 非线性处理器

回波路径中的非线性、电路中的噪声和近端语音的出现都会限制典型的自适应回波消除器所获得的性能。为了进一步提高总的回波消除,可以采用 NLP 作为中心削波器来消除残余回波。可以插入舒适噪声来最小化 NLP 引起的副作用。

8.5.1 中心削波器

图 8.10 所示的 NLP 移除了最后一点残留回波。NLP 最广泛的应用是用作中心削波器,

输入/输出特性见图 8.11。此非线性操作可以表示为

$$y(n) = \begin{cases} 0, & |x(n)| \leqslant \beta \\ x(n), & |x(n)| > \beta \end{cases} \quad (8.13)$$

其中，β 是削波阈值。中心削波器完全地衰减低于削波阈值 β 的信号样本，将其置为零，而保持削波阈值之上的信号不受影响。更大的 β 将压制更多的残余回声，但也会恶化近端语音的质量。通常选择阈值等于或超过返回回声的峰值幅度。

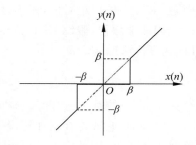

图 8.11 中心削波器的输入/输出关系

8.5.2 舒适噪声

NLP 将完全消除低水平残余回波和电路噪声。然而，这会使得电话连接声音变得不真实。例如，如果近端用户停止通话，由于 NLP 的削波作用，传输到远端的信号水平将突然降到零。如果差别很明显，远端用户也许或认为通话已经中断。因此，采用 NLP 的信号完全抑制产生了不希望的效应。此问题可以当残余回波被抑制时通过注入低水平的舒适噪声来解决。

如 G.168 所规定，舒适噪声必须与背景噪声水平和频率成分相匹配。为了匹配频谱，可以通过在频域捕获背景噪声的频率特征来实现舒适噪声的插入[8,15]。另一种方法是采用线性预测编码(LPC)系数来对频谱信息进行建模。在这种情况下，采用 p 阶 LPC 全极点滤波器进行舒适噪声合成，其中阶数 p 在 6～10 之间。在静默期间进行 LPC 系数计算。G.168 推荐舒适噪声在近端噪声的 ± 2dB 之内。

采用舒适噪声实现 NLP 的有效方式见图 8.12，其中产生的舒适噪声 $v(n)$ 或者回波消除器输出 $e(n)$ 将根据控制逻辑被选择为输出。在通话期间，产生背景噪声具有相匹配的水平和频谱，这样明显地提高了语音质量。

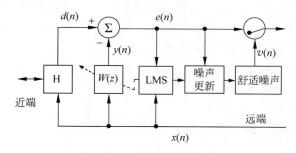

图 8.12 具有舒适噪声插入的 G.168 实现

8.6 自适应回声消除

在移动环境中进行免提通信和电话会议的扬声器中应用回声消除越来越引起人们的兴趣。例如，扬声器已成为重要的办公室设备，其使得免提通信变得更方便，进而提供移动通

信功能[16-18]。一般地,声学回声由三个主要部分组成：①扩音器和麦克风之间的声学能量耦合；②房间内扩音器播放的远端语音的多次声音反射；③近端语音信号反射。本节我们专注于前两种回波成分的消除。

8.6.1 回声

作为参照,使用扬声器的人为近端通话者,在其他通信连接端的人为远端通话者。如图 8.13 所示,远端语音为通过房间内的扩音器的广播语音。不幸的是,扩音器所播放的远端语音会被房间中的麦克风所拾取,此回声会返回到远端。

回声消除的基本概念类似于回波消除；然而,用于回声消除器的自适应滤波器对扩音器-房间-麦克风系统进行建模,而不是混合网络建模。这样,回声消除器需要更高阶自适应 FIR 滤波器来消除更长回波尾。采用子带回声消除器是一种有效的技术,它将全波段信号分为几个交叠的子带,并采用单个低阶滤波器来处理抽取的子带信号。

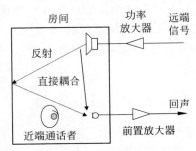

图 8.13 由房间内扬声器产生的回声

【例 8.4】 为了评估实际回声路径,采用白噪声作为激励信号对一个 246×143×111 立方英寸或 6.25×3.63×2.82 立方米矩形房间的冲激响应进行测量。原始数据在 48kHz 采样,然后抽取到 8kHz。房间冲激响应保存到文件 roomImp.pcm 中,并且采用 MATLAB 程序 example8_4.m 进行绘制,见图 8.14。

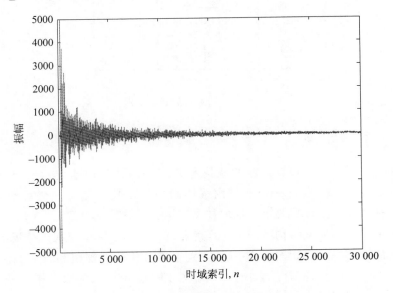

图 8.14 房间冲激响应的一个例子

有三个主要因素使得实际的回声消除比线路回波消除更具有挑战性。总结如下：

(1) 房间混响会造成非常长的回声尾，见图 8.13。例如，在采样率为 8kHz 下，需要 4000 抽头来消除 500ms 回声。如第 6 章解释的，长滤波器长度降低了步长的上限，这样会导致慢的收敛速度。

(2) 由于人在房间内的移动、麦克风位置的改变以及像门和/或窗口的打开或闭合等因素，回声路径会发生快速变化。这样，回声消除器通常需要快速收敛算法以便跟踪这些变化。

(3) 双重通话检测的设计更加困难，这是由于声音损耗不能像在线路回波消除器中那样进行 6dB 混合网络损耗的假设。

因此，回声消除器需要更大的计算量、快速的收敛速度以及更为复杂的双重通信检测器。

8.6.2　回声消除器

回声消除器的框图见图 8.15。回声路径 $P(z)$ 包括 ADC 和 DAC、平滑和抗混叠低通滤波器、功率放大器、扩音器、麦克风、前置放大器、自动增益控制，以及从扩音器到麦克风的房间传递函数。自适应滤波器 $W(z)$ 对回声路径 $P(z)$ 进行建模，产生回波复制 $y(n)$ 来消除 $d(n)$ 中的回声成分。

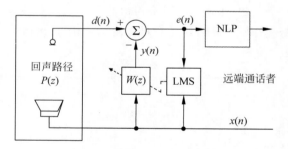

图 8.15　回声消除器的框图

8.6.3　子带实现

人们已经开发子带和频域自适应滤波技术[19]来消除长且快速变化的回声。采用子带回声消除器的优点是：①在每一个子带内采用归一化步长的信号白化可实现快速收敛；②子带信号的抽取降低了计算要求。抽取技术在第 3 章进行了介绍。

子带回波消除器的典型结构见图 8.16，其中 $A_m(z)$ 和 $S_m(z)$ 分别是分析滤波器和合成滤波器。带通滤波器 $A_m(z)$ 和 $S_m(z)$ 并联，分别形成分析滤波器组和合成滤波器组。子带数为 M，抽取因子 D 可以是等于或小于 M 的数，即 $D \leqslant M$。当抽取因子等于子带数 M 时（如图 8.16 所示），我们采用临界抽取率，即 $D = M$。全波段信号 $x(n)$ 和 $d(n)$ 被同样的分析滤波器组分为 M 个子带信号，每一个子带信号采用因子 M 进行抽取。这些低速率子带信号采用相应的自适应 FIR 滤波器 $W_m(z)$ 进行处理。回波消除后的子带误差信号进行因子 M 的升采样,采用合成滤波器组 $S_m(z)$ 来重建全波段信号。基于相应输入子带信号的估计功率,这 M 个自适应滤波器采用归一化 LMS 算法独立地进行更新,可实现更快的收敛速度。通常,每一个子带采用更低阶自适应 FIR 滤波器,每一个滤波器采用抽取的速率进行自适应,可实现比图 8.15 中的全波段自适应滤波器 $W(z)$ 更为明显的计算节省。

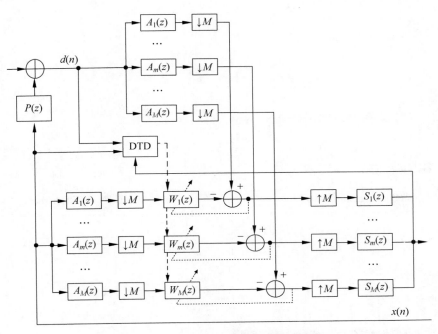

图 8.16　子带自适应回波消除器的框图

具有复数系数的滤波器组的设计由于放宽了抗混叠的要求而缩短了滤波器长度;缺点是提高了计算量,这是由于一个复数乘法需要四个实数乘法。无论如何,由于难于设计具有陡峭截止频率的实系数带通滤波器以及自适应回波消除严格的抗混叠的要求,复数滤波器组仍被广泛地采用。

采用具有复数系数的 16 波段($M=16$)滤波器组的子带自适应回波消除的过程强调如下:

(1) 采用 MATLAB 设计原型低通 FIR 滤波器,系数 $h(n)$,$n=0,1,\cdots,N-1$,满足在 $\pi/(2M)$ 处的 3dB 带宽的要求。注意,此基带低通滤波器具有实数值系数。原型滤波器的幅度响应见图 8.17(a),其冲激响应在图 8.17(b)中给出。

(2) 将

$$\cos\left[\pi\left(\frac{m-1/2}{M}\right)\left(n-\frac{N+1}{2}\right)\right] \quad \text{和} \quad \sin\left[\pi\left(\frac{m-1/2}{M}\right)\left(n-\frac{N+1}{2}\right)\right]$$

乘以原型滤波器系数来产生 M 个带通分析滤波器 $A_m(z)$，$m=0$，1，$\cdots$，$M-1$。因此，分析滤波器组由 M 个复数带通滤波器组成，每个滤波器具有 π/M 带宽。在本例中，选择与分析滤波器组一样的合成滤波器组，即 $S_m(z)=A_m(z)$，$m=0$，1，$\cdots$，$M-1$。这些分析(或合成)滤波器的幅度响应见图 8.17(c)。图 8.17(d)显示将 M 个带通滤波器幅度响应进行相加而得到的分析(或合成)滤波器组的全波段幅度响应。

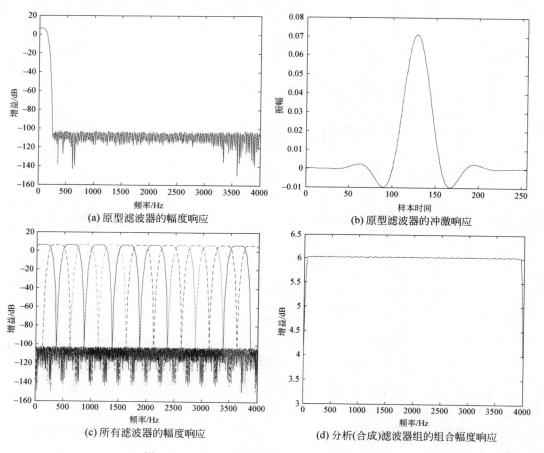

(a) 原型滤波器的幅度响应

(b) 原型滤波器的冲激响应

(c) 所有滤波器的幅度响应

(d) 分析(合成)滤波器组的组合幅度响应

图 8.17　具有 16 个复数子带的滤波器组的例子

　　(3) 采用分析滤波器组将全波段信号 $x(n)$ 和 $d(n)$ 分成 M 个子带，对每个子带滤波器的输出进行 $D(\leqslant M)$ 倍抽取，分别产生低速率远端和近端子带信号 $x_m(n)$ 和 $d_m(n)$。

　　(4) 在抽取的采样率($1/D$)下，对每一个子带自适应滤波器，采用归一化 LMS 算法进行回波消除和滤波器系数的自适应。此步骤产生子带误差信号 $e_m(n)$，$m=0$，1，$\cdots$，$M-1$。

　　(5) 这些 M 个子带误差信号采用因子 D 进行插值，采用由 M 个并行带通滤波器 $S_m(z)$ 组成的合成滤波器组将其合成回全波段信号。

　　【例 8.5】　遵循滤波器组的步骤(1)和步骤(2)的设计过程，计算 16 子带的分析滤波器系数。完整的 MATLAB 程序在 example8.5 中给出。原型低通滤波器是 256 阶线性相位 FIR 滤波器,如图 8.17(b)中对称滤波系数,这些复数带通滤波器和总的滤波器组的幅度响应见图 8.17。

【例 8.6】　对于相同的回波尾长度,将采用两个子带(假设为实数值系数)的子带自适应滤波器的自适应回波消除器的计算量与采用全波段自适应滤波器的回波消除器的计算量进行对比。特别地,假设回波尾长度为 32ms(8kHz 采样率下的 256 个采样),估计需要的乘法和加法操作的数量。

子带实现需要在原始采样率半速率($D=2$)下的 2×128 次乘法和加法来更新系数。相比较而言,全波段自适应滤波器需要在原始采样率下的 256 次乘法和加法。这样,子带仅仅需要全波段实现需要的计算量的一半。在比较中,分析和合成滤波器的计算负载没有计算在内,这是由于比较于采用自适应算法的系数更新,此计算负载相对小很多,特别是当子带数 M 很大时。

8.6.4　无延迟结构

子带实现的一个固有缺点是由分析滤波器组和合成滤波器组引入的额外延迟。分析滤波器组将全波段信号分为多个子带信号,合成滤波器组将处理过的子带信号合成回全波信号,它们都会产生额外的延迟。在《子带自适应滤波》[20]中讨论了几种无延迟子带自适应滤波器。一般地,无延迟子带自适应滤波器采用全波段 FIR 在前台进行回波消除以避免由分析滤波器组和合成滤波器组引入的额外延迟。全波段前台滤波器的系数从图 8.16 中的后台子带自适应滤波器 $W_m(z)$ 中变化而来。

还有一种实现无延迟子带回声消除的例子,采用增加一个额外的全波段自适应 FIR 滤波器 $W_0(z)$,覆盖回波路径的第一部分,其长度等于分析和合成滤波器引入的延迟加上块处理的长度。子带自适应滤波器对其他回波路径进行建模。这个方案不同于采用前台全波段 FIR 滤波器的方案,在那个方案里,其系数是从后台子带自适应滤波器中变换而来。图 8.18 显示了这种无延迟子带回声消除的结构。

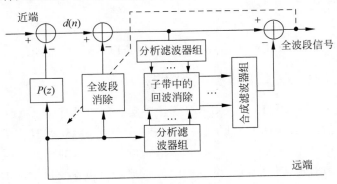

图 8.18　无延迟子带回声消除器的一个例子

8.6.5 回声消除和降噪的集成

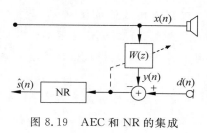

图 8.19　AEC 和 NR 的集成

在很多实际应用中,例如在噪声环境中使用免提电路,需要回声消除(AEC)和降噪(NR)技术的组合。这两个子系统可以采用级联结构进行集成。NR 技术将在 9.3 中介绍。

　　组合的结构见图 8.19。在第一级,采用 AEC 滤波器 $W(z)$ 消除回波来产生无回波信号。第二级通过 Wiener 滤波器或频谱相减的 NR 技术来降低噪声。AEC 和 NR 集成例子将在 8.7.3 节中的实验中给出。

8.6.6 实现考虑

　　如图 8.7 所示,缩短的回声消除器的一个有效技术是在自适应滤波器前采用延迟缓冲器(Δ 个样本)。此缓冲器补偿了扩音器和麦克风之间回波路径的传播延迟。采用此技术,对于在延迟缓冲器中的样本,将不需要实际的滤波过程,所以可以缩短自适应滤波器。例如,如果在扩音器和麦克风之间的距离是 1.5m,声音传播的速度为 331.4m/s,那么纯时间延迟大约是 4.526ms,这对应于 8kHz 采样率下的 $\Delta=36$。

　　用于回声消除器中的步长 μ 由于大 L 的原因通常比较小。这或许会产生更高的过量 MSE。采用定点实现会引入更高的数值(系数量化和舍入)误差。而且,如果采用较小的 μ,舍入误差或许会导致过早的自适应终止。这些问题的一个解决方案是提高动态范围,这将需要采用浮点算术,会导致更昂贵的硬件消耗。

　　如前提及,当检测到近端语音时,必须暂时停止系数自适应。大多数自适应线路回波消除的 DTD 基于 6dB 回波返程损耗假设,这不符合回声消除的情况。它们的回波返程(或声学)损耗是非常小的,甚至还有增益,这是由于采用了高增益放大器驱动扩音器。因此,更高水平的回声使得近端语音检测变得很困难。

8.7　实验和程序实例

　　本节给出 C5505 eZdsp 实验来检查本章介绍的 AEC 算法的性能。

8.7.1　采用浮点 C 的回声消除器

　　本实验使用浮点 C,采用 Leaky NLMS 算法来实现回声消除器。AEC 采用长度为 512 的自适应 FIR 滤波器。实验用的数据文件采用 PC 声卡在 8kHz 采样率下进行数字化。对话在尺寸为 $11\times11\times8$ 立方英尺或 $3.33\times3.33\times2.44$ 立方米的房间内进行。远端语音文件 rtfar. pcm 和近端语音文件 rtmic. pcm 同时进行捕获。由麦克风拾取的近端信号包括近端语音和由远端语音产生的回波。表 8.1 列出了实验中使用的文件。

表 8.1　实验 Exp8.1 中的文件列表

文　件	描　述
fAecTest. c	测试回声消除器的程序
fAecInit. c	AEC 初始化函数
fAecUtil. c	回波消除器效用函数
fAecCalc. c	回波消除主模块
fAec. h	C 头文件
tistdtypes. h	标准类型定义头文件
c5505. cmd	链接器命令文件
rtfar. pcm	远端 PCM 数据文件
rtmic. pcm	近端 PCM 数据文件

基于远端和近端信号,自适应回波消除器工作在四种不同模式。这四种工作模式如下:

(1) 接收模式:仅远端扬声器在通话。

(2) 传输模式:仅近端扬声器在通话。

(3) 空闲模式:两端都静默。

(4) 双重通话模式:两端都在同时通话。

相应的模式需要不同的操作。例如,自适应滤波器系数的更新仅在接收模式期间进行。

图 8.20 显示了回声消除器的性能:图(a)通过房间中的扩音器播放的远端语音信号;图(b)由麦克风拾取的近端信号,由近端语音以及由房间远端播放的语言而产生的回声共同组成;图(c)回声消除器输出,其将被传输到远端。检查图(c)中的结果,很清楚地显示回波消除器的输出含有残余回波水平很低的近端语音信号。实验使用的数字化数据文件代表了在近端和远端通话者之间的典型电话对话。在对话期间,它们通常在不同时刻进行通话。由于近端和远端通话者没有同时讲话,在本实验中没有发生双重通话。回波消除器降低了超过 20dB 的回声。

实验过程如下:

(1) 从配套软件包导入 CCS 项目,并重建项目。

(2) 载入并运行实验。绘制 AEC 输出信号(自适应滤波器的误差信号),并与图 8.20(c)进行对比以验证实验正确地工作。

(3) 实验在 C 程序 fAecInit. c 中初始化 AEC 参数。将滤波器长度从原始的 512 改变至 256 和 128,将 AEC 性能与图 8.20(c)中的结果进行比较,来解释采用不同滤波器长度 128、256 和 512 时所得到的结果。

(4) 将自适应 FIR 滤波器的长度提高至 1024,并重新运行实验。观察和解释结果,并修正问题。

(5) 采用不同参数值进行更多实验,例如 Leaky 因子(leaky)、闭锁时间(hangoveerTime)和步长 μ(mu)。这些参数在函数 aec_param_init()中进行初始化。

(6) 数字化不同的近端和远端信号,来代替之前提供的语音文件 rtmic. pcm 和 rtfar.

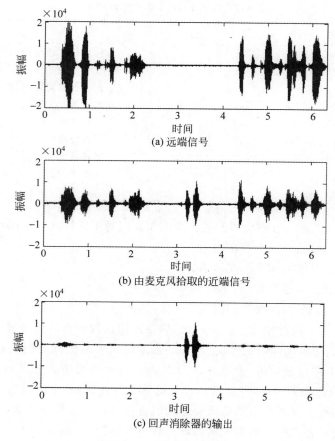

(a) 远端信号

(b) 由麦克风拾取的近端信号

(c) 回声消除器的输出

图 8.20　AEC 实验结果

pcm,进行新的实验。特别地,尝试双重通话期间的数据集,观察在双重通话期间回波消除的性能下降。特别值得注意的是,必须同时数字化实验的近端和远端信号。

8.7.2　采用具有内在函数的定点 C 的回声消除器

本实验采用具有内在函数的定点 C 程序来实现回声消除器。针对时变语音信号,我们采用归一化 LMS 算法,使用双重通话检测器来避免在双重通话期间的性能下降,增加 NLP 函数来进一步衰减残余回波。表 8.2 列出了实验中使用的文件。注意,本实验采用了与 Exp8.1 相同的近端和远端语音文件。

表 8.2　实验 Exp8.2 中的文件列表

文　件	描　述
fixPoint_nlmsTest. c	测试回声消除器的程序
fixPoint_aec_init. c	初始化函数

续表

文　件	描　述
fixPoint_double_talk. c	双重通话检测函数
utility. c	效用函数
fixPoint_nlms. c	归一化 LMS 算法的主模块
fixPoint_nlp. c	NLP 函数
utility. c	long 型除法的效用函数
fixPoint_nlms. h	头文件
tistdtypes. h	标准类型定义头文件
c5505. cmd	链接器命令文件
rtfar. pcm	远端 PCM 数据文件
rtmic. pcm	近端 PCM 数据文件

采用内在函数的 NLMS 算法的定点 C 实现已经在第 6 章讨论过。采用相同的技术,双重通话检测器可以采用具有 C55xx 内在函数的定点 C 实现。图 8.21 显示了回声消除器的输出。将其与图 8.20(c)比较,可以观察到,这主要是由于采用 NLP 和定点实现而产生的区别。

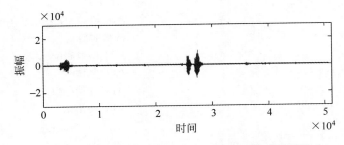

图 8.21　采用带有 NLP 的定点 C 实现的回声消除器输出

实验过程如下:

(1) 从配套软件包导入 CCS 项目,并重建项目。

(2) 载入并运行实验。绘制 AEC 输出信号 $e(n)$,采用正确工作的定点 C 程序来验证实验,如图 8.21 所示。将结果与前一个实验浮点 C 得到的结果进行对比,并解释不同。

(3) 修改程序,关闭 NLP 函数,重做实验。将结果与前一个实验浮点 C 得到的结果进行对比,并解释主要由数值效应而产生的不同。

(4) 采用以下不同设置来改变 AEC 参数值(由 fixPoint_aec_init. c 初始化),并评估性能差异:

① 近端和远端噪底 nfNear 和 nfFar;

② 训练时间 trainTime。

总结实验结果,并解释什么因素影响 AEC 性能,为什么?

(5) 本实验采用归一化 LMS 算法。修改实验,使用定点 Leaky LMS 算法。采用相同数据文件重做实验,与归一化 LMS 算法对收敛速率和稳态残余回声水平进行性能比较。

(6) 此实验使用的数据文件没有双重通话期间。为了验证双重通话检测性能,我们可以采用下一个实验的数据文件(或数字化新的数据集,像 Exp8.1 中第 6 步解释的那样)。从 Exp8.3 中复制麦克风和远端数据文件,重做实验,观察 AEC 性能。特别注意双重通话期间,解释结果,考虑一些本章中的解决方案。

8.7.3 AEC 和降噪的集成

本实验集成 AEC 和降噪(NR),如图 8.19 所示。表 8.3 列出了实验中使用的文件。VAD(语音活动检测)和降噪的概念和技术将在第 9 章给出。在此实验中,VAD 用于降噪模块,将输入数据进行语音和噪声帧分类。

表 8.3　实验 Exp8.2 中的文件列表

文　　件	描　　述
floatPoint_aecNr_mainTest. c	测试集成 NR 的 AEC 的程序
floatPoint_nr_vad. c	NR 使用的 VAD
floatPoint_nr_hwindow. c	产生汉宁窗查找表
floatPoint_nr_proc. c	NR 算法
floatPoint_nr_ss. c	在调用 VAD 之前的数据预处理
floatPoint_nr_init. c	降噪初始化
floatPoint_nr_fft. c	FFT 函数和位反转
floatPoint_aec_calc. c	AEC 算法
floatPoint_aec_util. c	AEC 支持函数
floatPoint_aec_init. c	AEC 初始化
nr. h	NR 的 C 头文件
aec. h	AEC 的 C 头文件
tistdtypes. h	标准类型定义头文件
c5505. cmd	链接器命令文件
micIn. pcm	麦克风信号的 PCM 数据文件
farIn. pcm	远端信号的 PCM 数据文件

在此实验中,AEC 使用基于样本的处理方式,而 NR 使用基于帧的处理方式,类似于图 8.19。用在程序中的信号名和处理方案见图 8.22。

实验过程如下:

(1) 从配套软件包导入 CCS 项目,并重建项目。

(2) 载入并运行实验。将实验输出与到麦克风(近端)和远端语音信号进行对比,如图 8.20,检查程序是否正确工作。

(3) 为了验证 AEC 和 NR 性能,我们也可以使用前

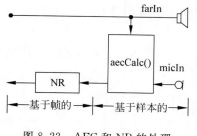

图 8.22　AEC 和 NR 的处理
方案和信号流

几个实验的近端和远端信号文件。从 Exp8.1 复制数据文件,重做实验。将结果与 Exp8.1 中得到的结果进行对比;通过增加 NR 模块,我们应观察到 NR 中的一些性能的提高。

(4) 将浮点 C 函数采用 C55xx 内在函数的定点 C 函数进行替换,以便能够进行定点 C 实验。将回波消除、降噪和计算需求的结果与浮点 C 的结果进行对比。

习题

8.1　如果自适应回波消除器中的自适应滤波器在仿真中发散,怎样明确可能的因素? 怎样解决问题?

8.2　假设语音文件 TIMIT1. ASC 采样率为 8kHz,使用例 8.4 中测量的房间冲激响应文件 roomImp. pcm 来产生回声。聆听原始语音和回声,绘制这两个的波形和频谱图。注意,语音文件可以采用 MATLAB load 函数进行加载,如 exercise8_2. m 中给出的例子。

8.3　采用语音文件 TIMIT3. ASC,重做习题 8.2。

8.4　采用 MATLAB 实现全波段回声消除,使用原始语音作为 $x(n)$,习题 8.2 产生的回声作为 $d(n)$。对于不同自适应 FIR 滤波器长度和步长值,使用归一化 LMS 算法。通过聆听回波消除器输出 $e(n)$,并且将其与 $d(n)$ 和 $x(n)$ 进行比较,来评估回波消除性能。同时,比较这些信号的频谱。找出能够获得最好回波消除的滤波器长度(提示:关于怎样使用 MATLAB 支持的归一化 LMS 算法,参考 example6_7. m)。

8.5　通过增加 NLP 来进一步处理 $e(n)$,重做习题 8.2,并且采用聆听和频谱的方法,将结果与习题 8.4 得到的结果进行对比。

8.6　基于习题 8.5,设计一个具有八个子带的分析滤波器组。

8.7　采用 8.6.3 节中的子带自适应滤波器技术,重做习题 8.4。采用不同子带数,例如 M 等于 8、16 和 32。

8.8　假设采用全波段自适应 FIR 滤波器,采样频率为 8kHz。计算以下项目:

(1) 覆盖 128ms 回波尾而需要的系数数量。

(2) 进行系数更新而需要的乘法数量(采用系统 8.8(a) 中得到的滤波器长度)。

(3) 采样率为 16kHz 时,覆盖 128ms 回波尾而需要的系数数量。

(4) 对于一个给定的应用,怎样决定适合的滤波器长度 L?

8.9　在习题 8.8 中,全波段信号在 8kHz 下采样。如果我们使用子带技术,32 个子带,滤波器系数为实数,子带信号是临界采样(即抽取因子 $D=32$)。回答以下问题:

(1) 每一个子带的抽取过的采样率是多少?

(2) 为了覆盖 128ms 回波尾长度,每一个子带自适应 FIR 滤波器系数的最小数量是多少?

(3) 此系统的系数总数是多少? 与习题 8.8 中的是否一样?

(4) 在每个采样周期(8kHz 采样率),需要多少次乘法进行系数自适应? 将计算负载与习题 8.8 中的进行对比。

8.10 在 VoIP 应用中，对于传统固定电话用户通过 VoIP 网关呼叫 IP 电话用户，作图显示哪一边将听到线路回波，哪一边需要自适应线路回波消除器。假设 IP 电话用户采用扬声器，会存在回声问题，作图显示哪一边将听到回声，哪一边需要回声消除。如果两边都使用 IP 电话，是否还需要线路回波消除器？

参考文献

1. Gritton, C. W. K. and Lin, D. W. (1984) Echo cancellation algorithms. IEEE ASSP Mag. , 30-38. 2. Sondhi, M. M. and Berkley, D. A. (1980) Silencing echoes on the telephone network. Proc. IEEE, 68, 948-963.

3. Sondhi, M. M. and Kellermann, W. (1992) Adaptive echo cancellation for speech signals, in Advances in Speech Signal Processing(eds. S. Furui and M. Sondhi), Marcel Dekker, New York, Chapter 11.

4. Kuo, S. M. and Morgan, D. R. (1996) Active Noise Control Systems—Algorithms and DSP Implementations, John Wiley & Sons, Inc. , New York.

5. Texas Instruments, Inc. (1997) Echo Cancellation S/W for TMS320C54x, BPRA054.

6. Texas Instruments, Inc. (1997) Implementing a Line-Echo Canceller Using Block Update & NLMS Algorithms on the TMS320C54x, SPRA188.

7. ITU-T Recommendation(1993) G. 165, Echo Cancellers, March.

8. ITU-T Recommendation(2012) G. 168 Digital Network Echo Cancellers, February.

9. Duttweiler, D. L. (1978) A twelve-channel digital echo canceller. IEEE Trans. Commun. , COM-26, 647-653.

10. Duttweiler, D. L. and Chen, Y. S. (1980) A single-chip VLSI echo canceller. Bell Syst. Tech. J. , 59, 149-160.

11. Tian, W. and Alvarez, A. (2002) Echo canceller and method of canceling echo. World Intellectual Property Organization, Patent WO 02/093774 A1, November.

12. The MathWorks, Inc.(2000) Using MATLAB, Version 6.

13. The MathWorks, Inc.(1992) MATLAB Reference Guide.

14. Lu, Y. , Fowler, R. , Tian, W. , and Thompson, L. (2005) Enhancing echo cancellation via estimation of delay. IEEE Trans. Signal Process. , 53(11), 4159-4168.

15. Tian, W. and Lu, Y. (2004) System and method for comfort noise generation. US Patent No. 6,766, 020 B1, July.

16. Texas Instruments, Inc. (1997) Acoustic Echo Cancellation Software for Hands-Free Wireless Systems, SPRA162.

17. ITU-T Recommendation(1993) G. 167, Acoustic Echo Controllers, March.

18. ITU-T Recommendation(2012) P. 340 Transmission Characteristics and Speech Quality Parameters of Handsfree Terminals, May.

19. Eneman, K. and Moonen, M. (1997) Filterbank constrains for subband and frequency-domain adaptive filters. Proceedings of the IEEE ASSP Workshop.

20. Lee, K. A. , Gan, W. S. , and Kuo, S. M. (2009) Subband Adaptive Filtering: Theory and Implementation, JohnWiley & Sons, Ltd, Chichester.

第9章

语音信号处理

近年来,通信基础业务发生了显著的变化,已提供声音、数据、图像和视频服务。然而,语音仍是电信网络提供的最常见和最基本的服务。增加带宽可以保证音频信号保真度,宽带编码由于声音质量的提高也越来越受到欢迎。本章将介绍语音编码技术、语音增强方法和应用于下一代网络的互联网语音协议(VoIP)。

9.1 语音编码技术

语音编码是语音信号的数字表示,以数字信号形式存储语音并提供有效的传输方式。它包括将数字化的语音信号转换成数字编码的压缩技术,以及将压缩的数字编码重构为满足质量要求的语音信号的解压缩技术。现有的一些复杂语音编码算法可以在保证语音质量的同时实现低比特率。这些算法通常需要较高的计算量、更多的内存以运行复杂程序和更大的信号缓冲器。在语音系统设计时,在比特率、语音质量、编码时延和算法复杂度之间的权衡是需要考虑的问题。

和第2章介绍的一样,语音编码最简单的方法是脉冲编码调制(PCM),即对时域波形进行均匀采样和量化,将其用数字信号进行表示。为了保证优良的语音质量,线性PCM量化要求每个采样点至少需要12位,被称为Toll质量。由于大多数电信系统使用8kHz的采样率,PCM编码就需要96千比特每秒(kbit/s或kbps)的比特率。

和第1章介绍的一样,使用对数量化如 μ 律或 A 律压扩(压缩和扩展)可达到较低的比特率。非线性量化的基本思想就是使用变化的量化步长,步长应与随时间变化的语音波形的振幅成正比。这可以通过使用一个均匀量化器对语音信号进行对数运算实现。压缩后的信号可以用逆运算重建,这称为扩展。μ 律和 A 律压扩方法可以将语音压缩到每个采样点8位,因此采用这些方法可以将比特率从96kbps降低到64kbps。

使用自适应差分脉码调制(ADPCM)算法可以将比特率进一步降低为32kbps,它使用一个自适应预测器和差分量化器跟踪语音信号的幅值变化。差分量化的基本概念是量化的语音样本和预测值的差。由于连续语音样本之间的相关性较高,幅度差将小于语音样本本身,对差值进行编码需要相对较少的位数。ADPCM的自适应预测和/或量化器采用了第6

章介绍的自适应技术。

波形编码技术分为线性 PCM、非线性压扩(μ 律或 A 律)和 ADPCM，它们都是基于逐个样本的方式对语音信号的幅值进行运算。与之相反，合成分析编码技术对语音信号进行逐帧分析，并对代表语音预测模型的频谱参数进行编码，以获得更高的压缩率。合成分析编码方法将编码后的参数传输给语音合成接收器。这种类型的编码算法称为声码器，因为它使用了一个明确的语音生成模型。很多声码器都基于线性预测编码技术(LPC)实现低比特率。本章将对 LPC 编码技术进行介绍。

9.1.1 采用 LPC 的语音生成模型

LPC 法采用的语音生成模型包括激励输入、增益和声道滤波器。一个应用于 LPC 声码器的简化语音生成模型如图 9.1 所示。在这个模型中，声道被认为是从声带延伸到口腔的一个管道，它的另一个分支连接到鼻腔。口腔是声道最重要的组成部分，因为它的形状由腭、舌、唇的相对位置来产生，而且需要根据所发出声音的不同不断做出改变。

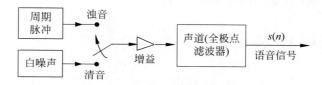

图 9.1　语音生成模型

声道共振称为共振峰。音素之间的区别在于声道的共振峰。通常，一个音素有三到四个不同的共振峰。和 IIR 滤波器设计中讲到的一样，在传递函数中合理的设置极点可以使频率放大到特定数值。LPC 合成滤波器采用一个全极点 IIR 滤波器来模拟声道传递函数。滤波器的系数可以通过一段语音信号利用莱文森-杜斌递归算法计算得出，这部分内容将在9.1.3 进行介绍。

当空气从肺部穿过声道并辐射到口腔时，会产生不同的声音，进而形成语音。对于浊音来说，声带振动(打开和关闭)产生伪周期性的声音。声带振动的速度代表了声音的基音。例如，浊音包括元音和一些辅音。清音(擦音和爆破辅音)为声带不振动但仍不断打开，如英语中"s"，"sh"和"f"的发音。因此，浊音可采用周期脉冲来模拟，清音可采用白噪声激励模型来模拟。使用 LPC 模型的前提是，语音段需要分为浊音或清音。对于浊音信号，基频(也称为基音频率)的计算变得非常重要。基频的倒数为基音周期，基音周期通常表示语音样本中给定的采样频率。基音周期可以产生周期脉冲(也叫脉冲序列)，用来激励 LPC 滤波器产生浊音。此外，来自肺的空气量决定了声音的大小，它代表了图 9.1 中所示的增益。

一些基于 LPC 的语音编解码器(编码器-解码器)，特别是 8kbps 或更低比特率的码激励线性预测编码(CELP)，已经应用于无线通信及网络。CELP 类型的语音编解码器广泛用于移动电话和 IP 电话通信、流媒体服务、音频和视频会议以及数字无线电广播。这些语音编解码器包括用于多媒体通信的 5.3kbps 和 6.3kbps ITU-T G.723.1[1]编解码器、16kbps

的低延迟 G.728[2] 编码解器、8kbps 的 G.729[3] 编解码器、3GPP(第三代合作伙伴计划)、AMR(自适应多速率)-NB/ WB(窄带/宽带)[4-7] 和 MPEG-4 CELP 编解码器。这些编解码器将在 9.1.7 进行详细介绍。

9.1.2 CELP 编码

如前所述,声码器对语音进行逐段(逐帧)处理,段(帧)长通常在 5ms 到 30ms 之间。对语音的分段处理通过对语音信号乘以一个窗函数来实现,如第 3 章介绍过的汉明窗。连续的两个窗函数会有一部分重叠。在一般情况下,较小的帧长和较高的重叠百分比可以更好地捕捉语音变化,从而获得良好的语音质量。

CELP 算法在 LPC 的基础上使用合成分析方法。对编码参数采用一个闭环优化程序[8,17]进行分析,使合成语音的感知加权误差最小。所有的 CELP 算法有一些相同的基本功能,包括短时合成滤波器、长时基音合成滤波器(或自适应码本)、感知加权误差最小化程序和随机(或固定)码本激励[11,12,14]。CELP 算法的基本结构如图 9.2 所示,图的顶部是编码器,图的底部是解码器。

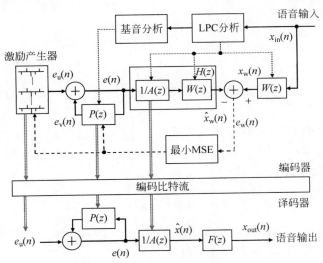

图 9.2 典型 CELP 算法框图

通过对以下三个部分的优化,可以获得良好的合成语音:

(1) 时变滤波器,包括短时 LPC 合成滤波器的 $1/A(z)$、长时基音合成滤波器 $P(z)$(自适应码本)和后滤波器 $F(z)$[2,16]。

(2) 感知加权滤波器 $W(z)$ 用于优化误差标准。由于人耳存在听觉掩蔽效应,可以通过将大部分错误放在相对不敏感的共振峰区以减少感知失真。另一方面,在共振峰零点的主观干扰噪声必须减少。因此,感知加权滤波器将加强共振峰频率之间的误差加权。

(3) 固定码本激励信号 $e_u(n)$,包括激励信号的形状和增益。

在编码器中,LPC 和基音分析模块对语音进行分析,估计语音合成模型的参数。之后是语音合成模块使加权误差最小。开发一个高效的搜索程序,通过放置在图 9.2 中加权滤波器的位置,可以减少计算量。编码器中,$x_{in}(n)$ 是输入语音,$x_w(n)$ 是通过感知加权滤波器 $W(z)$ 对原始语音加权后的语音信号,$\hat{x}_w(n)$ 是激励信号 $e(n)$ 通过组合滤波器 $H(z)$ 加权后的重构语音,$e_u(n)$ 是码本的激励信号,$e_v(n)$ 是基音预测函数 $P(z)$ 的输出,$e_w(n)$ 是加权误差。

编码得到激励参数,量化 LPC 系数和基音预测器系数并进行传输。解码器将使用这些参数来合成语音。滤波器 $W(z)$ 仅用于使均方误差最小,所以它的系数不会被编码。后置滤波器的 $F(z)$ 系数来自 LPC 系数和/或重建语音。

在解码器中,激励信号 $e(n)$ 先经过长时基音合成滤波器 $P(z)$,然后是短时 LPC 合成滤波器 $1/A(z)$。重建语音信号 $\hat{x}(n)$ 传输到后滤波器 $F(z)$。后滤波用于加强语音的共振峰和共振峰之间的频谱谷点的衰减。

9.1.3　合成滤波器

随时间变化的短时合成滤波器 $1/A(z)$ 根据莱文森-杜斌递归算法逐帧进行。合成滤波器 $1/A(z)$ 表示为

$$1/A(z) = \frac{1}{1 - \sum_{i=1}^{p} a_i z^{-i}} \tag{9.1}$$

其中,a_i 是短时 LPC 系数,p 是滤波器的阶数。这些系数用于从以前的样本估计当前语音样本。

目前,广泛使用的 LPC 系数计算方法是自相关法,通过使语音样本和其预测值之间的均方误差最小得到。对一个语音帧施加一个窗口(例如第 3 章讲的汉明窗),帧内语音样本的自相关系数基于下面公式

$$r_m(j) = \sum_{n=0}^{N-1-j} x_m(n) x_m(n+j), \quad j = 0,1,2,\cdots,p \tag{9.2}$$

其中,N 为窗口(或帧)大小,j 为自相关系数序号,m 为帧索引,n 为帧内的样本序号。预测滤波器系数 a_i 通过求解以下的正则方程得出

$$\begin{bmatrix} r_m(0) & r_m(1) & \cdots & r_m(p-1) \\ r_m(1) & r_m(0) & \cdots & r_m(p-2) \\ \vdots & \vdots & \ddots & \vdots \\ r_m(p-1) & r_m(p-2) & \cdots & r_m(0) \end{bmatrix} \begin{bmatrix} a_1 \\ a_2 \\ \vdots \\ a_p \end{bmatrix} = \begin{bmatrix} r_m(1) \\ r_m(2) \\ \vdots \\ r_m(p) \end{bmatrix} \tag{9.3}$$

左边的矩阵是第 6 章中定义的 Toeplitz 矩阵。这个方阵必须是可逆的,这样就总能找到 a_i 的解。已经提出一些递归算法用于解决式(9.3)。最广泛使用的算法是莱文森-杜斌递归,它可以概括如下

$$E_m(0) = r_m(0) \tag{9.4}$$

$$k_i = \frac{r_m(i) - \sum_{j=1}^{i-1} a_j^{(i-1)} r_m(|i-j|)}{E_m(i-1)} \tag{9.5}$$

$$a_i^{(i)} = k_i \tag{9.6}$$

$$a_j^{(i)} = a_j^{(i-1)} - k_i a_{i-j}^{(i-1)}, \quad 1 \leqslant j \leqslant i-1 \tag{9.7}$$

$$E_m(i) = (1 - k_i^2) E_m(i-1) \tag{9.8}$$

用递归的方式求解这些方程，$i=1,2,\cdots,p$，预测滤波器系数 a_i 为

$$a_i = a_i^{(p)}, \quad 1 \leqslant i \leqslant p \tag{9.9}$$

合成模型中需要的增益可以通过公式 $G_m = \sqrt{E_m(p)}$ 计算得出，构成合成滤波器 $G_m/A(z)$ 是反射系数。如果所有的反射系数满足 $-1 < k_1 < 1$，那么这个 LPC 滤波器就是稳定的。此外，以 a_i 为系数的直接型 IIR 滤波器可以实现 LPC 滤波器，以 k_i 为系数的格型滤波器也可以实现 LPC 滤波器。然而，格型滤波器超出了本书的内容范围。

【例 9.1】　给定的阶数 $p=3$，自相关系数 $r_m(j)$，$j=0,1,2,3$，对一帧语音信号计算 LPC 系数。令式(9.3)中的阶数 $p=3$，矩阵方程变为

$$\begin{bmatrix} r_m(0) & r_m(1) & r_m(2) \\ r_m(1) & r_m(0) & r_m(1) \\ r_m(2) & r_m(1) & r_m(0) \end{bmatrix} \begin{bmatrix} a_1 \\ a_2 \\ a_3 \end{bmatrix} = \begin{bmatrix} r_m(1) \\ r_m(2) \\ r_m(3) \end{bmatrix}$$

可以用莱文森-杜斌算法来递推求解：

当 $i=1$ 时

$$E_m(0) = r_m(0)$$

$$k_1 = \frac{r_m(1)}{E_m(0)} = \frac{r_m(1)}{r_m(0)}$$

$$a_1^{(1)} = k_1 = \frac{r_m(1)}{r_m(0)}$$

$$E_m(1) = (1 - k_1^2) r_m(0) = \left[1 - \frac{r_m^2(1)}{r_m^2(0)}\right] r_m(0)$$

当 $i=2$ 时，$E_m(1)$ 和 $a_1^{(1)}$ 可以从 $i=1$ 的情况下得出。因此

$$k_2 = \frac{r_m(2) - a_1^{(1)} r_m(1)}{E_m(1)} = \frac{r_m(0) r_m(2) - r_m^2(1)}{r_m^2(0) - r_m^2(1)}$$

$$a_2^{(2)} = k_2$$

$$a_1^{(2)} = a_1^{(1)} - k_2 a_1^{(1)} = (1 - k_2) a_1^{(1)}$$

$$E_m(2) = (1 - k_2^2) E_m(1)$$

当 $i=3$ 时，$E_m(2)$、$a_1^{(2)}$ 和 $a_2^{(2)}$ 可以从 $i=2$ 的情况下得出。因此

$$k_3 = \frac{r_m(3) - [a_1^{(2)} r_m(2) + a_2^{(2)} r_m(1)]}{E_m(2)}$$

$$a_3^{(3)} = k_3$$

$$a_1^{(3)} = a_1^{(2)} - k_3 a_2^{(2)}$$
$$a_2^{(3)} = a_2^{(2)} - k_3 a_1^{(2)}$$

最终,有

$$a_0 = 1, \quad a_1 = a_1^{(3)}, \quad a_2 = a_2^{(3)}, \quad a_3 = a_3^{(3)}$$

MATLAB 提供两个函数(levinson 和 lpc)用于计算 LPC 系数。例如,LPC 系数可以用莱文森-杜斌递归函数求得：$[a, e] = \text{levinson}(r, p)$。参数 r 是包含自相关系数的向量,p 是 $A(z)$ 的阶数,$a = [1 \ a_1 \ a_2 \cdots a_p]$ 是 LPC 系数向量,e 是预测误差。

MATLAB 中 lpc 函数计算 LPC 系数时使用莱文森-杜斌递归法求解正则方程组(9.3)。函数 $[a, g] = \text{lpc}(x, p)$ 基于向量 x 中的数据样本计算 p 阶 LPC 系数。这个函数返回的 LPC 系数是向量 a,预测(功率)误差的方差为 g。

【例 9.2】 给定阶 LPC 阶数 $p = 10$,汉明窗大小为 256,语音文件为 voice4. pcm,用 levinson() 函数计算 LPC 系数,计算的合成滤波器 $1/A(z)$ 的幅度响应,并比较语音频谱轮廓的幅度响应。

完整的 MATLAB 程序在 example9_2. m 文件中。如图 9.3 所示,合成滤波器的幅度响应代表相应的语音幅度谱包络。

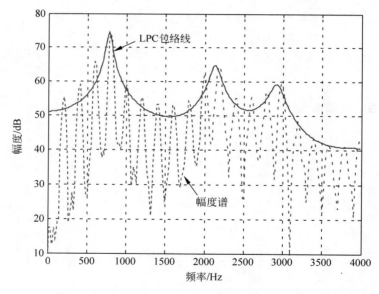

图 9.3 使用 LPC 实数的合成滤波器的幅度响应及其对应的语音幅度谱包络

【例 9.3】 采用 lpc 函数代替例 9.2 中的 levinson 函数计算相同语音文件的 LPC 系数。如果采用同样的阶数 p (=10),用这种方法求出的 a(LPC 系数)和 g(误差的方差)应和例 9.2 的结果完全一致。

图 9.4 给出了使用高阶滤波器(把例 9.2 中的 10 换为 42)计算 LPC 系数的结果。通过比较图 9.4 和图 9.3,可以清楚地看到,当采用高阶合成滤波器时,合成滤波器的幅度响应

能更好地匹配语音谱。完整的 MATLAB 程序见文件 example9_3.m。

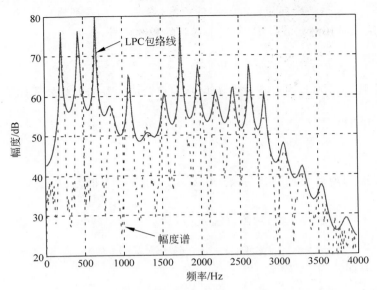

图 9.4　高阶合成滤波器的幅度响应及其最接近的语音幅度谱

9.1.4　激励信号

激励信号可以分为长时和短时两类。短时激励信号是随机信号,长时激励信号是周期信号。

1. 长时和短时激励信号

长时预测(基音合成)滤波器 $P(z)$ 是一个语音长时相关模型,可以提供精细的频谱结构,并具有以下的一般形式:

$$P(z) = \sum_{i=-I}^{I} b_i z^{-(L_{opt}+i)} \tag{9.10}$$

其中 L_{opt} 是最优基音周期,b_i 是滤波器系数,I 决定滤波器长度。例如,$I=0$ 代表一阶基音滤波器,$I=1$ 代表三阶基音滤波器,$I=2$ 代表五阶基音滤波器。

在某些情况下,长时预测滤波器也称为自适应码本,因为激励信号是自适应更新的。该滤波器也应用在 ITU-T G.723.1 中,其中采用的是五阶(即 $I=2$)长时预测滤波器。

为了达到高效的时序分析,语音帧通常被分为几个子帧。例如,G.729 包含两个子帧,G.723.1 和 AMR-WB 包含四个子帧。每个子帧都会产生激励信号,根据预测误差最小化原则为每个子帧找到最优激励信号。

如前所述,激励信号在周期脉冲和随机噪声之间变化。图 9.2 所示的激励信号 $e(n)$ 的一般形式可以表示为

$$e(n) = e_v(n) + e_u(n), \quad 0 \leqslant n \leqslant N_{sub} - 1 \tag{9.11}$$

$e(n)$ 是根据固定或随机码本产生的激励,其计算方法如下:

$$e_u(n) = G_u c_k(n), \quad 0 \leqslant n \leqslant N_{sub} - 1 \tag{9.12}$$

其中，G_u 是增益，N_{sub} 是激励向量（或子帧）的长度，参考 $c_k(n)$ 是码本中的第 k 个向量的第 n 个元素，$e_v(n)$ 从长时预测滤波器 $P(z)$ 当中得到的激励信号，其表达式为

$$e_v(n) = \sum_{i=-I}^{I} b_i e(n+i-L_{opt}), \quad n = 0, 1, \cdots, N_{sub} - 1 \tag{9.13}$$

如图 9.2 所示，让 $e(n)$ 通过组合滤波器 $H(z)$，加权合成语音的计算公式如下：

$$\hat{x}_w(n) = v(n) + u(n) = \sum_{i=0}^{n} h_i e_v(n-i) + \sum_{i=0}^{n} h_i e_u(n-i), \quad n = 0, 1, \cdots, N_{sub} - 1 \tag{9.14}$$

其中，$v(n)$ 由长时预测器根据公式 $v(n) = \sum_{i=0}^{n} h_i e_v(n-i)$ 求得，$u(n)$ 由随机码本根据公式 $u(n) = \sum_{i=0}^{n} h_i e_u(n-i)$ 进行计算，预测误差 $e_w(n)$ 为

$$e_w(n) = x_w(n) - \hat{x}_w(n) \tag{9.15}$$

$e_w(n)$ 的均方误差为

$$E_w(n) = \sum_{n=0}^{N_{sub}-1} e_w^2(n) \tag{9.16}$$

通过计算上述公式中的所有参数，包括基音预测系数（基音增益），延迟最优随机激励码书向量及其元素 $c_k(n), n = 0, \cdots, N_{sub} - 1$，增益最小的 E_w^{min} 通过下式计算：

$$E_w^{min} = \min\{E_w\} = \min\left\{ \sum_{n=0}^{N_{sub}-1} e_w^2(n) \right\} \tag{9.17}$$

此最小化过程是一个基音预测（自适应码本）和随机激励（固定码本）的联合优化过程。虽然包括 $L_{opt}、b_i、G_u$ 和 c_k 所有参数的联合优化是可行的，但是它需要很大的运算量。单独将激励参数中的基音预测参数进行优化，可以显著地简化最优化过程。这就是所谓的独立优化程序。

在独立优化中，式(9.11)中的激励 $e(n)$ 只包含 $e_v(n)$，因为 $e_u(n) = 0$。用过去的激励可以首先得到最优基音延迟和基音增益，新的目标信号可以通过从目标信号 $x_w(n)$ 中减去基音预测 $v(n)$ 得到。第二轮的最小化通过让随机码本逼近其所贡献的这个新的目标信号实现。G.729 和 G.723.1 标准中使用了独立优化程序。

2. 代数 CELP

代数 CELP(ACELP)采用结构化码可以更高效地找到最佳激励码本矢量。这种结构化的码本矢量由一组包含极少的非零元素的交叉排列代码构成。G.729，G.723.1 (5.3kbps)，AMR-NB 和 AMR-WB 标准采用了 ACELP 的固定码本结构，以实现低比特率。表 9.1 给出了 G.729 标准中使用的 ACELP 码本结构。

在表 9.1 中，m_k 是脉冲位置，k 是脉冲数，交织深度为 5。本码书中每个向量包含四个非零脉冲，每个脉冲用 i_k 表示。每个脉冲的幅度可以是 1 或 -1，其可取的位置见表 9.1。码本

矢量 c_k 可通过在位置 m_k 处放置四个单位脉冲,乘以它们的符号 s_k(+1或−1)来求解:

$$c_k(n) = s_0\delta(n-m_0) + s_1\delta(n-m_1) + s_2\delta(n-m_2)$$
$$+ s_3\delta(n-m_3), \quad n = 0,1,\cdots,39 \tag{9.18}$$

其中,$\delta(n)$ 是单位脉冲。

表 9.1 G.729 ACELP 码书

脉冲 i_k	符号 s_k	位置 m_k	位数(符号+位置)
i_0	±1	0,5,10,15,20,15,30,35	1+3
i_1	±1	1,6,11,16,21,26,31,36	1+3
i_2	±1	2,7,12,17,22,27,32,37	1+3
i_3	±1	3,8,13,18,23,28,33,38,4,9,14,19,24,29,34,39	1+4

【例 9.4】 如图 9.5 所示,假设四个脉冲在一帧中。脉冲位置和符号可以通过让式(9.16)中定义的平方误差最小得到。脉冲位置被限制在特定的位置,如表9.1中定义的,交错深度5。如图9.5所示,第二个脉冲位于位置5,属于 i_0 这一组。对于这一组,它需要1位来编码符号,3位来编码八个可能的位置。所有的脉冲位置和符号可以被编码成如表9.2所示的码字。

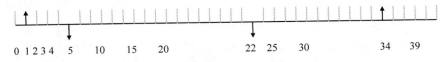

0 1 2 3 4 5   10   15   20   22 25   30   34   39

图 9.5 40 个样本帧中的四个脉冲位置

表 9.2 ACELP 脉冲编码码书举例

脉冲 i_k	符号 s_k	位置 m_k	符号+位置=编码
i_0	+1	5($k=1$)	0 << 3+1=0001
i_1	−1	1($k=0$)	1 << 3+0=1000
i_2	−1	22($k=4$)	1 << 3+4=1100
i_3	+1	34($k=14$)	0 << 4+14=01110

符号位是码字的 MSB 位:正数的符号编码是 0,负数的符号编码是 1。这个例子展示了如何编码 ACELP 激励。为了对这一帧的 ACELP 信息进行编码,共需要 4+4+4+5=17 位。

9.1.5 基于感知的最小化程序

式(9.1)中定义的合成滤波器可以用于建立感知加权滤波器,其传输函数为

$$W(z) = \frac{1 - \sum_{i=1}^{p} a_i z^{-i}\gamma_1^i}{1 - \sum_{i=1}^{p} a_i z^{-i}\gamma_2^i} = \frac{A(z/\gamma_1)}{A(z/\gamma_2)} \tag{9.19}$$

其中，$0 < \gamma_i < 1$ 为带宽扩展因子，典型值为 $\gamma_1 = 0.9$，$\gamma_2 = 0.5$。

合成滤波器 $1/A(z)$ 和感知加权滤波器 $W(z)$ 可以构成级联滤波器：

$$H(z) = W(z)/A(z) \tag{9.20}$$

如式(9.14)所示，级联滤波器的系数为 h_i，$i = 0, 1, \cdots, N_{sub} - 1$。$N_{sub}$ 为子帧长度。

【例 9.5】 采用例 9.2 中的语音文件 voice4.pcm 计算感知加权滤波器 $W(z)$ 的系数，$\gamma_1 = 1.0$，$\gamma_2 = 0.95$、0.70 和 0.50。

LPC 系数可以最先被计算出来，带宽扩展因子 γ_i 被用于计算式(9.19)定义的加权滤波器的传递函数。完整的 MATLAB 程序在 example9_5.m 文件中。图 9.6 给出了三个不同带宽扩展因子下，感知加权滤波器对应的语音频谱和幅度响应的 LPC 谱包络。这些幅度响应表明加权滤波器的 γ_2 数值越小，共振峰频率失真越大。

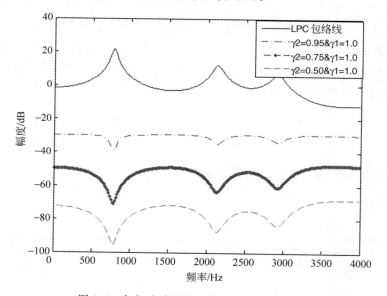

图 9.6　加权滤波器的幅度响应和 LPC 包络

9.1.6　语音活动检测

语音活动检测(VAD)是降低语音编码带宽的最重要方式之一。VAD 可以修改为使用双端检测器，它是自适应回波消除(在第 8 章介绍)的关键功能。VAD 是降噪[9]的关键技术，这将在 9.2 中讨论。VAD 算法的基本假设是：①语音信号频谱会在短时间内变化，但背景噪声是相对固定的；②活动语音的水平(能量)通常高于背景噪声。已经开发的 VAD 技术包括 ITU-T G.723.1 的清浊音检测、G.729 的过零点法和频谱比较方案。这些方法可以结合功率门限验证在某些特定的应用中得到更好的性能。

在实际的语音应用中，输入信号通常是由一个高通滤波器滤除不需要的低频噪声部分。$X(k)$ 为输入信号 $x(n)$ 的 FFT 系数。从 300Hz 到 1000Hz 的频率范围内的 FFT 系数，通常用于估算不同窗长下的功率。频率范围选为 $300\sim1000\,\mathrm{Hz}$ 的原因是,这些 FFT 系数通常有相对较高的语音能量。VAD 算法见图 9.7。

部分信号能量 E_n 为

$$E_n = \sum_{k=K_1}^{K_2} |X(k)|^2 \qquad (9.21)$$

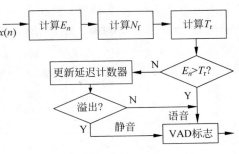

其中,K_1 和 K_2 分别是和 $300\,\mathrm{Hz}$ 及 $1000\,\mathrm{Hz}$ 最接近的整数(频率序号)。一个短时窗内的信号能量可采用递归法估算如下

$$E_s(j) = (1-\alpha_s)E_s(j-1) + \alpha_s E_n \qquad (9.22)$$

长时窗口内信号能量为

$$E_l(j) = (1-\alpha_l)E_l(j-1) + \alpha_l E_n \qquad (9.23)$$

图 9.7 简单 VAD 算法流程图

其中,j 是帧序号,α_s 和 α_l 是短窗和长窗的窗口长度的倒数。例如,当 $\alpha_s = 1/16$ 和 $\alpha_l = 1/128$ 时,窗口长度分别为 16 和 128。

第 n 帧的噪声水平记为 N_f,基于以前时刻的 N_f 数值和当前能量对其进行递归更新,α_s 和 α_l 控制其所占的比重:

$$N_f = \begin{cases} (1-\alpha_l)N_f + \alpha_l E_n, & N_f < E_s(j) \\ (1-\alpha_s)N_f + \alpha_s E_n, & N_f \geqslant E_s(j) \end{cases} \qquad (9.24)$$

该方程在语音开始段缓慢增加了噪声基底,但在语音信号的结尾处会迅速减少噪声基底,使其能更好地匹配语音波形的幅度包络。用于信号能量比较的可变阈值 T_r 可以根据下式更新:

$$T_r = \frac{N_f}{1-\alpha_l} + \beta \qquad (9.25)$$

其中,β 是一个安全裕度,如果噪音水平是平坦的,用来避免语音段与静音段之间的切换。

信号能量和阈值进行比较,检测当前帧是否为语音帧(VAD=1)

$$\text{VAD flag} = \begin{cases} 1, & E_n > T_r \\ 1, & E_n \leqslant T_r, \quad \text{延迟没有溢出} \\ 0, & E_n \leqslant T_r, \quad \text{延迟溢出} \end{cases} \qquad (9.26)$$

释放延迟用于平滑从语音段到静音段的过渡部分,避免在语音段末尾处(具有相对较低的能量)对静音段的误检。在语音快结束的部分,在释放延迟计数器计满之前,将信号帧判定为语音帧。典型的释放延迟时间约为 90ms。

对于噪声水平会发生改变的非平稳噪声和低能量语音,该算法可能无法正常工作,特别是在语音段尾。它可能需要额外的计算,例如,过零率和有声段检测。更多的细节在 G.729 和 AMR 标准中介绍。

9.1.7 ACELP 编解码器

本节讨论一些流行的 ACELP 解码器,例如,ITU-T G.729,G.722.2 和 3GPP AMR。

1. ITU-T G.729 概述

G.729 是低比特率,优质的语音编解码器,它使用 CS(共轭结构)ACELP 算法。编码器所采用的语音采样率为 8kHz,帧长为 10ms(80 个样本)。每个帧进一步分为两个子帧,每个子帧有 40 个样本。对每一帧语音信号进行处理,提取 CELP 参数。CELP 参数包括 LPC 系数,自适应及固定码本序号和增益。这些参数被量化和编码,然后被传输或存储。采用 G.729 编码器的框图如图 9.8 所示。

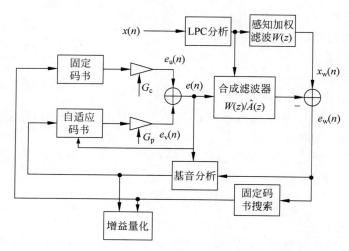

图 9.8　CS-ACELP 编码器框图

如图 9.9 所示,LPC 分析窗采用 6 子帧样本,其中 120 个样本来自过去的语音帧,80 个样本来自当前帧,40 个样品来自下一个子帧。未来的 40 个样本的子帧用于 5ms 前向 LPC 分析,这样就引入一个额外的 5ms 编码延时。

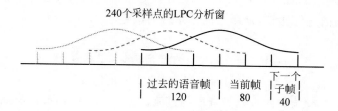

图 9.9　LPC 分析窗运算

计算 LPC 系数需要过去、现在和未来的子帧样本。LPC 合成滤波器的定义如下

$$\frac{1}{A_m(z)} = \frac{1}{1 - \sum_{i=1}^{10} a_{i,m}z^{-i}} \tag{9.27}$$

其中,子帧序号 $m=0,1$。

最后一个子帧的 LPC 滤波器系数转化为线谱对(LSP)系数。LSP 与 LPC 滤波器 $1/A(z)$

的极点或零点相关。将 LPC 系数转换为 LSP 的原因是,LSP 系数可以用来验证滤波器的稳定性,并具有较高的相关性。其中第一个特性可以用来使合成滤波器在量化后稳定,第二个特性可以用来进一步消除冗余。

由 LPC 到 LSP 系数的转换通过把 p 阶分析滤波器分解为两部分实现

$$A(z) = 1 - \sum_{i=1}^{p} a_i z^{-i} = \frac{1}{2} \{ [A(z) - z^{-(p+1)} A(z^{-1})] + [A(z) + z^{-(p+1)} A(z^{-1})] \}$$

$$= \frac{1}{2} [S^{p+1}(z) + Q^{p+1}(z)] \tag{9.28}$$

其中,第一部分 $S^{p+1}(z) = A(z) - z^{-(p+1)} A(z^{-1})$ 是差分传输函数,第二部分 $Q^{p+1}(z) = A(z) + z^{-(p+1)} A(z^{-1})$ 是和传递函数。它们的阶数都是 $p+1$。

鉴于 $S^{p+1}(+1) = 0$ 和 $Q^{p+1}(-1) = 0$,通过引入新的传输函数 $S(z)$ 和 $Q(z)$,$S^{p+1}(z)$ 和 $Q^{p+1}(z)$ 的阶数可以从 $p+1$ 降到 p,$S(z)$ 和 $Q(z)$ 的定义如下:

$$S(z) = S^{p+1}(z)/(1-z) = A_0 z^p + A_1 z^{(p-1)} + \cdots + A_p \tag{9.29a}$$

$$Q(z) = Q^{p+1}(z)/(1+z) = B_0 z^p + B_1 z^{(p-1)} + \cdots + B_p \tag{9.29b}$$

系数 A_i 和 B_i 可以通过对合成滤波器系数 a_i 进行递推得出

$$\begin{cases} A_0 = 1 \end{cases} \tag{9.30a}$$

$$\begin{cases} B_0 = 1 \end{cases} \tag{9.30b}$$

$$\begin{cases} A_i = (a_i - a_{p+1-i}) + A_{i-1}, \quad i = 1, \cdots, p \end{cases} \tag{9.30c}$$

$$\begin{cases} B_i = (a_i + a_{p+1-i}) + B_{i-1}, \quad i = 1, \cdots, p \end{cases} \tag{9.30d}$$

可以证明 $S(z)$ 系数是反对称的,$Q(z)$ 系数是对称的,因为 $S(z)$ 和 $Q(z)$ 的所有根都在单位圆上,并相互交替。每一个多项式在单位圆上都有 5 个共轭复数根在 $e^{\pm j\omega_i}$ 的位置,它们可以表示为

$$S(z) = \prod_{i=2,4,\cdots,p} (1 - 2q_i z^{-1} + z^{-2}) \tag{9.31a}$$

$$Q(z) = \prod_{i=1,3,\cdots,p-1} (1 - 2q_i z^{-1} + z^{-2}) \tag{9.31b}$$

其中,$q_i = \cos(\omega_i)$。系数 q_i 是 LSP 系数,系数 ω_i 是线谱频率,具有以下特性

$$0 < \omega_1 < \omega_2 < \cdots < \omega_p < \pi \tag{9.32}$$

G.729 使用特定的方法计算 LSP 系数,通过式(9.29)定义的多项式 $S(z)$ 和 $Q(z)$ 完成计算。G.729 对每个子帧进行 LSP 系数矢量量化,LSP 系数插值和 LSP 到 LPC 系数转换。

一般来说,LPC 系数的计算和量化步骤如下:

(1) 对两个子帧($m=0,1$)计算第 10 阶 LPC 系数 $a_{i,m}(i=1,\cdots,10)$。用 LPC 系数 $a_{i,m}$ 实现式(9.27)。这些非量化的 LPC 系数用于短时感知加权滤波器 $W_m(z)$,对整帧信号进行滤波获得感知加权后的语音信号。

(2) 将最后一个子帧的 LPC 系数转换为 LSP 系数。

(3) 对这 10 个 LSP 系数进行矢量量化,得到 LSP 索引用于传输或在本地进行存储。

（4）对 LSP 系数反量化得到 LSP 系数。用当前和上一帧获得的 LSP 系数插值，获得每个子帧的 LSP 系数。

（5）将反量化 LSP 系数转换回 LPC 系数，为每个子帧构建合成滤波器 $1/\hat{A}_m(z)$。注意，即使在编码器部分仍需要为解码器提供一组相同的合成滤波器。但是解码器部分从来不需要反量化 LPC 系数。

（6）重建及组合合成滤波器和感知加权滤波器用于合成图 9.6 中滤波器 $W(z)/\hat{A}_m(z)$。

如图 9.8 所示，激励信号是固定码本矢量 $e_u(n)$ 和自适应码本矢量 $e_v(n)$ 信号的总和，由每个子帧确定。闭环基音分析是用来寻找增益和用浮点数表示的自适应码本的延迟。与图 9.2 中的长时预测器不同，分数基音周期是用来准确描述周期信号的。第一子帧中，在 $\left[19\frac{1}{3}, 84\frac{2}{3}\right]$ 的范围内使用分辨率为 1/3 的分数基音延迟 T_1；在 $[85,143]$ 范围内使用整数延迟。第二子帧中，只使用分辨率为 1/3 分数基音延迟 T_2。第一子帧基音延迟用 8 位编码，第二子帧用 5 位编码。

固定码本激励使用 17 位代数码本。对于代数码本，每个向量包含 4 个非零脉冲。代数码本的分配在表 9.1 中列出。式（9.18）中定义了具有 40 个样本的向量包含了 4 个单位脉冲。自适应码本增益（G_p）和固定码本增益（G_c）被矢量量化为 7 位的移动平均预测值，应用于固定码本增益。

解码器框图如图 9.10 所示。从接收到的比特流中提取激励和合成滤波器参数。首先，从比特流中提取参数的序号。这些序号解码后得到一个对应于 10ms 语音的帧参数。这些参数包括 LSP 系数、两个分数基音延迟、两个固定码本矢量、两组自适应和固定码本增益。每个子帧的 LSP 系数被插值转换为 LPC 滤波器系数。每个 5ms 的子帧将执行以下过程：

（1）激励是根据各自相对增益，将自适应码本矢量和固定码本矢量按比例相加得到。

（2）语音重构是对激励信号采用 LPC 合成滤波器滤波得到。

（3）重构语音信号通过后处理阶段，包括基于长时和短时合成滤波器的自适应后置滤波器，并随后经过以 100Hz 为截止频率的高通滤波器。

G.729 标准的相关附件给出其在不同方面的应用。这些附件的比特率信息见表 9.3。

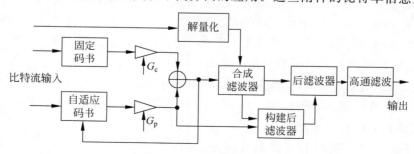

图 9.10　G.729 解码器框图

表 9.3 G.729 不同附件中的比特率汇总

附　　件	附件 A 或 C	附件 D	附件 E	SID①（附件 B）	静默（附件 B）
每 10ms 帧比特数	80	64	118	16	0
比特率/kbps	8	6.4	11.8	1.6	0

① SID＝Silence Insertion Descriptor（静默插入描述符）。

2．AMR 语音编码标准概述

AMR 语音编解码器是 3GPP 中一种应用于移动电话的高质量语音编码标准；3GPP AMR 也称 AMR-NB（窄带）。AMR 语音编码器工作在八个不同的比特率：12.2，10.2，7.92，7.40，6.70，5.90，5.15 和 4.75kbps。在运行时，该系统可自行选择数据速率。

AMR 声码器信号处理时帧长为 20ms。为了与其他传统系统相兼容，12.2kbps 和 7.4kbps 两个模式兼容的是 GSM 全速率编解码器的增强版本（GSM EFR）和北美的 TDMA（暂行标准 136）数字蜂窝系统中的增强型全速率编码。此外，AMR 编解码器的设计允许在以下不同模式之间进行无缝逐帧切换。

(1) 信道模式：GSM 半速率运行在 9.4kbps 或全速率运行在 22.8kbps。

(2) 信道自适应模式：在全速率或半速率信道模式之间进行选择和控制。

(3) 编解码器模式：用一个给定信道模式区分语音比特率。

(4) 编解码自适应模式：系统自动控制与选择比特率。

AMR 语音编解码器，提供高品质的语音服务，支持多速率，从而满足语音质量和网络容量之间的权衡。这种灵活性适用于第三代移动网络，类似于 G.723.1 和 G.729 算法，AMR 也使用 ACELP 技术。因此，要在此讨论其自适应码率在无线网络中的应用，而不是它的详细算法。

在图 9.11 中，语音编码器的输入是从移动端得到的 13 位 PCM 信号，或从公共交换电话网络（PSTN）通过 8 位扩展（A 律或 μ 律）得到的 13 位线性 PCM 信号。编码器通过由转换编码和速率自适应单元（TRAU）控制的比特率，将 PCM 信号编码成比特流。自适应多速率和半速率信道的信源编解码器的比特率在表 9.4 中列出。编码后的比特流被发送到信道编码模块以产生编码块。全速率比特流有 456 位，半速率有 228 位。

在接收端执行逆操作。GSM 6.90 规范地描述了 13 位 PCM 格式下的 160 个输入语音样本怎样编码为比特流。解码器从比特流重建这 160 个语音样本。

图 9.11 给出了包括上行和下行信道的高层 AMR 系统框图，其中 DL 表示下行，UL 表示上行，Rx 表示接收。GSM05.09 定义了 AMR 链路适配器，信道质量估计和带内信令。自适应多速率 AMR 基于从无线信道质量模块测量出的 UL 和 DL 质量指标。UL 质量指标映射到 UL 模式命令，DL 质量指标映射到 DL 模式请求。UL 模式命令和 DL 模式请求按照带内信令发送到 UL 无线信道。UL codec 模式请求和 DL codec 模式请求在 UL 信道作为带内信号进行发送。DL codec 模式命令和 UL 模式命令在 DL 信道作为带内信号进行发送。

GSM 系统采用 AMR 语音编解码器，可选择最佳的信道（全速率或半速率）和编解码方式（语音和信道比特率）来提供最佳的语音质量和系统容量。这种灵活性提供了许多重要的

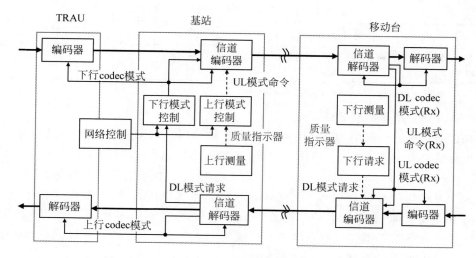

图 9.11　AMR 系统框图(摘自 GSM06.71,7.0.2 版)

益处。

在半速率和全速率模式下,通过对编码模式进行调节可以提高语音质量。也即,通过在语音和信道编码之间保持平衡,达到相同的总比特率。当无线信道质量好时,信道比特错误率低,可使用更高比特率的编解码器。当无线信道质量变差,将使用较低比特率的编解码器。从而整体的信道比特率保持不变。表 9.4 列出了所有速率下的位分配。

表 9.4　语音比特率汇总：全速率和半速率

项　　目		编码语音比特率							
语音比特率/kbps		12.2	10.2	7.95	7.40	6.70	5.90	5.15	4.75
每 20ms 帧的编码比特数		244	204	159	148	134	118	103	95
采用信道编码的总比特率	全速率模式	22.8	22.8	22.8	22.8	22.8	22.8	22.8	22.8
	半速率模式	—	—	11.4	11.4	11.4	11.4	11.4	11.4

3. AMR-WB 概述

宽带 AMR(AMR-WB)命名为 3GPP GSM AMR-WB,同时也被命名为 ITU-T G.722.2。宽带 AMR 是一个比特率范围从 6.6kbps 到 23.85kbps 的自适应多速率宽带编解码器,比特率范围如表 9.5 所列。编码器所采用的语音采样频率为 16kHz,帧长为 20ms(320 个语音样本)。AMR-WB 主要用于宽带电话服务。其 VAD 模块支持不连续传输和舒适噪音生成(CNG)。

表 9.5　AMR-WB 编解码器的源比特率

每 20ms 比特数	477	461	397	365	317	285	253	177	132	35
比特率	23.85	23.05	19.85	18.25	15.85	14.25	12.65	8.85	6.6	1.75[①]

①：假设 SID 帧被连续地发送。

对 AMR-WB,宽带语音分为两个子带:低频子带从 75Hz 到 6.4kHz,高频子带从 6.4kHz 到 7kHz。简化的编码/解码框图如图 9.12 所示,其中 HB 表示高频子带。降采样和增采样处理模块(在第 3 章讨论过)将分析和合成滤波器整合在一起,将全带宽信号分为子带进行处理,或者将子带信号组合为全带宽信号。

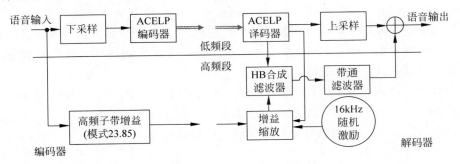

图 9.12　AMR-WB 框图

高频段(6.4kHz 至 7kHz)在 23.85kbps 的模式下使用静音压缩方法编码。在这种模式下,高频激励信号是随机噪声,增益使用每子帧 4 比特编码。对于其他模型,没有相关高频信息被发送。

对 AMR-WB 解码器,高频带使用低频带参数和 16kHz 的随机噪声激励重建。在 23.85kbps的模式,将高频带增益进行解码,并将其应用于重建信号。在其他模式下,高频带增益来自低带参数所携带的声音信息。高频带频谱利用从低频带 LPC 滤波器产生的宽带 LPC 合成滤波器重建。

当比特率在 12.65kbps 和更高的模式下,可以提供更优质的宽带语音。两个最低的模式 8.85kbps 和 6.6kbps,仅暂时用于苛刻的无线信道条件下或网络拥堵时。AMR-WB 还包括背景噪声模式,它被设计用于 GSM 中的不连续传输和对背景噪声进行编码的低比特率源依赖模式。在 GSM 中,这一模式的比特率为 1.75kbps。更多的细节可以在 3GPP 技术规范 TS 26.290 中找到。

9.2　语音增强

手机通常在嘈杂的环境中使用,例如在车辆、餐馆、购物中心、制造工厂、机场和其他类似的地方。在这些应用环境中,高背景噪声会降低语音信号的质量或清晰度。过多的噪音水平也会降低现有的信号处理技术性能,如语音编码、语音识别、说话人识别和自适应回声消除,这些都基于低噪声的假设。许多语音增强算法的目的是减少噪声或抑制不希望的干扰,以提高语音质量。在免提和噪声环境下,为了提高语音质量,降噪变得越来越重要。

9.2.1　噪音抑制技术

在一般情况下,有三种不同类型的降噪技术:单通道、双通道和多通道。双通道技术基于第 6 章中介绍的自适应噪声消除。多通道的方法可以实现自适应波束形成和盲信号分离。这一节主要介绍单通道技术。

有三种通用的单通道语音增强技术：噪声减去法、谐波相关的噪声抑制和利用声码器的语音再合成。

每一种技术都有其自身的假设、优点和局限性。第一种方法是通过减去噪声信号中噪声的估计幅度谱来抑制噪声，这将在后面讨论。第二种方法采用基音频率跟踪，使用自适应梳状滤波器减少周期性噪声。第三种技术侧重于使用迭代方法估计语音模型参数，并使用这些参数来重新合成无噪声的语音。

一个典型的单通道语音增强和降噪（NR）系统如图 9.13 所示。带噪语音 $x(n)$ 是系统唯一可用的输入信号。带噪语音 $x(n)$ 包含了从语音源中得到的理想信号 $s(n)$ 和从噪声源得到的噪声信号 $v(n)$。输出信号是增强（降噪）后的语音 $\hat{s}(n)$。

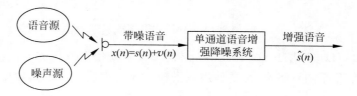

图 9.13　单通道语音增强系统

单通道语音增强算法通常假设背景噪声是不变的（或准稳态），噪声特性可以通过对静音段之间的语音估计得到。由于系统在非语音段进行噪声特性估计，不同的降噪方法可以应用于带噪语音信号或纯噪声信号，准确和可靠的 VAD 对系统性能起着重要的作用。在这一部分中，使用了 9.1.6 介绍的 VAD 算法。

噪声减去算法可以在时域或频域中实现。基于短时幅度谱估计的频域实现的噪声减去方法称为谱减法。如图 9.14 所示，谱减算法用 DFT 得到带噪语音的短时幅度谱，减去估计的噪声幅度谱，用消减幅度谱和原始的相位谱对 DFT 系数重构，执行 IDFT 得到增强后的语音。在实际应用中，谱减技术使用计算高效的 FFT 和 IFFT 算法。

频域噪声抑制也可以通过将 DFT 用一个包含许多子带滤波器组将语音信号分解成重叠的频带，在时域进行实现。一个滤波器组设计的例子在第 8 章给出。每个子带的噪声功率在非语音段估计。噪声抑制是通过使用一个衰减因子实现，衰减因子对应于瞬态带噪语音功率和估计的噪声功率的比值。

9.2.2　短时频谱估计

假设带噪信号 $x(n)$ 由语音 $s(n)$ 和不相关的噪声 $v(n)$ 构成。如图 9.14 所示，带噪语音被窗口分割。FFT 和幅度谱逐帧进行计算。VAD 用来确定当前帧包含是语音或噪声。对语音帧，该算法利用谱减法生成增强后的语音 $\hat{s}(n)$。对非语音帧，估计噪声频谱的幅值并衰减缓存器中的样本以减少噪音。

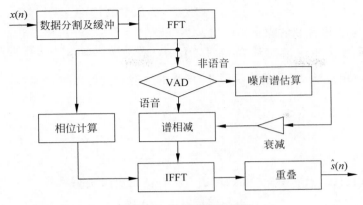

图 9.14　谱相减算法框图

对非语音(纯噪声)帧,有两个方法来生成输出(降噪后)信号:用一个固定的小于 1 的比例因子对信号进行衰减,或将输出设置为零。主观评价结果表明,在非语音帧中有一定的残余噪声,具有较好的语音质量。这是因为设置输出为零,会放大语音帧中的噪声。从语音及噪音帧中得到的噪音幅度和特性必须保持平衡,以避免不良的音频效果,如哒哒声、抖动甚至含糊不清的语音信号,合理的衰减量约 30 分贝,这个概念类似于第 8 章讨论的自适应回声消除中的残余回声抑制器设计。

输入信号使用汉宁窗(或 3.2.3 节介绍的其他窗函数)进行分段,在连续数据缓冲区之间采用 50% 重叠。在噪声减去后,增强后的语音通过 IFFT 重构为时域波形。这些输出帧是重叠的,并添加到产生的输出信号。

【例 9.6】　给定一个 256 个样本的帧,如果算法使用了 50% 重叠,计算该算法的延迟时间。与不使用重叠的算法进行计算量比较。

如果使用了 50% 个重叠,在 8kHz 采样率,该算法的延迟是 256 个样本或 32ms。因为计算时相同的数据块要被用两次,计算量将增加一倍。

9.2.3　幅度谱减

幅度谱减算法基于以下几个假设。首先,该算法假定背景噪声是固定的。这样,估计的噪声频谱不会在下面的语音帧发生改变。如果环境发生变化,该算法有足够的时间在语音帧到来之前估计出新的噪声谱。因此,该算法必须有一个有效的 VAD 以确定当前合适的操作并更新噪声频谱。该算法还假设,可以通过从幅度谱中消除噪声来降低噪声。

如果语音 $s(n)$ 被加入零均值的不相关噪声 $v(n)$,带噪信号可以表示为

$$x(n) = s(n) + v(n) \tag{9.33}$$

对等式两侧同时做 DFT,则有

$$X(k) = S(k) + V(k) \tag{9.34}$$

因此,$|\hat{S}(k)|$ 的估计值为

$$|\hat{S}(k)| = |X(k)| - E|V(k)| \tag{9.35}$$

其中,$E|V(k)|$是非语音帧的噪声幅度谱。

假设人类听力在相位谱对噪音相对不敏感,增强语音使用估计的短时语音幅度谱 $|\hat{S}(k)|$与原噪声相位谱$\theta_x(k)$重建。因此,增强的语音频谱可以重建为

$$\hat{S}(k) = |\hat{S}(k)| e^{j\theta_x(k)} \tag{9.36}$$

其中

$$e^{j\theta_x(k)} = \frac{X(k)}{|X(k)|} \tag{9.37}$$

将式(9.35)和式(9.37)代入式(9.36),该语音估计值可以表示为

$$\hat{S}(k) = \left[|X(k)| - E|V(k)|\right]\frac{X(k)}{|X(k)|} = H(k)X(k) \tag{9.38}$$

其中

$$H(k) = 1 - \frac{E|V(k)|}{|X(k)|} \tag{9.39}$$

需要注意的是,在式(9.38)和式(9.39)给定的谱相减算法采用反正切函数以避免相位谱 $\theta_x(k)$的计算,因为它过于复杂,不利于在大多数实时数字信号处理器应用中实现。

【例9.7】 在谱减算法的推导过程中,确定重构语音的失真有哪些主要来源。使用 式(9.39)和式(9.34),估计值可以进一步分解为

$$\begin{aligned}\hat{S}(k) &= X(k)H(k) = \left[S(k) + V(k)\right]\left[1 - \frac{E|V(k)|}{|S(k) + V(k)|}\right]\\ &= S(k) + V(k) - E|V(k)|\frac{S(k) + V(k)}{|S(k) + V(k)|}\\ &= S(k) + V(k) - E|V(k)|e^{\theta_x(k)}\end{aligned}$$

如果$V(k) - E|V(k)|e^{\theta_x(k)} = 0$,这个结果可以完美地降噪。在实践中,由于如下原因使得这 是不可能实现的:①$V(k)$是对真正的$E|V(k)|$的一种短暂的观察和计算,实时应用中是非 常难实现的;②简化算法使用$\theta_x(k)$代替$\theta_v(k)$以减少计算量;③VAD并不完美,从而导致 对噪声频谱的估计不准确。

【例9.8】 使用语音文件 voice4. pcm 中的一帧数据作为原始语音信号$s(n)$。添加 WGN $v(n)$到$s(n)$中形成式(9.33)中定义的带噪语音信号$x(n)$。它们相应的频域信号为 $S(k)$、$V(k)$和$X(k)$。$S(k)$和$X(k)$的相位计算使用的是 MATLAB 函数 angle()。$S(k)$和 $X(k)$之间的相位差异在$(-\pi, \pi)$范围内计算。语音$|S(k)|$的原始幅度谱和高斯白噪声 $|V(k)|$见图9.15中使用的 MATLAB 程序 example9_8. m。帧长为256,高斯白噪声是 由 v=wgn (frame,1,40)生成。如图9.15所示,与原语音的噪声水平相比,其噪声电平 相对较小。

当噪声水平和原始语音相当或高于原始语音,原始语音和带噪语音的相位差就相对比 较大。如果 VAD 是准确的,这些相位差比较大的绝大多数区域应归类为静音。

为了减少音调的影响,减少过度的减法可以被修改为

$$H(k) = 1 - \varepsilon \frac{E\,|V(k)|}{|X(k)|} \qquad (9.40)$$

其中,$\varepsilon \leqslant 1$。使用 $\varepsilon \leqslant 1$ 可以缓解过减的效果,但对处理后的信号信噪比有明显的降低。

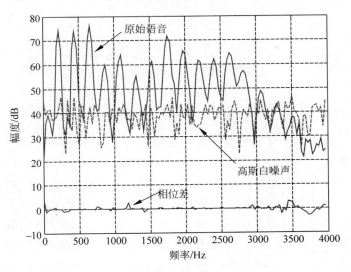

图 9.15　语音和噪声波谱幅度以及相位差

9.3　VoIP 应用

VoIP 是 IP(互联网协议)电话服务。语音和数据结合起来通过分组交换数据网络提供融合服务。VoIP 的发展导致高性价比的网关设备出现,在模拟电话电路和 IP 端口之间提供桥梁。IP 电话将声音或传真转换为适合于网络传输的数据包。因此,通过 IP 提供集成的语音和数据,通信系统能够取代传统的 PSTN。本节使用一个例子来说明改进中的 VoIP 系统及其应用,以及影响其语音质量的因素。

9.3.1　VoIP 概述

简化的 VoIP 应用框图见图 9.16。它包括终端用户设备(传统的模拟电话),SIP(会话初始化协议)控制的手机和纯软件实现的软电话。它还包括一些网络组件,例如,PBX(专用交换机)、VoIP 网关和 VoIP 电话适配器。

类似于传统的 PSTN 电话,VoIP 应用还包括信令和媒体处理。媒体处理包括有效压缩媒体数据以节省网络带宽、语音降噪、数据包丢失隐藏和减少整体传输延迟。一些 VoIP 相关内容在第 8 章讨论自适应回波消除器时进行了介绍。如图 8.3 所示,因为在互联网上发送媒体数据包延迟比较长,回波消除器是使 VoIP 应用可行的一个非常重要的模块。此外,还有许多其他的关键模块用来实现 VoIP 的应用,并达到可接受的语音质量。

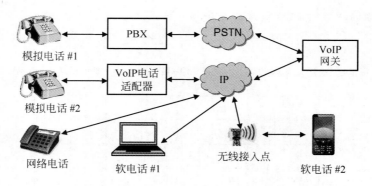

图 9.16　VoIP 应用拓扑

在图 9.16 中,媒体路径是在模拟电话♯1 和 IP 电话或任何软电话之间的端到端的呼叫处理路径。媒体处理采用 DSP 算法用于媒体转换,通常在 VoIP 网关中实现,是传统电路和分组交换网络的桥梁。它也可以在 VoIP 电话适配器中实现,让分组数据适应于传统用户环路双线模拟电话。VoIP 网关和电话适配器一般都分享类似功能的信号处理模块。图 9.17 显示的处理单元,使用了许多前面章节中的 DSP 技术,如线性回声消除器(LEC)、非线性处理器(NLP)、舒适噪音插入(CNI)、降噪(NR)、自动电平控制(ALC)、音检检测和生成、VAD、语音编码器(ENC)和解码器(DEC)以及一些新的模块。这些新的功能模块,包括不连续传输(DTX)、舒适噪音生成(CNG)和数据包丢失隐藏(PLC)。它们是 VoIP 应用中非常重要的媒体处理模块,可以提高带宽效率、减少丢包损伤。

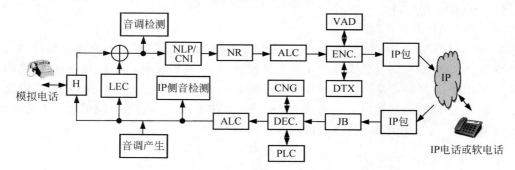

图 9.17　VoIP 网关或适配器多媒体信号处理简化流程图

IP 提供了一个在网络上进行数据传输的标准封装。它包含源路由地址和目标路由地址。首先,模拟电话信号由 LEC 滤波去除了混合(H)模块引入的线性回波。然后,LEC 的输出信号反馈回音频检测模块来检测各种音调,如 DTMF 音调,呼叫进程音,或调制解调器和传真音。所检测到的音调将通过带外信息发送到 IP 端,以通知另一端。NLP 和 CNI 模块是 LEC 的一部分,可以进一步消除残余回声。NR 用来减少噪音,ALC 负责增益调整。最后,对语音信号进行编码以产生比特流。根据 VAD 输出和 DTX 的决定,可能没有任何要发送的数据或仅发送噪声能量信息。通过网络发送的噪声能量信息是静音插入描述符(SID)。比特流、编码后的语音帧或 SID 帧,发送到连接在 IP 网络的 IP 电话。在 IP 电话端,该比特流被解码、处理,如果是一个语音帧将会被播放,如果是 SID 帧会产生舒适噪声。

在反向处理中,从 IP 网络接收的编码比特流,抖动缓冲(JB)用来弥补网络抖动。抖动缓冲区用于在数据包传送给解码器之前,保存指定的时间内传入的数据包。这可以平滑数据包流,并增加了恢复延迟的数据包或序外包。抖动缓冲区的大小是可配置的,通常为 20~100ms,并可以对一个给定的网络条件进行优化。根据不同的帧类型,抖动缓冲区的比特流将由解码器处理(DEC)为正常的语音帧,由 PLC 进行帧删除,或对 SID 帧用 CNG 产生的舒适噪声取代。

音调检测用于监测电话进程,以确定呼叫进展和对事件的响应。有时,这些事件可以触发编解码器切换操作模式来处理媒体数据。传真音就是一个例子,它可触发开关从低比特率编解码(如 G.729)切换到高比特率编解码(如 G.711),甚至于传真中继编解码(如 T.38)。如果这个事件是一个从 IP 端传送的带外消息,音调产生模块用于为最终用户产生局部音调,例如局部产生的 DTMF 音调或调制解调器音调。

9.3.2 不连续传输

DTX 是提高带宽效率的有效途径。DTX 的基本原则是只有在活动语音出现时打开发射机。DTX 的基本问题是语音质量的潜在降低和由于噪声增强效应产生的咔咔声。所设计的活动语音检测器必须平衡咔咔声的风险和把语音误判为噪声的风险。

DTX 是非常有用的节省带宽的方法。如 9.2 节所述,G.729 和 AMR 都使用 VAD 控制 DTX。当 VAD 表明当前语音段是静音帧,并且能量已经超过以前静音帧的阈值,将发送 SID。在解码器端,这种静音帧将替为类似水平的舒适噪声。图 9.18 显示了一个典型的静音压缩方法。输入信号首先被缓冲,以形成一个输入数据帧。VAD 模块将输入数据分为一个活动语音帧或非活动语音帧。根据振幅和频率的变化,DTX 模块用来进一步将非活动语音帧分类为 SID 或不被传输的帧。

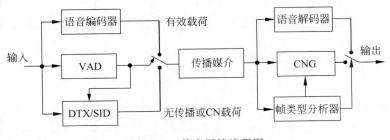

图 9.18 静音压缩流程图

DTX 模块负责跟踪从一个静音帧到另一个静音帧的噪声水平变化。如果噪声功率有明显的变化,例如超过 6dB,这一帧将归类为一个 SID 帧。然后,SID 算法模块将输入数据编码为舒适噪声负载。

在解码端,根据帧类型选择语音解码模块或 CNG 模块将数据包的比特流进行解码。如果当前帧是非活动语音帧(VAD=Inactive),前一帧是活动语音帧(VAD=Active),则第一个非活动语音帧,其帧类型会归类为 SID 帧。对于非活动语音帧,根据频谱和功率的差异定制的下列阈值来确定其为 SID 帧和不发送的帧。

帧能量需要计算出来,并且和前一帧的能量进行比较。如果振幅差异大于 6dB,这一帧就判定为 SID 帧。假设 SID 帧能量定义为

$$E_{sid} = \sum_{k=0}^{L-1} x_m^2(k)$$

其中,m 为帧序号,同样的方法可以用来计算随后的静默帧中的能量。假设当前的无声帧能量为

$$E_{sil} = \sum_{k=0}^{L-1} x_{m+1}^2(k)$$

其中,$m+1$ 是帧序号且 $l \geq 1$。如果满足以下条件,该帧将视为一种新的 SID 帧

$$|20\log(E_{sil}/E_{sid})| \geq 6\text{dB} \qquad (9.41)$$

否则,这个静音帧没有什么要被发送。

噪音水平表示为,和该系统支持的最大范围相比的水平,用 dBov(dB 过载)表示。例如,在一个 16 位的线性系统内,参考为取值在 ±32 767 之间的方波,其方波代表 0dBov。一个字节可以表示的范围为 0～−127dBov。

9.3.3 数据包丢失隐藏

数据包丢失隐藏(PLC)技术,也称为帧擦除隐藏技术,是用来恢复丢失的数据包或序外包。PLC 基于数据缓冲区来合成语音段,并恢复接收到的数据流中丢失的数据。许多基于 CELP 的语音编码器,如 G.729 和 AMR,使用 LPC 合成滤波器通过已有的解码参数恢复丢失的数据,这些参数包括基音、增益和合成滤波器系数。

G.711 的附录 I 是为基于样本的编解码器设计的,例如 G.711,G.726,其中不包括基于 LPC 的合成滤波器或基音估计模块。这里描述的 LPC 技术是完全基于接收器的。图 9.19 给出了典型的 PLC 应用的简化图。

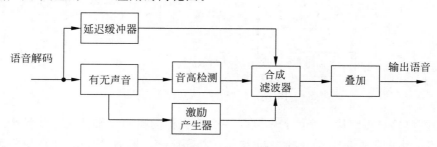

图 9.19　典型的 PLC 应用的简化图

在声码器中,首先处理缓冲的语音数据以确定它是一个浊音帧还是清音帧。对于浊音帧,基音估计模块用来估计基音,通过搜索残差信号的归一化自相关函数的峰值位置来确定基音。基音周期在 20～140 个样本的范围内进行搜索,分辨率为 0.125ms(例如,采样频率为 8kHz 时为 1/8000)。从样品得到的基音周期被传递给激励产生模块。当发生连续丢包时,这些样本也会被存储和使用。对于清音帧,随机噪声用于合成清音。

由于语音信号往往是局部平稳的,可以利用过去时刻的历史信号重构出丢失的语音段的合理近似,而不使用 LPC 合成滤波器。如果擦除数据不是太长,而且擦除不发生在信号变化很快的区域,隐藏后擦除可能是听不见的。

重叠叠加部分是用来产生重构语音的最终输出。在它被发送出去之前,输出延迟约为最大基音周期的 1/4。此算法延迟用于重叠叠加部分,在删除开始时添加。它可以使用 PLC 处理,使真正的(好的帧)信号和合成信号(在擦除帧的重建信号)之间平滑过渡。例如,在附录 G.711 定义的 PLC,其重叠-延迟添加使用 3.75ms(30 个样本)。

9.3.4　媒体流的质量因素

网络延迟、丢包、数据包抖动和回声是影响感知 VoIP 语音质量的主要因素。

ITU-T G.114 标准规定的端到端的单向时延不应超过 150ms。总的语音数据包的延迟可以通过优先传递网络中的语音数据包实现。语音编码算法[2,10,15]也可以弥补网络延迟(例如,选择低延迟语音编解码器可缩短延迟)。一个好的抖动缓冲算法能用最小的缓冲区有效补偿抖动,来降低整体的延迟。此外,有效的数据包丢失隐藏算法,使丢失或丢弃的数据包的影响不太明显。在第 8 章中介绍的自适应回声抵消算法可以有效地取消或抑制网络回声。

语音频带数据(VBD)是通过分组网络的语音信道采用合适的编码方式传输数据。这些数据信号包括数据调制解调器、传真机、为听障群体的文本电话。

VoIP 系统的默认配置是处理语音服务。因此,为了服务于调制解调器数据,必须要关闭专门用于语音的设备,但这会损害在网络中的数据。通常需要从语音模式切换到 VBD 模式。当媒体的信号音被检测到,自动开关是最简单的首选方式。例如 V.25/V.8 应答音(2100Hz 有或无相位反转)用于数据,传真调制解调器或传真呼叫音。一个典型的开关程序将禁用 PLC、VAD、NLP 和从语音模式切换到 VBD 模式过程中的动态抖动缓冲区。对于更高速率的调制解调器,如 V.34 标准,如果检测的应答音被反相,LEC 将被禁用。

9.4　实验和程序实例

本节使用 C 语言实现了 VAD、降噪、LPC 系数的计算以及语音编解码器的实验程序。

9.4.1　采用具有内在函数的定点 C 的 LPC 滤波器

ETSI(欧洲电信标准组织)标准库可以用定点运算实现编解码器,包括 G.723.1、

G. 729、AMR。使用这些 ETSI 提供的基本操作,可以将浮点 C 程序有效地转换为定点 C 程序。

采用定点 DSP 处理器 C55xx 实现实时应用,通常需要将浮点 C 代码转换为定点 C 代码。根据动态范围对输入信号进行归一化处理,以避免溢出。表 9.6 列出了一个向量归一化和 LPC 分析滤波器计算的例子。定点 C 语言库提供的基本操作不能达到高效的实时处理。用 C55xx 的内部函数替换这些定点 C 运算可以提高运行效率。使用 C55xx 内在函数的结果和那些使用 ETSI 提供的定点 C 程序运行的结果相同(位准确)。在这个实验中,内在函数(基本运算符)round、norm_l、L_add、L_sub、L_shl 和 L_shr 用于实现舍入、归一化、32 位加法、减法和移位。归一化后,利用莱文森-杜斌递归算法来计算 LPC 系数。

在表 9.6 中,运算符 round() 将 32 位的数值转换为 16 位,将 32 位数值的高 16 位进行舍入,并将它们保存在 16 位的内存位置 autoc[]。运算符 norm_l() 计算变量的前导符号位。使用同样的方法,杜斌-莱文森算法程序如表 9.7 所示。该程序使用 Q13 格式表示 LPC 系数 a[] 和反射系数 K[],因此 LPC 系数范围为 $-4(0x8000/0x2000) \sim +3\frac{8191}{8192}$ (0x7FFF/0x2000)。预测误差 E [] 和相关系数 R[] 使用 Q14 格式,以避免溢出。实验所用的文件见表 9.8。

表 9.6   使用内在函数计算自相关系数

```
/*
|      calc_autoc()                  :自相关
|      Input          ws             :ws[0,.,frame_size-1]
|                     p_order        :LPC 阶数
|                     frame_size     :帧尺寸
|      Output         autoc          :autoc[0,.,p_order] */
void calc_autoc(short * ws, short p_order, short frame_size, short * autoc)
{
    short k,m,i,Exp;
    long acc0,acc1;
    //计算自相关:autoc[0]
    acc1 = (long) 0;
    for ( i = 0; i < frame_size; i ++)
    {
        acc0 = (long)ws[i] * ws[i];
        acc1 = L_add(acc1,acc0);
    }
    /* 归一化能量 */
    Exp = norm_l( acc1);
    acc1 = L_shl( acc1, Exp);
    autoc[0] = round( acc1);
    //计算自相关: autoc[k], k = 1,...,10
    for ( k = 1; k ⇐ p_order; k ++)
```

续表

```
    {
        acc1 = (long) 0;
        for ( m = k; m < frame_size; m ++ )
        {
            acc0 = (long)ws[m] * ws[m - k];
            acc1 = L_add(acc1,acc0);
        }
        acc0 = L_shl( acc1, Exp);
        autoc[k] = round( acc0);
    }
}
```

表 9.7   使用内在函数计算 LPC 滤波器系数

```
/ *
|       calc_lpc()                    : LPC 系数
|       Input        autoc            : autoc[0,...,p_order]
|                    p                : LPC 阶数
|       Output       lpc              : lpc[0,...,p_order]
* /
short K[LPCORDER + 1];                          //反射系数,Q13 格式
short a[(LPCORDER + 1) * (LPCORDER + 1)];       //LPC 系数,Q13 格式
short E[LPCORDER + 1];                          //预计误差,Q14
void calc_lpc(short * autoc, short * lpc, short p)
{
  short i,j,p1;
  long acc0,acc1;
  short * R;                                    //自相关系数,Q14 格式
  short sign;
  p1 = p + 1;
  //计算一阶 LPC 系数
  R = autoc;
  E[0] = R[0];
  acc0 = L_shl(R[1],13);
  sign = signof(&acc0);
  acc0 = L_shl(acc0,1);
  K[1] = div_l(acc0, E[0]);

  if(sign == (short) - 1) K[1] = negate(K[1]);
  a[1 * p1 + 1] = K[1];

  / * E[1] = ((8192 - ((K[1] * K[1])>> 13)) * E[0])>> 13; * /
  acc0 = (long)K[1] * K[1];
  acc0 = L_shr(acc0,13);
  acc0 = L_sub(8192, acc0);
```

```
acc0 = (long)E[0] * (short)(acc0);
acc0 = L_shr(acc0,13);
E[1] = (short)acc0;
//递归计算 LPC 从二阶到 P 阶的系数
for (i = 2;i < = p;i++)
{
 acc0 = 0;
 for (j = 1;j < i;j++)
 {
    acc1 = (long)a[j * p1 + i - 1] * R[i - j];
    acc0 = L_add(acc0,acc1);
 }
acc1 = L_shl(R[i],13);
acc0 = L_sub(acc1, acc0);
sign = signof(&acc0);
if (acc0 > L_shl(E[i - 1],13))
    break;
acc0 = L_shl(acc0,1);
K[i] = div_l(acc0,E[i - 1]);
if(sign == (short) - 1) K[i] = negate(K[i]);
a[i * p1 + i] = K[i];

/ * a[j * p1 + i] = a[j * p1 + (i - 1)] - ((K[i] * a[(i - j) * p1 + (i - 1)])>> 13); * /
for (j = 1;j < i;j++)
{
    acc0 = (long)K[i] * a[(i - j) * p1 + (i - 1)];
    acc1 = L_shl((long)a[j * p1 + (i - 1)],13);
    acc0 = L_sub(acc1,acc0);
    acc0 = L_shr(acc0,13);
    a[j * p1 + i] = (short)acc0;
}
/ * E[i] = ((8192 - ((K[i] * K[i])>> 13)) * E[i - 1])>> 13; * /
acc0 = (long)K[i] * K[i];
acc0 = L_shr(acc0,13);
acc0 = L_sub((short)8192,acc0);
acc0 = (long)E[i - 1] * (short)(acc0);
acc0 = L_shr(acc0,13);
E[i] = (short) acc0;
}
for (j = 1;j < = p;j++)
    lpc[j] = negate(a[j * p1 + p]);
}
```

表 9.8 实验 Exp 9.1 所用文件列表

文 件	描 述
intinsic_ipc_mainTest. c	测试 LPC 实验的程序
intinsic_ipc_ipc. c	定点函数计算 LPC 系数
intinsic_ipc_auto. c	定点函数计算自相关函数
intinsic_ipc_hamming. c	使用内在函数的汉明窗函数
intinsic_ipc_hamTable. c	产生汉明窗查找表的函数
ipc. h	用于实验的 C 头文件
tistdtypes. h	标准类型定义头文件
c5505. cmd	链接器命令文件
voice4. wav	WAV 格式的语音文件

实验步骤如下：

（1）从配套软件包导入 CCS 项目。建立和运行计算 LPC 系数的程序。实验中每一帧产生 10 个系数，这些系数是保存在 data 文件夹中的 lpccoeff. txt 文件。实验结果中共有 120 帧。

（2）画出 LPC 滤波器的幅度响应 $1/A(z)$ 对应输入信号幅度谱的图形。这可以通过修改 MATLAB 程序 example9_2. m 实现：

① 从文件 voice4. wav 选择第六个语音帧（180 个样本）计算语音幅度谱；

② 使用第六帧的 LPC 系数来计算幅度响应 $1/A(z)$；

③ 画出滤波器的幅度响应及对应的语音信号的幅度谱。

LPC 滤波器的幅度响应代表语音幅度谱包络，其图形应该类似于图 9.3。

（3）修改测试程序，使用不同的参数进行实验并观察其差异，例如将 LPC 滤波器阶数从 10 变化为 8、12 和 15。

（4）使用不同的语音文件重复本试验，例如分别从男性和女性说话人中挑选浊音和清音段。

9.4.2 采用具有内在函数的定点 C 的感知加权滤波器

感知加权滤波器系数可以从 CELP 语音编码算法得到的 LPC 系数计算得出。本实验采用定点 C 程序 intrinsic_pwf_wz. c 计算加权滤波器系数。程序 intrinsic_pwf_wz. c 见表 9.9。其中，变量 gamma1 和 gamma2 代表式（9.19）中定义的参数 γ_1 和 γ_2。实验中使用的文件见表 9.10，PWF 代表感知加权滤波器。

表 9.9 计算滤波器感知加权系数

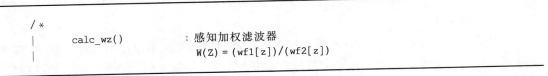

```
/*
|     calc_wz()              :感知加权滤波器
|                             W(Z) = (wf1[z])/(wf2[z])
|
```

```
|       Input    lpc         : lpc[0,...,p_order]
|                gamma1      : gamma1
|                gamma2      : gamma2
|                p_order     : LPC 阶数
|       Output   wf1         : wf1[0,.,p_order]
|                wf2         : wf2[0,.,p_order]
 */
void calc_wz(short * lpc, short gamma1,short gamma2, short p_order,
short * wf1, short * wf2)
{
     short i,gam1,gam2;
     wf1[0] = 32767;                  //常数 1.0,Q15 格式
     wf2[0] = 32767;                  //常数 1.0,Q15 格式
     gam1 = gamma1;                   //带宽扩展因子,Q15 格式
     gam2 = gamma2;                   //带宽扩展因子,Q15 格式
     for (i = 1; i <= p_order; i++)   //计算加权滤波器系数
     {
         wf1[i] = mult_r(lpc[i],gam1);
         wf2[i] = mult_r(lpc[i],gam2);
         gam1 = mult_r(gam1, gamma1);
         gam2 = mult_r(gam1, gamma2);
     }
}
```

表 9.10　实验 Exp9.2 所用文件列表

文　　件	描　　述
intinsic_pwf_mainTest. c	测试 PWF 实验的程序
intinsic_ pwf _ipc. c	定点函数计算 LPC 系数
intinsic_ pwf _auto. c	定点函数计算自相关函数
intinsic_ pwf _hamming. c	使用内在函数的汉明窗函数
intinsic_ pwf _hamTable. c	产生汉明窗查找表的函数
intinsic_ pwf_wz. c	计算感知加权滤波器系数的函数
pwf. h	用于实验的 C 头文件
tistdtypes. h	标准类型定义头文件
c5505. cmd	链接器命令文件
voice4. wav	WAV 格式的语音文件

实验步骤如下：

（1）从配套软件包导入 CCS 项目。建立和运行的感知加权滤波器系数计算程序,结果保存在文件 pwfcoeff. txt 中。文件中共包含 120 帧数据,每帧有三行系数。第一行（LPC）

包含 10 个 LPC 系数；第二行(WF1)和第三行(WF2)分别为感知加权滤波器 W(z)的分子和分母的系数。

（2）通过绘制加权滤波器的幅度响应，并把它和以前实验得到的 LPC 谱包络进行比较，以检查实验结果。这可以通过修改 MATLAB 程序 example9_5. m 实现。例如，利用文件 pwfCoeff. txt 中第六帧的系数绘制过滤器 1/A(z)和 W(z)的幅度响应。该图形应类似于图 9.6，但需反转转峰值和山谷。

（3）将参数 γ_2 改变为不同的值，并观察不同权重的影响。

（4）按上例改变的 LPC 滤波器的阶数，重复同样的实验并观察结果的差异。

（5）使用不同的帧长计算 LPC 系数，观察结果的差异。

9.4.3　采用浮点 C 实现的 VAD

本实验 VAD 算法中采用 256 点复杂 FFT，使用浮点 C 程序实现。FFT 频率范围为 250Hz 到 820Hz，用于图 9.7 所示的功率估计。表 9.11 列出了 9.1 节给出的 VAD 算法的 C 语言程序。

表 9.11　VAD 算法的 C 语言程序

```
short vad_vad(VAD_VAR * pvad)
{
    short k,VAD;
    float En;                              //当前帧功率
    VAD_VAR * p = (VAD_VAR * )pvad;
    En = 0;                                //VAD 算法
    for (k = p->ss; k<= p->ee; k++)        //从 250Hz 到 820Hz 的功率
    {
        En += (float)(sqrt(p->D[k].real * p->D[k].real
            + p->D[k].imag * p->D[k].imag));
    }
    p->Em = p->am1 * p->Em + p->alpham * En;
    if (p->Nf Em)                          //更新噪底
        p->Nf = p->al1 * p->Nf + p->alphal * En;
    else
        p->Nf = p->am1 * p->Nf + p->alpham * En;
    p->thres = p->Nf + p->margin;
    VAD = 0;
    if (p->Em >= p->thres)
        VAD = 1;
                                           //探测到语音,由于 Em >= 阈值
    if (VAD)
        p->hov = HOV;
                                           //探测到静默,由于 Em <阈值 Em < threshold
    else
    {
        if (p->hov-<= 0)
```

```
            p - > hov = 0;
        else
            VAD = 1;
    }
    return VAD;
}
```

在这个程序中，信号功率是通过对 FFT 频点从 ss 到 ee 求和得出，其对应的频率分别为 250Hz 和 820Hz。在 8kHz 采样率下使用 256 点的 FFT，250Hz 对应于 FFT 频点 ss＝(250×256)/8000＝8，820Hz 对应于 FFT 频点 ee＝(820×256)/8000＝26。使用式(9.21)估计短时能源。检测器使用阈值 Em 来确定当前帧为一个语音帧或非语音帧。如果能量大于阈值时，探测器将使 VAD 标志有效。如果能量小于阈值，VAD 标志将根据延时计数器的状态(hov)进行设置或清零。为了防止检测器振荡，一个小余量被添加到阈值作为一个安全边界。表 9.12 列出了实验中所用的文件。

表 9.12　实验 Exp9.3 用文件列表

文　件	描　　述
floatPoint_vad_mainTest. c	测试 VAD 实验的程序
floatPoint_vad_vad. c	使用 VAD 的噪声消减函数
floatPoint_vad_hwindow. c	汉明窗用的表数据
floatPoint_vad_ss. c	用于 VAD 检测的 FFT 和预处理
floatPoint_vad_init. c	VAD 初始化
floatPoint_vad_fft. c	FFT 函数和位反转函数
floatPoint_vad. h	定义常量和原型函数的 C 头文件
tistdtypes. h	标准类型定义头文件
c5505. cmd	链接器命令文件
speech. wav	语音数据文件

实验步骤如下：

(1) 从配套软件包导入 CCS 项目。建立和运行实验文件，得到的输出保存在文件 VAD_ref. xls 中，其中包含了语音及相应的 VAD 结果。

(2) 绘制语音及对应 VAD 结果，以检测 VAD 检测器的准确性。

(3) 修改程序，生成由 VAD 结果确定的输出。当 VAD 标志被设置，输入将直接被复制到输出，否则将零作为输出。这样，对于只有噪音的帧，其输出语音样本被设置为零。根据输出文件评估 VAD 结果。

(4) 调整延迟时间(HOV)，听不同的延迟下的过渡效果。

9.4.4　采用定点 C 实现的 VAD

本实验将上例中的浮点 C 程序转换为定点 C 程序。表 9.13 列出了本实验所用到的全部文件。

表 9.13　实验 Exp9.4 文件列表

文　件	描　述
mixed_vad_mainTest. c	测试 VAD 实验的程序
mixed_vad_vad. c	使用 VAD 的噪声消减函数
mixed_vad_tableGen. c	汉明窗用的表数据
mixed_vad_ss. c	用于 VAD 检测的 FFT 和预处理
mixed_vad_init. c	VAD 初始化
mixed_vad_wtabke. c	旋转因子表
intrinsic_fft. c	FFT 函数
ibit_rev. c	位反转函数
dspFunc55. asm	汇编语言的 DSP 支持函数
mixed_vad. h	定义常量和原型函数的 C 头文件
icomplex. h	定义复数数据类型的 C 头文件
tistdtypes. h	标准类型定义头文件
c5505. cmd	链接器命令文件
speech. wav	语音数据文件

实验步骤如下：

（1）从配套软件包导入 CCS 项目。建立和运行实验文件，得到的输出保存在文件 VAD_ref. xls 中，其中包含了语音及相应的 VAD 结果。

（2）绘制语音及对应的 VAD 结果，以检测 VAD 检测器的准确性。

（3）比较定点预算和浮点运算的结果。观察运算精度的下降对性能是否有影响。

（4）查看需要的时钟周期，比较定点和浮点 C 的运行效率。

（5）对此定点程序，重复 9.4.3 节中的步骤（3）和（4）。

9.4.5　采用不连续传输的语音编码

基于上例 VAD 实验，本实验将采用浮点算法实现 DTX 和 SID 模块。本实验中，采用 G. 711（μ 律）编解码器对语音输入进行编码，将 16 位 PCM 的输入变为 8 位长 PCM 格式。VAD/DTX/SID 的流程图见图 9.20。图中的开关代表在以下三种不同的帧类型中进行选择：语音、SID 和无传输内容。

本试验中，采用 1 个字节表示帧类型（图 9.20 中的帧类型列）。如图 9.20 所示，129 个字节用于语音帧，2 个字节用于 SID 帧，无传输内容时用 1 个字节。实验中，DTX 阈值（dtxThre）设置为 2（6dB），此阈值可以被调节以得到不同的 DTX 结果。实验产生 DTX 数据文件 parameter.dtx，它是根据 G. 711 DTX 压缩后的语音文件。DTX 压缩后的语音质量

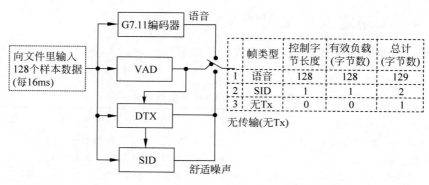

图 9.20　采用 VAD/DTX/SID 媒体处理图

可以通过听解码语音进行评价,这部分内容在下个实例 G.711 解码器中实现。表 9.14 列出了本实验所用到的所有文件。

表 9.14　实验 Exp9.5 所用文件列表

文　件	描　述
floatPoint_dtx_mainTest.c	测试 DTX 实验的程序
floatPoint_vad_vad.c	使用 VAD 的噪声消减函数
floatPoint_vad_hwindow.c	汉明窗用的表数据
floatPoint_vad_ss.c	用于 VAD 检测的 FFT 和预处理
floatPoint_vad_init.c	VAD 初始化
floatPoint_vad_fft.c	FFT 函数和位反转函数
floatPoint_dtx.c	DTX 函数
floatPoint_sid.c	SID 函数
g.711.c	G.711 标准实现
floatPoint_dtx.h	定义常量和原型函数的 C 头文件
floatPoint_vad.h	定义常量和原型函数的 C 头文件
g.711.h	G.711 标准实现的 C 头文件
tistdtypes.h	标准类型定义头文件
c5505.cmd	链接器命令文件
speech.wav	语音数据文件

实验步骤如下:

(1) 从配套软件包导入 CCS 项目。建立和运行实验文件,得到的输出保存在文件 parameter.dtx 中,它包含了编码后语音。

(2) 将 DTX 阈值(dtxThre)从 2 修改为 1.414 和 4,重复本实验,并检查不同阈值下编码后的语音文件 parameter.dtx 的大小。

(3) 修改 VAD 延迟参数(HOV)为长值(4)和短值(0),重复本实验并保存结果。检查文件 parameter.dtx 的大小是否发生变化并解释原因。为实验 9.6 保存本次实验的所有文件(用于重构语音,对不同延迟参数下的过渡效果进行评价)。

(4) 通过把函数 ulaw_compress( )换为 alaw_compress( ),将编码方式从 μ 律变为 A
律。重复步骤(2)和(3),并为下一个实验保存所有结果。

9.4.6　含有 CNG 的语音解码器

在上一个实验中,DTX 和 G.711 编码器用于传输端的语音处理。在本实验中,把含有
CNG 模块的 G.711 语音解码器用于接收端。G.711 解码器将对数域的样本变回为 16 位
PCM 格式,CNG 模块会基于 SID 信息产生舒适噪声。处理模块的流程图见图 9.21。

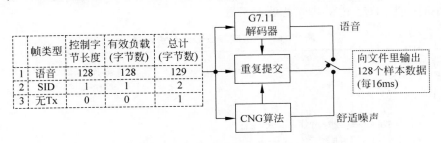

图 9.21　采用 CNG 媒体处理图

重复上一个数据帧是最简单的丢帧隐藏(PLC)技术。和采用基音合成技术产生的声音
信号相比,分组重复技术的特点在于保留相关的功率和相似的波形。在实际应用中,PLC
模块会代替图 9.21 中的重复处理模块以减少负面效应。表 9.15 列出了本实验所用到的所
有文件。

表 9.15　实验 Exp9.6 所用文件列表

文　件	描　述
cng_mainTest.c	测试 CNG 实验的程序
cng.c	CNG 函数
g.711.c	G.711 标准
cng.h	定义常量和原型函数的 C 头文件
g.711.h	G.711 标准的 C 头文件
tistdtypes.h	标准类型定义头文件
c5505.cmd	链接器命令文件
parameter.dtx	实验 9.5 中得到的编码文件

实验步骤如下:

(1) 从配套软件包导入 CCS 项目。建立和运行实验文件,得到的输出保存在文件
result.wav 中,它包含了解码后语音。

(2) 听 result.wav,把它和上例中的原始语音(speech.wav)进行比较。

(3) 采用 DTX 实验中的不同的 DTX 阈值(dtxThre)和 VAD 延迟时间(HOV),比较解

码语音质量。

（4）通过把函数 ulaw_compress() 换为 alaw_compress，将码方式从 μ 律变为 A 律，将上例中使用 A 律编码器编码后的语音进行解码(用上例中步骤(4)中保存的文件)。检查两种不同的压扩律方式是否会导致不同的性能。

9.4.7　采用浮点 C 的频谱减算法

频谱减算法的核心部分是表 9.16 中的去噪。输入信号在 FFT 频点的 TB[k]中，估计的噪声在 FFT 频点的 NS[k]中。基于 VAD 信息，进行频谱减算法或幅度衰减。N 等于 FFT 大小的一半，数组 h[k]中是滤波器系数。

表 9.16　频谱减算法部分 C 语言程序

```
if (VAD)                                          //探测到语音,由于 VAD = 1
{
    for (k = 0;k <= N;k++)
    {
        tmp = TB[k] - (127./128.) * NS[k];
        h[k] = tmp / TB[k];
    }
}
else                                             //探测到静默,由于 VAD = 0
{
    Npw = 0.0;
    for (k = 0;k <= N;k++)                        //更新噪声谱
    {
        NS[k] = (1 - alpha) * NS[k] + alpha * TB[k];
        Npw += NS[k];
    }
    Npw = Npw/Npw_normalfact;                     //归一化噪声功率
    margin = (127./128.) * margin + (1./128.) * En;  //新裕量
}
```

实验会产生增强后的语音文件 nr_output.wav 及其参考文件 nr_ref.xls。参考文件的第一列是原始信号，第二列是被处理过的信号。表 9.17 列出了本实验所用到的所有文件。

表 9.17　实验 Exp9.7 所用文件列表

文　件	描　　述
floatPoint_nr_mainTest. c	测试谱减实验的程序
floatPoint_nr_vad. c	语音探测器
floatPoint_nr_hwindow. c	汉明窗用的表数据
floatPoint_nr_ss. c	FFT 变换之前的预处理
floatPoint_nr_init. c	噪声消减实验初始化
floatPoint_nr_fft. c	FFT 函数和位反转函数

续表

文 件	描 述
floatPoint_nr_proc. c	噪声消减控制程序
floatPoint_vad. h	定义常量和原型函数的 C 头文件
tistdtypes. h	标准类型定义头文件
c5505. cmd	链接器命令文件
speech. wav	语音数据文件

实验步骤如下:

(1) 从配套软件包导入 CCS 项目。建立和运行实验文件,得到的输出保存在文件 result. wav 中,它包含了解码后语音。

(2) 绘制原始语音文件 nr_output. wav 和降噪后的文件 nr_output. wav 对应的波形,并对其进行比较以评估 NR 算法的性能。建议使用 MATLAB 中的函数 spectrogram 进行频域评估。

(3) 改变式(9.40)中 ε 的取值获得不同的结果。例如,改为 63/64、31/32 或 15/16。比较频谱减算法的性能。用主观评价方法(听)对音乐音调效果进行观察。

(4) 对仅含噪音的帧采用不用的衰减因子,例如 0.5、0.1 和 0.01。比较不同的降噪结果。

(5) 用不同的 FFT 大小重新进行实验并比较结果。例如,将 FFT 大小改为 128 和 512。

9.4.8　定点 C 实现的 G722.2

本实验基于 3GPP 的 ANSI 参考 C 源代码,对 G. 722.2(GSM AMR-WB)编码器和解码器进行测试。从 3GPP 网站下载的完整程序包 26 173-a00. zip(日期为 2011 年 4 月 5日),包括了测试向量。

压缩文件 26 173-a00. zip 包含源代码 26 173-a00_ANSI-C_source_code. zip。解压缩后,G. 722.2 的完整文件如表 9.18 所示,其中 G. 722 为当前文件路径。在 Visual Studio 环境下用工作区文件 wamr. sln 编译项目,可执行的编码器和解码器程序将存储在 release 文件夹中。testv 文件夹中的批处理文件 test_enc. bat 和 test_dec. bat 用于在实验中运行编码和解码操作。

表 9.18　实验 Exp9.8 所用文件列表

文 件		描 述
G722	warm. sin;	AMR-WB 工作区
. \code	'. c;'. h;'. tab	从 26 173-a00. zip 解压的所有源代码
. \textv	'. cod;'. out;'. inp;'bat	所有测试向量
. \release	wamr_enc. exe & wamr_dec. exe	可执行文件
. \wamr-enc	wamr_enc. vcproj	编码项目
. \wamr-dec	wamr_dec. vcproj	解码项目

实验步骤如下：

（1）下载 G.722.2 软件包，解压缩 26 173-a00_ANSI-C_source_code.zip 到文件夹./c-code。打开 Microsoft Visual Studio 并下载 warm.sln 文件。构建整体解决方案。可执行文件 wamr_enc.exe 和 wamr_dec.exe 在路径./release 下。

（2）运行文件夹./testv 下的批处理文件 test_enc.bat，对测试向量进行编码，获得编码文件(比特流)。将编码后的比特流和提供的测试向量参考进行比较，确保其一致性。

（3）运行文件夹./testv 下的批处理文件 test_dec.bat，对编码文件进行解码。将解码后的语音文件和提供的测试向量参考进行比较，确保其一致性。

（4）使用例 10.7 中的 16kHz 采样率的音频文件 audioIn.pcm 作为输入，产生比特率为 23.85、23.05、19.85、18.25、15.85、14.25、12.65、8.85 和 6.6kbps 的处理过的音频。比较这些比特率下的音频质量。

（5）检查文件夹 c-code 中的 C 源代码，理解这些函数是怎么工作的。例如，学习如下函数：

① levinson.c 文件中的 Levinson()，理解式(9.4)～式(9.9)定义的 LPC 系数递推算法。例 9.2 中用到的 MATLAB 函数 levinson() 可以用于和其进行比较。

② weight_a.c 文件中的 Weight_a，理解其如何计算感知滤波器系数。

③ 文件 dec54.c 中的 Oversamp_16k()、Decim_12k8()、Down_samp() 和 Up_samp()，理解其如何改变采样率。

④ 文件 basicop2.c 中的 norm_l() 和 round()，理解其如何对 16 位数进行归一化和如何对低 16 位进行四舍五入。

9.4.9　定点 C 实现 G.711 压扩

本实验采用定点 C 程序实现 ITU-T G.711 语音编解码器。表 9.19 列出了本实验所用到的所有文件。

表 9.19　实验 Exp9.9 所用文件列表

文　件	描　述
g711Test.c	测试 G.711 实验的程序
g711.c	G.711 实现
g711.h	定义常量和原型函数的 C 头文件
tistdtypes.h	标准类型定义头文件
c5505.cmd	链接器命令文件
c55DSPAudioTest.wav	用于实验的语音数据文件

实验步骤如下：

（1）从配套软件包导入 CCS 项目。建立和运行实验文件，G.711 编码后的比特率文件保存在文件 g711Compressed.cod 中，G.711 解码后的语音文件保存在文件 g711Expanded.wav 中。

（2）将解码后的语音文件 g711Expanded. wav 和文件 c55DSPAudioTest. wav 进行比较。

（3）用 8kHz 采样率下的不同语音和音乐文件重复本实验,观察 G.711 对音乐质量是否有影响。

（4）将编码方式从 μ 律变为 A 律。将它和 μ 律标准下得到的结果进行比较。将结果和原始语音进行对比,检查是否不同。

（5）TI 提供一些语音和音频编码库文件[18]。基于 C55xx 的编解码器可通过下面网址获得 http://www.ti.com/tool/c55xcodecs。下载 G.722.2 语音编解码器,用基于 C55xx 的 G.722.2 库文件代替 G.711 库文件,产生一个基于 G.722.2 语音编解码器的新实验。与 G.711 的实验结果（8kHz 采用率时）进行比较,分析 G.722.2 语音编解码器的编码和解码性能及语音质量。

9.4.10　实时 G.711 音频回送

本实验采用定点 C 程序实现 G.711。表 9.20 列出了本实验用到的所有文件。

表 9.20　实验 Exp9.10 所用文件列表

文　　件	描　　　述
realtime_g711Test. c	测试实时 G.711 实验的程序
realtime_g711. c	用于语音回环实验的实时框架
g711. c	G.711 实现
vector. asm	C5505 中断向量表
g711. h	定义常量和原型函数的 C 头文件
tistdtypes. h	标准类型定义头文件
dma. h	DMA 函数的头文件
dmaBuff. h	DMA 数据缓冲器的头文件
i2s. h	i2s 函数的 i2s 头文件
Ipva200. inc	C5505 处理器包含文件
myc55xUntil. lib	BIOS 语音库
c5505. cmd	链接器命令文件

实验步骤如下：

（1）连接音频源和耳机到 eZdsp,从配套软件包导入 CCS 项目,建立和运行实验文件。

（2）听输出音频,和 G.711 比较解码信号的音频质量。

（3）将采样率从 8kHz 变为 16kHz,比较 8kHz 和 16kHz 采样率下,G.711 和输出语音的语音质量。

（4）将采样率从 8kHz 变为 16kHz,重复 9.4.9 节中的步骤（5）,在 16kHz 采样率下,比较 G.711 和 G.722 的语音质量。

(5) 用 TI 的 G722.2 C55xx 库代替 G.711 编解码器，创建 G.722.2 实时音频回送实验。

习题

9.1　式(9.20)中定义的组合滤波器可以使式(9.19)中的 $\gamma_1=1$ 进行简化，这种方法在 G.729A 中得到应用。采用三个不同的 γ_2 感知加权滤波器的幅度响应见图 9.6。用例 9.5 的 MATLAB 程序可以画出 $\gamma_1=0.98$ 时的滤波器幅度响应并进行比较。

9.2　解释当把式(9.19)中加权滤波器系数设置为 $\gamma_2=1$ 且 $\gamma_1<1$ 时，感知加权滤波器将不能正常工作。在此情形下，哪个频谱部分会被加强？对于其他应用，这种滤波器函数是否合适(提示：它可作为后滤波器用于解码器中，使共振峰下的频率部分声音更清晰，特别是当 LPC 系数被量化时)？

9.3　对于 ACELP，需要多少位来编码八个可能的位置？如果脉冲幅度为 +1 或 −1，需要多少位来编码脉冲位置和符号？如果基音间隔为从 20 到 147，需要多少位来进行编码？如果需要更好的分辨率，比如 1/2 样本，基音间隔为从 20 到 147 需要多少位？

9.4　G.723.1 中定义的 LSP 系数向量是一个 10 阶向量。此向量被分成三个长度分别为 3、3 和 4 的子向量。如果每个子向量都用 8 位码进行量化，那么 LSP 量化索引需要用多少位表示？

9.5　LSP 系数对于重构语音非常重要。为了防止 LSP 系数在传输阶段发生错误，某些应用程序需要使用纠错码保护 LSP 索引。在这种情况下，LSP 索引已损坏且无法恢复，基于以前帧的历史信息重建当前帧的 LSP 系数的最佳方式是什么？

9.6　如果用 16 位来表示 LPC 系数，并假定这些系数的值总是在 ±3 之间，这些系数最有效的 16 位定点表示是什么？

9.7　假设 VoIP 应用中以太网/ IP/UDP/RTP 文件头为 60 字节。如果使用 G.729 (20ms 帧长)，在 IP 网络的实际比特率是多少？如果活动语音占 40%(这意味着 60% 时间是静音信号)，对于没有内容需要被发送的静音帧，可以节省多少带宽？如果把帧长从 20ms 增加到 40ms，在网络上的活动语音帧中实际的比特率是多少？

9.8　采用 G.711 重复上题 9.7。比较 IP 中 G.711 和 G.729 下的有效的比特率和实际比特率比。注意，有效比特率是由编解码器产生的纯比特数，其中 G.711 为 64kbps，G.729 为 8kbps。

9.9　一个如 G.729 的 ACELP 编码，如果第一个三脉冲的位置已被发现是在 5、6 和 7，8 是否有可能为第四脉冲？这第四个脉冲有可能在 9 处吗？请解释为什么或为什么不？

9.10　在第 8 章 8.2 节中给出语音文件 TIMIT1. ASC，用长时窗和短时窗分别实现式(9.23)中定义的能量估计。将估计能量和语音信号画在同一幅图中。

9.11　在 8 章 8.2 节中给出语音文件 TIMIT1. ASC，实现式(9.24)定义的本底噪声估计。将本底噪声估计和语音信号画在同一幅图中。观察语音开始和结束时本底噪声。

9.12　在语音文件 TIMIT1.ASC 中加入低水平的白噪声,使用 VAD 算法来检测静音帧和语音帧。画出语音及对应的 VAD 结果。

9.13　解释为什么 VAD 算法中计算信号能量使用不同的窗口尺寸? 在语音的开始部分,使用式(9.22)和式(9.23)哪个的输出更大? 语音的结尾会发生什么?

9.14　谱减过程中的乐音效果是由某些频率的过减引起的。为了减少这种影响,应该使用一个更温和的减法。其结果是,噪声消除的量与全减法相比将会减少。编写 MATLAB 函数来控制式(9.35)中定义的不同减法因子中的参数。

9.15　使用实验 9.4.3 计算语音文件 speech.wav 的静音帧比率。在正常的对话中,有超过 50% 的静音帧。

参考文献

1. ITU-T Recommendation (1996) G.723.1, Dual Rate Speech Coder for Multimedia Communications Transmitting at 5.3 & 6.3 kbit/s, March.

2. CCITT Recommendation (1992) G.728, Coding of Speech at 16 kbit/s Using Low-delay Code Excited Linear Prediction. Speech Signal Processing 375.

3. ITU-T Recommendation (1995) G729, Coding of Speech at 8 kbit/s Using Conjugate-Structure Algebraic-Code-Excited Linear Prediction (CS-ACELP), December.

4. ITU-T Recommendation (2002) G722.2, Wideband Coding of Speech at Around 16 kbit/s Using Adaptive Multirate Wideband (AMR-WB), January.

5. 3G TS 26.190 V1.0.0 (2000-12) (2000) Mandatory Speech CODEC Speech Processing Functions; AMR Wideband Speech CODEC; Transcoding Functions (Release 4), December.

6. 3GPP TS 26.171 (2001) UniversalMobile Telecommunications System (UMTS); AMR Speech CODEC, Wideband; General Description (Release 5), March.

7. Bessette,B., Salami, R., Lefebvre, R. et al. (2002) The adaptive multi-rate wideband speech codec (AMR-WB). IEEE Trans. Speech Audio Process., 10 (8), 620-636.

8. Kondoz,A.M. (1995) Digital Speech Coding for Low Bit Rate Communications Systems, JohnWiley&Sons, Inc., New York.

9. Kuo, S.M. and Morgan, D.R. (1996) Active Noise Control Systems—Algorithms and DSP Implementations, John Wiley & Sons, Inc., New York.

10. Tian,W.,Wong, W.C., and Tsao, C. (1997) Low-delay subband CELP coding of wideband speech. IEE Proc. Vision Image Signal Process., 144, 313-316.

11. Tian,W. andWong,W.C. (1998) Multi-pulse embedded coding of speech. Proceedings of IEEE APCC/ICCS'98, Singapore, November, pp. 107-111.

12. Tian, W.,Wong, W.C., Law, C.Y., and Tan, A.P. (1999) Pitch synchronous extended excitation in multi-mode CELP. IEEE Commun. Lett., 3, 275-276.

13. Tian, W. and Wong, W.C. (1999) 6 kbit/s partial joint optimization CELP. Proceedings of ICICS'99, Sydney, December, CDROM #1D1.1.

14. Tian, W. and Alvarez, A. (1999) Embedded coding of G.729x. Proceedings of ICICS'99, Sydney, December, CDROM #2D3.3.

15. Tian，W.，Hui，G.，Ni，W.，andWang，D.（1993）Integration of LD-CELP codec and echo canceller. Proceedings of IEEE TENCON，Beijing，October，pp. 287-290.

16. Chen，J. H. and Gersho，A.（1995）Adaptive postfiltering for quality enhancement of coded speech. IEEE Trans. Speech Audio Process.，3，59-71.

17. Papamichalis，P. E.（1987）Practical Approaches to Speech Coding，Prentice Hall，Englewoods Cliffs，NJ.

18. Texas Instruments，Inc.（1997）A-Law and mu-Law Companding Implementations Using the TMS320C54x，SPRA163A，December.

第 10 章

音频信号处理

数字音频信号处理技术广泛地应用于 CD 播放器、便携音乐播放器、高清电视、家庭影院等消费类电子产品中。对于数字音频广播、电脑音乐、音频录制编辑等则涉及了更为专业的音频处理技术。本章主要介绍一些音频处理应用,例如音频编码算法、音频图形和参数均衡器以及几种音效,并且设计了一些实例和实验,旨在帮助更好地理解音频应用的 DSP 算法。

10.1 简介

CD 光盘曾经是一种非常流行的数字音频存储方法。它在 44.1kHz 的采样频率下以使用 16 位的脉冲编码调制(PCM)的方法存储音频信号,所以两音轨的立体声格式需要 1411.2kbps 比特率。而其使用的未压缩的 PCM 格式则被称为 CD 音质。但这种简单的方法却面临着传输带宽和存储空间的压力。对高质量数字音频需求的不断提升,如多通道音频编码(5.1 和 7.1 通道)和更高采样速率(96kHz)的专业音频,则需要更复杂的编码和解码技术,以尽量降低传输和存储相关的的成本。

必须指出的是,第 9 章讨论的基于声道模型的高效语音编码技术不适用于音频编码。为了满足立体声或多通道信号表示、高采样速率、高分辨率、宽动态范围等技术指标,音频信号处理算法采用了先进技术,例如心理声学模型、变换编码、霍夫曼编码和通道间去冗余等。这些技术的结合导致了对感知透明的 CD 音质数字音频高保真编码算法的发展。而一些具体的实际应用,除了要求编码结果具有低比特率和高质量外,还需要对于信道比特错误和数据包丢失具有较好的鲁棒性,以及低复杂度的编码和解码算法。

许多音频编码算法已经成为商业化的国际标准。MPEG-1 层 3(MP3)是英特网音频传输和便携式播放器中非常流行的媒体格式。MP3 提供的比特率范围从 32 到 320kbps,支持音频帧间的比特率切换。MP3 在 320kbps 比特率下能产生与 CD 在 1411.2kbps 比特率下相近的音频质量。在本章中,将对 MP3 编码标准[1-4]做详细的讨论。

本章还将介绍了一些音响效果,如低音和高音的助推器、音频图形和参数均衡器[5],以及用于这些应用中的技术。前面的章节中讨论使用过的 DSP 将被用来实现这些有趣的应用。本章涉及的技术还包括架(shelf)滤波器、峰值陷波滤波器、梳状滤波器和全通滤波器的设计。

10.2 音频编码

第 9 章中介绍了语音编码技术。相比于语言,音乐有更宽的带宽和更多的通道。音频编码中常用的心理声学模型,能够模拟人的听觉特性确定不同频带的量化水平。例如,如果某个频率分量低于阈值,根据听觉掩蔽原理[6],这个信号分量将不被编码。

10.2.1 编码基本原理

根据噪声整型技术的基本原理,有损压缩可以用于对语音和音频信号进行编码。熵编码也可以用来对高采样率和多通道的大量音频数据进行编码。本节介绍了有损音频压缩的基本原理,包括心理声学和霍夫曼编码熵编码。

图 10.1 显示了音频编解码器(CODEC 或 codec)的基本结构。下面将对每个模块的功能进行简要的说明,一些模块的具体讨论将在随后的章节中进行。

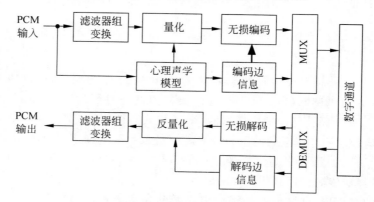

图 10.1 音频编解码器的基本结构

(1)滤波器组和变换:如图 10.1 所示,编码器和解码器中分别包含一个滤波器组。编码器使用分析滤波器组将全带信号分解成几个均匀的子带,而解码器使用合成滤波器组将子带信号重构成全带信号。例如,MPEG-1 中采用了 32 子带。变换将时域信号转换为频域信号进行处理。MP3 中采用了改进的离散余弦变换(MDCT)。MPEG-2 AAC(先进音频编码)和 Dolby AC-3[7,8]使用 MDCT 作为滤波器组进行全带信号的分解。

(2)心理声学模型:根据人的听觉掩蔽效应计算掩蔽阈值,并根据掩蔽阈值对 MDCT 系数进行量化。

(3)无损编码:为了进一步降低编码比特流的冗余度,可以利用熵编码对比特流进行编码。例如,MP3 中采用的霍夫曼编码。

(4)量化和反量化:在编码时根据掩蔽阈值对 MDCT 系数进行量化,而解码时则进行反量化转化回频谱系数。

(5)编码边信息:解码时所需的码位分配信息。

（6）复用和解复用：编码时将编码的比特位打包成码流，而解码时则将码流拆包恢复成编码比特位。

帧头	CRC校验 （可选）	边信息	主数据	辅助数据

图 10.2　典型编码音频比特流格式

图 10.2 是在数字信道上传输的编码比特流的格式[9,10]，其含义如下：

（1）帧头：包含帧格式的信息。它以一个同步字开始以识别帧的开始。帧头还包含该比特流的其他信息，例如：层数、比特率、采样频率和立体声编码参数等。不同的音频标准对应的帧头长度不同。例如，MP3 使用 32 位长度的帧头。

（2）CRC 校验：使用错误检测码 CRC（循环冗余校验）对帧头进行保护。如果该校验存在（编码时为可选项），解码器将计算每个帧头的 CRC 结果，并和编码时嵌入到码流的 CRC 结果进行比较。如果 2 个 CRC 结果不匹配，解码器则丢弃该帧，进行下一个新同步字的寻找。例如，对于 MP3 同步字固定为 12 位字 0xFFF。

（3）边信息：包含了用于解码主数据的信息。边信息可以作为全局信息供解码器各个部分使用。例如，当 MP3 进行霍夫曼（Huffman）解码时，需要使用边信息中的霍夫曼编码码表。码流中包含了霍夫曼编码数据和边信息。

（4）主数据：由编码后频谱系数和无损编码数据组成。例如，MP3 主数据包括了用来重建原始频谱数据的缩放因子。

（5）辅助数据：保存用户定义的信息，如歌曲的标题或其他可选信息。

本节将详细讨论基于听觉掩蔽效应的感知编码技术。听觉掩蔽基于心理声学原理，其主要是指一种声音对听觉系统感受另一种声音的影响，即掩蔽音可以使被掩蔽音无法感知。这主要是因为人类的听觉并不是会对所有的频率成分做出同样的反应。这种现象可以被用来对语音和音频数据进行编码。听觉掩蔽阈值取决于输入信号的频谱分布，因此它是随时间变化的。在第 9 章中，已经讨论过了用于语音编码的感知加权编码方法。音频编码也基于类似的听觉掩蔽效应，但是具有更宽的信号带宽。

掩蔽绝对阈值可以由下面的非线性函数[11]近似计算得到

$$T_q(f) = 3.64\left(\frac{f}{1000}\right)^{-0.8} - 6.5e^{-0.6\left(\frac{f}{1000}-3.3\right)^2} + 10^{-3}\left(\frac{f}{1000}\right)^4 \text{ dB SPL} \qquad (10.1)$$

其中，f 是频率（单位为 Hz），SPL 代表声压级别。

式（10.1）定义了一个固定阈值，任何低于此阈值的信号都可以被忽略。图 10.3 中的曲线表示了不同频率对应的固定阈值，其中频率采用对数表示法。大多数人的听觉感觉在 20Hz～20kHz 范围内。这个范围随着人的年龄增长而变窄。例如，一个中年男子可能听不到高于 16kHz 的音频信号分量。最容易感知的信号频率范围在 2～4kHz 间。图 10.3 中的频域掩蔽现象显示，当低级别信号的频率接近一个更强信号的频率时（例如 1kHz 音），该低级别信号可以被屏蔽掉。

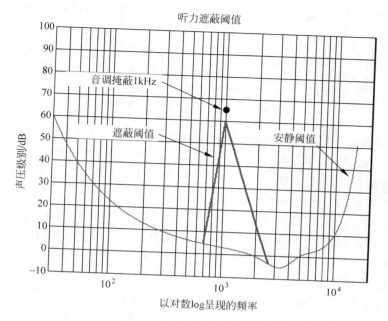

图 10.3　听觉掩蔽阈值

由于在分析过程中,音量大小未知,因此需要将 SPL 归一化处理。如图 10.3 所示,最低阈值在 4kHz 时取到。SPL 归一化后,频率为 4kHz,幅度为 1 比特信号的 SPL 对应 0dB。以这种归一化方式,一个以 16 位表示幅度的正弦曲线对应的 SPL 为 90dB。假设使用 6dB 衰减的汉宁窗,16 位正弦曲线进行 512 点 FFT 变换,产生谱线的 SPL 为 84dB。

感知编码的第一步是使用绝对听觉阈值来形成编码失真谱。然而,最有用的阈值是掩蔽阈值,该阈值与当前音频输入信号有关。因此,频谱量化噪声的检测阈值由绝对阈值和给定的输入信号共同决定。由于输入信号是随时间变化的,因此掩蔽阈值也是一个随时间变化的函数。

人的听觉系统并不是对所有频率分量都成线性关系。听觉系统可以大致分为 26 个主要频带,每个频带可以用带通滤波器来表示,对于低于 500Hz 频率,滤波器带宽为 50～100Hz 不等,对于高频段,带宽可以达到 5000Hz 在每个临界带宽(或 bark)内,都可以计算出对应的听觉(也称为心理声学)掩蔽阈值。人耳很难区分同一临界带宽内的不同频率。

以下公式可以近似计算不同频率对应的 bark(临界带宽)[11]

$$z(f) = 13\arctan(0.000\,76f) + 3.5\arctan\left[\left(\frac{f}{7500}\right)^2\right]\mathrm{bark} \tag{10.2}$$

该公式将频率从 Hz 转化为 bark 尺度。这样一个临界带宽就只包含一个 bark。例如,$f = 1000$Hz 对应计算出 $z(f) = 8.51$,这样该频率就划分到第九个临界带宽内,即第九个 bark。

假定音频信号中有一个主音调分量。这个主音调将引入一个掩蔽阈值,该隐蔽阈值将掩盖相同的临界带宽内的其他频率。这样在编码时,就不需要对这个临界带宽内的其他频率成分进行编码。这种同一临界带宽内的掩蔽现象被称为同时掩蔽。邻近的临界带宽内的掩蔽效应被称为扩散掩蔽。在实际编码,通常使用三角扩展函数对扩散掩蔽进行建模,该函数在低频时斜率为 25dB/bark,在高频时的斜率为 −10dB/bark。图 10.4 是基于该模型计算出的 2kHz 音调掩蔽阈值。

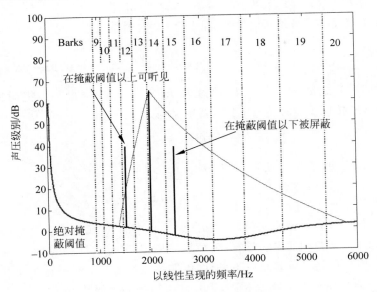

图 10.4　2kHz 音调掩蔽阈值

【例 10.1】　考虑两个正弦波形,给定一个 65dB 2kHz 的音调和两个 40dB 2.5kHz 和 1.5kHz 的测试音调,根据掩蔽阈值和斜率为 25dB、−10dB 的三角扩展函数,计算对这两个待测音调的编码结果。

首先,使用式(10.2)计算 65dB 2kHz 音调对应的掩蔽阈值.65dB,掩蔽阈值曲线如图 10.4 所示。很显然,1.5kHz 和 2.5kHz 之间有几个 bark。左侧(低频)掩蔽音斜率较陡峭(25dB/bark),而 1.5kHz 测试音调大于掩蔽阈值,因此 1.5kHz 的测试音调将无法掩蔽。另一方面,右侧(高频)掩蔽音斜率较平缓(−10dB/bark)覆盖了更多的高频 bark,2.5kHz 的测试音调在 2kHz 掩蔽音的掩蔽阈值之下。这个例子表明,掩蔽效应是不对称的掩蔽音,更多的掩蔽效应出现在更高的频率区域。

10.2.2　频域编码

MDCT 广泛用于音频编码技术[12,13]。除了和 DCT 具有相同的压缩能力外,MDCT 既能满足临界采样条件,又能减少编码的块效应。在采用 MDCT 以前,变换域音频编码更多地采用加窗 DFT 和 DCT。这些早期的编码技术不能很好地解决临界抽样与块效应之间的矛盾。例如,当使用矩形窗 DFT(或 DCT)的系统进行信号分析或合成时,如果发生临界采样,那么该系统的频率分辨率将变差,并且受到块效应的影响。重叠窗口提供更好的频率响应,但在频域需要额外的块。

信号 $X(n)$ 的 MDCT 变换定义如下,其中 $n=0,1,2\cdots,N-1$

$$X(k)=\sum_{n=0}^{N-1}x(n)\cos\left[\left(n+\frac{N+2}{4}\right)\left(k+\frac{1}{2}\right)\frac{2\pi}{N}\right],\quad k=0,1,\cdots,\left(\frac{N}{2}\right)-1 \quad (10.3)$$

其中,$X(k)$ 是第 k 个 MDCT 系数。需要注意的是,如果 $x(n)$ 是一个实数信号,得到的 MDCT(或 DCT)系数 $X(k)$ 是实值系数,而 DFT 系数则是复数。该变换的逆变换定义为

$$X(k)=\frac{2}{N}\sum_{n=0}^{\frac{N}{2}-1}X(k)\cos\left[\left(n+\frac{N+2}{4}\right)\left(k+\frac{1}{2}\right)\frac{2\pi}{N}\right],\quad n=0,1,\cdots,N-1 \quad (10.4)$$

MDCT 和 DFT 之间的关系可以通过对 DFT 进行移位得到。把时间索引 n 按照 $(n+2)/4$ 移位,K 按照 $1/2$ 移位,DFT 重新定义为式(5.13)

$$X(k)=\sum_{n=0}^{N-1}x(n)\mathrm{e}^{-\mathrm{j}\left[\left(n+\frac{N+2}{4}\right)\left(k+\frac{1}{2}\right)\frac{2\pi}{N}\right]},\quad k=0,1,\cdots,\left(\frac{N}{2}\right)-1 \quad (10.5)$$

同样进行移位,DFT 的逆变换 IDFT 可以表示为

$$x(n)=\frac{1}{N}\sum_{k=0}^{N-1}X(k)\mathrm{e}^{\mathrm{j}\left[\left(n+\frac{N+2}{4}\right)\left(k+\frac{1}{2}\right)\frac{2\pi}{N}\right]},\quad n=0,1,\cdots,N-1 \quad (10.6)$$

对于实值信号,很容易证明式(10.3)和式(10.4)中的 MDCT 系数分别等于式(10.5)和式(10.6)中的 DFT 系数的实部。这样,就可以使用 FFT 算法计算 MDCT 系数。为了满足时域混叠消除,窗口函数必须满足以下条件,以能够更好地对信号进行重建[14]：

(1) 分析和合成窗函数必须是相同,窗长度必须是一个偶数。

(2) 窗口系数必须是对称的。

$$w(n)=w(N-1-n),\quad n=0,1,\cdots,\left(\frac{N}{2}-1\right) \quad (10.7)$$

窗口系数必须满足功率互补的要求表达式

$$w^2(n)+w^2\left(n+\frac{N}{2}\right)=1,\quad n=0,1,\cdots,\left(\frac{N}{2}-1\right) \quad (10.8)$$

有几种窗能够满足这些条件。最简单却很少使用的是改进的矩形窗

$$w(n)=\frac{1}{\sqrt{2}},\quad 0\leqslant n\leqslant N-1 \quad (10.9)$$

MP3 和 AC-3 使用正弦窗

$$w(n)=\sin\left[\frac{\pi}{N}\left(n+\frac{1}{2}\right)\right],\quad 0\leqslant n\leqslant N-1 \quad (10.10)$$

注意,MDCT 使用的窗和其他信号分析使用的窗有所不同。一个主要的区别是,进行 MDCT 和 IMDCT 时,必须使用两次窗函数。

【例 10.2】 本例演示了使用 64 点 DFT-IDFT 块处理的时域重叠。为了降低通带和阻带波纹,在 DFT 运算前,先对信号进行加窗处理。本例中,对 1kHz 的音频信号加汉宁窗。由于信号 50% 重叠,需要使用 32 点的新采样值和 32 点以前的采样值构成 64 点的采样块。对于每个块,如图 10.5(a)所示加汉宁窗进行处理。每个变换后的块,使用 IDFT 重构时域

波形。由于 50% 重叠,输出结果是当前块中的前 32 个采样点和前一个块的后 32 个采样点的和。处理后信号输出如图 10.5(b)所示。

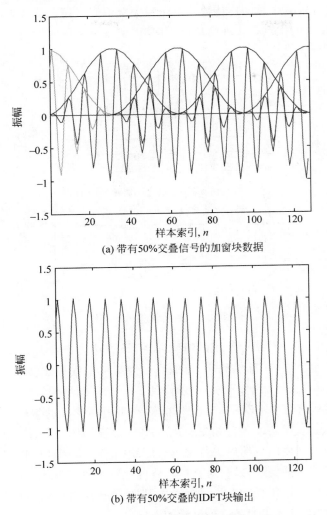

(a) 带有50%交叠信号的加窗块数据

(b) 带有50%交叠的IDFT块输出

图 10.5　DFT-IDFT 块处理交叠 50% 的信号

预回声在使用高频分辨率的感知音频编码方案中非常常见。在 $N=512$ 的窗和 $N=64$ 的窗之间进行切换,可以有效地解决这个问题。例如,AC-3 使用不同的窗口大小来实现不同分辨率。MP3 解码器支持长度为 36 和长度为 12 的窗之间切换,以提高时域分辨率。预回声效应将在第 10.5.3 节中进一步讨论。

10.2.3　无损音频编码

无损音频编码使用熵编码技术以消除编码数据冗余。图 10.6 给出了三种类型的无损编码器。图 10.6(a)使用了霍夫曼编码方法。编码器根据输入序列的统计内容,将符号映射到霍夫曼码。出现频率较高的符号被映射成短码,而不经常出现的符号被编码成长码。平均来看,该方法可以减少总的比特数。由于霍夫曼编码采用直接查表的方法,因此其编码速度较快。这种技术的优点是实现简单,但其难以实现更高压缩增益。

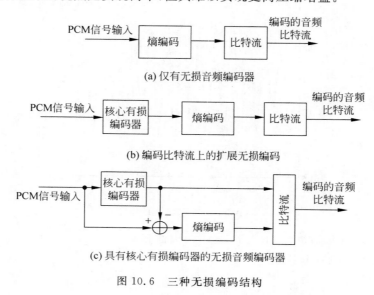

图 10.6　三种无损编码结构

　　图 10.6(b)是 MP3 和 AAC 使用的编码方法,该方法先进行有损编码,再进行熵编码,以进一步减少冗余度。在 MP3 编码中,熵编码作为第二个编码步骤,在感知编码结束后进行。这样,通过使用霍夫曼熵编码平均可以得到 20% 的压缩增益。

　　可伸缩无损编码标准 MPEG-4 AAC[15]能够产生更高质量的编码结果。如图 10.6(c)所示,在该编码方案中,原始输入音频先经过 AAC 编码器编码,然后原始音频和 AAC 编码器的输出之间的残差再使用熵编码进行编码。压缩码流包含两种比特率:有损比特率和无损比特率。在解码端,解码器可以只对有损编码的比特流进行解码,以产生有损的低质量音频信号;或者使用两种比特流,以产生最高质量的无损音频信号。可伸缩无损编码标准 MPEG-4 AAC[16]的编码采用的是这种灵活的方案。

10.2.4　MP3 编码概述

　　MP3 算法使用一个滤波器组将全频段的音频信号分成 32 个子带。每个子带以 32 到 36 个 MDCT 系数的速率抽取。因此,MP3 的一帧包含 $32×36=1152$ 采样点(约 26 毫秒)。MP3 编码器结构如图 10.7 所示。

　　MP3 的滤波器组由 32 个带通滤波器并联组成,输入全频带信号分成多个频带,8.6.3 节中的多相滤波器组设计方法可以用来设计该滤波器组来产生 32 个子带信号。每个子带中的音频编码过程以对应的抽取率独立完成。

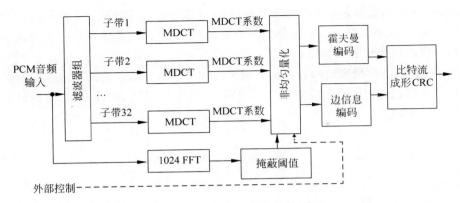

图 10.7 MP3 编码器结构图

MP3 使用了两种不同块长度的 MDCT: 长块为 18 和短块为 6。由于连续窗口有 50% 的重叠,所以长短块对应的窗口大小分别为 36 和 12。长块有较好的频率分辨率,适用于对固定音频信号编码,而短块对瞬变信号具有更好的时间分辨率。如第 10.2.2 讨论,窗口切换技术可以减少前、后回声。

如前所述,MP3 每帧包含 1152 个采样点,因此每帧包含 576(1152/2)个 MDCT 系数,这些 MDCT 系数使用具有掩蔽阈值的心理声学模型进行量化,其中的掩蔽阈值基于 1024 点 FFT 系数计算。图 10.7 中的控制参数包含采样率和比特率,取值如表 10.1 所示。

表 10.1 不同采样和比特率的 MP3 配置

参　数	配　　　置
采样率/kHz	48,44.1,32
比特率/kbps	320,256,224,192,160,128,112,96,80,64,56,48,40,32

如果使用长 MDCT,编码器按照频率递增顺序对 576 量化 MDCT 系数进行排列,由于能量较高的音频分量一般都集中在低频区域,按照递增顺序排列时,较大值的 MDCT 系数都集中在低频区,而较小值的 MDCT 系数都集中在高频区。

这种排列方式更利于霍夫曼编码,其类似于图像编码中的锯齿形扫描,将在 11 章中介绍。如果是短块模式,对给定的窗口有三组窗口值,每个块有 192[(1152/3)/2]个 MDCT 系数。

【例 10.3】 MDCT 系数的幅值分布如图 10.8 所示。图中的数据由 MDCT 的平均绝对值计算得到。整个频谱被分成 32 子带,每个子带包含 18 个采样点。这些系数由 32 768 进行归一化得到。从图中可以明显看出,大的系数都靠近直流分量(子带为 0),而近似于零的小系数则分布在较高的频率。

在对 MDCT 系数进行重新排序后,整个频带被分为 run-zero、Count-1、Big-value 三个区。编码器从最高的频点开始编码,编码时会把连续的全零值设定为 run-zero 区,并且不对此区域的数值进行编码。而在解码过程中,解码器直接将 run-zero 区内的所有频点解码为零。Count-1 区内的数值包括 1、0 或 −1，Big-value 区中的低频分量则采用较高的精度进行编码。Big-value 区还能被进一步划分为三个子区，每一个子区都采用有一个与该子区的统计特性相对应的霍夫曼表进编码。

　　MP3 使用了 32 个霍夫曼码表来编码较大的数据。这些霍夫曼码表由压缩音频的统计特性得到。边信息说明译码当前帧时采用的码表，霍夫曼译码器的输出是由整数值表示的 576 条归一化频率线。

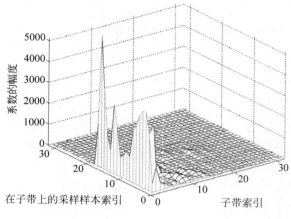

图 10.8　MDCT 系数幅值分布

10.3　音频均衡器

　　音频频谱均衡使用滤波技术对音频信号进行调整以便能够更好地记录和重构这些信号。一些高保真系统可能采用相对简单的均衡器(参数均衡器)去调节低音和高音。一些音频系统采用均衡器来修正麦克风、采样仪器、喇叭和大厅音响的响应。总的来说，参数均衡器能够更好地对感兴趣的频谱区域进行矫正或者补偿。但是，相对于图形均衡器来说，使用参数均衡器需要更多专业知识。

10.3.1　图形均衡器

　　图形均衡器[17]普遍应用在消费类和专业音频领域中，以改变音频信号的幅度谱。图形均衡器使用几个频段去显示并调节音频分量的功率。它利用一组并行带通滤波器分离输入的信号，然后使用相应的缩放因子倍增已过滤的信号，最后将所有的子带信号相加形成全带信号。使用控制阈值的图形均衡器可以调节每个带通滤波器输出的信号幅值。图 10.9 为使用倍频程缩放把全带划分为 N 个带的示例。全带信号被划分为 M 个区域($M=2$ 的 N 次方)。因此一个 10 子带的倍频缩放均衡器，它的 M 值就等于 1024。这些带通滤波器的中心频率分别为 $\pi/M,2\pi/M,4\pi/M,\cdots,\pi/2$。从图中可以看出，两个相邻的带通滤波器间是交叠的。

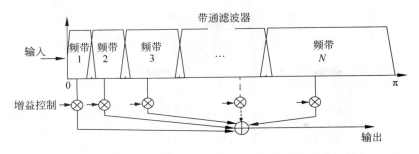

图 10.9 N 段图形均衡器倍频程缩放的例子

为了对感兴趣频带的增益进行调整,可以采用多种方法来实现上述带通滤波器。第一个有效的方法是使用第 4 章讲到的 IIR 带通滤波器;另一个方法是使用子带技术,也可使用具有叠加拼接技术的短时 DFT。例 10.4 使用了 DFT 并将增益应用到特定的带中。

如第 5 章讨论过的,可以用 DFT 计算数字音频信号的频率分量。如图 10.9 所示,在实际的音频应用中,频率分布并不是线性的。因此需要把频点的 DFT 系数 $X(k)$ 组合起来以形成需要的频带。组合这些频带时需要考虑整个频谱的倍频范围,如例 10.4 所示。

【例 10.4】 MATLAB 程序 example10_4.m 实现了一个 10 子带图形均衡器,如图 10.10 所示,当运行均衡器的程序时,会显示出 10 个子带的增益。这些增益会施加到相应的子带信号上去,均衡后的信号则被保存下来或者进行播放。本例中,采样信号频率为 48kHz。

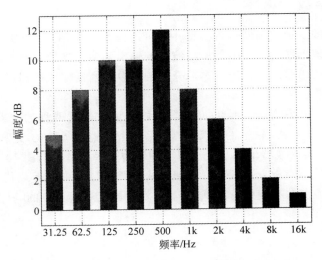

图 10.10 用 MATLAB 实现图形均衡器的例子

这些 50% 重叠的信号被逐帧进行 4096 点 FFT 处理。50% 交叠相加的信号可以通过 example10_2.m 程序得到。10 个子带的中心频率在向量 bandFreqs 中,其相应的增益则由向量 bandGainIndB 给出。

```
bandFreqs = {'31.25','62.5','125','250','500','1k','2k','4k','8k','16k'};
bandGainIndB = [5.0,8.00, 10.0,10.0,12.0,8.0,6.0,4.0,2.0,1.0];
bandGainLinear = 10.^(bandGainIndB/20.0);          % 线性增益
equalizer(bandGainLinear);                         % 均衡
% 在 2048 个 FFT 点中的 10 个频带分布
function [out] = GainTbl(bandGain)
    out = ones(2048,1);
    out(1:4) = bandGain(1:1);            % 0.00000 − 46.8750 Hz
    out(5:8) = bandGain(2:2);            % 46.8750 − 93.7500 Hz
    out(9:16) = bandGain(3:3);           % 93.7500 − 187.500 Hz
    out(15:32) = bandGain(4:4);          % 187.500 − 375.000 Hz
    out(31:64) = bandGain(5:5);          % 375.000 − 750.000 Hz
    out(65:128) = bandGain(6:6);         % 750.000 − 1500.00 Hz
    out(129:256) = bandGain(7:7);        % 1500.00 − 3000.00 Hz
    out(257:512) = bandGain(8:8);        % 3000.00 − 6000.00 Hz
    out(513:1024) = bandGain(9:9);       % 6000.00 − 12000.0 Hz
    out(1025:2048) = bandGain(10:10);    % 12000.0 − 24000.0 Hz
end
```

本例中，2048 个频点均匀地分布于 DC 和 24kHz 之间，频率分辨率则为 24 000/2048＝11.718 75Hz。这些频点被分为 10 组。频率为 35.156 25Hz 的第四个频点低于且最接近于截止频率为 (31.25＋62.5)/2 的频点，因此前四个频点（包括 DC）组合为第一子带，代表 31.25Hz 的第一频带。而将从 1025 到 2048 的 FFT 频点分组并组成最后一个频带，其中心频率为 16kHz。10 子带均衡器的增益可以通过改变 bandGainIndB[] 中的数值得到。

10.3.2　参数均衡器

前一节中讨论的图形均衡器包含多重并行带通滤波器，且每一个滤波器均有固定的带宽和中心频率。均衡器增益只调节每一滤波器的输出幅值。参数均衡器则提供频谱形状和滤波器增益均可调的串联滤波器组。本节介绍的参数均衡器使用根据可调参数进行系数计算的二阶 IIR 滤波器。

参数均衡器中可以使用架（shelf）滤波器和峰值滤波器这两种滤波器。低架滤波器减弱或增强低于给定截止频率 f_c 的频率分量，而高于截止频率的频率分量被通过。如图 10.11(a) 所示，低架滤波器增强了低于截止频率的频率分量。而图 10.11(b) 所示的高架滤波器增强（或减弱）了高于截止频率的频率分量。图 10.11 中的虚线代表由一个二阶 IIR 滤波器实现的高架滤波器在理想情况下的响应，实线则代表其真实的响应。

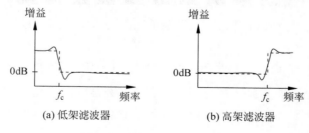

(a) 低架滤波器　　　　　　　(b) 高架滤波器

图 10.11　架滤波器幅度响应

可以很清楚地看出,低架滤波器明显不同于第 3 章中讨论过的低通滤波器,低通滤波器可以明显地减弱高于截止频率 f_c 的频率分量。类似的比较也适用于高通滤波器和高架滤波器。通常情况下,架滤波器不用于增强或衰减大于 12dB 的情况。

架滤波器的一些可调参数定义如下:

f_s——采样率;

f_c——截止频率,包括中心(峰值)频率、中点(架)频率;

Q——品质因数,峰值滤波器的谐振或者低架及高架滤波器的斜率;

Gain——增强或衰减(单位 dB)。

这些参数决定了滤波器的系数。

第 4 章中的图 4.7 为 IIR 滤波器的直接 I 型实现方式。式 4.3 定义的二阶 IIR 滤波器传递函数可表示为

$$H(z) = \frac{b_0 + b_1 z^{-1} + b_2 z^{-2}}{1 + a_1 z^{-1} + a_2 z^{-2}} \tag{10.11}$$

第 4 章介绍过一种由给定的模拟滤波器来设计数字 IIR 型滤波器典型方法,首先要在拉普拉斯域中表示该模拟滤波器,再将模拟滤波器通过双线性变换转换成一个数字滤波器。模拟滤波器至数字滤波器的转换过程可以简化如下

(1)K 是来自于参数 Gain 的归一化增益:

$$|H(\Omega_C)|^2 = 10^{\frac{\text{Gain}}{40}\text{dB}} \equiv K^4 \tag{10.12}$$

其中,Ω_C 是模拟中心频率。

(2)ω_c 是去畸变角频率[①]

$$\widetilde{\omega}_c \equiv \tan\left(\frac{\omega_c}{2}\right) \tag{10.13}$$

其中,ω_c 是数字中心频率。

1. 峰值滤波器设计

峰值(或陷波)滤波器可用对某一窄频带进行放大(或者衰减)。在音频领域,它们还可用于调节某一频率分量的响度。二阶 IIR 模拟滤波器的传递函数为

$$H(s) = \frac{s^2 + (K/Q)\Omega_c s + \Omega_c^2}{s^2 + [(1/K)/Q]\Omega_c s + \Omega_c^2} \tag{10.14}$$

按照峰值滤波器的要求,模拟低通滤波器必须满足以下条件

$$\frac{\partial}{\partial \Omega}|H(\Omega)|^2 \bigg|_{\Omega = \Omega_c} = 0 \tag{10.15a}$$

$$|H(\Omega)|^2 \big|_{\Omega = \Omega_c} = K^4 \tag{10.15b}$$

$$|H(\Omega)|^2 \big|_{\Omega \to 0} = 1 \tag{10.15c}$$

以及

$$|H(\Omega)|^2 \big|_{\Omega \to \infty} = 1 \tag{10.15d}$$

---

① 此处原文有笔误,此处应该是"$\widetilde{\omega}_c$ 是去畸变角频率"。 ——译者注

这些条件要求，在 Ω 等于 Ω_c 时增益为 K 的 4 次方，在频率范围的起始和结束 $(0,\infty)$ 的增益近似等于 1。

使用式(4.26)中的双线型转换，$H(s)$ 可以被转换为 $H(z)$，Ω_c 和 ω_c 的对应关系如下

$$\Omega_c = \frac{2}{T}\tan\left(\frac{\omega_c}{2}\right)$$

且预畸变 $s=s/\Omega_c=s\Big/\left[\frac{2}{T}\tan\left(\frac{\omega_c}{2}\right)\right]=s\Big/\left(\frac{2}{T}\widetilde{\omega}_c\right)$，用式(4.26)代替 s，则预畸变 s 表示为

$$s/\Omega_c = \frac{2}{T}\left(\frac{1-z^{-1}}{1+z^{-1}}\right)\Big/\left[\frac{2}{T}\tan\left(\frac{\omega_c}{2}\right)\right] = \left(\frac{1-z^{-1}}{1+z^{-1}}\right)\Big/\widetilde{\omega}_c \tag{10.16a}$$

$$s = \Omega_c\left(\frac{1-z^{-1}}{1+z^{-1}}\right)\Big/\widetilde{\omega}_c \tag{10.16b}$$

$$H(z) = H(s)\Big|_{s=\Omega_c\left(\frac{1-z^{-1}}{1+z^{-1}}\right)\Big/\widetilde{\omega}_c}$$
$$= \frac{(1+\widetilde{\omega}_c K/Q+\widetilde{\omega}_c^2) - 2(1-\widetilde{\omega}_c^2)z^{-1} + (1-\widetilde{\omega}_c K/Q+\widetilde{\omega}_c^2)z^{-2}}{(1+\widetilde{\omega}_c/(KQ)+\widetilde{\omega}_c^2) - 2(1-\widetilde{\omega}_c^2)z^{-1} + [1-\widetilde{\omega}_c/(KQ)+\widetilde{\omega}_c^2]z^{-2}} \tag{10.17}$$

为了实现二阶 IIR 滤波器，需要关于 $a_0=1+\bar{\omega}_c/KQ+\widetilde{\omega}_c^2$ 进一步进行归一化得到 $H(z)$ 如下：

$$H(z) = \frac{(1+\widetilde{\omega}_c K/Q+\widetilde{\omega}_c^2)/a_0 - [2(1-\widetilde{\omega}_c^2)/a_0]z^{-1} + [(1-\widetilde{\omega}_c K/Q+\widetilde{\omega}_c^2)/a_0]z^{-2}}{1 - [2(1-\widetilde{\omega}_c^2)/a_0]z^{-1} + \{[(1-\widetilde{\omega}_c/(KQ)+\widetilde{\omega}_c^2)]/a_0\}z^{-2}} \tag{10.18}$$

【例 10.5】 MATLAB 程序 example 10_5 中，$f_s=16\text{kHz}$，$f_c=4\text{kHz}$，Gain 分别为 10，5，-5，-10dB。MATLAB 程序 example 10_5.m 使用式(10.18)计算峰值滤波器的系数，并绘制了四种不同增益下的幅值响应特性曲线。图 10.12 为不同增益下的峰值(或陷波)滤波器。

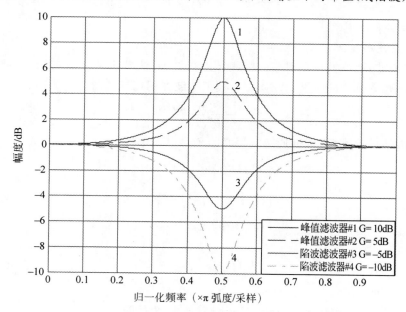

图 10.12 峰值和陷波滤波器不同的增益值幅度响应

2. 低架和高架滤波器设计

低架滤波器可用于放大(增强)或衰减(去除)低于预定义频率的频率分量以在调节音频信号的低音音量。低架滤波器的传递函数可写成

$$H(s) = \frac{s^2 + (\Omega_c \sqrt{K}/Q)s + K\Omega_c^2}{s^2 + [(\Omega_c/\sqrt{K})/Q]s + \Omega_c^2/K} \tag{10.19}$$

其中,Ω_c 是截止频率。按照图 10.11 中架滤波器的幅值响应,模拟原型滤波器须满足以下条件

$$|H(\Omega)|^2|_{\Omega \to 0} = K^4 \tag{10.20a}$$

$$|H(\Omega)|^2|_{\Omega = \Omega_c} = 1/K^2 \tag{10.20b}$$

$$|H(\Omega)|^2|_{\Omega \to \infty} = 1 \tag{10.20c}$$

按照式(10.16b),可得低架滤波器的二阶 IIR 滤波器

$$H(z) = \frac{(1 + \widetilde{\omega}_c \sqrt{K}/Q + K\widetilde{\omega}_c^2) - 2(1 - K\widetilde{\omega}_c^2)z^{-1} + (1 - \widetilde{\omega}_c \sqrt{K}/Q + K\widetilde{\omega}_c^2)z^{-2}}{[1 + \widetilde{\omega}_c/(\sqrt{K}Q) + 1/(K\widetilde{\omega}_c^2)] - 2[1 - 1/(K\widetilde{\omega}_c^2)]z^{-1} + [1 - \widetilde{\omega}_c/(\sqrt{K}Q) + 1/(K\widetilde{\omega}_c^2)]z^{-2}} \tag{10.21}$$

类似地,在标准二阶 IIR 滤波器中,需要将 $a_0 = 1 + \widetilde{\omega}_c/(\sqrt{K}Q) + 1/(K\widetilde{\omega}_c^2)$ 归一化为 1。

高架滤波器可用于增强(或去除)高于截止频率的频率分量,以调节音频信号的响度或者高音。其传递函数可写为

$$H(s) = \frac{K^2 s^2 + \Omega_c K \sqrt{K}/Qs + K\Omega_c^2}{s^2 + \Omega_c \sqrt{K}/Qs + K\Omega_c^2} \tag{10.22}$$

其中,需要满足的条件如下

$$|H(\Omega)|^2|_{\Omega \to 0} = 1 \tag{10.23a}$$

$$|H(\Omega)|^2|_{\Omega = \Omega_c} = K^2 \tag{10.23b}$$

$$|H(\Omega)|^2|_{\Omega \to \infty} = K^4 \tag{10.23c}$$

式(10.22)实际上是增益为 K^4 的低架滤波器的反例。把式(10.16b)代入到式(10.22),得到 IIR 滤波器的传递函数

$$H(z) = K \frac{(K + \widetilde{\omega}_c \sqrt{K}/Q + \widetilde{\omega}_c^2) - 2(K - \widetilde{\omega}_c^2)z^{-1} + (K - \widetilde{\omega}_c \sqrt{K}/Q + \widetilde{\omega}_c^2)z^{-2}}{[1 + \widetilde{\omega}_c \sqrt{K}/Q + K\widetilde{\omega}_c^2] - 2[1 - K\widetilde{\omega}_c^2]z^{-1} + [1 - \widetilde{\omega}_c \sqrt{K}/Q + K\widetilde{\omega}_c^2]z^{-2}} \tag{10.24}$$

上式中同样需要将 $a_0 = 1 + \widetilde{\omega}_c \sqrt{K}/Q + K\widetilde{\omega}_c^2$ 进行归一化处理。

【例 10.6】 已知低架滤波器的 $f_s = 16\text{kHz}$,$f_c = 2\text{kHz}$,高架滤波器的 $f_c = 6\text{kHz}$,$Q = 1$(或 2),Gain 为 10,5,-5,-10,利用式(10.21)和式(10.24)计算低架滤波器和高架滤波器的系数并绘出幅值响应特性曲线。MATLAB 程序 example 10_6. m 使用函数 shelfFilter(Fc, Gain, Q, Fs, sfType)来设计架滤波器。图 10.13 给出了该低架滤波器在 4 种不同增益(Q 不变)下的幅值响应。

图 10.14 为高架滤波器在不同 4 种不同增益下的幅值响应。后一个图中可以清楚地看出,Q 值(1 或 2)决定过渡带宽的斜率,高的 Q 值对应了较窄的过渡带宽。

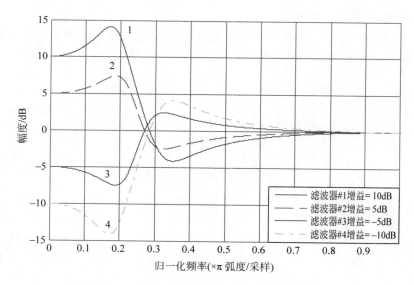

图 10.13　4 种不同增益下的低架滤波器幅度响应

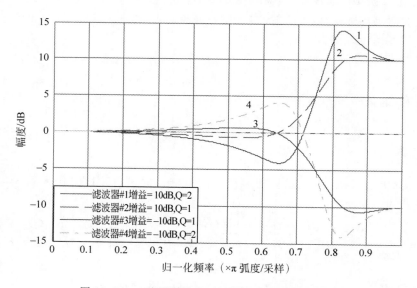

图 10.14　4 种不同增益下的高架滤波器幅度响应

【**例 10.7**】　MATLAB 程序 example 10_7.m 使用 $f_s = 16\,000\,\text{Hz}$ 及以下参数实现了一个参数均衡器：

低架滤波器　　　　$f_c = 1000\,\text{Hz}$　　Gain $= -10\,\text{dB}$　$Q = 1.0$

高架滤波器　　　　$f_c = 4000\,\text{Hz}$　　Gain $= 10\,\text{dB}$　　　$Q = 1.0$

峰值滤波器　　　　$f_c = 7000\,\text{Hz}$　　Gain $= 10\,\text{dB}$　　　$Q = 1.0$

输入音频文件 audioIn.pcm，下面的 MATLAB 程序可以得到均衡的输出信号：

```
Fs = 16000;                                              % 采样频率
[az1, bz1] = ShelfFilter(1000, -10,1,Fs,'L');
[az2, bz2] = PeakFilter(4000,10,1,Fs);
[az3, bz3] = ShelfFilter(7000,10,1,Fs,'H');
% 组合 3 个级联 IIR 滤波器
da = cascad2x2 (az1,az2);
db = cascad2x2 (bz1,bz2);
az = cascad4x2 (da,az3);
bz = cascad4x2 (db,bz3);

fid1 = fopen('audioIn.pcm', 'rb');
x = fread(fid1,'short');
fclose(fid1);

y = filter(bz,az,x);                                     % IIR 滤波
out(:,1) = x/32767;                                      % 左声道的原始音频
out(:,2) = y/32767;                                      % 右声道中的均衡音频
wavwrite(out, Fs, 'audioOut.wav');                       % 写到输出文件
disp('play input audio (left channel) vs. output audio (right channel)');
sound(out, Fs);
```

注意，MATLAB 函数 wavwrite 用于将 out 向量中的均衡信号保存到声音文件 audioOut.
wav 中。此类波形文件可以采用函数 wavread 进行读取。

10.4 音频效果

通过应用音频信号处理技术对电影、电视节目、真人秀、动画、电子游戏中的内容进行处理，可以得到更加理想的音频效果。本节重点介绍 DSP 相关技术，例如滤波处理。在录像和广播中使用的典型音效包含混音、移相、变调、时间扩展、空间立体音、颤音和调制等技术。下面将对这些技术进行介绍，并在 10.5 节使用 C 程序进行实验。其他一些类似的技术比如回声、均衡、合声、颤音等不做讨论。

10.4.1 混响

混响是指声音在封闭空间内进行传播时，造成的一系列回响效果。房间大小、结构复杂度，以及墙体、家具和装饰物的角度、物体表面的粗糙度都会影响房间对脉冲的响应。脉冲响应为室内声学提供了很好的时域分析方法。

图 10.15 是一个实测的房间脉冲响应。假设用 $h(l), l=0, \cdots, L-1$ 表示房间脉冲响应，房间内播放的音频信号用 $x(n)$ 表示，麦克风接收到的混响信号 $y(n)$ 可用线性卷积计算得到，表达式为

$$y(n) = \sum_{l=0}^{L-1} h(l)x(n-l) \tag{10.25}$$

在大多数的混响模型中，直达声指的没有在物体表面发生反射，通过直接路径第一个到达人耳的声波。反射声或混响是从声源出来的声波先不直接进入人耳，而在物体表面发生

反射。按照声音到达人耳的时间,一类反射可以被定义为前期反射和直达声反射。反射表面距离测量点的远近决定了到达人耳的早期反射总数。早期反射之后则是晚期混响,也就是空间混叠性混响。图 10.15 为在一个体积为 $246 \times 143 \times 111$ 立方英寸房间内测得的分段脉冲响应,此响应包括了直达声、早期反射和晚期混响。

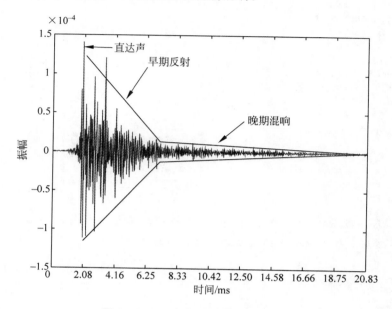

图 10.15　一个房间脉冲响应的实例

【例 10.8】　由已知的模拟礼堂脉冲响应生成已知音频的混响。音频数据和这个礼堂脉冲响应以 8kHz 数字化。MATLAB 程序 example 10_8. m 演示了音频混响效应。

图 10.15 中的房间脉冲响应是真实测量的,还有其他的方法可以得到房间脉冲响应或者礼堂脉冲响应,比如使用基于直接路径、早期反射和晚期混响的模型。

10.4.2　时间扩展和变调

时间扩展是在不影响音高的情况下改变播音速度。该项技术可应用于音频编辑,例如,在一个给定的音频片段内插入一个时间间隔。音频信号和 A/V(有声音像)信号的快速(或慢速)回放中就使用了该项技术。

变调技术能够改变语音的频率。例如,通过一个预置量进行搬移就可以降低或者升高一个给定音频信号的音调。变调技术适用于整个信号中的所有频率分量。它常应用于录制和回放系统来提高或降低音调,还可以用于某些流行歌曲中或卡通中独特的动物噪音以达到美化效果。

相位声码器[18]是一种很成熟的技术,它利用了信号频域和时域中的相位信息来对音频信号进行测量。相位声码器常通过时间扩展以及采样率转换两项技术一起来实现音频信号和语音信号的变调。例如,如果要将声调提高至 2 倍,相位声码器会先把信号进行 2 倍的时间扩展,然后再使用原采样率的二分之一进行取样。

变调过程有三个关键步骤:①转换频率以实现要求的声调;②相位自校正是为了保证声音的相位相干性;③重叠相加法是为了避免由 DFT 处理引入的音频边界效应。

1. 移频

如 5.2.2 节讨论的,DFT 等效于计算在 $0 \leqslant \omega < 2\pi$ 区间 N 个离散频率 $\omega_k = 2\pi k/N$, $k = 0$, $1, \cdots, N-1$ 上的 $X(\omega)$ 的 N 个样本。长度为 N 的加窗序列 $x(n)$ 的 DFT 变换,定义为

$$X(k) = \sum_{n=0}^{N-1} w(n) x(n) \mathrm{e}^{-\mathrm{j}(2\pi/N)kn}, \quad k = 0, 1, \cdots, N-1 \tag{10.26}$$

其中,$w(n)$ 是窗函数(例如,汉宁窗),$X(k)$ 是第 k 个 DFT 系数。$\Delta\omega$ 和 Δk 间的关系可以表示为

$$\Delta\omega = 2\pi\Delta k/N \tag{10.27}$$

音调改变的过程是将 Δk 加入到原信号中

$$X(k + \Delta k) = X(k) \mathrm{e}^{-\mathrm{j}(2\pi/N)\Delta k n}, \quad k = 0, 1, \cdots, N-1 \tag{10.28}$$

由于 DFT 的离散性,对于 DFT 频点的非整数频移需要一个插值过程。假设对第 k 个 DFT 点进行 Δk 频移,移动后的频点可以对两个相邻频点进行插值计算得到

$$X_{\mathrm{shift}}(k) \equiv r_k X(\lfloor k + \Delta k \rfloor) + (1 - r_k) X(\lceil k + \Delta k \rceil), \quad k = 0, 1, \cdots, N-1 \tag{10.29}$$

其中,$\lfloor k + \Delta k \rfloor$ 表示不大于 $k + \Delta k$ 的最大整数,$\lceil k + \Delta k \rceil$ 是不小于 $k + \Delta k$ 的最小整数,r_k 是插值径向,即两个相邻频点间的线性比例。

2. 相位调整

为了保持相邻帧相位的一致性,必须对 DFT 频点的相位进行调整,以补偿对频率改变。无频移,即 $\Delta\omega = 0$ 时,连续短时傅里叶变换(STFT)的相位是一致的。假设一个给定 DFT 频点的频移为 $\Delta\omega$,且 $\Delta\omega \neq 0$,为了保持相位的一致性,必须按照修正频率对两个连续帧之间的 DFT 频点相位差进行适当的调整。当频率索引为 k 时,相位调整由下式确定

$$\Delta\phi(k) = \frac{2\pi(k+1)R}{2N}, \quad k = 0, 1, \cdots, N-1 \tag{10.30}$$

其中,R 是相位声码器的 hop 大小,也就是非重叠的采样点数量。例如,当 50% 或 75% 重叠时,R 分别对应 $N/2$ 或者 $N/4$。

将式(10.29)定义的 DFT 频点和式(10.30)给出的相位调整公式相结合,可以得到新的 DFT 频点表达式

$$Y(k) = X_{\mathrm{shift}}(k) \mathrm{e}^{-\mathrm{j}\Delta\Phi(k)}, \quad k = 0, 1, \cdots, N-1 \tag{10.31}$$

最后,所需的时域信号 $y(n)$ 可以通过 $Y(k)$ 的 IDFT 表示为

$$y(n) = \frac{1}{N} \sum_{k=0}^{N-1} Y(k) \mathrm{e}^{\mathrm{j}(2\pi/N)kn}, \quad n = 0, 1, \cdots, N-1 \tag{10.32}$$

3. 交叠相加

由于 STFT 的使用,时域信号分量将覆盖到多个帧和多个 DFT 频点。为了避免由于分块处理造成的这种边界效应,需要将两个连续的时域信号进行交叠处理,交叠的多少可以

使用 50% 或更大的 75%。一般情况下，整数变调处理可以使用 50% 的重叠，但为了保证相邻两个块之间的相位连续性，分数变调处理则需要较大的重叠。

【例 10.9】 为了达到期望的音效，可以使用相位声码器改变音频信号的音调和时间尺度。本例中的相位声码器源代码可以在下面的网站上找到：http://www.ee.columbia.edu/dpwe/resources/MATLAB/pvoc/。该文件使用描述如下：

pvoc.m——顶层例程；

stft.m——计算 STFT(短时傅里叶变换)时频表示方法；

pvsample.m——在修改时间的基础上，插入或重建新的 STFT(短时傅里叶变换)；

istft.m——交叠-相加改进后的 STFT(短时傅里叶变换)，把其换返回给时域信号。

此外，本例还需要 example10_9a.m 和 example10_9b.m 这两个 MATLAB 文件。第一个程序是用于音调变化，第二个程序用于时间伸缩扩展。图 10.16(b) 为图 10.16(a) 中的原始信号经过 1/4 变调处理后的声谱图。图 10.16(d) 为时域扩展结果，扩展后的时间尺度要比图 10.16(c) 中的原始信号长 1/4。

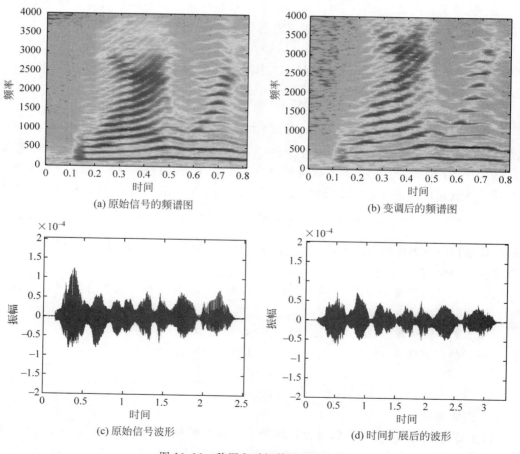

(a) 原始信号的频谱图　　　　　　　　　(b) 变调后的频谱图

(c) 原始信号波形　　　　　　　　　(d) 时间扩展后的波形

图 10.16　移调和时间伸缩效果比较

10.4.3　声音调制和混声

声音调制包括：①延迟调制或镶边；②相位调制或移相器；③振幅调制或颤音。这些音频效果采用的技术基本相同，因此可以互相修改转换。

1. 镶边

镶边处理将原始信号进行可变的延迟处理，然后再和原始信号相加产生调制的声音[6]。这种效果最初由两个同步磁带播放器播放同一录音，然后将播放信号混合在一起产生。镶边效果可以很容易由 DSP 技术实现。

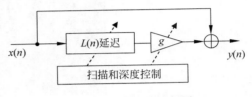

图 10.17　基本镶边框图

使用 3.1.2 节介绍的梳状滤波器可以对镶边处理进行建模。但是，在镶边处理中，需要使用时变函数 $L(n)$ 代替固定的延时 L。如图 10.17 所示，一个简单镶边器的输入/输出关系可以表示为

$$y(n) = x(n) + gx[n - L(n)]$$ (10.33)

其中，$x(n)$ 是 n 时刻的输入信号，g 决定了镶边效果的"深度"，$L(n)$ 是可变的延迟时间。通常，g 的取值范围为 $[0,1]$，其中在 $g=1$ 时的镶边效果最强。

"梳状"滤波器的幅度响应如图 3.3 所示。$g>0$，幅度响应中有 L 个峰值，对应的中心频率为 $(2l+1)\pi/L$，$l=0,1\cdots$，$L-1$，L 个陷波发生在频率 $I_l = 1, e^{2\pi/L}, \cdots, e^{2(L-1)\pi/L}$ 之间。对 $g=1$，这些峰值具有最大值。

时变延时函数 $L(n)$ 使频谱陷波能够均匀地分布。镶边效果是陷波在频谱中移动所导致的。因此，陷波移动对镶边效果来说是必不可少的。由于延时函数 $L(n)$ 必须是平缓变化的，因此需要使用插值技术得到更为光滑的非整数 $L(n)$ 值。

延迟函数 $L(n)$ 通常是根据三角或正弦波形变化，或者使用低频振荡器对延时进行调制。振荡器的波形通常是三角波、正弦或指数形（三角波的频率对数形式）。对于正弦情况下，延迟函数可以表示为

$$L(n) = L_0[1 + A\sin(2\pi f_r nT)]$$ (10.34)

其中，f_r 是每秒的镶边速度（或速率）。A 是最大延时摆动，T 是采样周期，L_0 是平均延迟，用来控制陷波的平均数量。当音调不断变化时，正弦波能够产生非常平滑的声音。为了获得最好的效果，深度控制参数 g 应设置为 1。该参数为原始信号 $x(n)$ 与延迟信号 $x[n-L(n)]$ 之间的加权因子。

图 10.18 为白噪声的镶边效果。谱图中反映了频率 f_r。低频振荡器以 16 000 个采样点为周期，最大延迟为 12 个采样点；反过来，12 也决定了最大频移。表 10.2 给出了产生图 10.18 效果的相关参数值。

由于延迟 $L(0)$ 在 0 时刻以 L_0 开始，在频率范围 0 到 4000Hz 内有 6 个陷波，如

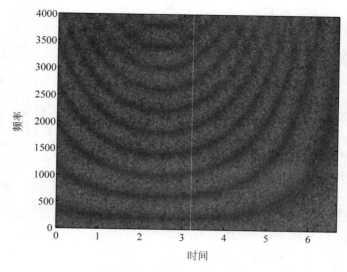

图 10.18   白噪声镶边效果

图 10.18 所示。$L(n)$ 随着时间 n 的增加而增加，在时间坐标 2 和 3 之间，陷波数量增加到最大值 10。由于振荡效应，$L(n)$ 在达到它的最大之后随着时间索引 n 下降，并且随着定义的速率 f_r 不断地重复该过程。由于采用 $L(n)$ 振荡，任何通过镶边器的声音都相当于被一个可变的梳状滤波器滤波，以产生镶边的效果。

表 10.2   在图 10.18 中用于产生镶边效果的参数值

平均延迟	最大延迟扫描	镶边速率	深度	采样率
L_0	A	f_r	g	f_s
6	1.0	0.1	1.0	8000Hz

2. 移相器

移相器使用一组串联全通滤波器对音频信号滤波，以产生合成或者电子音效。如图 10.19 所示，该移相器将原始信号和滤波后的信号相混合，则会在特定的频率上产生移相信号。

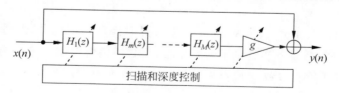

图 10.19   采用全通滤波器的移相器框图

在图 10.19 中，一组二阶全通滤波器表示为 $H_m(z)$，$m=1,\cdots,M$，其中 M 是总级数，这些二阶全通滤波器串联在一起以产生不同的相移。图 10.19 所示移相器的相位传递函数可以表示为

$$H(z) = 1 + g \prod_{m=1}^{M} H_m(z) \tag{10.35}$$

二阶全通滤波器 $H_m(z)$ 可以表示为

$$H(z) = \frac{b_0 + b_1 z^{-1} + z^{-2}}{1 + b_1 z^{-1} + b_0 z^{-2}} = z^{-2} \frac{D(z^{-1})}{D(z)} \tag{10.36}$$

其中，$D(z) = 1 + b_1 z^{-1} + b_0 z^{-2}$。很容易看出，对于所有 ω，都有 $|H(\omega)| = 1$ 成立。

在固定频率附近使用一个慢时变振荡函数后，就可以替代该固定频率进行相移。这样，该频率分量经过调制后，就会产生一个迁移效果。因此，数字电子移相器使用一组变相移全通滤波器改变不同频率成分的相位。

正如第 4 章所讨论过的，全通滤波器对所有频率分量都有相同的幅度响应，它改变的只是信号的相位。虽然人耳对信号相位的差异并不是很敏感，但当输出信号与原始信号混合时，全通滤波器就会对信号产生干扰，在其中出现了陷波。

可调谐全通滤波器可以用下面的传递函数来实现

$$H(z) = \frac{c + d(1+c)z^{-1} + z^{-2}}{1 + d(1+c)z^{-1} + cz^{-2}} \tag{10.37}$$

其中，$c = [1 - \tan(\pi f_b / f_s)]/[1 + \tan(\pi f_b / f_s)]$，$d = -\cos(2\pi f_c / f_s)$。参数 c 用来确定带宽，参数 d 用来调整截止频率。截止频率 f_c 确定相位响应通过 180° 的点。截止频率附近相变的宽度或斜率由带宽参数 f_b 来控制。Q（品质因数）和 f_c 是音频录制或处理中最常用的控制参数，为了便于控制，经常使用 Q 来替代 f_b。因此，参数 c 可以改写为

$$c = \frac{1 - \sin(2\pi f_c / f_s)/2Q}{1 + \sin(2\pi f_c / f_s)/2Q} \tag{10.38}$$

其中，$Q = \sin(2\pi f_c / f_s)/2\tan(\pi f_b / f_s)$，这样全通滤波器就可以通过参数 Q 和 f_c 来定义。

二阶全通滤波器的幅度和相位响应如图 10.20(a)所示，其中 $Q = 1$，$f_c = 6000$，$f_s = 16\,000$，$g = 1$。从图中可以看出，全通滤波器的幅度响应是平直的，其值等于 1（对应 0dB）。相移函数在 6000Hz 处（归一化频率 0.75）通过了 $-180°$，并且高频相位响应接近 $-360°$。单级移相器的幅度和相位响应如图 10.20(b)所示，相移函数在 6000Hz（归一化频率 0.75）通过了 $-90°$，并且高频相位响应接近于 0。

三级移相器的幅度和相位响应如图 10.21 所示。归一化频率在 0.2、0.5 和 0.8 对应三个陷波。使用慢变低频振荡器，陷波频率也会产生相应的变化。

使用式(10.35)定义的移相器结构和式(10.34)定义的低频振荡器，可以产生相位调制效应。这种缓变频率效应可以通过对声谱图中不同时间点上陷波频率的变化情况来进行分析。图 10.22 的声谱图是使用白噪声作为低频振荡器对三级移相器的调制结果。从图中可以看出，陷波频率按照低频正弦波的形式变化。陷波频率呈现不均匀分布，这和镶边效应中陷波频率等距分布是不同的。例如，图 10.22 中上面两个分陷波频率在时间坐标为 0.5 时相距约为 1kHz，而在时间索引为 1.5 时相差 3kHz 以上。

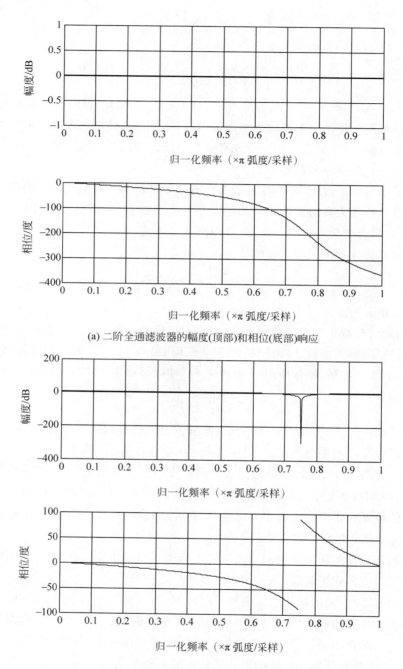

(a) 二阶全通滤波器的幅度(顶部)和相位(底部)响应

(b) 一级移相器的幅度(顶部)和相位(底部)响应

图 10.20　全通滤波器和移相器的幅度和相位响应

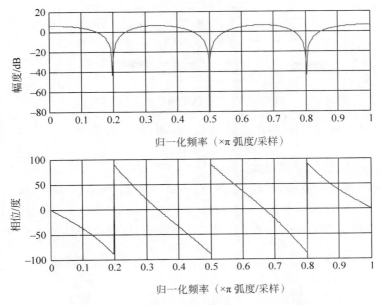

图 10.21　三级移相器的幅度和相位响应

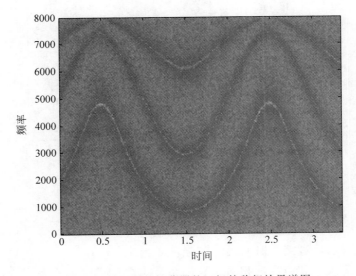

图 10.22　采用低频振荡器的三级的移相效果谱图

3．颤音

颤音是电子乐器中一种常用的音频处理应用，可以使用振幅调制来实现。这种效果可以通过将音频信号乘以一个低频波来实现，表达式为

$$y(n) = [1 + AM(n)]x(n) \qquad (10.39)$$

其中，A 是最大调制幅度；$M(n)$ 是慢调制振荡器。颤音效果实现框图如图 10.23 所示。

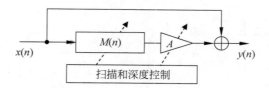

图 10.23　使用低频调制颤音的框图

类似地，式(10.34)中的低频振荡器可用于调制，其表达式为

$$M(n) = \sin(2\pi f_r nT) \tag{10.40}$$

其中，f_r 是调制速率，T 是采样周期。

【例 10.10】　颤音模块如图 10.23 所示，假设颤音算法由式(10.39)定义，其中 $A=1$，调制速率 $f_r=1\text{Hz}$。输入信号 $x(n)$ 为白噪声，采样频率为 8kHz 来显示颤音效果。

颤音效果如图 10.24 所示。图中可以清楚地看出，信号被 1Hz 的低频振荡器调制了。

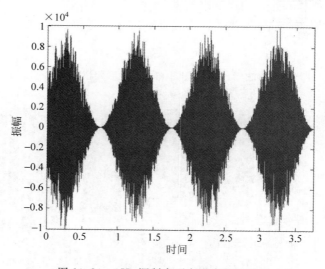

图 10.24　1Hz 调制率下白噪声颤音效果

10.4.4　空间声音

音频源位置可以通过接收时间延迟和强度差异来决定。图 10.25 为人耳和声源的相对位置关系。当声源处于位置 A 时(在 0 方位)，声源到双耳的距离相等，因此声音波形以同一强度同时到达耳膜。而在 B 位置，声源在人耳右方的 θ_2° 方位，声源和左右耳朵的距离是不相等的，声波会先到达右耳。

声音到达左右耳朵的路线差异是产生双耳时间差(ITD)和耳间强度差(IID)的基础。图 10.25 中，A 位

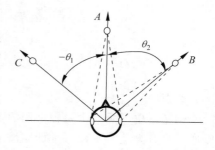

图 10.25　声源 A 在正前方且声源 B
　　　　　与 A 之间有一夹角

置的声源在同一时间和同一强度到达两耳时,不产生任何差异。而声源在位置 B 或 C 时,则会产生 ITD 和 IID 信息,但这对波长小于头直径的频率分量有效,即对应频率大于 1.5kHz[19]。对于声源 B,较高频率成分在左耳处会被衰减,这是因为头部在声音源 B 和左耳间形成了阴影效应。

根据这一原理,立体声可以由一个单声道声音产生。图 10.26 为一个典型的立体声,左声道 $y_L(n)$ 和右声道 $y_R(n)$ 由单声道声源 $x(n)$ 产生。D_L^n 和 D_R^n 是时刻 n 时的延迟,g_L^n 和 g_R^n 是时刻 n 时的增益。

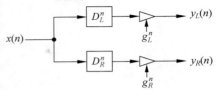

图 10.26 由随时间变化的延迟和增益的单声道源创建的双通道空间声音

例如,要感知图 10.25 中位置 B 的声源,可以设置左声道延迟 D_L^n 大于右声道延时 D_R^n,设置左声道增益 g_L^n 小于右声道增益 g_R^n。

按照文献[20]使用不同声源定位的响度差异来确定 IID。考虑图 10.25 所示的情况,当声源从位置 C 沿着上半环移动到位置 B 时,到达人耳的音频信号总功率一定是恒定的。保证恒定功率的最简单方法是使用三角函数

$$\sin^2(\theta_s) + \cos^2(\theta_s) = 1 \tag{10.41}$$

其中,θ_s 是从方位角度 θ 的线性映射。当左声道增益随着 $\sin(\theta_s)$ 变化时,右声道增益也随着 $\cos(\theta_s)$ 变化,总功率保证为一个恒定值。为了支持两个声源位置间的宽角,θ 首先映射为 $0°\sim90°$ 间的 θ_s

$$\theta_s = \left(\frac{\theta - \theta_1}{\theta_2 - \theta_1}\right)90°, \quad \theta_2 \geqslant \theta \geqslant \theta_1 \tag{10.42}$$

其中,θ_1 是从中心到左声源的方位角,θ_2 是从中心到右声源的方位角,如图 10.25 所示。左右声道的增益表示为 θ_s 的函数

$$g_L = \sin(\theta_s) \quad 和 \quad g_R = \cos(\theta_s) \tag{10.43}$$

式(10.42)和式(10.43)不考虑最大位移,也就是 IID 最大为 10dB。这可以通过添加限制条件和角度重映射得到,如例 10.11 所示。

【**例 10.11**】 本例使用式(10.42)和式(10.43)来计算声源位置的线性角度和增益,左右声道增益间的差限制在 10dB 范围内。

通过将最大 IID 的限制加到 10dB 上,可以得到

$$\theta_s = 17.5° + \left(\frac{\theta - \theta_1}{\theta_2 - \theta_1}\right)55° \tag{10.44}$$

因此,假设 10dB 的增益差对应在最大位移 (θ_1, θ_2),并令 $-\theta_1 = \theta_2 = 90°$,近似可以得到

$$\frac{g_L}{g_R} = \frac{\cos(\theta_s)}{\sin(\theta_s)}\bigg|_{\theta = \theta_1} = \frac{1}{\tan(17.5°)} = 3.16 = 10^{10\text{dB}/20} \tag{10.45}$$

这限制了映射的角度范围为 $55°[17.5°, 72.5°]$。图 10.27 为 IID 限制为 10dB 内恒功率增益 g_L^n 和 g_R^n 的曲线。

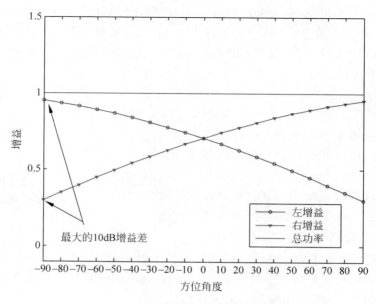

图 10.27　恒功率平移的立体声通道

在图 10.27 中，声音在 $\theta_1 = -90°$ 和 $\theta_2 = 90°$。方位角可以是沿 x 轴从 $-90°$ 到 $90°$ 间的任意角度。如果模仿一个来自左边 $\theta = -40°$ 的声音，对应的映射角度 θ_s 等于 $32.8°$。这样，左右声道增益分别为 0.84 和 0.54。

10.5　实验和程序实例

本章使用 C 语言和 TMS320C55xx 汇编程序实现 MDCT 和一些本章介绍的音频应用算法。

10.5.1　使用 C 语言实现浮点 MDCT

表 10.3 为 MP3 中的部分浮点 MDCT 和 IMDCT C 程序。程序对给定文件中的信号进行 MDCT 变换，然后再对 MDCT 结果进行反变换。图 10.28 的程序流程图包括加窗、MDCT 和 IMDCT，本程序中不包括量化处理。表 10.4 和表 10.5 分别为 MDCT 和 IMDCT 程序。

表 10.3　测试 MDCT 模块的部分 C 程序 floatPoint_mdctTest. c

```
{
    mdct(pcm_data_in,mdct_enc16,FRAME);     //执行 N 个样本的 MDCT
    //保存用于下一次 MDCT 调用的最近子带样本
    for (j = 0; j < M; j++)
    {
        pcm_data_in[j] = pcm_data_in[j + M];
```

续表

```
    }
    inv_mdct(mdct_enc16,mdct_proc,FRAME);        //逆 MDCT
    for(j = 0; j < M; j++)                        //重叠-相加
    {
        tempOut[j] = mdct_proc[j] + prevblck[j];
        prevblck[j] = mdct_proc[j + M];
    }
}
```

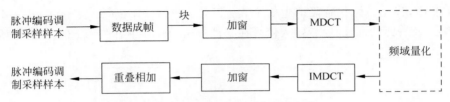

图 10.28　计算 MDCT 及 IMDCT 的块处理流程

表 10.4　实现 MDCT 的 C 语言程序

```
//函数：计算直接 MDCT
void mdct(short * in, short * out, short N)
{
    short k,j;
    float acc0;
    for (j = 0; j < N/2; j++)              //计算 N/2 个 MDCT 系数
    {
      acc0 = 0.0;
      for (k = 0; k < N; k++)             //计算 j 个系数
      {
        acc0 += in[k] * (float)win[k] * cos_enc[j][k];
      }
      out[j] = float2short(acc0);         //将 j 个系数转换为 16 位字
    }
}
```

表 10.5　实现 IMDCT 的 C 语言程序

```
//函数：计算逆 MDCT
void inv_mdct(short * in, short * out, short N)
{
    short j,k;
    float acc0;

    for(j = 0;j < N;j++)
    {
```

续表

```
        acc0 = 0.0;
        for(k = 0;k < N/2;k++)          //计算 j 组分
        {
          acc0 += (float)in[k] * cos_dec[((2 * j + 1 + N/2) * (2 * k + 1)) % (4 * N)];
        }
        acc0 = acc0 * win[j];          //加窗
        out[j] = float2short(acc0);    //转换为 16 位字
    }
}
```

本实验中,程序初始化阶段产生 3 个表:正弦表 win、MDCT 用表 cos_enc、IMDCT 用表 cos_dec。图 10.29(a)的原始输入信号在文件 input.pcm 中。图 10.29(b)为原始的输入

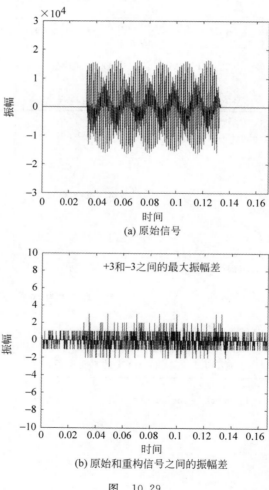

(a) 原始信号

(b) 原始和重构信号之间的振幅差

图   10.29

信号和重建(IMDCT 输出)信号间的差,该数据保存在 mdctProc. pcm 中。原始信号和重建信号间的差异在±3 间。表 10.6 列出了实验所用的文件。

表 10.6 Exp10.1 实验中的文件列表

文 件	描 述
floatPoint_mdctTest. c	测试 MDCT 实验的程序
floatPoint_mdct. c	MDCT 和 IMDCT 的函数
floatPoint_mdct_init. c	生成窗口和系数表文件
floatPoint_mdct. h	C 头文件
tistdtypes. h	标准类型定义头文件
c5505. cmd	链接器命令文件
input. pcm	线性 16 位 PCM 数据文件

实验过程如下:

(1) 从配套软件导入 CCS 项目,并重建项目,下载运行实验。

(2) 通过比较 IMDCT 结果和原始输入数据检查实验结果。

(3) 将帧大小从 12 改为 36,并比较实验结果。

(4) 优化实验,减小表尺寸,即将二维数据 cos_enc[][]改为一维数组 cos_enc[]。

(5) 表 win[]、表 cos_enc[]和表 cos_dec[]随着帧长度的增加而增加。修改程序,使用余弦和正弦函数替代预置表计算 MDCT 和 IMDCT。验证使用帧尺寸分别为 64、256 和 512 时的结果。

10.5.2 使用 C 和内在函数实现定点 MDCT

本实验使用 C 实现定点 MDCT,实验中使用整型变量代替浮点 MDCT 中的所有浮点变量。内在函数被用来实现一些特殊的功能,以提高运行效率。表 10.7 为实现的 MDCT。浮点 MDCT 和定点 MDCT 的主要差别是,使用 mult_r、L_mac 和 round 函数实现了定点乘法和累加。

表 10.7 使用内在函数实现 MDCT

```
void mdct(short * in, short * out, short N)
{
    short k,j;
    long acc0;
    short temp16;

    for (j = 0; j < (N >> 1); j++)
    {
        acc0 = 0;
        for (k = 0; k < N; k++)          //计算 j 组分
        {
            temp16 = mult_r(win[k],(in[k]));
```

```
            acc0 = L_mac(acc0,temp16, cos_enc[j][k]);
        }
        out[j] = (short)round(acc0);        //转换为 16 位字,带有舍入
    }
}
```

和 10.5.1 节中的实验一样,对 IMDCT 结果和原始数据进行比较。图 10.30 为 16 位定点 MDCT 和原始数据的比较结果,从图中可以看出最大差异为 ±9。因此,和 32 位的浮点结果相比,定点结果具有更大的误差。实验中的文件如表 10.8 所示。

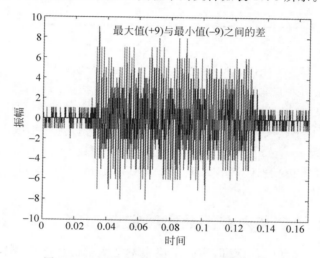

图 10.30　原始信号和重构信号之间的幅度差

表 10.8　实验 Exp10.2 中的文件列表

文　　件	描　　述
intrinsic_medcTest. c	测试 MDCT 实验的程序
intrinsic_mdct. c	MDCT 和 IMDCT 的函数
intrisic_mdctInit. c	实验初始化
intrinsic_mdct. h	C 的头文件
tistdtypes. h	标准类型定义头文件
c5505. cmd	链接器命令文件
input. pcm	线性 16 位 PCM 数据文件

实验步骤如下:

(1) 从配套软件导入 CCS 项目,并重建项目,下载运行实验。

(2) 使用不同的帧尺寸,重新运行实验。检查实验结果,绘出 MDCT/IMDCT 实验输出和输入原始数据间的差异,以表明定点程序误差明显大于浮点程序误差。

（3）比较定点 MDCT 程序程序和浮点 MDCT 程序运行的时间周期。

（4）用 32×32 位定点乘法代替 16×16 位定点乘法以增加 mdct( ) 和 inv_mdct( ) 函数的分辨率。输入和输出数据仍为 16 位。检查结果，并且和浮点 C 结果进行比较。注意，32×32 位定点乘法结果为 64 位。

10.5.3　预回声效应

为了解释预回声效应，本实验中加入了图 10.28 中的量化函数对 MDCT 系数进行量化。本实验对 512 点和 64 点 MDCT 预回声效应进行了比较。原始信号和预回声结果如图 10.31 所示。在 floatPoint_preEcho.h 中，常量 FRAME 是 MDCT 帧尺寸大小，NUM_QNT 是 MDCT 系数的对数量化级别。本实验中的 512 点 MDCT/IMDCT 有 50% 的交叠。在对 MDCT 系数的绝对值进行对数量化时，共有 64 个量化步长，16 比特数值（32 767）对应最高的量化步长。首先，MDCT 系数的绝对值被转换成 10 的对数，然后对对数系数按照 $\lg(32\,768)/64$ 的量化步长进行均匀量化，信号分段前后的量化错误波纹如图 10.31(b) 所示。为了进行比较，实验中还实现了 64 点 50% 交叠的 MDCT/IMDCT。短 MDCT 增加了时域分辨率，因此图 10.31(c) 的变化结果具有更小的起伏。表 10.9 为实验所用的文件。

实验过程如下：

（1）从配套软件导入 CCS 项目，并重建项目。

（2）下载并运行实验，检查结果文件数据。

（3）绘出原始输入信号和重建信号的差异，找出 64 点 MDCT/IMDCT 和 512 点 MDCT/IMDCT 的误差范围大小。

（4）计算 128 点和 256 点 MDCT/IMDCT 重复步骤（3）。

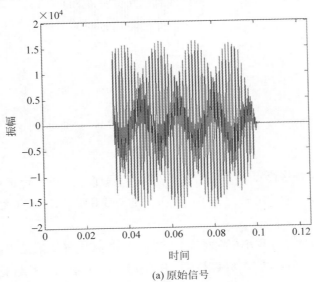

(a) 原始信号

图 10.31　对数坐标下 64 位量化的原始信号和重构信号

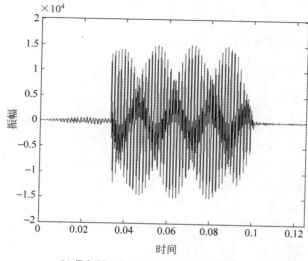

(b) 带有预回声效果的512点MDCT/IMDCT重构信号

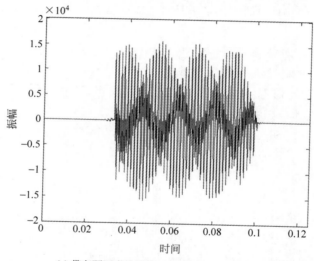

(c) 带有预回声效果的64点MDCT/IMDCT重构信号

图 10.31 （续）

（5）使用内在函数将浮点 C 程序转换为定点 C 程序。重新运行定点 C 程序并且和浮点 C 程序得到的结果进行比较。将 64 点和 512 点 MDCT/IMDCT 结果的差异绘制成图形。

（6）使用更高的量化分辨率(例如 128 个步长)，并且检查结果是否能够解决预回声问题。对于 50% 交叠的 512 点 MDCT/IMDCT，使用 128 个量化步长量化 MDCT 系数。验证其波纹的振幅将小于使用 64 个量化步长的结果。

表 10.9 实验 Exp10.3 中的文件列表

文 件	描 述
floatPoint_preEchoTest. c	测试预回声效果的程序
floatPoint_preEchoMdct. c	MDCT 和 IMDCT 函数
floatPoint_preEchoInit. c	产生窗和相关表
floatPoint_preEchoQnt. c	模拟 log 量化
floatPoint_preEcho. h	C 的头文件
tistdtypes. h	标准类型定义头文件
c5505. cmd	链接器命令文件
dtmf_digit2. pcm	数据文件

10.5.4 浮点 C 的 MP3 解码

本节使用浮点 C 程序进行解码实验,ISO(国际标准化组织)给定的参考源代码(dist10. tgz))可以从网站[2]上下载。表 10.10 中为程序文件列表,文件 musicout. c 是主函数,用来解析参数和控制 I/O 文件。

表 10.10 实验 Exp10.4 中的文件列表

文 件		描 述
lsfDes. dsw		MP3 解码工作区文件
src:	musicout. c	主文件调用各参数各函数
	common. c	采样频率转换、比特率转换和文件 I/O 访问的通用函数
	decode. c	位流解码、参数解码、样本去量化、合成滤波器、解码器使用的函数
	huffman. c	霍夫曼解码函数
	ieeefloat. c	数据格式转换
	portableio. c	输入/输出函数
inc:	common. h	common. c 的头文件
	decoder. h	decoder. h 的头文件[①]
	huffman. h	Huffman. h 的头文件[①]
	ieeefloat. h	ieeefloat. h 的头文件[①]
	portableio. h	portableio. h 的头文件[①]
tables:	1cb0-1cb6,1th0-1th6	常量
	2cb0-2cb6,2th0-2th6	
	absthr_0-absthr_2	
	alloc_0-allpc_4	
	dewindow,enwindow	
	huffdec	

---

① 此处原文有笔误,描述中的"decoder. h、Huffman. h、ieeefloat. h 和 portableio. h"应该为"decoder. c、Huffman. c、ieeefloat. c 和 portableio. c"。 ——译者注

续表

文 件		描 述
debug:	lsfDec. exe	可执行文件
data:	musicD_44p1_128bps. mp3	解码器的输入文件
	mp3_dec. bat	运行实验的批处理文件
	pcm2wav. m	将 PCM 数据转化为 WAV 数据的 MATLAB 程序

　　解压缩 dist10. tgz 文件，按照表 10.10 将相应文件放置在文件夹 src、inc 和 tables 下。使用 Microsoft Visual C 打开项目 lsfDec. dsw，然后对代码进行编译，在 debug 文件夹下得到可执行文件。本书实验使用了 Microsoft Visual Studio 2008 开发平台。运行程序后，PC 控制台输出的信息显示如表 10.11 所示。

表 10.11　运行 mp3_dec. bat 时显示在 PC 上的解码信息

```
input file = '..\data\musicD_44p1_128bps.mp3'
output file = '..\data\musicD_44p1_128bps.mp3.dec'
the bit stream file ..\data\musicD_44p1_128bps.mp3 is a BINARY file
HDR: s = FFF, id = 1, l = 3, ep = on, br = 9, sf = 0, pd = 1, pr = 0,
     m = 1, js = 2, c = 0, o = 0, e = 0
alg. = MPEG − 1, layer = III, tot bitrate = 128, sfrq = 44.1
mode = j − stereo, sblim = 32, jsbd = 8, ch = 2
```

　　实验步骤如下：

　　(1) 可执行程序 lsfDec. exe 在目录 ..\debug 中。运行 ..\data 下的批处理文件 mp3_dec. bat 得到实验结果。本实验中 MP3 文件 musicD_44p1_128bps. mp3 为输入文件。

　　(2) MP3 解码输出文件如表 10.11 所示。其中，MP3 音频文件为 musicD_44p1_128bps. mp3，编码采用了立体声格式，使用 MPEG-1 层 3 进行编码，采样率为 44.1kHz，比特率为 128kbps。

　　(3) MP3 的解码输出文件 musicD_44p1_128bps. mp3. dec 为立体声 PCM 文件，立体数据按照左、右、左、右……的格式排列。可以使用 MATLAB 对输出的 PCM 数据进行验证。下面的 MATLAB 程序将输出的 PCM 格式转化为 Intel PCM 格式。

```matlab
fid1 = fopen('musicD_44p1_128bps.mp3.dec', 'rb', 'ieee − be');
x = fread(fid1,'short');                  % 打开读取大端文件
fclose(fid1);                             % 关闭文件
n = length(x);
y = zeros(n/2, 2);                        % 创建输出数组
i = 1;
for k = 1:2:n                             % 将立体声数据放于 y
    y(i,1) = x(k);
    y(i,2) = x(k + 1);
    i = i + 1;
end
```

```
y = y/32768;
Fs = 44100;                                  % 采样频率
nbit = 16;                                   % 位/样本数
wavwrite(y,Fs,nbit,'decodedMP3Audio');       % 写立体声 WAV 文件
sound(y,Fs,nbit);
```

（4）在 decod.c 中，IMDCT 函数 inv_mdct() 采用双精度浮点乘法。修改代码，将其用 32 位浮点精度替代，并比较其解码的音频质量。用定点乘法修改代码并且再一次检查结果。

10.5.5　使用 eZdsp 的实时参数均衡器

本节使用例 10.7 计算实时参数均衡器的峰值和架滤波器系数。实验中采样频率为 48kHz。如图 10.32 所示，低架滤波器 $H_{LS}(z)$、峰值滤波器 $H_{PF}(z)$ 和高架滤波器 $H_{HS}(z)$，这三个二阶 IIR 滤波器级联在一起以实现低音、音频段和高音提升效果。表 10.12 为实验所用的文件。

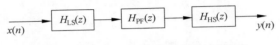

图 10.32　参数均衡器的级联 IIR 滤波器

表 10.12　实验 Exp10.5 中的文件列表

文　件	描　　述
realtime_parametricTest.c	测试参数均衡器的程序
parametricEq.c	均衡器函数
asmIIR.asm	IIR 滤波汇编函数
vector.asm	C5505 中断向量
asmIIR.h	C 的头文件
tistdtypes.h	标准类型定义头文件
dam.h	DMA 函数头文件
dmaBuff.h	DMA 数据缓冲器头文件
i2s.h	i2s 函数的 i2s 头文件
Ipva200.inc	C5505 包含文件
myC55xUtil.lib	BIOS 音频库
c5505.cmd	链接器命令文件

本实验使用 example10_7.m 生成滤波器系数。图 10.33 分别为单个滤波器和级联滤波器的幅度响应，滤波器幅度响应与定点实现的单位增益成比例。部分代码相应参数如下：

```
Fs = 48000;                                    % 采样频率
[az1, bz1] = ShelfFilter(8000,9,1,Fs,'L');     % Fc = 8000Hz, Gain = 3dB, Q = 1
[az2, bz2] = PeakFilter(12000,9,1,Fs);         % Fc = 12000Hz, Gain = 3dB, Q = 1
[az3, bz3] = ShelfFilter(16000,9,1,Fs,'H');    % Fc = 16000Hz, Gain = 3dB, Q = 1
```

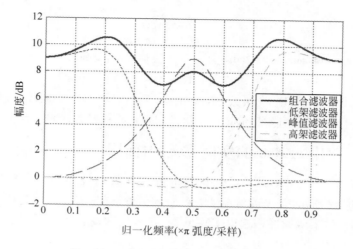

图 10.33　参数均衡器的滤波器幅值响应

实验过程如下：

（1）从配套软件导入 CCS 项目，并重建项目。

（2）连接一个音频源（例如 MP3 的播放器）到 eZdsp 音频插口，并连接耳机或立体声播放器到 eZdsp 音频输出插口。

（3）下载并运行程序。通过聆听，比较输出的参数均衡结果。

（4）用下面的参数重做实验，并观察不同参数的音响效果。

① 低架滤波器：$F_s = 48000\,\mathrm{Hz}, F_c = 6000\,\mathrm{Hz}, \mathrm{Gain} = 9\,\mathrm{dB}, Q = 1$。

　高架滤波器：$F_s = 48000\,\mathrm{Hz}, F_c = 16000\,\mathrm{Hz}, \mathrm{Gain} = 9\,\mathrm{dB}, Q = 1$。

　峰值滤波器：$F_s = 48000\,\mathrm{Hz}, F_c = 12000\,\mathrm{Hz}, \mathrm{Gain} = -9\,\mathrm{dB}, Q = 1$。

② 低架滤波器：$F_s = 48000\,\mathrm{Hz}, F_c = 8000\,\mathrm{Hz}, \mathrm{Gain} = -9\,\mathrm{dB}, Q = 1$。

　高架滤波器：$F_s = 48000\,\mathrm{Hz}, F_c = 16000\,\mathrm{Hz}, \mathrm{Gain} = -9\,\mathrm{dB}, Q = 1$。

　峰值滤波器：$F_s = 48000\,\mathrm{Hz}, F_c = 12000\,\mathrm{Hz}, \mathrm{Gain} = 9\,\mathrm{dB}, Q = 1$。

③ 低架滤波器：$F_s = 48000\,\mathrm{Hz}, F_c = 8000\,\mathrm{Hz}, \mathrm{Gain} = 9\,\mathrm{dB}, Q = 1$。

　高架滤波器：$F_s = 48000\,\mathrm{Hz}, F_c = 18000\,\mathrm{Hz}, \mathrm{Gain} = 9\,\mathrm{dB}, Q = 1$。

　峰值滤波器：$F_s = 48000\,\mathrm{Hz}, F_c = 12000\,\mathrm{Hz}, \mathrm{Gain} = -9\,\mathrm{dB}, Q = 1$。

④ 低架滤波器：$F_s = 48000\,\mathrm{Hz}, F_c = 8000\,\mathrm{Hz}, \mathrm{Gain} = 9\,\mathrm{dB}, Q = 1$。

　高架滤波器：$F_s = 48000\,\mathrm{Hz}, F_c = 16000\,\mathrm{Hz}, \mathrm{Gain} = -9\,\mathrm{dB}, Q = 1$。

　峰值滤波器：$F_s = 48000\,\mathrm{Hz}, F_c = 1000\,\mathrm{Hz}, \mathrm{Gain} = 9\,\mathrm{dB}, Q = 0.4$。

10.5.6　镶边效果

本节使用 8kHz 采样率的音频数据进行镶边效果实验。平均延时为 100 个采样间隔，最大摆幅为 0.5，深度等于 1.0。表 10.13 为实验所用到的文件。

表 10.13　实验 Exp10.6 中的文件列表

文　件	描　述
flangerTest.c	测试镶边效果的程序
flanger.c	镶边处理函数
flanger.h	C 的头文件
tistdtypes.h	标准类型定义头文件
c5505.cmd	链接器命令文件
Soxphone8kHz.pcm	线性 16 位 PCM 音频数据文件

实验过程如下：

（1）从配套软件导入 CCS 项目，并重建项目，下载运行实验。

（2）播放处理后的音频文件，以检查镶边效果。比较原始信号和处理后信号的幅度谱，以验证处理后（镶边）信号的迁移效果，即处理后信号的带宽变大了。

（3）将参数 A_maxSwing 从 0.5 改为 1.0，重复以上实验。观察较大摆幅对实验音频效果的影响。

（4）将延迟参数 delay 从 100 改为 50，重复实验。检验镶边效果的变化是否明显，总结使用短延时的变化情况。

（5）将深度参数 G_depth 从 1.0 改为 0.5，并重复实验。观察不同深度条件下的镶边效果。

10.5.7　使用 eZdsp 的实时镶边效果

本节使用 eZdsp 实验平台，实现实时镶边效果。将音频播放器连接到 eZdsp 产生输入音频，输出音频送到耳机播放实验效果。程序采用 C 和汇编函数混合实现。正如第 3 章所讨论的，信号缓冲区更新时需要大量的数据搬移操作。因此使用汇编 dataMove.asm 函数代替 C 语言中的 for-loop 循环将采样数据搬移到缓冲区。eZdsp 配置为 8kHz 采样率，表 10.14 为实验所用到的文件。

表 10.14　实验 Exp10.7 中的文件列表

文　件	描　述
realtime_flangerTest.c	测试镶边效果的程序
realtime_flanger.c	镶边处理函数
dataMover.asm	移动数据样本的汇编函数
vector.asm	C5505 中断向量
realtime_flanger.h	C 的头文件
tistdtypes.h	标准类型定义头文件
dam.h	DMA 函数头文件
dmaBuff.h	DMA 数据缓冲器头文件
i2s.h	i2s 函数的 i2s 头文件
Ipva200.inc	C5505 包含文件
myC55xUtil.lib	BIOS 音频库
c5505.cmd	链接器命令文件

实验过程如下：

(1) 从配套软件导入 CCS 项目，并重建项目，下载运行实验。

(2) 将音频播放器连接到 eZdsp，并使用耳机播放音频输出以检查实时镶边效果。

(3) 改变摆幅、延迟和深度系数，并重新操作实验，比较不同控制参数下的镶边效果。

(4) 使用 C 循环代替 dataMove.asm 汇编函数，重建并运行实验。由于实时处理要求已经超过了 C5505 处理器的处理能力，因此播放实时音频会出现问题。将程序中的浮点计算修改为定点查表方法，以提高处理性能。

10.5.8　颤音效果

本实验使用 C 语言实现颤音，以验证 10.4.3 节讨论的颤音效果。表 10.15 为所用到的文件。

表 10.15　实验 Exp10.8 中的文件列表

文　件	描　述
tremoloTest.c	测试颤音效果的程序
tremolo.c	颤音处理函数
tremolo.h	C 的头文件
tistdtypes.h	标准类型定义头文件
c5505.cmd	链接器命令文件
piano8kHz.pcm	线性 16 位 PCM 音频数据文件

实验过程如下：

(1) 从配套软件导入 CCS 项目，并重建项目。

(2) 下载并运行程序。播放音频文件，用 MATLAB 中的 spectrogram 函数检查音频信号。

(3) 将深度系数 TDEPTH 从 1.0 变为 0.5，重新运行实验，播放处理结果并画出处理后信号的频谱图。

(4) 将调制率参数 FR 从 1.0 变为 3.0，重新运行实验，并观察颤音效果的变化。

10.5.9　使用 eZdsp 的实时颤音效果

和前面的实验一样，本节使用 eZdsp 实现实时颤音效果。来自音频播放器的信号按照 8kHz 的采样率数字化后，输入给 eZdsp 作为输入音频信号。使用耳机播放输出音频，以检查颤音效果。表 10.16 为实验所用到的文件。

表 10.16　实验 Exp10.9 中的文件列表

文　件	描　述
realtime_tremoloTest.c	测试颤音效果的程序
realtime_tremolo.c	颤音处理函数

文　件	描　述
vector. asm	C5505 中断向量
realtime_tremolo. h	C 的头文件
tistdtypes. h	标准类型定义头文件
dam. h	DMA 函数头文件
dmaBuff. h	DMA 数据缓冲器头文件
i2s. h	i2s 函数的 i2s 头文件
Ipva200. inc	C5505 包含文件
myC55xUtil. lib	BIOS 音频库
c5505. cmd	链接器命令文件

实验过程如下：

(1) 从配套软件导入 CCS 项目，并重建项目，下载运行实验。

(2) 用耳机播放处理后音频，以评价处理效果。

(3) 改变颤音程序的控制参数，通过播放输出音频比较不同参数下的处理效果。

10.5.10　空间声音效果

假设接收者位置按照图 10.25 配置，声源从 θ_1 位置移动到 θ_2 位置(从 $-90°$ 到 $90°$ 的最大范围)。使单声道声源从最左边移到最右边，以产生立体声效果。实验所用文件如表 10.17 所示。

表 10.17　实验 Exp10.10 中的文件列表

文　件	描　述
spatialTest. c	测试空间声音效果的程序
spatialSound. c	空间声音处理函数
spatialSound. h	C 的头文件
tistdtypes. h	标准类型定义头文件
c5505. cmd	链接器命令文件
audioIn. pcm	单声道线性 PCM 音频数据文件

实验过程如下：

(1) 从配套的软件包中导入 CCS 项目，并重建项目。

(2) 下载并运行程序，播放立体声音文件。

(3) 本实验中，假设播放声源从左边 $-90°$ 点移动到右边 $90°$ 点。在相同的音频回放持续时间内，使声源从左边 $-90°$ 点移动到中心位置可以降低声源的移动速度。通过修改 spacitalTest. c 文件中的参数 samples 可以达到此效果。在代码中，第一个 C 语句将声源信号(输入文件中的采样数据)从左移到右，而第二个语句仅在相同的时间内将声源移动到中心位置。

```
//从左到右
samples = (unsigned long)((samples >> 1)/SAMPLEPOINTS);
//从左到中心
samples = (unsigned long)((samples)/SAMPLEPOINTS);
```

（4）互换左右声道，并收听该立体声。观察声源从左移到右还是从右移到左之间的区别。

10.5.11　用 eZdsp 的实时空间效果

本节使用 eZdsp 进行音频空间效果实验。音频输入信号来自音频播放器。为了提高数据交互的效率，使用了 C55xx 中的汇编单重复指令。eZdsp 采样率设置为 8000Hz。实验结果使用耳机播放进行检验。实验所用文件如表 10.18 所示。

表 10.18　实验 Exp10.11 中的文件列表

文　件	描　述
realtime_spatialTest. c	测试空间声音效果的程序
realtime_spatialSound. c	空间声音处理函数
dataMover. asm	移动数据样本的汇编函数
vector. asm	实时实验的 C5505 中断向量
realtime_spatialSound. h	C 的头文件
tistdtypes. h	标准类型定义头文件
dam. h	DMA 函数头文件
dmaBuff. h	DMA 数据缓冲器头文件
i2s. h	i2s 函数的 i2s 头文件
Ipva200. inc	C5505 包含文件
myC55xUtil. lib	BIOS 音频库
c5505. cmd	链接器命令文件

实验过程如下：

（1）从配套的软件包中导入 CCS 项目，并重建项目。下载并运行程序。

（2）使用耳机播放处理后的音频，评价实时空间效果。

（3）在实验中，声源在 22s 内从左边移到右边。移动速率通过系数 SEGMENTSAMPLES 和 SAMPLEPOINTS. 控制。用 SEGMENTSAMPLES 的不同值来模拟声源以不同的速度从左到右移动。

习题

10.1　使用 MATLAB 播放一个 65dB 2kHz 的掩蔽音，并从下表的 1 到 24 个条带中选择一个音调。设置该音调的强度，确保其能被听到。降低强度，记录其掩蔽阈值(即该音调刚好听不到时对应的强度)。像图 10.3 画出掩模阈值曲线。Bark 波段和相应的中心频率

(单位 Hz)参考下表[11]：

波段号	中心频率	波段号	中心频率	波段号	中心频率	波段号	中心频率
1	50	7	700	13	1850	19	4800
2	150	8	840	14	2150	20	5800
3	250	9	1000	15	2500	21	7000
4	350	10	1175	16	2900	22	8500
5	450	11	1370	17	3400	23	10 500
6	570	12	1600	18	4000	24	13 500

10.2　计算直接实现 MP3 中 36 点 MDCT 使用乘法和加法次数。并和划分成 3 个 18 点 MDCT 块的计算方法比较。

10.3　如果 MP3 码流的比特率为 128kbps,计算采样率为 48kHz 时,使用固定编码方案的压缩率。如果采样率是 32kHz,比特率保持不变,计算这时的压缩率(对于这两种情况,假设输入是一个左右声道的立体声信号)。

10.4　下载 dist10.tgz 中的 MPEG-1 Layer Ⅰ,Ⅱ,Ⅲ程序(也包括了 MP3 编码器源代码)。参考 10.5.4 节的实验,编译 MP3 编码器程序,并将 10.5.4 节输出的 MP3 解码 PCM 数据编码成 MP3 文件。使用 MP3 播放器或者 PC 播放该 MP3。

10.5　基于式(10.14)的变换,证明式(10.15a)成立。导数公式

$$\left(\frac{u}{v}\right)' = \frac{u'v - uv'}{v^2}$$

可以用来证明

$$\left.\frac{\partial}{\partial \Omega}\left| H(\Omega) \right|^2\right|_{\Omega = \Omega_c} = 0$$

10.6　假设低架滤波器传递函数为(10.19),证明式(10.20a)、式(10.20b)和式(10.20c)成立。假设高架滤波器为式(10.22),证明式(10.23a)、式(10.23b)和式(10.23c)成立。

10.7　使用白噪声代替例 10.7 中的输入文件 audioIn.pcm。重做例 10.7,并用 MATLAB 画出输入/输出频谱,验证峰值滤波器和架滤波器是否满足规范。

10.8　联合实验 10.7、实验 10.9 和实验 10.11,在 eZdsp 上开发一个新实验程序,并在用户界面下通过 CCS 控制命令选择要执行的实验。

参考文献

1. Noll, P. and Pan, D. (1997) ISO/MPEG audio coding. Int. J. High Speed Electron. Syst., 8 (1), 69-118.

2. ISO Reference Source Code of MPEG-1 Layer Ⅰ,Ⅱ and Ⅲ, http://www.mp3-tech.org/programmer/sources/dist10.tgz (accessed April 29, 2013).

3. Brandenburg, K. and Popp, H. (2000) An Introduction to MPEG Layer-3, available from http://www. mp3-tech. org/programmer/docs/trev_283-popp. pdf (accessed April 29, 2103).

4. Brandenburg, K. (1999) MP3 and AAC explained. Proceedings of the AES 17th International Conference on High Quality Audio Coding, http://www. aes. org/events/17/papers. cfm (accessed April 29, 2103).

5. Sarkka, S. and Huovilainen, A. (2011) Accurate discretization of analog audio filters with application to parametric equalizer design. IEEE Trans. Audio, Speech, Lang. Process, 19 (8), 2486-2493.

6. Smith, J. O. III (2013) Physical Audio Signal Processing, online book, https://ccrma. stanford. edu/jos/pasp/ (accessed April 29, 2103).

7. ETSI(2005) Digital Audio Compression (AC-3, Enhanced AC-3) Standard, TS 102 366 V1. 1. 1, February.

8. ATSC Standard (2001) Digital Audio Compression (AC-3), Revision A, August.

9. Gadd, S. and Lenart, T. (2001) AHardware Accelerated MP3 Decoder with Bluetooth Streaming Capabilities, MS Thesis, Lund University, available from http://books. google. com/books? id ¼ GoPsPTcnlK0C (accessed April 29, 2103).

10. Raissi, R. (2002) The Theory Behind MP3, December, http://rassol. com/cv/mp3. pdf (accessed April 29, 2103).

11. Painter, T. and Spanias, A. (2000) Perceptual coding of digital audio. Proc. IEEE, 88 (4), 415-513.

12. Wang, Y. , Yaroslavsky, L. , Vilermo, M. , and Vaananen, M. (2000) Some peculiar properties of the MDCT. Proceedings of the 5th International Conference on Signal Processing, pp. 61-64.

13. Wang, Y. and Vilermo, M. (2002) The modified discrete cosine transform: its implications for audio coding and error concealment. Proceedings of the AES 22nd International Conference on Virtual, Synthetic and Entertainment Audio, pp. 223-232.

14. Ferreira, A. J. (1998) Spectral Coding and Post-Processing of High Quality Audio, PhD Thesis, University of Porto.

15. Dimkovic, I. (n. d.) Improved ISO AAC Coder, available from http://www. mp3-tech. org/programmer/docs/ di042001. pdf (accessed April 29, 2103).

16. ISO/IEC JTC1/SC29/WG11/N7018 (2005) Scalable Lossless Coding, January.

17. Doke, J. (2009) Equalizer GUI for Winsound, http://www. mathworks. com/ MATLAB central/fileexchange/10569-equalizer (accessed April 29, 2103).

18. Laroche, J. and Dolson, M. (1999) New phase-vocoder techniques for pitch-shifting, harmonizing and other exotic effects. Proceedings of the 1999 IEEE Workshop on Applications of Signal Processing to Audio and Acoustics, pp. 91-94.

19. Begualt, D. R. (1994) 3-D Sound for Virtual Reality and Multimedia, Academic Press, San Diego, CA.

20. West, J. R. (1998) IID-based Panning Methods, A Research Project, http://www. music. miami. edu/programs/mue/Research/jwest/Chap_3/Chap_3_IID_Based_Panning_Methods. html (accessed April 29, 2103).

21. Li, J. (2002) Embedded audio coding (EAC) with implicit auditory masking. Proceedings of ACM Multimedia'02, pp. 592-601, December, available from http://portal. acm. org/citation. cfm? doid¼ 641126 (accessedApril 29, 2103).

第 11 章

数字图像处理初步

本章介绍数字图像处理的基本算法，并且重点介绍算法的 DSP 实现，以及二维（2-D）图像滤波变换等实际应用。本章的数字图像可视化、分析、处理和算法仿真都以 MATLAB 为平台，并使用 C5505 eZdsp 进行实验。

11.1 数字图像与系统

数字图像处理技术广泛地应用于数码相机、摄像机、高清电视（HDTV）、网络电视、智能电视和便携式媒体播放器等领域。因此要求 DSP 开发者必须熟练地掌握图像处理技术。

数字图像处理，也称为二维信号处理。虽然数字图像处理有其自身的特点，但和前面章节中介绍的一维信号处理也有着许多相似之处。例如，由于需要处理大量的采样数据，大多数图像和视频处理应用需要对算法进行优化，需要强大的处理器以达到较高的数据吞吐量，并且通常配备有硬件加速器实现某些特定的图像处理功能。在本节中，我们将介绍数字图像和系统的基本概念和原理。

11.1.1 数字图像

数字图像可以看成是映射到二维空间的一组采样点[1]。每个图像采样点称为一个像素，它是组成图像的基本单元。类似于一维信号 $x(n)$，其中 n 表示时域索引；一个 $M \times N$ 大小的数字图像可以用二维信号 $x(m,n)$ 表示，其中 m 的值在 0 到 $M-1$ 之间，表示图像列（图像宽度）索引，n 的值在 0 到 $N-1$ 之间，表示图像行（图像高度）索引。因此，一个 $M \times N$ 大小的图像可以看成是一个包含 MN 个像素的二维数组。

对于一个黑白图像，每个像素值使用 1 个字节（Byte）来表示。而对于彩色图像，每个像素则需要多个字节来表示。当显示黑白图像时，每个像素字节代表了范围从 0 到 255 的灰度值，其中 0 代表黑色，255 代表白色。而对于彩色图像，每个像素需要 3 个字节来表示红（R）、绿（G）、蓝（B）三原色分量。适当混合这三种原色，就可以产生多种不同的颜色。大多数 RGB 格式图像使用 8 比特来表示每个原色分量，因而共需要 24 比特来表示每个像素。彩色图像广泛地应用于照片、电视和电脑显示器等消费类电子产品中。

图像分辨率决定了图像细节的细腻程度，其每英寸面积中包含的点数和每英寸面积中包含的像素可以用来描述图像分辨率的高低。在音频应用中，较高的采样率得到的音频数据通常具有更好的音质。同样地，具有更多像素的图像通常具有更好的空间分辨率。因此，也可以使用像素来衡量图像的大小，也就是使用像素数量表示图像的宽度和高度。例如，美国国家电视系统委员会(NTSC)规定的北美标准电视为 720 像素(宽度)和 480 像素(高度)，表示标准清晰度电视具有 720 像素×480 像素的分辨率。

11.1.2　数字图像系统

一个简单的数字图像系统如图 11.1(a)所示。通过传感器阵列获取的图像发送给处理单元，处理后的图像可以直接显示或者存储到相应的设备上，也可以直接发送到网络上。图像获取单元包含电荷耦合器件(CCD)阵列或互补金属氧化物半导体(CMOS)传感器阵列。这些图像传感器将光或自然场景转换成模拟电信号，由图像采集卡数字化为一个 $M \times N$ 的阵列进行存储或处理。

彩色图像有几种不同的表示方法。其中，RGB 色彩空间表示方法被广泛地用于彩色图像处理。在图 11.1(b)中，由于不同的应用处理需求，必须将 RGB 表示方法转换成其他的色彩空间表示方法。

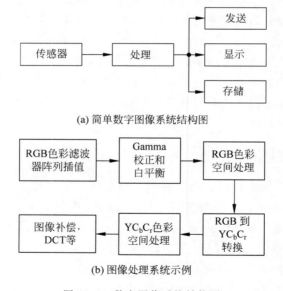

(a) 简单数字图像系统结构图

(b) 图像处理系统示例

图 11.1　数字图像系统结构图

11.2　色彩空间

RGB 色彩空间是基于颜色再现原理。然而，人眼视觉对亮度的变化比对颜色的变化更加敏感。这意味着，人眼对于相同亮度的图像具有相同的感知，即使这些图像的颜色略有不同。因此,可以使用不同的方法来表示图像,如 JPEG(联合图像专家组)标准使用的 YC_bC_r 表示方法。ITU BT. 601 标准[2]定义的亮度 Y 范围是 $16\sim235$,C_b 和 C_r 的范围是 $16\sim240$。由于数字 0 和 255 可能作为特殊的码来进行视频码流的同步,因此这两个数不能用于 8 比特的图像编码中。RGB 色彩空间和 YC_bC_r 色彩空间的转换关系可以由 ITU BT. 601 标准来定义:

$$\begin{bmatrix} Y \\ C_b \\ C_r \end{bmatrix} = \begin{bmatrix} 0.257 & 0.504 & 0.098 \\ -0.148 & -0.291 & 0.439 \\ 0.439 & -0.368 & -0.071 \end{bmatrix} \begin{bmatrix} R \\ G \\ B \end{bmatrix} + \begin{bmatrix} 16 \\ 128 \\ 128 \end{bmatrix} \tag{11.1}$$

YC_bC_r 色彩空间主要用于计算机图像,而 YUV 色彩空间通常用于彩色视频标准,例如 NTSC 和 PAL(逐行倒相制式,主要在欧洲和部分亚洲地区使用)。从 RGB 色彩空间到 YUV 色彩空间的转换公式由 ITU BT. 601 标准定义:

$$\begin{bmatrix} Y \\ U \\ V \end{bmatrix} = \begin{bmatrix} 0.299 & 0.587 & 0.114 \\ -0.147 & -0.289 & 0.436 \\ 0.615 & -0.515 & -0.100 \end{bmatrix} \begin{bmatrix} R \\ G \\ B \end{bmatrix} \tag{11.2}$$

其中,Y 表示亮度信息,U 和 V 表示颜色信息。MATLAB 图像处理工具箱提供了色彩空间转换函数,可以在不同的色彩空间进行图像转换。

【例 11.1】　MATLAB 函数 rgb2ycbcr 将图像从 RGB 色彩空间转换到 YC_bC_r 色彩空间。imshow 函数可以显示 RGB 图像或灰度图像。ycbcr2rgb 函数能将 YC_bC_r 色彩空间转换到 RGB 色彩空间。例如:

```
YCbCr = rgb2ycbcr(RGB);          % RGB 到 YCbCr 转换
imshow(YCbCr(:,:,1));            % 显示 YCbCr 数据的 Y 分量
```

其中,imshow 函数将图像的亮度分量 YCbCr(:,:,1)显示为灰度图像。C_b 和 C_r 分量分别由矩阵 YCbCr(:,:,2)和 YCbCr(:,:,3)表示。

YUV 和 YC_bC_r 数据可以使用顺序或者交错两种方式进行存储或传输。顺序方式向后兼容黑白电视信号。这种方式在一个连续的存储器区域内存储所有的亮度(Y)数据,随后是 U 分量数据,最后是 V 分量数据。数据以 YY…YY UU…UU VV…VV 的排列方式进行存储。这种安排使得黑白电视解码器能够不断访问 Y 分量数据。对于数字图像处理,图像数据通常使用交错的 YC_bC_r 方式存储,以便能够快速地读取数据,以减少内存使用量。

11.3　YC_bC_r 下采样色彩空间

在亮度分量(Y)基本相同的情况下,人眼对色度分量的变化(C_b 和 C_r)很不敏感,因此可以通过对色度分量进行下采样的方法来减少存储的数据量。图 11.2 为常见的四种 YC_bC_r 下采样格式,图中这四种格式都表示一幅相同的 4×4 尺寸图像,但它们所使用的比特数却不相同。

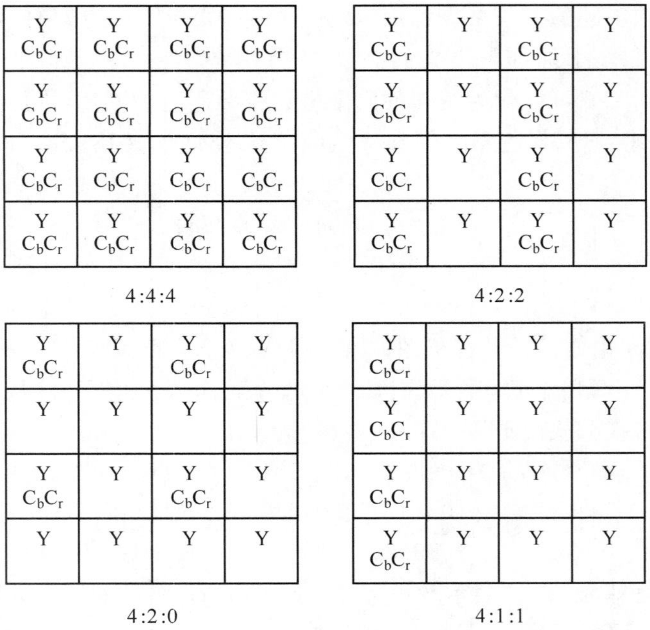

图 11.2 4 种 YC_bC_r 采样图形

图 11.2 中，如果图像采用 YC_bC_r 4：4：4 格式表示，则每个 Y 分量和对应的 C_b 和 C_r 分别使用 1 个字节表示。因此，在该格式下，4×4 图像共需要 16×3 个字节来表示。由于该格式未对色度进行下采样，因此具有最高的保真度。YC_bC_r 4：2：2 按照采样间隔等于 2 的方式，对每行色度分量进行抽取，相当于每 2 个亮度分量对应一对 C_bC_r 分量。因此，它使用 16+8×2＝32 个字节来表示 4×4 图像。在图 11.2 中，YC_bC_r 4：2：0 和 YC_bC_r 4：1：1 格式中 4 个 Y 分量共用 1 对色度分量，因而只需要(16+8)个字节表示 4×4 图像。表 11.1 列出了 720×480 图像在不同格式下所需的比特数。对于 MPEG-4 视频和 JPEG 图像压缩标准，使用 YC_bC_r 4：2：0 格式既能保证图像质量又能有效减少存储器空间大小。

表 11.1 4 种 YC_bC_r 下采样原理使用的比特数

720 像素×480 像素	Y 比特数	C_b 比特数	C_r 比特数	总比特数
YC_rC_b 4：4：4	720×480×8	720×480×8	720×480×8	8 294 400
YC_rC_b 4：2：2	720×480×8	360×480×8	360×480×8	5 529 600
YC_rC_b 4：2：0	720×480×8	360×240×8	360×240×8	4 147 200
YC_rC_b 4：1：1	720×480×8	180×480×8	180×480×8	4 147 200

11.4 色彩平衡和校正技术

真实场景和图像传感器捕获到的图像间总是存在一定的差异。造成这种差异的因素很多，例如，图像传感器的电子特性；捕获图像时亮度的突然变化；物体对不同光源的反射；

图像采集系统的系统结构;甚至显示和打印设备。因此,在数码相机、摄像机和图像打印机中必须采用色彩平衡、伽马校正等色彩校正技术。

11.4.1 色彩平衡

色彩平衡也称为白平衡,它能够对由于光线条件变化造成的颜色偏差进行校正。例如,室内白炽灯下拍摄的照片可能会偏红,而在中午阳光下拍摄的照片可能会偏蓝。白平衡算法通过模仿人的视觉系统来调整图像。RGB 空间的白平衡可以按照下面的公式进行计算

$$R_{\mathrm{W}} = Rg_{\mathrm{R}} \tag{11.3a}$$

$$G_{\mathrm{W}} = Gg_{\mathrm{G}} \tag{11.3b}$$

$$B_{\mathrm{W}} = Bg_{\mathrm{B}} \tag{11.3c}$$

其中,下标 w 表示白平衡调整后的 RGB 颜色分量,g_{R}、g_{G} 和 g_{B} 分别为红、绿、蓝三种颜色的增益因子。白平衡算法既可以应用到颜色域,也可以应用到频谱域。频谱域算法由于使用了图像传感器和照明源的光谱信息,因此更加精确,但其计算量也较大。而以 RGB 颜色空间为基础的白平衡算法,具有简单、易于实施和低成本等特性。为了获得精确的增益因子,RGB 数据必须包含丰富的颜色光谱。例如,如果仅使用包含红色的 RGB 空间来计算增益因子,往往得不到正确的结果。

【例 11.2】 MATLAB 函数 imread 可以读取 JPEG、TIF、GIF、BMP 和 PNG 图像。对于彩色图像,imread 函数将返回一个三维(3-D)的数组,而对于灰度图像则返回一个二维(2-D)数组。在实际应用中,白平衡增益通常使用 G(绿色)分量作为归一化标准。下面的 MATLAB 程序完成了一个 RGB 图像白平衡处理:

```
R = sum(sum(RGB(:,:,1)));         %计算 R 的和
G = sum(sum(RGB(:,:,2)));         %计算 G 的和
B = sum(sum(RGB(:,:,3)));         %计算 B 的和
gr = G/R;                         %归一化 R 的增益因子
gb = G/B;                         %归一化 B 的增益因子
Rw = RGB(:,:,1) * gr;             %向 R 应用增益因子
Gw = RGB(:,:,2);                  %G 具有增益因子 1
Bw = RGB(:,:,3) * gb;             %向 B 应用增益因子
```

如果图像颜色偏红,图像中 R(红色)分量的总和将远大于 B(蓝色)分量的总和。由于归一化红色增益因子 gr=G/R 小于蓝色增益因子 gb=B/R,所以上面程序中使用增益因子 gr 和 gb 来调节图像,将会使 RW 值减少,BW 值增加。这样处理后的图像 R(红色)分量将得到削弱。

11.4.2 颜色校正

即使使用最先进的数字照相机和摄像机采集图像,得到的 RGB 数据也不可能和人眼感知到的完全相同。色差校正(也称为颜色校正或饱和度校正)可以用来补偿人眼和机器间的这种偏差。颜色校正可以通过对白平衡后的 RGB 数据乘以一个 3×3 矩阵来实现

$$\begin{bmatrix} R_c \\ G_c \\ B_c \end{bmatrix} = \begin{bmatrix} c_{11} & c_{12} & c_{13} \\ c_{21} & c_{22} & c_{23} \\ c_{31} & c_{32} & c_{33} \end{bmatrix} \begin{bmatrix} R_w \\ G_w \\ B_w \end{bmatrix} \tag{11.4}$$

其中，3×3 校正矩阵系数由下面的公式计算得到

$$\min \left\{ \sum_{n=1}^{3} \sum_{m=1}^{3} \left[c_{nm} x_w(m,n) - x_{\text{ref}}(m,n) \right]^2 \right\}, \quad n \neq m \tag{11.5}$$

$$c_{nm} = 1, \quad n = m \tag{11.6}$$

其中，$x_w(m,n)$ 是白平衡处理图像，$x_{\text{ref}}(m,n)$ 为已知参考图像，例如标准色卡。因此，色彩校正是通过确定系数 c_{nm}，以形成最佳的 3×3 色彩校正矩阵使得 $x_w(m,n)$ 和 $x_{\text{ref}}(m,n)$ 两者之间的均方误差最小。式(11.6)中矩阵对角元素被归一化为 1，是为了在一定程度上保留白平衡处理结果。

11.4.3　Gamma 校正

当电视或计算机监视器对于线性输入值不能产生线性输出时，伽马校正可以用来补偿显示器的非线性响应。图 11.3 为一个 8 比特显示设备的伽马校正曲线，其中 x 轴表示输入的图像数据(R,G 或 B)，而 y 轴表示输出到显示器的图像数据。为了使显示器能够线性地显示图像，需要将输入的 RGB 数据乘以相应的 Gamma 校正因子以补偿显示器的非线性特性。显示器的 Gamma 值由 ITU BT.624-4 标准定义[3]。计算机显示器的 Gamma 值一般在 1.80～2.20 间。

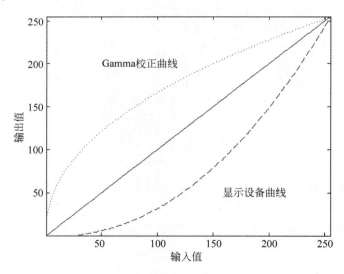

图 11.3　8 比特显示器的 Gamma 校正

Gamma 校正公式如下所示

$$R_\gamma = g R_c^{1/\gamma} \tag{11.7a}$$

$$G_\gamma = g G_c^{1/\gamma} \tag{11.7b}$$

$$B_\gamma = gB_c^{1/\gamma} \tag{11.7c}$$

这里 g 是校正增益系数，γ 是伽马值，R_c、G_c 和 B_c 是校正输入值。R_γ、G_γ 和 B_γ 是经由伽马校正的输出值。

【例 11.3】 使用式(11.7)对图像进行伽马校正，其中 $\gamma = 2.20$，校正后的 256 个数值可以存储在一个表中。在进行计算时，可以采用查表的方式对输入值进行校正。图 11.4(a)为未经过校正的原始 BMP 图像，图 11.4(b)为使用 MATLAB 程序 example11_3.m 校正后的图像。

(a) 原始图像($\gamma = 1.00$)

(b) Gamma校正图像($\gamma = 2.20$)

图 11.4　Gamma 校正图像和原始图像对比

11.5　直方图均衡

直方图通过计算图像中相同像素的数量，来表示图像中像素的分布特性。对于一个 8 比特表示的图像，直方图共有 $L = 256$ 条目。其中，第一个条目是图像中像素值为"0"的像素数量,第二条目是像素值为"1"的像素数量,以此类推。因此,一个 $M \times N$ 大小的图像包含的总像素数量就等于直方图公式中各条目包含的像素总和

$$MN = \sum_{l=0}^{L-1} h_l \tag{11.8}$$

其中,L 是在直方图中的条目总数,h_l 是各条目包含的像素数量,MN 等于图像中像素总数。

因为图像 $x(m,n)$ 可能包含数百万个像素,所以我们可以通过统计直方图计算出像素的均值 m_x 和方差 σ_x^2

$$m_x = \frac{1}{MN} \sum_{n=0}^{N-1} \sum_{m=0}^{M-1} x(m,n) = \frac{1}{MN} \sum_{l=0}^{L-1} lh_l \tag{11.9}$$

$$\sigma_x^2 = \frac{1}{MN} \sum_{n=0}^{N-1} \sum_{m=0}^{M-1} \left[x(m,n) - m_x \right]^2 \tag{11.10}$$

MATLAB 提供 mean2 和 std2 函数分别计算图像像素的均值和标准差。

在浏览图像时,人们可以根据需要对图像的亮度和对比度进行适当的调节。亮度是图像的整体光亮程度,对比度是图像中各亮度级别间的差异。亮度与数码相机拍摄时的曝光程度有关。亮度调节时,可以提高较暗图像的亮度或降低较亮图像亮度,使得图像更易于观察。由于亮度调节改变了图像中的每个像素的灰度值,因此整个图像会变得更加明亮或暗淡。改变整个图像的亮度不会影响图像的对比度。对比度可以通过改变各像素的亮度值进行调节。亮度和对比度的调节可能会导致饱和,即运算后的像素值超过其所能表示的范围。直方图均衡使用单调非线性映射方式对亮度强度进行分配,使得所产生的图像具有均匀分布的亮度强度。直方图均衡能够有效地处理黑白图像较暗区域中的细节信息。MATLAB 直方图均衡函数为 histeq,使用该函数可以增强图像的对比度。MATLAB 直方图均衡程序 example11_4.m 包括以下三个步骤:

(1)计算图形的直方图

```
for i = 1:height
    for j = 1:width
        index = uint8((Y(i,j)) + 1);
        hist(index) = hist(index) + 1;
    end
end
```

(2)对直方图进行归一化

```
len = 256;
eqFactor = 255 / (width * height);
sum = 0;
for i = 1:len
    sum = sum + hist(i);
    eqValue = sum * eqFactor;
    eqTable(i) = uint8(eqValue);
end
```

（3）采用归一化的直方图均衡图像

```
for i = 1:height
    for j = 1:width
        index = uint8((Y(i,j)) + 1);
        newY(i,j) = eqTable(index);
    end
end
```

【例 11.4】 本例对一个给定的图像进行直方图均衡，使用 example11_4.m 程序对图像进行直方图均衡处理。图 11.5(a)中，由于图片在夜间没有足够光源的情况下进行拍摄，因此图像中的建筑物较暗。图 11.5(c)中的图像直方图表明大多数的像素点都集中在直方图的左侧区域，因此可以通过使用直方图均衡对比度的方法来提高该图像的视觉质量。均衡后的图像如图 11.5(b)所示，可以看出图 11.5(a)中的大部分较暗区域在图 11.5(b)中已清晰可见，并从其对应的直方图中可以看出均衡后图像的像素分布更加均匀。

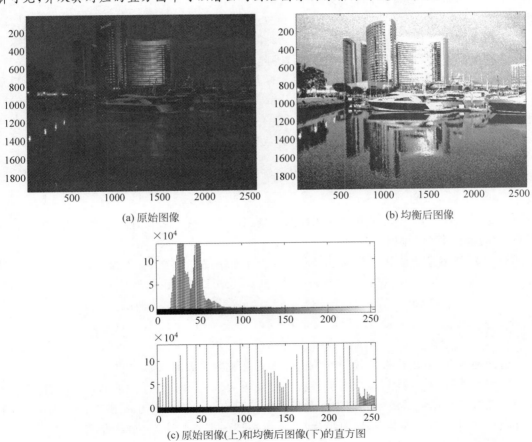

(a) 原始图像　　　　　　　　　　　(b) 均衡后图像

(c) 原始图像(上)和均衡后图像(下)的直方图

图 11.5 深色图片的直方图均衡

例 11.4 的直方图均衡过程是一个自动过程,它取代了通过试错法来调整图像亮度的方法。虽然它是一种有效提高图像对比度的方法,但由于直方图均衡使用的是近似直方图均匀方法,所以有时可能会产生一些问题。这些问题可以通过使用自适应直方图均衡方法解决,其过程是将图像划分成多个小区域,在每个小区域分别进行均衡。但划分区域后,在区域的边界又有可能产生边缘效应,因此需要对边界进行额外的平滑化处理。MATLAB 提供的 adapthisteq 函数可用于自适应直方图均衡。直方图应用的一个例子是指纹图像的灰度拉伸,将在 11.9.6 节中介绍。

11.6 图像滤波

大多数的视频和图像处理系统通常采用 2-D 滤波器来完成相关的图像处理。如果在 0 时刻输入一个冲激函数 $\delta(m,n)$ 到 2-D 系统;则输出是系统的冲激响应 $h(m,n)$。当系统的响应不随输入冲激函数的时间点改变时,该系统则叫做线性空间不变系统(LSI)。LSI 系统的输入/输出关系可以用它的冲激响应表示,如图 11.6 所示,其中 * 表示 2-D 线性卷积。

图 11.6 线性空间不变 2-D 系统

2-D 滤波运算实现时一般需要进行四次嵌套循环,因此需要较多的运算资源。如果水平方向(行)和垂直方向(列)中的像素不相关,则可以将 2-D 滤波分解为两个一维滤波进行操作,即先进行行滤波,然后进行列滤波。这样,其过程就和第 3 章介绍的一维 FIR 滤波相似,图像滤波的输出 $y(m,n)$ 可以使用单位冲激响应 $h(m,n)$ 和输入图像 $x(m,n)$ 的二维卷积进行计算

$$y(m,n) = \sum_{j=J-1}^{0} \sum_{i=I-1}^{0} h(i,j)x(m-i+1,n-j+1) \tag{11.11}$$

其中,$m=0,1,\cdots,M-1,n=0,1,\cdots,N-1$。滤波器系数 $h(i,j)$ 中 $i=I-1,I-2,\cdots,0$,$j=J-1,J-2,\cdots,0$。由于线性卷积按照折叠、移位、相乘和求和方式进行运算,所以滤波器系数索引按照降序排列(具体见 3.1.5 节)。

对于 2-D 图像滤波其系数被折叠两次(上下和左右)。图 11.7 为使用 3×3 滤波器($I=J=3$)时,对 $y(4,4)$ 像素点的滤波过程,其具体结果可以表示为

$$y(4,4) = h(2,2)x(3,3) + h(2,1)x(3,4) + h(2,0)x(3,5)$$
$$+ h(1,2)x(4,3) + h(1,1)x(4,4) + h(1,0)x(4,5)$$
$$+ h(0,2)x(5,3) + h(0,1)x(5,4) + h(0,0)x(5,5)$$

上式清楚地表明,输出像素值等于其周边像素和滤波器系数的乘累加和。

图像滤波可用于降噪、边缘增强、锐化、模糊等实际应用。线性滤波器广泛地用于图像处理以及数字图像特殊效果处理中。常见的图像噪声包括图像传感器引入的高斯噪声,突然剧烈抖动引起的冲激噪声,黑白高频噪声(也被称为椒盐噪声)。边缘是指图像中两个区域的边界部分,在边界处像素强度相对不连续。边缘检测是图像识别与计算机视觉的重要研究内容。MATLAB 提供了 edge 函数进行边缘检测。

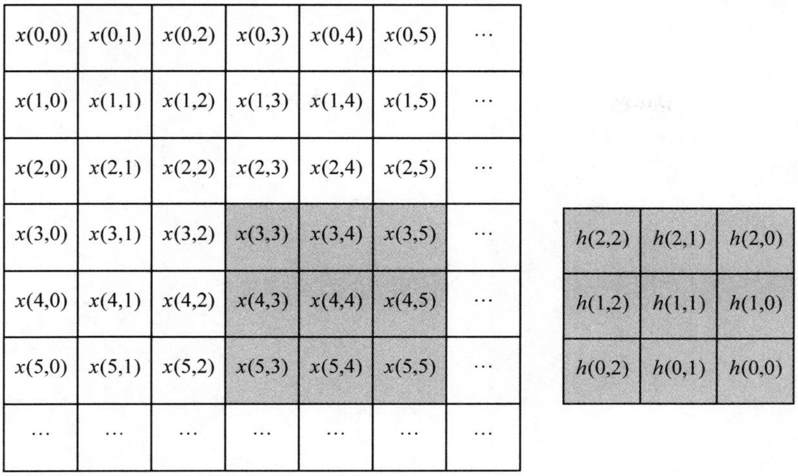

$x(0,0)$	$x(0,1)$	$x(0,2)$	$x(0,3)$	$x(0,4)$	$x(0,5)$	⋯
$x(1,0)$	$x(1,1)$	$x(1,2)$	$x(1,3)$	$x(1,4)$	$x(1,5)$	⋯
$x(2,0)$	$x(2,1)$	$x(2,2)$	$x(2,3)$	$x(2,4)$	$x(2,5)$	⋯
$x(3,0)$	$x(3,1)$	$x(3,2)$	$x(3,3)$	$x(3,4)$	$x(3,5)$	⋯
$x(4,0)$	$x(4,1)$	$x(4,2)$	$x(4,3)$	$x(4,4)$	$x(4,5)$	⋯
$x(5,0)$	$x(5,1)$	$x(5,2)$	$x(5,3)$	$x(5,4)$	$x(5,5)$	⋯
⋯	⋯	⋯	⋯	⋯	⋯	⋯

$h(2,2)$	$h(2,1)$	$h(2,0)$
$h(1,2)$	$h(1,1)$	$h(1,0)$
$h(0,2)$	$h(0,1)$	$h(0,0)$

图 11.7 采用 3×3 滤波器的 2-D 卷积示例

线性平滑(或低通)滤波器能有效地降低高频噪声,但会使图像边缘处模糊不清。线性滤波器通常采用加权系数,其系数的总和等于1,这样可以保证滤波后的图像和原图像具有相同的图像强度。当滤波系数的和大于 1 时,图像偏亮;否则,图形偏暗。

MATLAB 提供了几个函数进行二维滤波器设计。例如,fwind2 函数能根据给定的频率响应,使用二维窗函数来设计二维 FIR 滤波器。一些常用的 3×3 二维滤波器算子如下。

（1）Delta 滤波器

$$h(i,j) = \begin{bmatrix} 0 & 0 & 0 \\ 0 & 1 & 0 \\ 0 & 0 & 0 \end{bmatrix}$$

（2）低通滤波器

$$h(i,j) = \frac{1}{9}\begin{bmatrix} 1 & 1 & 1 \\ 1 & 1 & 1 \\ 1 & 1 & 1 \end{bmatrix}$$

（3）高通滤波器

$$h(i,j) = \frac{1}{6}\begin{bmatrix} -1 & -4 & -1 \\ -4 & 26 & -4 \\ -1 & -4 & -1 \end{bmatrix}$$

（4）Sobel 滤波器

$$h(i,j) = \begin{bmatrix} 1 & 0 & -1 \\ 2 & 0 & -2 \\ 1 & 0 & -1 \end{bmatrix} \quad 或 \quad h(i,j) = \begin{bmatrix} 1 & 2 & 1 \\ 0 & 0 & 0 \\ -1 & -2 & -1 \end{bmatrix}$$

（5）Prewitt 滤波器

$$h(i,j) = \begin{bmatrix} 1 & 0 & -1 \\ 1 & 0 & -1 \\ 1 & 0 & -1 \end{bmatrix} \quad 或 \quad h(i,j) = \begin{bmatrix} 1 & 1 & 1 \\ 0 & 0 & 0 \\ -1 & -1 & -1 \end{bmatrix}$$

（6）Laplacian 滤波器

$$h(i,j) = \begin{bmatrix} 1 & 4 & 1 \\ 4 & -20 & 4 \\ 1 & 4 & 1 \end{bmatrix}$$

（7）Emboss 滤波器

$$h(i,j) = \begin{bmatrix} -4 & -4 & 0 \\ -4 & 1 & 4 \\ 0 & 4 & 4 \end{bmatrix}$$

（8）Engrave 滤波器

$$h(i,j) = \begin{bmatrix} -1 & 0 & 0 \\ 0 & 2 & 0 \\ 0 & 0 & 0 \end{bmatrix}$$

大多数滤波器，例如 δ、低通、高通和拉普拉斯滤波器等，在水平和垂直方向都具有对称性。一般来说，低通滤波器的系数是不相同的；而上面（2）中的 3×3 平滑低通滤波器的系数却都是相同的，这只是个特例。高通滤波器系数可以由 δ 滤波器系数算子和低通滤波器算子相减得到。高通滤波器可以用于图像边缘的锐化。边界代表图像中局部区域强度的突变。边缘检测是图像分析和复原的关键步骤，在机器视觉中往往用来进行目标识别。Sobel 滤波器用来对图像的水平边缘进行增强。同样，Prewitt 滤波器能够增强图像的垂直边缘。这两种滤波器一次只能完成一个方向上的边缘增强。将水平 Sobel 算子和垂直 Prewitt 算子分别旋转 90°，就可以分别得到各自对应的垂直和水平算子。MATLAB 程序 Example11_5.m 完成水平 Sobel 算子滤波和垂直 Prewitt 算子滤波操作。拉普拉斯算子用来检查过零数。

【例 11.5】 MATLAB 图像处理工具箱的 filter2 函数能够完成 2-D 滤波：

```
R = filter2(coeff, RGB(:,:,1));
G = filter2(coeff, RGB(:,:,2));
B = filter2(coeff, RGB(:,:,3));
```

参数 coeff 是二维滤波器算子，RGB 是输入的图像数据矩阵，R、G 和 B 为滤波输出的一维数组。MATLAB 还提供内置函数 infilter 用于图像滤波：

```
newRGB = infilter(RGB,coeff);
```

图 11.8 为不同滤波器算子的滤波效果图，其中 δ 滤波结果作为原始参考图像和其他滤波结果图像进行比较。

(a) δ算子(原始图像)

(b) 低通滤波(图像模糊)

(c) 高通滤波(图像锐化)

图 11.8　采用 3×3 滤波算子的图像滤波结果

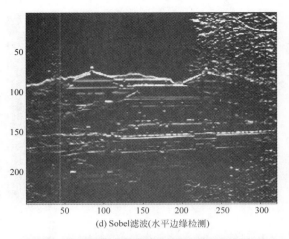

(d) Sobel滤波(水平边缘检测)

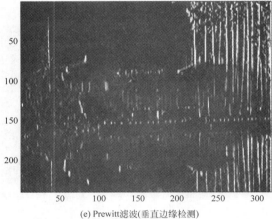

(e) Prewitt滤波(垂直边缘检测)

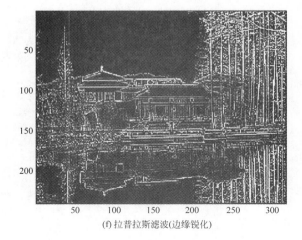

(f) 拉普拉斯滤波(边缘锐化)

图 11.8 （续）

(g) Emboss滤波(3-D阴影效应)

(h) Engrave滤波(雕刻效应)

图11.8 （续）

当使用定点运算单元进行图像2-D滤波时,必须考虑数据的溢出问题。由于2-D滤波计算量较大,因此在很多实时图像和视频应用中通常使用低阶滤波器算子,例如3×3或5×5算子。

11.7 快速卷积

720×480的RGB图像共包含$720\times480\times3$个采样值。如式(11.11)所示,滤波对每个像素都要进行嵌套循环计算,所以当滤波算子阶数较大时,计算量会非常庞大。因此,对于一个高阶的2-D滤波器来说,更有效的方法是使用快速卷积进行计算,快速卷积利用了具有计算效率的2-D FFT和IFFT。由于空域卷积运算被转变为频域乘法运算,快速卷积下高阶滤波的运算量明显减少。对于2-D快速卷积,可以首先进行水平运算,然后进行垂直运算。

对于一个 $M \times N$ 的图像，2-D DFT 可以表示为

$$X(k,l) = \sum_{m=0}^{M-1} \sum_{n=0}^{N-1} x(m,n) \mathrm{e}^{-\mathrm{j}(2\pi/N)lm} \mathrm{e}^{-\mathrm{j}(2\pi/M)kn} \tag{11.12}$$

其中，m 和 n 代表像素 $x(m,n)$ 的空间坐标，k 和 l 代表频域坐标，其中 $k=0,1,\cdots,M-1$，$l=0,1,\cdots,N-1$。2-D IDFT 可以表示为

$$x(m,n) = \frac{1}{MN} \sum_{k=0}^{M-1} \sum_{l=0}^{N-1} X(k,l) \mathrm{e}^{\mathrm{j}(2\pi/N)lm} \mathrm{e}^{\mathrm{j}(2\pi/M)kn} \tag{11.13}$$

MATLAB 提供的 2-D FFT 函数 fft2 和 IFFT 函数 ifft2。

2-D 快速卷积可以通过以下过程来实现：

（1）对滤波器系数矩阵和图像数据矩阵填充 0，使其满足 2-D FFT 和 IFFT 对输入数据长度为 2^n 的要求。

（2）对图像和滤波器系数矩阵进行 2-D FFT。

（3）将图像和滤波器系数两个频域矩阵进行点乘。

（4）进行 2D-IFFT 获得滤波后的图像。

【例 11.6】 利用 MATLAB 函数 fft2 和 ifft2 对 RGB 图像的 R 分量进行快速卷积：

```
fft2R = fft2(double(RGB(:,:,1)));          % R 分量的 2-D FFT
[imHeight imWidth] = size(fft2R);
fft2Filt = fft2(coeff, imHeight, imWidth);  % 滤波算子的 2-D FFT
fft2FiltR = fft2Filt .* fft2R;             % 2-D 快速卷积
newRGB(:,:,1) = uint8(ifft2(fft2FiltR));   % 2-D 逆 FFT
```

在程序代码中，fft2FiltR 为 RGB 图像 R 分量的 2-D 快速卷积结果。滤波器系数填零和频域变换由 fft2 函数得到。MATLAB 程序第四行的符号". ＊"代表点积运算符。完整的 MATLAB 示例 Example11_6.m 在配套的软件包中。图 11.9 为滤波后的图像结果，滤波器为 9×9 边缘滤波器、运动滤波器和高斯滤波器。

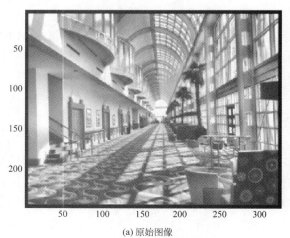

(a) 原始图像

图 11.9　采用快速卷积的 2-D 滤波结果

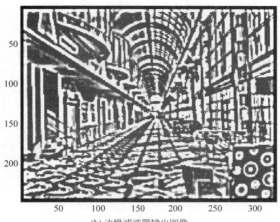

(b) 边缘滤波器输出图像

(c) 运动滤波器的输出图像

(d) 高斯滤波器的输出图像

图 11.9 （续）

（1）边缘滤波器

$$h(i,j)=\begin{bmatrix} -1 & -1 & -1 & -1 & -1 & -1 & -1 & -1 & -1 \\ -1 & -1 & -1 & -1 & -1 & -1 & -1 & -1 & -1 \\ -1 & -1 & 1 & 1 & 1 & 1 & 1 & -1 & -1 \\ -1 & -1 & 1 & 1 & 1 & 1 & 1 & -1 & -1 \\ -1 & -1 & 1 & 1 & 31 & 1 & 1 & -1 & -1 \\ -1 & -1 & 1 & 1 & 1 & 1 & 1 & -1 & -1 \\ -1 & -1 & 1 & 1 & 1 & 1 & 1 & -1 & -1 \\ -1 & -1 & -1 & -1 & -1 & -1 & -1 & -1 & -1 \\ -1 & -1 & -1 & -1 & -1 & -1 & -1 & -1 & -1 \end{bmatrix}$$

（2）运动滤波器

$$h(i,j)=1/9\begin{bmatrix} 1 & 0 & 0 & 0 & 0 & 0 & 0 & 0 & 0 \\ 0 & 1 & 0 & 0 & 0 & 0 & 0 & 0 & 0 \\ 0 & 0 & 1 & 0 & 0 & 0 & 0 & 0 & 0 \\ 0 & 0 & 0 & 1 & 0 & 0 & 0 & 0 & 0 \\ 0 & 0 & 0 & 0 & 1 & 0 & 0 & 0 & 0 \\ 0 & 0 & 0 & 0 & 0 & 1 & 0 & 0 & 0 \\ 0 & 0 & 0 & 0 & 0 & 0 & 1 & 0 & 0 \\ 0 & 0 & 0 & 0 & 0 & 0 & 0 & 1 & 0 \\ 0 & 0 & 0 & 0 & 0 & 0 & 0 & 0 & 1 \end{bmatrix}$$

（3）高斯滤波器

$$h(i,j)=1/256\begin{bmatrix} 0 & 0 & 0 & 0 & 0 & 0 & 0 & 0 & 0 \\ 0 & 0 & 0 & 0 & 0 & 0 & 0 & 0 & 0 \\ 0 & 0 & 1 & 4 & 6 & 4 & 1 & 0 & 0 \\ 0 & 0 & 4 & 16 & 24 & 16 & 4 & 0 & 0 \\ 0 & 0 & 6 & 24 & 36 & 24 & 16 & 0 & 0 \\ 0 & 0 & 4 & 16 & 24 & 16 & 4 & 0 & 0 \\ 0 & 0 & 1 & 4 & 6 & 4 & 1 & 0 & 0 \\ 0 & 0 & 0 & 0 & 0 & 0 & 0 & 0 & 0 \\ 0 & 0 & 0 & 0 & 0 & 0 & 0 & 0 & 0 \end{bmatrix}$$

例 11.6 中的快速卷积例子表明，高阶 2-D 图像滤波可以转化为频域快速卷积运算。对于一个 $N\times N$ 的图像和 $J\times J$ 的滤波器，卷积运算共需要进行 N^2J^2 次乘法运算（如果 $J=N$，那么为 N^4）。快速卷积（包括 2-D FFT、IFFT 和频域乘法）共需要 $NJ+2\log_2(NJ)$ 次乘法运算（如果 $J=N$，那么为 $N^2+4\log_2(N)$）。因此，快速卷积的计算量远小于空域线性 2-D 卷积的计算量。

11.8　实际应用

数字图像处理有许多实际应用。例如,基于 8×8 离散余弦变换(DCT)的静止图像压缩标准(JPEG)。JPEG 在保证图像质量的前提下,可以实现高达 10∶1 的压缩比。然而,对于更高的压缩比,JPEG 压缩图像可能会产生块效应。新压缩标准 JPEG2000 使用小波变换来获得更高的压缩比。本节将介绍这两种图像压缩技术。

11.8.1　DCT 与 JPEG

ITU-T 制定的 T.81 标准 JPEG[4],广泛应用于印刷、数码相机、视频编辑、安防和医学成像等领域。图 11.10 为 JPEG 编码器基本框图。

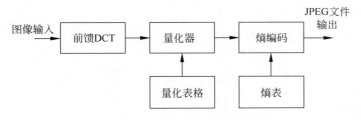

图 11.10　JPEG 编码器基本框图

JPEG 标准采用 1DⅡ型 DCT(前馈 DCT)和Ⅲ型 DCT(反 DCT)技术。基线(baseline)JPEG 将图像划分为若干个 8×8 块依次进行 DCT 变换。JPEG 编码时,从图像的顶部开始,逐行对每个 8×8 块进行 DCT 变换,JPEG 编码器每次从左至右处理一块像素。8×8 块经过前馈 DCT 变换后得到 64 个系数,第一个系数为直流系数(DC),剩下的 63 个为交流系数(AC)。这 64 个 DCT 系数使用 T.81 标准量化表进行量化。

当前编码块的 DC 系数并不直接量化,而是和前一个块的 DC 系数相减,JPEG 编码器只对其差值进行量化编码。剩下的 63 个 AC 系数则根据其实际值进行量化。量化后的 64 个 DCT 系数按照图 11.11 中所示的顺序进行排列。量化和重排序后系数再传递给熵编码器进一步压缩。JPEG 标准定义了两种熵编码技术:霍夫曼编码和算术编码。每个编码使用的码表均由 T.81 指定。

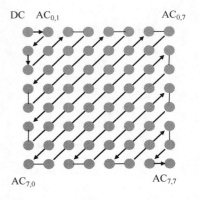

图 11.11　"之"字形的 DCT 系数排列顺序

11.8.2　二维 DCT 变换

许多数字图像和视频压缩技术都使用二维 DCT 和反 DCT(IDCT)变换[5]。$N \times N$ 图像的二维 DCT 和 IDCT 如下

$$X(k,l) = \frac{2}{N}C(k)C(l)\sum_{m=0}^{N-1}\sum_{n=0}^{N-1}x(m,n)\cos\left[\frac{(2n+1)l\pi}{2N}\right]\cos\left[\frac{(2m+1)k\pi}{2N}\right] \qquad (11.14)$$

$$x(m,n) = \frac{2}{N}\sum_{k=0}^{N-1}\sum_{l=0}^{N-1}C(k)C(l)X(k,l)\cos\left[\frac{(2n+1)l\pi}{2N}\right]\cos\left[\frac{(2m+1)k\pi}{2N}\right] \qquad (11.15)$$

其中，$x(m,n)$ 为图像像素，$X(k,l)$ 是相应的 DCT 变换系数，并且

$$C(k) = C(l) = \begin{cases} \sqrt{2}/2, & \text{如果 } k = l = 0 \\ 1, & \text{其他} \end{cases} \qquad (11.16)$$

大部分图像压缩算法中 N 设置为 8，使式(11.14)和式(11.15)中的 $N=8$ 即可得到 T.81 中的二维 8×8 DCT 和 IDCT。

二维 DCT 和 IDCT 可以分解为：水平(逐列)DCT 和垂直(逐行)DCT 两个单独的一维 DCT 变换来实现。使用快速一维 DCT 和 IDCT 的算法，可以大幅减少计算量。一维 8 点 DCT 和 IDCT 公式如下

$$X(k) = \frac{1}{2}C(k)\sum_{m=0}^{7}x(m)\cos\left[\frac{(2m+1)k\pi}{16}\right] \qquad (11.17)$$

$$x(m) = \frac{1}{2}\sum_{k=0}^{7}C(k)X(k)\cos\left[\frac{(2m+1)k\pi}{16}\right] \qquad (11.18)$$

其中

$$C(k) = \begin{cases} \sqrt{2}/2, & \text{如果 } k = 0 \\ 1, & \text{其他} \end{cases}$$

JPEG 压缩算法对 8×8(64)个图像像素进行一维 DCT 变换。所得的 DCT 系数被以 "之"字形方式重新排序，然后由熵编码器量化编码。这一过程与中间结果示于图 11.12。

【例 11.7】 MATLAB 提供函数 dct(idct)和 dct2(idct2)分别进行一维和二维 DCT (IDCT)计算，这两个函数的用法基本相同，具体使用方法如 MATLAB 程序 Example11_7.m 所示。首先，使用 imread 函数读入图像文件，再使用 rgb2ycbcr 将 RGB 色空间转换为 YC_bC_r 色空间。图像被分割成 8×8 块，然后，再按照先行后列的顺序进行一维 DCT 变换：

```
for n = 1:8:imHeight                          % 每块高为 8 像素
  for m = 1:8:imwidth                         % 每块宽为 8 像素
    for i = 0:7
      for j = 0:7
        mbY(i+1,j+1) = Y(n+i,m+j,1);          % 形成 8×8 块
      end
    end
    mbY = dct(double(mbY));                    % 执行水平 1-D DCT
    mbY = dct(double(mbY'));                   % 执行垂直 1-D DCT
  end
end
```

8×8 DCT 系数块进行 IDCT 转换回 YC_bC_r 色彩空间。最后，函数 ycbcr2rgb 将 YC_bC_r 又

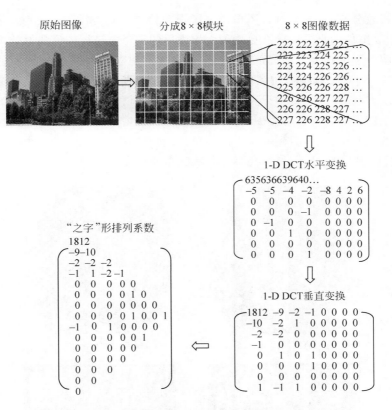

图 11.12　JPEG 图像编码过程的 DCT 模块转换和再排序

转换到 RGB 色彩空间。经过对比,原始和重构图像间的差异非常小,证明了 DCT/ IDCT 运算的正确性。

对于 JPEG 压缩标准,DCT 系数进行"之"字形排序后,这些系数将被量化和编码。在编码过程中,当剩余的编码系数均为零时,则结束该块的编码。

11.8.3　指纹

近年,指纹自动化生物特征识别技术被集成到许多应用中。指纹图像由无数个暗色的脊线和脊线间浅色的谷线所构成。指纹识别算法通过比较脊线位置和脊线方向,来确定两个指纹图案是否相同。图 11.13 中的典型指纹应用涉及了多种图像处理算法,如滤波、转换和边缘增强。图像边缘细化算法之后的指纹识别过程超出了本书的范围,因此不在图中给出。

指纹由手指与传感器接触得到,因此需要先进行指纹图像分割,即将整个指纹图像

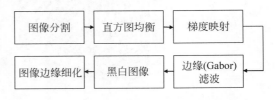

图 11.13　应用于指纹应用的图像
　　　　　处理算法流程图

提取出来。指纹分割后，继续进行图像边缘增强和检测。直方图均衡增强了指纹图像的对比度，并使指纹图像的直方图分布更均匀。增强后的图像再进行梯度映射处理，其过程是按照图像梯度幅值和沿梯度方向局部梯度幅值的最大值建立一个映射。接着，使用滤波器(如11.6 节中的拉普拉斯滤波器)对图像进行滤波，以提取图像的边缘信息。滤波后的图像再经过判决模块，根据阈值将像素设置为黑色或白色。阈值对于判决过程非常关键，不正确的阈值可能产生错误的结果或者丢失重要的信息。最后，增强的图像被传递到细化过程，去除边缘线附近的一些杂散点，得到一张平滑的单线图像。这时就可以进行指纹特征识别和比较了。图 11.14 为每个处理过程得到的图像，完整的程序在 11.9.6 节中给出。

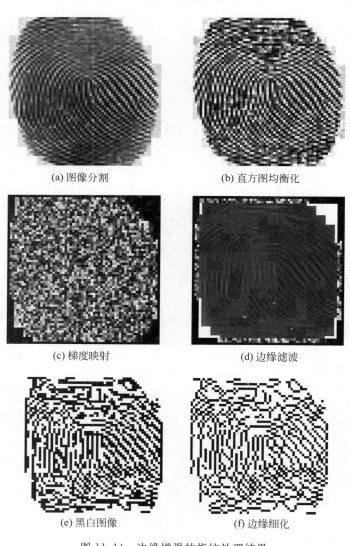

(a) 图像分割   (b) 直方图均衡化

(c) 梯度映射   (d) 边缘滤波

(e) 黑白图像   (f) 边缘细化

图 11.14 边缘增强的指纹处理结果

11.8.4　离散小波变换

离散小波变换(DWT)广泛地应用于图像压缩、降噪、指纹识别等图像处理应用中。通常,小波函数为一个小波,它必须以一定方式表现出振荡性,以便在不同频率之间进行区分。和基于正弦函数的DFT相比较,小波变换的分析函数可以从几个基础的母函数进行选取。常用的母函数有Daubechies、Coiflets、Haar、Morlet和Symlets小波,选择这些函数是因为它们都能满足小波理论的要求。小波理论超出了本书的范围,这里只简要地介绍实验中的2-D DWT。

离散小波技术或小波变换的主要原理是使用滤波器组进行子带滤波。离散小波变换使用特定的多级滤波器组进行信号分解(分析)和重建(合成)。小波分解可以由如图11.15所示的一对高通滤波器和低通滤波器来完成。此过程可以不断重复,以形成多个级联。小波变换和DCT之间的一个重要区别是对数据块大小的要求不同。DCT变换需要将图像数据分块处理,如最常见的8×8数据块,而小波变换却不需要这样的分块处理。因此,基于小波的图像处理避免了DCT中常见的块效应。JPEG标准采用了DCT算法,而JPEG2000标准采用了小波变换。图11.15给出了离散小波变换分解和重构的框图。框图中的符号$h(\cdot)$、$g(\cdot)$、$W_{LL}(m,n)$、$W_{LH}(m,n)$、$W_{HL}(m,n)$、$W_{HH}(m,n)$等在下一节中进行介绍。

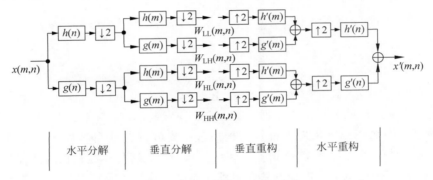

图 11.15　离散小波分解与重构

如图11.16所示,小波变换将信号分解成高低频带。在图11.16(b)中,第一级的2-D子带分解包含四个分解结果,标记为LL、LH、HL和HH,其中字母L和H分别表示低通和高通滤波后的频带。在小波变换中,低通滤波器的输出包含了最重要的低频大幅度分量,

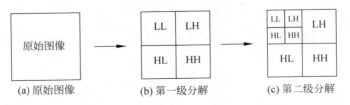

(a) 原始图像　　　(b) 第一级分解　　　(c) 第二级分解

图 11.16　2-D离散小波分解的两个层次

低频分量被称为"近似"；而高通滤波器的输出中包含了高频小幅度分量，高频分量被称为"细节"。图 11.16(b)左上角中，对图像逐行逐列进行低通滤波得到 LL 分解图像，低通滤波使得大部分原始图像信息得以保留。分解图像的大小等于原图像的四分之一(宽度和高度各一半)。同样，LH 子带图像由对图像逐行低通滤波，对逐列高通滤波得到；而 HL 子带图像是逐行高通滤波和逐列低通滤波的结果。最后，HH 子带图像由逐行和逐列都进行高通滤波得到，因此仅包含高频残差。

此分解过程可以持续进行第二级(level2)小波分解，如图 11.16(c)所示。值得注意的是，只有图 11.16(b)中的低频子带图像 LL 用于二级小波分解。如果进行第三级分解，则是对图 11.16(c)的 LL 子带图像进行分解。

如图 11.15 所示，$W_{LL}(m,n)$、$W_{LH}(m,n)$、$W_{HL}(m,n)$ 和 $W_{HH}(m,n)$ 分别为 LL、LH、HL 和 HH 子带图像的 DWT 系数，对于一个 $M \times N$ 图像 $x(m,n)$ 二维小波变换的一级分解如下：

$$W_{LL}(m,n) = \frac{1}{\sqrt{MN}} \sum_{l=0}^{L-1} \left\{ \left[\sum_{k=0}^{L-1} x(m,n)h(n-k) \right] h(m-l) \right\} \tag{11.19a}$$

$$W_{LH}(m,n) = \frac{1}{\sqrt{MN}} \sum_{l=0}^{L-1} \left\{ \left[\sum_{k=0}^{L-1} x(m,n)h(n-k) \right] g(m-l) \right\} \tag{11.19b}$$

$$W_{HL}(m,n) = \frac{1}{\sqrt{MN}} \sum_{l=0}^{L-1} \left\{ \left[\sum_{k=0}^{L-1} x(m,n)g(n-k) \right] h(m-l) \right\} \tag{11.19c}$$

$$W_{HH}(m,n) = \frac{1}{\sqrt{MN}} \sum_{l=0}^{L-1} \left\{ \left[\sum_{k=0}^{L-1} x(m,n)g(n-k) \right] g(m-l) \right\} \tag{11.19d}$$

其中，$h(l) = \{h_0, h_1, \cdots, h_{L-1}\}$ 和 $g(l) = \{g_0, g_1, \cdots, g_{L-1}\}$ 是由选定的小波函数决定的一维低通滤波器和高通滤波器，L 是滤波器阶数。需要注意的是，这些滤波器都是正交镜像滤波器，以便能够更好地在一定条件下进行重构。这些滤波器包括由英格丽·多贝西(Ingrid Daubechies)设计的多贝西小波(Daubechies's wavelets)。这些高通和低通滤波器彼此互相关联。例如，可以通过低通滤波器的系数得到高通滤波器的系数

$$g(L-1-l) = (-1)^l h(l), \quad l = 0, 1, \cdots, L-1 \tag{11.20a}$$

或者

$$g_{L-1-l} = (-1)^l h_l, \quad l = 0, 1, \cdots, L-1 \tag{11.20b}$$

在图像重构时，使用低通滤波器 h'_l 和高通滤波器 g'_l。这两个滤波器的系数可以由 h_l 和 g_l 分别表示为

$$h'_l = h_{L-1-l}, \quad l = 0, 1, \cdots, L-1 \tag{11.21a}$$

以及

$$g'_l = g_{L-1-l}, \quad l = 0, 1, \cdots, L-1 \tag{11.21b}$$

需要注意的是，在实际应用中只需要计算低通分解滤波器系数 h_l，对于其他三个系数，h'_l、g'_l 和 g_l 都可以通过 h_l 得到。它们之间的关系可以通过 MATLAB 函数 wfilters 进行验证，如例 11.8 所示。

图 11.15 中的小波逆变换可以表示为

$$x'(m,n) = \frac{1}{\sqrt{MN}} \sum_{l=0}^{L-1} \left\{ \left[\sum_{k=0}^{L-1} W'_{LL}(m,n) h'(n-k) \right] h'(m-l) \right\}$$
$$+ \frac{1}{\sqrt{MN}} \sum_{l=0}^{L-1} \left\{ \left[\sum_{k=0}^{L-1} W'_{LH}(m,n) h'(n-k) \right] g'(m-l) \right\}$$
$$+ \frac{1}{\sqrt{MN}} \sum_{l=0}^{L-1} \left\{ \left[\sum_{k=0}^{L-1} W'_{HL}(m,n) g'(n-k) \right] h'(m-l) \right\}$$
$$+ \frac{1}{\sqrt{MN}} \sum_{l=0}^{L-1} \left\{ \left[\sum_{k=0}^{L-1} W'_{HH}(m,n) g'(n-k) \right] g'(m-l) \right\} \tag{11.22}$$

这里 $W'_{LL}(m,n)$、$W'_{LH}(m,n)$、$W'_{HL}(m,n)$ 和 $W'_{HH}(m,n)$ 是需要处理的 DWT 系数。可以对 DWT 系数使用阈值进行数据压缩。当高频残差小于所选阈值时,这些残差可被设置为零。通过改变阈值,可以调整压缩比。

小波图像处理时,可以不断地重复分解,直到完成最后一个像素。小波分解后,最重要的信息都位于 LL 频带,而经过几级分解后的高通滤波结果为零或者是很小的值。由于分解作用于图像像素上,因此理论上可以无失真地重建分解图像。这个概念对于基于小波的图像处理十分重要,尤其是对于无损压缩。小波过程可以叫做塔形分解,用于 JPEG2000 标准。其他的小波变换应用还包括模式识别、去噪、心电图(ECG)分析等。

【例 11.8】 MATLAB 通过函数 dwt2 和 idwt2 实现二维正反 DWT 变换。本例中,程序实现了图像的一级小波分解和基于小波变换的简单边缘增强处理。图 11.17 显示了黑白图像及一级小波分解结果。这里,原始图像的水平边缘在 LH 子带中,而垂直边缘在 HL 子带中。为了进行边缘增强,简单地将 LL 子带(图 11.17(b)左上角)赋值为 0,计算这些子带的小波逆变换,将其合成为一个图像。具有较强边缘的重构图像如图 11.17(c)所示。本例的部分 MATLAB 程序如下:

```
[X,map] = imread('reference.bmp');      % 将图像读至 X
[L_D,H_D,L_R,H_R] = wfilters('db2');    % 计算滤波器系数
[LL,LH,HL,HH] = dwt2(X,L_D,H_D);        % 采用 L_D 和 H_D 的 2-D DWT
LL = zeros(size(LL));                   % LL 子带图像赋零
Y = idwt2(LL,LH,HL,HH,L_R,H_R);         % 采用 L_R 和 H_R 的逆 2-D DWT
```

(a) 原始图像

(b) 第一级分解

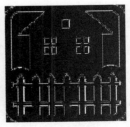
(c) 重构图像

图 11.17 增强边缘的一级小波变换和处理

对比图 11.17(a)和(b)两幅图，可以清楚地看出，LL、LH、HL 和 HH 子带分别包含了近似、水平细节、垂直细节和对角线细节系数。MATLAB 函数 wfilters 计算 4 组小波滤波器系数，其中 L_D 和 H_D 分别是低通和高通分解滤波器，L_R 和 H_R 分别是低通和高通合成滤波器。多贝西小波滤波器可以以小波的名称进行命名：'db1'，'db2'，…，'db45'。

11.9 实验和程序实例

本节介绍使用 C5505 eZdsp 进行图像处理的实验。对于数字图像和视频处理，计算速度非常关键，特别是对于实时视频应用。另外，有限字长效应对于定点实现也非常重要。

BMP 图像文件可通过计算机等许多设备进行显示，其应用十分广泛，因此本节使用 BMP 文件进行实验。BMP 文件既可以表示黑白图像也可以表示彩色图像。在本节中用于实验的是微软公司未压缩 24 位 RGB BMP 图像格式[6]。BMP 图像包括一个文件头，以描述图像的信息。表 11.2 给出了部分微软公司 BMP 的头信息。

表 11.2 BMP 文件格式的部分信息，RGB2BMPHeader. c

```
typedef struct {
  unsigned short bfType;            //BMP 图像文件开始的位置
  unsigned long bfSize;             //BMP 文件大小
  unsigned short bfReserved1;
  unsigned short bfReserved2;
  unsigned long bfOffBits;          //BMP 数据从起始位置偏移量开始
  unsigned long biSize;             //BMP 文件头信息块大小
  unsigned long biWidth;            //BMP 图像宽度
  unsigned long biHeight;           //BMP 图像高度
  unsigned short biPlanes;          //BMP 平面数(必须为零)
  unsigned short biBitCount;        //BMP 每像素位数
  unsigned long biCompression;      //BMP 压储类型   0 = 不压缩
  unsigned long biSizeImage;        //BMP 图像数据长度
  unsigned long biXPelsPerMeter;    //BMP X 方向每米像素数
  unsigned long biYPelsPerMeter;    //BMP Y 方向每米像素数
  unsigned long biClrUsed;          //BMP 使用的颜色数
  unsigned long biClrImportant;     //BMP 颜色重点数
} BMPHEADER;
void createBMPHeader(unsigned short * bmpHeader, unsigned short width,
unsigned short height)
{
  BMPHEADER bmp;
  //Prepare the BMP file header
  bmp.bfType              = 0x4D42;    //微软公司 BMP 文件
  bmp.bfSize              = (width * height * 3) + 54;
```

续表

```
    bmp.bfReserved1              = 0;
    bmp.bfReserved2              = 0;
    bmp.bfOffBits                = 54;                  //文件头的总字节数
    bmp.biSize                   = 40;                  //信息块的大小
    bmp.biWidth                  = width;
    bmp.biHeight                 = height;
    bmp.biPlanes                 = 1;
    bmp.biBitCount               = 24;                  //8 位 RGB 颜色数据
    bmp.biCompression            = 0;                   //不压缩
    bmp.biSizeImage              = (width * height * 3);
    bmp.biXPelsPerMeter          = 0;
    bmp.biYPelsPerMeter          = 0;
    bmp.biClrUsed                = 0;
    bmp.biClrImportant           = 0;
}
```

BMP 图像文件中的 RGB 数据从下向上逐行进行排列。图 11.18 是一个 120×160 BMP 文件 RGB 数据排列示例。详细的 BMP 文件定义和 BMP 文件的变化可以参考文献[6]。

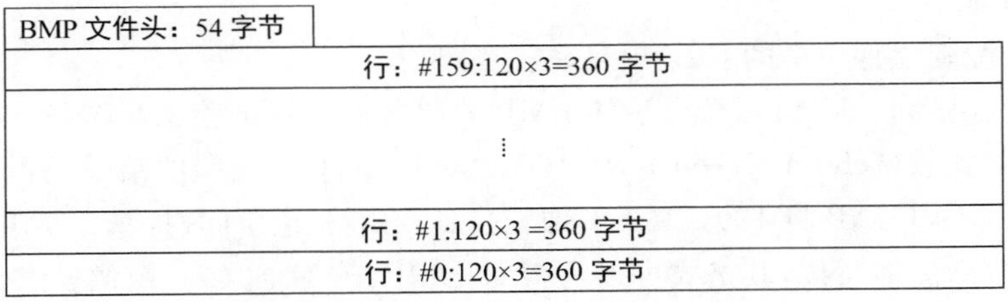

图 11.18 微软 120×160 图像文件 BMP 格式

11.9.1 YC_bC_r 到 RGB 转换

本节使用 C5505 eZdsp 实现 YC_bC_r 格式和 RGB 格式的转换。8 位的颜色空间转换使用定点 C 程序实现。MATLAB 中的转换函数 ycbcr2RGB 可以表示为

$$\begin{bmatrix} R \\ G \\ B \end{bmatrix} = \begin{bmatrix} 0.046 & 0 & 0.0063 \\ 0.046 & -0.0015 & -0.0032 \\ 0.046 & 0.0079 & 0 \end{bmatrix} \begin{bmatrix} Y-16 \\ C_b-128 \\ C_r-128 \end{bmatrix}$$

YC_bC_r 格式仅使用 8 比特数据表示,转换矩阵系数的字长将决定转换精度和累计误差。为了实现更高的精度和减少有限字长效应,必须使用足够大的动态范围来表示系数。在本实验中,定点系数使用 24 位表示的整数,范围从 0x800000(-1.0)到 0x7FFFFF(1.0 至 2^{-23})。

转换结果必须被截位到 8 位,以便与 8 位 RGB 数据格式一致。对于 8 位数据,所能表

示的范围从 0 到 255。由于两个 8 位的数据项可以合在一起，占用一个 16 位的字存储位置，所以本例中可以同时处理两个像素。在本例中，8 位的 Y、C_b 和 C_r 输入数据文件被转换为 RGB 图像并存储为 BMP 文件。该 BMP 图像可以由计算机进行显示。表 11.3 列出了用于实验的文件。

表 11.3 实验 Exp11.1 文件列表

文 件	描 述
YCbCr2RGB.c	YC_bC_r 到 RGB 色空间转换函数
YCbCr2RGBTest.c	测试实验程序
RGB2BMPHeader.c	用 RGB 数据创建 BMP 文件的 C 函数
ycbcr2rgb.h	C 头文件
tistdtypes.h	标准类型定义头文件
c5505.cmd	链接命令文件
butterfly160x120Y8.dat	Y 成分数据文件
butterfly160x120Cb8.dat	C_b 成分数据文件
butterfly160x120Cr8.dat	C_r 成分数据文件

实验过程如下：

(1) 导入配套软件包中的 CCS 项目，重建项目。

(2) 加载程序到 eZdsp，运行产生的 BMP 图像文件。将试验结果图像和所提供的参考 BMP 图像进行比较(reference_-butterfly160x120.bmp)验证实验的结果是否正确。

(3) 使用 MATLAB 将 120×160 图像转换到 YC_bC_r 色空间(提示：使用 MATLAB 函数 imread 读取的图像文件，其格式可以是 JPG、BMP、PNG 或 GIF 图像。函数 imread 可将图像转换为 RGB 色空间。使用 imresize 来调整图像大小以获得所需的分辨率，将图像从 RGB 色空间转换到 YCbCr 色空间，并保存 YCbCr 文件进行实验)。修改实验，使它可以读取 YC_bC_r 图像文件，并转换为 120×160 BMP 图像。

(4) 为了能够处理大尺寸图像，进行实验时必须正确的定义和分配 eZdsp 的存储空间。重复步骤(3)，处理 320×240 分辨率的图像。

11.9.2 白平衡

物体的颜色可能会根据光源发生变化。人的视觉能够自适应的进行调节，以适应物体颜色的变换。然而，机器视觉设备、数字照相机和摄像机等却不具备这种自适应的能力。传统机械式的照相机使用特殊的光学过滤器进行色彩的校正。数码相机使用自动白平衡和手动白平衡算法来校正不同光源或环境产生的颜色差异。自动白平衡技术使用该图像来计算"真实"的白色增益，以平衡 R、G 和 B 颜色分量。手动(或固定)白平衡使用预定义的颜色对于特定场景进行处理，如海滩、雪景、户外和室内。通常可以使用色温来对光源进行描述。表 11.4 列出了一些常见场景光源的色温，单位为开尔文(K)。

表 11.4 不同光源色温

光 源	色温/K
烛光	1000～2000
白炽灯(家庭)	2500～3500
日出或日落	3000～4000
荧光灯(办公室)	4000～5000
电子闪光灯	5000～5500
阳光明媚的日光	5000～6500
明亮的阴天	6500～8000

不正确的白平衡可能会产生偏蓝或偏红的图像。使用 C5505 eZdsp 对 11.4.2 节中的例 11.2 进行自动白平衡处理。图 11.19 为该自动白平衡的流程图。

在该实验中,数字照相机使用固定白平衡设置(色温为 4150K)对三种不同色温场景进行拍照:白炽灯(2850K)、荧光灯(4150K)和日光(6500K)。白平衡前,白炽灯下拍摄的照片看起来偏红,而在明亮的日光拍摄的照片偏蓝。

如图 11.19 所示,该实验包括三个步骤:①计算 R、G 和 B 像素的和;②计算 R、G 和 B 白平衡校正的增益因子;③对所有像素进行白平衡处理。白平衡函数将对不接近现实的颜色进行纠正。使这些图片看起来好像在相同的荧光灯下拍摄得到。表 11.5 为程序中用到的文件。

图 11.19 采用白平衡的色彩校正

表 11.5 实验 Exp11.2 文件列表

文 件	描 述
whitebalance.c	白平衡定点 C 函数
whitebalanceTest.c	测试实验程序
whitebalance.h	C 头文件
tistdtypes.h	标准类型定义头文件
c5505.cmd	链接命令文件
tory_2850k.bmp	在室内白炽灯下获得的图像文件
tory_4150k.bmp	在室内荧光灯下获得的图像文件
tory_6500k.bmp	在中午室外光下获得的图像文件

实验过程如下:

(1) 导入配套软件包中的 CCS 项目,重建项目。

(2) 运行 eZdsp 产生用于实验的白平衡 BMP 图像。将处理的图像与原始图像进行比较。

(3) 比较实验结果,可以发现白平衡后的图像具有不同的亮度。这是因为本次实验中,仅仅对图像色彩进行了校正，而未对图像的整体亮度进行调节。修改实验程序，使得白平衡后的图像亮度相近。

（4）修改实验程序使其能够对 320×240 分辨率 BMP 图像进行白平衡。

11.9.3　Gamma 校正和对比度调节

Gamma(伽马)校正和对比度调节通常采用查表方式实现。一个 8 比特的图像系统，按照一一对应的关系，查找表中共需要 256 个值。图 11.20 为输入像素值(实线)和查表输出结果(虚线)之间的关系，其中图 11.20(b)表示 $\gamma = 2.20$ 的伽马曲线(虚线)，图 11.20(c)将输入图像查表映射成为低对比度图像，而图 11.20(d)则查表产生高对比度的输出图像。在这些图中，x 轴表示输入像素值，y 轴表示输出像素值。

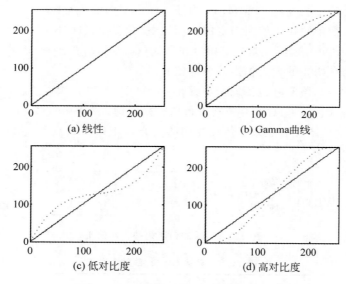

图 11.20　不同图像映射的查表方法

查表法中的表格通常是以离线方式或在系统初始化时生成。本实验中，伽马表和对比度表在程序初始化时由 C 程序 tableGen.c 生成。如 11.4.3 节所讨论的，伽马校正是一种预处理技术，以补偿显示器的非线性特性。大多数个人电脑的伽马值为 2.20。对比度调整通过改变像素的分布来实现图 11.20 中所示的对比度曲线。表 11.6 列出了用于实验的文件。

表 11.6　实验 Exp11.3 文件列表

文　件	描　述
tableGen.c	生成查找表的定点 C 函数
imageMapping.c	图像校正的定点 C 函数
gammaContrastTest.c	测试实验程序
gammaContrast.h	C 头文件

续表

文　件	描　述
tistdtypes. h	标准类型定义头文件
c5505. cmd	链接命令文件
boat. bmp	Gamma 实验 BMP 文件
temple. bmp	高、低对比度实验 BMP 文件

具体实验过程如下：

(1) 导入配套软件包的 CCS 项目,并且重建项目。

(2) 运行实验程序,产生伽马校正和高低对比度调节后的 BMP 图像,并与原始图像进行对比。

(3) 将伽马值分别设置为 1.0、1.8、2.2 和 2.5,重复实验,并比较其差异。

(4) 修改 tabelGen. c 中的函数使其能够产生更高对比度的查找表。重新运行实验程序并观察其结果差异。使用不同的数学公式来创建类似于图 11.20(c)和(d)不同对比度的曲线,然后重复试验,并观察结果。

11.9.4　图像滤波

图像滤波由于需要处理的像素数量巨大,因此通常计算量较大。对于实时应用,图像滤波可以使用汇编程序和(或者)特定的硬件加速器完成。

本实验使用 3×3 低通、高通和拉普拉斯滤波器算子。输入图像像素被放置在数据缓冲器 pixel[3×IMG_WIDTH]中,其仅包含了三行图像的像素。3×3 滤波器系数被放置在矩阵 filter[I×J]中。图像像素 $x(m,n)$ 及其八个相邻像素(见图 11.7)乘以相应的滤波器系数,将乘积相累加以产生滤波后的输出像素 $y(m,n)$。滤波处理时以三行像素数据为一个组,索引变量 n 代表当前行,$n-1$ 表示前一行,$n+1$ 表示后一行。滤波处理从每行的第一列开始一直到最后一行。图像数据缓冲器通过调整索引 n 一次更新一行数据。该实验中,分别对三个不同分辨率的图像进行滤波处理。表 11.7 列出了用于该实验的所有文件。

表 11.7　实验 Exp11.4 文件列表

文　件	描　述
filter2D. c	C55xx 汇编 2-D 滤波函数
filter2DTest. c	测试实验程序
filter2D. h	C 头文件
tistdtypes. h	标准类型定义头文件
c5505. cmd	链接命令文件
eagle160x160. bmp	高通滤波实验 BMP 文件
hallway160x120. bmp	拉普拉斯滤波实验 BMP 文件
kingProtea160x128. bmp	低通滤波实验 BMP 文件

实验过程如下：

（1）导入配套软件包中的 CCS 项目，并且重建项目。

（2）运行下面的实验，产生 2-D 滤波器 BMP 输出图像：

① 选择高通滤波器。验证输出图像相比于原始图像是否更加清晰。

② 选择拉普拉斯滤波器。验证输出图像的边缘相比于原始图像是否得到增强。

③ 选择低通滤波器。验证图像边缘是否更加平滑。

（3）使用 11.6 节定义的 emboss 和 engrave 滤波器重复本实验，并观察滤波效果。

（4）修改程序，使得其能够对图像进行两次滤波。使用 11.6 节中定义的 Sobel 和 Prewitt 滤波器，首先水平滤波，然后垂直滤波。检查输出图像，观察滤波效果。

（5）使用 MATLAB 产生一些黑白图像。重复使用 emboss、engrave、Sobel 和 Prewitt 滤波器，并观察其滤波结果（提示：黑白图像可以使用 MATLAB 函数 rgb2gray 得到）。

（6）修改实验使其能够处理更大尺寸的图像，如 320×240 的分辨率。

11.9.5 DCT 和 IDCT

本实验使用 C5505 eZdsp 实现图像处理中常用的 8×8 DCT 和 IDCT 变换。在实验中，输入图像进行 DCT 变换以得到 DCT 系数，然后再进行 IDCT 反变换重构图像。DCT 和 IDCT 变换使用 C55xx 汇编来提高处理效率。在本实验中，一个 64 大小的数组中存储了进行 8×8 DCT 变换的 64 个像素值，64 个 DCT 系数同样需要 64 大小的数组进行存储。由于实际的存储器是顺序寻址的，所以二维图像被存储成了一维的数组，即使二维的图像看起来更像是一个 $M×N$ 的数组。二维 DCT 可以分解为两个一维的 DCT 实现。首先，将一维数组中的 64 个像素进行一维 DCT 变换，并将变换结果存储到中间数据缓冲。然后，再进行一次一维 DCT 变换以得到最后的变换结果。本实验中，8×8 DCT 系数和输入图像可以共用相同的存储空间。变换结束后，变换的结果覆盖了原始数据，这种共用的方法就是第 5 章介绍的同址计算方法。

DCT 和 IDCT 变换系数由式(11.17)和式(11.18)计算得到。为了减少误差，使用 12 位整数表示 DCT 变换系数，以保持变换的精度。变换结束后，DCT 和 IDCT 系数又被归一化为 8 比特数进行存储。使用的 DCT 和 IDCT 系数由函数 DCTcoefGen()在初始化时计算得到。

由于 C5505 eZdsp 的内部存储非常有限，因此无法加载整个图像进行处理。在实验中，将图像的宽度和高度限定为 8 个像素的倍数。在进行实验时，按照每 8 行像素为一组，在组内每 8 列像素即可进行一次 8×8 DCT。当该组内的所有数据都完成 DCT 变换后，再读入下一组数据进行计算，直到完成整个图像像素的计算。因此在该实验中，为了 8×8 DCT 和 IDCT 变换，图像宽度和高度必须为 8 像素的整数倍。表 11.8 为实验所用到的文件。

具体实验过程如下：

（1）导入配套软件包中的 CCS 项目，并且重建项目。

表 11.8　实验 Exp11.5 文件列表

文　　件	描　　述
DCT. asm	C55xx 汇编 DCT 函数
IDCT. asm	C55xx 汇编 IDCT 函数
dctTest. c	测试实验程序
DCTcoefGen. c	生成 DCT 和 IDCT 系数的 C 程序
YCbCr2RGB. c	YC_bC_r 到 RGB 色空间转换函数
RGB2BMPHeader. c	用 RGB 数据创建 BMP 文件的 C 函数
dct. h	C 头文件
tistdtypes. h	标准类型定义头文件
c5505. cmd	链接命令文件
hat160x120Y8. dat	Y 成分数据文件
hat160x120Cb8. dat	C_b 成分数据文件
hat160x120Cr8. dat	C_r 成分数据文件

（2）运行实验程序对配套软件包自带的 YC_bC_r 图像文件进行 DCT/ IDCT 操作,将 DCT/IDCT 结果从 YC_bC_r 颜色空间转换到 RGB 颜色空间,并将图像保存为 BMP 文件。比较图像与参考 BMP 图像(reference_hat160x120. bmp),对实验结果进行验证。

（3）修改实验程序读取一个彩色 BMP 图像并转换为灰度图像。对该灰度图像进行 DCT/IDCT 变换,并将结果保存为 BMP 文件进行验证。

（4）修改实验程序的第(2)步,使得小于门限的 DCT 变换结果为 0。然后进行 IDCT 变换,将原始图像和重构图像进行比较,观察重构图像是否存在失真。使用不同的阈值重做实验,并观察失真。

（5）修改实验程序使其以 8×8 尺寸为处理单位。重做步骤(2)中的实验,使用 8×8 大小尺寸替代前面提到的 8 行为一组的处理方式,这种 8×8 处理方式更为灵活,使得 DCT/ IDCT 运算能够处理更大尺寸的图像。

11.9.6　指纹图像处理

如 11.8.4 节讨论的,指纹应用程序需要使用多个图像处理算法,如图像滤波、边缘增强等。实验使用 C5505 eZdsp 实现了一个简单的指纹应用[7]。实际的指纹应用程序要求指纹采集能够满足一些条件。而为了简单起见,本实验中的指纹图像是一个标准的 BMP 文件。此外,本实验仅使用 G(绿色)分量,即 RGB 图像仅仅包含 G 成分。表 11.9 是实验用到的文件。

实验过程具体如下:

（1）导入配套软件包中的 CCS 项目,并且重建项目。

（2）加载程序到 eZdsp 运行实验,产生指纹输出结果。比较图 11.21 中的输出图像和原始指纹,观察以下差异:

① 图 11.21(b)显示直方图均衡处理提高了图像的对比度;

② 图 11.21(c)为滤波后图像边缘增强的效果；

③ 图 11.21(d)是可以用于指纹识别的单像素指纹图像。

（3）指纹程序中的运算量主要集中在 5 个主要的功能上。使用 C55xx 内在函数优化这些功能。程序修改完成后，重新进行测试，发现使用内在函数降低了计算量。

表 11.9　实验 Exp11.6 文件列表

文　件	描　述
fingerPrintTest. c	测试实验程序
fingerPrint. c	指纹算法 C 程序
TA_demo_algo. h	C 头文件
tistdtypes. h	标准类型定义头文件
c5505. cmd	链接命令文件
fingerprint64x64. bmp	指纹 BMP 文件

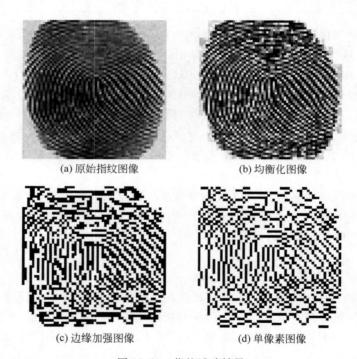

(a) 原始指纹图像　　　　　　　　(b) 均衡化图像

(c) 边缘加强图像　　　　　　　　(d) 单像素图像

图 11.21　指纹试验结果

11.9.7　二维小波变换

该实验使用 C5505 eZdsp 实现 2-D DWT。程序读取一个 YC_bC_r 图像，分别使用 2-D DWT 和 IDWT 进行图像分解和重建，然后转换成 RGB 格式，并保存成 BMP 文件进行比较。对于 2-D DWT 分解，首先行变换，然后再列变换。一级小波分解共生成四个子带图像,分解时使用 4 个 Daubechies 滤波器,滤波系数由消失矩因子 p 确定。例如,分解低通滤波器的 p 等于 2,则滤波器系数为 -0.1294、0.2241、0.8365 和 0.4830;而当因子 p 等于 4 时,滤波器系数为 -0.0106、0.0329、0.0308、-0.1870、-0.0280、0.6309、0.7148 以及 0.2304。

这些 Daubechies 滤波器系数乘以 15 比特的整数 32767(0x7FFF)转化成 Q15 格式的定点数。当因子 p 等于 2 时,使用 MATLAB 函数 $[L\_D,H\_D,L\_R,H\_R]=$wfilters('db2') 得到分解和重构滤波器系数:

> Lowpass decomposition filter h_i: L_D = { −4240,7345,27410,15825 },
> Highpass decomposition filter g_i: H_D = { −15825,27410, −7345, −4240 },
> Lowpass reconstruction filter h'_i: L_R = {15825, 27410,7345, −4240 },
> Highpass reconstruction filter g'_i: H_R = { −4240, −7345,27410, −15825 },

其中,L_D$\{h_0,h_1,h_2,h_3\}$ 和 H_D$\{g_0,g_1,g_2,g_3\}$ 分别是低通和高通分解滤波器系数;L_R$\{h'_0,h'_1,h'_2,h'_3\}$ 和 H_R$\{g'_0,g'_1,g'_2,g'_3\}$ 分别是低通和高通合成滤波器系数。这些值满足式(11.20)和式(11.21)规定的重构条件。

本实验将 Daubechies 滤波器系数按照下面的顺序进行排列,以便能够更加有效的使用 C55xx 的双 MAC 读写架构进行循环寻址

$$
\begin{bmatrix}
N & & & \\
h_3 & h_2 & h_1 & h_0 \\
h_0 & -h_1 & h_2 & -h_3 \\
h_1 & h_2 & h_3 & h_0 \\
h_0 & -h_3 & h_2 & -h_1
\end{bmatrix}
=
\begin{bmatrix}
4 & & & \\
15\,825 & 27\,410 & 7345 & -4240 \\
-4240 & -7345 & 27\,410 & -15\,825 \\
7345 & 27\,410 & 15\,825 & -4240 \\
-4240 & -15\,825 & 27\,410 & -7345
\end{bmatrix}
$$

其中,$N=4$ 是因子 $p=2$ 时的滤波器长度。

本实验还支持消失矩因子在 $2 \leqslant p \leqslant 10$ 范围内的不同滤波器系数:例如,当 $p=4$ 时,分解低通和高通以及合成低通和高通滤波器的系数,表达式如下

$$
\begin{bmatrix}
N & & & & & & & \\
h_7 & h_6 & h_5 & h_4 & h_3 & h_2 & h_1 & h_0 \\
h_0 & -h_1 & h_2 & -h_3 & h_4 & -h_5 & h_6 & -h_7 \\
h_1 & h_6 & h_3 & h_4 & h_5 & h_2 & h_7 & h_0 \\
h_0 & -h_7 & h_2 & -h_5 & h_4 & -h_3 & h_6 & -h_1
\end{bmatrix}
$$

这里滤波器长度 $N=8$,滤波器系数以 Q15 格式表示为:$h_0=-347$,$h_1=1077$,$h_2=1011$,$h_3=-6129$,$h_4=-917$,$h_5=20\,672$,$h_6=23\,423$,$h_7=7549$。这些分解和重建滤波器系数使用 MATLAB 函数 $[L\_D,H\_D,L\_R,H\_R]=$wfilters('db4')得到。程序 2DWavelet. c 能够提供更多的滤波系数[8,9]。

更高阶的滤波器可提供更好的平滑度和更精确的中间结果,但使用高阶滤波器会加大系统的计算压力。DWT 使用分解和合成滤波器组,具有较高的重构能力,因此如果不对中间结果进行其他处理,应该首先考虑低阶滤波器。上述实验文件见表 11.10。

表 11.10 实验 Exp11.7 文件列表

文 件	描 述
2DWaveletTest. c	测试实验程序
2DWavelet. c	2-D 小波 C 程序
YCbCr2RGB. c	YC_bC_r 到 RGB 颜色空间转换函数
RGB2BMPHeader. c	用 RGB 数据创建 BMP 文件的 C 函数
col2rowmn. asm	复制列数据到缓冲区程序
decInplcemn. asm	1-D 小波分解程序
decomColmn. asm	列分解程序
interColmn. asm	交错低通和高通滤波程序
recInplcemn. asm	小波重构程序
reconColmn. asm	1-D 列重构程序
wavelet. h	C 头文件
tistdtypes. h	标准类型定义头文件
c5505. cmd	链接命令文件
totem128x128Y8. dat	Y 成分数据文件
totem128x128Cb8. dat	C_b 成分数据文件
totem128x128Cr8. dat	C_r 成分数据文件

二维小波分解结果如图 11.22 所示。图 11.22(a)为原始图像。图 11.22(b)为一级小波分解结果，左上方是 LL 频带图像；右上方是 LH 频带图像；左下方是 HL 频带图像；右下方是 HH 频带图像。一级分解 LL 子带的图像可以继续进行二级小波分解，二级小波分解图像的结果示于图 11.22(c)。将二级小波分解结果小于预设阈值的数归零，然后进行图像重构，其结果如图 11.22(d)所示。

实验过程具体如下：

(1) 导入配套软件包中的 CCS 项目，并且重建项目。

(2) 加载程序到 eZdsp，按照下列选项运行实验：

① 选择选项 0，将 YC_bC_r 图像转换为用于实验的 RGB 参考图(reference. bmp)。参考图像作为实验中和 DWT/ IDWT 变换结果比较的基准。

② 在选项一下运行实验，生成 1 级小波分解图像，如图 11.22(b)所示。

③ 在选项二下运行实验，生成 2 级小波分解图像，如图 11.22(c)所示。

④ 在选项三下运行实验，使用 2 级小波重构图像，并与参考图像比较，以检查小波分解重构是否无失真。

⑤ 在选项四下运行实验，生成子带图像并将 DWT 系数小于阈值的设为零，然后使用 2 级小波重构图像，如图 11.22(d)所示。比较重构图像和参考图像，以验证该重建图像是否存在明显失真或错误。在不同的阈值下重做实验，观察是否存在失真。

(3) 修改实验将 1 级小波分解 HH 子带图像置为零。在 HH 全零的情况下，是否能够得到高质量的重构图像？重做实验将 LL 子带图像全置为零，并重构图像，观察此时的处理

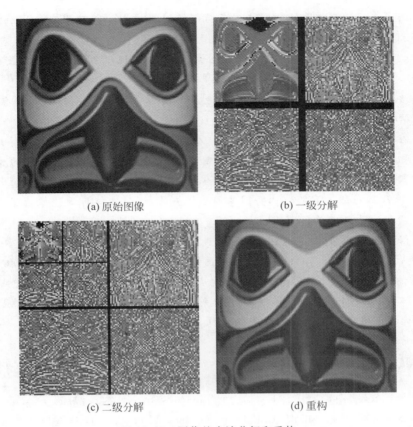

(a) 原始图像　　　　　　　　(b) 一级分解

(c) 二级分解　　　　　　　　(d) 重构

图 11.22　图像的小波分解和重构

效果。

（4）修改实验为 2 级小波分解，将 2 级子带 HH、LH 和 HL 置为零，并进行图像重构。此时，仅使用 2 级 LL 子带能否得到满意质量的图像？

习题

11.1　参照例 11.1，写一个 MATLAB 程序从 11.9.1 节实验中读取 RGB 图像（BGR.RGB），并使用 MATLAB 函数 imshow 显示该图像。比较 MATLAB 显示的 RGB 图像和例 11.1 产生的位图图像（BMP）。

11.2　使用 eZdsp 开发一个程序，将 RGB 颜色空间转换为 YC_bC_r 颜色空间，然后将 YC_bC_r 颜色空间转换回 RGB 颜色空间。在该实验中，输入图像使用 BMP 文件，输出图像同样采用 BMP 文件以便进行查看。

11.3　例 11.3 通过伽马校正调节图像的亮度。使用 MATLAB 函数 imadjust 调整图像亮度值并和例 11.3 的结果进行比较。

11.4 计算例 11.3 中原始和伽马校正后图像的直方图。并使用 MATLAB 直方图显示函数 imhist 进行验证。

11.5 例 11.4 使用直方图均衡化提高图像的对比度,使用 MATLAB 函数 histeq 重做该实验。

11.6 例 11.6 实现了一个二维滤波器。图像结果整体向右下角偏移。修改 MATLAB 程序,使得边缘效应最小。

11.7 在例 11.4 的基础上,使用 C5505 eZdsp 开发直方图均衡程序对图像进行均衡。

11.8 11.9.4 节给出的二维图像滤波程序,并没有对整个图像边缘处的像素进行滤波。为了正确地对图像进行滤波,需要对图像进行补零,使得图像边缘的像素能够进行 3×3 滤波。修改二维滤波实验,(1)将图像周边填充零;(2)直接将周边像素进行扩展。滤波后比较这两种方法的差异。

11.9 修改指纹实验,使用 128×128 分辨率指纹图像的 Y 分量进行指纹算法计算(提示:使用 MATLAB 将例 11.6 的 BMP 指纹图像转换到 YC_bC_r 颜色空间并提取 Y 分量)。

11.10 例 11.8 使用 MATLAB 二维函数 dwt2()和 idwt2()。如图 11.15 中式(11.19)和式(11.22),二维 DWT 可以分解为先行后列的两个一维 DWT。使用 MATLAB 函数 dwt()和 idwt()来实现图像的分解和重构工作,并将结果与例 11.8 比较。

参考文献

1. Sakamoto, T., Nakanishi, C., and Hase, T. (1998) Software pixel interpolation for digital still cameras suitable for a 32-bit MCU. IEEE Trans. Consum. Electron., 44, 1342-1352.

2. ITU-R Recommendation (2011) BT. 601-7, Studio Encoding Parameters of Digital Television for Standard 4:3 and Wide-screen 16:9 Aspect Ratios, March.

3. ITU Report(1990) BT. 624-4, Characteristics of Systems for Monochrome and Color Television.

4. ITU-T Recommendation (1992) T. 81, Information Technology—Digital Compression and Coding of Continuoustone Still Images—Requirements and Guidelines.

5. McGovern, F. A., Woods, R. F., and Yan, M. (1994) Novel VLSI implementation of (8_8) point 2-D DCT. Electron. Lett., 30, 624-626.

6. Charlap, D. (1995) The BMP file format, Part 1. Dr. Dobb's J. Software Tools, 20 (228).

7. Texas Instruments, Inc. (2011) TMS320C5515 Fingerprint Development Kit (FDK) Software Guide, SPRUH47, April.

8. Texas Instruments, Inc. (2002) Wavelet Transforms in the TMS320C55x, SPRA800, January.

9. Texas Instruments, Inc. (2004) TMS320C55x Image/Video Processing Library Programmer's Reference, SPRU037C, January.

附录 A

常用公式及定义

附录简要总结了本书常用的代数公式和定义[1]。

A.1 三角恒等式

傅里叶级数、傅里叶变换和谐波分析运算经常需要使用三角恒等式。最常用一些等式如下：

$$\sin(-\alpha) = -\sin\alpha \tag{A.1a}$$

$$\cos(-\alpha) = \cos\alpha \tag{A.1b}$$

$$\sin(\alpha \pm \beta) = \sin\alpha\cos\beta \pm \cos\alpha\sin\beta \tag{A.2a}$$

$$\cos(\alpha \pm \beta) = \cos\alpha\cos\beta \mp \sin\alpha\sin\beta \tag{A.2b}$$

$$2\sin\alpha\sin\beta = \cos(\alpha - \beta) - \cos(\alpha + \beta) \tag{A.3a}$$

$$2\cos\alpha\cos\beta = \cos(\alpha + \beta) + \cos(\alpha - \beta) \tag{A.3b}$$

$$2\sin\alpha\cos\beta = \sin(\alpha + \beta) + \sin(\alpha - \beta) \tag{A.3c}$$

$$\sin\alpha \pm \sin\beta = 2\sin\left(\frac{\alpha \pm \beta}{2}\right)\cos\left(\frac{\alpha \mp \beta}{2}\right) \tag{A.4a}$$

$$\cos\alpha + \cos\beta = 2\cos\left(\frac{\alpha + \beta}{2}\right)\cos\left(\frac{\alpha - \beta}{2}\right) \tag{A.4b}$$

$$\cos\alpha - \cos\beta = -2\sin\left(\frac{\alpha + \beta}{2}\right)\sin\left(\frac{\alpha - \beta}{2}\right) \tag{A.4c}$$

$$\sin(2\alpha) = 2\sin\alpha\cos\alpha \tag{A.5a}$$

$$\cos(2\alpha) = 2\cos^2\alpha - 1 = 1 - 2\sin^2\alpha \tag{A.5b}$$

$$\sin\left(\frac{\alpha}{2}\right) = \sqrt{\frac{1}{2}(1 - \cos\alpha)} \tag{A.6a}$$

$$\cos\left(\frac{\alpha}{2}\right) = \sqrt{\frac{1}{2}(1 + \cos\alpha)} \tag{A.6b}$$

$$\sin^2\alpha + \cos^2\alpha = 1 \tag{A.7a}$$

$$\sin^2\alpha = \frac{1}{2}\left[1 - \cos(2\alpha)\right] \tag{A.7b}$$

$$\cos^2\alpha = \frac{1}{2}\left[1 + \cos(2\alpha)\right] \tag{A.7c}$$

$$e^{\pm j\alpha} = \cos\alpha \pm j\sin\alpha \tag{A.8a}$$

$$\sin\alpha = \frac{1}{2j}(e^{j\alpha} - e^{-j\alpha}) \tag{A.8b}$$

$$\cos\alpha = \frac{1}{2}(e^{j\alpha} + e^{-j\alpha}) \tag{A.8c}$$

欧拉定理公式(A.8)中，$j = \sqrt{-1}$。复数的基本概念和运算见附录 A.3 节内容。

A.2　等比级数

等比级数可用于离散时间信号收敛性分析，其基本形式是

$$\sum_{n=0}^{N-1} x^n = \frac{1 - x^N}{1 - x}, \quad x \neq 1 \tag{A.9}$$

其应用非常广泛，例如

$$\sum_{n=0}^{N-1} e^{-j\omega n} = \sum_{n=0}^{N-1} (e^{-j\omega})^n = \frac{1 - e^{-j\omega N}}{1 - e^{-j\omega}} \tag{A.10}$$

如果 x 的绝对值小于 1，无穷等比级数收敛到

$$\sum_{n=0}^{\infty} x^n = \frac{1}{1 - x}, \quad |x| < 1 \tag{A.11}$$

A.3　复变量

复数 z 在笛卡儿坐标系中可以表示为

$$z = x + jy = \text{Re}[z] + j\text{Im}[z] \tag{A.12}$$

其中 $\text{Re}[z] = x$，$\text{Im}[z] = y$。复数 z 在二维平面上代表点 (x, y)，因此它可以表示一个矢量，如图 A.1。水平坐标 x 称为实部，垂直坐标 y 为虚部。

如图 A.1 所示，矢量 z 也可以通过它的长度 r 和角度 θ 表示。向量的 x 和 y 坐标由下式给出

$$x = r\cos\theta \quad \text{和} \quad y = \sin\theta \tag{A.13}$$

将式(A.13)代入式(A.12)，并使用欧拉定理(A.8a)，矢量 z 可以表示为极坐标的形式

$$z = r\cos\theta + jr\sin\theta = r(\cos\theta + j\sin\theta)$$
$$= re^{j\theta} \tag{A.14}$$

其中

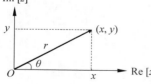

图 A.1　笛卡儿坐标系中的
　　　　复数表示形式

$$r = |z| = \sqrt{x^2 + y^2} \tag{A.15}$$

表示矢量 z 的幅值

$$\theta = \begin{cases} \arctan\left(\dfrac{y}{x}\right), & x \geqslant 0 \\ \arctan\left(\dfrac{y}{x}\right) \pm \pi, & x < 0 \end{cases} \tag{A.16}$$

是以弧度表示的角(或相角)。

两个复数 $z_1 = x_1 + \mathrm{j}y_1$ 和 $z_2 = x_2 + \mathrm{j}y_2$ 可以进行如下的基本算数运算

$$z_1 \pm z_2 = (x_1 \pm x_2) + \mathrm{j}(y_1 \pm y_2) \tag{A.17}$$

$$z_1 z_2 = (x_1 x_2 - y_1 y_2) + \mathrm{j}(x_1 y_2 + x_2 y_1) \tag{A.18a}$$

$$z_1 z_2 = (r_1 r_2)\mathrm{e}^{\mathrm{j}(\theta_1 + \theta_2)} \tag{A.18b}$$

$$z_1 z_2 = (r_1 r_2)\left[\cos(\theta_1 + \theta_2) + \mathrm{j}\sin(\theta_1 + \theta_2)\right] \tag{A.18c}$$

$$\frac{z_1}{z_2} = \frac{(x_1 x_2 + y_1 y_2) + \mathrm{j}(x_2 y_1 - x_1 y_2)}{x_2^2 + y_2^2} \tag{A.19a}$$

$$\frac{z_1}{z_2} = \frac{r_1}{r_2}\mathrm{e}^{\mathrm{j}(\theta_1 - \theta_2)} \tag{A.19b}$$

$$\frac{z_1}{z_2} = \frac{r_1}{r_2}\left[\cos(\theta_1 - \theta_2) + \mathrm{j}\sin(\theta_1 - \theta_2)\right] \tag{A.19c}$$

注意,加减运算在直角坐标系中较为简单,而在极坐标系中则较为复杂。除法在极坐标系中较为简单,而在直角坐标系中复杂。

复数 z 的复运算可表示为

$$z^* = x - \mathrm{j}y = r\mathrm{e}^{-\mathrm{j}\theta} \tag{A.20}$$

其中 $*$ 表示共轭运算。

另外,下述方程

$$z + z^* = 2\mathrm{Re}[z] = 2x \tag{A.21a}$$

$$zz^* = |z|^2 = x^2 + y^2 \tag{A.21b}$$

$$|z| = \sqrt{zz^*} = \sqrt{x^2 + y^2} \tag{A.21c}$$

$$z^{-1} = \frac{1}{z} = \frac{1}{r}\mathrm{e}^{-\mathrm{j}\theta} \tag{A.22}$$

$$z^N = r^N\mathrm{e}^{\mathrm{j}N\theta} = r^N\left[\cos(N\theta) + \mathrm{j}\sin(N\theta)\right] \tag{A.23}$$

$$z^N = 1 \tag{A.24}$$

的解是

$$z_k = \mathrm{e}^{\mathrm{j}\theta_k} = \mathrm{e}^{\mathrm{j}(2\pi k/N)}, \quad k = 0, 1, \cdots, N-1 \tag{A.25}$$

如图 A.2 所示,这 N 个解均匀地分布在单位圆 $|z| = 1(r = 1)$,相邻两个点之间的夹角为 $\theta = 2\pi/N$。

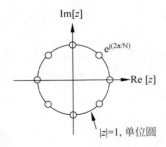

图 A.2　第 N 个根的图像表现形式,$N = 8$

A.4　功率单位

功率和能量计算在电路分析中具有重要意义。功率被定义为单位时间内消耗或吸收的能量，其导数形式为

$$P = \frac{\mathrm{d}E}{\mathrm{d}t} \tag{A.26}$$

其中，功率 P 的单位是瓦特(W)，能量 E 的单位是焦耳(J)，而时间 t 的单位是秒(s)。功率的电压和电流表达式为

$$P = vi = \frac{v^2}{R} = i^2 R \tag{A.27}$$

其中，电压 v 的单位是伏特(V)，电流 i 的单位为安培(A)，并且电阻 R 单位是欧姆(Ω)。

在工程应用中，信号强度经常使用分贝(dB)表示

$$N = 10\lg\left(\frac{P_x}{P_y}\right)\mathrm{dB} \tag{A.28}$$

可以看出，将 P_y 作为比较参考基准，分贝描述了两个功率之比。

需要注意的是电流 $i(t)$ 和电压 $v(t)$ 都可以作为模拟信号 $x(t)$，因此信号的功率与信号幅度的平方成正比。例如，如果信号 $x(t)$ 被放大(或衰减) g 倍，即 $y(t) = gx(t)$ 时，信号增益以 dB 表示为

$$\mathrm{Gain} = 10\lg\left(\frac{p_y}{P_x}\right) = 20\lg(g) \tag{A.29}$$

这是由于功率是电压(或电流)的平方的函数，如式(A.27)所示。

本书中用到的其他单位定义如下：

SNR：在实际中，描述信号 $x(n)$ 和噪声 $v(n)$ 之间关系的一个常见的术语是信噪比(SNR)，其定义为

$$\mathrm{SNR} = 10\lg\left(\frac{p_x}{P_v}\right)\mathrm{dB} \tag{A.30}$$

其中

$$P_x = \lim_{N \to \infty} \frac{1}{N}\sum_{n=0}^{N-1} x^2(n) \quad \text{和} \quad P_v = \lim_{N \to \infty} \frac{1}{N}\sum_{n=0}^{N-1} v^2(n)$$

分别代表 $x(n)$ 和 $v(n)$ 的功率。

SPL：声压级或声级 L_p，表示声音信号相对于参考基准的对数测量，其单位为 dB，即

$$L_p = 10\lg\left(\frac{P_{\mathrm{rms}}^2}{P_{\mathrm{ref}}^2}\right) = 20\lg\left(\frac{P_{\mathrm{rms}}}{P_{\mathrm{ref}}}\right) \tag{A.31a}$$

其中，P_{rms} 是测量声压的均方根(RMS 或 rms)定义为

$$P_{\mathrm{rms}} = \sqrt{\frac{1}{N}\sum_{n=0}^{N-1} x^2(n)} \tag{A.31b}$$

P_{ref}是标准参考声压的 RMS 值。常用的大气中参考声压为 $P_{ref}=20\mu Pa$(微帕斯卡)。

dBm:当参考信号 $x(t)$ 的功率 $P(t)$ 等于 1mW 时,信号 $y(t)$ 的功率单位被称为 dBm(dB 相对于 1mW[①])。

dBm0:ITU-T 协议 G.168[2] 中规定的相对零参考电平点的绝对参考电平,具体计算方法为

$$P_k = 3.14 + 20\log\left[\frac{\sqrt{\left(2/N\sum_{i=k}^{k-N+1}x_i^2\right)}}{4096}\right] \text{(A 律编码)} \tag{A.32a}$$

$$P_k = 3.17 + 20\log\left[\frac{\sqrt{\left(2/N\sum_{i=k}^{k-N+1}x_i^2\right)}}{8159}\right] \text{(μ 律编码)} \tag{A.32b}$$

其中,P_k 为 dBm0 中的信号电平,x_i 为 PCM(脉冲编码调制)编码信号在 i 时刻的线性等价,k 是时域索引,而 N 是测量 RMS 时的采样点数量。

dBov:dBov[3] 是相对于系统过载点的信号电平,单位为 dB;即由编解码器可以进行编码的最高信号强度。对于数字电路实现,相对于系统过载点的表示是非常有用的,这是因为不需要知道其相对于模拟电路的校准值。例如,在 G.711 μ 律音频标准[4] 中,0dBov 是一个范围在 ±8031 的方波参考信号。相对于 G.168 定义的 μ 律 dBm0,其可以转换为 6.18dBm0。

参考文献

1. Tuma, Jan J. (1979) Engineering Mathematics Handbook, McGraw-Hill, New York.
2. ITU-T Recommendation (2000) G.168, Digital Network Echo Cancellers.
3. IETF(2002) RFC 6464, A Real-time Transport Protocol (RTP) Header Extension for Client-to-Mixer Audio Level Indication, http://tools.ietf.org/html/rfc6464 (accessed April 30, 2013).
4. ITU-T Recommendation (2000) G.711, Appendix II, A Comfort Noise Payload Definition.

---

① 此处原文有误,应该是"dB 相对于 1W"或"dBm 相对于 1mW"。 ——译者注

附录 B

软件组织和实验列表

配套软件包包含本书使用的所有程序和数据文件,这些MATLAB、浮点和定点 C 语言和 TMS320C55xx 汇编程序以及相关的数据文件可以从 http://www.wiley.com/go/kuo_dsp 下载。图 B.1 显示了软件的目录结构,包括了为本书配套软件包提供的例子、练习和实验,图中以第 4 章(Ch4)为例显示了详细的子目录结构。

在软件根文件夹下有 12 个子文件夹:附录 C 和第 1~11 章。这些文件包含 Examples(例子)、Experiments(实验)和 Exercises(练习)目录。

Exercises(练习)文件夹包含该章章节后的练习习题所需的必要的数据文件和程序。

Examples(例子)文件夹由一个或多个目录组成,每个目录按照该章中例子的序号命名,如在目录 Example4.8 中,软件程序example4_8.m 是第 4 章中例子 Example4.8 的 MATLAB 程序,一些例子文件夹也包含 MATLAB 程序所需的数据文件。

Experiments(实验)目录包含了该章的实验。实验目录根据章序号和实验序号命名,如图 B.1 所示,实验文件夹 Exp4.6 为第 4 章的第 6 个实验。实验文件夹下有两个文件夹,第一个是 CCS(Code Composer Studio)自动生成的目录.metadata,另一个是DSP 项目目录,该目录由实验的具体功能命名,如图 B.1 所示,Exp4.6 目录中项目文件夹名为 realtimeIIR,即实时 IIR 滤波实验。在 DSP 项目文件夹中有几个目录。data 目录保存实验所用的输入数据文件,也用于保存实验的输出结果,Debug 目录用于CCS 存储临时文件和 DSP 可执行程序。inc 目录中有 C 头文件(.h)和汇编包含文件(.dat 和.inc)。src 目录中包括了所有的.c和.asm 源程序。除 Debug 目录外,data、inc 和 src 目录是用户生

```
software
  AppC
  Ch1
  Ch2
  Ch3
  Ch4
    Example
    Exercises
    Experiments
      Exp4.1
      Exp4.2
      Exp4.3
      Exp4.4
      Exp4.5
      Exp4.6
        .metadata
        realtimeIIR
          Debug
          inc
          lib
          src
      Exp4.7
      Exp4.8
  Ch5
  Ch6
  Ch7
  Ch8
  Ch9
  Ch10
  Ch11
```

图 B.1　软件目录结构

成的文件夹。除 C 和汇编程序外,本书还使用了其他的文件。表 B.1 列出了本书使用的文件类型和格式,并给出了简单的描述。

表 B.1　书中使用的文件类型和格式

文件扩展名	文件类型和格式	描　　述
.asc	ASCII text	ASCII 文本文件
.asm	ASCII text	C55xx 汇编程序源文件
.bin	Binary	数据文件
.bmp	Binary	位图格式图像文件
.c	ASCII text	C 程序源文件
.cmd	ASCII text	C55xx 链接器命令文件
.dat	ASCII text	数据或参数文件
.exe	Binary	Microsoft Visual C IDE 可执行文件
.h	ASCII text	C 程序头文件
.inc	ASCII text	C55xx 汇编程序包含文件
.jpg	Binary	JPEG 格式图像文件
.lib	Binary	C55xxCCS 实时支持库
.m	ASCII text	MATLAB 程序文件
.map	ASCII text	C55xx 链接器生成的存储器映射文件
.mp3	Binary	MP3 格式音频文件
.out	Binary	C55xx 链接器生成的可执行文件
.pcm	Binary	线性 PCM 数据文件
.txt	ASCII text	ASCII 文本文件
.wav	Binary	微软公司线性 PCM 波形文件
.yuv	Binary	YUV 或 YCbCr 图像文件

表 B.2 列出了本书提供的实验,这些实验主要为使用 C5505 eZdsp 而设计的。无论如何,这些有限的实验是基于某些可用的标准软件包实现的,在个人计算机上能够编译并运行这些软件包。

表 B.2　书中的实验列表

章号	实验号	实验项目	实验目的
1	Exp1.1	CCS_eZdsp	开始使用 CCS 和 eZdsp
	Exp1.2	fileIO	熟悉 C 语言的文件 I/O 功能
	Exp1.3	userInterface	介绍 CCS 和 eZdsp 用户界面
	Exp1.4	playTone	用 eZdsp 实时音频播放
	Exp1.5	audioLoop	用 eZdsp 实时音频回放

章号	实验号	实 验 项 目	实 验 目 的
2	Exp2.1	overflow	溢出和饱和算术
	Exp2.2	funcAppro：A_floatingPointC	用浮点 C 程序实现的余弦函数计算
		funcAppro：B_fixedPoingC	用定点 C 程序实现的余弦函数计算
		funcAppro：C_c55xASM	用汇编实现的余弦函数计算
		funcAppro：D_design4DSP	用汇编实现的余弦函数和正弦函数计算
	Exp2.3	signalGen：A-floatingPoingC	用 eZdsp 浮点 C 程序实现实时语音和噪声生成
		signalGen：B_toneGen	用 eZdsp 汇编实现实时语音生成
		signalGen：C_randGenC	用 eZdsp 定点 C 程序实现的实时噪声生成
		signalGen：D_randGen	用 eZdsp 汇编实现实时噪声生成
		signalGen：E_signalGen	用 eZdsp 汇编实现的实时语音和噪声生成
3	Exp3.1	fixedPoint_BlockFIR	定点 C 实现的 FIR 滤波
	Exp3.2	asm_BlockFIR	C55xx 汇编程序实现的 FIR 滤波
	Exp3.3	symmetric_BlockFIR	C55xx 汇编程序实现的对称 FIR 滤波
	Exp3.4	dualMAC_BlockFIR	用双-MAC 结构的优化
	Exp3.5	realtimeFIR	实时 FIR 滤波
	Exp3.6	decimation	用 C 和汇编程序实现的抽取
	Exp3.7	interpolation	定点 C 实现的插值
	Exp3.8	SRC	采样速率转换
	Exp3.9	realtimeSRC	实时采样速率转换
4	Exp4.1	floatPoint_directIIR	用浮点 C 实现的直接 I 型 IIR 滤波器
	Exp4.2	fixedPoint_directIIR	用定点 C 实现的直接 I 型 IIR 滤波器
	Exp4.3	fixedPoint_cascadeIIR	用定点 C 实现的级联 IIR 滤波器
	Exp4.4	instrisics_implementation	用内在函数实现的级联 IIR 滤波器
	Exp4.5	asm_implementation	用汇编程序实现的级联 IIR 滤波器
	Exp4.6	realtimeIIR	实时 IIR 滤波
	Exp4.7	parametric_equalizer	用定点 C 参数化均衡器
	Exp4.8	realtimeEQ	实时参数化均衡器
5	Exp5.1	floatingPoint_DFT	用浮点 C 实现的 DFT
	Exp5.2	asm_DFT	用 C55xx 汇编程序实现的 DFT
	Exp5.3	floatingPoint_FFT	用浮点 C 实现的 FFT
	Exp5.4	intrinsics_FFT	用定点 C 和内在函数实现的 FFT
	Exp5.5	FFT_iFFT	FFT 和 IFFT 实验
	Exp5.6	hwFFT	用 C55xx 硬件加速器实现的 FFT
	Exp5.7	realtime_hwFFT	用 C55xx 硬件加速器实现的实时 FFT
	Exp5.8	fastconvolution	用重叠相加技术实现的快速卷积
	Exp5.9	realtime_hwfftConv	实时快速卷积

续表

章号	实验号	实 验 项 目	实 验 目 的
6	Exp6.1	floatingPoint_LMS	用浮点 C 实现的 LMS 算法
	Exp6.2	fixPoint_LeakyLMS	用定点 C 实现的 Leaky LMS 算法
	Exp6.3	intrinsic_NLMS	用定点 C 和内在函数实现的归一化 LMS 算法
	Exp6.4	asm_dlms	用汇编程序实现的延时 LMS 算法
	Exp6.5	system_identification	自适应系统识别实验
	Exp6.6	adaptive_predictor	自适应预测器实验
	Exp6.7	channel_equalizer	自适应通道均衡器实验
	Exp6.8	realtime_predictor	用 eZdsp 实现的实时自适应预测
7	Exp7.1	sineGen	用查找表实现的正弦波发生器
	Exp7.2	sirenGen	用查找表实现的警报发生器
	Exp7.3	dtmfGen	DTMF 发生器
	Exp7.4	dtmfDetect	用定点 C 实现的 DTMF 检测
	Exp7.5	asmDTMFDet	用汇编程序实现的 DTMF 检测
8	Exp8.1	floatingPointAec	用浮点 C 实现的回声消除器
	Exp8.2	intrinsicAec	用定点 C 和内在函数实现的回声消除器
	Exp8.3	floatPointAECNR	回声消除和降噪集成
9	Exp9.1	LPC	定点 C 和内在函数实现的 LPC 滤波器
	exp9.2	PWF	定点 C 和内在函数实现的感知加权滤波器
	Exp9.3	floatPointVAD	用浮点 C 实现的语音活动检测
	Exp9.4	mix_VAD	用定点 C 实现的语音活动检测
	Exp9.5	VAD.DTX.SID	具有非连续传输的语音编码器
	Exp9.6	CNG	具有舒适噪声产生的语音解码器
	Exp9.7	floatPointNR	用浮点 C 实现的谱减法
	Exp9.8	G722	用定点 C 实现的 G.722.2
	Exp9.9	G711	用定点 C 实现的 G.711 压缩扩展
	Exp9.10	realtime_G711	实时 G.711 音频回放
10	Exp10.1	floatingPoingMdct	用浮点 C 实现的 MDCT
	Exp10.2	intinsicMdct	用定点 C 和内在函数实现的 MDCT
	Exp10.3	preEcho	预回声(pre-echo)效果
	Exp10.4	isoMp3Dec	用浮点 C 实现的 MP3 解码
	Exp10.5	realtime_parametericEQ	用 eZdsp 实现的实时参数化均衡器
	Exp10.6	flanger	镶边效果
	Exp10.7	realtime_flanger	用 eZdsp 实现的实时镶边效果
	Exp10.8	tremolo	颤音效果
	Exp10.9	readtime_tremolo	用 eZdsp 实现的实时颤音效果
	Exp10.10	spatial	空间音效
	Exp10.11	readtime_spatial	用 eZdsp 实现的实时空间音效

续表

章号	实验号	实 验 项 目	实 验 目 的
11	Exp11.1	YCbCr2RGB	YCbCr 到 RGB 转换
	Exp11.2	whiteBalance	白平衡
	Exp11.3	gammaContrast	伽马校正和对比度调整
	Exp11.4	2DFilter	图像滤波
	Exp11.5	DCT	DCT 和 IDCT
	Exp11.6	fingerprint	指纹图像处理
	Exp11.7	2DWavelet	2-D 小波变换
App. C	ExpC.1	appC_examples	例子
	ExpC.2	assembly	汇编程序
	ExpC.3	multiply	乘法
	ExpC.4	loop	循环
	ExpC.5	modulo	模操作
	ExpC.6	C_assembly	使用混合 C 和汇编程序
	ExpC.7	audioPlayback	采用 AIC3204 工作
	ExpC.8	audioExp	模拟输入和输出

附录 C

TMS320C55xx DSP 简介

本附录介绍德克萨斯仪器公司 TMS320C55xx 定点处理器系列的基本体系结构、汇编及 C 编程。

C.1 引言

TMS320C55xx 定点处理器系列包括各种数字信号处理器如 C5501、C5502、C5503、C5505、C5509、C5510、C5515 等。C55xx 处理器提供最优的性能以及在低功耗开销和高代码密度之间的平衡。它的双乘-累加（MAC）结构加倍了计算向量内积的周期效率（比如 FIR 滤波），而可扩展的指令集提供了良好的代码密度。本附录中，我们介绍由 USB 供电的低成本的 C5505 eZdsp 开发套件[1]，并利用它进行实验。

C.2 TMS320C55xx 体系结构

C55xx 的中央处理单元（CPU）[2]由四个处理单元组成，即指令缓冲单元（IU）、程序流单元（PU）、地址数据流单元（AU）和数据计算单元（DU），通过 12 个不同的地址和数据总线连接在一起，如图 C.1 所示。

C.2.1 体系结构概述

指令缓冲单元（IU）将来自存储器的指令读取到 CPU。C55xx 指令有不同的长度以优化代码密度。简单指令使用 8 位（1 字节），而复杂的指令可能包含多达 48 位（6 字节）。每个时钟周期 IU 通过 32 位读数据总线读取 4 字节指令，并将它们放置到 64 字节指令缓冲队列中。同时，指令解码器解码指令，并将其传递给 PU、AU 或是 DU，如图 C.2 所示。

IU 通过保持指令流在四个存储单元之间流动来提高 CPU 执行程序的效率，如果 IU 能拥有一个完整的在缓冲队列里的循环段内代码，该程序可以重复多次而不从存储器中取新的指令，这样就提高了循环执行效率。

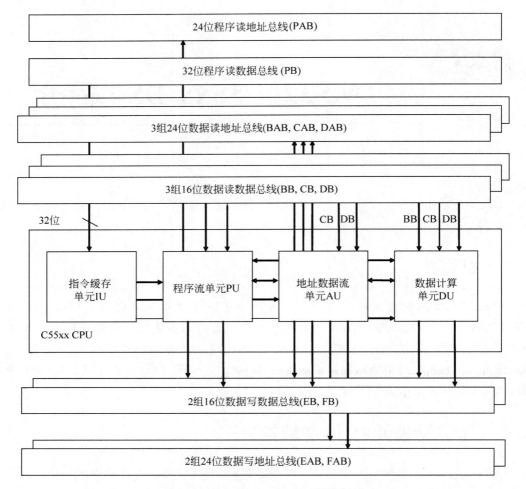

图 C.1　TMS320C55xx CPU 结构框图

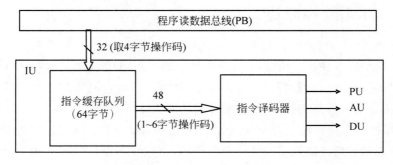

图 C.2　C55xx IU 简化的结构框图

　　程序流单元(PU)管理程序的执行。如图 C.3 所示,PU 由程序计数器(PC)、四个状态寄存器、程序地址发生器和一个流水线保护单元组成。PC 在每一个时钟周期跟踪程序执行。程序地址发生器产生一个 24 位的地址,该地址可以访问 16 兆字节(MB)的存储器空间。由于大多数指令的执行是连续的,C55xx 采用流水线结构来提高其执行效率。如分支、调用、返回、有条件执行、中断等都会中断顺序执行程序。流水线保护单元可以防止程序流出现因非顺序执行而造成的流水线漏洞。

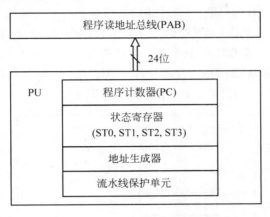

图 C.3　C55xx PU 简化的结构框图

　　地址数据流单元(AU)管理数据的访问,如图 C.4 所示,AU 生成数据空间地址来进行数据的读写。AU 由八个 23 位扩展辅助寄存器(XAR0～XAR7)、四个 16 位的临时寄存器

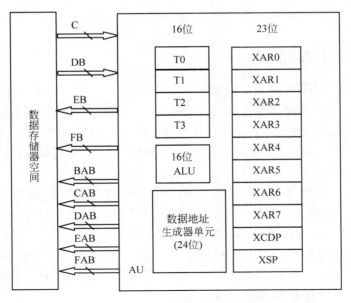

图 C.4　C55xx AU 简化的结构框图

（T0～T3）、23 位系数指针（XCDP）和一个 23 位堆栈指针（XSP）组成。它还有一个 16 位 ALU 进行简单的算术运算。AU 允许 2 个地址寄存器和一个系数指针一起工作，以便在一个时钟周期内同时访问 2 个数据样本和一个系数。AU 还支持多达五个循环缓冲器。

数据计算单元（DU）为 C55xx 应用处理大量的计算任务。如图 C.5 所示，DU 由一对 MAC 单元、一个 40 位的 ALU、四个 40 位累加器（AC0/AC1/AC2/AC3）、桶形移位器以及舍入和饱和控制逻辑。三条读数据数据总线允许双数据路径和一个系数路径同时被双 MAC 单元访问。在一个时钟周期内，每个 MAC 可以执行一个带有饱和选项的 17 位与 17 位乘法加上 40 位加法（或减法）运算操作。ALU 可以通过累加器执行 40 位算术、逻辑、舍入和饱和运算。它还可以在累加器中的高位部分和低位部分同时执行两个 16 位的算术运算。ALU 可以接受来自 IU 的立即数，并与其他 AU 和 PU 寄存器通信。桶形移位器可以执行数据移位，范围从 2^{-32}（右移 32 位）至 2^{31}（左移 31 位）。

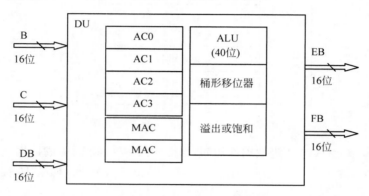

图 C.5　C55xx DU 简化的结构框图

C.2.2　片上存储

C55xx 使用统一的程序和数据分离的 I/O 空间的存储器配置。所有 16MB 的存储器空间可用于程序和数据。存储器映射寄存器（MMR）也在数据存储器空间之中。处理器以 8 位字节单元，采用程序读地址总线从程序存储器空间中取指令，并且以 16 位字访问数据存储空间。图 C.6 所示的存储单元中，16MB 存储器映射由 128 个数据页（0～127）组成，每个页面都有 128KB（64K 字）。

C55xx 的片上存储器的地址是从 0x0000 到 0xFFFF，使用双通道访问 RAM（DARAM），64KB DARAM 由八个 8KB 块组成，地址范围如表 C.1 给出。DARAM 允许 C55xx 每周期内执行两次访问（两读、两写或一读一写）。

C55xx 的片上存储器还包括单通道访问 RAM（SARAM）。SARAM 从字节地址为 0x10000 到 0x4FFFF，它是由 32 块 8KB 存储单元组成，如表 C.2 所示。在每一个时钟周期，SARAM 只允许单通道访问（一读或一写）。

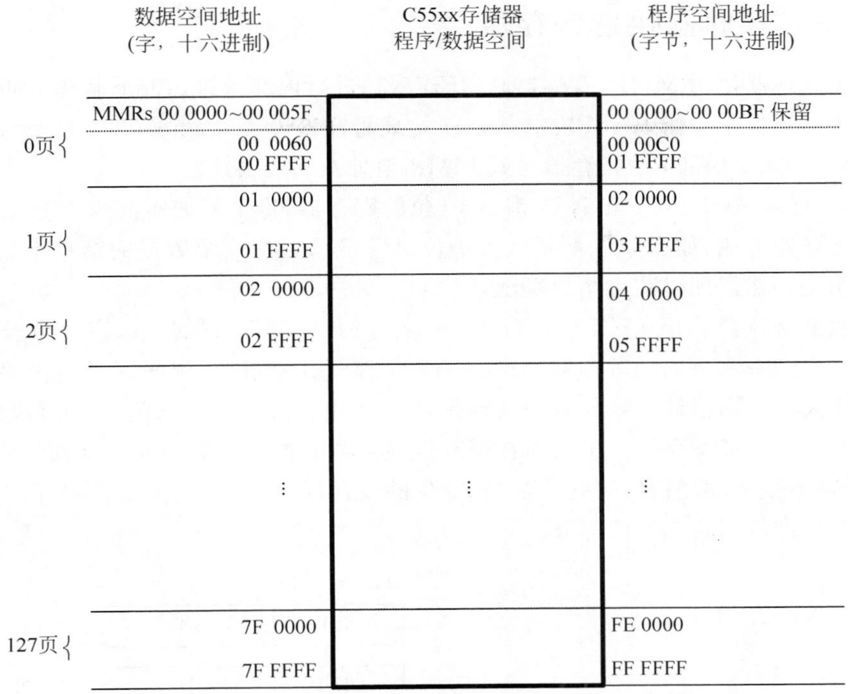

数据空间地址 (字, 十六进制)	C55xx存储器 程序/数据空间	程序空间地址 (字节, 十六进制)

图 C.6 TMS320C55xx 程序空间和数据空间的存储器映射

表 C.1 C55xx 的 DRAM 块及地址

DRAM 字节地址范围	DRAM 存储块
0x0000~0x1FFF	DARAM0
0x2000~0x3FFF	DARAM1
0x4000~0x5FFF	DARAM2
0x6000~0x7FFF	DARAM 3
0x8000~0x9FFF	DARAM 4
0xA000~0xBFFF	DARAM 5
0xC000~0xDFFF	DARAM 6
0xE000~0xFFFF	DARAM 7

表 C.2 C55xx 的 SARAM 块及地址

SARAM 字节地址范围	SARAM 存储块
0x10000~0x11FFF	SARAM0
0x12000~0x13FFF	SARAM1
0x14000~0x15FFF	SARAM 2
⋮	⋮
0x4C000~0x4DFFF	SARAM 30
0x4E000~0x4FFFF	SARAM 31

C.2.3　存储器映射寄存器

C55xx 处理器使用 MMR(存储器映射寄存器)进行内部管理、控制、操作、监测,这些存储器映射寄存器位于预留 RAM 块中,RAM 块地址从 0x00000 到 0x005F。表 C.3 中列出所有的 TMS320C5505 CPU 寄存器与其 MMR 地址及功能描述。

累加器 AC0、AC1、AC2 和 AC3 都是 40 位的寄存器,每个累加器由两个 16 位寄存器和一个 8 位寄存器组成,如图 C.7 所示。保护位 AG 可以保持一个数据的结果不超过 32 位,保护位的功能是在累加时防止结果溢出。

临时数据寄存器、T0、T1、T2 和 T3 都是 16 位的寄存器。它们可以容纳小于或等于 16 位的数据。它们有八个辅助寄存器 AR0～AR7,用于多种用途,例如用于间接寻址模式和循环寻址模式的数据指针。系数数据指针是在多个数据访问操作期间,通过系数数据总线访问系数的唯一地址寄存器。堆栈指针跟踪堆栈顶部的数据存储器地址位置。辅助寄存器指针寄存器、系数和堆栈指针寄存器都是 23 位的寄存器,如图 C.8 所示。寄存器中的低 16 位的数据不会进位到高 7 位的部分。

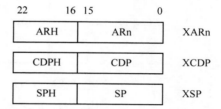

图 C.7　TMS320C55xx 累加器结构　　　图 C.8　TMS3200C55xx 23 位的存储器映射寄存器

表 C.3　C55xx MMR

寄存器	地址	功能描述	寄存器	地址	功能描述
IER0	0x00	中断屏蔽寄存器 0	AC3L	0x28	累加器 3[15 0]
IFR0	0x01	中断标识寄存器 0	AC3H	0x29	累加器 3[31 16]
ST0_55	0x02	C55xx 状态寄存器 0	AC3G	0x2A	累加器 3[39 32]
ST1_55	0x03	C55xx 状态寄存器 1	DPH	0x2B	扩展数据页指针
ST3_55	0x04	C55xx 状态寄存器 3		0x2C	保留
	0x05	保留		0x2D	保留
ST0	0x06	ST0(与 54x 兼容)	DP	0x2E	存储器数据页首地址
ST1	0x07	ST1(与 54x 兼容)	PDP	0x2F	外设数据页首地址
AC0L	0x08	累加器 0[15 0]	BK47	0x30	AR[4～7]的循环缓冲器大小寄存器
AC0H	0x09	累加器 0[31 16]	BKC	0x31	CDP 的循环缓冲器大小寄存器
AC0G	0x0A	累加器 0[39 32]	BSA01	0x32	AR[0～1]的循环缓冲器首地址寄存器
AC1L	0x0B	累加器 1[15 0]	BSA23	0x33	AR[2～3]的循环缓冲器首地址寄存器
AC1H	0x0C	累加器 1[31 16]	BSA45	0x34	AR[4～5]的循环缓冲器首地址寄存器
AC1G	0x0D	累加器 1[39 32]	BSA67	0x35	AR[6～7]的循环缓冲器首地址寄存器

续表

寄存器	地址	功 能 描 述	寄存器	地址	功 能 描 述
T3	0x0E	临时寄存器3	BSAC	0x36	循环缓冲器系数首地址寄存器
TRN0	0x0F	变换寄存器	BIOS	0x37	数据页存储(128字数据表)
AR0	0x10	辅助寄存器0	TRN1	0x38	变换寄存器1
AR1	0x11	辅助寄存器1	BRC1	0x39	块重复计数器1
AR2	0x12	辅助寄存器2	BRS1	0x3A	块重复保存1
AR3	0x13	辅助寄存器3	CSR	0x3B	计算单个重复
AR4	0x14	辅助寄存器4	RSA0H	0x3C	重复首地址0高
AR5	0x15	辅助寄存器5	RSA0L	0x3D	重复首地址0低
AR6	0x16	辅助寄存器6	REA0H	0x3E	重复尾地址0高
AR7	0x17	辅助寄存器7	REA0L	0x3F	重复尾地址0低
SP	0x18	栈指针寄存器	RSA1H	0x40	重复首地址1高
BK03	0x19	循环缓冲器大小寄存器	RSA1L	0x41	重复首地址1低
BRC0	0x1A	块重复计数器	REA1H	0x42	重复尾地址1高
RSA0L	0x1B	块重复开始地址	REA1L	0x43	重复尾地址1低
REA0L	0x1C	块重复结束地址	RPTC	0x44	重复计数器
PMST	0x1D	处理器模式状态寄存器	IER1	0x45	中断屏蔽寄存器1
	0x1E	保留	IFR1	0x46	中断标识寄存器1
	0x1F	保留	DBIER0	0x47	调试IER0
T0	0x20	临时数据寄存器0	DBIER1	0x48	调试IER1
T1	0x21	临时数据寄存器1	IVPD	0x49	中断向量指针,DSP
T2	0x22	临时数据寄存器2	IVPH	0x4A	中断向量指针,HOST
T3	0x23	临时数据寄存器3	ST2_55	0x4B	C55xx状态寄存器2
AC2L	0x24	累加器2[15:0]	SSP	0x4C	系统栈指针
AC2H	0x25	累加器2[31:16]	SP	0x4D	用户栈指针
AC2G	0x26	累加器2[39:32]	SPH	0x4E	SP和SSP的扩展数据页指针
CDP	0x27	系数数据指针	CDPH	0x4F	CDP的主数据页指针

　　C5xx处理器有4个系统状态寄存器,ST0_C55、ST1_C55、ST2_C55和ST3_C55。这些寄存器包括系统的控制位和标识位。控制位直接影响C5xx的执行条件,标识位报告处理器的状态。图C.9给出了这些位的名称和位置。

C.2.4　中断和中断向量

　　C55xx由表C.4所示的中断向量来服务所有的内部和外部中断。中断向量列出了C5505所有外部和内部中断的功能和优先级。中断的地址是中断向量指针加上偏移的值。

　　我们利用中断使能寄存器IER0和IER1来使能(非屏蔽)或者关断(屏蔽)中断。中断标识寄存器IFR0和IFR1用来表示一个中断是否发生。中断使能位和标识位的设置由图C.10给出。当IFR中的一个标识位被设为1,它表示一个中断已经发生,并且进入等待中断服务状态。

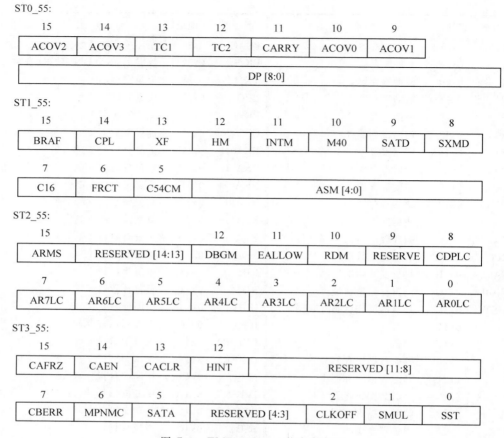

图 C.9 TMS320C55xx 状态寄存器

表 C.4 C5505 中断向量

名 称	偏 移	优 先 级	功 能 描 述
RESET	0x00	0	复位(软件和硬件)
MNI	0x08	1	不可屏蔽中断
INT0	0x10	3	外部中断#0
INT2	0x18	5	外部中断#2
TINT0	0x20	6	计时器#0中断
RINT0	0x28	7	McBSP#0接收中断
RINT1	0x30	9	McBSP#1接收中断
XINT1	0x38	10	McBSP#1传输中断
SINT8	0x40	11	软件中断#8
DMAC1	0x48	13	DMA通道#1中断
DSPINT	0x50	14	主设备中断
INT3	0x58	15	外部中断#3

续表

名　称	偏　移	优　先　级	功　能　描　述
RINT2	0x60	17	McBSP#2 接收中断
XINT2	0x68	18	McBSP#2 传输中断
DMAC4	0x70	21	DMA 通道#4 中断
DMAC5	0x78	22	DMA 通道#5 中断
INT1	0x80	4	外部中断#1
XINT0	0x88	8	McBSP#0 传输中断
DMAC0	0x90	12	DMA 通道#0 中断
INT4	0x98	16	外部中断#4
DMAC2	0xA0	19	DMA 通道#2 中断
DMAC3	0xA8	20	DMA 通道#3 中断
TINT1	0xB0	23	计时器#1 中断
INT5	0xB8	24	外部中断#5
BERR	0xC0	2	总线错误中断
DLOG	0xC8	25	数据记录中断
RTOS	0xD0	26	实时操作系统中断
SINT27	0xD8	27	软件中断#27
SINT28	0xE0	28	软件中断#28
SINT29	0xE8	29	软件中断#29
SINT30	0xF0	30	软件中断#30
SINT31	0xF8	31	软件中断#31

IFR0/IER0:

15	14	13	12	11	10	9	8
DMAC5	DMAC4	XINT2	RINT2	INT3	DSPINT	DMAC1	RESERV

7	6	5	4	3	2		
XINT1	RINT1	RINT0	TINT0	INT2	INT0	RESERVED [1:0]	

IFR1/IER1:

					10	9	8
RESERVED [15:11]					RTOS	DLOG	BER

7	6	5	4	3	2	1	0
INT5	TINT1	DMAC3	DMAC2	INT4	DMAC0	XINT0	INT1

图 C.10 TMS320C55xx 中断使能和标识寄存器

C.3　TMS320C55xx 寻址模式

C55xx 通过使用下面的 6 种寻址模式，可以访问 16MB 的存储器空间：

（1）直接寻址模式；

（2）间接寻址模式；

（3）绝对寻址模式；

（4）存储器映射寄存器寻址模式；

（5）寄存器位寻址模式；

（6）循环寻址模式。

这些寻址模式对于汇编语言程序设计非常重要，当我们用 C 编写一个程序时，C 编译器会生成相应的寻址模式。然而，编译器不能自动并且有效地生成所有的寻址模式。循环寻址模式是一个有效利用处理器的例子。当我们使用汇编语言时，我们可以采用循环寻址模式有效地利用循环缓冲器。表 C.5 以不同语法的 move 指令为例给出了 C55xx 的寻址模式。

表 C.5　C55xx 的不同操作方式的 mov 指令

指　　令	描　　述
mov #k, dst	将 16 位的有符号常数 k 载入到目的寄存器 dst
mov src, dst	将源寄存器 src 的内容载入到目的寄存器 dst
mov Smem, dst	将存储器位于 Smem 地址的内容载入到目的寄存器 dst
mov Xmem, Ymem, ACx	将 Xmem 赋给 ACx 的低位部分，将 Ymem 进行符号扩展并赋给 ACx 的高位部分
mov dbl(Lmem), pair(TAx)	将 Lmem 数据中的高 16 位和低 16 位分别赋给 TAx 和 TA(x+1)
amov #k23, xdst	将 k23(23 位的常数)的有效地址赋给扩展的目的寄存器(xdst)

由表 C.5 可以看出，每一个地址模式采用下面的一个或多个操作数：

Smem 是一个从数据存储器、I/O 存储器或者 MMR 中读出的短数据字(16 位)。

Lmem 是一个从数据存储器或者 MMR 中读出的长数据字(32 位)。

Xmem 和 Ymem 是在执行指令时，同时访问两个 16 位的数据存储器。

src 和 dst 分别是源寄存器和目的寄存器。

#k 是有符号的立即数，例如：#k16 是一个 16 位的常数，范围从 −32 768 到 32 767。

dbl 是一个长数据字的存储器访问的限定符。

xdst 是一个扩展的寄存器(23 位)。

C.3.1　直接寻址模式

有 4 种类型的直接寻址模式：数据页指针(DP)直接寻址、堆栈指针(SP)直接寻址、寄存器位直接寻址和外设数据页指针(PDP)直接寻址。

　　DP 直接寻址模式使用由 23 位的扩展数据页指针（XDP）指定的主数据页。如图 C. 11 所示,高 7 位的 DPH 决定了主数据页(0～127),低 16 位的 DP 定义了由 DPH 指向的数据页的起始地址。指令包括 7 位的偏移(@ x)来直接指向数据页中的变量 x(Smem)。数据页寄存器 DPH、DP 和 XDP 可以通过如下的 mov 指令来读取。

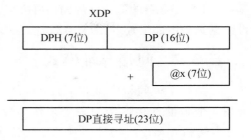

```
mov    #k7,DPH        ;将 7 位常数 k7 载入 DXP
mov    #k16,DP        ;将 16 位常数 k16 载入 DXP
```

　　第一条指令根据 7 位的常数 k7 来读取扩展数据页指针的高位部分,也就是 DPH,来设定主数据页;第二条指令初始化数据页指针的起始地址。例 C. 1 给出了怎样初始化 DPH 和 DP 指针。

图 C. 11　使用直接 DP 寻址模式来访问变量 x

　　　　例C.1:　　　　　　　指令

```
mov #0x3,DPH
mov #0x0100,DP
```

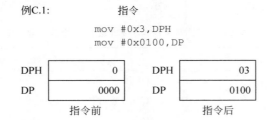

　　采用 23 位的常数,也可以在一条指令中初始化 XDP,例如:

```
amov  #k23,XDP                             ;将 23 位常数载入 XDP
```

　　汇编代码中的语法是 amov ♯k23, xdst。其中,♯k23 是一个 23 位的地址;目标 xdst 是一个扩展寄存器。例如,amov ♯14000, XDP 将 XDP 初始化为数据页 1,起始地址为 0x4000。

　　以下代码显示怎样使用 DP 直接寻址模式:

```
X  .set  0x1FFEF
   mov   #0x1,DPH              ;将 1 载入 DPH
   mov   #0x0FFEF,DP           ;起始地址载入 DP
   .dp   X
   mov   #0x5555,@X            ;将 0x5555 存入存储器位置 X
   mov   #0xFFFF,@(X+5)        ;将 0XFFFF 存入存储位置 X+5
```

在这个例子中,符号@告诉汇编器,这个指令采用直接寻址模式。. dp 指令表示不需要存储器空间变量 X 的基地址。

　　SP 直接寻址模式与 DP 直接寻址模式相似。23 位的地址可以通过扩展的栈指针(XSP)采用与 XDP 相同的方式来组成。高 7 位(SPH)选择主数据页,低 16 位(SP)决定了起始地址。7 位的栈偏移包括在指令中。当 SPH=0(主页 0),栈必须避免使用对 MMR 保留的存储器空间地址,即从地址 0 到 0x5F。

I/O 空间寻址模式只使用 16 位的寻址范围。512 个外设数据页可以通过 PDP 寄存器的高 9 位来选择，PDP 寄存器的低 7 位的偏移值决定了选中的外设数据页的内部位置，见图 C.12。

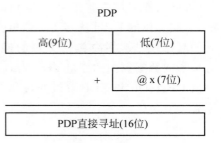

图 C.12　采用直接 PDP 寻址模式来访问变量 x

C.3.2　间接寻址模式

一共有 4 种间接寻址模式。AR 间接寻址模式使用 8 个辅助寄存器中的一个来作为数据存储器、I/O 空间和 MMR 的指针。双 AR 间接模式为双数据存储器访问分配两个辅助寄存器，系数数据指针 (CDP) 间接模式采用 CDP 来指向数据存储器空间中的系数。系数双 AR 间接模式使用 CDP 和双 AR 间接模式产生三个地址。在寻址模式中，间接寻址是最常用的，这是因为它支持指针更新和方案的修改，如表 C.6 所示。

表 C.6　AR 和 CDP 间接寻址指针修改方案

操作数	ARn/CDP 指针更改
* ARn 或 * CDP	ARn（或 CDP）没有被更改
* ARn± 或 * CDP±	ARn（或 CDP）通过以下操作更改
	±1 对于 16 位操作　　（ARn＝ARn±1）
	±2 对于 32 位操作　　（ARn＝ARn±2）
* ARn（♯k16）或 * CDP（♯k16）	ARn（or CDP）没有被更改
	有符号 16 位常数 k16 作为基指针 ARn（或 CDP）的偏移量
* ＋ARn（♯k16）或 * ＋CDP（♯k16）	操作前 ARn（或 CDP）已被更改
	在新地址产生前，加入有符号 16 位常数 k16 作为基指针 ARn（或 CDP）的偏移量
* (ARn±T0/T1)	加/减 16 位 T0 或 T1 的内容后，ARn（或 CDP）将被更改（ARn＝ARn±T0/T1）
* ARn (T0/T1)	ARn 没有被更改
	T0 或 T1 作为基指针 ARn 的偏移量

AR 间接寻址模式使用辅助寄存器（AR0～AR7）指向数据存储器空间，扩展辅助寄存器（XAR）的高 7 位指向数据主存储器页，而低 16 位指向数据在存储器页中的位置。因为 I/O 空间地址范围在 16 位数据的寻址范围之内，所以当对 I/O 空间进行存取操作时，扩展辅助寄存器（XAR）的高位部分必须置为 0。间接寻址模式的最大块尺寸（32K 字）的大小受到 16 位辅助寄存器的限制，例 C.2 演示了使用间接寻址模式将由 AR0 指向的数据存储器存储的数据复制到目标寄存器 AC0 中。

例C.2:　　　　　　　　　指令

mov *AR0,AC0

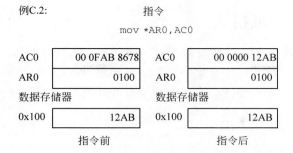

双 AR 间接寻址模式通过使用辅助寄存器允许同时存取两个数据存储器,通过使用表 C.5 中如下所示的语法规则,它允许存取存储器中两个 16 位的数据。

mov　Xmem,Ymem,ACx

例 C.3 给出如何分别用 AR2 和 AR3 两个数据指针向 Xmem 和 Ymen 中加载两个 16 位数据,AR3 所指向的数据由符号扩展到 24 位,并加载进目标高位部分累加器 AC0(39:16)中,而 AR2 所指向的数据则加载进 AC0 的低位部分(15:0),然后更新数据指针 AR2 和 AR3。

例C.3:　　　　　　　　　指令

mov *AR2+,*AR3-,AC0

扩展系数数据指针(XCDP)由 CDPH(高 7 位)和 CDP(低 16 位)组成。CDP 间接寻址模式使用高 7 位定义主数据存储器页,低 16 位指向数据在指定存储器页中的位置。例 C.4 给出 CDP 中含有系数数据存储器地址时如何使用 CDP 间接寻址模式的情况,该指令首先让 CDP 指针加 2,然后将更新后的系数指针中的系数加载到目标寄存器 AC3。

例C.4:　　　　　　　　　指令

mov *+CDP(#2),AC3

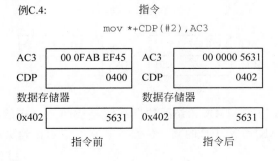

C.3.3 绝对寻址模式

内存可以使用 k16 或 k23 绝对寻址模式寻址。k23 绝对寻址模式给出 23 位无符号常数的地址。例 C.5 显示的是将主存储器页第一页地址 0x1234 中的数据内容加载进临时寄存器 T2 的一个例子，其中符号 *() 表示使用绝对寻址模式。

例C.5:　　　　　　　　指令
```
mov *(#x011234),T2
```

| T2 | 0000 | T2 | FFFF |

数据存储器　　　　　　　数据存储器

| 0x01 1234 | FFFF | 0x01 1234 | FFFF |

指令前　　　　　　　　　指令后

k16 绝对寻址模式使用操作数 * abs(♯k16)，k16 是一个 16 位无符号常数，在这种模式中，DPH(7 位)被强制性地置为 0，并且与无符号常数 k16 串联形成一个 23 位的数据空间存储器地址。I/O 绝对寻址模式使用操作数 port(♯k16)。绝对地址也可以用其他的名字代替，如下面例子中的变量 x 一样。

```
mov *(x),AC0
```

该指令采用变量 x 的内容加载累加器 AC0。当使用绝对寻址模式时，我们可以不用去关心数据页的指针，这种做法的缺点是需要更多的代码空间去表示 23 位的地址。

C.3.4 MMR 寻址模式

绝对、直接和间接寻址模式可以寻址主数据页地址 0x0 到 0x5F 数据存储器空间中的 MMR(如图 C.6 所示)。例如，指令 mov (♯AR2)，T2 使用绝对寻址模式将 AR2 中的 16 位内容加载进临时寄存器 T2。

对于 MMR 直接寻址模式，必须选用 DP 直接寻址模式。例 C.6 给出如何利用直接寻址模式来将累加器的低址部分内容 AC0(15:0)转移至临时寄存器 T2 中。MMR 直接寻址模式中，使用 mmap()限定符会强制数据地址产生器访问主数据页 0，也即 XDP＝0。

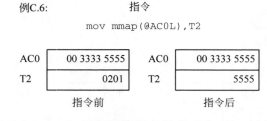

例C.6:　　　　　　　　指令
```
mov mmap(@AC0L),T2
```

| AC0 | 00 3333 5555 | AC0 | 00 3333 5555 |
| T2 | 0201 | T2 | 5555 |

指令前　　　　　　　　　指令后

使用间接寻址模式访问 MMR 和访问数据存储器空间是一样的，由于 MMR 位于数据页 0 的位置上，因此 XAR 和 XCDP 的高 7 位必须置 0 以初始化到页面 0。下述指令将 AC0

的内容载入 T1 和 T2 寄存器:

```
amov   ♯ AC0H,XAR6
mov    ＊ AR6－,T2
mov    ＊ AR6＋,T1
```

上例中,第一条指令将累加器 AC0 高位部分(AC0H,处于页 0 的 0x9 地址)的有效地址装载进辅助扩展寄存器 XAR6 中,也即,XAR6＝0x000009。第二条指令将 AR6 当作指针用于将 AC0H 的内容复制给 T2 寄存器,指针减 1 指向 AC0 的低位(AC0L,处于 0x8 地址)。第三条指令复制 AC0L 的内容给 T1 寄存器并且修改 AR6 使之再次指向 AC0H。

C.3.5　寄存器位的寻址模式

直接寻址模式和间接寻址模式都可以寻址特定寄存器的某一位或某几位。直接寻址模式通过位偏移来访问寄存器的特定位。偏移量为处理位所处地址和 LSB 间的差值。例 C.7 给出了寄存器位直接寻址模式的指令。位检测指令 btstp 会更新状态寄存器 ST0(位 12 和位 13)的检测条件位(TC1 和 TC2)。

例C.7:　　　　　　指令

btstp @28,AC0

指令前　　　　　　　　指令后

我们也可以使用间接寻址模式来访问寄存器位:

```
mov    ♯2,AR4        ;AR4 含有位偏移量 2
bset   ＊AR4,AC3      ;设置由 AR4 指向的 AC3 位为 1
btstp  ＊AR4,AC1      ;测试由 AR4 指向的 AC1
```

寄存器位寻址模式仅支持累加器 AC0～AC3、辅助寄存器(AR0～AR7)和临时寄存器(T0～T3)的位检测、位置位、位清零和位填充指令。

C.3.6　循环寻址模式

循环寻址模式按取模方式更新指针以连续地访问数据缓存区而无须重置指针。当指针指向缓冲区结束位置时,指针便会绕回缓冲区的起始位置以便做下一次迭代。辅助寄存器(AR0～AR7)和 CDP 均可在间接寻址模式下被用作循环指针。下述步骤建立了循环缓冲区:

(1)初始化扩展寄存器的高七位(ARnH 或 CDPH)以将主数据页选为循环缓存区。例如,mov ♯k7,AR2H。

(2)初始化 16 位循环指针(ARn 或 CDP)。该指针可以指向缓存区内的任意存储位置。例如，mov #k16，AR2。注意，可用单条指令 amov #k23，XAR2 完成步骤(1)和步骤(2)对地址指针的初始化。

（3）初始化 16 位循环缓冲区的起始地址寄存器 BSA01(针对 AR0 或 AR1)、BSA23(针对 AR2 或 AR3)、BSA45(针对 AR4 或 AR5)、BSA67(针对 AR6 或 AR7)或者 BSAC(针对 CDP)以及相应的辅助寄存器。例如，如果 AR2(或 AR3)被用于循环指针，我们不得不使用 BSA23 寄存器并且用指令 mov #k16，BSA23 来初始化它。与寄存器内容级联的主数据页定义了循环存储区的 23 位起始地址。

（4）初始化用于记录数据缓存区大小的寄存器 BK03、BK47 或者 BKC。当使用 AR0～AR3(或者 AR4～AR7)作为循环指针，需要初始化 BK03(或者 BK47)。指令 mov #16，BK03 为辅助寄存器 AR0～AR3 建立了一个含有 16 个元素的循环存储区。

（5）通过置位状态寄存器 ST2 的适当位可以使能循环缓冲区。例如，指令 bset AR2LC 使能 AR2 用于循环寻址。

下述示例展示了怎样用四个整型数初始化循环缓冲区 COEFF[4]，并且使用循环寻址模式来访问存储区内的数据。

```
amov    #COEFF,XAR2     ;COEFF[4]的主数据页
mov     #COEFF,BSA23    ;缓冲器基址是 COEFF[0]
mov     #0x4,BK03       ;设置 4 个字的缓冲器大小
mov     #2,AR2          ;AR2 指向 COEFF[2]
bset    AR2LC           ;AR2 配置为循环指针
mov     *AR2+,T0        ;T0 采用 COEFF[2]加载
mov     *AR2+,T1        ;T1 采用 COEFF[3]加载
mov     *AR2+,T2        ;T2 采用 COEFF[0]加载
mov     *AR2+,T3        ;T3 采用 COEFF[1]加载
```

由于循环寻址使用了间接寻址模式，循环指针可用表 C.6 所示的修改方式完成更新。如第 3 章所述，FIR 滤波可用循环缓冲区来高效实现。

C.4 TMS320C55xx 汇编语言编程

我们可用 C 语言或汇编语言给 C55xx 编程。本节我们将介绍 C55xx 汇编语言编程的基础，包括四类汇编指令：算术、逻辑和位操作、转移(存取)以及程序流控制。

C.4.1 算术指令

算术指令包含加(add)、减(sub)和乘(mpy)。这些指令的组合形成了一些指令子集，如乘加(mac)和乘减(mas)指令。大多数算术指令可条件执行。C55xx 也提供了精度拓展的算术指令，如带进位加法指令、带借位的减法指令、有符号/有符号、有符号/无符号以及无符号/无符号指令。在例 C.8 中，指令 mpym 将 AR1 和 CDP 指向的两个数相乘，将乘积写回累加器 AC0，之后更新 AR1 和 CDP 的值。

例C.8:　　　　　　　指令

```
mpym *AR0+,*CDP-,AC0
```

AC0	00 3333 5555
FRCT	0
AR0	0100
CDP	0402

数据存储器

0x100	12AB
0x402	5631

指令前

AC0	00 0649 04BB
FRCT	0
AR0	0101
CDP	0401

数据存储器

0100	12AB
0x402	5631

指令后

例 C.9 表明,指令 macmr40 用 AR1 和 AR2 作为数据指针执行乘加操作。此外,它还执行如下操作:

(1) 关键字"r"对累加器 AC3 的高位进行了舍入,然后 AC3[15:0]被清零。

(2) 关键字"40"使能了 40 位溢出检测功能。如果溢出产生,AC3 累加器的结果为 40 位最大值。

(3) 选项"T3= * AR1+"将 AR1 指向的数据赋给 T3。

(4) 最后,AR1 和 AR2 自增 1 指向下一数据存储位置。

例C.9:　　　　　　　指令

```
macmr40 T3=*AR1+,*AR2+,AC3
```

AC3	00 0000 1234
FRCT	1
T3	FFF0
AR1	0200
AR2	0300

数据存储器

0x200	5555
0x300	3333

指令前

AC3	00 2222 0000
FRCT	1
T3	5555
AR1	0201
AR2	0301

数据存储器

0x200	5555
0x300	3333

指令后

C.4.2　逻辑和位操作指令

如 and、or、not 和 xor(异或)这样对数据的逻辑操作指令被广泛用于判定和执行流控制。逻辑操作应用于诸如数据通信中的误差校正编码这样的应用。例如,指令

```
and  #0xf,AC0
```

清零了累加器 AC0 中低四 LSB 位以外的所有高位。

位操作指令作用于寄存器或数据存储器的一位或多位,这些位操作指令包括位清零、位置位以及位检测。类似于逻辑操作,位操作指令和逻辑操作指令一起支持判定过程。例 C.10 中,位清零指令清除状态寄存器 ST0 的进位(位 11)。

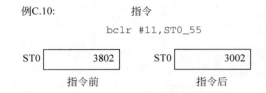

例C.10:　　　　　　指令

```
bclr #11,ST0_55
```

ST0	3802

指令前

ST0	3002

指令后

C.4.3　转移指令

转移指令在寄存器和存储器间复制数据,从寄存器到存储器或从存储器到寄存器。例如,指令

```
mov #1 << 12,AC1
```

将常量 1 左移 12 位后赋给累加器 AC1。如果 AC1 的初始值为 0,指令执行后其值为 00 0001 0000。一般地,可以用指令

```
mov #k << n,AC1
```

其中,常数 k 首先左移了 n 位。

C.4.4　程序流控制指令

程序流控制指令决定了程序的执行流,包括分支(b)、子进程调用(call)、循环操作(rptb)、子进程返回(ret)等等。这些指令可以是条件执行的,例如条件调用(callcc)、条件分支(bcc)以及条件返回(retcc),这些指令可根据特定条件来控制程序流。例如,

```
callcc my_routine, TC1
```

只有当状态寄存器 ST0 的检测控制位 TC1 置位时才会调用子进程 my_routine。

条件执行指令 xcc,要么用于条件执行,要么用于部分条件执行。在例 C.11 中,条件执行指令检测 TC1 位。如果 TC1 置位,指令 mov * AR1+, AC0 将会被执行,AC0 和 AR1 将更新值。如果 TC1 未被置位,AC0 和 AR1 不会改值。条件执行指令 xcc 允许一条指令或两条并行指令的条件执行。label 标签便于可读,尤其当两条并行指令被使用的时候。

除了条件执行,C55xx 也支持部分条件执行一条指令。如例 C.12 所示,当条件为真时,AR1 和 AC0 被更新。如果条件为假时,流水线的执行阶段将不会被运行。由于第一个操作数(地址指针 AR1)在流水线的读取阶段被更新,无论条件真假与否,AR1 都会被更新,但执行阶段的 AC0 将会保持不变。也就是说,指令部分执行了。

例C.11:

指令
```
xcc label,TC1
mov *AR1+,AC0
label
```

例C.12:

指令
```
xccpart label,TC1
mov *AR1+,AC0
label
```

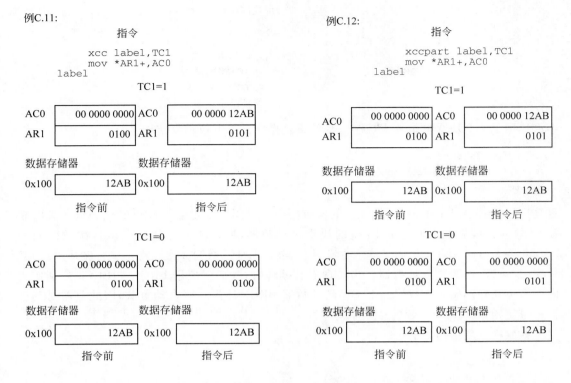

许多 DSP 应用(如滤波)需要指令重复执行。这些算术操作可能在嵌套的循环里。如果内部循环的指令数较少,相对于这些指令而言,循环控制占据的开销比重会非常大。循环控制指令,例如检测和更新循环计数器、指针以及返回到循环开始的分支,会给任何循环处理过程引入很大的开销。为了减小这种循环开销,C55xx 提供了内置硬件用于零开销的循环操作。

单一重复指令 rpt 重复其后一个单周期指令或并行执行的两个单周期指令。例如,

```
rpt    ♯N－1                ;重复下一条指令 N 次
mov    ＊AR2＋,＊AR3＋
```

rpt 指令将立即数 N－1 写于单一重复计数器(RPTC)中,它使指令 mov ＊AR2＋,＊AR3＋执行 N 次。

块重复指令(rptb)重复执行一大段指令而形成了一个循环。该指令支持内循环置于外循环之内的嵌套循环。块重复操作使用块重复计数器 BRC0 和 BRC1。例如:

```
mov    ♯N－1,BRC0            ;重复外循环 N 次
mov    ♯M－1,BRC1            ;重复内循环 M 次
rptb   outloop－1           ;重复外循环至 outloop
mpy    ＊AR1＋,＊CDP＋,AC0
mpy    ＊AR2＋,＊CDP＋,AC1
```

```
        rptb    inloop - 1                      ;重复内循环至 inloop
        mac     * AR1 + , * CDP + , AC0
        mac     * AR2 + , * CDP + , AC1
    inloop                                      ;内循环结束
        mov     AC0, * AR3 +                    ;保存 AC0 中的结果
        mov     AC1, * AR4 +                    ;保存 AC1 中的结果
    outloop                                     ;外循环结束
```

本例使用了两个块重复指令来控制嵌套的重复操作。以下块重复结构

```
        rptb label_name - 1
        (a block of instructions)
    label_name
```

重复执行 rptb 到 label_name 标签处的所有指令。可用于块重复循环里的代码量最大限制在 64KB 以内，鉴于使用的是 16 位的块重复计数器，所以块循环的最大执行次数限制为 $65\,536 (= 2^{16})$ 次。由于使用了流水方案，块内最少循环次数为 2 次。对于单一循环，我们必须使用 BRC0 作为重复计数器。当实现嵌套循环时，我们将使用 BRC1 和 BRC0 分别作为内部循环和外部循环计数器。由于循环计数器 BRC1 计为 0 时自动重载，因此只需对其进行一遍初始化。

本地块重复结构如下：

```
        rptblocal label_name - 1
        (Instructions of 56 bytes or less)
    label_name
```

这和上述的块重复循环有些类似但更高效，这是由于循环代码被放在指令缓冲队列（IBQ）中。和块重复循环不同的是，本地块重复循环仅从存储器中取一遍指令。这些指令被存放在 IU 中并可在整个循环操作过程中使用。IBQ 的大小限制了本地重复循环代码大小最多为 56B 或更少。

最后，我们将 C55xx 的一些基本助记符指令列在表 C.7 中。所列示例仅为 C55xx 汇编指令的一小部分子集，条件指令更是如此。

表 C.7　C55xx 指令集

语　法	含　义	例　子
aadd	修改 AR	aadd AR0, AR1
abdst	绝对距离	abdst * AR0+, * AR1+, AC0, AC1
abs	绝对值	abs AC0, AC1
add	加	add uns(* AR4), AC1, AC0
addsub	加和减	addsub * AR3, AC1, TC2, AC0
amov	修改 AR	amov AR0, AR1
and	位与	and AC0 < #16, AC1
asub	修改 AR	asub AR0, AR1

续表

语　法	含　义	例　子
b	分支	bcc AC0
bclr	位清零	bclr AC2，＊AR2
bcnt	位计数	bcnt AC1，AC2，TC1，T1
bfxpa	位扩展	bfxpa ♯0x4022，AC0，T0
bfxtr	位提取	bfxtr ♯0x2204，AC0，T0
bnot	位取反	bnot AC0，＊AR3
brand	位比较	band ＊AR0，♯0x0040，TC1
bset	位置位	bset INTM
btst	位检测	btst AC0，＊AR0，TC2
btstclr	位检测和清零	btstset ♯0xA，＊AR1，TC0
btstset	位检测和置位	btstset ♯0x8，＊AR3，TC1
call	函数调用	call AC1
delay	存储器延时	delay ＊AR2＋
cmp	比较	cmp ＊AR1＋＝＝♯0x200，TC1
firsadd	FIR 对称加	Firsadd ＊AR0，＊AR1，＊CDP，AC0，AC1
firssub	FIR 对称减	firssub ＊AR0，＊AR1，＊CDP，AC0，AC1
idle	强制处理器至 idle 状态	idle
intr	软中断	intr ♯3
lms	最小均方	lms ＊AR0t，＊AR1＋，AC0，AC1
mant	归一化	mant AC0 ∷ nexp AC0，T1
mac	乘累加	macr ＊AR2，＊CDP，AC0 ∷ macr ＊AR3，＊CDP，AC1
mack	乘累加	mack T0，♯0xff00，AC0，AC1
mar	修改 AR 寄存器	amar ＊AR0t，＊AR1－，＊CDP
mas	乘减	mas uns(＊AR2)，uns(＊CDP)，AC0
max	取最大值	max AC0，AC1
Maxdiff	比较取最大值	maxdiff AC0，AC1，AC2，AC1
min	取最小值	min AC1，T0
mindiff	比较取最小值	mindiff AC0，AC1，AC2，AC1
mov	转移数据	mov ＊AR3 ≪ T0，AC0
mpy	乘法	mpy ＊AR2，＊CDP，AC0 ∷ mpy ＊AR3，＊CDP，AC1
mpyk	乘法	mpyk ♯-54，AC0，AC1
neg	取负	neg AC0，AC1
not	按位求补	not AC0，AC1
or	按位求或	or AC0，AC1
pop	从栈弹出	popboth XAR5
psh	压入栈中	psh AC0

语　　法	含　　义	例　　子
reset	软件复位	reset
ret	返回	retcc
reti	从中断返回	reti
rol	向左轮转	rol CARRY，AC1，TC2，AC1
ror	向右轮转	ror TC2，AC0，TC2，AC1
round	取整	round AC0，AC2
rpt	重复	rpt ♯15
rptb	重复块	rptblocal label-1
sat	饱和	sat AC0，AC1
sftl	逻辑移位	sftl AC2，♯-1
sfts	符号移位	sfts AC0，T1，AC1
sqr	平方	sqr AC1，AC0
sqdst	平方距离	sqdst ＊AR0，＊AR1，AC0，AC1
sub	做减法	sub dual(＊AR4)，AC0，AC2
subadd	做减法和加法	subadd T0，＊AR0＋，AC0
swap	寄存器交换	swap AR4，AR5
trap	软件陷阱	trap ♯5
xcc	条件执行	xcc ＊AR0 !＝♯0
		add ＊AR2＋，AC0
xor	按位异或	xor AC0，AC1

完整的助记符指令集见 TMS320C55xx《助记符指令集参考指南》[5]。

C.4.5　并行执行

C55xx 使用多总线结构、双 MAC 单元和独立的 PU、AU 和 DU 来支持两种类型的并行处理：隐式(内建的)和显式(用户建立的)。隐式的并行指令使用平行列符号"∷"来分隔需要并行处理的指令对。显式并行指令使用"‖"指明并行指令对。这两种类型的一些并行指令可以一起使用形成组合并行指令。下面的例子展示了在一个时钟周期内可执行的用户建立类型、内建类型和组合类型的并行指令。

用户建立类型：

```
    mpym ＊AR1＋,＊AR2＋,AC0          ;用户建立并行指令
‖   and AR4,T1                       ;使用 DU 和 AU
```

内建类型：

```
    mac ＊AR2－, ＊CDP－,AC0          ;内建并行指令
∷   mac ＊AR3＋, ＊CDP－,AC1          ;使用双 MAC 单元
```

内建类型和用户建立类型组合：

```
    mpy  * AR2 + , * CDP + , AC0        ;组合并行指令
::  mpy  * AR3 + , * CDP + , AC1        ;使用双 MAC 单元和 PU
||  rpt  #15
```

使用并行指令的限制如下：

（1）不管是用户建立类型还是自建类型，只能并行执行两条指令，这两条指令不能超过6字节。

（2）不是所有的指令都可以并行操作。

（3）当访问存储空间时，只允许间接寻址。

（4）允许在执行单元内部或之间并行，但是此时在单元、总线间或者在单元内部不能存在任何硬件资源的冲突。

当使用汇编码时，对单元内部的并行执行有一些限制，参考《助记符指令集参考指南》[5]来了解更详细的描述。

并行操作时会涉及 PU、AU 和 DU。理解这些单元的寄存器堆和总线机制有助于理解使用并行指令时存在的潜在冲突。表 C.8 列出了 PU、AU 和 DU 的一些寄存器和总线。

表 C.8　C55xx 寄存器和总线的部分列表

PU 寄存器/总线	AU 寄存器/总线		DU 寄存器/总线
RPTC	T0,T1,T2,T3		AC0,AC1,AC2,AC3
BRC0,BRC1	AR0,AR1,AR2,AR3		TRN0,TRN1
RSA0,RSA1	AR4,AR5,AR6,AR7		
REA0,REA1	CDP		
	BSA01,BSA23,BSA45,BSA67,BK01,BK23,BK45,BK67		
读总线：CB,DB	读总线：CB,DB		读总线：BB,CB,DB
写总线：EB,FB	写总线：EB,FB		写总线：EB,FB

下面例子中使用的并行指令是不正确的，因为第二条指令使用了直接寻址方式：

```
    mov  * AR2,AC0
||  mov  T1,@1
```

我们通过把直接寻址方式@x 替换为间接寻址 * AR1 解决了该问题，所以两次的存储空间访问都使用了间接寻址方式：

```
    mov  * AR2,AC0
||  mov  T1, * AR1
```

考虑如下的例子：

```
    mov  * AR0,AC2
||  call AC3
```

第一条指令把 DU 内部 AC0 的内容加载到 AU 内部的辅助寄存器 AR2 内。第二条指令试图使用 AC3 的内容作为函数调用的程序地址。因为 AU 和 DU 之间只有唯一一条连接通道，所以当两条指令都尝试通过这条通道访问 DU 内部的累加器时，就会产生冲突。

为了解决这个问题，我们可以将子程序调用方式从通过累加器调用变为通过地址调用，如下：

```
    mov AC0,AR2
||   call my_func
```

这是因为指令 call my_func 只使用了 PU。

系数双 AR 间接寻址方式和双 AR 间接寻址方式一起使用来执行操作。系数间接寻址方式支持三个同时的存储器空间访问(Xmem，Ymem 和 Cmem)。FIR 滤波器可以有效使用这种方式。下面的代码是使用系数间接寻址方式的一个例子：

```
    mpy * AR2 + , * CDP + ,AC2          ;指向数据 x1 的 AR1 指针
::   mpy * AR3 + , * CDP + ,AC3          ;指向数据 x2 的 AR2 指针
||   rpt #6                              ;重复以下 7 次
    mac * AR2 + , * CDP + ,AC2          ;AC2 已累积结果
::   mac * AR3 + , * CDP + ,AC3          ;AC3 具有另一结果
```

在这个例子中，AR2 和 AR3 指向存储器缓存 Xmem 和 Ymem，CDP 独立地指向系数数组。乘法结果加入到累加器 AC2 和 AC3 的内容中。

C.4.6　汇编指示

汇编指示(Assembly directives)控制汇编处理过程，如源文件格式、数据对齐和节内容。它们还把数据加入到程序中，初始化存储器空间，定义全局变量，设置条件汇编块，为代码和数据保留存储器空间。本节将描述一些 C55xx 常用的汇编指示。

.bss 指示为.bss 段定义的数据变量保留未初始化的存储器空间。常用在把数据，例如 I/O 缓冲等运行时的变量，加载进 RAM 中。例如：

```
.bss xn_buffer,size_in_words
```

其中，xn_buffer 指向保留存储器空间的第一个位置，size_in_words 指定了在.bss 段中保留的字数量。如果我们没有为未初始化的数据段指定名字，汇编程序会把所有未初始化的数据放进.bss 段，其按字寻址。

.data 指示告诉汇编程序开始把源代码汇编到.data 段，通常会包含数据表，或者预初始化好的数据，例如正弦表。.data 段是字寻址。

.sect 指示定义一个代码或者数据段并且告诉汇编器启动编译工作，并将汇编后的源码或者数据加载到该数据段中。常用在将长程序进行逻辑划分。它可以把子程序和主程序分开，或者将属于不同任务的常量分离开。例如：

```
.sect "user_section"
```

把代码分配到名为 user_section 的用户定义段中。来自于不同源程序的有相同段名称的代码段将被放在一起。

和.bss 指示类似,.usect 指示在未初始化的段内保留存储器空间。它把数据放在用户定义的段中,常用来对大的数据段进行逻辑划分,例如把接收器变量和发送器变量分离开。.usect 指示的语法为

```
symbol .usect "section_name", size_in_words
```

其中,symbol 是一个变量,或者是一个数据数组的起始地址,它会被放进名为 section_name 的段中。

.text 指示告诉汇编器开始把源代码汇编到.text 段中,这是程序代码的默认段。如果代码段没有特别指定,汇编器会把所有程序汇编到.text 段中。

.int(或者.word)指示把一个或多个 16 位的整数值放在当前存储段的连续字中。这允许用户使用常量初始化存储器空间。例如:

```
data1 .word 0x1234
data2 .int 1010111b
```

在这个例子中,data1 初始化为十六进制数 0x1234(十进制 4660),而 data2 初始化为二进制数 1010111b(十进制 87)。

.set(或者.equ)指示给符号分配值。这些符号作为编译时常量,也可以以同样的方式被源声明用做枚举常量。.set 指示有以下的形式:

```
symbol .set value
```

其中,symbol 必须在第一列。这句指示的意思是把常量 value 和 symbol 等同。在编译时,程序中符号的名字会被相应的常量值替换,以便于编程者编写可读的程序。.set 和 .equ 可以互换使用。

.global(.def 或者.ref)表示将符号全局化,这样在外部函数中也能使用这些符号。.def 表示当前文件中已定义并且对于外部文件可见的符号。.ref 指示引用其他文件中定义的外部符号。.def 指示有如下形式:

```
.def symbol_name
```

symbol_name 可以是一个当前文件中定义的函数名或者变量名,它可以被不同文件中的其他函数引用。.global 指示可以和.def 或者.ref 指示互换的使用。

.include(或者.copy)指示从其他文件中读取源文件,其形式如下:

```
.include "file_name"
```

file_name 用来告诉汇编器读取哪个文件来作为源文件的一部分。

C.4.7　汇编声明语法

C55xx 汇编声明的基本语法可以被划分为以下四个有序的字段:

```
[label][:] mnemonic [operand list] [;comment]
```

方括号中的要素是可选择的。声明必须以一个标签、空格、星号或者分号开始。每个字段必须以至少一个空格分隔。为了便于阅读和维护，强烈建议使用有意义的助记符作为标签、变量和子程序的名字。表 C.9 中给出了 C55xx 汇编程序的一个例子。

表 C.9　C55xx 汇编程序的一个例子

```
;
;         Assembly program example
;
N           .set 128
_Xin        .usect ".in_data",(2 * N)          ;输入数组
_Xout       .usect ".out_data",(2 * N)         ;输出数组
_Spectrum   .usect ".out_data",N               ;数据谱数组
            .sect .data
input       .copy input.inc                    ;将 input.inc 拷入程序
            .def _start                        ;定义此程序的入口点
            .def _Xin,_Xout,_Spectrum          ;使这些数据成为全局数据
            .ref _dft_128,_mag_128             ;参考外部函数
            .sect .text
_start
    bset    SATD                               ;为 D 单元设置饱和
    bset    SATA                               ;为 A 单元设置饱和
    bset    SXMD                               ;设置符号扩展模式
    mov     # N - 1,BRC0                       ;初始化 N 次循环的计数器
    amov    # input,XAR0                       ;输入数据指针
    amov    # _Xin,XAR1                        ;Xin 数组指针
    rptblocal complex_data_loop - 1            ;形成复数
    mov     * AR0 + , * AR1 +
    mov     # 0, * AR1 +
complex_data_loop
    amov    # _Xin,XAR0                        ;Xin 数组指针
    amov    # _Xout,XAR1                       ;Xout 数组指针
    call    _dft_128                           ;执行 128 点 DFT
    amov    # _Xout,XAR0                       ;Xout 指针
    amov    # _Spectrum,XAR1                   ;谱数组指针
    call    _mag_128                           ;计算平方幅度响应
    ret
```

　　标签(label)字段可以包含最多 32 个字母或数字符号(A～Z,a～z,0～9,_和 $)。它把符号地址和唯一的程序位置关联起来。汇编程序中有标签的行可以用定义的符号名进行引用。这对于模块化编程和分支指令是十分有帮助的。标签是可选项，但是一旦使用，就必须将其放在程序行的第一列位置。标签对大小写敏感并且必须以字母或下划线开头。在例子中，将符号 start 定义为全局函数的入口指针，这样其他文件中的函数就可以直接进行引用。

complex_data_loop 符号是 text 段的另外一个标签。它是为汇编器建立块重复循环而设置的局部标签。

助记(mnemonic)字段可以包含助记指令、汇编指示、宏指示或宏调用。注意助记字段不能位于每一行程序的开头位置,否则,它将被当作标签(label)。

操作数(operand)字段是操作数的一个列表。操作数可以是一个常量、符号或者由常量和符号组成的表达式,还可以是编译时引用存储器空间、I/O 端口或者指针的一个表达式,操作数的种类还可以是寄存器和累加器。常量可以是二进制、十进制或者十六进制的形式。例如,一个二进制常量是一个带有 B(或 b)后缀的二进制数字串,十六进制常量是一个带有 H(或 h)后缀的十六进制数字(0,1,…,9,A,B,C,D,E 和 F)串。十六进制数也可以像 C 语言一样使用 0x 前缀。♯前缀被用来表明操作数是一个立即常量。例如,♯123 表明操作数是一个十进制数 123,♯0x53CD 是一个十六进制数 53CD(等于十进制 21453)。汇编程序中定义的带有汇编指示的符号可以是标签、寄存器名、常量等。例如,在表 C.9 中,我们使用 .set 指示给符号 N 分配一个值。因此,符号 N 在汇编期间成为一个常量值 128。

汇编指令

```
mov    * AR0 + , * AR1 +
```

位于重复循环内部,把地址指针 AR0 指向的数据复制到由地址指针 AR1 指向的不同的地址空间。操作数也可以是一个函数名,例如:

```
call _dft_128
```

注释(comment)是解释程序重要意义的一些说明。注释为第一列中以星号或者分号开始后的部分,而其他列中必须以分号开头。

编写汇编编程时需要注意的事项:为程序、数据、常量和变量分配段空间;初始化处理器模式;决定合适的寻址方式;写汇编程序。表 C.9 的例子有一个 text 段 .sect text,汇编程序代码的位置,一个数据段 .sect.data,用于存放拷贝到程序中的数据文件,三组为堆栈和数组准备的未初始化的数据段 .usect。

C.5 TMS320C55xx 的 C 语言编程

近年来,由于 C 编译器生成高效代码的能力越来越强,C 和 C++ 等高级语言在 DSP 应用中越来越受欢迎。本节我们将介绍为 C55xx 编写的 C 语言编程所要考虑的内容。

C.5.1 数据类型

C55xx 的 C 编译器支持标准的 C 数据类型。然而,相比于其他计算机设备,C55xx 使用三种不同的数据类型,见表 C.10。

对于大多数通用计算机和微处理器来说,C 数据类型 char 是 8 位,但是 C55xx 的 C 数据类型 char 是 16 位。C55xx 的 long long 数据类型是 40 位(如累加器的大小)。另外,

C55xx 把数据类型 int 定义为 16 位的数据，然而许多其他计算机把 int 定义为 32 位的数据。因此，为了编写可移植的 C 程序，尽量避免使用 char，int 和 long long。在这本书里，为了避免错误，我们使用 C 头文件 tistdtypes.h 来定义 C55xx 的数据类型。

表 C.10　C 数据类型

数 据 类 型	数据宽度/位	
	C55xx	计　算　机
char	16	8
int	16	32
short	16	16
long	32	32
long long	40	64
float	32	32
double	64	64

C.5.2　通过 C 编译器的汇编代码生成

C55xx 的 C 编译器首先将 C 源码翻译成汇编源码，然后 C55xx 汇编器把汇编代码转换成二进制目标文件，最后 C55xx 链接器把它与其他目标文件及库文件连接起来生成可执行程序。了解 C 语言编译器怎样生成汇编代码有助于编写正确高效的 C 程序。

在 DSP 应用中，乘法和加法是两种使用最广泛的语句。一个使用 short 变量的常见错误就是没有使用数据类型转换去强制将它们转换成 32 位的数据。例如，两个 16 位数相乘的正确声明是：

```
long mult_32bit;
short data1_16bit, data2_16bit;
mult_32bit = (long)data1_16bit * data2_16bit;
```

C55xx 编译器会把以上的乘法操作视为 16 位的数乘以 16 位的数最后产生 32 位的结果，因为编译器知道两个操作数都是 16 位。下列语句对于 C55xx 的 C 编译器来说是不正确的：

```
mult_32bit = data1_16bit * data2_16bit;
mult_32bit = (long)(data1_16bit * data2_16bit);
add_32bit = data1_16bit + data2_16bit;
sub_32bit = (long)(data1_16bit - data2_16bit);
```

其中，add_32bit 和 sub_32bit 被定义为 long 类型。

例如，表 C.11 的 C 语言程序展示了两个 16-bit 数据相乘的三种不同声明方式，表 C.12 是产生 CCS 调试器混合模式的显示输出。C55xx 编译器生成汇编代码(灰色部分)，使 16 位数据 a 乘以 16 位数据 b。只有最后一句 C 语句，c3＝(long)a * b;，生成了正确的 32 位结果 c3。

表 C.11　乘法例子

```
short a = 0x4000, b = 0x6000;
static long c1,c2,c3;
void main(void)
{
    //错误:只有 AC0 低 16 位结果保存到 C
    c1 = a * b;
    //错误:只有 AC0 低 16 位结果保存到 C
    c2 = (long)(a * b);
    //正确:AC0 的 32 位结果保存到 C
    c3 = (long)a * b;
}
```

表 C.12　用 C 编译器生成的两个数相乘的汇编代码

```
          main:
21        c1 = a * b;
02010a:   a531001861              MOV * ( #01861h),T1
02010f:   d33105001860            MPYM * ( #01860h),T1,AC0
020115:   a010_98 MOV             mmap(@AC0L),AC0
020118:   eb3108001862            MOV AC0,dbl( * ( #01862h))
23        c2 = (Int32)(a * b);
02011e:   d33105001860            MPYM * ( #01860h),T1,AC0
020124:   a010_98                 MOV mmap(@AC0L),AC0
020127:   eb3108001864            MOV AC0,dbl( * ( #01864h))
26        c3 = (Int32)a * b;
02012d:   d33105001860            MPYM * ( #01860h),T1,AC0
020133:   eb3108001866            MOV AC0,dbl( * ( #01866h))
```

当我们开发 DSP 代码时,通常使用循环语句来写重复操作。例如,循环语句如 for(i=0;i<count;i++)广泛用在通用计算机的 C 语言程序中。正如在 C.4.4 部分讨论的,这个 for 循环可以使用 C55xx 重复指令 rpt 和 rptb 来有效实现。然而,块重复计数器 BRC0 和 BRC1 都是 16 位的寄存器,这限制了循环计数器是 16 位的。表 C.13 中 C 语言 for 循环的例子初始化了一个二维数组。表 C.14 展示了嵌套 for 循环的 CSS 分解显示结果。可以看出,C55xx 的 C 编译器生成的汇编代码不是十分有效。通过使用 CCS 模拟器,这个短程序花费了 12 654 个 CPU 周期。在 C.6 节的实验中,我们将在表 C.15 中给出效率更高的汇编程序,这个程序执行同样的任务只需要 624 个周期。

表 C.13　内嵌 for 循环 C 代码示例

```
short a[2][300];
void main (void)
{
    short i, j;
```

```
    for (i = 0; i < 2; i++)
    {
        for (j = 0; j < 300; j++)
        {
            a[i][j] = 0xffff;
        }
    }
}
```

表 C. 14　由 C 编译器生成的内嵌 for 循环功能的汇编程序

```
        main:
020000:  4efd                AADD   # - 3, SP
19      for (i = 0; i < 2; i++)
020002:  e60000              MOV    # 0, * SP( # 00h)
020005:  a900_3d2a           MOV    * SP( # 00h), AR1 ‖ MOV # 2, AR2
020009:  1298a0              CMP    AR1 > = AR2, TC1
02000c:  04643f              BCC    C $ DW $ L $ _main $ 4 $ E, TC1
21        for (j = 0; j < 300; j++)
        C $ DW $ L $ _main $ 2 $ B, C $ L1:
02000f:  e60200              MOV    # 0, * SP( # 01h)
020012:  76012ca8            MOV    # 300, AR2
020016:  a902                MOV    * SP( # 01h), AR1
020018:  1298a0              CMP    AR1 > = AR2, TC1
02001b:  046422              BCC    C $ DW $ L $ _main $ 3 $ E, TC1
23            a[i][j] = 0;
        C $ DW $ L $ _main $ 3 $ B, C $ L2, C $ DW $ L $ _main $ 2 $ E:
02001e:  b000                MOV    * SP( # 00h) << # 16, AC0
020020:  79012c00            MPYK   # 300, AC0, AC0
020024:  2209                MOV    AC0, AR1
020026:  a402                MOV    * SP( # 01h), T0
020028:  ec31be001860        AMAR   * ( # 01860h), XAR3
02002e:  1490b0              AADD   AR1, AR3
020031:  e66b00              MOV    # 0, * AR3(T0)
21        for (j = 0; j < 300; j++)
020034:  f7020001            ADD    # 1, * SP( # 01h)
020038:  a902                MOV    * SP( # 01h), AR1
02003a:  1294a0              CMP    AR1 < AR2, TC1
02003d:  0464de              BCC    C $ DW $ L $ _main $ 2 $ E, TC1
19      for (i = 0; i < 2; i++)
        C $ DW $ L $ _main $ 4 $ B, C $ L3, C $ DW $ L $ _main $ 3 $ E:
020040:  f7000001            ADD    # 1, * SP( # 00h)
020044:  a900_3d2a           MOV    * SP( # 00h), AR1 ‖ MOV # 2, AR2
020048:  1294a0              CMP    AR1 < AR2, TC1
02004b:  0464c1              BCC    C $ L1, TC1
```

表 C.15　与 C 内嵌 for 循环功能相同的汇编代码

```
    .global _asmLoop
    .text
_asmLoop:
    rpt ♯(2 * 300) - 1
    mov ♯0xffff, * AR0 +
    ret
```

在条件允许的时候,避免使用编译器内建的支持库函数同样能够提高实时效率。这是因为这些库函数需要调用函数,而调用前需要进行建立和传递参数并收集返回数值。某些C5xx 寄存器需要通过调用方函数存储,才可以被库函数所使用。如果不得不使用编译器内建的支持库函数,我们必须找到一个高效的方法来使用它们。以表 C.16 中用 C 语言实现的模函数作为例子,很明显,当使用 2^{n-1} 来进行模 2^n 运算时,C55xx 的 C 编译器将生成效率更高的代码,见表 C.17。

表 C.16　取模运算示例

```
void main()
{
    short a = 30;
    //模运算调用库函数
    a = a % 7;
    //2 的幂的低效模运算
    a = a % 8;
    //2 的幂的有效模运算
    a = a & (8 - 1);
}
```

表 C.17　模运算的汇编代码

```
          main:
020146:   4eff          AADD ♯ - 1,SP
10            short a = 30;
020148:   e6001e        MOV ♯30, * SP(♯00h)
13            a = a % 7;
02014b:   a400          MOV * SP(♯00h),T0
02014d:   6c0200f5_3d75 CALL I $ $ MOD ‖ MOV ♯7,T1
020153:   c400          MOV T0, * SP(♯00h)
16            a = a % 8;
020155:   2249          MOV T0,AR1
020157:   2290_3d7a     MOV AR1,AC0 ‖ MOV ♯7,AR2
02015b:   10053e_37aa   SFTS AC0, ♯ - 2,AC0 ‖ NOT AR2,AR2
020160:   76e000b0      BFXTR ♯57344,AC0,AR3
020164:   249b          ADD AR1,AR3
020166:   28ba          AND AR3,AR2
020168:   26a9          SUB AR2,AR1
02016a:   c900          MOV AR1, * SP(♯00h)
19            a = a & (8 - 1);
02016c:   f4000007      AND ♯7, * SP(♯00h)
```

C.5.3 编译器关键词及编译指令

C55xx 编译器支持 const 和 volatile 关键词。其中 const 关键词控制数据对象的分配，通过将常量送入 ROM 空间来确保数据对象不变。volatile 关键词对于编译器优化功能十分重要。这是由于优化器会主动重新排列代码，并可能移除某些代码段或数据变量，然而根据 volatile 关键词优化器会保持所有变量。

C55xx 编译器还支持三个新的关键词：ioport、interrupt 及 onchip。关键词 ioport 用于编译器区分连接不同 I/O 的存储器空间。例如 EMIF、DMA、计时器、McBSP 等外设寄存器全部位于 I/O 存储器空间内。要访问这些寄存器，我们必须要用 ioport 关键词，这个关键词只能适用于全局变量及用在局部或者全局指针上。由于 I/O 只在 16 位地址范围内可寻址，所有的包括指针在内的变量都为 16 位，即使程序为大存储器模型而编译。

在实时 DSP 应用中，中断和中断服务是十分常见的。由于中断服务程序（ISR）需要特定的寄存器处理，同时需要按照指定的顺序进入和退出 ISR。C55xx 编译器所支持的 interrupt 关键词说明就是 ISR 的函数。

为了实现 C 程序中的双 MAC 的功能，C55xx 编译器使用关键词 onchip 使相应存储器符合双 MAC 指令。该存储器必须位于片上 DARAM。

CODE_SECTION 编译指示（pragma）分配程序存储器空间，并将与编译指示有关的函数放置到此代码段中，DATA_SECTION 编译指示分配数据存储器空间，并将与编译指示有关的数据放置到此数据段中，而不是.bss 段中。

表 C.18 给出一个使能数字锁相环（DPLL）的 C 程序的例子。在这个例子中，pllEnable 函数被放置到带有 C55xxCode 子段的.text 段中的程序存储器空间内。

表 C.18 DPLL 使能的 C 程序

```
# define PLLENABLE_SET   1              //使能 PLL
# define CLKMD_ADDR      0x1c00
# define CLKMD           (ioport volatile unsigned short * )CLKMD_ADDR
# pragma CODE_SECTION(pllEnable, ".text:C55xxCode");
void pllEnable(short enable)
{
     short clkModeReg;
     clkModeReg = * CLKMD;
     if (enable)
         * CLKMD = clkModeReg | (PLLENABLE_SET << 4);
     else
         * CLKMD = clkModeReg & 0xFFEF;
}
```

C.6　混合C和汇编的编程

第1章讨论过,混合的C和汇编程序出现在很多DSP应用中。高级C代码提供很好的可移植性、简易的开发环境及可维护性,与此同时,汇编代码在运算效率上及代码密度上有很大的优势。在本节,我们将介绍如何将C接入汇编程序,并提供C函数调用约定的指导原则。通过C函数调用汇编程序,可以像C函数一样需要参数及能够返回数值。下面的指导原则对于编写可通过C函数调用的C55xx汇编代码十分关键。

1. 命名规则

使用下画线"_"作为可以被C函数访问的汇编程序的变量和程序名称的前缀。举例,以_asm_func命名可以被C函数访问的汇编程序。如果一个变量在汇编程序中进行了定义,它必须使用下画线作为前缀,诸如_asm_var,以保证C函数可以访问。下画线"_"只有在C编译器中才会用到。当我们访问汇编程序或者从C函数中来的变量,不需要利用下画线前缀。

2. 变量定义

C函数和汇编程序都可以访问的变量必须使用汇编器中的.global、.def或者.ref编译指令定义为全局变量。

3. 编译器模式

通过使用C编译器,当进入一个汇编程序时,会自动地置位C55xx CPL(编译器模式)位以使用堆栈指针的相对寻址模式。间接寻址模式在这种汇编程序情况下是首选。如果我们需要使用直接寻址模式来访问一个C可调用的汇编程序中的数据存储器,我们必须改成DP直接寻址模式。通过将CPL位清零可以实现相应功能。然而,在汇编程序回到对应的C函数时,CPL位需要恢复成堆栈指针的相对寻址模式。位清除和置位指令bclrCPL和bsetCPL可以用于分别复位和置位状态寄存器ST1中的CPL位。下列例子的代码可以用来检查CPL位,当CPL设置时将其关闭,并当返回C函数时恢复CPL位。

```
         btstclr #14, *(ST1),TC1        ;关闭CPL,如果其被设置
         (more instructions ... )
         xcc continue,TC1               ;如果我们关闭CPL位,设置TC1
         bset CPL                       ;打开CPL位
continue
         ret
```

4. 传递参数

从C函数传递参数到汇编程序,必须遵循严格的C55xx编译器针对C调用转换设置的准则。当传递一个参数,C编译器将其分配到一个特定的数据类型,并将其放置到根据其数据类型而定的寄存器中。C55xx C编译器使用如下三个类别来定义数据类型:

(1) 数据指针: short * 、int * 或者 long * 。

（2）16 位数据：char、short 或者 int。

（3）32 位数据：long、float、double 或者函数指针。

如果参数为指向某个数据存储器的指针，它们会被当成一个数据指针对待。如果参数能匹配 16 位寄存器，例如 char、short 或者 int，它会被当做 16 位数据；如果不能匹配那就会当做 32 位数据；参数同样可以是个结构体。不多于两个字(32 位)的结构体会被当做 32 位数据参数采用 32 位寄存器进行传递。对于结构体大于 2 个字的情况，C 编译器会传递一个地址作为该结构体的指针，并且该指针被当做一个数据参数。

对于一个子程序调用，参数会分配给寄存器使得参数能够通过函数列出。它们依据数据类型放置在寄存器中，顺序见表 C.19。

表 C.19 分配给寄存器的参数类型

参 数 类 型	寄存器赋值顺序
16 位数据指针	AR0，AR1，AR2，AR3，AR4
23 位数据指针	XAR0，XAR1，XAR2，XAR3，XAR4
16 位数据	T0，T1，AR0，AR1，AR2，AR3，AR4
32 位数据	AC0，AC1，AC2

表 C.19 展示了用于数据指针的 AR 寄存器和用于 16 位数据的寄存器的重叠情况。举例，如果 T0 和 T1 保持 16 位数据参数，AR0 已经保持了一个数据指针参数、第三个 16 位数据参数会被放置在 AR1。观察图 C.13 的第二个例子，如果寄存器与数据类型并不匹配时，参数会传递给堆栈，就像图 C.13 的第三个例子展示的一样。

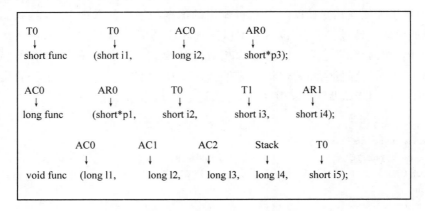

图 C.13 参数传递规则的例子

5. 返回数值

调用函数收集从被调用的函数/子函数返回的数值。16 位数据返回到寄存器 T0，32 位数据返回到累加器 AC0 中。数据指针返回到(X)AR0，结构体返回到本地堆栈中。

6．寄存器的使用和保存

当调用一个函数，在调用的函数及被调用的函数之间的寄存器的分配和保存被严格定义着。表 C. 20 描述寄存器是如何在一个函数调用中进行保存的。被调用的函数如果用到"入口处保存"(save-on-entry)寄存器(T2、T3、AR5、AR6 和 AR7)时必须保存其内容。调用的函数必须将其他接下来的函数或者子函数调用时会用到的"调用时保存"(save-on-call)寄存器的内容推送到堆栈中。一个被调用的函数能够无限制的使用任何"调用时保存"寄存器(AC0～AC3、T0、T1 和 AR0～AR4)而不用保存其中的数值。更多的细节描述可以在《TMS320C55xx 优化 C 编译器使用指南》中找到[7]。

表 C. 20　寄存器使用及保存规定

寄　存　器	保 存 主 体	使 用 范 围
AC0～AC2	调用函数	16、32 或 40 位数据
	Save-on-call(调用时保存)	24 位代码指针
(X)AR0～(X)AR4	调用函数	16 位数据
	Save-on-call(调用时保存)	16 或 23 位指针
T0 和 T1	调用函数	16 位数据
	Save-on-call(调用时保存)	
AC3	被调用函数	16、32 或 40 位数据
	Save-on-call(入口处保存)	
(X)AR5～(X)AR7	被调用函数	16 位数据
	Save-on-call(入口处保存)	16 或 23 位指针
T2 和 T3	调用函数	16 位数据
	Save-on-call(入口处保存)	

下面是一个混合 C 和汇编的程序例子，在 C 程序中调用汇编函数 findMax()，返回一个给定数组中的最大值：

```
extern short findMax(short * p, short n);
void main()
{
    short a[8] = {19, 55, 2, 28, 19, 84, 12, 10};
    static short max;
    max = findMax(a, 8);
}
    The assembly function findMax() is listed as follows:
;
;    函数原型:
;    short findMax(short * p, short n);
;
;    入口: AR0 是含有长度 n 的 p 和 T0 的指针
;    出口: T0 含有最大数据值
;
```

```
        .def _findMax              ;采用"_"前辍作 C 调用
        .text
_findMax:
        sub ♯2,T0
        mov T0,BRC0                ;建立循环计数器
        mov ∗ AR0 + ,T0            ;将第一数据置于 T0
    ‖   rptblocal loop – 1         ;循环全部数组
        mov ∗ AR0 + ,AR1           ;在 AR1 中放置下一个数据
        cmp T0 < AR1,TC1           ;检查是否新数据大于最大数
    ‖   nop                        ;
        xccpart TC1                ;如果找到新的最大数，在 T0 中进行替换
    ‖   mov AR1,T0
loop
        ret                        ;返回 T0 中的最大数据
```

汇编程序 findMax 返回由数据指针 p 所指向的数组的 16 位最大值。该汇编函数使用下画线"_"作为函数名的前缀。第一个参数是一个 16 位的数据指针，该参数通过辅助寄存器 AR0 传递。第二个参数是数组的大小，该参数是 16 位的数据，并经由临时寄存器 T0 被传递，返回值是在 T0 寄存器的 16 位数据。

C.7 实验和程序实例

在本节中，实验采用 CCS、模拟器和 C5505 eZdsp 演示本附录中所给出了的几个例子。通过完成这些例子，我们可以更加熟悉 C55xx 的寻址模式、寄存器更新、条件执行、循环的实现以及 C 语言和汇编语言的混合函数。也给出了采用 C5505 eZdsp 实时播放音频信号的实验。这些基本的音频实验为其他贯穿全书的实时性实验做出了调整。为完成本节介绍的实验，需要首先掌握在第 1 章实验所给出的 CCS 的基本知识。

C.7.1 实例

本实验展示了本附录中从 C.1 到 C.12 的例子。用于本实验的文件列表见表 C.21。

表 C.21　实验 ExpC.1 中文件列表

文　件	说　明
examples.asm	包含在附录 C 中的程序
appC_examplesTest.c	用于展示和测试实例的程序
c5505.cmd	链接器命令文件

实验过程如下：

(1) 启动 CCS，并创建工作文件夹。

(2) 将配套软件包的文件复制到实验文件夹。

(3) 使用 CCS 导入功能来导入项目。

(4) 构建并加载程序。从 CCS 的目标配置窗口中启动选中的配置,以将程序加载到实验中。要完成这一点,需要在 CCS 菜单栏中的 View→Target Configuration,在该配置文件上右击来启动它。虽然在本实验中采用了 C55xx 模拟器,也可以通过修改 CCS 目标配置文件 AppC_examples.ccxml,将 eZdsp 选作目标设备用于完成本实验。

(5) 在 CCS 的 View 下拉菜单中,选择 View→Registers。展开 CPU Registers 中的 View 窗口来查看本实验所使用的寄存器。

(6) 使用单步命令(F5)来步进执行例子,同时通过步进每个指令,观察 C5505 中各个寄存器的值。

C.7.2 汇编程序

本实验解释了 C.4.7 节中所描述的汇编程序语法。用于本实验的文件列表见表 C.22。

表 C.22 实验 ExpC.2 中的文件列表

文　件	说　明
assembly.asm	汇编程序
dft_128.asm	用于计算 DFT 的汇编程序
mag_128.asm	用于计算幅度的汇编程序
assembly_programTest.c	用于测试汇编程序的程序
input.inc	使用汇编语法的数据包含文件
lpva200.inc	使用汇编语法的程序包含文件
c5505.cmd	链接器命令文件

实验过程如下:
(1) 创建一个工作文件夹,并将配套软件包中的文件复制到该文件夹。
(2) 导入本实验的 CCS 项目,构建并加载程序。
(3) 使用单步(F5)命令来步进执行汇编程序。
(4) 熟悉 C 语言中 C 语句以及汇编程序中汇编指令的单步步进。实验表明,该单步的结果符合预期。
(5) CCS 中的 Step Into 和 Step Over 操作的区别是什么? CCS 中的 Step Return 操作是如何工作的?
(6) 在汇编程序和链接器命令文件中,数据部分的_Xin.usect".in_data",(2 * N)是如何定义的?

C.7.3 乘法

本实验以两个 16 位整数相乘为例,来演示如何使用数据类型进行 C 编程。用于本实验的文件列表见表 C.23。

表 C. 23　实验 ExpC. 3 的文件列表

文　件	说　明
multiplyTest. c	测试乘法的程序
tistdtypes. h	标准类型定义头文件
c5505. cmd	链接器命令文件

实验过程如下：

（1）从配套软件包中复制文件到工作文件夹中，导入项目并构建和加载程序。

（2）对于在 CCS 控制台窗口中显示的乘法结果，哪一个是正确的？为什么程序产生了错误的结果？

（3）重新进行实验和单步步进乘法指令，观察寄存器并理解 C55xx 是如何进行乘法运算的。

C. 7. 4　循环

本实验演示了 C 编译器是如何产生效率低下的汇编程序的，并比较了为实时应用程序手工编写的汇编程序的性能。实验还说明了如何使用 CCS 配置文件功能来衡量执行特定操作所需要的时钟周期。用于本实验的文件列表见表 C. 24。

表 C. 24　实验 ExpC. 4 的文件列表

文　件	说　明
asmLoop. asm	进行循环操作的汇编程序
loopTest. c	测试循环操作的程序
tistdtypes. h	标准类型定义头文件
c5505. cmd	链接器命令文件

实验过程如下：

（1）从配套软件包复制文件到工作文件夹中，导入项目，构建并加载程序。

（2）在程序所指示的行中设置断点（见图 C. 14）运行到第一个断点。

（3）从 CCS 顶部的菜单栏，单击 Run→Clock→Enable，启用时钟配置工具。

（4）从 CCS 顶部的菜单栏，单击 Run→Clock→Setup 选择手动其余选项。

（5）运行程序到每一个断点，并在每个断点记录时钟计数，以获得所需的时钟周期。C 程序中 for 循环使用了 13249 个周期，而汇编循环 asmLoop() 只使用 622 个周期，如图 C. 14 所示。

C. 7. 5　模运算

这个实验演示了如何在 C 程序中正确应用编程技术，以提高运行效率。用于本实验的文件列表见表 C. 25。

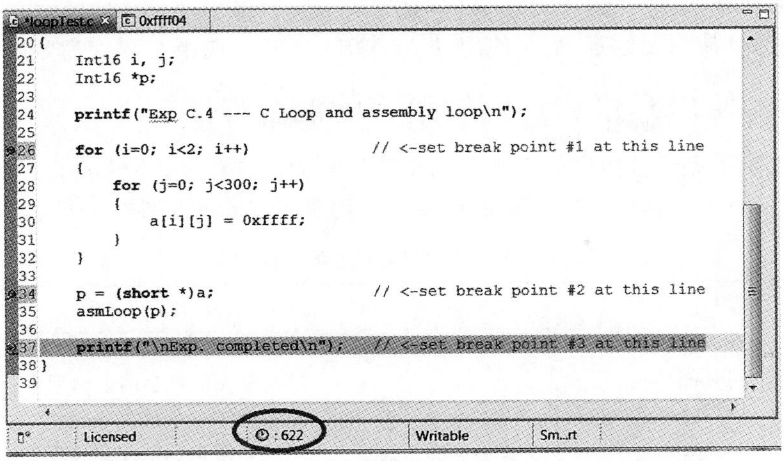

图 C.14 占用 622 个时钟周期的汇编函数

表 C.25 实验 ExpC.5 的文件列表

文 件	说 明
moduloTest. c	测试模运算的程序
tistdtypes. h	标准类型定义头文件
c5505. cmd	链接器命令文件

实验过程如下：

（1）从配套软件包复制文件到工作文件夹中。导入 CCS 项目，构建并加载程序。

（2）在程序所指示的行中设置断点，如图 C.15 所示。

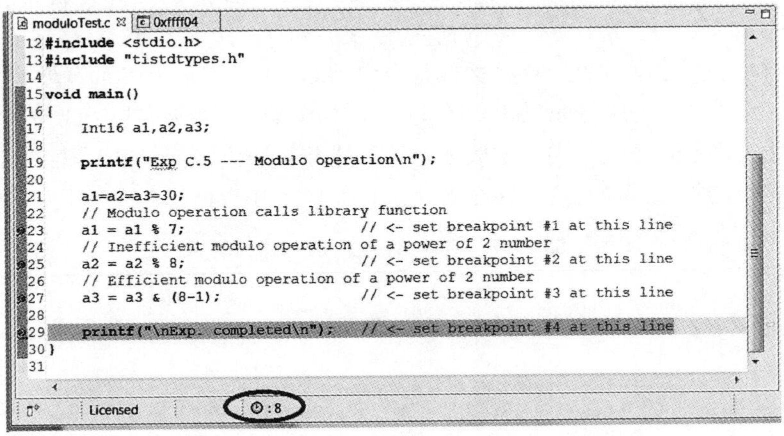

图 C.15 评估每条指令所占 CPU 周期数

（3）启用 CPU 时钟并运行程序，以衡量并比较每个操作需要的时钟周期。本实验表明，如果取模运算使用 2 的幂，那么使用"&"(AND)指令比调用 C 语言库效率更高。

C.7.6　使用 C 语言与汇编语言的混合程序

本实验展示了完成数排序的 C 语言与汇编语言的混合程序，并展示了 C 程序中如何调用汇编函数，以及汇编程序中如何调用 C 函数。用于本实验的文件列表见表 C.26。

表 C.26　实验 ExpC.6 的文件列表

文 件	说 明
arraySort. asm	排序操作的汇编程序
findMax. asm	寻找最大值数字的汇编程序
sort. c	排序操作的 C 语言函数
c_assemblyTest. c	测试 C 语言和汇编语言混合的程序
tistdtypes. h	标准类型定义头文件
c5505. cmd	链接器命令文件

实验过程如下：

（1）从配套软件包复制文件到工作文件夹中。导入 CCS 项目，构建并加载程序。

（2）运行实验程序，验证排序结果。

（3）使用 CCS 单步工具检查 CPU 各个寄存器在调用汇编函数 arraySort() 前后的值，并检查各个寄存器在调用 C 函数 sort() 前后的值。复习 C.6 节，理解函数调用中的 save-on-call 寄存器。

C.7.7　AIC3204 的使用

本实验采用了带有板上支持函数的 C5505 eZdsp USB 记忆棒开发板进行实验。这些软件程序位于 USBSTK_bsl 文件夹下的配套软件包中，其中 C 程序都在 bsl 子文件夹，include 文件都在 inc 子文件夹。这些文件是专门为 C5505 eZdsp 开发的。实验还包括 C55xx 芯片支持函数。这些 C 程序与 include 文件位于 C55xx_csl 文件夹，其中 C 程序在 src 子文件夹，include 文件都在 inc 子文件夹。实验展示了构建并初始化 eZdsp 和模拟接口芯片 AIC3204 的方法。该程序生成 1kHz 的音频，并在 eZdsp 上播放。用于本实验的文件列表见表 C.27。

表 C.27　实验 ExpC.7 的文件列表

文 件	说 明
initAIC3204. c	初始化 AIC3204 的 C 程序
tone. c	产生音频的 C 函数
audioPlaybackTest. c	测试 eZdsp 音频播放的程序
tistdtypes. h	标准类型定义头文件
c5505. cmd	链接器命令文件

实验过程如下：

（1）从配套软件包复制文件到工作文件夹中，并导入 CCS 项目。

（2）将 eZdsp 连接到电脑的 USB 端口，然后从 CCS Target Configuration（目标配置）窗口中启动的配置，并连接 eZdsp 作为目标设备。

（3）将耳机或一对扬声器连接到 eZdsp HP OUT 插孔。

（4）构建并加载试验，运行程序，并收听 C5505 eZdsp 所播放的 1kHz 音频。

（5）更改 eZdsp 的采样率（SAMPLING），以验证 48kHz、32kHz、24kHz、12kHz 和 8kHz 的音频都能正常播放。解释如何生成不同采样率的 1kHz 音频。

（6）更改 D/A 输出增益（GAIN）来验证音频输出电平根据 D/A 增益而变化。

（7）本实验采用了 C5505 芯片支持库（CSL）和 eZdsp 板支持库（BSL）。这些库的文件包含在本实验中。有兴趣的用户可以检查这些文件，以理解如何配置 AIC3204 并操作 eZdsp。对于本书中介绍的一些实验，我们将使用 USBSTK_bsl. lib 和 C55xx_csl. lib 库，库由本实验中 USBSTK_bsl 和 C55xx_csl 文件夹中文件所构建。

C.7.8　模拟输入和输出

在前面的实验中，我们使用了 C5505 的 eZdsp 进行实时音频播放。许多实时应用程序需要处理与转换，以及在模拟和数字形式之间传送信号。因此，常常需要进行模拟信号数字化处理，并将处理后的信号转换回模拟形式输出。本实验展示了模拟 I/O 程序，该程序能数字化 eZdsp STEREO IN 插孔的模拟信号，并将数字信号再转换回模拟信号，然后输出到 eZdsp 耳机 HP OUT 插孔。实验开始时，首先初始化 C5505 eZdsp，然后用类似于前面实验的方法构建 AIC3204。与前面实验的区别在于，本程序在 AIC3204 和 C5505 处理器之间的数据传输采用直接存储器访问（DMA）完成。用于本实验的文件列表见表 C.28。

表 C.28　实验 ExpC.8 的文件列表

文　　件	说　　明
AIC3204_init. asm	初始化 AIC3204 的汇编程序
audio. c	发送 AIC3204 播放数据样本的 C 函数
audioExpTest. c	测试音频播放的实验程序
dma. c	DMA 支持函数
i2s. c	I2C 支持函数
i2s_register. asm	I2S 寄存器定义和读/写函数
vector. asm	C5505 中断向量表
tistdtypes. h	标准类型定义头文件
c5505. cmd	链接器命令文件

实验过程如下：

（1）从配套软件包复制文件到工作文件夹中，并导入项目。

（2）将 C5505 eZdsp 连接到电脑的 USB 端口。

（3）连接耳机或一对扬声器到 eZdsp HP OUT 插孔，连接音源（MP3 播放器或收音机）到 eZdsp 上的 STEREO IN 插口。

（4）从 CCS 启动配置文件并连接 eZdsp 作为目标设备，构建并加载程序。

（5）使用音频播放器播放音频，并使用耳机（或喇叭）收听音频播放，连接到 eZdsp HP OUT 插孔以确保该程序工作正常。

（6）本实验使用了多个程序。AIC3204_init. asm、dma. c、i2s. c 与 i2s_register. asm 用于配置和操作该 AIC3204 设备的支持函数。这些程序包括在本实验中，以便读者具有全套文件，可针对不同的应用程序进行修改。本书中的许多实时实验使用了 myC55xUtil. lib 库，该库由 AIC3204_init. asm、dma. c、i2s. c 和 i2s_register. asm 创建。有兴趣的读者可以使用 CCS 由这些文件创建这个库。

参考文献

1. Texas Instruments, Inc. (2012) TMS320C5505, Fixed-Point Digital Signal Processor, SPRS660E, January.
2. Texas Instruments, Inc. (2009) C55x V3. x, CPU Reference Guide, SWPU073E.
3. Texas Instruments, Inc. (2001) TMS320C55x, Programmer's Reference Guide, SPRU376A.
4. Texas Instruments, Inc. (2011) TMS320C55x, Assembly Language Tools v4. 4, SPRU280I, November.
5. Texas Instruments, Inc. (2009) TMS320C55x, CPU Mnemonic Instruction Set Reference Guide, SWPU067E, June.
6. Texas Instruments, Inc. (2011) TMS320C55x, DSP Peripherals Overview, SPRU317K, December.
7. Texas Instruments, Inc. (2011) TMS320C55x, Optimizing C/Ctt Compiler v4. 4, SPRU281G, December.